"十三五"国家重点出版物出版规划项目
名校名家基础学科系列

飞行特色大学物理

上 册

第 4 版

主编　林万峰

参编　王　丽　胥　馨　汪　瑜
　　　姜　波　蒋　智　邵　伟

主审　赵洪亮

机械工业出版社

本书依据教育部高等学校大学物理课程教学指导委员会编制的《理工科类大学物理课程教学基本要求》（2023 年版），结合多年大学物理课程教学改革经验，在白晓明、邵伟主编的《飞行特色大学物理》（上册 第 3 版，以下简称"第 3 版"）的基础上修订和改编而成的。本书在继承第 3 版特色的同时，在内容上采取双主线设计，即在体现物理经典内容的同时，特别突出了自然科学的认知规律。本书以物理现象研究为逻辑起点，立足飞行专业，突出对科学思维和科学方法的引导。

本书内容包括质点的运动、牛顿运动定律、冲量和动量、功和能、刚体的定轴转动、机械振动、机械波、气体动理论、热力学基础、狭义相对论基础。内容上进一步优化突出飞行特色，深入挖掘飞行、航空航天、军事工程技术中的相关物理原理并将其融入本书，更好衔接专业课程，为读者专业学习的现实需求和未来需求"开窗口""设接口"。

本书可作为高等学校航空航天专业、军队院校本科学历教育飞行相关专业的教材，也可作为教师、工程技术人员的参考书，还可供读者自学使用。

图书在版编目（CIP）数据

飞行特色大学物理．上册/林万峰主编．—4 版．—北京：机械工业出版社，2024.2（2024.11 重印）

（名校名家基础学科系列）

"十三五"国家重点出版物出版规划项目

ISBN 978-7-111-75156-4

I.①飞… II.①林… III.①物理学 – 高等学校 – 教材 IV.①O4

中国国家版本馆 CIP 数据核字（2024）第 039437 号

机械工业出版社（北京市百万庄大街 22 号 邮政编码 100037）
策划编辑：张金奎 责任编辑：张金奎 汤 嘉
责任校对：梁 园 牟丽英 封面设计：张 静
责任印制：常天培
河北鑫兆源印刷有限公司印刷
2024 年 11 月第 4 版第 3 次印刷
184mm×260mm·24.75 印张·660 千字
标准书号：ISBN 978-7-111-75156-4
定价：75.90 元

电话服务 网络服务
客服电话：010-88361066 机 工 官 网：www.cmpbook.com
　　　　　010-88379833 机 工 官 博：weibo.com/cmp1952
　　　　　010-68326294 金 书 网：www.golden-book.com
封底无防伪标均为盗版 机工教育服务网：www.cmpedu.com

前　言

本书在白晓明教授团队的不断优化、修编下，历经三个版次，是"十三五"国家重点出版物出版规划项目，曾荣获军队级教学成果三等奖。作为学科融合教材，该书从物理学史、自然科学认知规律、解决实际问题和学科融合等多角度强调了工科物理教学的指向性和目的性，发散和拓展了思维，展示了科学理论的特殊性与普遍性，从物理知识的应用、能力培养、飞行学员现实需求和未来需求等多角度诠释了教材的飞行特色内涵，从物理知识拓展、应用型例题、习题和自主学习材料等多角度突出了飞行特色工科物理教学的创新性和前瞻性。

本书在保持第3版优点、特色的基础上，更突出物理学科的认知规律，采取双主线设计，既相对独立呈现物理经典内容，又使物理学科认知规律贯穿其中，突出科学思维、科学方法的引导。

物理学起源于人对自然的探索，是物理学家采用实验和理论相结合的手段，对整个自然界进行有效认知的积累，其核心是建立对自然的认知。大量的物理探索过程告诉我们，这个认知过程一般是从现象观察、提出问题开始，最后运用规律解释新的现象、预测可能的现象或进行发明创造。遵循这个认知过程可以简化对大量物理知识的理解，并借鉴到其他对象的研究过程中，它的循环迭代不断促进科学技术的发展进步。

本书的内容设计有意遵循上述认知过程，以节为单位，设置物理现象、物理学基本内容、现象解释、思维拓展、物理知识应用和物理知识拓展模块。每一节完整认知过程的循环迭代训练，可使读者快速形成科学认知思维和方法，启发创新创造意识。同时物理学基本内容模块又相对完整、独立，逻辑清晰，便于读者快速掌握知识，提高学习效率。

本书每章开篇设置"历史背景与物理思想发展"模块，展现科学发展的创新和实践过程，启迪读者的科学创新意识；"物理学基本内容"模块从自然科学认知规律入手，引导读者高效学习，形成方法策略；"物理知识拓展"模块从科学思想、科学方法和飞行职业多角度深化知识、拓展视野、发散思维，为读者的探究式学习搭建平台；"物理知识应用"模块涉及航理、军事应用方面的例题和趣味性问题，如鸟撞飞机、飞机俯冲的高度损失等，供读者学习和讨论；章末总结采用知识导图的形式，引导读者有效地学习、思考和记忆，有助于读者从整体上把握物理规律和思想，引导读者对繁杂的知识进行归纳、总结和深化；习题配置一定数量的与生活、军事和飞行等相关的实际应用题目，使理论联系实际，培养读者的独立思考和解决实际问题能力；章末阅读材料中的飞行、军事和学科前沿内容，可拓展读者的知识视野，使之体会学海无涯。

本书由林万峰、王丽、胥馨、汪瑜、姜波、蒋智、邵伟修订和改编，主审为赵洪亮。本书在编写中得到了航空基础学院的大力支持，得到理化教研室全体教员的支持和帮助，编者在此表示衷心的感谢。编者还要感谢为本书之前各版本付出辛勤工作的同事们：

第1版编者：白晓明、邵伟、佘辉、于华民。

第2版编者：白晓明、邵伟。

第3版编者：白晓明、邵伟。

由于编者学识有限，书中不当之处和错误在所难免，恳请读者批评指正。

编　者

目　　录

扫码查看虚拟仿真资源

绪　　论

自 1840 年鸦片战争以来，在中国出现较多的一个词就是"科学"，即使在今天，我们也随处可以看到诸如"全面提高科学素质"之类的宣传语。物理学是自然科学的基础，在学习它之前，我们有必要首先明确"科学"一词的含义。

0.1　什么是科学

科学是一个历史的、发展的、庞大的概念，要给出一个全面的、确切的定义是十分困难的。一般而言，科学有广义和狭义之分。广义地说，科学包括自然科学和人文科学等。狭义地说，科学仅指自然科学。要讲自然科学，首先要知道什么是自然界。广义的自然界就是宇宙的总和，包括人和社会；狭义的自然界，即自然环境的同义语。一般来说，自然科学是研究狭义的自然界不同事物的运动、变化和发展规律的科学。科学是人对客观世界的正确认识，是人类寻求知识的过程及成果体现。

现代自然科学包括基础科学、技术科学和应用科学三大部分。基础科学是发现，回答"是什么"和"为什么"；技术科学是人类为达到物质性目的而使用的成套的知识系统，它回答"做什么"和"怎么做"。

基础科学以自然界某种特定的物质形态及其运动形式为研究对象，目的在于探索和揭示自然界物质运动形式的基本规律。它的任务是探索新领域，发现新原理，并为技术科学、应用科学和社会生产提供理论指导和开拓美好的应用前景。基础科学是整个自然科学的基石，是现代科学发展的前沿，也是技术发明的"思想发动机"。物理、化学、天文学、地理学和生物学等是典型的基础科学。

技术科学以基础科学的理论为指导，研究同类技术中具有共性的理论问题，目的在于揭示同类技术的一般规律。它是直接指导工程技术研究的理论基础。技术科学的研究都有明确的应用目的，是基础科学转化为直接生产力的桥梁，也是基础科学和应用科学的主要生长点。因此，技术科学在经济发展中占有重要的地位，是现代科学中最活跃、最富有生命力的研究领域。如在第二次世界大战后，属于技术科学的原子能科学、计算机科学、能源科学、航天科学、机械工程学、材料科学、空间科学、冶金学等一系列新兴技术科学的迅猛发展，已成为世界第三次科技革命的重要标志。

应用科学是综合运用技术科学的理论成果，创造性地解决具体工程和生产中的技术问题，创造新技术、新工艺和新生产模型的科学，如农业工程学、水工程学、生物医药工程学等。应用科学是自然科学体系中的应用理论和应用方法。它直接作用于生产，针对性强，讲究经济效益，与技术科学在某些方面无严格界限，所包括的学科门类最多，社会对其投入的人力、物力、财力也最多。应用科学按照不同的应用领域可划分为工程技术科学、农业技术科学、交通技术科学等。

现代自然科学的这三大部分各有研究的对象和目的，既是自然科学体系中的不同组成部分，又是三个密切联系的不同层次，互相影响，互相促进。

怎样的知识体系能够称为科学理论而不是伪科学呢？对庞大的现代自然科学理论体系的深

刻总结和高度升华，凝练出如下的科学理论的判断标准。

0.2 科学理论的评判标准

"自然科学"的概念是精确的，"自然科学"理论的共性特征就形成了科学理论的理性标准，满足这个标准的理论就是科学理论，否则就是伪科学。科学理论有哪些理性标准呢？

1. 内部连贯性

首先，要求科学概念的内部联系具有内部连贯性，即不存在逻辑矛盾和数学矛盾。无矛盾性（或自洽性）是一个理论正确性的最重要的标准。

逻辑理性：理论要对科学知识进行逻辑重构，成为"假设—演绎"体系。每一个科学结论，在进行逻辑论证时，必须找到论据，在寻找论据时，需不断向后追溯，但这是无终止的、也就是不可操作的。可操作的办法是，在逻辑链的某个点上，中断论证程序，这个中断点，就是任何科学理论的基本假设、公理系统和基础概念框架，它作为未加论证的前提而被引进，有约定或假设的性质（如力学中质量的概念是个中断点，今天我们还在探讨质量的原因）。任何由此通过逻辑演绎途径得出的结论，它的证实是相对的而非绝对的，前提的假设性传递了结论，因此，科学的理论体系是假设演绎体系。从这个意义上说，逻辑理性要求科学知识是假设性的。

科学理论的这一基本特征，决定了人们在构建科学理论时，可以自由地选择公理系统（原理、原则、准则、前提、初始命题）。这些公理，既不是"自明"的，也不一定是不可"证实"的，只是为了构建理论，人们必须从某个地方开始论证而放弃了证明它的企图。科学理论的逻辑理性要求无矛盾性，这表明，一种理论若在其前提或结论中显示了一种矛盾，则肯定是错误的，人们可以通过揭露其矛盾来驳倒这个理论。一个包含矛盾的理论，由于矛盾与非连贯性会激发人们的好奇性，以及寻找一种更佳理论的巨大兴趣，如科学理论中发现的许多"悖论"，通常会导致理论的发展，甚至是新理论的产生。

数学理性：逻辑给知识以确定性，但只有逻辑的知识并不能成为科学。墨家定义"力，形之所以奋也"，但在中国却没有诞生出牛顿力学。数学给知识以精密性，数学作为科学的语言，精确地描述了大自然，"大自然这本书是用数学语言写成的"，而"数学化"也早已成为科学知识的公认准则。科学理论的内部连贯性同时要求有数学理性，不存在数学矛盾。这里还有两个基本问题。

一是对科学理论的逻辑理性与数学理性要求是否是相互独立的？英国哲学家、数学家罗素认为，数学不过是逻辑的延伸，企图从不可怀疑的逻辑公理出发演绎出全部数学真理，结果这种努力失败了，表明了它们的独立性，二者不可替代。

二是数学理论有假设性吗？德国数学家希尔伯特在研究数学基础问题时，把数学命题与逻辑法则用符号写成公式，得到一个形式化的公理系统，并企图证明公理内部的相容性，以确保通过演绎、证明获得的数学结论的无矛盾性。如果这种相容性得以证明，则所有的数学结论都是确定的，都是"真"的，而哥德尔的不完备性定理宣告了这种努力的失败。

数学系统作为一个"公理—演绎"系统，其公理集的相容性是无法证明的，它对数学推演的数学结论，能否摆脱矛盾，我们除了猜测外，并不能给予明确的答复。因此，数学公理集与定理之间的关系类似于理论与经验事实之间的关系，数学公理集与理论一样，本质上是假设性的，数学定理能否证明，与经验事实能否说明一样，是一个悬而未决的问题。英国数学家拉卡托斯提出了"数学是拟经验的"观点，数学系统固然是一个由公理集到定理集沿逻辑展开的演绎系统，但这个系统中公理集内部的相容性是不可证明的，因而不具有内禀真理的功能，而某些特殊定理却具有真理功能。数学公理集的真理性，不是通过证明，而是从它们推导定理的真理性获得的。一个公理集，如果由它推出的定理经过验证是真的，则这个公理集可能是真的；如果它推出的真的定理越多，则该公理集为真的概率就越大。数学系统的真理性最终是建筑在经验基础上的，通过归纳方法来考察其成功的程度，数学系统的公理集本身并没有为系统提供真理的基础，而是提供一种解释，它与逻辑公理集一样，使科学理论具有解释功能。

数学理性与逻辑理性一样揭示了科学知识的假设性，同样要求科学理论成为"假设—演绎"系统。

2. 外部连贯性

实验理性：一个符合逻辑并可数学演绎的理论就是科学理论吗？不是！科学理论还要求有外部连贯性，即理论与观察和事实的一致性。一种理论，如果它本身或者从它推出的结论，能够通过实验得以证实或证伪，它就是可以检验的，不可检验的陈述是无意义的，实验理性必然要求科学假设具有可检验性。科学理论不仅必须描写为一个逻辑系统和数学系统，以描述一个可能的世界，还要描述我们的经验世界。作为一个逻辑系统和数学系统本身，它适用于描述世界，但对现实世界却一筹莫展；作为一个形式化和符号化系统，既不能通过经验得到证实，也不能通过经验而被驳倒，它的正确性，仅是从公理集中无矛盾地推导出来，只有实验才能建立关于现实世界的认识，使得逻辑和数学系统可能成为科学理论。

可检验性原则：它为科学假设提供了一个方法论原则，即科学假设原则上是可检验的。不具备可检验性的假设，不能成为科学假设，应从科学理论中排除，这又称为科学的实证性。科学理论的一组假设是演绎的前提，科学理论作为一个整体即"假设—演绎"系统发展着，一个理论原则上有无限多的逻辑推理。因此，对于科学理论的最终"实验证实"是不可能的。波普尔主张理论永远得不到证实，但原则上必可被证伪，这再一次揭示了科学理论的假设性。逻辑的、数学的、实验的理性要求是科学理论的必要标准，其他则是有用标准。

3. 美学要求

一个科学理论只在某些特定接触点，即通过某些实验事实与实在世界有联系，这些实验事实支持了这个科学理论，但并没有证实这个理论。实际上，在这些接触点（实验事实）保持不变的情况下，往往可以有多个科学理论可供选择，哪一个理论更好呢？

若两种理论在经验上等价，描述了同样的经验资料，则简单性是一个有用的标准，即公理集中有最少数量的独立假设的那个理论更好。若两种理论在经验上不等价，则统一性、概括性、普遍性也是一个有用的标准，即应用经验范围广、说明价值高的那个理论更好。对称性在现代科学发展中已成为一个新标准，即对称性更高的理论更好。

简单性、统一性、对称性展示了对科学理论的审美要求，这样的要求传达了这样一个信息：大自然是在最基础的水平上按美学原则设计的，现代科学理论既需要理性框架，还需要审美框架。美学标准更多地应用在科学实践中，在面临新假设、新观念的情况下更为有用，在理论创新中它是科学家所追求的东西（超过了逻辑理性）。

0.3　科学思维方式

物理学是一门基础科学，它的研究对象是自然界物质的物理性质、相互作用及运动规律。以物理学为根基的世界观作为全社会通行的一般思维方式的基础，对思维方式的变迁有重大影响。物质世界是一个多层次结构的系统，科学思维方式就是要通过不断发展的层内分析与越层分析，推动对这个系统的整体认识。所谓层内分析，是把处在某一层次的系统进行整体研究，使用本层面的术语，描写本层次内涌现出来的属性，讨论本层面的问题。在此层面内构建的科学理论，它能解决的问题自然也仅局限于这个层面，如对原子，用量子力学；对宏观物体，用经典力学；对宇宙，用广义相对论。当我们讨论由一个层面涌现特性的起源问题时，如超导体的特性如何从其带电粒子的组合中产生出来，金刚石或石墨的性质如何从碳原子组合中获得，这里要应用越层分析，研究两个层次之间的相互关系问题（也是整体与部分，系统与元素之间的相互关系），力求层次贯通。由于高层次的涌现属性不能从低层次的理论中符合逻辑地推导出来，因此通过越层分析，寻求把描述两个层次的理论概念联系起来的规律时，必然有新发现并导致新理论。

人类的认识是从其所生活的狭小天地开始的。人类通过直观形式与经验范畴构建的世界图像（世界观）与现实世界结构（部分的）相一致，这使人类良好地适应了生物学环境。知觉认识与经验认识是在适应这个生物学环境的进化过程中形成的，并通过遗传固化下来，作为一种天生的禀赋来适合这个环境，就像尚未降生的马蹄已适合于草原、孵化以前的鱼鳍已适合于水域一样。这个日常经验范围以人为中心，其量值的数量级基准为

$$时间：s；\quad 空间：m；\quad 质量：kg$$

并成为世界系统的一个宏观层次。由此出发，科学通过实验、观察、测量，不断拓展经验范围，通过直觉、逻辑、数学，不断提出与这个拓宽了的经验范围相符的新的世界图像。

1. 空间尺度

从物理学研究对象所涉及的空间尺度来看，相差是很大的。现代天文观测表明，河外星系普遍存在光谱红移现象，说明宇宙是处在膨胀过程中，从宇宙诞生到现在，宇宙延展了 10^{10} ly（光年）以上，即 10^{26} m 以上，这说的是宇宙之大的下限。从整个宇宙来看，我们的太阳系只是这宇宙中的沧海一粟。从物质可以小到什么程度来看，《庄子·天下篇》中引用了一段名言："一尺之棰，日取其半，万世不竭"，说的是物质世界往小的方向可以无限分割下去。现代物理告诉我们，宏观物体是由各种分子原子组成，原子的大小是 10^{-10} m 量级。原子核是由质子和中子组成的，每个质子和中子的大小约为 10^{-15} m，大概是原子大小的十万分之一。原子核比质子或中子大的倍数依赖于原子核中包含多少个质子和中子。但是，原子核比 10^{-15} m 仍大不了多少。质子和中子又由更为基本的粒子——夸克组成。用间接的方法得知，夸克和电子的大小将小于 10^{-18} m。所以，实物的空间尺度从 10^{26} m 到 10^{-18} m，相差44个数量级！表0-1列出了物质世界中各种实物空间尺度的数量级。

表0-1　物质世界的空间尺度

空间尺度/m	实物	空间尺度/m	实物
10^{26}	宇宙大小	10^{6}	地球半径
10^{23}	星系团大小	10^{3}	地球上的高山
10^{21}	地球到最近的河外星系的距离	1	人的身高
10^{20}	地球到银河系中心的距离	10^{-3}	一颗细砂粒
10^{16}	地球到最近的恒星的距离	10^{-5}	细菌
10^{12}	冥王星的轨道半径	10^{-8}	大分子
10^{11}	地球到太阳的距离	10^{-10}	原子半径
10^{9}	太阳的半径	10^{-15}	原子核、质子和中子
10^{8}	地球到月球的距离	10^{-18}	电子和夸克

2. 时间尺度

从物理学研究对象所涉及的时间尺度来看相差也是很大的，我们所知的宇宙的年龄至少为100亿年，数量级为 10^{18} s，而粒子物理实验表明，有一类基本粒子的寿命为 10^{-25} s，两者相差

43 个数量级！表 0-2 列出了物理世界中各种实物的时间尺度的数量级。

表 0-2　物质世界的时间尺度

时间尺度/s	实物运动的周期、寿命或半衰期	时间尺度/s	实物运动的周期、寿命或半衰期
10^{18}	宇宙年龄	1	脉冲星周期
10^{17}	太阳和地球的年龄，^{238}U 的半衰期	10^{-3}	声振动周期
10^{16}	太阳绕银河中心运动的周期	10^{-6}	μ 子寿命
10^{11}	^{226}Ra 的半衰期	10^{-8}	π^+、π^- 介子寿命
10^{9}	哈雷彗星绕太阳运动的周期	10^{-12}	分子转动周期
10^{7}	地球公转周期	10^{-14}	原子振动周期
10^{4}	地球自转周期	10^{-15}	可见光
10^{3}	中子寿命	10^{-25}	中间玻色子 Z^0

既然物理世界在时空尺度上跨越了这么大的范围，我们进行描述也自然要把它划分为许多层次，在每个层次里，物质的结构和运动规律将表现出不同特色。凡速度 v 接近光速 c 的物理现象，称为高速现象，$v \ll c$ 的称为低速现象。在物理上，把原子尺度的客体叫作微观系统，大小在人体尺度上下几个数量级范围之内的客体，叫作宏观系统。如果把物理现象按空间尺度来划分可分为三个区域：量子力学、经典物理学和宇宙物理学。如果把物理现象按速率大小来划分，可分为相对论物理学和非相对论物理学。人类对物理世界的认识首先从研究低速宏观现象的经典物理学开始，到 20 世纪初才深入扩展到高速、微观领域的相对论和量子力学。

时空为世间万物的存在和演化提供了舞台，对宇宙的探索是人类自远古以来就孜孜以求的目标之一，中文里"宇宙"中的"宇"指上下四方的空间，"宙"指古往今来的时间，对宇宙及世间万物的认识就构成了人们的世界观。

0.4　物理学是科学的世界观和方法论的基础

物理学描绘了物质世界的一幅完整图像，它揭示出各种运动形态的相互联系与相互转化，充分体现了世界的物质性与物质世界的统一性。19 世纪中期发现的能量守恒定律，被恩格斯称为伟大的运动基本定律，它是 19 世纪自然科学的三大发现之一和唯物辩证法的自然科学基础。著名的物理学家法拉第、爱因斯坦对自然力的统一性怀有坚定的信念，他们一生都在矢志不渝地为证实各种现象之间的普遍联系而努力着。

物理学史告诉我们，新的物理概念和物理观念的确立是人类认识史上的一次飞跃，只有冲破旧的传统观念的束缚才能得以问世。例如普朗克的能量子假设，由于突破了"能量连续变化"的传统观念，而遭到当时物理学界的反对。普朗克本人也由于受到传统观念的束缚，在他提出能量子假设后多年，长期惴惴不安，一直徘徊不前，总想回到经典物理的立场。同样，狭义相对论也是爱因斯坦在突破了牛顿的绝对时空观的束缚后而建立起来的。而洛伦兹由于受到绝对时空观的束缚，虽然提出了正确的坐标变换式，但却不承认变换式中的时间是真实时间，因此一直没有提出狭义相对论。这说明，正确的科学观与世界观的确立对科学的发展具有重要的作用。

物理学是理论和实验紧密结合的科学。物理学中很多重大的发现、重要原理的提出和发展都体现了实验与理论的辩证关系：实验是理论的基础，理论的正确与否要接受实验的检验，而理论对实验又有重要的指导作用，两者的结合推动物理学向前发展。一般物理学家在认识论上都坚持科学理论是对客观实在的描述，著名理论物理学家薛定谔声称，物理学是"绝对客观真理的载体"。

综上所述，通过物理教学培养学生正确的世界观是物理学科本身的特点，是物理教学的一种优势。要充分发挥这一优势，就要提高自觉性，把世界观的培养融入教学中去。

一种科学理论的形成过程离不开科学思想的指导和科学方法的应用。科学的思维和方法是在人的认识上实现从现象到本质，从偶然性到必然性，从未知到已知的桥梁。传统教学有一种误解，认为事实或知识是纯客观的，学生获得知识，了解事实，只需要把它们从外界搬到记忆中，死记硬背就行了。其实不然，一种知识、一个事实，都有主观成分。当应用科学理论把它演绎出来后，才完成对它的说明或解释，才把无意义的信息、观测数据转化为有意义的知识或事实，并凝练成科学的思维方法。科学方法是学生在学习过程中打开学科大门的钥匙，在未来进行科技创新的锐利武器，教师在向学生传授知识时，要启迪和引导学生掌握本课程的方法论，这是培养具有创造性人才所必需的。

0.5   物理学的社会教育和思想文化功能

1. 科学的双重功能

把物理学仅仅看成一门专业性的自然科学是不全面的。从物理学的发展史可以看出，物理学的基本观点是人们自然观和宇宙观的重要组成部分。近代科学的发展过程首先是天文学和物理学的发展过程，是从无知和偏见中解放出来的过程，也是人们从漫长的中世纪社会中解放出来的过程。这一过程在20世纪发展到一个更高的阶段，相对论和量子力学的建立不仅是物理学上的伟大革命，而且常被认为是第三次科学革命，也可以说是人类思想史上的伟大革命。

马克思在一百多年前就曾说过，科学是"最高意义上的革命力量"。1883年马克思逝世时，恩格斯致悼词说："在马克思看来，科学是一种在历史上起推动作用的、革命的力量。任何一门理论科学的每一个新发现，即使它的实际应用甚至还无法预见，都使马克思感到衷心喜悦，但是，当有了立即会对工业、对一般历史发展产生革命影响的发现的时候，他的喜悦就完全不同了。"

爱因斯坦也说过："科学对于人类事务的影响有两种方式，一是大家都熟知的：科学直接地、并在更大程度上间接地生产出完全改变了人类生活的工具；二是教育的性质——它作用于心灵。"

21世纪物理学的"文化味"越来越浓，也就是说，它日益成为社会一般知识、社会一般意识形态的重要组成部分了。下面将列举一些特点来说明：物理学既是科学，也是文化；首先是科学，但同时又是一种高层次、高品位的文化。

2. 物理学是"求真"的

物理学研究"物"之"理"，从一开始就具有彻底的唯物主义精神，一切严肃而认真的物理学家都会坚持"实践是检验真理的唯一标准"这个原则，并且这种"实践"在物理学中发展出了特定的"实践"方法，具有其他学科还达不到的精密程度，再结合严格的推理，发展出了一套成功的物理学研究方法，进而不断发现新的物理规律。规律是真理，而这种"真理"又都是相对真理。物理学家清醒地懂得：一切具体的真理都是相对的而非绝对的，我们只能通过对相对真理的认识不断逼近绝对真理。因此，迷信历史上的权威和原有的认识是不对的，企图追求一种终极的理论也是不对的。

3. 物理学是"至善"的

物理学致力于把人从自然界中解放出来，导向自由，帮助人认识自己，促使人的生活趋于高尚，从根本上说，它是"至善"的。从400多年的历史来看，物理学已经历了几次革命：力学率先发展，完成了物理学的第一次大综合，这是第一次革命；第二次是能量守恒定律的建立，完成了力学和热学的综合；第三次是把光、电、磁三者统一起来的麦克斯韦电磁理论的建立；到 20 世纪，第四次革命则是由相对论和量子力学带动起来的。每一次革命都会产生观念上的深刻转变，而处在每一转变时期的物理学，在本质上都是批判性的。但是，这种批判是非常平心静气的、讲道理的，高明的后辈物理学家总是非常尊重前辈物理学家，在肯定他们杰出的历史功绩的同时，根据实验事实和时代发展的需要，指出他们的不足或片面之处，从而达到认识上的飞跃，建立新理论。新理论绝不是对旧理论的简单否定，而是一种批判的继承和发展，是认识上的一种螺旋式上升。新理论必须把旧理论中经过实践检验为正确的那一部分很自然地包含或融入在内。高明的物理学家又是务实的，他们绝不会让自己处于一种旧的"破"掉了、而新的又"立"不起来，以致两手空空的僵局。物理学，尤其是量子力学发展史在这方面提供的经验，是值得其他科学借鉴的。

不过，物理学也有自己的教训。有过这样一段历史时期，物理学受到"哲学"的外来干预，有些人喜欢对各种物理理论简单地贴上"唯心论"或"唯物论"的标签。例如，量子力学的"哥本哈根观点"就常被扣上一顶"唯心论"的帽子。历史事实已经证明，这种态度对科学的发展是非常有害的，那些批评者远远没有被批评者高明。我们必须看到，重要的是前辈物理学家说对了或做对了什么（哪怕是不明显地或不自觉地），而不是他们曾讲错了一两句什么话，因为在他们那时讲错一两句话，跟今天的我们多讲对一两句话一样，都是毫不稀奇的事情。人类知识的发展从来都是一种集体积累的、长期而曲折的过程，这个过程永远不会终结。在科学探索中，我们一定要有这种历史的观点和"宽以待人、严以律己"的态度。物理学之所以发展得这样快，就是由于在主流上一直有着这种良好的或者说宽松和务实的研究传统和学术氛围。

4. 物理学是"美"的

如果几千年前人们要问"大地是圆的还是方的"，几百年前人们关心"地球是不是位于宇宙的中心"，那么今天人们要关心的问题就不仅是"宇宙演化的过去、现在和将来"，而是"人类的生存环境究竟怎样""能源问题的出路何在""我们的子孙将生活在一个什么样的世界"，等等。我们应当引导青少年从小就关心这样的问题，启发他们思考新的问题。

1969 年法国数学家曼德布罗特提出了一个问题："英国的海岸线究竟有多长？"乍一听来，这是一个无意义的问题。其实不然，海岸线总是曲曲折折的，你测量时究竟用怎样的标度，是用望远镜、普通的尺子、放大镜，还是用显微镜？对这一问题的深入研究导致一门新学科的产生，即所谓分形（fractal）或自相似理论。人们一旦理解了之后，马上会惊奇地发现，自然界原来存在那么多的"分形"或"自相似结构"（局部中又包含整体的无穷嵌套的几何结构）。例如，溶液中结晶的析出过程、固体金属的断裂面、生物体中的 DNA 构型、人体中血管从主动脉到微血管的分支构造、人肺中肺泡的空间结构，等等。

与非线性运动中的混沌现象相伴随的图形，仔细分析起来，往往具有分形的构造。今天已能用计算机将这种图形放大并用彩色绘制出来，它们美丽的程度是惊人的。几百年来，人们对物理学中的"简单、和谐、美"赏心悦目，赞叹不已。事实上，对这三个词含义的理解不断地随时间而深化，这是一种不断地再发现和再创造的过程。首先，物理规律在各自适用的范围内有其普遍的适用性（普适性）、统一性和简单性，这本身就是一种深刻的"美"。表达物理规律的语言是数学，而且往往是非常简单的数学，这又是一种微妙的美。其中，物理学家不仅发现了对称的美，也发现了不对称的美，更妙的是发现了对称中不对称的美与不对称中对称的美。再说"和谐"，人们曾经以为，只有将相同的东西放在一起才是和谐的，而物理学，特别是量子物理学的发展揭示的真理证明了古希腊哲学家赫拉克利特的话是对的："自然……是从对立的东西产生和谐，而不是从相同的东西产生和谐。"至于"简单"，人们曾以为原子是最简单且不可分的物质，后来知道它不简单，可以分，一直分到了"粒子"，如中子、质子、电子。它们

"简单"吗？非常不简单，用粒子打它，它照样可以"分"，并且变出许多新的粒子来。一个粒子的稳定存在是与环境分不开的，如一个中子在不同的核环境下就有不同的寿命（半衰期）。"一个多体体系是由单体组成的，单体的存在是多体存在的前提。"这话不错，但只说了一半，另一半应该是："单体的稳定性（粒子的质量和寿命等性质）是由多体（环境）所保证（或赋予）的，多体的存在是单体存在的前提。"当我们深入到小宇宙去的时候，时刻也不能忘记作为背景的大宇宙的存在。中国古代哲学讲"天人合一"，包含深刻的道理，我们前面说到希腊的原子论观点还需要中国"元气"学说作为补充，也是这个缘故，在我们看来，现代物理学的发展正在把东西方的智慧融合起来，并生长出真正的（非外来的）自然哲学，而这种哲学对于我们自己怎样做好一个现代人，并成为现代社会中的一个深思熟虑、负责任而有远见的成员，具有深刻的启迪。

中华民族要在21世纪屹立于世界民族之林，就必须在科学技术上迎头赶上发达国家，而科学技术的灵魂在于创新，创新需要很高的理论水平。现象往往是十分复杂而丰富多彩的，而探索其背后的本质，则是科学的任务。爱因斯坦说："从那些看来与直接可见的真理十分不同的各种复杂现象中认识到它们的统一性，那是一种壮丽的感觉。"科学的统一性本身就显示出一种崇高的美。李政道也认为："科学和艺术是不可分割的，就像一枚硬币的两面，它们共同的基础是人类的创造力，它们追求的目标都是真理的普遍性，普遍性一定植根于自然，而对它的探索则是人类创造性的最崇高表现。"吴健雄则指出："为了避免出现社会可持续发展中的危机，当前一个刻不容缓的问题是消除现代文化中两种文化——科学文化和人文文化——之间的隔阂。"而为了加强这两方面的交流和联系，没有比大学更合适的场所了。只有当两种文化的隔阂在大学校园里加以弥合之后，我们才能对世界给出连贯而令人信服的描述。

0.6 科学教育的目标及性质

科学教育所追求的目标或所要解决的问题是培养学生如何研究客观世界及其规律，认识客观世界及其规律，进而改造客观世界，其本质是求真。科学知识是科学教育的内容，它不带任何感情色彩，不以人的意志和感情为转移。人们的活动越符合客观世界及其规律就越科学，越真实。因此，科学教育的内容是一个关于客观世界的知识体系、认识体系，是逻辑的、实证的、一元的，是独立于人的精神世界之外的。

科学求真但不能保证其方向正确。科学教育之所以重要主要是因为如下几方面的原因：

（1）科学知识是生产力发展的源泉，生产力的发展直接依赖于科学知识的发展，"科学技术是第一生产力"。

（2）科学思想是正确思想的基础，科学思想主要是严密的逻辑思维，保持前后的一致性、连贯性，因此它是正确思想的基础。

（3）科学方法是事业成功的前提，科学方法是科学知识按照科学思想付诸行动的行为，这能保证行为是正确的，实施是成功的。

（4）科学知识是先进文化的代表，科学知识是反对愚昧落后、封建迷信的有力武器。

（5）科学精神是科学发展的动力，科学精神是求真、求实、创新、质疑、刻苦耐劳、敬业奉献、不怕牺牲的精神，这是科学的精髓。科学精神一直是科学技术发展的内在动力，科学实践的范式。离开这种科学精神的激励和导向，近现代科学获得迅速发展是不可想象的。此外，科学精神是一种社会力量，它所揭示的真、善、美，它在活动中形成的科学共同体的精神准则和范式，科学家的人格精神力量，历来是社会精神文明、思想道德和世界观、人生观及价值观建设的重要源泉。科学精神本质上就是求真的人文精神。

第1章 质点的运动

历史背景与物理思想发展

力学是物理学中发展最早的一个分支，它和人类的生活与生产联系最为密切。早在遥远的古代，人们就在生产劳动中应用了杠杆、滑轮和斜面等简单机械，从而促进了静力学的发展。古希腊时代，就已形成比重和重心的概念，出现杠杆原理；阿基米德的浮力原理提出于公元前200多年。我国古代的春秋战国时期，以《墨经》为代表作的墨家，总结了大量力学知识，如时间与空间的联系、运动的相对性、力的概念、杠杆平衡、斜面的应用以及滚动和惯性等现象的分析，涉及力学的许多分支。虽然这些知识尚属力学科学的萌芽，但在力学发展史中有一定的地位。

16世纪以后，由于航海、战争和工业生产的需要，力学的研究得到了真正的发展。钟表工业促进了匀速运动理论的发展；水磨机械促进了摩擦和齿轮传动的研究；火炮的运用推动了抛射体的研究。天体运行的规律提供了机械运动最纯粹、最精确的数据资料，使人们有可能排除摩擦和空气阻力的干扰，得到规律性的认识。天文学的发展为力学找到了一个最理想的"实验室"——天体。但是，天文学的发展又和航海事业分不开，直到17世纪，资本主义生产方式开始兴起，海外贸易和对外扩张刺激了航海的发展，人们才发现对天文进行系统观测的迫切要求。第谷·布拉赫顺应了这一要求，以毕生精力采集了大量观测数据，为开普勒的研究做了准备。开普勒于1609年和1619年先后提出了行星运动的三条规律，即开普勒三定律。

13～14世纪，英国牛津大学的梅尔顿学院集聚了一批数学家，对运动的描述进行了研究，他们提出了平均速度的概念，后来又提出加速度的概念。不过，他们从未用之于落体运动。以伽利略为代表的物理学家对力学开展了广泛研究，得到了落体定律。伽利略的两部著作：《关于托勒密和哥白尼两大世界体系的对话》（1632）和《关于力学和运动两种新科学的谈话》（简称《两门新科学》）（1638），为力学的发展奠定了思想基础。随后，牛顿把天体的运动规律和地面上的实验研究成果加以综合，进一步得到了力学的基本规律，建立了牛顿运动三定律和万有引力定律。牛顿建立的力学体系经过D. 伯努利、拉格朗日、达朗贝尔等人的推广和完善，形成了系统的理论，取得了广泛的应用并发展出了流体力学、弹性力学和分析力学等分支。到了18世纪，经典力学已经相当成熟，成了自然科学中的主导和领先学科。

自然界中众多的运动形式中，机械运动是最直观、最简单、也最便于观察和最早得到研究的一种运动形式。但是，任何自然界的现象都是错综复杂的，不可避免地会有干扰因素，不可能以完全纯粹的形态自然地展现在人们面前。因此，人们要从生产和生活中遇到的各种力学现象中抽象出客观规律，必定要有相当复杂的提炼、简化、复现、抽象等实验和理论研究的过程。和物理学的其他领域相比，力学的研究经历了更为漫长的过程。从古希腊时代算起，这个过程几乎达2000年之久。之所以会如此漫长，一方面是由于人类缺乏经验，走弯路在所难免，只有在研究中自觉或不自觉地摸索到了正确的研究方法，才有可能得出正确的科学结论；另一方面是生产水平低下，没有适当的仪器设备，无法进行系统的实验研究，难以认识和排除各种干扰。

例如，摩擦和空气阻力对力学实验来说恐怕是无法避免的干扰因素，如果不加分析，凭直觉进行观察，往往得到错误结论。例如亚里士多德认为的物体运动速度与外力成正比、重物下落比轻物快以及后来人们用"冲力"解释物体的持续运动和用"自然界惧怕真空"来解释抽水唧筒等种种论点，它们看起来确实与经验没有明显的矛盾，所以长期没有人怀疑。而伽利略和牛顿的功绩，就是把科学思维和实验研究正确地结合到了一起，从而为力学的发展开辟了一条正确的道路。

1.1 参考系 质点

雷达被誉为战场上的"千里眼"，是现代武器效能的倍增器，在信息化战争中发挥着无可替代的巨大作用。在诸多雷达中，对目标进行空间定位的雷达是常见的雷达之一，其主要功能是测量目标的三维坐标参量。

那么，在雷达工作的过程中，它的具体测量原理是什么？

物理现象

物理学基本内容

为了找出物体随时间发生的各种变化所遵循的规律，我们必须首先描述这些变化，并用某种方式把它们记录下来。在物体中要观察的最简单的变化就是物体的位置随时间的改变，我们把它称之为机械运动。飞机起飞前，必须沿着跑道滑行多远的距离才能达到起飞的速度？战机在做高速转弯动作时，飞行员为什么会出现黑视的现象？在本章中，你将学会回答这些运动学问题，首先我们来建立研究对象的物理模型。

1.1.1 质点

物体是研究对象的统称，实际物体总有一定的大小、形状和内部结构，而且一般说来，它们在运动中可以同时有旋转、变形等，物体内部各点的位置变化各不相同，对物体运动的描述变得十分困难。但是，如果物体的大小和形状在所研究的问题中不起作用或作用很小，或者说把物体的大小和形状对运动有影响的情况另行研究，我们就可以忽略物体的大小和形状，而把物体抽象为只有质量而没有形状和大小的几何点，这样的研究对象在力学中称为质点。例如，当我们讨论飞机的航线飞行时，并不涉及飞机姿态变化所引起的各部分运动的差别，飞机的形状、大小无关紧要，因此可以把飞机看作一个质点。质点的机械运动只涉及它的位置变化，不涉及形状变化等其他问题。

实际物体抽象为点模型——既无表观形貌，也无内部结构，仅占据空间位置，且含有质量，不论从哪个方向去观察均是一样的，即具有空间各向同性（物理性质不随量度方向变化的特性，即沿物体不同方向所测得的性能，显示出同样的数值）。因此，基于点模型而建立的物理学理论，从头开始就已经隐含着对空间同性的认识。

一个物体是否能被视为质点是相对的，需要具体问题具体分析。

一般的情况下，实际物体都可以通过无限小分割（微分），使每个微元可看成质点，整个物体就可以看成是由无限多个质点组成的。因此，任何物体都能看作质点的集合。所以，讨论质点的运动规律，也就构成了讨论任何复杂事物运动规律的基础。

理想化模型方法又称为理想化方法，是物理数学建模中常用的方法。它是从观察和经验中通过想象和逻辑思维，把对象简化，使其升华到理想状态，以期更本质地揭示对象的固有规律。理想化模型方法是科学研究中具有创造性思维的基本方法之一。它主要是在大脑中设立理想的模型，通过思想实验的方法来研究客体运动的规律。一般的操作程序为：首先要对经验事实进行抽象，形成一个理想客体，然后通过思维的想象，在观念中模拟其实验过程，把客体的现实运动过程简化为一种理想化状态，使其更接近理想指标的要求。

如何设立理想模型是理想化方法的关键。理想模型建立的根本指导思想是最优化原则，即在经验的基础上设计最优的模型结构，同时也要充分考虑到现实存在的各种变量的可能性，把理想化与现实性结合起来。那么在物理学中，除了质点的模型外，还有哪些理想化模型，又是如何简化的呢？

思维拓展

1.1.2　参考系

任何物体都在永恒不停地运动着，绝对静止的物体是没有的。例如，静止在地球上的物体看起来是静止的，但是它们和地球一起绕着太阳转动，并和地球一起绕着地轴转动，即参与地球的公转和自转运动。太阳也不是不动的，它相对银河系的中心运动，甚至我们所在的银河系，从银河系以外的其他星系来看，也是运动着的。这些事实表明，运动是普遍的、绝对的，而"静止"只有相对的意义。

虽然运动具有绝对性，但是，我们对运动情况的具体描述则具有相对性。因此描述物体的运动时，必须首先选定一个参照物，一般称其为参照系或参考系。

在运动学中，参考系的选择是任意的。描述同一物体的运动时，选用不同的参考系可以得到不同的结果。例如，飞机飞行时，对固连于飞机的参考系来说，飞机中坐着的飞行员是静止的，而对固连于地面塔台的参考系来说，飞行员则是随飞机一起运动的。因此，要描述物体的运动，首先必须指明是相对哪一个参考系才有意义。

最常用的参考系是地球表面。当然，根据研究问题的不同还可以选其他物体作为参考系。实际工作中参考系的选取要考虑运动的性质和研究的方便以及描述结果的简单性。

1.1.3　坐标系

有了参考系，我们就可以定性地描述物体的运动。但是作为一个科学的理论，要对运动进行定量的描述。为了定量描述物体的运动，应将参考系进行量化。量化后的参考系就称为坐标系。量化方式的不同就形成了不同的坐标系。坐标系是参考系的一个数学抽象，建立坐标系时应该明确坐标原点、正方向、标度单位三个坐标要素。

在同一个参考系中，可以选择不同的坐标系，根据研究的问题恰当地选择坐标系，可以使问题的处理得到简化。质点运动学经常采用直角坐标系（见图 1-1）、极坐标系、自然坐标系、柱坐标系和球坐标系，飞机运动中经常采用机体坐标系、气流坐标系、航迹坐标系等。

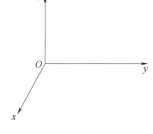

图 1-1

1.1.4　时间

物体运动总是与空间和时间相联系的。物体运动的进行总意味着时间的变化。因此，描述物体运动总会碰到时间的问题，例如，位置随时间的变化，速度随时间的变化等。从数学上看，我们描述运动的物理量总是用以时间为自变量的函数表示的。应该注意的问题是与运动质点的位置相对应的是时刻，与该质点所经过的某一段路程相对应的是时间。

时间和空间究竟意味什么？这种物理学中深刻的哲学命题必须十分小心地加以分析，而这并不是容易做到的。相对论表明空间和时间并不如人们乍一想象得那么简单。然而，就我们当前的目的而言，对我们在开始时所要求的精确度来说，我们假设时间和空间是绝对的。

三维雷达就是能同时测定空中目标的距离、方位以及仰角（或高度）三个坐标参量。想要获得三个坐标参量，就必须先建立雷达坐标系。如图所示[⊖]，方位角确定通常以地球的正北方向为坐标的参考方向，如果雷达所在点到目标的距离为目标距离 r，以目标距离与雷达的连线在地面上的投影与正北方向夹角 α，即为方位；仰角的确定是根据目标与雷达的连线与其在水平方向上的投影的夹角，即仰角 β。 现象解释

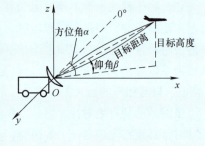

雷达工作时，首先在水平方向上扫描，利用探测到目标的波束偏离参照方向的角坐标，可得目标的方位角 α；并通过测量雷达电磁波从发射、反射到接收经历的时间间隔 t，以及电磁波的速率 c，可以得到与目标间的距离为 $r = ct/2$。然后在竖直方向上扫描，根据波束与其在水平面上的投影线的夹角，即可获得仰角 β；再通过三角函数关系，可以进一步得到目标的高度 $h = r\sin\beta$。

 物理知识拓展

地面坐标系

地面坐标系是固定在地球表面的一种坐标系。例如，描述飞行器运动的地面坐标系 $A(x_d, y_d, z_d)$ 是固定在地球表面的一种坐标系。原点 A 位于地面任意选定的某固定点（如飞机起飞点、导弹发射点）；Ax_d 轴指向地平面某任意选定方向；Ay_d 轴铅垂向上；Az_d 轴垂直 Ax_d 和 Ay_d 平面，并按右手定则确定。飞行器的位置和姿态以及速度、加速度等都是相对于此坐标系来衡量的。

地理坐标系

地理坐标是用纬度、经度表示地面点位置的球面坐标。用全球统一的坐标系和经纬度来描述飞机的位置是现代飞行领航的基本要求。有了地理坐标系，我们就可以用经纬度来统一表示世界上所有的机场、电台、航路点以及飞机的位置了。

航空位置

在飞行导航中表示飞机位置有两种方法：一是用飞机离航线已知点的已飞距离或未飞距离和飞机偏航距离表示飞机的相对位置；二是用地理坐标的经度、纬度表示飞机的绝对位置。在飞机导航计算机采用经度、纬度显示位置时，需要确定经度、纬度与飞行距离的关系。地球表面距离与经度、纬度的关系由图 1-2 可知。

地球为一旋转椭球体，为领航上使用方便，常把地球近似看成 $R = 6371 \text{km}$ 的正球体，球心角为 360°。

⊖　陈蕾蕾. 物理与军事［M］. 北京：高等教育出版社，2016.

由此可知，1°球心角沿经线方向量度，对应距离约为 111km 或 60n mile（海里）（1n mile＝1.852km），即纬度 1°对应球面距为 111km 或 60n mile；在赤道上沿纬线方向量度，经度 1°对应的球面距离约为 111km 或 60n mile。在不同纬线上经度 1°对应的距离为该纬度上的纬线长 $s = rd\lambda = R\cos\varphi d\lambda$。因此，在不同纬线上经度 1°与距离的对应关系为 $1° = 111\cos\varphi$。飞行中可用领航计算尺进行换算。

大圆航线

在地球表面上沿两点间大圆圈建立的航线叫大圆航线。一般情况下，大圆航线与经线夹角都不相同。因此，飞行中以从航线起点经线北端顺时针方向到航线去向的夹角定义为航线角，范围 0°～360°（见图 1-3）。从图 1-3 中看出：$\overset{\frown}{AC}$ 和 $\overset{\frown}{AB}$ 为球面上的经线弧，$\overset{\frown}{CB}$ 为球面上的大圆航线，$\triangle ABC$ 为球面三角形，边长 a、b、c 用角度表示，球面三角形内角为 A、B、C。设航线起止点坐标分别为 $C(\varphi_1, \lambda_1)$，$B(\varphi_2, \lambda_2)$，由球面三角形余弦定律可得

$$cosa = \sin\varphi_1\sin\varphi_2 + \cos\varphi_1\cos\varphi_2\cos(\lambda_2 - \lambda_1)$$

例如某飞机航线起点坐标（$\varphi_1 = 30°N$，$\lambda_1 = 100°E$），终点坐标（$\varphi_2 = 50°N$，$\lambda_2 = 120°E$），则通过计算可以得出航线距离为 $s = 25° \times \dfrac{2\pi}{360°} \times 6371km = 2778km$

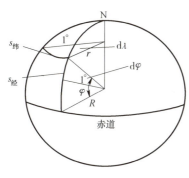

图 1-2

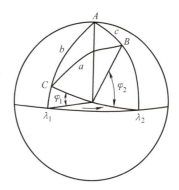

图 1-3

通过上面的分析可知，大圆航线的优点是飞行距离比其他航线短；缺点是航线角与飞机所在位置真航线角不同，需要有陀螺系统的罗盘才能飞行。除了沿赤道和经线飞行，大圆航线角和距离等于等角航线角和距离外，大圆航线的飞行距离比等角航线短。什么是等角航线呢？

飞行航线与航线经过各点的经线夹角都相等的航线称为等角航线（图 1-4 中 $\alpha_1 = \alpha_2 = \alpha_3 = \alpha_4 = \alpha_5$）。等角航线航线角可以从航线任意点的经线北端顺时针方向进行量度，范围为 0°～360°。等角航线的特点是航线角可以从任意位置经线开始量取，飞行员在飞行中也不需要改变航线角。飞行操作比较方便，但航线距离略大于大圆航线长。采用现代导航计算机的飞机，其等角航线距离可用计算机计算。

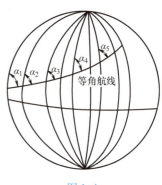

图 1-4

1.2　描写运动的四个物理量

卫星导航系统具有全天候、高精度和自动测量的特点，北斗卫星导航系统是我国自主研发、独立运行的全球卫星导航系统。在军事上，卫星导航系统可为空中、地面、海面以及海面之下的各种人员车辆、飞机导弹、舰艇潜艇等进行定位和导航。

那么，北斗卫星导航系统是如何准确对地面物体进行定位的呢？

物理现象

物理学基本内容

1.2.1 位置矢量

要描述质点的运动，首先要描述质点的位置。如图1-5所示，在坐标原点为 O 的参考系中，质点在时刻 t 运动到 P 位置，我们从坐标原点向质点 P 引一条有向线段 $\overrightarrow{OP}$，并记作矢量 r。r 的方向确定了 P 点相对于坐标原点的方位，r 的大小就是 P 点到原点的距离，这样 P 点的位置就完全确定了。我们把用来确定质点位置的这一矢量 r 叫作质点的位置矢量，简称位矢。

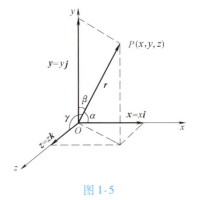

图1-5

质点运动时，其位矢 r 随时间变化，即

$$r = r(t) \tag{1-1}$$

式（1-1）表示位矢 r 随时间 t 变化的函数关系，称为质点的运动学方程。质点运动学方程包含了质点运动中的全部信息，是解决质点运动学问题的关键所在。

在直角坐标系中，位矢 r 也可以用它在坐标轴的分量 x、y、z 来表示，即

$$r = xi + yj + zk \tag{1-2}$$

位矢的大小为

$$r = |r| = \sqrt{x^2 + y^2 + z^2} \tag{1-3}$$

位矢的方向用方向余弦表示为

$$\cos\alpha = \frac{x}{r}, \quad \cos\beta = \frac{y}{r}, \quad \cos\gamma = \frac{z}{r} \tag{1-4}$$

α、β、γ 分别是 r 与 x、y、z 三个坐标轴正方向之间的夹角。

在直角坐标系中，质点的运动学方程［式（1-1）］也可以用坐标轴上的分量表示为

$$x = x(t), \quad y = y(t), \quad z = z(t) \tag{1-5}$$

质点运动时所经过的空间点的集合称为轨迹（或轨迹曲线）。描写此曲线的数学方程称为轨迹方程。在运动学方程的分量式中消去时间参量 t 就得到质点运动的轨迹方程。

矢量式和分量式所反映的物理内容是相同的，矢量式与坐标系的选取无关，用矢量式描述物理规律，其方程式的形式具有不变性，而且形式简洁，物理意义明确；分量式是代数式，便于具体计算。一般来说，描述物理规律用矢量式，解题运算用代数式。分量式在不同的坐标系中有不同的表达形式，选取恰当的坐标系，突出简单性原则，是解决物理问题的基本技能之一。

1.2.2 位移矢量

质点在一个时间段内位置的变化可以用质点初时刻位置指向末时刻位置的矢量来描写，这个矢量叫位移矢量，简称位移，常用 Δr 来表示。

如图1-6所示，质点 t 时刻在 P_1 点，位矢为 r_1，$t + \Delta t$ 时刻在 P_2 点，位矢为 r_2，则由位移矢量的定义可知，该时间段内质点的位移为

$$\Delta \boldsymbol{r} = \boldsymbol{r}_2 - \boldsymbol{r}_1 \qquad (1\text{-}6)$$

在直角坐标系中，位移可以表示为

$$\Delta \boldsymbol{r} = \boldsymbol{r}_2 - \boldsymbol{r}_1 = (x_2 - x_1)\boldsymbol{i} + (y_2 - y_1)\boldsymbol{j} + (z_2 - z_1)\boldsymbol{k}$$

$$= \Delta x\boldsymbol{i} + \Delta y\boldsymbol{j} + \Delta z\boldsymbol{k}$$

$$(1\text{-}7)$$

可见，位移矢量在三个坐标轴上的分量为

$$\Delta x = x_2 - x_1,\ \Delta y = y_2 - y_1,\ \Delta z = z_2 - z_1$$

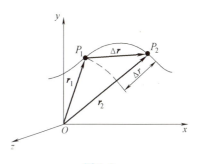

图 1-6

若知道了位移矢量的三个分量 Δx、Δy 和 Δz，则位移的大小和方向余弦可以按照求位矢的大小和方向时所用的方法求出，即

$$|\Delta \boldsymbol{r}| = \sqrt{(\Delta x)^2 + (\Delta y)^2 + (\Delta z)^2} \qquad (1\text{-}8)$$

$$\cos\alpha = \frac{\Delta x}{|\Delta \boldsymbol{r}|},\ \cos\beta = \frac{\Delta y}{|\Delta \boldsymbol{r}|},\ \cos\gamma = \frac{\Delta z}{|\Delta \boldsymbol{r}|} \qquad (1\text{-}9)$$

位移与参考系有关，同一个质点的位移，其大小和方向在不同参考系中是不相同的，如从运动火车和静止地面两个参考系观察火车上小球的竖直上抛运动，结果是不同的。

需要指出的是，图 1-6 中质点运动的实际路径是 P_1 与 P_2 两点之间的弧长 $\overset{\frown}{P_1 P_2}$，其长度即路径的长度叫路程，常用 s 或 Δs 表示。路程是标量，只有大小，没有方向。一般情况下路程并不等于位移的大小，即 $\Delta s \neq |\Delta \boldsymbol{r}|$。但是在 $\Delta t \to 0$ 时，路程等于位移的大小，即 $\mathrm{d}s = |\mathrm{d}\boldsymbol{r}|$。

特别注意，运动过程中质点到原点 O 的距离 r 的变化用 $\Delta r = \Delta |\boldsymbol{r}|$ 表示（见图 1-6）。在一般情况下，它与位移的大小 $|\Delta \boldsymbol{r}|$ 也不相等，即 $\Delta r \neq |\Delta \boldsymbol{r}|$。例如圆周运动中，若以圆心为坐标原点，则质点到原点 O 的距离 r 是一个常量，即有 $\Delta r = 0$，但是质点位移的大小 $|\Delta \boldsymbol{r}|$ 则显然不为零。

1.2.3　速度矢量

位置变化的快慢和方向用速度来描述，它也是一个矢量。

平均速度：在一段时间内，质点的位移 $\Delta \boldsymbol{r}$ 和发生这段位移所经历的时间 Δt 之比称为质点在这一段时间内的平均速度，即

$$\bar{\boldsymbol{v}} = \frac{\Delta \boldsymbol{r}}{\Delta t} \qquad (1\text{-}10)$$

它的物理意义是单位时间内质点所发生的位移。平均速度是矢量，它的方向就是位移的方向。

在直角坐标系中，分量表示为

$$\bar{v}_x = \frac{\Delta x}{\Delta t},\ \bar{v}_y = \frac{\Delta y}{\Delta t},\ \bar{v}_z = \frac{\Delta z}{\Delta t}$$

显然，平均速度依赖于时间间隔 Δt，它只能粗略地刻画这段时间内质点运动的情况。一般质点运动的方向和快慢可能时刻都在变化，这就需要知道它在每个时刻的运动情况。

瞬时速度：无限短时间内质点位移与时间的比称作质点在 t 时刻的瞬时速度，简称速度，用 $\boldsymbol{v}$ 来表示。当 $\Delta t \to 0$ 时，根据高等数学关于极限的意义，速度可以表示为平均速度的极限，即

$$\boldsymbol{v} = \lim_{\Delta t \to 0} \bar{\boldsymbol{v}} = \lim_{\Delta t \to 0} \frac{\Delta \boldsymbol{r}}{\Delta t} = \frac{\mathrm{d}\boldsymbol{r}}{\mathrm{d}t} \qquad (1\text{-}11)$$

可见，速度为位矢对时间的变化率（或位矢对时间的一阶导数），是瞬时量，速度也与参考系有关，具有相对性。

在直角坐标系中，由位置矢量的分量形式，我们有

$$\boldsymbol{v} = \frac{\mathrm{d}\boldsymbol{r}}{\mathrm{d}t} = \frac{\mathrm{d}x}{\mathrm{d}t}\boldsymbol{i} + \frac{\mathrm{d}y}{\mathrm{d}t}\boldsymbol{j} + \frac{\mathrm{d}z}{\mathrm{d}t}\boldsymbol{k} = v_x\boldsymbol{i} + v_y\boldsymbol{j} + v_z\boldsymbol{k}$$

v_x、v_y、v_z 分别叫作速度的 x、y 和 z 分量，即

$$v_x = \frac{\mathrm{d}x}{\mathrm{d}t}, \ v_y = \frac{\mathrm{d}y}{\mathrm{d}t}, \ v_z = \frac{\mathrm{d}z}{\mathrm{d}t} \tag{1-12}$$

速度的大小由它的三个分量表示为

$$|v| = \sqrt{v_x^2 + v_y^2 + v_z^2} \tag{1-13}$$

速度是矢量，它的方向即 $\Delta t \to 0$ 时 $\Delta \boldsymbol{r}$ 的极限方向。如图 1-7 所示，当 $\Delta t \to 0$ 时 $\Delta \boldsymbol{r}$ 趋于轨道在 P_1 点的切线方向。所以我们说：速度的方向是沿着轨道的切向，且指向前进的一侧。质点的速度描述质点的运动状态，速度的大小表示质点运动的快慢，速度的方向即为质点的运动方向。

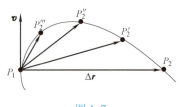

图 1-7

平均速率：有限长时间内质点路程 Δs 与时间 Δt 的比叫作平均速率。数学上表示为

$$\bar{v} = \frac{\Delta s}{\Delta t}$$

瞬时速率：无限短时间内质点路程与时间的比叫作瞬时速率，简称为速率。同样根据高等数学关于极限的意义，速率可以表示为平均速率的极限，即

$$v = \lim_{\Delta t \to 0}\frac{\Delta s}{\Delta t} = \frac{\mathrm{d}s}{\mathrm{d}t} \tag{1-14}$$

由于，$\Delta t \to 0$ 时 $\mathrm{d}s = |\mathrm{d}\boldsymbol{r}|$，所以 $v = \frac{\mathrm{d}s}{\mathrm{d}t} = \left|\frac{\mathrm{d}\boldsymbol{r}}{\mathrm{d}t}\right| = |\boldsymbol{v}|$，即速率等于速度矢量的大小。速度与速率的区别也是非常明显的，首先它们的定义是不同的，其次速度是矢量，而速率是标量。

卫星导航系统一般采用时间测速导航定位。时间距离导航的基本运动学原理是，用户通过测量从导航卫星发出的导航信号的传播时间，推算自己与导航卫星之间的距离，从而确定自己的瞬时所在位置。

现象解释

卫星导航系统全球组网运行，地面上任意一点都可以同时观测到 4 颗以上的卫星。在地心参考系中，假设 4 颗卫星在发射信号时的精确位置和时间分别是 (x_1, y_1, z_1, t_1)、(x_2, y_2, z_2, t_2)、(x_3, y_3, z_3, t_3)、(x_4, y_4, z_4, t_4)，信号传播速度即为光速 c，用户接收到这些信号的位置和时间是 (x, y, z, t)，则有

$$(x - x_1)^2 + (y - y_1)^2 + (z - z_1)^2 = c^2(t - t_1)^2$$

$$(x - x_2)^2 + (y - y_2)^2 + (z - z_2)^2 = c^2(t - t_2)^2$$

$$(x - x_3)^2 + (y - y_3)^2 + (z - z_3)^2 = c^2(t - t_3)^2$$

$$(x - x_4)^2 + (y - y_4)^2 + (z - z_4)^2 = c^2(t - t_4)^2$$

解上面的方程组就可以求出用户此地此时的位置和时间。上面各式中，用户的位置用三维直角坐标表示，实际应用中常用的坐标是经纬度和高程。上面各式中的时间都是卫星或接收机相对统一的基准时间[一]。

———————————

[一] 吴王杰. 大学物理学 [M]. 北京：高等教育出版社. 2019.

如果用户接收机连续不断地接收卫星信号，通过确定不同时刻的位置坐标就可以求出用户的速度。设用户在 t 时刻的瞬间位置为 (x, y, z)，在 t' 时刻的瞬时位置为 (x', y', z')，则用户在时间 $(t'-t)$ 内的平均速度为：$v_x = \dfrac{x'-x}{t'-t}$，$v_y = \dfrac{y'-y}{t'-t}$，$v_z = \dfrac{z'-z}{t'-t}$。由于 $(t'-t)$ 很小，因此根据上式求出的平均速度十分接近于瞬时速度。

1.2.4　加速度矢量

质点运动速度的大小或方向都是变化的，我们把描述速度变化快慢的物理量称为加速度，由于速度是矢量，所以无论质点的速度大小还是方向发生变化，都意味着质点有加速度。

如图 1-8 所示，质点在 t 时刻速度为 $\boldsymbol{v}_1$，在 $t + \Delta t$ 时刻速度为 $\boldsymbol{v}_2$，速度增量 $\Delta \boldsymbol{v} = \boldsymbol{v}_2 - \boldsymbol{v}_1$。

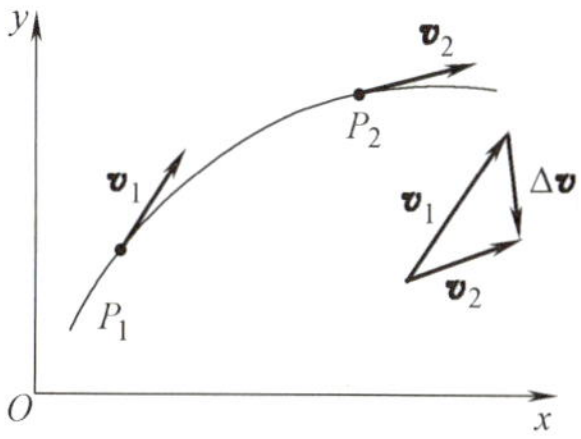

平均加速度：在有限长时间段内速度增量与时间的比叫作平均加速度。在数学上表示为

$$\overline{\boldsymbol{a}} = \frac{\Delta \boldsymbol{v}}{\Delta t} \tag{1-15}$$

图 1-8

平均加速度在课程学习中使用较少，它的分量形式这里就不介绍了。

瞬时加速度：在无限短时间内速度增量与时间的比叫作瞬时加速度，简称加速度，用 $\boldsymbol{a}$ 来表示。根据高等数学关于极限的意义，加速度可以表示为平均加速度的极限，即

$$\boldsymbol{a} = \lim_{\Delta t \to 0} \overline{\boldsymbol{a}} = \lim_{\Delta t \to 0} \frac{\Delta \boldsymbol{v}}{\Delta t} = \frac{\mathrm{d}\boldsymbol{v}}{\mathrm{d}t} = \frac{\mathrm{d}^2 \boldsymbol{r}}{\mathrm{d}t^2} \tag{1-16}$$

可见，加速度为速度对时间的变化率（速度对时间的一阶导数，或位置矢量对时间的二阶导数）。很明显，加速度与速度的关系类似于速度与位矢的关系。

加速度矢量 $\boldsymbol{a}$ 的方向为 $\Delta t \to 0$ 时速度变化 $\Delta \boldsymbol{v}$ 的极限方向。在直线运动中，加速度的方向与速度方向相同或相反，相同时速率增加，如自由落体运动；相反时速率减小，如竖直上抛运动。而在曲线运动中，加速度方向与速度方向并不一致，如斜抛运动中速度方向在抛物线轨迹的切向，而加速度方向始终在竖直向下的方向上。

在直角坐标系中，由速度矢量的分量形式，我们有

$$\boldsymbol{a} = \frac{\mathrm{d}\boldsymbol{v}}{\mathrm{d}t} = \frac{\mathrm{d}v_x}{\mathrm{d}t}\boldsymbol{i} + \frac{\mathrm{d}v_y}{\mathrm{d}t}\boldsymbol{j} + \frac{\mathrm{d}v_z}{\mathrm{d}t}\boldsymbol{k} = a_x \boldsymbol{i} + a_y \boldsymbol{j} + a_z \boldsymbol{k} \tag{1-17}$$

式中，a_x、a_y、a_z 分别叫作加速度的 x、y 和 z 分量，即

$$a_x = \frac{\mathrm{d}v_x}{\mathrm{d}t} = \frac{\mathrm{d}^2 x}{\mathrm{d}t^2} \tag{1-18}$$

$$a_y = \frac{\mathrm{d}v_y}{\mathrm{d}t} = \frac{\mathrm{d}^2 y}{\mathrm{d}t^2} \tag{1-19}$$

$$a_z = \frac{\mathrm{d}v_z}{\mathrm{d}t} = \frac{\mathrm{d}^2 z}{\mathrm{d}t^2} \tag{1-20}$$

由加速度的三个分量可以确定加速度的大小，即

$$|\boldsymbol{a}| = \sqrt{a_x^2 + a_y^2 + a_z^2}$$

关于加速度需要注意：①加速度是矢量，是速度对时间的变化率，不管是速度的大小改变

还是方向改变，都一定有非零的加速度；②加速度描写速度的变化，其与同一时刻的速度没有关系；③加速度是个瞬时量。

> 飞机的机动性是飞机的重要战术、技术指标，是指飞机在一定时间内改变飞行速度、飞行高度和飞行方向的能力，相应地称之为速度机动性、高度机动性和方向机动性。显然飞机改变一定速度、高度或方向所需的时间越短，飞机的机动性就越好。在空战中，优良的机动性有利于获得空战的优势。结合刚刚学过的知识思考分析应该如何提高飞机的机动性。 `思维拓展`

1.2.5　运动学问题的分类

研究物体的运动，我们常常会碰到这样两类问题。一类是已知物体的运动学方程，需要求物体的速度和加速度，这类问题可以应用式（1-11）和式（1-16），通过运动学方程对时间求导数而得到，此类问题常称为运动学第一类问题。另一类问题是已知质点的加速度或速度和相应初始条件，求物体的运动学方程或轨迹方程，这类问题可以将式（1-11）和式（1-16）对时间积分而得到，此类问题常称为运动学第二类问题。

下面我们来详细讨论第二类运动学问题。已知质点运动的加速度为 $a(t)$，$t=0$ 时的速度为 v_0，t 时刻的速度为 v，由 $a = \dfrac{\mathrm{d}v}{\mathrm{d}t}$ 可得 $\mathrm{d}v = a\mathrm{d}t$，把此式两端同时对时间积分可得到速度与加速度的积分关系

$$\int_{v_0}^{v} \mathrm{d}v = \int_{0}^{t} a(t)\,\mathrm{d}t \tag{1-21}$$

它的分量形式为

$$v_x - v_{0x} = \int_{0}^{t} a_x\,\mathrm{d}t \tag{1-22}$$

$$v_y - v_{0y} = \int_{0}^{t} a_y\,\mathrm{d}t \tag{1-23}$$

$$v_z - v_{0z} = \int_{0}^{t} a_z\,\mathrm{d}t \tag{1-24}$$

通过上面的积分我们求得了速度，再由速度公式 $v = \dfrac{\mathrm{d}r}{\mathrm{d}t}$ 可得 $\mathrm{d}r = v\mathrm{d}t$，把此式两端同时对时间积分，若初始条件为 $t=0$ 时质点位矢为 r_0，又设在任意 t 时刻质点位矢为 r，则有积分

$$\int_{r_0}^{r} \mathrm{d}r = \int_{0}^{t} v\,\mathrm{d}t \tag{1-25}$$

即

$$\Delta r = r - r_0 = \int_{0}^{t} v\,\mathrm{d}t \tag{1-26}$$

上式（1-26）为位移与速度的积分关系。同理它的三个分量式为

$$x = x_0 + \int_{0}^{t} v_x\,\mathrm{d}t,\ y = y_0 + \int_{0}^{t} v_y\,\mathrm{d}t,\ z = z_0 + \int_{0}^{t} v_z\,\mathrm{d}t \tag{1-27}$$

上述过程说明了在已知加速度和初始条件的情况下求解速度和运动学方程的一般方法。

1.2.6　直线运动

1. 直线运动的描述

当质点做直线运动时，我们只需建立一维坐标。这时描述运动的物理量就只有一个分量。下面我们以将 x 轴建立在运动直线上为例，讨论在直线运动特例下对运动的描述，当使用其他

坐标时只需要将 x 替换成相应的分量即可（如 y 或 z）。

此时，描述物体运动的四个物理量可分别表示为

位置 $\qquad\qquad\qquad\qquad\qquad x = x(t)$ $\qquad\qquad\qquad\qquad\qquad$ (1-28)

位移 $\Delta x = x_2 - x_1$，速度 $\qquad\qquad v = \dfrac{\mathrm{d}x}{\mathrm{d}t}$ $\qquad\qquad\qquad\qquad\qquad$ (1-29)

加速度 $\qquad\qquad\qquad\qquad\qquad a = \dfrac{\mathrm{d}v}{\mathrm{d}t} = \dfrac{\mathrm{d}^2 x}{\mathrm{d}t^2}$ $\qquad\qquad\qquad\qquad$ (1-30)

上述结论表明，在直线运动中，描述运动的四个物理量通常不再用矢量形式表示，如上述 x, Δx, v 和 a，因为它们的正负可以表明其方向。例如，如果 v 为正，表明速度方向沿 x 轴正向，v 为负，表明速度方向沿 x 轴负向。读者应重视直线运动的描述方法，因为复杂的空间运动可在直角坐标系中分解为沿各坐标轴的直线运动问题。

2. 第二类运动学问题的深入讨论

在直线运动中第二类运动学问题可以表示为

$$v - v_0 = \int_0^t a(t)\,\mathrm{d}t \qquad\qquad\qquad (1\text{-}31)$$

$$x - x_0 = \int_0^t v\,\mathrm{d}t \qquad\qquad\qquad (1\text{-}32)$$

显然，上面各式只能在加速度是常数或加速度是随时间变化的函数时才能使用。在大学物理中常常会碰到更为复杂的情况，下面以直线运动为例进行讨论。

（1）加速度是速度的函数，即 $a = a(v)$ 的情况：

当加速度是速度的函数时，上述加速度的时间积分是不能进行的。这时应该先从加速度的微分公式进行变量调整，即

$$a = \frac{\mathrm{d}v}{\mathrm{d}t} \Rightarrow \mathrm{d}t = \frac{\mathrm{d}v}{a(v)} \qquad\qquad\qquad (1\text{-}33)$$

然后进行积分，得

$$\int_0^t \mathrm{d}t = \int_{v_0}^v \frac{\mathrm{d}v}{a(v)} \qquad\qquad\qquad (1\text{-}34)$$

积分完成后，求一次反函数就可以得到速度随时间的变化关系，然后将速度对时间积分就得到运动学方程。

（2）加速度是位置的函数，即 $a = a(x)$ 情况：

当加速度是位置的函数时，首先将加速度公式进行如下变形：

$$a = \frac{\mathrm{d}v}{\mathrm{d}t} \Rightarrow a = \frac{\mathrm{d}v}{\mathrm{d}x}\cdot\frac{\mathrm{d}x}{\mathrm{d}t} = \frac{v\,\mathrm{d}v}{\mathrm{d}x} \Rightarrow a(x)\,\mathrm{d}x = v\,\mathrm{d}v \qquad (1\text{-}35)$$

将上述结果进行积分

$$\int_{x_0}^x a(x)\,\mathrm{d}x = \int_{v_0}^v v\,\mathrm{d}v \qquad\qquad\qquad (1\text{-}36)$$

将得到速度随位置的变化关系（函数）。为了计算出运动学方程，还得将速度公式进行如下变化：

$$v(x) = \frac{\mathrm{d}x}{\mathrm{d}t} \Rightarrow \mathrm{d}t = \frac{\mathrm{d}x}{v(x)} \qquad\qquad\qquad (1\text{-}37)$$

这时才能积分

$$\int_0^t \mathrm{d}t = \int_{x_0}^x \frac{\mathrm{d}x}{v(x)} \qquad\qquad\qquad (1\text{-}38)$$

积分完成后，通过求反函数得到位置 x 随时间的变化（即运动学方程）。

上述情况和计算方法在大学物理中经常碰到，希望大家能够准确掌握。

 物理知识应用

【例1-1】 一质点在 Oxy 平面内运动，其运动学方程（参数方程）为 $x = 2t$，$y = 19 - 2t^2$（SI），求：

（1）质点的轨迹方程；

（2）第2s末的位矢；

（3）第2s末的速度及加速度。

【解】（1）消去参数 t，建立 $y = f(x)$ 关系式即为轨迹方程。由题设条件知 $t = x/2$ 代入 y 的关系式得轨迹方程

$$y = 19 - 2\left(\frac{x}{2}\right)^2 = 19 - \frac{x^2}{2}$$

（2）位矢常用表达式为坐标式，将 $t = 2\mathrm{s}$ 的坐标 x、y 值代入运动学方程得位矢

$$\boldsymbol{r} = x\boldsymbol{i} + y\boldsymbol{j} = (4\boldsymbol{i} + 11\boldsymbol{j})\,\mathrm{m}$$

（3）先据定义求出速度及加速度的表达式，后将 $t = 2\mathrm{s}$ 代入即为所求。

$$\boldsymbol{v}(2) = \left(\frac{\mathrm{d}x}{\mathrm{d}t}\boldsymbol{i} + \frac{\mathrm{d}y}{\mathrm{d}t}\boldsymbol{j}\right)_{t=2}$$

$$= (2\boldsymbol{i} - 4t\boldsymbol{j})_{t=2}$$

$$= (2\boldsymbol{i} - 8\boldsymbol{j})\,\mathrm{m \cdot s^{-1}}$$

$$\boldsymbol{a}(2) = \frac{\mathrm{d}^2 x}{\mathrm{d}t^2}\boldsymbol{i} + \frac{\mathrm{d}^2 y}{\mathrm{d}t^2}\boldsymbol{j}$$

$$= 0\boldsymbol{i} + (-4)\boldsymbol{j} = -4\boldsymbol{j}\,\mathrm{m \cdot s^{-2}}$$

【例1-2】 一质点沿 x 轴做一维运动，运动学方程为 $x = 2 + 6t^2 - 2t^3$（SI）。求：

（1）质点在 $t = 0$ 到 $t = 3\mathrm{s}$ 时间间隔内的位移大小；

（2）前3s内所经过的路程。

【解】（1）由运动学方程，质点在 $t = 0$ 和 $t = 3\mathrm{s}$ 时的位置坐标分别为 $x(0) = 2$，$x(3) = 2$，因此质点在 $t = 0$ 到 $t = 3\mathrm{s}$ 过程中的位移大小 $\Delta x = x(3) - x(0) = 0$。

（2）对运动学方程对时间求导，得到速度 $v = 12t - 6t^2$，由此可知当 $t = 2\mathrm{s}$ 时速度为零，$t > 2\mathrm{s}$ 后速度变为小于零，改变方向，因此所经过的路程需要分段计算。因 $x(2) = 10$，故质点在 $t = 0$ 到 $t = 3\mathrm{s}$ 过程中经过的路程

$$\Delta s = |x(2) - x(0)| + |x(3) - x(2)| = 16\mathrm{m}$$

【例1-3】 一质点沿 x 轴运动，其速度与位置的关系为 $v = -kx$，其中 k 为一正值常量。若 $t = 0$ 时质点在 $x = x_0$ 处，求任意时刻 t 质点的位置、速度和加速度。

【解】 按题意有 $v = -kx$，按速度的定义把上式改写为

$$\frac{\mathrm{d}x}{\mathrm{d}t} = -kx$$

这是一个简单的一阶微分方程，可以通过分离变量法求解。分离变量有

$$\frac{\mathrm{d}x}{x} = -k\mathrm{d}t$$

对方程积分，按题意 $t = 0$ 时质点位置在 x_0，又设 t 时刻质点位置在 x，有

$$\int_{x_0}^{x} \frac{\mathrm{d}x}{x} = \int_{0}^{t} -k\mathrm{d}t$$

积分得

$$\ln \frac{x}{x_0} = -kt$$

解出质点位置为

$$x = x_0 \mathrm{e}^{-kt}$$

质点速度 $$v = \frac{\mathrm{d}x}{\mathrm{d}t} = -kx_0 \mathrm{e}^{-kt}$$

质点加速度 $$a = \frac{\mathrm{d}v}{\mathrm{d}t} = k^2 x_0 \mathrm{e}^{-kt}$$

【例1-4】飞机起飞过程分为地面加速滑跑和离地加速上升两个阶段，如图1-9所示。设飞机在地面滑跑中的加速度为 $a = a_0 - cv^2$，飞机离地速度为 v_{ld}，求飞机地面滑跑距离 d_1 和时间 t_1。

图 1-9

【解】本题为一维运动第二类基本问题

$$a = \frac{\mathrm{d}v}{\mathrm{d}t} = a_0 - cv^2$$

$$\Rightarrow \mathrm{d}t = \frac{\mathrm{d}v}{a_0 - cv^2}$$

上式两边进行积分，得

$$\int_0^{t_1} \mathrm{d}t = \int_0^{v_{\mathrm{ld}}} \frac{\mathrm{d}v}{a_0 - cv^2} = \frac{1}{2\sqrt{ca_0}} \int_0^{v_{\mathrm{ld}}} \left[\frac{-\mathrm{d}(\sqrt{a_0} - \sqrt{c}v)}{\sqrt{a_0} - \sqrt{c}v} + \frac{\mathrm{d}(\sqrt{a_0} + \sqrt{c}v)}{\sqrt{a_0} + \sqrt{c}v} \right]$$

$$t_1 = \frac{1}{2\sqrt{ca_0}} \ln \frac{\sqrt{a_0} + \sqrt{c}v}{\sqrt{a_0} - \sqrt{c}v} \bigg|_0^{v_{\mathrm{ld}}} = \frac{1}{2\sqrt{ca_0}} \ln \frac{\sqrt{a_0} + \sqrt{c}v_{\mathrm{ld}}}{\sqrt{a_0} - \sqrt{c}v_{\mathrm{ld}}}$$

为求飞机地面滑跑距离 d_1，把加速度变形为

$$a = \frac{\mathrm{d}v}{\mathrm{d}x}\frac{\mathrm{d}x}{\mathrm{d}t} = \frac{\mathrm{d}v}{\mathrm{d}x}v = a_0 - cv^2$$

移项得

$$\frac{v}{a_0 - cv^2}\mathrm{d}v = \mathrm{d}x$$

上式两边进行积分，得

$$\int_0^{v_{\mathrm{ld}}} \frac{v}{a_0 - cv^2}\mathrm{d}v = \int_0^{d_1} \mathrm{d}x$$

$$d_1 = -\frac{1}{2c}\int_0^{v_{\mathrm{ld}}} \frac{1}{a_0 - cv^2}\mathrm{d}(a_0 - cv^2) = \frac{1}{2c}\ln \frac{a_0}{a_0 - cv_{\mathrm{ld}}^2}$$

【例1-5】飞机做桶滚运动，已知其质心运动方程为

$$\begin{cases} x = r\sin\omega t & (1) \\ y = r\cos\omega t & (2) \\ z = ut & (3) \end{cases}$$

式中，r、u、ω 是常数，试求飞机质心的运动轨迹、速度和加速度。

【解】首先求飞机质心的运动轨迹。从式（1）、式（2）和式（1）、式（3）中消去时间 t，得

$$x^2 + y^2 = r^2 \tag{4}$$

$$x = r\sin \frac{\omega z}{u} \tag{5}$$

方程（4）表示半径为 r、母线与 z 轴平行的圆柱面；方程（5）表示一个曲面。这两个曲面的交线是一条螺旋线，就是飞机质心的运动轨迹，如图 1-10 所示。

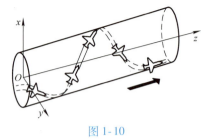

图 1-10

将运动方程对时间求一阶导数，得

$$v_x = r\omega\cos\omega t$$
$$v_y = -r\omega\sin\omega t$$
$$v_z = u$$

速度的大小和方向为

$$v = \sqrt{r^2\omega^2 + u^2}$$

$$\cos\alpha = \frac{v_x}{v} = \frac{r\omega\cos\omega t}{\sqrt{r^2\omega^2 + u^2}}$$

$$\cos\beta = \frac{v_y}{v} = \frac{-r\omega\sin\omega t}{\sqrt{r^2\omega^2 + u^2}}$$

$$\cos\gamma = \frac{v_z}{v} = \frac{u}{\sqrt{r^2\omega^2 + u^2}}$$

由以上可知，飞机质心的速度的大小是一恒量，速度矢量的方向沿轨迹的切线，并与 z 轴所夹的角 γ 大小保持不变。因此，速度矢端曲线是半径为 $r\omega$ 的圆周。将 v_x、v_y、v_z 分别对时间求一阶导数，得

$$a_x = -r\omega^2\sin\omega t$$
$$a_y = -r\omega^2\cos\omega t$$
$$a_z = 0$$

加速度的大小和方向为

$$a = \sqrt{a_x^2 + a_y^2 + a_z^2} = r\omega^2$$

$$\cos\alpha' = \frac{a_x}{a} = -\sin\omega t$$

$$\cos\beta' = \frac{a_y}{a} = -\cos\omega t$$

$$\cos\gamma' = \frac{a_z}{a} = 0$$

由此可见，飞机质心的加速度大小也为一恒量，加速度矢在 Oxy 面内，指向轴线。

【例 1-6】 如图 1-11 所示，河岸上有人在 h 高处通过定滑轮以速度 v_0 收绳拉船靠岸。求船在距岸边为 x 处时的速度和加速度。

【解】 本题为一维运动求速度问题，只要找出船的坐标 x（运动方程），再对时间求导，即可解（即属于第一类运动学问题）。

如图 1-11 所示，建立坐标轴（x 轴），设小船到岸边距离为 x，绳子长度为 l，则船离岸的坐标

$$x = \sqrt{l^2 - h^2} = (l^2 - h^2)^{\frac{1}{2}} \tag{1}$$

故船速

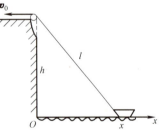

图 1-11

$$v = \frac{\mathrm{d}x}{\mathrm{d}t} = \frac{\mathrm{d}x}{\mathrm{d}l}\frac{\mathrm{d}l}{\mathrm{d}t} = -v_0\frac{\mathrm{d}x}{\mathrm{d}l}$$

$$= -v_0\frac{l}{\sqrt{l^2 - h^2}} = -v_0\frac{\sqrt{h^2 + x^2}}{x}$$

小船的加速度为

$$a = \frac{\mathrm{d}v}{\mathrm{d}t} = \frac{\mathrm{d}}{\mathrm{d}t}\left(-v_0\,\frac{l}{x}\right) = \frac{-v_0}{x^2}\left(\frac{\mathrm{d}l}{\mathrm{d}t}x - l\,\frac{\mathrm{d}x}{\mathrm{d}t}\right) = \frac{-v_0}{x^2}\left(-v_0 x + l\,\frac{v_0 l}{x}\right) = -\frac{h^2 v_0^2}{x^3}$$

在上式的推导中用到了 $\dfrac{\mathrm{d}x}{\mathrm{d}t} = v$，即为小船的速度。

　　细心的读者会发现，上面的计算过程还是比较烦琐的。如果把式（1）看作运动方程的隐式，采用隐函数求导的方法求速度和加速度会简便一些。将式（1）两边平方同时对时间 t 求导可得

$$2l\,\frac{\mathrm{d}l}{\mathrm{d}t} = 2x\,\frac{\mathrm{d}x}{\mathrm{d}t}$$

注意到上式中

$$\frac{\mathrm{d}l}{\mathrm{d}t} = -v_0,\ \frac{\mathrm{d}x}{\mathrm{d}t} = v$$

故有

$$-lv_0 = xv \tag{2}$$

解得

$$v = -\frac{lv_0}{x} = -\frac{\sqrt{x^2 + h^2}}{x}v_0$$

再将式（2）对时间 t 求导得到

$$-\frac{\mathrm{d}l}{\mathrm{d}t}v_0 = \frac{\mathrm{d}x}{\mathrm{d}t}v + x\,\frac{\mathrm{d}v}{\mathrm{d}t}$$

式中，$\dfrac{\mathrm{d}v}{\mathrm{d}t} = a$ 为船的加速度，故有

$$v_0^2 = v^2 + xa$$

解得

$$a = \frac{v_0^2 - v^2}{x} = -\frac{h^2 v_0^2}{x^3}$$

 ## 物理知识拓展

加加速度

　　加加速度又叫急动度，是关于一种特殊运动的力学术语，即加速度随时间的变化率。这个概念源于伽利略思想。物理上描述质点运动的主要变量是位置，通常用 x 表示。在伽利略和牛顿力学中，位置的几个导出量可以更加精细地描述质点的运动状态。第一个导出量是速度，用 v 表示，第二个导出量是加速度，用 a 表示。急动度是第三个位置导出量，用 j 表示，用来描述加速度本身的变化。

　　事实上，第一次毫不含糊地把急动度定义为加速度的变化率，不是因为物理学，而是因为生物学。很早以前，人们已经知道，速度和加速度对物体的影响明显不同。恒定速度，即使是高速，对物体也没有影响。飞机上的乘客，说喷气机以 500mile/h（约 800km/h）的速度运动，唯一的感受方式是向窗外观看不断掠过的地面景物。但是如果飞机加速，机上的每个人，包括飞行员和乘客，都会突然向后仰，也就是说速度看得见，加速度则能感觉到。1928 年，工程师注意到，根据牛顿公式 $F = ma$，一个恒定的加速度，表明物体受到了一个稳恒力。但是如果这个力突然改变，人们将感到不舒服，甚至是疼痛。当一辆小车尾部遭受撞击时，加速度会突然改变，小车便具有急动度。汽车工程师用急动度作为评判乘客不舒适程度的指标；按照这一指标，具有恒定加速度和零急动度的人体，感觉最舒适。在竞技举重中，举重运动员进行所有挺举（即把杠铃举过头顶）时都有急动度。当轮船到达溪谷，突然减速时，轮船有急动度，因为轮船加速度的大小和方向都要改变。总之，你可以测量位置，看见速度，感受加速度，厌恶急动度。

哈勃定律

　　1929 年，美国天文学家哈勃用了 24 个已知距离的星系观测资料，作出了谱线红移速度与星系距离的

关系图，从中发现了一个正比关系 $v_r \propto r$，写成 $v_r = H_0 r$。它被称为哈勃定律，系数 H_0 被称为哈勃常数。哈勃定律表明，距离我们越远的星系，则其远离我们的退行速度 v_r 也越大。这意味着，宇宙在膨胀，且处于不断膨胀的状态之中。在此之前，1922 年苏联科学家弗里德曼已经提出宇宙膨胀模型，认为宇宙从一个奇点开始，一直在不断膨胀。哈勃定律无疑是对这一学说的强力支持。哈勃常数的意义，在于其倒数值 $1/H_0$，它被用以估算宇宙的上限年龄，即 $t_0 = \dfrac{1}{H_0}$。

鉴于 H_0 的重要意义，天文学家在长达半个多世纪里，根据更为丰富的观测资料对它做了多次修正。最近的结果于 1989 年公布，其数据为 $H_0 = (67 \pm 0.8)\,\mathrm{km/(s \cdot Mpc)}$，其中单位 pc 为秒差距，$1\mathrm{pc} = 3.0857 \times 10^{16}\,\mathrm{m}$，故 $1\mathrm{km/(s \cdot Mpc)} \approx (10^{12}\,\text{年})^{-1}$，于是

若 $H_0 = 100$，有 $t_0 = 10^{10}$ 年 $= 100$ 亿年；

若 $H_0 = 50$，有 $t_0 = 2 \times 10^{10}$ 年 $= 200$ 亿年。

目前通常取 150 亿年作为宇宙年龄的上限，这比由陨石的同位素年代测量而获得的恒星系年龄大一些，显然是合理的。进而，将 t_0 值乘以真空光速值 c，作为现今宇宙大小的视界即哈勃半径 $R_0 = ct_0 \approx 150$ 亿光年 $\approx 10^{23}\,\mathrm{km}$。

1.3　平面曲线运动

战机在转弯飞行时，如果飞行员的头朝向曲线中心，可能出现黑视甚至晕厥的现象。出现这种现象的物理学原理是什么，我们又该如何来尽量避免？　物理现象

 物理学基本内容

1.3.1　抛体运动

物体以某一初速度 $\boldsymbol{v}_0$ 抛出，与水平面的夹角为 θ，选抛出点为坐标原点，不计空气阻力，抛体运动的加速度为重力加速度，如图 1-12 所示。在直角坐标系中，物体的加速度 $\boldsymbol{a}$、初速度 $\boldsymbol{v}_0$ 沿 x 轴 y 轴上的分量分别是

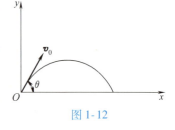
图 1-12

$$\begin{cases} v_{0x} = v_0 \cos\theta \\ v_{0y} = v_0 \sin\theta \end{cases} \tag{1-39}$$

加速度为

$$\begin{cases} a_x = 0 \\ a_y = -g \end{cases} \tag{1-40}$$

按运动学第二类问题的处理方法，可得抛体在空中任意时刻的速度和位置分量式为

$$\begin{cases} v_x = v_0 \cos\theta \\ v_y = v_0 \sin\theta - gt \end{cases}$$

$$\begin{cases} x = v_0 t \cos\theta \\ y = v_0 t \sin\theta - \dfrac{1}{2} g t^2 \end{cases}$$

矢量表达式为

$$\boldsymbol{v} = (v_0\cos\theta)\boldsymbol{i} + (v_0\sin\theta - gt)\boldsymbol{j} \tag{1-41}$$

$$\boldsymbol{r} = \int_0^t \boldsymbol{v}\mathrm{d}t = v_0 t\cos\theta\boldsymbol{i} + \left(v_0 t\sin\theta - \frac{1}{2}gt^2\right)\boldsymbol{j} \tag{1-42}$$

由式（1-42）的分量式 $x(t)$ 和 $y(t)$ 中消去 t，得到抛体运动的轨迹方程：

$$y = x\tan\theta - \frac{g}{2v_0^2\cos^2\theta}x^2 \tag{1-43}$$

这是一条抛物线方程。上述过程表明：抛体运动是由沿 x 轴的匀速直线运动和沿 y 轴的匀变速直线运动叠加而成的。

对任意一个矢量，可以有不同的分解形式，但不影响叠加后的结果。如果我们将式（1-42）的形式进行一下整理，改写成为如下：

$$\boldsymbol{r} = (v_0\cos\theta\boldsymbol{i} + v_0\sin\theta\boldsymbol{j})t - \frac{1}{2}gt^2\boldsymbol{j} = \boldsymbol{v}_0 t + \frac{1}{2}\boldsymbol{g}t^2 \tag{1-44}$$

通过分析式（1-44），可知抛体运动还可以看作由初速度方向的匀速直线运动和沿竖直方向的自由落体运动叠加而成，如图 1-13 所示。

抛体运动的这种叠加性可以通过一个实验来实现，如图 1-14 所示。动物园里的一只猴子从笼子里逃了出来，爬到树上。饲养员为了逮住猴子，决定用麻醉枪。饲养员用枪瞄准猴子，在他开枪时惊慌的猴子也同时从树上落下，因为子弹在竖直方向上的偏离（与瞄准方向相比）和猴子落下的位移都是 $gt^2/2$，所以猴子在落地前一定被击中。

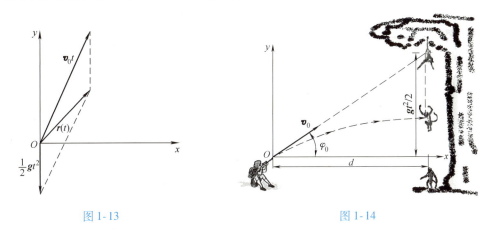

图 1-13　　　　　　　　　　　　　图 1-14

大量的观察和实验结果指出，如果一个物体同时参与几个方向上的分运动，那么，任何一个方向上的分运动不会因为其他方向上的运动同时存在而受影响，运动的这种属性称为运动的独立性。换句话说，一个运动可以看成几个各自独立进行的分运动的叠加，这个结论称为运动叠加原理。叠加原理和运动的独立性在本质上是同一概念的两个侧面。

根据运动叠加原理，曲线运动可以看成是几个直线运动的叠加。处理问题时，我们可以对每一个分运动单独进行分析，就好像其他分运动根本不存在一样。将曲线运动分解成几个直线运动进行研究，这就是研究曲线运动的基本方法。显然，掌握直线运动的研究方法和规律是研究曲线运动的基础。

在无阻力抛体运动中，将一个运动分解为两个相互垂直方向并相互独立的运动并不是一个普遍适用的法则，即并不是任何运动都可以看作两个（或三个）沿相互垂直方向，并相互独立的运动的叠加，因为分运动的独立性（某个分运动不会因为其他分运动存在与否而变化）是有条件的，因此运动叠加原理也是有适用条件的。

 物理知识拓展

飞机的运动

　　如果飞机铅垂面和水平面的运动满足独立作用，那么飞机的空间运动就可视为铅垂面内的运动和水平面内的运动的叠加，对飞机铅垂面和水平面的运动分析就成为认识飞机空间运动的基础。飞机的盘旋和转弯属于水平平面内的运动，包括定常和非定常两种情况。飞机在铅垂面内的飞行，是指飞机不倾斜、无侧滑、飞机对称面与质心运动轨迹所在铅垂面相重合的飞行，此时速度矢量和作用于飞机的外力均在飞机对称面内。这种机动飞行主要包括只改变飞行速度大小的平飞加减速、同时改变速度和高度的跃升、俯冲及斤斗等机动动作，如图 1-15 所示。

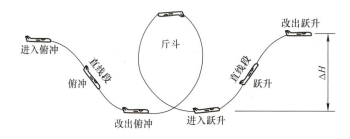

图 1-15

　　空间机动飞行是同时改变飞行速度、高度和方向的空间特技飞行，飞行轨迹不仅在水平面内的投影是弯曲的，而且还有高度的变化。满足独立作用条件下，这种飞行可视为飞机在水平面内的运动和在铅垂方向运动的叠加。这种运动是以一定的法向过载和滚转角配合变化来实现的。空间机动飞行种类很多，下面简要介绍几种常见的空间机动动作。

　　斜斤斗：斜斤斗的轨迹位于与水平面成一 ψ 角的空间平面内（见图 1-16a）。其飞行动作实际上是斤斗和盘旋结合起来的一种特技动作，如果 ψ 角不大，它接近于非定常盘旋。

　　战斗转弯：飞机一边升高一边改变飞行方向180°的机动飞行，又称为急上升转弯，如图 1-16b 所示。在操纵上，转弯前半段主要是增加高度，后半段在增加高度的同时增大滚转角和偏航角，使飞行方向改变180°。空战中为了夺取高度优势同时又要改变飞行方向，常用这种特技动作。

　　横滚：飞机基本保持原运动方向，高度改变小，且绕纵轴滚转的飞行动作。按滚转角的大小，可分为半滚（滚转180°）、横滚（滚转360°）和连续横滚。横滚飞行动作如图 1-16c 所示。横滚时由于升力方向不断改变，重力得不到升力的平衡，飞机会自动掉高度。为了使横滚改成不掉高度，应使飞机处于上升状态，使横滚前半段增加一定高度，以弥补后半段所减少的高度。

　　战斗半滚：又称为半斤斗翻转，战斗半滚是在铅垂面内迅速增加高度的同时在水平面内改变飞行方向180°的机动飞行，如图 1-16d 所示。其前段的轨迹与斤斗相同，当飞机快到达斤斗的顶点机轮朝上时，应向预定方向柔和压杆和蹬舵，使飞机沿纵轴滚转180°，然后平飞，所以后半段动作与横滚的后半段相似。

　　半滚倒转：半滚倒转是在铅垂面内迅速降低高度的同时改变飞行方向180°的机动动作，如图 1-16e 所示。该特技动作首先是使飞机绕纵轴滚转180°（半滚），然后完成斤斗的后一半动作。

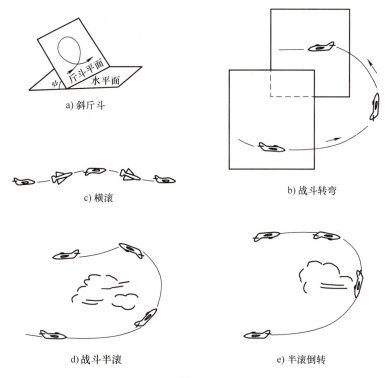

a) 斜斤斗

c) 横滚

b) 战斗转弯

d) 战斗半滚

e) 半滚倒转

图 1-16

1.3.2 平面自然坐标系

若已知质点运动轨迹 $y = y(x)$，则两个标量函数只有一个是独立的，即此时只需一个标量函数即可完成对质点位置的描述，在这种情况下就可以选用平面自然坐标系（简称自然坐标系）对质点的运动状态进行描述。

自然坐标系是沿质点运动轨迹建立起来的坐标系，由于平面曲线运动中质点的轨迹为曲线，所以自然坐标系的坐标轴同样为一条弯曲的曲线。如图 1-17 所示，在轨迹上选取一点 O 作为坐标系的原点，由原点至质点位置 P 的轨道长度为 s，并规定在原点的一边 s 为正，另一边 s 为负。这样 s 就可以唯一地确定质点的位置了，

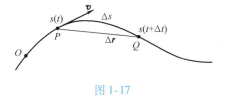

图 1-17

称 s 为自然坐标。这里的 s 并不同于一般仅说明长度的弧长，也不同于运动学中的路程，而是坐标。当质点运动时有

$$s = s(t) \tag{1-45}$$

用自然坐标描述质点的平面曲线运动时，在任一时刻质点所在处 P，取两个相互垂直的单位矢量 $\boldsymbol{\tau}$ 和 $\boldsymbol{n}$。$\boldsymbol{\tau}$ 沿轨迹的切向，指向质点运动方向，$\boldsymbol{n}$ 沿轨迹法向，指向轨迹曲线凹侧。需要注意的是，单位矢量 $\boldsymbol{\tau}$ 和 $\boldsymbol{n}$ 的方向将随质点运动而改变，而在直角坐标系中沿坐标轴的各个单位矢量均为恒矢量，即其方向不会随时间变化而变化。

由速度的定义式，在自然坐标系中质点运动的速度可表示为路程对时间的变化率，即

$$\boldsymbol{v} = \frac{\mathrm{d}s}{\mathrm{d}t}\boldsymbol{\tau} \tag{1-46}$$

由式（1-46）可知，质点速度的大小由自然坐标 s 对时间的一阶导数决定。

下面我们讨论质点的加速度。

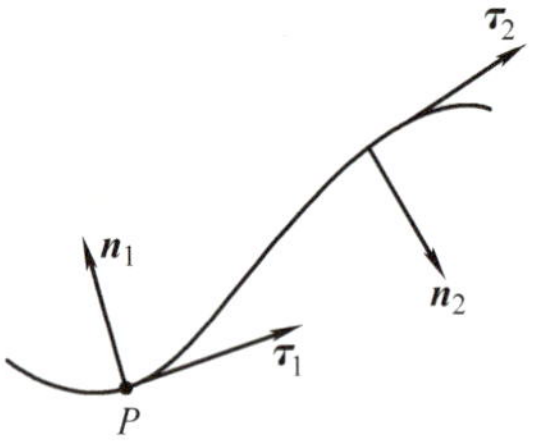

如图 1-18 所示，在自然坐标系中我们可以将加速度在 $\boldsymbol{\tau}$ 和 $\boldsymbol{n}$ 方向上进行分解，任意时刻质点的加速度可表示为

$$\boldsymbol{a} = a_\tau \boldsymbol{\tau} + a_n \boldsymbol{n} \qquad (1\text{-}47)$$

由于 $\boldsymbol{\tau}$ 和 $\boldsymbol{n}$ 总是垂直的，所以加速度的大小为

$$a = \sqrt{a_\tau^2 + a_n^2} \qquad (1\text{-}48)$$

以 α 表示加速度 $\boldsymbol{a}$ 与速度 $\boldsymbol{v}$ 之间的夹角，则加速度的方向可表示为

$$\alpha = \arctan \frac{a_n}{a_\tau} \qquad (1\text{-}49)$$

图 1-18

我们将式（1-47）代入加速度的定义式 $\boldsymbol{a} = \dfrac{\mathrm{d}\boldsymbol{v}}{\mathrm{d}t}$，有

$$\boldsymbol{a} = \frac{\mathrm{d}\boldsymbol{v}}{\mathrm{d}t} = \frac{\mathrm{d}(v\boldsymbol{\tau})}{\mathrm{d}t} = \frac{\mathrm{d}v}{\mathrm{d}t}\boldsymbol{\tau} + v\frac{\mathrm{d}\boldsymbol{\tau}}{\mathrm{d}t}$$

在自然坐标轴（见图 1-17）上取一段很短的轨迹 $\mathrm{d}s$，这段轨迹可以看成是圆弧的一部分，圆弧的半径就是这段轨迹的曲率半径 ρ，如图 1-19 所示，$\mathrm{d}\theta$ 是 $\boldsymbol{\tau}(t)$ 与 $\boldsymbol{\tau}(t+\mathrm{d}t)$ 之间的夹角，也是微路径 $\mathrm{d}s$ 对其内切圆所张的圆心角，其数值可表示为 $\mathrm{d}\theta = \mathrm{d}s/\rho$，一般情况下 ρ 随时在变。于是有

$$\boldsymbol{a} = \frac{\mathrm{d}v}{\mathrm{d}t}\boldsymbol{\tau} + v\frac{\mathrm{d}\theta}{\mathrm{d}t}\boldsymbol{n} = \frac{\mathrm{d}v}{\mathrm{d}t}\boldsymbol{\tau} + \frac{v^2}{\rho}\boldsymbol{n} \qquad (1\text{-}50)$$

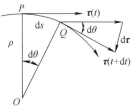

图 1-19

显然，第一项表示切向加速度，第二项表示法向加速度。前者反映速率的变化率，后者反映速度方向的变化率。切向加速度和法向加速度的数值分别为

$$a_\tau = \frac{\mathrm{d}v}{\mathrm{d}t}, \qquad a_n = v\frac{\mathrm{d}\theta}{\mathrm{d}t} = \frac{v^2}{\rho} \qquad (1\text{-}51)$$

如果质点做的是圆周运动，公式中的曲率半径 ρ 就应该是圆周运动的半径 R，此时法向加速度可以写成 $a_n = \dfrac{v^2}{R}$，也就是高中时大家熟悉的向心加速度。

对于一个直角坐标系，我们把质点的加速度分解为 a_x、a_y、a_z 三个分量，x、y、z 的指向是完全确定的。而对于自然坐标系，当我们把加速度分解为 a_τ 和 a_n 两个分量时，在轨道上不同的点，切向和法向的指向往往是各不相同的，这一点应该引起注意。在一个具体问题中究竟采用什么坐标系，这需要具体分析。对斜抛运动，用直角坐标方便一些，此时质点加速度 $a_x = 0$，$a_y = -g$，但用自然坐标系则麻烦一些。对匀速圆周运动，用自然坐标系则方便一些，此时质点的切向加速度 $a_\tau = 0$，法向加速度 $a_n = v^2/R$，用直角坐标系则麻烦一些。

在飞机飞行过程中，当飞机的机翼发生倾斜时，飞机的升力就被分解成两个分力，一个分力用于克服地球引力，支持飞机空中飞行，另一个分力使飞机在水平方向转弯。对于熟练的飞行员来说，飞行难点是转弯太急。随着飞机的转弯，当飞行员的头朝向曲线中心时，大脑的血压会降低，可能导致大脑功能的丧失。有几个警示信号提醒飞行员要注意：当向心加速度大小为 $2g$ 或 $3g$ 时，飞行员会感觉增重；当向心加速度达到

現象解釋

约 4g 时，飞行员会产生黑视，且视野变小，出现"管视"；如果加速度继续保持或者增加，视觉就会丧失，随后意识也会丧失，即出现所谓"超重昏厥"（也称过载引起的意识丧失，G-induced Loss Of Consciousness，G-LOC）。为了防止黑视现象的产生，飞行员通常会通过穿戴抗负荷服来进行缓解。

上面描述的是二维平面内的曲线运动，除了直角坐标系表示，还可以用自然坐标系。如果质点的运动是三维空间的，那么在三维空间中的曲线运动，若还用自然坐标描述，其此时的加速度与二维自然坐标描述的加速度有何异同呢？ `思维拓展`

1.3.3 圆周运动的角量描述

圆周运动是一种常见的曲线运动。研究圆周运动的特点具有非常重要的现实意义，是运动学研究的重要运动形式之一。我们要注意把圆周运动相关的研究问题的思想和方法与前面直线运动的情况做类比。

1. 角位置与角位移

对于半径确定的圆周运动，质点的运动可以使用角量的方法来确定，这种方法叫作圆周运动的角量描述。

圆周运动的角量描述是一种简化的平面极坐标表示方法。如图 1-20 所示，以圆心 O 为极点，沿半径方向设一极轴 Ox，则质点 P 圆周运动的位置可用 P 到 O 的距离（极径）r 即圆半径 R，以及 r 与 x 轴的夹角（极角）θ 来表示。圆半径 R 是一个常量，故质点位置仅用夹角 θ 即可确定，称为质点的角位置。θ 随 t 变化的角量运动学方程为

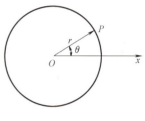

图 1-20

$$\theta = \theta(t) \tag{1-52}$$

通常取逆时针转向为角的正值。角位置的单位是 rad。

质点在从 t 到 $t + \Delta t$ 过程中角位置的变化叫作角位移，即

$$\Delta\theta = \theta(t + \Delta t) - \theta(t) \tag{1-53}$$

2. 角速度

$\Delta t \to 0$ 时的角位移与时间间隔的比值定义为瞬时角速度，简称角速度。根据极限的概念，角速度可以表示为

$$\omega = \lim_{\Delta t \to 0} \frac{\Delta\theta}{\Delta t} = \frac{d\theta}{dt} \tag{1-54}$$

即角速度为角位置的时间变化率（角位置对时间的一阶导数）。角速度的单位是 $rad \cdot s^{-1}$。

3. 角加速度

类比加速度的概念，角加速度可表示为 $\Delta t \to 0$ 时，平均角加速度的极限就是角速度对时间的变化率，即

$$\beta = \lim_{\Delta t \to 0} \frac{\Delta\omega}{\Delta t} = \frac{d\omega}{dt} = \frac{d^2\theta}{dt^2} \tag{1-55}$$

即角加速度为角速度的时间变化率（角速度对时间的一阶导数），角加速度的单位是 $rad \cdot s^{-2}$。

圆周运动角量的运动学问题完全类似于直线运动的情况，也涉及运动学两类问题，其处理方法与前面直线运动的情况相类似。

4. 圆周运动中角量与线量的关系

对于圆周运动，角量描述是用角位置、角速度和角加速度等物理量来描述的，而自然坐标描述则是用路程、速率、切向加速度及法向加速度来描述的，又称为线量描述。两种描述之间存在一定的关系，推导如下：

如图 1-21 所示，设质点沿半径为 R 的圆周运动，以 P 点为运动起点，以角位置 θ 和路程 s 增加的方向为正方向。设质点 t 时刻角位置为 θ，路程为 s，则有

$$s = R\theta \qquad (1\text{-}56)$$

到 $t + \Delta t$ 时刻质点走过的路程为 Δs，角位移为 $\Delta\theta$，则角位移与路程的关系为

$$\Delta s = R\Delta\theta \qquad (1\text{-}57)$$

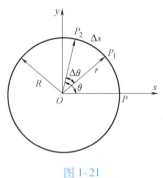

图 1-21

将式（1-56）两边同时除以 Δt 并令 $\Delta t \to 0$ 取极限，可以得到质点的速率

$$v = \frac{\mathrm{d}s}{\mathrm{d}t} = R\frac{\mathrm{d}\theta}{\mathrm{d}t} = R\omega \qquad (1\text{-}58)$$

再将上式对 t 求导得质点的切向加速度

$$a_\tau = \frac{\mathrm{d}v}{\mathrm{d}t} = R\frac{\mathrm{d}\omega}{\mathrm{d}t} = R\beta \qquad (1\text{-}59)$$

而质点的法向加速度为

$$a_\mathrm{n} = \frac{v^2}{R} = v\omega = R\omega^2 \qquad (1\text{-}60)$$

 物理知识应用

【例 1-7】 一质点沿半径为 R 的圆周运动，其角位置的运动学方程为 $\theta = At^3$，A 为常量。

（1）求质点的速度和加速度；

（2）t 为何值时，该质点的切向加速度等于法向加速度？

【解】（1）由题意有

$$v = R\frac{\mathrm{d}\theta}{\mathrm{d}t} = 3RAt^2$$

要求该质点的加速度，应先分别求该质点的切向加速度和法向加速度。切向加速度的大小为

$$a_\tau = \frac{\mathrm{d}v}{\mathrm{d}t} = R\frac{\mathrm{d}^2\theta}{\mathrm{d}t^2} = 6RAt$$

法向加速度的大小为

$$a_\mathrm{n} = \frac{v^2}{R} = 9RA^2 t^4$$

所以，加速度的大小为

$$a = \sqrt{a_\tau^2 + a_\mathrm{n}^2} = 3RAt\sqrt{9A^2 t^6 + 4}$$

其方向与切向的夹角 φ 为 $\tan\varphi = \dfrac{a_\mathrm{n}}{a_\tau} = \dfrac{3}{2}At^3$。

（2）由 $a_\mathrm{n} = a_\tau$，可得当 $t = \sqrt[3]{2/(3A)}$ 时，质点的切向加速度等于法向加速度。

【例 1-8】 当歼-10 战斗机飞行员以 $v = 2500\mathrm{km} \cdot \mathrm{h}^{-1}$（$694\mathrm{m} \cdot \mathrm{s}^{-1}$）的速率飞过曲率半径 $r = 8.2\mathrm{km}$ 的圆弧时，问此时向心加速度应为多大（以 $g = 9.8\mathrm{m} \cdot \mathrm{s}^{-2}$ 计算）？

【解】 这里的关键点是，虽然飞行员的速率恒定，但圆形轨迹需要向心加速度，其大小为

$$a = \frac{v^2}{r} = \frac{694^2}{8200} \text{m} \cdot \text{s}^{-2} = 58.7 \text{m} \cdot \text{s}^{-2} \approx 6g$$

假设一飞行员在空中不小心使飞机转弯太急，飞行员几乎会立即进入"超重昏厥"状态，非常危险。

【例 1-9】三架飞机编队飞行，做 $90°$ 转弯，最内侧的一架飞机 1 以速度 $324 \text{km} \cdot \text{h}^{-1}$、半径 $r = 450\text{m}$ 做正确盘旋的转弯。各飞机之间的间隔如图 1-22 所示。设飞机转弯时所处的高度相同，试分别求飞机 2 和飞机 3 的速度和加速度。

【解】三架飞机编队飞行，转弯过程中满足角位移、角速度和角加速度相等，由飞机 1 的速度和半径条件可确定飞机 1 的角速度。

$$\omega = \frac{v_1}{r_1} = \frac{324 \times 10^3}{3600 \times 450} \text{rad} \cdot \text{s}^{-1} = 0.2 \text{rad} \cdot \text{s}^{-1}$$

$$v_2 = \omega r_2 = 0.2 \times 500 \text{m} \cdot \text{s}^{-1} = 100 \text{m} \cdot \text{s}^{-1} = 360 \text{km} \cdot \text{h}^{-1}$$

$$v_3 = \omega r_3 = 0.2 \times 550 \text{m} \cdot \text{s}^{-1} = 110 \text{m} \cdot \text{s}^{-1} = 396 \text{km} \cdot \text{h}^{-1}$$

$$a_2 = \omega^2 r_2 = 0.04 \times 500 \text{m} \cdot \text{s}^{-2} = 20 \text{m} \cdot \text{s}^{-2}$$

$$a_3 = \omega^2 r_3 = 0.04 \times 550 \text{m} \cdot \text{s}^{-2} = 22 \text{m} \cdot \text{s}^{-2}$$

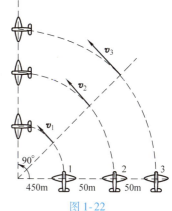

图 1-22

【例 1-10】图 1-23 表示一个以不变的高度 h 和不变的水平速度 v 飞行着的飞机。求地面雷达跟踪装置的角速度 ω 和角加速度 β。角度的位置以跟踪装置处的垂线为基准。

【解】本题属于运动学第一类问题，首先确定雷达跟踪装置转动运动方程。角度的位置以跟踪装置处的垂线为基准，即 $t = 0$ 时 $\theta = 0$，由题中约束条件得

$$vt = h \cdot \tan\theta$$

方程两边对 t 求导，得

$$v = h\sec^2\theta \frac{\mathrm{d}\theta}{\mathrm{d}t}$$

$$\omega = \frac{\mathrm{d}\theta}{\mathrm{d}t} = \frac{v}{h\sec^2\theta}$$

$$\beta = \frac{\mathrm{d}\omega}{\mathrm{d}t} = \frac{v}{h} \frac{\mathrm{d}\cos^2\theta}{\mathrm{d}t} = \frac{-2v\cos\theta\sin\theta}{h} \frac{\mathrm{d}\theta}{\mathrm{d}t} = \frac{-2v^2\cos^3\theta\sin\theta}{h^2}$$

图 1-23

 物理知识拓展

飞机质心在铅垂平面内曲线运动中的加速度

首先，介绍描述飞行器运动的航迹坐标系 $O(x_h, y_h, z_h)$，又称弹道固连坐标系（角标 h 为航迹一词的拼音字头），它是自然坐标系在描述飞机运动时的具体化。它的原点 O 位于飞行器质心。Ox_h 轴始终指向飞行器的地速方向；Oy_h 轴则位于包含 Ox_h 轴的铅垂平面内，垂直于 Ox_h 轴，指向上方为正；Oz_h 轴垂直于 x_hOy_h 平面（因而是水平的）指向右翼为正。航迹坐标系 Ox_h 轴在地面坐标系的 x_dOz_d 平面上的投影与 Ox_d 轴之间的夹角称为航迹偏转角 ψ_s，并规定航迹向左偏转时，ψ_s 为正。Ox_h 轴与水平面之间的夹角称为航迹倾斜角 θ，规定航迹向上倾斜时，θ 为正（见图 1-24）。角度 ψ_s 和 θ 决定了飞机地速在

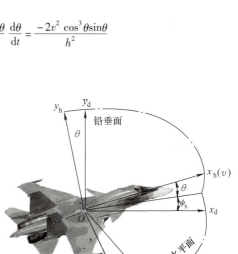

图 1-24

空间的方向。

考虑飞机质心在铅垂平面内做曲线运动时，$\psi_s = 0$，航迹坐标系简化为 $O(x_h, y_h)$，显然，Ox_h 方向的加速度就是我们前面讨论的自然坐标系中的切向加速度，即 $a_{xh} = dv/dt$。法向加速度可以通过航迹倾斜角 θ 的变化来表示：

$$a_{yh} = \frac{v^2}{\rho} = v\frac{d\theta}{dt}$$

当 θ 增加时，$\dfrac{d\theta}{dt} > 0$，a_{yh} 的方向为 Oy_h 正向，即指向航迹曲线凹侧；当 θ 减小时，$\dfrac{d\theta}{dt} < 0$，a_{yh} 的方向为 Oy_h 负向，同样指向航迹曲线凹侧。

1.4　相对运动

在现代空中作战中，空空对战，空地对战中导弹的作用不言而喻，在实际问题中，由于目标和导弹的速度都在不断变化，因而不能预先确定航线，必须时时测定导弹相对于目标的方位，并确定下一步的运动方向。

那么导弹是如何实现其追踪功能，准确命中目标的呢？

物理现象

物理学基本内容

从日月星辰到原子、分子，世界万物都在运动，称为物体运动本身的绝对性。然而相对于不同的参考系，对物体运动情况的描述也就不同，这就是运动描述的相对性。

例如，飞机在与空气做相对运动的同时，要随空气团一起对地面运动，因而飞机对地面的运动必然是飞机对空气的运动和空气团对地面的运动的合成运动。在飞行特技表演中（见图 1-25）飞行员面临一个涉及相对速度的复杂问题。他们必须密切注意所驾飞机相对于空气团的运动情况（飞行状态

图 1-25

参数）、相对于其他飞机的位置（保持紧密的队形，且没有碰撞）和相对于地面观众的位置（保持在观众的视线范围内）。

1.4.1　位矢的相对性

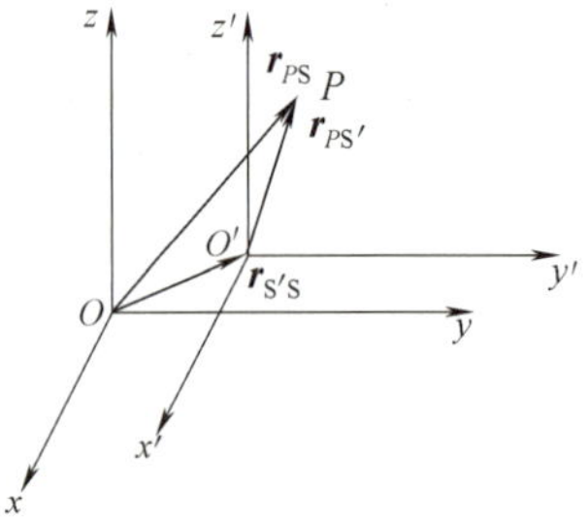

如图 1-26 所示，以水平地面为参考系 S，通常称为静止参考系或绝对参考系，建立坐标系 $Oxyz$，设一辆车以匀速 $\boldsymbol{v}_0$ 沿 x 轴方向行驶，选取车为另一个参考系 S′。在车上建立坐标系 $O'x'y'z'$，各轴的指向始终相同。

相对于上述两个坐标系 $Oxyz$ 和 $O'x'y'z'$，若质点 t 时刻在 P 点，它相对于 S 系的位矢为 $\boldsymbol{r}_{PS}$，相对于 S′ 系的位矢为 $\boldsymbol{r}_{PS'}$，O' 点相对于 O 点的位矢为 $\boldsymbol{r}_{S'S}$，位矢的相对性可以表示为

$$\boldsymbol{r}_{PS} = \boldsymbol{r}_{PS'} + \boldsymbol{r}_{S'S} \tag{1-61}$$

图 1-26

上式描述的相对位置之间的关系，也称为伽利略坐标变换。

式（1-61）中 $\boldsymbol{r}_{PS}$、$\boldsymbol{r}_{PS'}$、$\boldsymbol{r}_{S'S}$ 是在不同的参考系中测量的，而矢量相加时，各个矢量必须由

同一参考系来测定。因此，式（1-61）成立的条件是：空间两点的距离不管在哪个参考系中测量，结果都应相等。

同一长度的测量结果与参考系的相对运动无关，这一论断称为长度测量的绝对性，又称为空间绝对性。

物理的运动不仅涉及空间，还涉及时间。日常经验告诉我们，同一运动所经历的时间在不同的参考系中观测的结果是相同的。同一段时间的测量结果与参考系的相对运动无关，这一论断称为时间测量的绝对性，又称为时间绝对性。

时间和空间与物体运动状态无关，以及时间和空间之间不相联系，这是经典力学时空观的特点，又被称为绝对时空观。

> 伽利略坐标变换式"显然"是正确的，但是仔细追究起来，并非如此。这里涉及空间的测量和时间的测量与参考系的关系问题。那么，如果伽利略坐标变换对所有的力学现象不是完全正确的话，我们又该用怎样的坐标变换来描述呢？　　思维拓展

1.4.2　速度的相对性

在质点的运动过程中，两个坐标系中质点的位置矢量一般是变化的，同时两个坐标系之间还可能有相对运动，因此，r_{PS}、$r_{PS'}$ 和 $r_{S'S}$ 都随时间变化，将其分别对时间求一阶导数，则由位置变换可得到相对速度之间的关系即速度变换为

$$v_{PS} = v_{PS'} + v_{S'S} \quad (1\text{-}62)$$

上式又称为伽利略速度变换式，其中 $v_{S'S}$ 为 S′ 系相对于 S 系的速度，称为牵连速度；v_{PS} 称为绝对速度；$v_{PS'}$ 称为相对速度。

一般地，如图 1-27 所示，若两个坐标系的 x 轴与 x′轴重合，设初始时（$t=0$），两个坐标系相重合。则式（1-61）和式（1-62）的分量式可以写成

$$\begin{cases} x = x' + v_{S'S}t \\ y = y' \\ z = z' \\ t = t' \end{cases} \quad (1\text{-}63)$$

$$\begin{cases} v_{PSx} = v_{PS'x} + v_{S'Sx} \\ v_{PSy} = v_{PS'y} + v_{S'Sy} \\ v_{PSz} = v_{PS'z} + v_{S'Sz} \end{cases} \quad (1\text{-}64)$$

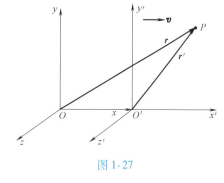

图 1-27

1.4.3　加速度的相对性

两个系中质点的速度一般可能是变化的，同时两个坐标系之间相对运动的速度也可能是变化的，因此，将 v_{PS}、$v_{PS'}$ 和 $v_{S'S}$ 再分别对时间求一阶导数，则由速度变换可得到加速度之间的关系即加速度变换为

$$a_{PS} = a_{PS'} + a_{S'S} \quad (1\text{-}65)$$

式中，a_{PS}、$a_{PS'}$ 和 $a_{S'S}$ 分别表示质点相对于 S 系的加速度、质点相对于 S′ 系的加速度和 S′ 系相对于 S 系的加速度。将其表示成分量的形式有

$$a_{PSx} = a_{PS'x} + a_{S'Sx} \quad (1\text{-}66)$$

$$a_{PSy} = a_{PS'y} + a_{S'Sy} \tag{1-67}$$

$$a_{PSz} = a_{PS'z} + a_{S'Sz} \tag{1-68}$$

上述关系表明，同一质点的加速度在不同参考系中测量结果是不同的，除非 $a_{S'S}$ 为零（即两个参考系之间是匀速直线运动或相对静止）。读者在处理相对运动的加速度关系时应该注意的重点同样是确认已知的和未知的加速度是公式中的哪一个加速度。只要确认无误，计算也将非常简单并且不会出错。

导弹追踪涉及的导引有追踪法、平行接近法、比例导引法等。现代导引法则依据 现象解释
线性或非线性模型来建立导引方案。下面只介绍和本节课内容相关的追踪法。

追踪法就是导弹在攻击目标的导引过程中，导弹的速度矢量始终指向目标的一种导引方法，如图1所示。由于追踪法在技术实施方面比较简单，部分空地导弹、激光制导炸弹采用这种导引方法。导弹相对地面坐标系的运动轨迹，称为绝对弹道；而导弹相对于目标的运动轨迹，则称为相对弹道，相对弹道就是在活动目标上的观察者所能看到的导弹运动轨迹，如图2所示。

按追踪法的导引关系，导弹速度矢量 $\boldsymbol{v}$ 应始终指向目标 T，设目标速度为 $\boldsymbol{v}_T$，则导弹相对目标速度为 $\boldsymbol{v}' = \boldsymbol{v} - \boldsymbol{v}_T$，它的方向

图1 追踪法

就是相对弹道的切线方向。相对弹道可以用图解法作出，图3为目标 T 做等速直线飞行时，按追踪法导引时的相对弹道。

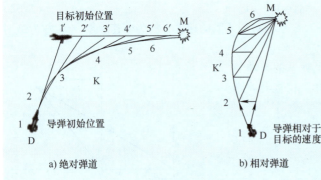

a) 绝对弹道   b) 相对弹道

图2 绝对弹道和相对弹道

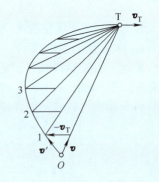

图3 按追踪法导引时的相对弹道

 物理知识拓展

航行速度三角形

根据式（1-62），空速矢量、风速矢量和地速矢量将组成一个三角形，叫航行速度三角形，如图1-28所示。组成航行速度三角形的要素是：航向（X）、空速（V）、风向（FX）、风速（U）、航迹角（HJ）、地速（W）、偏流（PL）、风角（FJ），其中，三个矢量的方向用各个矢量与正北方向的夹角来表示，即航向（X）、风向（FX）和航迹角（HJ）；三个矢量的大小用空速（V）、风速（U）和地速（W）来表示。

为了形象地反映航速三角形内角，定义空速矢量与地速矢量的

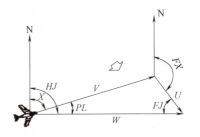

图1-28

夹角，即航迹线与航向线的夹角为偏流角，简称偏流（*PL*）；风速矢量与地速向量的夹角为风角（*FJ*）。风角是正值，表示左侧风，航迹线偏在航向线的右边，规定偏流为正；风角是负值，表示右侧风，航迹线偏在航向线的左边，规定偏流为负。

根据正弦定理

$$\frac{\sin PL}{U} = \frac{\sin FJ}{V} \tag{1-69}$$

由于偏流一般较小，$PL \approx \sin PL$，$\cos PL \approx 1$，所以

$$PL \approx \sin PL = \frac{U}{V}\sin FJ \tag{1-70}$$

$$W = V\cos PL + U\cos FJ \approx V + U\cos FJ \tag{1-71}$$

参考系间的匀速定轴转动

相对于参考系 S，参考系 S′可以绕着它的某一点 O' 转动。最简单的是 S′系是相对 S 系的匀速定轴转动。为了较清楚地看出参考系间转动效果，取平面极坐标系。如图 1-29 所示，S′系绕着 S 系的 z 轴以恒定的角速度 ω 旋转，已设 $t=0$ 时 x' 轴与 x 轴重合。设 P 点在 S′系沿 x' 轴匀速运动，即 $x' = v_0 t$。P 在 S 系中的运动却不那么简单，它的径矢长度和辐射角都随时间线性增加，形成螺线运动。极坐标下有

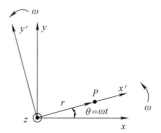

$$r = v_0 t, \quad \theta = \omega t$$

运动学方程　　　　　$r = \dfrac{v_0}{\omega}\theta$

图 1-29

对应阿基米德螺线。速度和加速度各为

$$\boldsymbol{v}: \quad v_r = \frac{\mathrm{d}r}{\mathrm{d}t} = v_0, \quad v_\theta = r\frac{\mathrm{d}\theta}{\mathrm{d}t} = v_0\omega t$$

$$\boldsymbol{a}: \quad a_r = \frac{\mathrm{d}^2 r}{\mathrm{d}t^2} - r\left(\frac{\mathrm{d}\theta}{\mathrm{d}t}\right)^2 = -v_0\omega^2 t, \quad a_\theta = r\frac{\mathrm{d}^2\theta}{\mathrm{d}t^2} + 2\frac{\mathrm{d}r}{\mathrm{d}t}\frac{\mathrm{d}\theta}{\mathrm{d}t} = 2v_0\omega$$

此例表明，与参考系平动相比，参考系间匀速定轴转动情况下质点运动学量的关系较复杂些。

 物理知识应用

【例 1-11】飞机罗盘指示飞机向东飞行，空速 V；地面气象站指出风向正南吹，风速 U。试用速度矢量图表明飞机相对地面的速度。

【解】这里讨论的是飞机、空气、地面三者之间的相对运动，设飞机相对地面的速度为 $\boldsymbol{v}_{机对地} = \boldsymbol{W}$；飞机相对空气的速度为 $\boldsymbol{v}_{机对气} = \boldsymbol{V}$，方向朝正东；空气相对地面的速度为 $\boldsymbol{v}_{气对地} = \boldsymbol{U}$，方向朝正南，因为

$$\boldsymbol{v}_{机对地} = \boldsymbol{v}_{机对气} + \boldsymbol{v}_{气对地}$$

即　　　　　　　　　$\boldsymbol{W} = \boldsymbol{V} + \boldsymbol{U}$

由此式可画出速度合成的矢量图，如图 1-30 所示。飞机相对地面的飞行方向为东偏南 PL 角，PL 由下式给出：

$$\tan PL = \frac{U}{V}$$

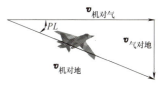

飞机相对地面的速率为

$$W = v_{机对地} = \sqrt{v_{机对气}^2 + v_{气对地}^2} = \sqrt{V^2 + U^2}$$

图 1-30

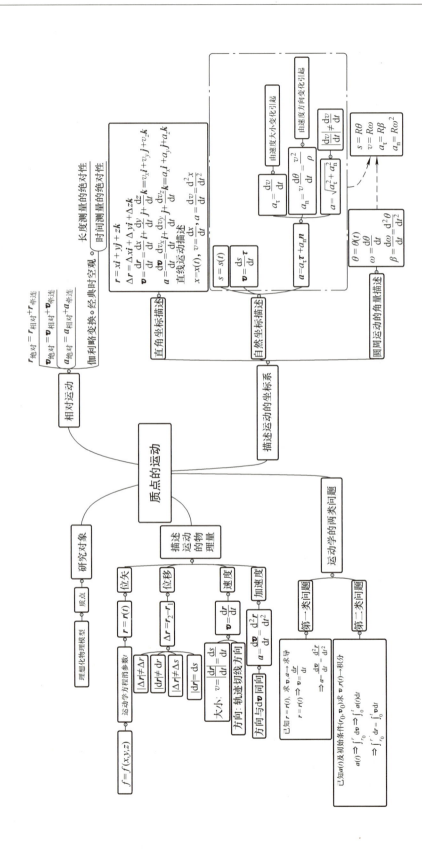

本章知识导图

思考与练习

思考题

1-1　说明做平抛实验时小球的运动用什么参考系？说明湖面上游船运动用什么参考系？说明人造地球卫星运动及土星的椭圆运动又各用什么参考系？

1-2　回答下列问题：

（1）物体能否有一个不变的速率而仍有一个变化的速度？

（2）速度为零的时刻，加速度是否一定为零？加速度为零的时刻，速度是否一定为零？

（3）物体的加速度不断减小，而速度却不断增大，这可能吗？

（4）当物体具有大小、方向不变的加速度时，物体的速度方向能否改变？

1-3　圆周运动中，质点的加速度是否一定和速度的方向垂直？如不一定，那是什么情况？

1-4　任意平面曲线运动的加速度方向总是指向曲线的凹进那一侧，为什么？

1-5　质点沿圆周运动，且速率随时间均匀增大，问 a_n、a_τ、a 三者的大小是否随时间改变？总加速度 a 与速度 v 之间的夹角如何随时间变化？

1-6　自由落体从 $t=0$ 时刻开始下落。用公式 $h=gt^2/2$ 计算，它下落的距离达到 19.6m 的时刻为 $+2s$ 和 $-2s$。这 "$-2s$" 有什么物理意义？该时刻物体的位置和运动状态如何？

1-7　一人在地面上竖直向上扔石子，匀速行驶的火车上的人观察到石子做什么运动？竖直发射加速上升的火箭上的人观察到石子的运动又是如何？

练习题

（一）填空题

1-1　一质点沿 x 轴做直线运动，它的运动学方程为 $x=3+5t+6t^2-t^3$（SI），则

（1）质点在 $t=0$ 时刻的速度 $v_0=$ _____；

（2）加速度为零时，该质点的速度 $v=$ _____。

1-2　在 x 轴上做变加速直线运动的质点，已知其初速度为 v_0，初始位置为 x_0，加速度 $a=Ct^2$（其中 C 为常量），则其速度与时间的关系为 $v=$ _____，运动学方程为 $x=$ _____。

1-3　已知质点的运动学方程为 $r=4t^2i+(2t+3)j$（SI），则该质点的轨道方程为_____。

1-4　如习题 1-4 图所示，一人自原点出发，25s 内向东走 30m，又在 10s 内向南走 10m，再在 15s 内向正西北走 18m。求在这 50s 内，平均速度的大小为 _____，方向为 _____，平均速率为 _____。

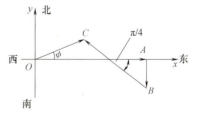

习题 1-4 图

1-5　一质点沿半径为 R 的圆周运动，其路程 s 随时间 t 变化的规律为 $s=bt-\dfrac{1}{2}ct^2$（SI），式中，b、c 为大于零的常量，且 $b^2>Rc$。则此质点运动的切向加速度 $a_\tau=$ _____；法向加速度 $a_n=$ _____。

1-6　在 Oxy 平面内有一运动质点，其运动学方程为 $r=10\cos5ti+10\sin5tj$（SI），则 t 时刻其速度 $v=$ _____；其切向加速度的大小 $a_\tau=$ _____；该质点运动的轨迹是_____。

1-7　一质点沿半径为 0.1m 的圆周运动，其角位移随时间 t 的变化规律是 $\theta=2+4t^2$（SI）。在 $t=2s$ 时，它的法向加速度 $a_n=$ _____；切向加速度 $a_\tau=$ _____。

1-8　质点 p 在一直线上运动，其坐标 x 与时间 t 有如下关系：$x=-A\sin\omega t$（SI）（A 为常数），则

（1）任意时刻 t，质点的加速度 $a=$ _____；

（2）质点速度为零的时刻 $t =$ _____。

1-9 一质点沿直线运动，其运动学方程为 $x = 6t - t^2$（SI），则在 t 由 0 至 4s 的时间间隔内，质点的位移大小为_____，在 t 由 0 到 4s 的时间间隔内质点走过的路程为_____。

1-10 一物体在某瞬时，以初速度 $\boldsymbol{v}_0$ 从某点开始运动，在 Δt 时间内，经一长度为 s 的曲线路径后，又回到出发点，此时速度为 $-\boldsymbol{v}_0$，则在这段时间内

（1）物体的平均速率是_____；

（2）物体的平均加速度是_____。

1-11 试说明质点做何种运动时，将出现下述各种情况（$v \neq 0$）：

（1）$a_\tau \neq 0$，$a_n \neq 0$；_____

（2）$a_\tau \neq 0$，$a_n = 0$。

1-12 一个人在静水中的划船速度为 $4.0\mathrm{km \cdot h^{-1}}$，若江水自西向东流动，速度为 $2.0\mathrm{km \cdot h^{-1}}$，而此人从南向北航行，想达到正对面的江岸，他的划行的方向为_____；如果他希望用最短的时间渡江，他的划行方向为_____。

1-13 一物体做如习题 1-13 图所示的斜抛运动，若测得在轨道 A 点处速度 $\boldsymbol{v}$ 的大小为 v，其方向与水平方向夹角成 30°，则物体在 A 点的切向加速度 $a_\tau =$ _____，轨道的曲率半径 $\rho =$ _____。

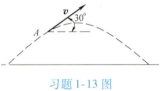

习题 1-13 图

1-14 一质点沿半径为 R 的圆周运动，在 $t = 0$ 时经过 P 点，若此后它的速率 v 按 $v = A + Bt$（A、B 为正的已知常量）变化，则质点沿圆周运动一周再经过 P 点时的切向加速度 $a_\tau =$ _____，法向加速度 $a_n =$ _____。

（二）计算题

1-15 一质点沿 x 轴运动，其加速度为 $a = 4t$（SI），已知 $t = 0$ 时，质点位于 $x_0 = 10\mathrm{m}$ 处，初速度 $v = 0$。试求其位置和时间的关系式。

1-16 一质点沿半径为 R 的圆周运动。质点所经过的弧长与时间的关系为 $s = bt + ct^2/2$，其中 b、c 是大于零的常量，求该质点从 $t = 0$ 开始到切向加速度与法向加速度大小相等时所经历的时间。

1-17 对于在 Oxy 平面内以原点 O 为圆心做匀速圆周运动的质点，

（1）试用半径 r、角速度 ω 和单位矢量 $\boldsymbol{i}$、$\boldsymbol{j}$ 表示其 t 时刻的位置矢量；（已知在 $t = 0$ 时，$y = 0$，$x = r$，角速度为 ω，如习题 1-17 图所示）

（2）由（1）导出速度 $\boldsymbol{v}$ 与加速度 $\boldsymbol{a}$ 的矢量表示式；

（3）试证加速度指向圆心。

1-18 飞机从安全高度处下滑过渡到地面滑跑，直到完全停止运动的整个减速运动过程，称为着陆。着陆过程通常也可近似分为两个阶段，即减速下滑阶段和着陆滑跑阶段，如习题 1-18 图所示。设飞机在地面三点滑跑中的加速度为 $a = -b - cv^2$，飞机接地速度为 v_{jd}，求飞机地面滑跑距离 d_4 和时间 t_4。

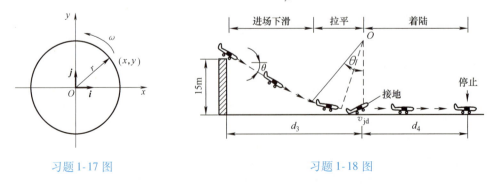

习题 1-17 图　　　　　习题 1-18 图

1-19 大型喷气式客机要在跑道上达到 $360\mathrm{km \cdot h^{-1}}$ 的速率才能起飞。假定飞机的加速度是恒定的，

飞机从 1.80km 长的跑道上起飞至少需要多大的加速度？

1-20　一个跳伞员离开飞机后自由下落 50m，这时她张开降落伞，其后她以 2.0m·s⁻² 大小的加速度减速下降，她到达地面时的速率是 3.0m·s⁻¹。问：

（1）她在空中下落的时间多长？

（2）她在多高的地方离开飞机？

1-21　如习题 1-21 图所示，一架营救飞机以 198km·h⁻¹（55.0m·s⁻¹）的速率在 500m 高处向一因划船不慎落水者最近的水面投下救生舱。释放救生舱时，飞行员到遇险者的视线的角度 φ 应为多大？

1-22　一架飞机以与水平方向成 37.0° 的角俯冲，在高度 730m 投下一个物体。5.00s 后物体落地。问：

（1）飞机的速率是多少？

（2）物体在空中水平飞行多远？物体落地瞬间速度的水平分量和竖直分量各是多少？

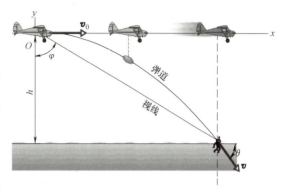

习题 1-21 图

1-23　一名宇航员坐在半径为 5.0m 的离心机内转动。

（1）向心加速度的大小为 7.0g 时宇航员的速率是多少？

（2）产生这个加速度需要每分钟转多少转？

（3）运动的周期是多少？

1-24　如习题 1-24 图所示，一超音速歼击机在高空 A 时的水平速率为 1940km/h，沿近似于圆弧的曲线俯冲到点 B，其速率为 2192km/h，所经历的时间为 3s，设圆弧 AB 的半径 r 约为 3.5km，且飞机从 A 到 B 的俯冲过程可视为匀变速率圆周运动，若不计重力加速度的影响，求：

（1）飞机在点 B 的加速度大小；

（2）飞机由点 A 到点 B 所经历的路程。

1-25　一质点沿 x 轴运动，其加速度 a 与位置坐标 x 的关系为
$$a = 2 + 6x^2 \,(\text{SI})$$
如果质点在原点处的速度为零，试求其在任意位置处的速度。

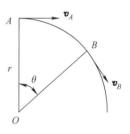

习题 1-24 图

1-26　如习题 1-26 图所示，质点 P 在水平面内沿一半径 $R = 2\text{m}$ 的圆轨道上转动。转动的角速度 ω 与时间 t 的函数关系为 $\omega = kt^2$（k 为常量）。已知 $t = 2\text{s}$ 时，质点 P 的速度大小为 32m·s⁻¹。试求 $t = 1\text{s}$ 时，质点 P 的速度与加速度的大小。

1-27　由楼窗口以初速 v_0 水平射出一发子弹，若取枪口为坐标原点，沿 v 方向为 x 轴，竖直向下为 y 轴。发射瞬间开始计时，试求：

（1）子弹在任一时刻 t 的坐标及子弹的轨迹方程（设重力加速度已知）；

（2）子弹在 t 时刻的速度、切向加速度和法向加速度。

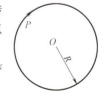

习题 1-26 图

1-28　已知一个质点做直线运动，其加速度 $a = 3v + 2$。在 $t = 0$ 的初始时刻，其位置在 $x = 0$ 处，速度为 0。试求任意时刻质点运动的速度和位置。

1-29　地球自转和公转：地球在绕太阳转的时候也在自转，这些运动中的角速度、角频率及线速度分别为多少？求地球自转产生的向心加速度。

1-30　雷达与火箭发射台的距离为 l，观测沿竖直方向向上发射的火箭，如习题 1-30 图所示。观测得 θ 的规律为 $\theta = kt$（k 为常数）。试写出火箭的运动学方程，并求出当 $\theta = \pi/6$ 时，火箭的速度和加速度。

1-31　若考虑大气阻力的影响，自由落体的加速度 $a = 9.81 \left[1 - v^2 (10^{-4}) \right] (\text{m·s}^{-2})$，正方向朝下。

若航空炸弹在很高的高度从静止位置释放，试求：

（1）任意时刻质点运动的速度和位置；

（2）$t = 5s$ 时的速度和物体可达到的最终速度或最大速度（当 $t \to \infty$ 时）。

1-32　飞机以 $100m \cdot s^{-1}$ 的速度沿水平直线飞行，在离地面高为 $100m$ 时，飞行员要把物品空投到前方某一地面目标处。问：

（1）此时目标距飞机下方多远？

（2）投放物品时，飞行员看目标的视线和水平线成何角度？

（3）物品投出 $2.00s$ 后，它的法向加速度和切向加速度各为多少？

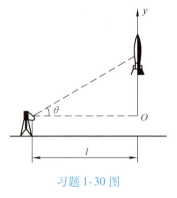

习题 1-30 图

1-33　喷气发动机的涡轮做匀加速转动，初瞬时转速 $n_0 = 9000r \cdot min^{-1}$，经过 $30s$，转速达到 $12600r \cdot min^{-1}$，求涡轮的角加速度以及在这段时间内转过的转数。

1-34　一子弹从水平飞行的飞机尾枪中水平射出，出口速度的大小为 $300m \cdot s^{-1}$，飞机速度大小为 $250m \cdot s^{-1}$。试描述子弹的运动情况：

（1）在固结于地面的坐标系中；

（2）在固结于飞机的坐标系中。

并计算射手必须把枪指向什么方向，才能使子弹在地面坐标系中速度的水平分量为零。

1-35　航空母舰以 $50km \cdot h^{-1}$ 的速度朝前航行，在如习题 1-35 图所示那一瞬间，A 处的飞机刚好起飞并达到朝前的水平空速为 $200km \cdot h^{-1}$（相对于静止水面）。若 B 处的飞机在航空母舰的跑道上在如习题 1-35 图所示方向上以 $175km \cdot h^{-1}$ 滑跑，求 A 相对 B 的速度。

1-36　设有一架飞机从 A 处向东飞到 B 处，然后又向西飞回到 A 处，飞机相对空气的速率为 v'，而空气相对地面的速率为 u，A 和 B 间的距离为 l，飞机相对空气的速率 v' 保持不变。

（1）假定空气是静止的（即 $u = 0$），试证来回飞行时间为 $t_0 = 2l/v'$；

（2）假定空气的速度向东，试证来回飞行时间为 $t_1 = t_0(1 - u^2/v'^2)^{-1}$；

（3）假定空气的速度向北，试证来回飞行的时间为 $t_2 = t_0(1 - u^2/v'^2)^{-1/2}$。

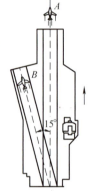

习题 1-35 图

1-37　如习题 1-37 图所示，歼击机 F 的飞行员在轰炸机 B 的飞行员后面 $1.5km$ 处跟踪，两飞机原来的速度为 $120m \cdot s^{-1}$。歼击机 F 的飞行员为了使他的飞机超过轰炸机，以等加速度 $12m \cdot s^{-2}$ 做加速飞行，歼击机开始加速飞行时轰炸机却以 $3m \cdot s^{-2}$ 做减速飞行。问轰炸机飞行员看到歼击机将会以什么样的加速度做超越飞行（略去转动的影响）。

1.5km

习题 1-37 图

1-38　一飞机相对于空气以恒定速率 v 沿正方形轨道飞行，在无风天气下其运动周期为 T，若有恒定小风沿平行于正方形的一对边吹来，风速为 $u = kv(k \ll 1)$，求飞机仍沿原正方形（对地）轨道飞行时周期要增加多少。

1-39　一飞机飞行员想往正北方向航行，而风以 $60km \cdot h^{-1}$ 的速度由东向西刮来，如果飞机的航速（在静止空气中的速率）为 $180km \cdot h^{-1}$，试问飞行员应取什么航向？飞机相对于地面的速率为多少？试用矢量图说明。

阅读材料

惯性导航

惯性导航（制导）是一种自主性强、精度高、安全可靠的精密导航技术。它能够及时地输出各种导航数据，并且能为运载体提供精确的姿态基准，在航空、航海和宇航技术领域中都有着极其广泛的应用。随着现代科学技术的不断发展，航空、航海和宇航技术对惯性导航的要求更加迫切，对导航精度的要求也越来越高。

什么是惯性导航呢？在运载体上安装加速度计，经过计算（一次积分和二次积分），求得运动轨道（载体的运动速度和距离），从而进行导航的技术称为惯性导航。无论是惯性导航还是惯性制导都是以加速度计敏感测量载体运动加速度为基础的。因此，加速度计在惯性导航与惯性制导系统中的重要作用是显而易见的。H. 梅耳曼在美国的《导航》杂志上曾指出："惯性导航系统的心脏是加速度计""在惯性导航系统中，陀螺仪的重要性仅次于加速度计"。

加速度计是惯性导航系统的关键部件，它的重要性已经越来越为人们所理解。在各种运载体的导航定位中，通过测量位置、速度或加速度都可以得到运动物体的轨迹。但是在运动物体内部能够测量的量只有加速度。依据牛顿第二定律，利用加速度计来测量运动物体的加速度，通过积分获得定位所需要的位置和速度，这便是惯性导航名称的由来。

从应用磁针和空速数据作为输入的简单航行推算装置，到比较复杂的应用多普勒雷达、自动星座跟踪器、无线电系统（如劳兰系统等）和惯性导航系统，其中，只有惯性导航系统不受敌方无线电波的干扰，不需要与地面基地保持联系，不受变化莫测的气候影响，也不受磁差的影响。其他导航系统在没有外界的参考基准（如星体、陆标等）时，就不能决定运载体的速度，也不能决定其行程。

1. 结构组成及简单分类

惯性导航系统通常由陀螺仪、加速度计、计算机和控制显示装置等组成。它属于一种推算导航方式，即从一已知时间的位置根据连续测得的运载体航向角和速度推算出其下一时间的位置。按照陀螺仪和加速度计在航行体上安装方式的不同，惯性导航系统可分为平台式和捷联式两种。平台式系统的加速度计安装在由陀螺仪稳定的惯性平台上。平台的作用是为加速度计提供一个参考坐标，同时隔离航行体的角运动。这样，既可简化导航计算，又能为惯性仪表创造良好的工作环境。捷联式系统是将相互正交的加速度计和陀螺仪直接安装在航行体上，这样测得的加速度、姿态角与角速度必须经过计算机进行坐标变换和计算才能得到所需的导航参数。

2. 惯性导航系统的定位

两个加速度计 A_N 和 A_E 互相垂直地水平放置在惯性平台上，并分别测出北向及东向加速度 a_N 和 a_E，这些加速度信号除包含舰船相对地球的运动加速度以外，还含有哥氏加速度与离心加速度等有害加速度 a_{BN}、a_{BE} 在内。因此，对测得的加速度信号输入到导航计算机之后，首先将有害加速度 a_{BN}、a_{BE} 加以补偿，经过一次积分即可得到速度分量

$$v_N(t) = \int_0^t (a_N - a_{BN})dt + v_{N0} \qquad (v_{N0} \text{ 为北向初始速度})$$

$$v_E(t) = \int_0^t (a_E - a_{BE})dt + v_{E0} \qquad (v_{E0} \text{ 为东向初始速度})$$

此速度分量再经过一次积分及一些运算之后，得到舰船相对地球的经纬度变化量 $\Delta\lambda$ 及 $\Delta\varphi$。如果输入起始点的经纬度 λ_0、φ_0，就可得出舰船的瞬时经纬度 $\lambda(t)$ 及 $\varphi(t)$，即舰船的瞬时位置：

$$\varphi(t) = \varphi_0 + \frac{1}{R_m} \int_0^t v_N(t) \, dt \qquad (R_m \text{ 为子午面内的曲率半径})$$

$$\lambda(t) = \lambda_0 + \frac{1}{R_N} \int_0^t v_E(t) \sec\varphi \, dt + v_{E0} \qquad (R_N \text{ 为法平面内的曲率半径})$$

这样，惯性导航系统就完成了其自由式导航。它可以输出如下导航信息：航速、航程、航向、经度、纬度、纵摇姿态角、横摇姿态角等。

3. 惯性导航的应用及发展

由于惯性导航原理决定了单一惯性导航系统的导航误差将随时间而累积，导航精度随时间而降低，因此，惯性导航系统不能单独长时间工作，需定期校准。随着现代控制理论及微电子、计算机和信息融合等技术的发展，人们在导航领域展开了以惯性导航系统为主的多导航系统组合导航的研究。组合导航的基本原理是利用信息融合技术，通过最优估计、数字滤波等信号处理方法把各种导航系统如无线电、卫星、天文、地形及景象匹配等导航系统进行结合，以发挥各种导航技术优势，达到比任何单一导航方式更高的导航精度和可靠性。常见的有以惯性导航和 GPS 卫星导航组合的（INS/GPS）导航系统。与惯性导航相比，GPS 具有成本低、导航精度高、且误差不随时间积累等优点，GPS 导航系统输出的导航信息作为系统状态的观测量，通过卡尔曼滤波对系统的状态（位置、速度等）及误差进行最优估计，以实现对惯性导航系统的校准和误差补偿。而惯性导航系统自主、实时、连续等优点可弥补 GPS 易受干扰、动态环境可靠性差的不足。

随着多传感器融合理论的发展，组合导航系统从 INS/多普勒、INS/天文、INS/VOR/DEM、INS/LORAN 等，发展到 INS/地形匹配、INS/GPS 和 INS/图像匹配，及多种系统和传感器组合的 INS/GPS/地形轮廓/景象匹配。

第 2 章　牛顿运动定律

历史背景与物理思想发展

惯性概念的建立是古代与中世纪的自然哲学过渡到近代物理学最重要的标志。在伽利略以前，人们所信奉的是亚里士多德的力学观点，即力决定物体的运动速度，作用于物体的力越大；则物体的运动速度越大；力越小则速度越小；没有力作用时，物体将静止不动，即速度为零。从表面上看，这一动力学规律似乎能解释一些日常现象，所以在欧洲，人们曾把这个规律视为经典。伽利略第一个批判了这个"规律"。他首先注意到各种物体都具有一定的惯性，并分析了一个最著名的"V 形斜面理想实验"来说明物体的惯性，并由此得出结论："当一个物体在一个水平平面上运动，没有遇到任何阻碍时……它的运动将是匀速的，并将无限地继续下去，假若平面是在空间中无限延伸的话。"这时小球的运动依靠的就是惯性，这就是伽利略的惯性定律，即著名的"动者恒动"说，它完全否定了亚里士多德的速度取决于力的"力学规律"。

1644 年，笛卡儿在《哲学原理》一书中弥补了伽利略的不足。他明确地指出，除非物体受到外因的作用，物体将永远保持其静止或运动状态，并且还特别声明，惯性运动的物体永远不会使自己趋向曲线运动，而只保持在直线上运动。笛卡儿比其他人高明的地方就是认识到惯性定律是解决力学问题的关键所在，是他最早把惯性定律作为原理加以确立的，并视之为整个自然观的基础，这对后来牛顿的综合工作有深远影响。然而，笛卡儿只停留在概念的提出，并没有成功地解决力学体系问题。

在牛顿的手稿中，令人特别感兴趣的，是他在 1665—1666 年写在笔记本中提到的，几乎全部的力学基础概念和定律，对速度给出了定义，对力的概念做了明确的说明，实际上已形成了后来正式发表的理论框架。他还用独特的方式推导了离心力公式。离心力公式是推导引力二次方反比定律的必由之路。惠更斯到 1673 年才发表离心力公式，而牛顿在 1665 年就用上了这个公式。

1687 年，牛顿发表了《自然哲学的数学原理》。这部巨著总结了力学的研究成果，标志着经典力学体系的初步建立。这是物理学史上的第一次大综合，是天文学、数学和力学历史发展的产物，也是牛顿创造性研究的结晶。在该书的第一部分中，牛顿首先明确定义了当时人们常常混淆的几个概念，如质量、惯性、外力、向心力、时间、空间等，然后提出了运动的基本定理，即牛顿力学三定律，接着牛顿给出了六条推论，包括力的平行四边形法则、力的合成与分解、动量守恒定律、质心运动定理、相对性原理以及力系的等效原理。这一部分虽然篇幅不大，但它是全书的基础。可以看出，牛顿运动第一定律是在伽利略和笛卡儿关于惯性定律论述的基础上建立起来的，并把它作为力学理论体系的第一条普遍定律和研究改变物体运动原因以及作用力与反作用力关系的出发点，也是万有引力定律得以建立的必要条件。牛顿运动第二定律明确定义了质量的概念，是对伽利略动力学思想的发展，它是牛顿运动三定律的核心。有人认为第三定律是牛顿独创的，但我们也不能认为惠更斯等人关于碰撞问题的研究对此毫无影响，这一定律不仅指出了作用与反作用的存在，还指出了这种相互作用总是作用在两个不同的物体上，并且是等大小、反方向的。在书中，牛顿还描写了大量的实验，用以证明这一定律的正确性。

对牛顿的工作有贡献作用的有胡克和笛卡儿，当然也包括了他多次提到的伽利略、开普勒和哥白尼。其实他完成的综合工作是基于从中世纪以来世世代代从事科学研究的前人的累累成果。

在质点运动学中，我们只描述质点的运动，没有涉及运动状态发生变化的原因。是什么原因改变运动呢？飞机如何转弯？飞行过程中的红视、黑视现象产生的原因是什么？通过本章内容的学习，我们将得出答案。同时，本章内容还与日常生活密切相关，比如急刹车时车内人向前的运动，人走路时与地面之间摩擦等现象。

从本章开始的质点动力学，将以牛顿运动定律为基础，研究物体运动状态发生变化的原因及其规律。牛顿提出的三条运动定律，不仅是质点运动的基本定律，而且是整个经典力学的基础。

2.1　牛顿运动定律

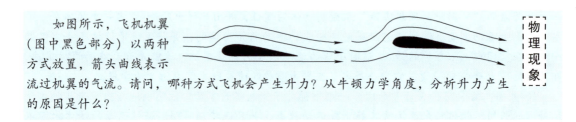

如图所示，飞机机翼（图中黑色部分）以两种方式放置，箭头曲线表示流过机翼的气流。请问，哪种方式飞机会产生升力？从牛顿力学角度，分析升力产生的原因是什么？

物理现象

 物理学基本内容

2.1.1　牛顿第一定律

牛顿第一定律：物体将保持静止或做匀速直线运动，直到其他物体对它的作用力迫使其改变这种状态为止。

牛顿第一定律给出了三个重要概念。

第一，给出了力的科学定义：力是一个物体对另一个物体的作用。力的作用效果是使受力作用的物体改变原来的运动状态，而不是维持物体的运动状态。

力在物理学中是一个核心物理量。以下是日常生活中存在的几个力的数量级的例子，它们有助于读者加深对力的认识。

DNA双螺旋分子之间的相互作用力：10^{-14}N

原子范围内电子与质子之间的相互作用力：10^{-9}N

耳机声音对耳膜的作用力：10^{-4}N（对于10^{-13}N的作用力，人的听力仍然能够感知到）

水对水坝的作用力：10^{11}N

太阳对地球的引力：10^{22}N

第二，表明任何物体都具有保持其运动状态不变的固有属性，这种属性称为惯性。物体之所以静止或做匀速直线运动是由物体的惯性造成的。

第三，定义了惯性系这一概念。通常我们把牛顿运动定律成立的参考系叫作惯性系，而牛顿运动定律不成立的参考系叫作非惯性系，相关内容留待第2.4节进行详细介绍。判断一个参考系是不是惯性系，只能通过实验和观察。如果我们确认了某一参考系是惯性系，则相对于此参考系静止或做匀速直线运动的其他参考系也都是惯性系；而绝对惯性系是不存在的。地球由于公转和自转，不是很精确的惯性系，但在较小的空间范围和在较短的时间内测量，以地球表面为参考系，牛顿运动定律较好地与实验一致，所以可以近似地认为固着在地球表面上的地面参考系是惯性参考系。目前最精准的惯性系是国际天球参考系，主要应用于天文学研究领域，感兴趣的读者可以查阅资料了解。

2.1.2　牛顿第二定律

物体在运动时具有速度，我们把物体的质量 m 与其速度 $\boldsymbol{v}$ 的乘积定义为物体的动量，用 $\boldsymbol{p}$ 表示。即

$$\boldsymbol{p} = m\boldsymbol{v} \tag{2-1}$$

动量是描述运动状态的物理量，但比速度的含义更为广泛、意义更为重要。牛顿第二定律阐明了作用于物体的外力与动量变化的关系。

牛顿第二定律：某时刻物体的动量 $m\boldsymbol{v}$ 对时间的变化率等于该时刻物体所受的合外力 $\boldsymbol{F}$。即

$$\boldsymbol{F} = \frac{\mathrm{d}(m\boldsymbol{v})}{\mathrm{d}t} \tag{2-2}$$

这是第二定律的普遍形式，常称为牛顿力学的质点动力学方程。当物体的质量不变时，得到大家熟悉的形式，即

$$\boldsymbol{F} = m\frac{\mathrm{d}\boldsymbol{v}}{\mathrm{d}t} = m\boldsymbol{a} \tag{2-3}$$

在这种情况下，牛顿第二定律可表述为：物体受到合外力作用时将产生加速度，加速度的大小与合外力的大小成正比，与物体自身的质量成反比，加速度的方向在合外力的方向上。在国际单位制中，质量的单位为千克（kg），力的单位为牛顿（N）。

式（2-3）在直角坐标系和自然坐标系中的分量式分别可以表示为

$$\begin{cases} F_x = ma_x = m\dfrac{\mathrm{d}v_x}{\mathrm{d}t} \\[2mm] F_y = ma_y = m\dfrac{\mathrm{d}v_y}{\mathrm{d}t} \\[2mm] F_z = ma_z = m\dfrac{\mathrm{d}v_z}{\mathrm{d}t} \end{cases} \tag{2-4}$$

和

$$\begin{cases} F_{\mathrm{n}} = ma_{\mathrm{n}} = m\dfrac{v^2}{R} \\[2mm] F_{\tau} = ma_{\tau} = m\dfrac{\mathrm{d}v}{\mathrm{d}t} \end{cases} \tag{2-5}$$

由式（2-5）可见，合外力的切向分量决定了物体速度大小的变化率，法向分量决定了物体速度方向的变化。

牛顿第一定律给出力的科学定义，定性说明力和运动之间关系，牛顿第二定律是牛顿第一定律逻辑上的延伸，它进一步定量地阐明了物体受到外力作用时运动状态是如何变化的。

如果说牛顿第一定律给出了惯性概念，牛顿第二定律则对惯性概念做了定量的叙述。同一个物体在不同的外力作用下，物体的加速度与外力之间始终保持同向、成正比的关系；不同的物体在相同外力作用下，质量小的物体产生的加速度大，说明状态改变容易，物体的惯性小；

质量大的物体产生的加速度小，说明状态不容易改变，物体的惯性大。由此，物体质量越大，惯性越大，保持原有运动状态的本领越强，惯性的大小可以使用一个物理量——惯性质量来描述，即定律中的 m。

读者特别要注意的是牛顿第二定律中的 F 是物体所受的合力。当有多个力作用在物体上时，由矢量合成规律可以得到

$$F = \sum_{i=1}^{n} F_i \qquad (2-6)$$

式中，F_i 是第 i 个分力，式（2-6）称为力的叠加原理。在大多数情况下，物体同时受到多个力的作用，F 表示合力，a 表示合力作用下产生的总加速度。

牛顿第二定律是瞬时关系式，即 $F(t) = ma(t)$。物体在 t 时刻具有的加速度与同一时刻所受的力的大小成正比，方向相同，并且表现为时间 t 的函数，即物体的加速度与力在时间上应表现为一一对应的关系。

牛顿第二定律适用于质点。如果一个物体的大小、形状在讨论问题时不能够忽略不计，可以将该物体处理为由许许多多质点构成的质点系，简称为质点系。质点系中每一个质点的运动规律都应当遵从牛顿运动定律。

2.1.3　牛顿第三定律

牛顿第三定律有多种表述形式，这里我们要求读者掌握如下的表述：物体之间的作用力与反作用力大小相等，方向相反，在同一直线上，作用在不同的物体上，其数学表达式为

$$F = -F' \qquad (2-7)$$

牛顿第三定律在逻辑上是牛顿第一、第二定律的延伸，是补充力的特点和规律的定律。

当两个物体相互作用时，受力的物体也是施力的物体。这种相互作用分别叫作作用力与反作用力。从牛顿第三定律我们知道，作用力与反作用力之间有如下的特点：

（1）作用力与反作用力的性质相同，如果作用力是万有引力，则反作用力也是万有引力。

（2）作用力与反作用力不能抵消，因为它们是作用在不同的物体上的，注意与平衡力相区别。

（3）作用力与反作用力同时产生，同时消失，互为存在条件。

与牛顿第一定律和第二定律不同，牛顿第三定律在任何参考系中都成立，而第一定律和第二定律只在惯性系中成立。

2.1.4　牛顿运动定律的适用范围

牛顿力学适用于宏观物体的低速运动情况。在 1687 年牛顿提出著名的牛顿三大定律后的很长一段时期，人们对物质及其运动的认识还仅仅局限于宏观物体的低速运动。低速是指物体的运动速度远远小于光在真空中的传播速度。牛顿力学在宏观物体低速运动的范围内描述物体的运动规律是极为成功的。但是到了 19 世纪末，随着物理学在理论上和实验技术上的不断发展，人类观察的领域不断扩大，实验上相继观察到了微观、宇观领域和高速运动领域中的许多现象，例如电子、放射性射线等。人们发现用牛顿力学解释这些现象是不成功的。直到 20 世纪初，量子力学的诞生，才对微观粒子的运动规律给予了正确的解释，而对于高速运动和宇观尺度的物理图像，则必须用爱因斯坦的相对论进行讨论。

1900 年第一次世界数学大会，希尔伯特提出了 23 个问题，其中有不少问题已经得到解决，如费马大定理（1995 年被普林斯顿大学的 Andrew Wiles 最终解决），但是"三体运动方程的解"至今没有得到解决。数学界流传这样一句话"三体问题如繁星无法超越"。

思维拓展

你能不能试着列一下三个质点之间只受万有引力时的牛顿第二定律方程，分析一下三体问题有多复杂？

下面我们结合牛顿定律来看一下机翼周围气流的流动情况。先看左图所

现象解释

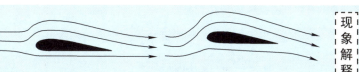

示机翼周围的气流流动，气流先是接近机翼，然后在碰到机翼后发生分流，最后在机翼的后方汇合，并沿最初的方向流动。这种情况下机翼是没有受到升力的，因为没有施加于空气上的作用力，因此，机翼上也就没有受到反作用力（升力）。如果机翼没有对空气施加净作用力，空气也就不可能对机翼产生作用力。再看右图所示的机翼周围空气流动的图片，图示的气流在机翼周围分离，经过机翼后以稍微向下的角度离开机翼。这种下行的气流称为下洗流，就是气流在机翼周围发生转向。牛顿第一定律指出，气流的转向需要有一个作用其上的力，而牛顿第三定律则表明，这个力的产生伴随着一个大小相等、方向相反的力，产生下洗流的作用力的反作用力即为升力。气流经过机翼后，受到了一个向下的净作用力，因而气流受到作用力后产生一个向上的反作用力作用于机翼上，这个反作用力就是升力。

不过用牛顿定律对升力的产生进行解释，显得过于粗略，没有办法对升力进行定量计算。如果要进行定量计算，应利用空气动力学相关知识。

 物理知识应用

【例 2-1】一枚质量为 3.03×10^3 kg 的火箭，在与地面成 58.0°倾角的发射架上，点火后发动机以恒力 61.2kN 作用于火箭，火箭的姿态始终与地面成 58.0°夹角。经 48.0s 后关闭发动机，计算此时火箭的高度和距发射点的距离。（忽略燃料质量和空气阻力）

分析　这是恒力作用下火箭在铅垂平面的运动，这里火箭所受的力包括发动机的恒定推力 **F** 和火箭的重力 **G**，它们都是恒力（力的大小和方向都不变），将它们分解到图 2-1 所示的二维坐标中，即可列出动力学方程，并结合运动学关系求解。

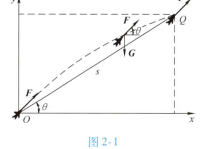

图 2-1

【解】建立图示 Oxy 坐标系，列出动力学方程

$$F\cos\theta = ma_x$$

$$F\sin\theta - mg = ma_y$$

由于加速度是恒量，根据初始条件，由运动学方程可得点 Q 的位置坐标为

$$x = \frac{1}{2}a_x t^2 = \frac{F\cos\theta}{2m}t^2 = 1.23 \times 10^4 \text{m}$$

$$y = \frac{1}{2}a_y t^2 = \frac{F\sin\theta - mg}{2m}t^2 = 8.44 \times 10^3 \text{m}$$

火箭距发射点 O 的距离为

$$s = \sqrt{x^2 + y^2} = 1.49 \times 10^4 \, \text{m}$$

【例2-2】设卫星 M 在固定平面 xOy 内运动（见图2-2），已知卫星的质量为 m，运动方程是

$$x = A\cos kt$$

$$y = B\sin kt$$

式中，A、B、k 都是常量。求作用于卫星 M 的力 $\boldsymbol{F}$。

【解】本例属第一类问题。由运动方程求导得到质点的加速度在固定坐标轴 x 和 y 上的投影，即

$$a_x = \frac{\mathrm{d}^2 x}{\mathrm{d}t^2} = -k^2 A \cos kt = -k^2 x$$

$$a_y = \frac{\mathrm{d}^2 y}{\mathrm{d}t^2} = -k^2 B \sin kt = -k^2 y$$

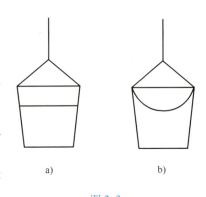

图2-2

代入方程（2-4）得

$$F_x = -mk^2 x, \quad F_y = -mk^2 y$$

于是力 $\boldsymbol{F}$ 可表示成

$$\boldsymbol{F} = F_x \boldsymbol{i} + F_y \boldsymbol{j} = -mk^2(x\boldsymbol{i} + y\boldsymbol{j}) = -mk^2 \boldsymbol{r}$$

将卫星 M 置于固定坐标系 Oxy 的一般位置分析如图2-2所示。可见力 $\boldsymbol{F}$ 恒指向固定点 O，与卫星 M 的矢径 $\boldsymbol{r}$ 的方向相反。这种作用线恒通过固定点的力称为有心力，这个固定点称为力心。

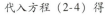 **物理知识拓展**

惯性的本质

什么是惯性？惯性就是物体在惯性系中企图保持其原有运动状态的性质。在不受外界作用时，惯性表现为保持运动状态不变的性质；当外界要改变物体的运动状态时，物体的惯性就表现为一种抵抗能力。物体在非惯性系中受惯性力，其实也是这种属性的另一种表现。但物体为什么会有惯性？牛顿定律本身并未给出回答，但从《自然哲学的数学原理》（后简称《原理》）一书中可以看出牛顿关于这一问题的观点。牛顿认为惯性是物体与绝对空间相联系的一种属性。物体只有相对于绝对空间有加速度，才会表现出这种反抗力。牛顿在著名的水桶实验的叙述中清楚地表明了这种思想。他在《原理》的开头就描述了这一实验：

图2-3

将一水桶用长绳吊起来，旋紧绳索后让它自由松开，起初桶朝反方向旋转，水面仍保持静止且平坦（见图2-3a），后来桶逐渐带动水一起旋转，靠近桶壁的水逐渐上升（见图2-3b）。牛顿接着写道："起初当水在桶中的相对运动最大时，水没有显示出旋转运动并沿桶壁上升的趋势，而保持着水平。所以它的真正圆周运动尚未开始。但是后来水的相对运动减小，水就因此趋向桶的边缘而在那里上升，……这种趋向说明水的真正圆周运动在不断增大。……"牛顿把水面沿桶壁上升归因于水相对于绝对空间的加速运动，而不是水相对桶的加速运动。

牛顿的这种观点遭到马赫的反对。马赫认为，离开物质去谈论空间是没有意义的。他认为，物体的运动只能从它与其他物体的相对位置变化上去考察，而不应该从它与"绝对空间"的关系上去考察，对于物体的动力学特性的考察也应如此。对于牛顿的水桶实验，马赫认为，这里起作用的仍然是水与宇宙众星体的相对运动，而不是水与"绝对空间"的相对运动。马赫说："如果还有现代作家被牛顿从水桶得出的论据引入歧途，而在相对运动和绝对运动之间做出区分，那么……试把牛顿的水桶固定而使恒星天空对它旋

转起来，以验证离心力的不存在吧。"在马赫看来，由地球转动所引起的一切效应，如赤道上重力加速度的减小，傅科摆平面的转动等，即使在"地球静止而其他天体绕着它绝对运动，因而地球是在相对转动"时，也不会消失。

从上面的论述可以看出，牛顿认为物体的惯性是绝对空间赋予的，而马赫则认为惯性是物体与宇宙间众星体相互作用的结果。

在牛顿看来，即使不存在众星体，只要水相对绝对空间在旋转，水面仍会下凹。而在马赫看来，则相反，如果没有众星体，水不论怎样旋转，也不会下凹。即使水相对"绝对空间"静止，而众星体相对水旋转，水面也会下凹。总之，在马赫看来，惯性力并不是源于绝对时空的虚拟力，而是源于物质间相互作用的真实力。爱因斯坦曾将这一思想表述为"一切物体的惯性效应来自宇宙空间物质做相对加速运动时的引力作用"，并称之为"马赫原理"。

有人还从加速电荷（加速度为 a）会对别的电荷产生库仑力以外的附加力

$$F = \frac{kq_1q_2a}{c^2r}$$

出发，认为当质量为 m' 的物体相对物体 m 做加速运动时，它对 m 也会产生除万有引力以外的附加"拉力"：

$$F'_{m'\to m} = \frac{Gm'ma}{c^2r}$$

此力比万有引力随距离的衰减缓慢得多。于是物体 m 做加速运动时的反抗力（惯性力）就是上式对整个宇宙的物质求得的和：

$$F' = ma \sum \frac{Gm'}{c^2r}$$

马赫原理要求 $\sum \frac{Gm'}{c^2r} = 1$。初步的计算表明，对目前已知的宇宙星体，上述和 $\sum \frac{Gm'}{c^2r} \approx 10^{-1}$。如果考虑到我们对宇宙及其物质认识的不完全性，此结果还是相当不错的。但是宇宙物质分布具有不对称性（例如太阳系就处在银河系的边缘）。这种不对称性理应造成物体惯性的空间不对称性，然而这种不对称性在精度很高（$10^{-20} \sim 10^{-10}$）的实验中未得到验证。加之马赫原理在理论上并不完善，因此目前有许多科学家对马赫原理持怀疑态度。但是，爱因斯坦当年创立广义相对论，曾受到马赫思想的启发，所以马赫原理在历史上的作用至少是不应被否定的。

2.2　力学中常见的力

　　跳伞被誉为"勇敢者的游戏"，跳伞员从高空纵身一跃，从地面看只是一个飞速下坠的黑点，直到降落伞打开。那么，跳伞员在空中的受力和运动规律是怎样的？当多人进行跳伞时，怎样决定跳伞的先后顺序？　　物理现象

物理学基本内容

经典力学中常见的力都是来源于自然界基本的相互作用，其细节我们不在这里讨论。我们关注的重点是这些力的宏观特征。

2.2.1　万有引力

万有引力是存在于一切有质量物体之间的相互吸引力。万有引力定律由牛顿总结：任何

两个质点都相互吸引，引力的大小与它们的质量的乘积成正比，与它们的距离的平方成反比，力的方向沿两质点的连线方向。设有两个质量分别为 m_1 和 m_2 的质点，m_1 相对 m_2 的位置矢量为 $\boldsymbol{r}$，则 m_1 受到 m_2 的万有引力 $\boldsymbol{F}$ 的大小和方向由下式给出：

$$\boldsymbol{F} = -G\frac{m_1 m_2}{r^2}\boldsymbol{r}^0 \tag{2-8}$$

式中，$\boldsymbol{r}^0$ 为 $\boldsymbol{r}$ 方向的单位矢量；负号表示 $\boldsymbol{F}$ 与 $\boldsymbol{r}$ 方向相反，表现为引力；G 为引力常量，$G = 6.67 \times 10^{-11}\,\mathrm{m^3 \cdot kg \cdot s^{-2}}$。同理，$m_2$ 受到 m_1 的万有引力有相同规律。m_1 和 m_2 称为物体的引力质量，是物体具有产生引力和感受引力的属性的量度，国际单位制单位是千克（kg）。引力质量与牛顿运动定律中反映物体惯性大小的惯性质量是物体两种不同属性的体现，在认识上应加以区别。但是精确的实验表明，引力质量与惯性质量在数值上是相等的，之后不再加以区分。引力质量等于惯性质量这一重要结论，是爱因斯坦广义相对论基本原理之一——等效原理的实验事实。

2.2.2 重力

地球表面附近的物体都受到地球的吸引作用，这种由于地球吸引而使物体受到的力叫重力。当物体距离地球表面 h（$h \ll R$，R 为地球半径）高度处时，所受地球的重力为

$$\boldsymbol{F} = m\boldsymbol{g} \tag{2-9}$$

式中，$\boldsymbol{g}$ 为重力加速度，数值上等于单位质量的物体受到的重力，一般 g 取值为 $9.8\,\mathrm{m \cdot s^{-2}}$，方向竖直向下。

2.2.3 弹力

两个物体彼此相互接触产生了挤压或者拉伸，出现了形变，物体具有消除形变、恢复原来形状的趋势而产生了弹力。弹力的表现形式多种多样，以下三种最为常见。

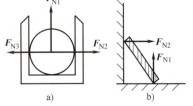

1. 压力

压力是两个物体彼此接触并挤压而形成的。压力的方向与接触面垂直，大小则视挤压形变的程度而决定。图 2-4a 为夹具中的球体受压力的示意图，图 2-4b 为一重杆斜靠墙角，杆所受压力的示意图。显然，不同的力学环境下物体所受压力不一样。

图 2-4

2. 拉力（张力）

杆或绳被拉伸时，互相紧靠的质量元间彼此拉扯，从而形成拉力，通常也称为张力。在杆或绳上，拉力的方向沿杆或绳的切线方向。

对于一段有质量的杆或绳，其上各点的拉力是否相等呢？图 2-5 为一段质量为 Δm 的绳，$\boldsymbol{F}_{T1}$ 为该段绳左端点上的拉力，$\boldsymbol{F}_{T2}$ 为右端点上的拉力。根据牛顿第二定律有

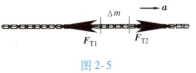

图 2-5

$F_{T2} - F_{T1} = \Delta m \cdot a$，只要加速度 a 不等于零，就有 $F_{T2} \neq F_{T1}$，绳上拉力各点不同。这个例子说明，力和加速度都是通过绳的质量起作用的。简单问题处理上，常常在忽略次要因素的原则下，忽略绳或杆的质量，即令 $\Delta m \rightarrow 0$，称为轻绳或轻杆。此时由 $F_{T2} - F_{T1} = \Delta m \cdot a = 0$，可以得到 $F_{T2} = F_{T1}$ 的结果，也就是轻绳或轻杆上拉力处处相等，这个结论显然是理想模型的结果。

3. 弹簧的弹性力

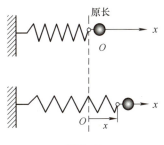

弹簧在受到拉伸或压缩的时候产生弹性力，这种力总是试图使弹簧恢复原来的形状。如图2-6所示，坐标原点 O 为弹簧原长处，x 为弹簧相对于原长的形变。当 x 为正时，弹簧被拉长；当 x 为负时，弹簧被压缩。则在弹性限度内，弹性力由胡克定律给出

$$F = -kx \qquad (2\text{-}10)$$

式中，k 为弹簧的劲度系数。弹性力与弹簧的形变成正比，负号表示弹性力的方向始终指向弹簧恢复原长的方向。

图 2-6

2.2.4　摩擦力

两个物体相互接触并具有相对运动或者相对运动的趋势，则沿它们接触的表面将产生阻碍相对运动或相对运动趋势的力，称为摩擦力。摩擦力的起因及微观机理十分复杂，有关理论研究认为，各种摩擦都源自于接触面分子或原子之间的电磁相互作用。因相对运动的方式以及相对运动的物质不同而有所差别，如摩擦力有干摩擦与湿摩擦之分，还有静摩擦、滑动摩擦及滚动摩擦之分。这里我们只简单讨论静摩擦与滑动摩擦。

1. 静摩擦

静摩擦是两个彼此接触的物体相对静止但具有相对运动趋势时出现的。静摩擦力的方向沿接触面的切线方向，与相对运动的趋势相反，阻碍相对运动，其大小随物体的受力情况而变化。实验表明，最大静摩擦力与两物体之间的正压力 $\boldsymbol{F}_N$ 的大小成正比，即

$$f_{s,\max} = \mu_s F_N \qquad (2\text{-}11)$$

式中，μ_s 为静摩擦因数，它与接触物体的材质和表面情况有关。由以上分析可知，静摩擦力的规律为

$$0 \leqslant f_s \leqslant f_{s,\max} \qquad (2\text{-}12)$$

在涉及静摩擦力的讨论中，最大静摩擦力往往作为相对运动起动的临界条件。

2. 滑动摩擦

相互接触的物体之间有相对滑动时，接触面间阻碍相对运动的阻力称为滑动摩擦力。滑动摩擦力的方向沿接触面的切线方向，与相对运动方向相反，其大小与物体的材质、表面情况以及压力等因素有关，一般还与接触物体的相对运动速率有关。在相对运动速率不是太大的时候，可以认为滑动摩擦力的大小与物体间正压力 $\boldsymbol{F}_N$ 的大小成正比，即

$$f_k = \mu_k F_N \qquad (2\text{-}13)$$

式中，μ_k 是动摩擦因数。一些典型材料的动摩擦因数 μ_k 和静摩擦因数 μ_s 可以查阅有关的工具书，二者有明显的区别（见表2-1、表2-2）。一般 μ_k 和 μ_s 不加区别地使用，为的是将注意力集中在摩擦力而不是摩擦因数上。

表 2-1　一些材料间的摩擦因数

接触面		钢铁	铸铁	玻璃	皮带	钢铁	轮胎
		钢铁	铸铁	玻璃	生铁	冰	沥青路面
静摩擦因数	干	0.58		0.90 ~ 1.0	0.56	0.01 ~ 0.02	0.5 ~ 0.7
	涂油	0.05 ~ 0.10	0.20	0.35			（湿）0.3 ~ 0.45
动摩擦因数	干	0.50	0.15	0.40			
	涂油	0.03 ~ 0.10	0.07	0.09			

表2-2 飞机跑道地面摩擦因数数值表

表面状况	最小值 $\mu_{\min}$	平均值 μ_{av}
干水泥地面	0.02	0.03 ~ 0.04
湿水泥地面	0.03	0.05
覆雪覆冰地面	0.02	0.10 ~ 0.12

丝绸摩擦的玻璃棒一定带正电吗？通过查阅资料了解一下，摩擦力受哪些因素影响。

思维拓展

2.2.5 流体阻力

物体在流体（液体或气体）中与流体有相对运动时，物体会受到流体阻力作用，其方向与物体速度方向相反，大小与物体速度密切相关。实验证明，物体速度增加时流体阻力也随之增大，用公式表示为

$$F_{\text{drag}} = k_0 + k_1 v + k_2 v^2 + \cdots \ (k_0 、 k_1 、 k_2 \text{由实验决定}) \tag{2-14}$$

当相对运动速率较小时，流体可以从物体周围平顺地流过，阻力大小与相对速率成正比，即

$$F_{\text{drag}} = kv \tag{2-15}$$

在相对速率较大，以致在物体的后方出现流体旋涡时（一般情形多是这样），阻力的大小将和相对速率的平方成正比，即

$$F_{\text{drag}} = kv^2 \tag{2-16}$$

k 与很多因素有关。物体在空气中运动时，k 的影响因素包括物体与空气接触表面积 S、空气密度 ρ，同时还和物体的尺寸、物体与运动方向倾角、空气黏滞性和可压缩性有关，这些因素的影响统一用黏滞系数 c_d 表示。k 用公式表示为

$$k = \frac{1}{2} c_d S \rho \tag{2-17}$$

于是，人们设想利用增大空气阻力的方法来减小运动速度，这就是制造降落伞的出发点。世界上最早设计出降落伞的是15世纪意大利文艺复兴时期的杰出画家达·芬奇，他设计的降落伞是用边长为7m的布制成的四方尖顶天盖，天盖下可以吊一个人。据说达·芬奇曾亲自使用过这种降落伞从一个塔上跳下进行试验。其设计图保存在意大利达·芬奇博物馆里。

跳伞员和伞具的总质量为 m，在空中某处由静止开始下落，设降落伞受到的空气阻力与速率成正比，即空气阻力 $\boldsymbol{F} = -k\boldsymbol{v}$，$k$ 是比例常量。求跳伞员运动速率随时间变化的规律。

现象解释

在跳伞员下落过程中，受到空气阻力 $\boldsymbol{F} = -k\boldsymbol{v}$ 和重力 $\boldsymbol{G} = m\boldsymbol{g}$ 作用，如图1a所示。取竖直向下为坐标轴正方向，以开始下落处为坐标原点，由牛顿第二定律，有

$$mg - kv = m\frac{dv}{dt} \qquad ①$$

分离变量得

$$\frac{dv}{g - \dfrac{k}{m}v} = dt$$

依题意，$t=0$ 时，$v_0=0$。对上式积分

$$\int_0^v \frac{\mathrm{d}v}{g-\dfrac{k}{m}v}=\int_0^t \mathrm{d}t$$

得到

$$\ln \frac{g-\dfrac{k}{m}v}{g}=-\frac{k}{m}t$$

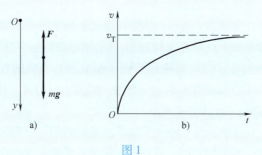

图 1

由此得出速率随时间变化的规律为

$$v=\frac{mg}{k}\left(1-\mathrm{e}^{-\frac{k}{m}t}\right) \qquad\qquad ②$$

下面对上例结果进行讨论。

1）由式②可知，速率随时间 t 增加而变大，其变化曲线如图 1b 所示。这是一条指数函数曲线。

2）当 $t\to\infty$ 时，v 趋于一极限值 $v_T=\dfrac{mg}{k}$，v_T 称为终极速度（即物体在黏性流体中下落时能达到的极限速度）。物体达到终极速度后，就做匀速直线运动了。在物理学中，$t\to\infty$ 是指时间足够长。由式②可知，当 $t=\dfrac{5m}{k}$ 时，$v=0.993v_T$，一般认为当 $t\geqslant\dfrac{5m}{k}$ 时，速率已经非常接近于 v_T 了。终极速度质量 m 有关，所以，多人跳伞时，体重大的先跳。

固体在液体或气体中运动，当流体阻力与推力大小相等时，就以终极速度做匀速运动。轮船在水中航行、飞机在空中飞行、航空跳伞、雨滴的下落等，经过一段时间之后都是以终极速度做匀速运动。

通过查阅资料了解一下，降落伞的面积、伞形、材料分别对阻力产生什么影响？

思维拓展

2.2.6　作用在飞机上的常见力

1. 飞机的重力

飞机大都是在大气层内飞行的，一般情况下可视地球表面为平面，重力场视为平行力场，即飞机所受的重力与地面垂直，在地面坐标系中，$G=-mg$，当忽略飞机飞行高度对重力加速度的影响，即把重力场近似视为均匀场时，有 $g=$ 常量。

2. 飞机的发动机推力

我们首先定义对称面和翼弦两个基本概念，对称面为机体纵轴所在平面并垂直于机体横轴，翼弦为机翼前缘到后缘的连线。飞机发动机的推力 P（对于多台发动机情况应是各发动机推力的合力）一般作用在其对称面内，与飞机的翼弦存在一个夹角 φ_P，称为发动机安装角（见图 2-7）。

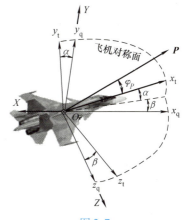

图 2-7

3. 飞机的空气动力

如图 2-7 所示，作用在飞机上的空气动力 $\boldsymbol{R}$ 一般在气流坐标系 $Ox_qy_qz_q$ 下进行计算，气流坐标系的原点 O 在飞机重心；Ox_q 轴始终指向空速方向，Oy_q 轴位于飞机对称面内，垂直于 Ox_q 轴，指向上方；Oz_q 轴垂直于平面 x_qOy_q 指向飞机的右方。

空气动力 $\boldsymbol{R}$ 的三个分量一般为：阻力 $\boldsymbol{X}$、升力 $\boldsymbol{Y}$ 和侧力 $\boldsymbol{Z}$，在气流坐标系下，分别沿 Ox_q 负方向、Oy_q 正方向和沿 Oz_q 轴。

飞机的空气动力受很多因素的影响，比较复杂，这里只定性给出方向，后续拓展知识进行了一些延伸介绍，但更详细的定量关系，在后续相关专业课程中详细讨论。

 物理知识应用

【例 2-3】 试证明圆柱形容器内以角速度 ω 绕中心轴做匀速旋转的流体表面为旋转抛物面。

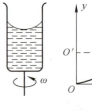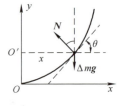

图 2-8

【解】 在流体表面任取一质量为 Δm 的质元作为研究对象。Δm 受重力和流体其他部分对它作用力的合力 $\boldsymbol{N}$。由于 Δm 并未沿切面流动，所以 $\boldsymbol{N}$ 的方向应垂直于该处切面，如图 2-8 所示。流体绕轴旋转时，Δm 将以 O' 为圆心，以 x 为半径做匀速圆周运动。根据牛顿第二定律，有

$$\Delta m\boldsymbol{g} + \boldsymbol{N} = \Delta m\boldsymbol{a}$$

分量式为

$$N\sin\theta = \Delta mx\omega^2$$
$$N\cos\theta - \Delta mg = 0$$

可得

$$\frac{dy}{dx} = \tan\theta = \frac{\omega^2}{g}x$$

将上式积分得

$$\int_0^y dy = \int_0^x \frac{\omega^2}{g}x dx$$

$$y = \frac{\omega^2}{2g}x^2$$

结果为抛物线方程，该曲线绕 Oy 轴旋转即为旋转抛物面。

【例 2-4】 直升机的螺旋桨由两个对称的叶片组成，每一叶片的质量 $m = 136\text{kg}$，长 $l = 3.66\text{m}$。求当它的转速 $n = 320\text{r}\cdot\text{min}^{-1}$ 时，两个叶片根部的张力。（设叶片是宽度一定、厚度均匀的薄片。）

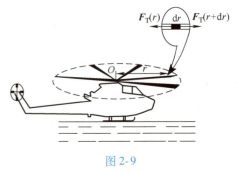

图 2-9

【解】 如图 2-9 所示，设叶片根部为原点 O，沿叶片背离原点 O 的方向为正向，距原点为 r 处的长为 dr 一小段叶片，其两侧对它的拉力分别为 $\boldsymbol{F}_T(r)$ 与 $\boldsymbol{F}_T(r+dr)$。叶片转动时，该小段叶片做圆周运动，由牛顿定律有

$$dF_T = F_T(r) - F_T(r+dr) = \frac{m}{l}\omega^2 r dr$$

由于 $r = l$ 时外侧 $F_T = 0$，所以有

$$\int_{F_{\mathrm{T}}(r)}^{0} \mathrm{d}F_{\mathrm{T}} = \int_{r}^{l} \frac{m}{l} \omega^2 r \mathrm{d}r$$

$$F_{\mathrm{T}}(r) = -\frac{m\omega^2}{2l}(l^2 - r^2)$$

上式中取 $r = 0$，即得叶片根部的张力

$$F_{\mathrm{T}} = -2.79 \times 10^5 \,\mathrm{N}$$

负号表示张力方向与坐标方向相反。

 ## 物理知识拓展

1. 基本自然力

自然界中力的具体表现形式多种多样。人们按力的表现形式不同，习惯地将其分别称为重力、压力、弹力、摩擦力、电力、磁力、核力……但是，究其本质而言，这些力都来源于四种基本的自然力，即引力相互作用、电磁相互作用、强相互作用、弱相互作用。前面已经对万有引力进行了详细介绍，下面对后三种自然力做简单的介绍。

（1）电磁相互作用

静止电荷之间存在电力，运动电荷之间不仅存在电力还存在磁力。按照相对论的观点，运动电荷受到的磁力是其他运动电荷对其作用的电力的一部分，故将电力与磁力合称为电磁相互作用（或称为电磁力）。

两个静止点电荷之间的电磁力遵从库仑定律。设点电荷 q_1、q_2，它们的相对位置矢量为 $\boldsymbol{r}$，其相互作用的电磁力

$$\boldsymbol{F} = \frac{1}{4\pi\varepsilon_0} \frac{q_1 q_2}{r^2} \boldsymbol{r}^0 \tag{2-18}$$

式中，ε_0 为真空电容率，是一个常数。库仑定律在数学形式上与万有引力定律有相似之处，与万有引力不同的是，电磁力可以表现为引力，也可以表现为斥力。电磁力的强度也比较大（见表 2-3）。

（2）强相互作用

强相互作用是作用于基本粒子（现在均改称为"粒子"）之间的一种强相互作用力，它是物理学研究深入到原子核及粒子范围内才发现的一种基本作用力。原子核由带正电的质子和不带电的中子组成，质子和中子统称为核子。核子间的引力相互作用是很弱的，约为 $10^{-34}\,\mathrm{N}$。质子之间的库仑力表现为排斥力，约为 $10^2\,\mathrm{N}$，较之于引力相互作用大得多，但是绝大多数原子核相当稳定，且原子核体积极小，密度极大，说明核子之间一定存在着一种远比电磁相互作用和引力相互作用强大得多的作用力，它能将核子紧紧地束缚在一起形成原子核，这就是强相互作用（在原子核问题的讨论中，特称为核力）。由表 2-3 可以看到，相邻两核子间的强相互作用的强度比电磁相互作用的强度大两个数量级。

强相互作用是一种作用范围非常小的短程力。粒子之间的距离为 $0.4 \times 10^{-15} \sim 10^{-15}\,\mathrm{m}$ 时表现为引力，距离小于 $0.4 \times 10^{-15}\,\mathrm{m}$ 时表现为斥力，距离大于 $10^{-15}\,\mathrm{m}$ 后迅速衰减，可以忽略不计。强相互作用也是靠场传递的，粒子的场彼此交换被称为"胶子"的媒介粒子实现强相互作用。由于强相互作用的强度大而力程短，它是粒子间最重要的相互作用力。

（3）弱相互作用

弱相互作用也是各种粒子之间的一种相互作用，它支配着某些放射性现象，在 β 衰变等过程中显示出重要性。弱相互作用的力程比强相互作用更短，仅为 $10^{-18}\,\mathrm{m}$，强度也很弱。弱相互作用是通过粒子的场彼此交换"中间玻色子"传递的。由于在本书的讨论中不涉及强相互作用和弱相互作用，对此有兴趣的读者可以参阅核物理和粒子物理的有关书籍。

表2-3　四种基本自然力（以强相互作用强度为参考标准）

类型	相互作用的物体	强度	作用距离	宏观表现
引力相互作用	一切微粒和物体	10^{-38}	长	有
弱相互作用	大多数微粒	10^{-13}	短（$\sim 10^{-18}$ m）	无
电磁相互作用	电荷微粒或物体	10^{-2}	长	有
强相互作用	核子、介子等	1①	短（$\sim 10^{-15}$ m）	无

① 表中强度是以两个质子间相距为 10^{-15} m 时的相互作用强度为1给出的。

这四种相互作用的力程和强度有着天壤之别，物理学家总是试图发现它们之间的联系。20世纪60年代，科学家提出"电弱统一理论"（电磁相互作用和弱相互作用的统一），并在70年代和80年代初被实验证实，现在正进行电磁相互作用、弱相互作用和强相互作用统一的研究，并期盼把引力相互作用也包括在内，以实现相互作用理论的"大统一"。寻求大统一和超统一理论的研究，虽然尚未取得有实际意义的结果，但是人们追求自然界相互作用统一的理想和为此而做的努力将不断地把物理学向前推进。

> 压力、弹力、摩擦力、表面张力这几种作用力，属于哪种基本相互作用？为什么？　　思维拓展

2. 飞机升力

飞机所以能够飞行，是因为它在向前运动时，空气给了飞机一个向上支托的空气动力，这个力就是升力。飞机的升力主要由机翼产生。大多数早期飞机和近代低速飞机翼型的前缘较钝，速度较高的飞机，多采用尖前缘的翼型。翼弦与相对气流方向的夹角称为迎角，通常以 α 表示（见图2-10）。迎角的大小反映了相对气流与机翼之间的相互关系。迎角不同，相对气流流过机翼时的情形就不同，产生的空气动力就不同，从而升力也不同。所以迎角是飞机飞行中产生空气动力的重要参数。迎角有正负之分，气流方向指向下翼面的为正迎角，气流方向指向上翼面的为负迎角。

观察气流流过中等迎角双凸翼型的流线谱（见图2-11）可以看出：在正迎角情况下，气流流经上翼面的流线变密，流管变细，流速加快，压力降低；流经下翼面的流线变疏，流管变粗，流速减慢，压力增加。这样，机翼上、下表面出现了压力差，这种上、下表面压力差的总和就是升力，其方向与飞行方向或相对气流方向垂直。升力的着力点，即其作用线与翼弦的交点，叫压力中心。

为了形象地表示出气流流过机翼时翼面各点压力的大小，通常用翼型的压力分布图来表示。翼面各点所受压力与大气压力之差统称为剩余压力（Δp）。可见，剩余压力为负值时，翼面所受的力是吸力；剩余压力为正值时，翼面所受的是正压力。根据翼面各点的吸力或正压力，可以用带箭头的线段来表示其大小和方向，线段的长度表示其绝对值的大小，箭头指向表示正压力或吸力——箭头指向翼面为正压力，箭头背向翼面为吸力，各线段分别与翼面各点垂直。图2-12是根据实验画出的翼型压力分布图。

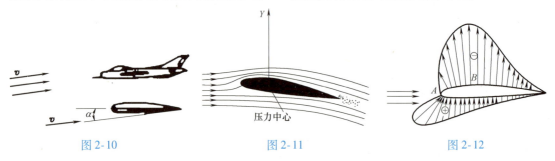

图2-10　　　　　　　　　图2-11　　　　　　　　　图2-12

3. 飞机阻力

飞机阻力若按与升力的相关性，可划分成两大部分：零升阻力（指升力等于零时的阻力或与升力无关

的阻力）和升致阻力（伴随升力而出现的阻力或与升力有关的阻力）。若按阻力形成的物理原因，这两部分阻力还可细分为各种阻力，现概述如下。

摩擦阻力：气流与飞机表面发生摩擦形成的阻力叫摩擦阻力。摩擦阻力是由于空气具有黏滞性，飞机表面又不绝对光滑，空气流过飞机时，同飞机表面发生摩擦而产生的。飞机表面越粗糙，摩擦阻力越大。

压差阻力：飞机前后压力差所形成的阻力叫压差阻力。以机翼为例，当空气流过机翼时，在机翼前缘受到阻挡，流速减慢，压力增大，但在机翼后缘，压力则比较小。特别是在较大迎角下，气流分离形成涡流区，由于涡流区内的空气发生旋转，压力减小，同时由于空气质点之间相互摩擦，一部分能量变成热能而散失，从而使压力降低。这样，在机翼前后就出现了压力差，产生压差阻力。

诱导阻力：由于升力诱导产生的阻力叫诱导阻力。诱导阻力主要是机翼产生的。机翼产生升力时，下表面压力大，上表面压力小，下表面空气绕过翼尖翻到上表面，使翼尖部分的空气发生旋转形成翼尖涡流。在翼尖涡流影响下，使实际升力（Y）向后倾斜而额外增加的阻力。没有升力，也就没有翼尖涡流，也就没有诱导阻力。比如，用无升力迎角飞行，就不存在诱导阻力。

波阻：超音速飞行时，即使在无摩擦的假设下，对称的物体也会受到一种阻力，由于这种阻力与激波特性有关，所以把它称为波阻，与升力无关的称为零升波阻，有关的称为升力波阻。

可见，零升阻力主要由摩擦阻力、压差阻力和零升波阻组成，升致阻力主要是由诱导阻力和升力波阻组成。

4. 飞机喷气发动机推力

喷气飞机发动机的推力 P（对于多台发动机情况，P 应是各发动机推力的合力）总是作用在其对称面内，与飞机的翼弦存在一个夹角 φ_P，称为安装角（见图2-7）。我们将在第 3 章按照动量定理导出理想情况下喷气发动机推力 P 的表示式

$$P = m'(v_P - v) + v_P \left| \frac{\mathrm{d}Q}{\mathrm{d}t} \right| \tag{2-19}$$

式中，P 为推力（N）；m' 为单位时间进入发动机的空气质量，称为质量流量（$\mathrm{kg \cdot s^{-1}}$）；v_P 为尾喷管喷出的气流速度（$\mathrm{m \cdot s^{-1}}$）；v 为进入进气道的气流速度，即飞行速度，$\mathrm{d}Q/\mathrm{d}t$ 为单位时间燃料消耗。显然，推力 P 是评价喷气发动机效率最主要的性能指标，其大小主要取决于空气质量流量 m'、喷气流速度 v_P 和飞行速度 v。由于 m' 与空气密度有关，也就是与高度有关，所以，P 通常是飞机飞行高度 H、空速 v 和油门开度 δ_P 或发动机转速 n 的函数，即可以写成 $P = P(H, v, n(\delta_P))$，由于发动机工作条件复杂，其推力的函数关系往往是以发动机特性曲线（速度特性曲线、高度特性曲线以及油门特性曲线）的形式给出。

在发动机转速和飞行速度一定时，发动机推力随飞行高度的变化关系，称为高度特性。图 2-13 为某涡轮喷气发动机的推力 P 随高度 H 的变化曲线。由图可见，在对流层（$H <$ 11km）内，高度增加，空气密度减小，进入发动机的空气流量将减小，故推力 P 随高度增加而降低。

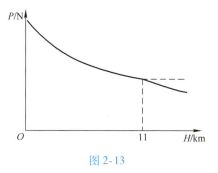

图 2-13

2.3　牛顿运动定律的应用

斤斗是一种飞机在铅垂平面内做 360° 的曲线运动时的机动飞行。斤斗由跃升、倒飞、改出俯冲等若干基本动作所组成，是驾驶员的基本训练科目之一，同时也用来衡量飞机的机动性。完成一个斤斗所需时间越短，飞机的机动性越好。

飞行员在进入斤斗动作时，飞机必须要有一定的初速度，才能实现一定过载的斤斗飞行。这是为什么呢？

 物理学基本内容

2.3.1　牛顿运动定律应用的基本方法

牛顿运动定律被广泛地应用于科学研究和生产技术中，也大量地体现在人们的日常生活中。这里所指的应用，主要涉及用牛顿运动定律对实际问题中抽象出的理想模型进行分析及计算。在牛顿三大定律中，牛顿第二定律是核心，但在处理实际问题时，往往是把三条定律结合起来应用的。

牛顿运动定律的应用大体上可以分为两个方面。一方面是已知物体的运动状态，求物体所受的力。例如，已知物体的加速度、速度或运动方程，求物体所受的力。可以是求合力，也可以是求某一分力，或者是与此相关的物理量，比如摩擦因数、物体质量等。另一方面是已知物体的受力情况，求物体的运动。例如，求物体的加速度和速度，进而求物体的运动方程。若已知受力情况求解物体的加速度，直接应用牛顿第二定律就可以了；如果还要求解物体的速度或者运动方程，就转化为运动学的第二类问题来求解。然而，更为常见的情况是已知部分受力和部分运动情况，这时使用如下处理步骤将是非常有益的。

1. 隔离物体，进行受力分析

首先，选择研究对象。研究对象可能是一个也可能是若干个，分别将这些研究对象隔离出来，依次对其进行受力分析，画出受力图。凡两个物体彼此有相对运动，或者需要讨论两个物体的相互作用时，都应该隔离物体再进行受力分析。牛顿运动定律是紧紧围绕"力"而展开的，正确分析研究对象受力大小、方向，以及受力分析的完整性都是完成后续研究的前提。

2. 对研究对象的运动状况进行分析

根据题目给出的条件，分析研究对象是做直线运动还是曲线运动，是否具有加速度。研究对象不止一个时，彼此之间是否具有相对运动，它们的加速度、速度、位移具有什么联系，对研究对象的运动建立起大致的图像，对定量计算是有帮助的。

3. 建立恰当的坐标系

坐标系设置得恰当，可以使方程的数学表达式以及运算大为简化。例如，斜面上的运动，既可以沿斜面方向和垂直于斜面方向建立直角坐标系，也可以沿水平方向和竖直方向建立直角坐标系等，选择哪一种应该根据研究对象的运动情况来确定，一般来说，运动方向是重要方向。坐标系建立后，应当在受力图上一并标出，使力和运动沿坐标方向的分解一目了然。

4. 列方程

一般情况下可以先列出牛顿运动定律的分量式方程，有时也可以直接使用矢量方程。方程的表述应当使得物理意义清晰，等式的左边为物体所受的力，右边为物体的质量乘以加速度，表明物体的加速度与所受合外力成正比且同方向的关系。如果物体受到了约束或各个物体之间有某种联系，应列出相应的约束方程。例如，与摩擦力相关的方程，与相对运动相关的方程。如果需要进一步求解速度、运动方程等，则还应该根据题意列出初始条件。

5. 求解方程并分析结果

求解方程的过程应当用物理量符号进行，并给出以物理量符号表述的结果，检查无误之后再代入具体的数值。以物理量符号表述的方程和结果可以使各物理量的关系清楚，所表述的规律一目了然，既便于定性分析和量纲分析，还可以避免数值的重复计算。

在飞行的过程中，飞机受到的升力起到至关重要的作用。通常用升力与重力的比值来表示对飞机的升力要求，这一比值被称为过载，也称为载荷因数，用 n 表示。平飞状态 $n=1$，这个 "1" 表示为 1 个重力加速度 g。机动飞行时，n 值大于 1，叫正过载；n 值小于 1，叫负过载。

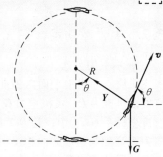

为了实现斤斗飞行（见右图），必须首先加速，然后操纵升降舵使航迹向上弯曲，造成法向过载。飞机在上升过程中速度逐渐减小，到达斤斗顶点飞机呈倒飞状态时，速度为最小。此后飞机沿弧形下降，速度增加，最后同改出俯冲一样，飞机转入平飞。下面考虑一个重量为 G 的飞机在铅垂平面内做半径为 R 的理想圆周运动的例子，假设飞机推力和阻力相等，飞机进入斤斗的速度为 v_0。在上述条件下，我们来研究两个问题：

（1）航迹倾角为 θ 时，飞机的速率和升力

以飞机为研究对象，根据飞机在铅垂平面的航迹坐标系中的动力学方程

$$\begin{cases} \dfrac{G}{g}\dfrac{\mathrm{d}v}{\mathrm{d}t} = P - G\sin\theta - X \\[2mm] \dfrac{G}{g}v\dfrac{\mathrm{d}\theta}{\mathrm{d}t} = Y - G\cos\theta \end{cases}$$

由飞机推力和阻力相等条件，$v = R\dfrac{\mathrm{d}\theta}{\mathrm{d}t}$ 和 $\dfrac{\mathrm{d}v}{\mathrm{d}t} = \dfrac{\mathrm{d}v}{\mathrm{d}\theta}\dfrac{\mathrm{d}\theta}{\mathrm{d}t} = \dfrac{v}{R}\dfrac{\mathrm{d}v}{\mathrm{d}\theta}$ 代入上式有

$$\dfrac{\mathrm{d}v}{\mathrm{d}\theta}\dfrac{\mathrm{d}\theta}{\mathrm{d}t} = \dfrac{v}{R}\dfrac{\mathrm{d}v}{\mathrm{d}\theta} = -g\sin\theta \qquad ①$$

$$\dfrac{G}{g}\dfrac{v^2}{R} = Y - G\cos\theta \qquad ②$$

由式①得

$$v\mathrm{d}v = -gR\sin\theta\mathrm{d}\theta \qquad ③$$

设 $t=0$ 时，飞机在最低点，$v=v_0$，$\theta=0$，对式③两边积分，有

$$\int_{v_0}^{v} v\mathrm{d}v = -gR\int_{0}^{\theta}\sin\theta\mathrm{d}\theta$$

解得飞机速率为

$$v = \sqrt{v_0^2 - 2gR(1 - \cos\theta)}$$

将此结果代入式②，解得飞机升力为

$$Y = \dfrac{G}{g}\dfrac{v_0^2}{R} + G(3\cos\theta - 2) \qquad ④$$

（2）v_0 为何值时飞机刚好能做完整的圆周运动？

飞机刚好能做完整圆周运动的条件是在最高点时升力 $Y=0$。将 $\theta = \pi$、$Y=0$ 代入式④，得到飞机刚好能做圆周运动时

$$v_0 = \sqrt{5gR}$$

应当指出，在任意曲线斤斗顶点，因飞行速度最小，为了得到足够大的向心力，以最小的曲率半径使航迹向下弯曲，必须有足够的升力，这就要求飞机在开始进入斤斗时必须要有一定的相当大的初速度，才能实现一定过载的斤斗飞行，否则，就无法完成。

由上面计算可得，飞机必须要有一定的初速度，才能实现一定过载的斤斗飞行。一般地，我们可以使用加大推力的方式提速，但是这一方法速度增加得很慢，可能飞出该空域还未达到斤斗初速度。你觉得，飞行中有什么方式能够快速提升飞行速度？

<!-- 思维拓展 -->

2.3.2　牛顿运动定律在飞行中的应用

1. 基本受力分析

飞机质心在铅垂平面内做曲线运动，作用在飞机上的外力有发动机推力 P、飞机重力 G 和升力 Y、阻力 X。在铅垂平面航迹坐标系 $Ox_h y_h$ 中，升力 Y 指向 Oy_h 正向，阻碍飞机运动的阻力 X 显然与运动方向相反，即指向 Ox_h 负方向。设推力 P 的方向与翼弦的夹角为 φ_P（称为发动机安装角），迎角为 α（飞机机翼翼弦与相对气流方向的夹角），如图 2-14 所示。设飞机速度大小为 v，下面我们写出飞机质心在铅垂平面内运动的动力学方程。

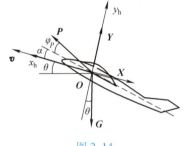

图 2-14

飞机的 Ox_h 方向的加速度为 $a_{xh} = \dfrac{\mathrm{d}v}{\mathrm{d}t}$，$Oy_h$ 方向的加速度

为 $a_{yh} = v\dfrac{\mathrm{d}\theta}{\mathrm{d}t}$。由图中受力分析得到

$$
\begin{cases}
\dfrac{G}{g}\dfrac{\mathrm{d}v}{\mathrm{d}t} = P\cos(\alpha + \varphi_P) - G\sin\theta - X \\[2mm]
\dfrac{G}{g}v\dfrac{\mathrm{d}\theta}{\mathrm{d}t} = P\sin(\alpha + \varphi_P) + Y - G\cos\theta
\end{cases}
\tag{2-20}
$$

当 α 和 φ_P 很小时，式（2-20）简化为

$$
\begin{cases}
\dfrac{G}{g}\dfrac{\mathrm{d}v}{\mathrm{d}t} = P - G\sin\theta - X \\[2mm]
\dfrac{G}{g}v\dfrac{\mathrm{d}\theta}{\mathrm{d}t} = Y - G\cos\theta
\end{cases}
\tag{2-21}
$$

上述方程可用于分析飞机在铅垂平面内做机动飞行（如俯冲、跃升、斤斗等）时的性能。

2. 地面运动应用

（1）在飞机起飞离地瞬时，对于一般飞机离地迎角可取 α_{ld}，为保证飞机的安全，离地迎角 α_{ld} 应受到护尾迎角 α_{hw} 的限制，即 $\alpha_{ld} < \alpha_{hw}$。护尾迎角 α_{hw} 定义为保证飞机护尾包离地面 0.2~0.3m 高时的飞机所处迎角，如图 2-15 所示。设发动机安装角 $\varphi_P = 0$，写出飞机离地瞬时的动力学方程。飞机升力可以简单表示为 $Y = k_y v^2$，当 $\alpha_{hw} + \varphi_P$ 很小时，求此时飞机离地速度 v_{ld}。

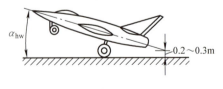

图 2-15

【解】飞机离地瞬时地面支持力为零，铅垂方向受力方程为

$$
G = Y + P\sin(\alpha_{hw} + \varphi_P)
$$

升力公式 $Y = k_y v^2$ 代入上式，得

$$
v_{ld} = \sqrt{\dfrac{G - P\sin(\alpha_{hw} + \varphi_P)}{k_y}}
$$

当 $\alpha_{hw} + \varphi_P$ 很小时，推力分量可略，上式简化为

$$v_{ld} = \sqrt{\frac{G}{k_y}}$$

（2）设飞机在地面滑跑中的加速度为 $a = a_0 - cv^2$，已知飞机重量 G，飞机推力 P，跑道摩擦因数 μ，空气阻力 $X = k_x v^2$，升力 $Y = k_y v^2$，求 a_0 和 c。

【解】对地面滑跑中的飞机进行受力分析，列出水平和铅垂方向的动力学方程：

$$Y + N = G$$

$$P - \mu N - X = \frac{G}{g}a$$

得

$$a = \frac{g}{G}\left[P - \mu\left(G - k_y v^2 \right) - k_x v^2 \right]$$

$$= \frac{g}{G}\left(P - \mu G \right) + \frac{g}{G}\left(k_y - k_x \right)v^2$$

所以，

$$a_0 = \frac{g}{G}\left(P - \mu G \right)$$

$$c = \frac{g}{G}\left(k_y - k_x \right)$$

3. 空中运动应用

飞机的稳定盘旋运动。飞机在水平平面内的机动性能着重反映在飞机的方向机动性上。最常见的机动动作是盘旋，即飞机在水平平面连续转弯不小于 360° 的机动飞行。当转弯小于 360° 时，常称为"转弯"。飞机的稳定盘旋，其运动参数如飞行速度、迎角、坡度以及盘旋半径等都不随时间而改变，是一种匀速圆周运动。盘旋时飞机可以带侧滑或不带侧滑。无侧滑的稳定盘旋称为正常盘旋。

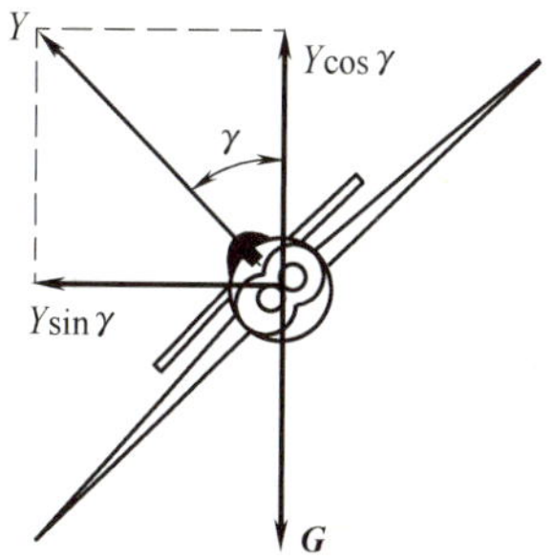

如图 2-16 所示，飞机倾斜角为 γ，求其盘旋一周所需时间、盘旋半径和盘旋角速度。

图 2-16

【解】正常盘旋时，飞机是在水平面内做匀速圆周运动，于是运动方程可简化为

$$\begin{cases} P = X & \text{（保持速度不变）} \\ Y\cos\gamma = G & \text{（保持高度不变）} \\ Y\sin\gamma = \dfrac{G}{g}\dfrac{v^2}{R} & \text{（保持半径不变）} \end{cases} \qquad ①$$

其中，第一式表示为了保持速度大小不变，发动机的可用推力应与飞机阻力相平衡；第二式表示为了保持飞行高度不变，升力在铅垂方向的分量 $Y\cos\gamma$ 应与飞机的重力相平衡；第三式表示为了保持盘旋半径 R 不变，由升力水平分量 $Y\sin\gamma$ 提供向心力。飞机上所受力的关系如图 2-16 所示。由方程可求得正常盘旋半径为

$$R = \frac{v^2}{g\tan\gamma}$$

正常盘旋一周的时间为

$$T = \frac{2\pi v}{g\tan\gamma}$$

正常盘旋角速度为

$$\omega = \frac{g\tan\gamma}{v}$$

从上述公式可见：无论重量、重心位置或飞机的型号如何，相同的坡度（γ）和真空速（v）对应的转弯角速度和转弯半径都是相同的。对于任何给定的坡度，增大速度就增大了转弯半径，减小了转弯角速度。例如，空速增大为原来的 2 倍，转弯半径则增大为原来的 4 倍。转弯角速度随空速增加而减小，意味着速度较慢的飞机完成转弯需要的时间和空间都较少。要增加转弯角速度并减小转弯半径，就应该增加坡度并减小空速。

除了以上三个指标，盘旋过程还需要考虑飞机过载问题。由式①可得

$$n = \frac{Y}{G} = \frac{1}{\cos\gamma}$$

从上式可知，转弯越急，则倾斜角 γ 越大，$\cos\gamma$ 就越小，载荷因数 n 的值就越大。为了使飞机平衡就必须有较大的升力，因此就需要大的飞行速率。稳定的转弯倾斜角极限值为 $\gamma = 70° \sim 75°$，此时 n 的最大值为 $4 \sim 5$。从民航飞机旅客的感受考虑，假如飞机做 45° 的水平盘旋的话，这时的过载是 1.42 了，有些旅客将会紧张不安。

 物理知识应用

【例 2-5】 如图 2-17 所示，已知 $F = 4.0\text{N}$，物体 1 和物体 2 的质量分别为 $m_1 = 0.30\text{kg}$，$m_2 = 0.20\text{kg}$，两物体与水平面间的摩擦因数 $\mu = 0.20$。设绳和滑轮的质量以及绳与滑轮间的摩擦力都可忽略不计，连接物体的绳长一定，求物体 2 的加速度以及绳对它的张力。

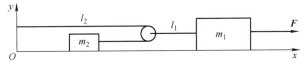

图 2-17

【解】 以物体 2、滑轮、物体 1 为研究对象，对每个隔离体进行受力分析，得到如图 2-18所示的受力图。图中，G_1 和 G_2 为重力，$G_1 = m_1 g$，$G_2 = m_2 g$，F_{N1} 和 F_{N2} 为桌面对两物体的支持力，F_{f1}、F_{f2} 分别为物体 1、2 受的摩擦力，$F_{f1} = \mu F_{N1}$，$F_{f2} = \mu F_{N2}$，F_{T1}、

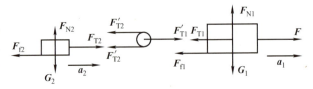

图 2-18

F_{T2}、F'_{T1}、F'_{T2} 分别为绳对物体 1、物体 2 和滑轮的拉力。设物体 1、物体 2 的加速度分别为 a_1 和 a_2。建立坐标系 Oxy（如图所示），物体 1、物体 2 的牛顿第二定律分量式分别为

$$F - F_{T1} - \mu F_{N1} = m_1 a_1 \tag{①}$$

$$F_{N1} - m_1 g = 0 \tag{②}$$

$$F_{T2} - \mu F_{N2} = m_2 a_2 \tag{③}$$

$$F_{N2} - m_2 g = 0 \tag{④}$$

由于滑轮质量忽略不计，有 $F'_{T1} - 2F'_{T2} = 0$；绳质量忽略不计，有 $F'_{T1} = F_{T1}$，$F'_{T2} = F_{T2}$，故

$$F_{T1} = 2F_{T2} \tag{⑤}$$

由式③、式④可得

$$F_{T2} - \mu m_2 g = m_2 a_2 \tag{⑥}$$

由式①、式②可得

$$F - F_{T1} - \mu m_1 g = m_1 a_1 \tag{⑦}$$

式⑤~式⑦中含 F_{T1}、F_{T2}、a_1、a_2 四个未知量,所以需要由约束条件寻找一个辅助方程。设物体 1、物体 2 的坐标分别为 x_1、x_2,则

$$x_1 = x_2 + \frac{l_2 - x_1}{2} + l_1$$

上式两端同时对时间求二阶导数,考虑到绳长 l_1、l_2 不变,得到

$$\frac{\mathrm{d}^2 x_1}{\mathrm{d}t^2} = \frac{1}{2}\frac{\mathrm{d}^2 x_2}{\mathrm{d}t^2}$$

即

$$a_1 = \frac{1}{2}a_2 \qquad\qquad\qquad ⑧$$

式⑤~式⑧联立解得

$$a_2 = \frac{2F - 2\mu m_1 g - 4\mu m_2 g}{m_1 + 4m_2}$$

$$F_{T2} = \frac{m_2}{m_1 + 4m_2}(2F - \mu m_1 g)$$

将题目中的已知数据代入上面两式,便得到物体 2 的加速度、绳对它的张力分别为

$$a_2 = 4.8\,\mathrm{m \cdot s^{-1}},\ F_{T2} = 1.4\mathrm{N}$$

由本题看出,当多个物体相互联系时,选取的研究对象可能不止一个。这时就需要对研究对象逐个隔离。如果列出的方程式的数目少于未知量的数目,则还需要根据物体间的约束条件,列出辅助方程。类似的方法和技巧读者需要在物理的学习过程中逐步积累。

【例 2-6】 一质量为 m 的物体在力 $F = kt$ 的作用下,由静止开始沿直线运动。试求该物体的运动学方程。

【解】 选物体的运动方向为 x 轴的正方向,设 $t = 0$ 时,物体的坐标 $x_0 = 0$,依题意,物体的初速度 $v_0 = 0$。根据牛顿第二定律得到物体的加速度

$$\frac{\mathrm{d}v}{\mathrm{d}t} = \frac{F}{m} = \frac{k}{m}t$$

由此可得

$$\mathrm{d}v = \frac{k}{m}t\mathrm{d}t$$

两边积分,得

$$\int_0^v \mathrm{d}v = \frac{k}{m}\int_0^t t\mathrm{d}t$$

$$v = \frac{k}{2m}t^2$$

由

$$\frac{\mathrm{d}x}{\mathrm{d}t} = \frac{k}{2m}t^2$$

得

$$\mathrm{d}x = \frac{k}{2m}t^2\mathrm{d}t$$

对等式两边积分,得

$$x = \frac{k}{6m}t^3$$

这就是所求的运动学方程。

由上例可以看出,求解变力问题必须将牛顿第二定律写成微分方程形式,根据初始条件经过积分运算求解。在积分过程中,时常用到换元积分法进行变量代换,这是必须掌握的。

物理知识拓展

飞机定常运动

定常是指运动中飞机运动参数均不随时间变化,无论是军用机,还是民用机,定常运动都占据了飞行的大部分时间,是一种最常见的运动,研究它具有重要意义。定常运动包括巡航段的定常平飞运动(水平匀速直线飞行)、起飞段的定常直线上升运动和着陆段的定常直线下滑运动。分析问题的物理基础是飞机质心在铅垂平面内运动的动力学方程(2-21),$\dfrac{\mathrm{d}v}{\mathrm{d}t}=0$,$\dfrac{\mathrm{d}\theta}{\mathrm{d}t}=0$ 是定常直线运动条件,$\theta=0$ 表示平飞,$\theta>0$ 表示上升,$\theta<0$ 表示下滑。

(1)定常直线平飞运动

把定常直线平飞运动条件 $\dfrac{\mathrm{d}v}{\mathrm{d}t}=0$,$\dfrac{\mathrm{d}\theta}{\mathrm{d}t}=0$,$\theta=0$ 代入式(2-21),方程简化为

$$\begin{cases} P = X \\ Y = G \end{cases} \tag{2-22}$$

可见,飞机在做定常水平飞行时,推力等于阻力,升力等于重力,飞机处于平衡状态。如果铅垂方向平衡受到破坏,例如,升力大于重力,二力之差便形成了法向力,其方向垂直于飞行轨迹,在此力作用下,飞机将产生向上的曲线运动;反之若重力大于升力,则法向力使飞机产生向下的曲线运动。如果水平方向平衡受到破坏,例如,推力大于阻力,飞机将做加速运动;同时注意,当飞行速率变化时,升力的大小也要改变。结果直线飞行的条件也被破坏了。

从空气动力学得知,平飞时的升力为

$$Y_0 = \frac{1}{2} C_0 S \rho v^2 \tag{2-23}$$

式中,C_0 为水平飞行时的升力系数;S 为机翼的面积;ρ 为空气密度;下标0表示飞机在水平直线飞行时的数值。

从式(2-23)可知,升力与机翼的面积成正比。总体来说,运输机机翼的翼展较大,能提供较大的升力。战斗机的翼展较小,能提供的升力有限,因此,在需要挂载足够的攻击武器以及机动作战时,对战斗机的载荷能力提出更高的要求。战斗机 F-16 的战技指标——尺寸、重量及载荷如表2-4所示。另外,升力一定,要增加平飞速度 v,就必须使升力系数减小,也就是用减小迎角的方法,使平飞速度增加;反之,要使飞机的平飞速度减低,必须使升力系数加大,即用增加迎角的方法,这样可以得到飞机的最小平飞速度。

表2-4 F-16 的战技指标——尺寸、重量及载荷

指标	单位	数据
机长	m	15.03
机高	m	5.09
翼展	m	9.45
机翼面积	m^2	27.87
空重	kg	
F-16C(F100-PW-220)		8.273
F-16C(F110-GE-100)		8.627
F-16D(F100-PW-220)		8.494
F-16D(F110-GE-100)		8.853
最大起飞重量	kg	19187
典型作战重量 F-16C(F110)	kg	10780
最大外部燃油重量	kg	3066
最大载弹量	kg	4763
最大翼展	$kN \cdot m^{-2}$	6.75

（2）定常直线下滑运动

如图 2-19 所示，飞机航迹向下倾斜，但倾斜度不大的接近直线的飞行称为下滑。确定下滑时经过的水平距离、下滑角、下滑时间等，对于计算续航性能和着陆性能具有重要意义。

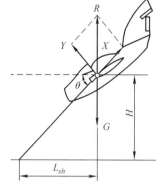

图 2-19

我们假定飞机定常下滑时发动机处于慢车状态，发动机推力接近于零。把定常直线下滑运动条件 $\frac{\mathrm{d}v}{\mathrm{d}t}=0$、$\frac{\mathrm{d}\theta}{\mathrm{d}t}=0$、$\theta<0$ 和 $P=0$ 代入式（2-21），方程简化为

$$\begin{cases} X = -G\sin\theta \\ Y = G\cos\theta \end{cases}$$

于是，飞机航迹倾角 θ（也称下滑角）为

$$\theta = -\arctan\frac{X}{Y} \qquad (2\text{-}24)$$

则若开始下滑时飞机高度为 H，则下滑过程中飞机所经过的水平距离为

$$L_{xh} = -\frac{H}{\tan\theta} = \frac{HY}{X} \qquad (2\text{-}25)$$

可见从一定高度开始下滑，L_{xh} 的大小取决于比值 $\frac{Y}{X}$。若使飞机以该比值最大状态下滑，则下滑角最小，而所经过的水平距离为最大。

飞机下降率（又称垂直速度，物理上看即是飞机下滑速度的铅垂分量）为

$$v_{yxh} = v_{xh}\sin\theta_{xh} = v_{xh}\frac{X}{G} \qquad (2\text{-}26)$$

下滑时间

$$t_{xh} = \frac{L_{xh}}{v_{xh}\cos\theta_{xh}} \qquad (2\text{-}27)$$

（3）定常直线上升运动

定常直线上升性能包括航迹倾角（也称上升角）、垂直上升速度（也称上升率）、升限、上升时间、上升水平距离等，计算时采用发动机最大工作状态或加力状态。

把定常直线上升运动条件 $\frac{\mathrm{d}v}{\mathrm{d}t}=0$、$\frac{\mathrm{d}\theta}{\mathrm{d}t}=0$、$\theta>0$ 和 $P=P_{ky}$（P_{ky} 为发动机可用推力）代入式（2-21），方程简化为

$$\begin{cases} P_{ky} = X + G\sin\theta \\ Y = G\cos\theta \end{cases} \qquad (2\text{-}28)$$

显然，定直上升飞行时的升力比定直平飞时所需的升力小，因而定直上升时的阻力 X 也小于平飞需用推力 P_{pf}，但考虑到定直上升时 θ 角不是很大，故可认为 $\cos\theta\approx1$，则上式可写成

$$\begin{cases} P_{ky} = X + G\sin\theta \\ Y = G \end{cases} \qquad (2\text{-}29)$$

上升角

$$\theta = \arcsin\frac{P_{ky}-X}{G} \qquad (2\text{-}30)$$

定义**剩余推力**

$$\Delta P = P_{ky} - X \qquad (2\text{-}31)$$

则

$$\theta = \arcsin\frac{\Delta P}{G} \qquad (2\text{-}32)$$

剩余推力可根据航迹速度从推力曲线图上直接量出。最大上升角 θ_{max} 与 ΔP_{max} 对应。

在空战中，为了有效地歼灭敌机，需要飞机在最短时间内，以最快的上升速度上升至所需要的高度，以便迅速获得高度优势。用**上升率**描述飞机的上升性能。上升率是指飞机以特定的重量和给定的发动机工

作状态进行等速直线上升时在单位时间内上升的高度，也称上升垂直速度。从物理上看，即是飞机速度的铅垂分量，它是军用飞机特别是歼击机的一项重要性能指标。

$$v_y = \frac{dH}{dt} = v\sin\theta = \frac{\Delta P \cdot v}{G} \qquad (2\text{-}33)$$

从式（2-33）可见，上升率与剩余推力和航迹速度的乘积成正比。

2.4 非惯性系 惯性力

你有没有注意过，载人航天器在发射过程中，航天员都是以仰卧方式（仰角范围为12°~20°）躺在发射舱内。发射过程中为什么采用这种姿势？这里面包含什么样的物理原理？

 物理学基本内容

2.4.1 非惯性系

我们在讨论牛顿运动定律时曾经明确指出，牛顿运动定律只在惯性参考系中成立。这句话包含着两层意思：第一，参考系有惯性参考系和非惯性参考系两类；第二，在惯性参考系中，牛顿运动定律成立，而在非惯性参考系中牛顿运动定律不成立。

通常我们把牛顿运动定律成立的参考系叫作惯性参考系，简称惯性系。以地球表面为参考系，牛顿运动定律较好地与实验一致，所以可以近似地认为固着在地球表面上的地面参考系是惯性参考系，例如，做匀速直线运动的列车。

牛顿运动定律不成立的参考系叫作非惯性参考系，简称非惯性系。凡是相对于地面具有加速度的参考系都是非惯性参考系，例如，正在起动或制动的车辆、升降机。相对于地面具有平动加速度，称为平动加速系；旋转着的转盘等，相对于地面具有法向加速度，称为转动参考系。

我们用一个例子来说明，牛顿运动定律在非惯性参考系中不成立。如图 2-20 所示，设地面为惯性参考系 S，地面上一辆以加速度 a 向右直线运动的小车为非惯性系 S′，车上光滑水平桌面上用弹簧连接一质量为 m 的物体。地面和小车上分别有甲、乙两个观察者，地面（惯性参考系）上的观察者甲观察到，桌面上物体 m 水平方向受到弹簧向右的弹力作用，产生加速度 a 随小车同步向右加速运动，符合牛顿运动定律。车（非惯性系）上的观察者乙观察到，桌面上的物体 m 水平方向受到弹簧向右的弹力作用，但是却相对桌面静止，不符合牛顿运动定律。

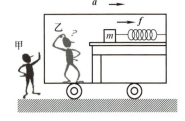

图 2-20

然而许多实际的力学问题在非惯性参考系中分析和处理可以更加简洁和方便。怎样在非惯性参考系中处理这些问题呢？下面我们分别在平动加速系和转动参考系下，讨论简单情况下的力学问题处理方法。

2.4.2 平动加速系

设 S′ 系以加速度 $a_{s's}$ 相对某一惯性系 S 做直线运动，质量为 m 的质点在合外力 F 的作用下相对 S 系的加速度为 a_s，相对 S′ 系的加速度为 $a_{s'}$。在 S 系中，根据牛顿第二定律，有 $F = ma_s$

由相对运动公式可知 $a_s = a_{s'} + a_{s's}$，于是

$$F = m a_s = m(a_{s'} + a_{s's})$$

移项得

$$F + (-m a_{s's}) = m a_{s'} \tag{2-34}$$

式（2-34）表明，在非惯性系 S′ 中，质点所受合外力 F 并不等于 $ma_{s'}$，即牛顿第二定律在 S′ 系中不成立。但是，如果我们假设质点在 S′ 系中还受到一个大小和方向由（$-ma_{s's}$）表示的力的作用，那么，就可以认为式（2-34）是牛顿第二定律在 S′ 系中的数学表达式了。于是我们在平动加速系 S′ 中引入惯性力 F_i：

$$F_i = -m a_{s's} \tag{2-35}$$

在平动加速系中，惯性力的大小等于质点的质量和这个加速系相对惯性系的加速度大小的乘积，而方向与此加速度的方向相反。

　　引入惯性力之后，在平动加速系中牛顿第二定律仍具有原来的形式，只不过合外力中应包括惯性力，即

$$F + F_i = m a_{s'} \tag{2-36}$$

这样，所有牛顿定律应用的方法和技巧都可以使用。式中，$a_{s'}$ 是质点在非惯性系中的加速度，F 是质点所受的真实力，F_i 是惯性力。我们只能在非惯性系里，引入惯性力。例如，在图 2-20 中小车这个非惯性系中，对物体进行受力分析，其在水平方向受到了一个惯性力 $F_i = -m a_{s's}$ 的作用，与弹簧向右的弹力平衡，则物体相对桌面静止就顺理成章了。

　　惯性力与真实力的最大区别在于它不是因物体之间相互作用而产生，它没有施力者，也不存在反作用力，牛顿第三定律对于惯性力并不适用。从这个意义上说，惯性力是"假想力"或"虚拟力"。但在非惯性系中，这种力可以用测力器测量出来，人们也能感受到或观察到它的作用效果。从这个意义上说，惯性力又像是真实力。惯性力是由于非惯性系相对惯性系运动的加速度引起的，或者说是物体的惯性在非惯性系中的表现。如在汽车急刹车时车中乘客向前倾倒的问题中，以汽车为参考系，可以用惯性力来解释乘客向前倾倒现象。从地面参考系看来，这一现象则完全是乘客具有惯性的表现。惯性力的命名正是基于这一原因。

　　研究表明，飞行员对过载的最大承受能力受到生理因素限制。头-脚方向，人的承受过载能力并不强，飞行员坐姿正确，在 $5 \sim 10s$ 内持续承受的最大过载可以达到 $9g$，在 $20 \sim 30s$ 内为 $4g \sim 5g$，穿抗荷衣可以提高到 $6g$ 左右。飞行员以正载荷飞行时，血往腿部涌，脑部出现短暂性失血，眼睛短时间会失明，出现"黑视"。飞行员以负载荷飞行时，体内血液向头部积聚，容易出现头痛、眼球发痛、视力模糊，出现"红视"。飞行员在短时间内能够正常承受的负过载只有 $-2g \sim -g$。提高人体抗载荷能力的方法，除穿抗荷衣限制人体血液向下肢积聚外，还可以通过改变身体的姿势来改变载荷对人体的作用方向。高过载座椅就是按这一设想创制的。短时间内屏住呼吸，紧缩肌肉（特别是腹部肌肉），也可以限制血液的剧烈流动，减少大过载对人体的影响。

　　人体工程学告诉我们，人的胸-背方向承受过载能力强一些。这时，在惯性力作用下，胸廓受力增加且前后距离变短，体内器官出现挤压位移和牵拉变形，使得静脉系统、心和肺循环等原来压力很低的部位压力明显升高，并引起呼吸困难、胸痛、心律失调等症状。通常过载为 $4g \sim 5g$ 时，人的换气量变小，呼吸频率加快；$6g \sim 8g$ 时发生胸部疼痛、呼吸困难，同时动脉血氧饱和度急剧降低；更高的过载将造成呼吸严重困难。经过专门训练的航天员能承受 $10g$ 以上的过载。但是完全的仰卧并不是最有利的，有一定的前倾角可以做到既有效地维持了头部血压，又不致出现上述症状，这个角以 $12° \sim 20°$ 为宜。载人飞船中坐椅的设计必须考虑这个因素，所以在发射载人器时，航天员采取小倾角仰卧方式承受火箭推力产生的过载。

现象解释

2.4.3　转动参考系

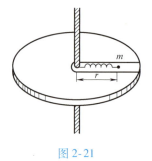

这里仅讨论一种最简单的情形——质点相对匀角速转动参考系静止的情形。一以匀角速度 ω 旋转的水平转盘，如图 2-21 所示，质量为 m 的小球由弹簧连接，相对圆盘静止在光滑的沟槽内随圆盘一起绕中心轴转动。在地面参考系中观察，弹簧对小球的作用力 $F_{弹}$ 恰好是小球做圆周运动的向心力，即

$$F_{弹} = m\omega^2 r \boldsymbol{n} \tag{2-37}$$

式中，r 为小球至转轴的距离；$\boldsymbol{n}$ 为沿半径指向圆心的单位矢量。

图 2-21

在圆盘参考系中观察，小球在 $F_{弹}$ 作用下要保持静止，就必须引入惯性力 $\boldsymbol{F}_i$，使

$$\boldsymbol{F}_{弹} + \boldsymbol{F}_i = 0 \tag{2-38}$$

比较式（2-37）和（2-38），得

$$\boldsymbol{F}_i = -m\omega^2 r \boldsymbol{n} \tag{2-39}$$

显然，这个惯性力的方向沿着圆盘的半径向外，称为惯性离心力。洗衣机脱水、离心机、车转弯、宇宙飞船、地球自转对重力影响、潮汐等现象，都可以用惯性离心力解释。

目前，我国天宫空间站已经建成，它环绕地球飞行，是转动参考系。飞船上物体所受的惯性离心力与地球引力相互抵消，使得物体的表观重量远小于其实际重量，而处于微重力（失重）状态。在空间站的微重力条件下，物质运动的规律发生了很多变化，出现了一些在地面无法观测到的奇特现象。 〔思维拓展〕

地面上对水加热，会出现很多小气泡，并且气泡在浮力作用下向上升起。在空间站对水加热会有什么现象？

在地面，当火焰燃烧时，它会加热周围的空气，在重力作用下，更冷、更密集的空气吸收到火焰底部，从而排出升起的热空气。这种对流过程将新鲜氧气输送到火中，向上流动的空气使得火焰形成液滴形状并使其闪烁。那么，空间站燃烧的火焰是什么样的呢？

 物理知识应用

【例 2-7】 如图 2-22 所示，设电梯相对地面以加速度 $\boldsymbol{a}$ 上升，电梯中有一质量可忽略不计的滑轮，在滑轮的两侧用轻绳挂着质量为 m_1 和 m_2 的重物，已知 $m_1 > m_2$，试求：（1）m_1 和 m_2 相对电梯的加速度；（2）绳中张力。

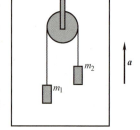

图 2-22

【解】 如图 2-23 所示，设 m_1 和 m_2 相对电梯的加速度大小为 a'，绳中张力大小为 F_T，以电梯为参考系，这是一个非惯性系，在此参考系中，m_1 和 m_2 受重力、绳的拉力和惯性力，惯性力方向与电梯相对地面加速度 $\boldsymbol{a}$ 的方向相反，有

$$F_{i1} = m_1 a, \quad F_{i2} = m_2 a$$

对 m_1 和 m_2 分别以各自相对电梯的加速度为正方向，于是有

$$m_1 g + m_1 a - F_T = m_1 a'$$

$$F_{\mathrm{T}}' - m_2 g - m_2 a = m_2 a'$$

因绳子和滑轮的质量忽略不计，所以有

$$F_{\mathrm{T}} = F_{\mathrm{T}}'$$

三式联立求解，得

$$a' = \frac{m_1 - m_2}{m_1 + m_2}(g + a)$$

$$F_{\mathrm{T}} = \frac{2m_1 m_2}{m_1 + m_2}(g + a)$$

如以地面为参考系，也可得出相同的结果，读者可自行验证。

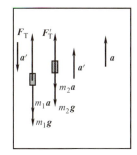

图 2-23

 物理知识拓展

1. 失重飞机

在地面上，能提供真正失重环境的设备有自由落体装置（落管、落塔）、失重飞机和探空火箭等。落管是使实验样品在抽真空的竖直管中做自由降落以获得短时间失重的模拟方法，其缺点是可容纳的试验样品尺寸较小。落塔是将样品放置在抽真空的试验箱内，使其随试验箱一起在高塔中下落的装置，所允许使用的悬浮样品体积也较小。失重飞机是由普通飞机改装而成的，能做抛物线飞行，提供失重环境，并有较大的舱容；一般情况下，在每次抛物线飞行中，可提供 15～45s 的微重力时间。探空火箭是用单级或多级火箭将试验舱发射到几十千米甚至 200km 以上的高空，然后试验舱在大气极稀薄的高空自由下落，获得微重力环境。

目前在地球表面，失重飞机是唯一可用于航天员训练的失重设备。虽然航天员还可在中性浮力水槽中进行失重环境下操作的模拟训练，但中性浮力绝不是失重，水也有阻力，所以航天员在水槽中的感受与动作仍与失重环境中的有相当的差异。

失重飞机一般是在普通飞机的基础上改装而成的，其动力与操纵系统应能完成抛物线飞行，舱内也要配备必要的失重环境试验设备和航天员的训练装置。在地球附近的引力场中，如果没有空气阻力，物体的运动轨迹是一条在铅垂面内以地心为焦点的椭圆线段；如果物体的运动范围相比地球半径足够小，则其轨迹可以足够准确地用抛物线代替。因此如果飞机能在发动机动力及气动力形成的控制力矩作用下做抛物线飞行，舱内就能形成失重环境，所以失重飞机的抛物线飞行就是一种在人工操纵下的特技飞行，其飞行轨迹如图 2-24 所示。

一般将失重抛物线飞行分为 7 个阶段。

（1）平飞加速段（0-1）

飞机爬升到有利高度 H_0 后，平飞加速到速度 v_1。

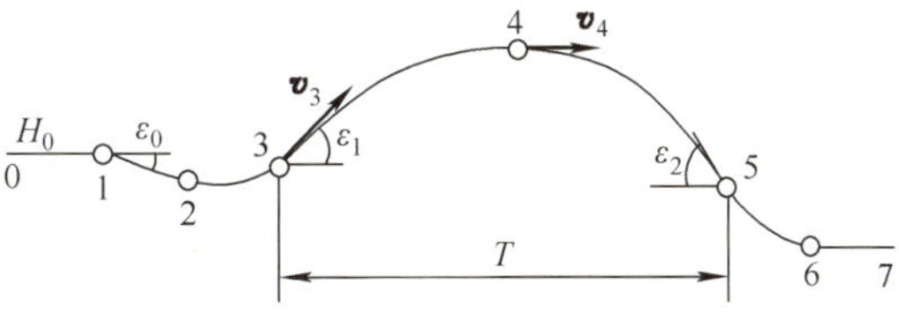

（2）小角度俯冲加速段（1-2）

飞机以 5°～10° 的角度俯冲并加速到速度 v_2，这是失重特技飞行中的最大速度。

（3）过载拉起段（2-3）

飞机按急速跃升机动飞行的方式，以一定的方向和法向过载 n_y（飞行轨迹法线方向的加速度）拉起，迅速到达一定的爬升角 ε_1。

图 2-24

（4）失重飞行段（3-4 和 4-5）

当飞机进入位置 3 时，具有速度 v_3 及爬升角 ε_1，由此处开始失重飞行。这时要求飞行员连续地操作操纵杆和油门杆，前者使飞机纵轴无升力迎角，因而气动力的升力为零；后者使发动机的推力恰好抵消气动力的阻力，这样飞机就只在重力作用下做抛物线飞行。3-4 是抛物线飞行的上升段，4-5 是下降段。在抛物线的顶点，飞机的速度 v_4，是失重飞行中的最小速度，它应该大于飞机失速速度并保留足够的安全余量。

（5）俯冲改出段（5-6）

在位置 5，俯冲角为 ε_2，飞机以一定的法向过载 n_y，拉起改出，结束抛物线飞行。

（6）恢复平飞段（6-7）

飞机结束抛物线飞行后，恢复平飞状态，并准备下一个抛物线飞行。

在抛物线飞行过程中，n_y 是飞机跃升拉起与俯冲改出时的法向过载，它受飞机强度制约。目前大型失重飞机取 $n_y = 2.0g \sim 2.5g$，由歼击机改装的小型失重飞机可取到 $n_y = 4g \sim 6g$，如果在飞机的地板上安装加速度计，其敏感轴与地板垂直（z 轴），则在上述抛物线飞行过程中，所测出的过载曲线如图 2-25 所示。当飞机一次起落中有许多次抛物线飞行时，这条曲线就重复多次，飞机中的乘员反复地经受超重（纵向）与失重状态的变化。

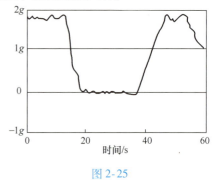

图 2-25

利用失重飞机对航天员进行失重环境模拟训练的内容包括：体验失重状态下的漂浮感觉及生理反应，进行失重环境中生活和工作技能的训练，如饮水和进食，运动和行走，使用工具和移动物体，穿脱航天服以及着航天服进行活动等。美国航天员利用由喷气式空中加油机 KC-135 改装的失重飞机进行飞行训练的失重时间是每人约 2500s。按一个抛物线飞行产生 25s 失重时间计算，每人大约飞了 100 个抛物线，按一次起落飞行 20 个抛物线计算，则每人进行了 5 次起落飞行。

2. 加速度计和惯性引信原理

在惯性导航系统中，为了确定运载体的位置，必须测量它的加速度。因此，必须使用加速度计。加速度计与陀螺是惯性导航系统的两个基本测量元件。

加速度计是惯性导航系统的惯性敏感元件，输出与运载体（飞机、导弹等）的加速度成比例或成一定函数关系的信号。加速度计的类型很多，但其作用原理都是基于牛顿第二定律。加速度计的核心是一个检测质量 m，当加速度计随运载体一起以加速度 $\boldsymbol{a}$ 运动时，将有惯性力

$$\boldsymbol{F} = -m\boldsymbol{a} \tag{2-40}$$

作用在检测质量上，作用点是 m 的质量中心，方向与加速度方向相反。如图 2-26 所示，用标准检测质量 m 与劲度系数为 k 的弹簧感测惯性力的大小，连接在检测质量 m 上的电刷与中间接地的电位计可以用来输出所感测的信号。

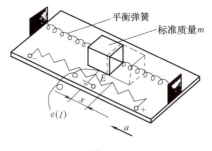

图 2-26

假设加速度计装在飞机上，其纵轴与飞机纵轴一致。当飞机向前加速运动时，由于惯性力的作用，检测质量 m 向后移动，同时弹簧发生变形；当检测质量 m 向后移动离开原有的零位置时，感测其偏移的信号器就会有信号输出，经过放大再馈送到产生回复力的装置——力发生器，它所产生的力又使检测质量 m

返回零位置。这样，加速度越大，要产生的平衡力所需的电流也就越大。很显然，测量流入力发生器的电流值，就可以知道加速度的大小。在实际惯性导航系统中，把这个信号同时送到第一积分器，求出地速，再经过第二积分器，就可求出飞机飞过的距离，这是一个方向工作的情形；与其垂直的另一个方向的加速度计的工作情形也是与上述类似的。

但是，上面所讲的加速度计都是固定地安装在飞机上，而且加速度方向完全与地面平行的情形。事实上，飞机不可能始终保持水平飞行。在飞行中，飞机经常要产生倾斜和俯仰姿态。这样，加速度计就会随之倾斜，且在重力作用下，检测质量 m 就会离开零位置，加速度计就会有错误的信号输出，从而积分器会输出错误的速度和距离。为了解决这一问题，通常把加速度计装在一个准确性很高的稳定平台上，当飞机处于任何姿态时，它始终保持水平状态。

炮弹上安装的惯性引信同样是利用惯性力的作用来引爆炮弹的。图 2-27 是炮弹引信的示意图，当炮弹静止时，击针座 Z 被弹簧 K_1 顶住，击针不会撞击雷管 G 而引爆。为了安全起见，在击针座上还安装了离心保险装置，平时由于离心子 L 受弹簧 K_2 的推力将击针座 Z 卡住，即使炮弹在搬运过程中不慎落地，击针座也不致移动而引起自爆。当炮弹发射后，由于炮弹的旋转，离心子 L 受惯性离心力作用而压缩弹簧 K_2，于是离心子 L 与击针座 Z 脱离接触，解除保险，这时击针座可以沿炮弹的前进方向前后移动，当炮弹撞击目标时，弹体受目标的作用有向后的加速度，于是击针座受到一向前的惯性力，急剧压缩弹簧 K_1，使击针与雷管相撞，引起炮弹爆炸。

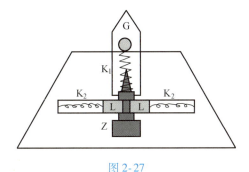

图 2-27

2.5　物理量的单位和量纲

当直升机悬停在空中时，其消耗的功率仅取决于机翼的长度 l、机翼提供的垂直的推力 F 和空气的密度 ρ 三个因素。试问，若由于飞机负荷增加而使整个机身重量增加 1 倍，直升飞机的功率应增大为原来的几倍？

物理学基本内容

历史上物理量的单位制有很多种，这不仅给工农业生产和人民生活带来许多不便，而且也不规范，1984 年 2 月 27 日，我国颁布实行以国际单位制（SI）为基础的法定计量单位，如无特别说明，本书一律采用这种法定单位制。

2.5.1　基本单位和导出单位

物理量虽然很多，但只要选定一组数目最少的物理量作为基本量，把它们的单位规定为基本单位，其他物理量的单位就可以通过定义或定律导出。从基本量导出的量称为导出量，相应的单位称为导出单位。

SI 以长度、质量、时间、电流、热力学温度、物质的量和发光强度这 7 个量作为基本量，因此，这些量的单位就是 SI 基本单位。基本量的定义，由国际度量衡大会投票决定，最新定义如下：

① 1m：真空中光 1/299792458s 内通过的距离（1983 年）；

② 1kg：对应普朗克常量为 $6.62607015 \times 10^{-34}$ J·s 时的质量单位（2018 年）；

③ 1s：铯-133 原子基态的两个超精细能级之间跃迁所对应的辐射的 9192631770 个周期的持续时间（1967 年）；

④ 1A：1s 内通过导体某一横截面的（1/1.602176634）$\times 10^{19}$ 个电子电荷所对应的电流（2018 年）；

⑤ 1K：对应玻尔兹曼常量为 $1.38060649 \times 10^{-23}$ J·K^{-1} 的热力学温度（2018 年）；

⑥ 1mol：精确包含 $6.02214076 \times 10^{23}$ 个原子或分子等基本单元的系统的物质的量（2018 年）；

⑦ 1cd：一光源在给定方向上的发光强度，该光源发出频率为 540×10^{12} Hz 的单色辐射，且在此方向上的辐射强度为 1/683W·sr^{-1}（1979 年）。

在这 7 个量中，长度、质量和时间是力学的基本量，其他力学量都是导出量。据此规定，速度的单位名称为"米每秒"，符号为 m·s^{-1}；角速度的单位名称为"弧度每秒"，符号为 rad·s^{-1}；加速度的单位名称为"米每二次方秒"，符号为 m·s^{-2}；角加速度的单位名称为"弧度每二次方秒"，符号为 rad·s^{-2}；力的 SI 单位"牛顿"，是在确定质量和加速度的单位之后，令牛顿第二定律表达式中的比例系数等于 1 导出的，即 1N = 1kg·m·s^{-2}。其他物理量的名称和符号，以后将陆续介绍。

2.5.2　量纲

若忽略所有的数字因素以及矢量等特性，则任一物理量都可表示为基本量的幂次之积，称为该物理量对选定的一组基本量的量纲。幂次指数称为量纲指数。我们用 L、M、T、I、Θ、N 和 J 分别表示长度、质量、时间等 7 个基本量的量纲，则任一物理量 Q 的量纲可表示为

$$[Q] = L^{\alpha}M^{\beta}T^{\gamma}I^{\delta}\Theta^{\varepsilon}N^{\zeta}J^{\eta} \tag{2-41}$$

其量纲指数为 α、β、γ、δ、ε、ζ、η，所有量纲指数都等于零的量，称为无量纲量或量纲为一的量。

例如，速度的量纲是 $[v] = LT^{-1}$，加速度的量纲是 $[a] = LT^{-2}$，力的量纲是 $[F] = LMT^{-2}$，等等。

2.5.3　量纲的意义

首先，量纲可以用于检验公式。只有量纲相同的物理量才能相加减或相等，而指数函数应是无量纲量，所以只要考察等式两边各项量纲是否相同，就可初步检核等式的正确性。例如，匀变速直线运动中有

$$x - x_0 = v_0 t + \frac{1}{2}at^2 \tag{2-42}$$

容易看出，式中每一项的量纲均为 L，可知这个方程可能是正确的（式中数字系数正确与否，不能用量纲检核出来）。如果式中有一项量纲与其他项的量纲不同，则可以断言，该式一定有

误。这种方法称为量纲检查法。读者应当学会在求证、解题过程和科学实验中使用量纲来检查所得结果。

其次，可确定未知单位物理量的量纲。例如，有阻力的落体运动中，

$$F = -mg - kv \tag{2-43}$$

可以通过量纲来确定 k 的单位。等式两边的量纲为 $M^1L^1T^{-2} = M^1L^1T^{-2} + [k]L^1T^{-1}$，可以得到 $[k] = M^1T^{-1}$，所以单位为 $kg \cdot s^{-1}$。

最后，可为推导某些复杂公式提供线索。如分析发现，在深海爆炸后形成的气泡的振荡周期有以下关系：

$$T = kp^A \rho^B E^C \tag{2-44}$$

式中，T 为振动周期；k 是无量纲的比例系数；p 为静压强；ρ 为水密度；E 为爆炸总能量。通过量纲关系式，可求得系数 A、B、C。右侧各量的量纲式：$[p] = ML^{-1}T^{-2}$，$[\rho] = ML^{-3}$，$[E] = ML^2T^{-2}$，两侧量纲相等：$T^1 = M^{A+B+C}L^{-A-3B+2C}T^{-2A-2C}$，联立求解得：$A = -\dfrac{5}{6}$，$B = \dfrac{1}{2}$，$C = \dfrac{1}{3}$。

因此，气泡的振荡周期表达式为

$$T = kp^{-\frac{5}{6}} \rho^{\frac{1}{2}} E^{\frac{1}{3}} \tag{2-45}$$

> 现象解释
>
> 题目并不要求导出直升机的功率与 l、F、ρ 三个因素的确切关系式，只要求当 F 增大 1 倍时功率增大的倍数，故可用量纲分析法进行分析。
>
> 设功率 P 与 l、F、ρ 三因素的关系为
>
> $$P = kl^\alpha F^\beta \rho^\gamma$$
>
> 由于 $[P] = ML^2T^{-3}$，$[l] = L$，$[F] = MLT^{-2}$，$[\rho] = ML^{-3}$，代入上式，有
>
> $$ML^2T^{-3} = M^{\beta+\gamma}L^{\alpha+\beta-3\gamma}T^{-2\beta}$$
>
> 由此可得
>
> $$\beta + \gamma = 1$$
> $$\alpha + \beta - 3\gamma = 2$$
> $$-2\beta = -3$$
>
> 由以上三式即可解得
>
> $$\alpha = -1 , \beta = \frac{3}{2}, \gamma = -\frac{1}{2}$$
>
> 所以有
>
> $$P = kl^{-1}F^{\frac{3}{2}}\rho^{-\frac{1}{2}}$$

式中，k 是量纲为 1 的常数。由此可知，当 F 增大 1 倍时，P 应增大 $2\sqrt{2}$ 倍。

由此可见，量纲法的好处在于不必知道有关定律或定理的细节，也能为问题的解决提供许多有用的信息。

章知识导图

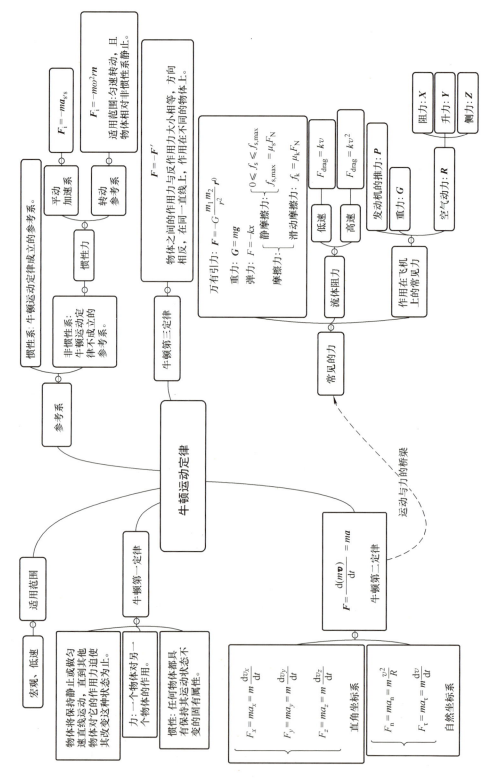

思考与练习

思考题

2-1　有一单摆如思考题2-1图所示。试在图中画出摆球到达最低点 P_1 和最高点 P_2 时所受的力。在这两个位置上，摆线中张力是否等于摆球重力或重力在摆线方向的分力？如果用一水平绳拉住摆球，使之静止在 P_2 位置上，线中张力多大？

2-2　只要机翼上、下表面的气流有流速和压力变化，就一定能产生升力。这种说法对不对，为什么？

2-3　在门窗都关好的、行驶中的汽车内，漂浮着一个氢气球，当汽车向左转弯时，氢气球在车内将向左运动还是向右运动？

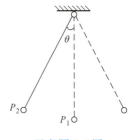

思考题2-1图

2-4　设想惯性质量和引力质量并不相等，有两块石头，惯性质量相同而引力质量不同，自由降落时，它们都做匀加速运动吗？它们的加速度相等吗？重量相等吗？若设两块石头引力质量相同而惯性质量不同，情况又如何？

2-5　有一个弹簧，其一端连有一小球，你能否做一个在汽车内测量汽车加速度的"加速度计"？

练习题

（一）填空题

2-1　倾角为30°的一个斜面体放置在水平桌面上。一个质量为2kg的物体沿斜面下滑，下滑的加速度大小为 $3.0\mathrm{m \cdot s^{-2}}$。若此时斜面体静止在桌面上不动，则斜面体与桌面间的静摩擦力 $F_f = $ _____。

2-2　如习题2-2图所示，沿水平方向的外力 F 将物体A压在竖直墙上，由于物体与墙之间有摩擦力，此时物体保持静止，并设其所受静摩擦力为 F_{f0}，若外力增至 $2F$，则此时物体所受静摩擦力的大小为_____。

2-3　如习题2-3图所示，在光滑水平桌面上，有两个物体A和B紧靠在一起。它们的质量分别为 $m_A = 2\mathrm{kg}$，$m_B = 1\mathrm{kg}$。今用一水平力 $F = 3\mathrm{N}$ 推物体B，则B推A的力等于_____。若用同样大小的水平力从右边推A，则A推B的力等于_____。

2-4　如习题2-4图所示，质量相等的两物体A和B分别固定在弹簧的两端，竖直放在光滑水平面C上。弹簧的质量与物体A、B的质量相比可以忽略不计。若把支持面C迅速移走，则在移开的一瞬间，A的加速度大小 $a_A = $ _____，B的加速度的大小 $a_B = $ _____。

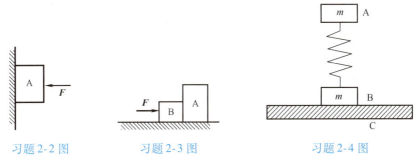

习题2-2图　　　　习题2-3图　　　　　习题2-4图

2-5　如习题2-5图所示，一物体质量为 m'，置于光滑水平地板上。今用一水平力 F 通过一质量为 m 的绳拉动物体前进，则物体的加速度 $a = $ _____，绳作用于物体上的力 $F_T = $ _____。

2-6　如果一个箱子与货车底板之间的静摩擦因数为 μ，当货

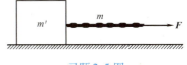

习题2-5图

车爬一与水平方向成 θ 角的平缓山坡时，要使箱子在车底板上不滑动，车的最大加速度 $a_{\max} =$ _____。

2-7　如习题 2-7 图所示，一个小物体 A 靠在一辆小车的竖直前壁上，A 和车壁间静摩擦因数是 μ_s，若要使物体 A 不致掉下来，小车的加速度的最小值应为 $a =$ _____。

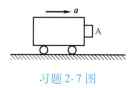

习题 2-7 图

2-8　质量分别为 m_1、m_2、m_3 的三个物体 A、B、C，用一根细绳和两根轻弹簧连接并悬于固定点 O，如习题 2-8 图所示。取向下为 x 轴正向，开始时系统处于平衡状态，后将细绳剪断，则在刚剪断瞬时，物体 B 的加速度 $a_B =$ _____；物体 A 的加速度 $a_A =$ _____。

2-9　质量为 m 的小球，用轻绳 AB 和 BC 连接，如习题 2-9 图所示，其中 AB 水平。剪断绳 AB 前后的瞬间，绳 BC 中的张力比 $F_T : F_T' =$ _____。

2-10　如习题 2-10 图所示，一圆锥摆摆长为 l，摆锤质量为 m，在水平面上做匀速圆周运动，摆线与铅直线夹角为 θ，则

（1）摆线的张力 $F_T =$ _____；

（2）摆锤的速率 $v =$ _____。

2-11　飞机飞行中主要通过改变_____的大小来改变升力的大小。

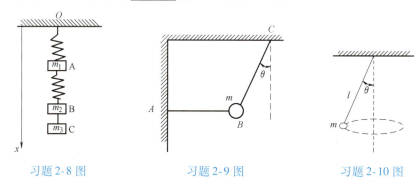

习题 2-8 图　　　　　　习题 2-9 图　　　　　　习题 2-10 图

（二）计算题

2-12　如习题 2-12 图所示，质量为 m 的钢球 A 沿着中心为 O、半径为 R 的光滑半圆形槽由静止下滑。当 A 滑到图示的位置时，其速率为 v，钢球中心与 O 的连线 OA 和竖直方向成 θ 角，求这时钢球对槽的压力和钢球的切向加速度。

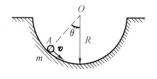

习题 2-12 图

2-13　质量为 m 的子弹以速度 v_0 水平射入沙土中，设子弹所受阻力与速度方向相反，大小与速度成正比，比例系数为 K，忽略子弹所受到的重力，求：

（1）子弹射入沙土后，速度随时间变化的函数式；

（2）子弹进入沙土的最大深度。

2-14　已知一质量为 m 的质点在 x 轴上运动，质点只受到指向原点的引力的作用，引力大小与质点离原点的距离 x 的平方成反比，即 $F = -k/x^2$，k 是比例常数。设质点在 $x = A$ 时的速度为零，求质点在 $x = A/4$ 处时速度的大小。

2-15　如习题 2-15 图所示，质量为 m 的物体系于长度为 R 的绳子的一个端点上，在竖直平面内绕绳子另一端点（固定）做圆周运动。设 t 时刻物体瞬时速度的大小为 v，绳子与竖直向上的方向成 θ 角。

（1）求 t 时刻绳中的张力 F_T 和物体的切向加速度 a_τ；

（2）请说明在物体运动过程中 a_τ 的大小和方向如何变化。

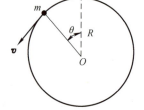

习题 2-15 图

2-16　如习题 2-16 图所示，一条轻绳跨过一轻滑轮（滑轮与轴间摩擦可忽略），在绳的一端挂一质量为 m_1 的物体，在另一端有一质量为 m_2 的环，求当环相对于绳以恒定的加速度 a_2 沿绳向下滑动时，物体和环相对于地面的加速度各是多少？环与绳间的摩擦力多大？

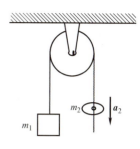

2-17　一质量为 m 的物体，最初静止于 x_0 处，在力 $F = -kx^{-2}$ 的作用下，沿直线运动，试证它在 x 处的速度为

$$v = \sqrt{\frac{2k}{m}\left(\frac{1}{x} - \frac{1}{x_0}\right)}$$

习题 2-16 图

2-18　初速度为 v_0、质量为 m 的物体在水平面内运动，所受摩擦力的大小正比于质点速率的平方根，比例系数为 k。求物体从开始运动到停止所需的时间。

2-19　飞机降落时的着地速度大小 $v_0 = 90\text{km} \cdot \text{h}^{-1}$，方向与地面平行，飞机与地面间的摩擦因数 $\mu = 0.10$，迎面空气阻力为 $C_X v^2$，升力为 $C_Y v^2$（v 是飞机在跑道上的滑行速度，C_X 和 C_Y 为阻力和升力系数），已知飞机的升阻比 $K = C_Y / C_X = 5$，求飞机从着地到停止这段时间所滑行的距离。（设飞机刚着地时对地面无压力）

2-20　质量为 m 的雨滴下降时，因受空气阻力，在落地前已是匀速运动，其速率为 $v = 5.0\text{m} \cdot \text{s}^{-1}$。设空气阻力大小与雨滴速率的平方成正比，问：当雨滴下降速率为 $v = 4.0\text{m} \cdot \text{s}^{-1}$ 时，其加速度 a 多大？

2-21　表面光滑的直圆锥体，顶角为 2θ，底面固定在水平面上，如习题 2-21 图所示。质量为 m 的小球系在绳的一端，绳的另一端系在圆锥的顶点。绳长为 l，且不能伸长，质量不计。今使小球在圆锥面上以角速度 ω 绕 OH 轴匀速转动，求：

（1）锥面对小球的支持力 F_N 和细绳的张力 F_T；

（2）当 ω 增大到某一值 ω_c 时小球将离开锥面，这时 ω_c 及 F_T 又各是多少？

2-22　一架轰炸机在俯冲后沿一竖直面内的圆周轨道飞行，如习题 2-22 图所示，如果飞机的飞行速率为一恒值 $v = 640\text{km} \cdot \text{h}^{-1}$，为使飞机在最低点的加速度不超过重力加速度的 7 倍（$7g$），求此圆周轨道的最小半径 R。若驾驶员的质量为 70kg，在最小圆周轨道的最低点，求他的视重（即人对座椅的压力）F'_N。

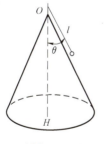

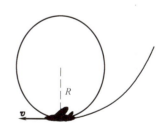

习题 2-21 图　　　　　　习题 2-22 图

2-23　如习题 2-23 图所示，将质量为 m 的小球用细线挂在倾角为 θ 的光滑斜面上。求：

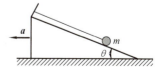

（1）若斜面以加速度 a 沿图示方向运动时，求细线的张力及小球对斜面的压力；

（2）当加速度 a 取何值时，小球刚可以离开斜面。

习题 2-23 图

2-24　一个体重为 80kg 的人在跳伞中经历一个向下的加速度大小为 $2.5\text{m} \cdot \text{s}^{-2}$ 的加速过程。降落伞的质量是 5.0kg。求：

（1）空气对张开的降落伞向上的力大小为多少？

（2）人对降落伞向下的拉力大小为多少？

2-25　如习题 2-25 图所示，质量分别为 m_1 和 m_2 的两个球，用弹簧连在一起，且以长为 L_1 的线拴在轴 O 上，m_1 与 m_2 均以角速度 ω 绕轴在光滑水平面上做匀速圆周运动。当两球之间的距离为 L_2 时，将线烧断。试求线被烧断的瞬间两球的加速度 a_1 和 a_2。（弹簧和线的质量忽略不计）

2-26　如习题 2-26 图所示，一架海军的喷气式飞机重 231kN，需要达到 85m·s⁻¹ 的速度才能起飞。发动机最大可提供 107kN 的推力，但并不足以使飞机在航空母舰 90m 长的跑道上达到起飞速率。求舰上的弹射器最少需提供多大的力（设为恒定）来帮助弹射飞机？（假定弹射器和飞机上的发动机在 90m 的起飞过程中都施以恒力）

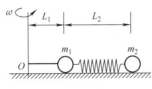

习题 2-25 图

习题 2-26 图

2-27　竖直而立的细 U 形管里面装有密度均匀的某种液体。U 形管的横截面粗细均匀，两根竖直细管相距为 l，底下的连通管水平。当细 U 形管在如习题 2-27 图所示的水平的方向上以加速度 a 运动时，两竖直管内的液面将产生高度差 h。若假定竖直管内各自的液面仍然可以认为是水平的，试求两液面的高度差 h。

2-28　如习题 2-28 图所示，一架飞机以 480km·h⁻¹ 的速率在水平面内绕圆周飞行。如果飞机对称面与铅垂方向成 40° 倾角（定义为坡度），问飞机盘旋的半径是多少？（假定所需的力全部来自于与机翼表面垂直的"空气动力升力"）

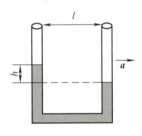

习题 2-27 图

2-29　有些人虽说乘坐过山车适应得挺好，可想起乘坐转筒，脸也会变白。转筒的基本结构是一个大圆筒，可绕其中心轴高速转动（见习题 2-29 图）。开始乘坐前，乘客由开在侧面的门进入圆筒，紧靠贴有帆布的墙，直立站在地板上。关门后，随着圆筒开始转动，乘客、墙和地板跟着一起旋转。当乘客的速率从零逐渐增加到某一预先规定的数值后，地板突然掉下。乘客并不和地板一起掉下而是贴在旋转的圆筒壁上，就好像有一个看不见的机关将身体压到圆筒壁上。然后，地板缓缓移到乘客的脚下，圆筒慢下来，乘客下降几厘米再次站到地板上（有些乘客认为所有这些都很有趣）。

设乘客的衣服与帆布间的静摩擦因数 μ_s 是 0.40，圆筒的半径是 2.1m。问当地板掉下时，要使乘客不至于下落，圆筒与乘客所需的最小速率 v 是多少？

2-30　一名宇航员将去月球。他带有一个弹簧秤和一个质量为 1.0kg 的物体 A。到达月球上某处时，他拾起一块石头 B，挂在弹簧秤上，其读数与地面上挂 A 时相同。然后，他把 A 和 B 分别挂在跨过轻滑轮的轻绳的两端，如习题 2-30 图所示。若月球表面的重力加速度为 1.67m·s⁻²，问石块 B 将如何运动？

习题 2-28 图

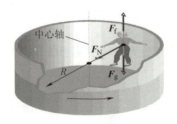

习题 2-29 图

习题 2-30 图

2-31　有一物体放在地面上，重力为 G，它与地面间的摩擦因数为 μ。今用力使物体在地面上匀速前进，问此力 F 与水平面夹角 θ 为多大时最省力。

2-32　如习题 2-32 图所示，质量为 $m = 2\mathrm{kg}$ 的物体 A 放在倾角 $\alpha = 30°$ 的固定斜面上，斜面与物体 A 之间的摩擦因数 $\mu = 0.2$。今以大小为 $F = 19.6\mathrm{N}$ 的水平力作用在 A 上，求物体 A 的加速度的大小。

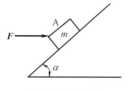

习题 2-32 图

2-33　如习题 2-33 图所示，一潜水艇质量为 m，在水中下潜时所受浮力恒为 F_0，水的阻力 F_f 的大小与下潜速度 v 的大小成正比，比例系数为 k。开始时潜水艇刚好隐蔽在水面下，设它从静止开始下潜，试求下潜速度随时间变化的规律。

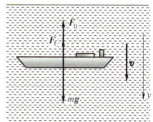

习题 2-33 图

2-34　掷链球是田径比赛中一项有趣的运动项目。该球是一直径为 12cm 的铁球，并且连接到一根钢链上，总长度为 121.5cm，总质量为 7.26kg，运动员站在半径为 2.135m 的圈内旋转数圈后投掷出去。1988 年奥林匹克运动会在韩国举行，苏联的运动员 Sergey Lizvinow 以 84.80m 的成绩获得金牌。他使球连续转 7 圈后投掷（人不动让球预转 3 圈，接着人球共转 4 圈），7 圈用时分别为 1.52s、1.08s、0.72s、0.56s、0.44s、0.40s 和 0.36s，这 7 圈的平均角加速度为多少？假设投掷者的胳膊加上钢链长度为 1.67m，释放时线速度为多少？向心加速度及其向心力为多少？

2-35　一质量为 m 的物体在力 $F = kt$ 的作用下，由静止开始沿直线运动。试求物体的运动学方程。

2-36　如习题 2-36 图所示，在赛车比赛中参赛者开到了一个斜坡上，当车的轮胎与斜面间的静摩擦因数 $\mu_s = 0.62$，转弯半径 $R = 110\mathrm{m}$，斜面的倾斜角度 $\theta = 21.1°$ 时，赛车的最大转弯速度是多少？

习题 2-36 图

2-37　让我们来分析一个简单的实验，将一底部开有小口的容器装满水，然后再测量水流出用了多长时间。习题 2-37 图中给出了实验的简略图。通过这个实验定量分析柱状流体高度与时间的函数关系。

2-38　双机盘旋时，外侧僚机的坡度为什么要比长机的坡度大？

2-39　某飞机重 5000kg，机翼面积 20m²，低空空气密度（$\rho = 0.125\mathrm{kg \cdot m^{-3}}$）用 400kg 的推力可使飞机保持 360km·h⁻¹ 的速度平飞，求此时的升力系数、阻力系数和升阻比分别为多大？

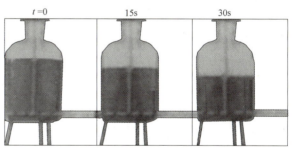

习题 2-37 图

2-40　某飞机重 12000kg，机翼面积为 32m²，平飞有利速度为 360km·h⁻¹，若此时的阻力系数为 0.05，求飞机的最大升阻比（空气密度 $\rho = 1.25\mathrm{kg \cdot m^{-3}}$）。

2-41　用挂在飞机机舱顶板上的弹簧秤，在飞机以 150m·s⁻¹ 的速度做 1km 半径的回转时，秤一件行李的重量。若弹簧秤的读数为 40N，问行李实际重量是多少？弹簧秤的活动部件的重量可忽略不计。

2-42　轻型飞机连同驾驶员总质量为 1.0×10^3 kg，飞机以 55.0m·s⁻¹ 的速率在水平跑道上着陆后，驾驶员开始制动，若阻力与时间成正比，比例系数 $\alpha = 5.0 \times 10^2$ N·s⁻¹，求：（1）10s 后飞机的速率；（2）飞机着陆后 10s 内滑行的距离。

2-43　直升机重力为 G，它竖直上升的螺旋桨的牵引力为 1.5G，空气阻力大小为 $F = kGv$。求直升机上升的极限速度。

阅读材料

微加速度计

随着微机电系统（Micro Electro Mechanical System，MEMS）技术的发展，微加速度计的制作技术越来越成熟，国内外都将微加速度计开发作为微机电系统产品化的优先项目。微加速度计与通常的加速度计相比，具有很多优点：体积小、重量轻、成本低、功耗低、可靠性好等。它可以广泛地运用于航空航天、汽车工业、工业自动化及机器人等领域，具有广阔的应用前景。常见的微加速度计按敏感原理的不同可以分为：压阻式、压电式、隧道效应式、电容式及热敏式等。按照工艺方法又可以分为体硅工艺微加速度计和表面工艺微加速度计。

常见的振动式微硅加速度计由振动质量块和支撑弹性横梁构成，如图 2-28 所示。当有加速度输入时，质量块由于惯性力作用而发生位移，位移变化量与输入加速度的大小有确定的对应关系，可以描述为一个单自由度二阶弹簧阻尼振动系统，系统的数学模型即为

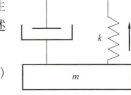

图 2-28

$$ma = kx + c\frac{\mathrm{d}x}{\mathrm{d}t} + m\frac{\mathrm{d}^2x}{\mathrm{d}t^2} \qquad (2\text{-}41)$$

式中，k 为劲度系数；c 为等效阻尼系数；m 为等效惯性质量；$\boldsymbol{a}$ 为输入加速度。根据式（2-41）可以求出位移量和输入加速度的关系公式。

1. 常见微加速度计

（1）压阻式微加速度计　压阻式微加速度计是由悬臂梁和质量块以及布置在梁上的压阻组成，横梁和质量块常为硅材料。当悬臂梁发生变形时，其固定端一侧变形量最大，故压阻薄膜材料就被布置在悬臂梁固定端一侧。当有加速度输入时，悬臂梁在质量块受到的惯性力牵引下发生变形，导致固连的压阻膜也随之发生变形，其电阻值就会由于压阻效应而发生变化，导致压阻两端的检测电压值发生变化，从而可以通过确定的数学模型推导出输入加速度与输出电压值的关系。

（2）电容式微加速度计　它的基本原理就是将电容作为检测接口，来检测由于惯性力作用导致惯性质量块发生的微位移。质量块由弹性微梁支撑连接在基体上，检测电容的一个极板一般配置在运动的质量块上，一个极板配置在固定的基体上。电容式微加速度计的灵敏度和测量精度高、稳定性好、温度漂移小、功耗极低，而且过载保护能力较强。它能够利用静电力实现反馈闭环控制，显著提高传感器的性能。

（3）扭摆式微加速度计　它的敏感单元是不对称质量平板，通过扭转轴与基座相连。基座上表面布置有固定电极，敏感平板下表面有相应的运动电极，形成检测电容。当有加速度作用时，不对称平板在惯性力作用下，将发生绕扭转轴的转动。转动角与加速度成比例关系，其基本特点与电容式类似。

（4）隧道式微加速度计　隧道效应就是平板电极和隧道针尖电极距离达到一定的条件，可以产生隧道电流。隧道电流与极板之间的间隙呈负指数关系。隧道式微加速度计常用悬臂梁或者双端固支梁支撑惯性质量块，质量块在惯性力的作用下，位置将发生偏移。这个偏移量直接影响隧道电流的变化，通过检测隧道电流变化量来间接检测加速度值。隧道式微加速度计具有极高的灵敏度，易检测，线性度好，温度漂移小，抗干扰能力强，可靠性高。但是由于隧道针尖工艺比较复杂，所以其制作比较困难。还有其他一些新型加速度计，譬如基于热阻抗原理的

热加速度计，也具有很好的实验结果。

2. 微加速度计的发展趋势

自 1977 年美国斯坦福大学首先利用微加工技术制作了一种开环微加速度计以来，国内外开发出了各种原理和结构的加速度计。国外一些公司已经实现了部分类型微加速度计的产品化，例如，美国 AD 公司 1993 年就开始批量化生产基于平面工艺的电容式微加速度计。微机电系统技术的进步和工艺水平的提高，也给微加速度计的发展带来了新的机遇。

微加速度计是武器装备所需的关键传感器之一，具有广阔的军事运用前景。国外已有文献报道将微加速度计与微陀螺运用于增程制导弹药上，能有效改善弹药的战斗性能，但目前大部分微加速度计的精度都不高，不能适应军事装备发展的需求。未来微加速度计的发展要注意下面一些问题：

（1）高分辨率和大量程的微硅加速度计成为研究的重点。由于惯性质量块比较小，所以用来测量加速度和角速度的惯性力也相应比较小，系统的灵敏度相对较低，这样开发出高灵敏度的加速度计显得尤为重要。

（2）温度漂移小、迟滞效应小成为新的性能目标。选择合适的材料，采用合理的结构，以及应用新的低成本温度补偿环节，能够大幅度提高微加速度计的精度。

（3）多轴加速度计的开发成为新的方向。有文献报道三轴微硅加速度计已开发出来，但是其性能离实用还有一段距离，多轴加速度计的解耦是结构设计中的难点。

（4）将微加速度计表头和信号处理电路集成在单片基体上，也能够减小信号传输损耗，降低电路噪声，抑制电路寄生电容的干扰。

（5）选择合理的工艺手段，降低制作成本，为微加速度计批量化生产提供工艺路线。同时，标准化微机电系统工艺，为微加速度计投片生产提供一套利于操作、重复性好的工艺方法，也是微硅加速度计发展的重要方向。

第 3 章　冲量和动量

历史背景与物理思想发展

　　动量概念是物理学中的一个基本概念，它是在量度物体运动的研究中引入与形成的，其过程是曲折的。

　　早在 17 世纪初，意大利物理学家伽利略首先引入了动量这个词，伽利略的定义是指物体的重量与速度的乘积可用来描写物体遇到阻碍时所产生的效果。法国杰出的数学家和哲学家笛卡儿继承与发展了伽利略提出的动量概念，1644 年，他在《哲学原理》一书中写道："当一部分物质以两倍于另一部分物质的速度运动，而另一部分物质却大于这部分物质两倍时，我们应该认为这部分的物质具有相同的运动。"显然，笛卡儿是把物质的多少（质量）和速度的乘积作为动量，它是量度物体运动的量。但由于那时"质量"的概念尚未建立，而且笛卡儿还未考虑到速度的方向性，因此，动量的意义还未十分明确。

　　1668 年，荷兰科学家惠更斯在研究物体碰撞问题时做出了突出的贡献，他在研究中发现，动量是个矢量，在计算动量时考虑了速度的方向性，这是对动量概念的一大发展。但是惠更斯与笛卡儿一样，还没有明确的质量概念，并常常把重量概念与质量概念混用。因此，这时的动量概念还只是处在形成与发展过程中。

　　1687 年，英国物理学家牛顿在他的《自然哲学的数学原理》巨著中，首次明确地定义了质量的概念，紧接着就定义了动量。他说："运动的量是用它的速度和质量一起来量度的。"在这里，牛顿关于运动量度的思想是同笛卡儿、惠更斯等一致的，但因为建立了质量的概念和明确了速度的方向性，且把动量作为一个矢量，因此，这是在物理学发展史上第一次真正建立了动量的概念。牛顿还通过他所总结出的牛顿第二定律揭示了在物体的相互作用中，正是动量这个物理量反映了物体运动变化的客观效果。

　　但是笛卡儿、惠更斯、牛顿等关于动量概念的思想并没有得到一些科学家的赞同，并由此引起了长达半个多世纪的关于物质运动两种量度（动能和动量）的争论，其中有不少著名的数学家、物理学家、哲学家都参加了这场讨论，正是这场争论使动量概念得到了进一步明确与发展。1743 年，法国力学家达朗贝尔在《动力学论》一书的序言中对这场争论做了最后的判决。他指出，两种量度同样有效，力的量度可以分为两种情况：当物体平衡时，力用质量与物体速度的乘积（动量）来量度；当物体受阻碍而停止时，则可用质量乘速度的平方（动能）来量度。在这里他注意到，动量的变化和力的作用时间有关，即 $F = \dfrac{\Delta(m\boldsymbol{v})}{t}$，动能的变化和力的作用距离有关，即 $F = \dfrac{(\Delta mv^2)/2}{s}$，但因为 $s = \bar{v}t = \dfrac{v}{2}t$（设初速度为 0，末速度为 v 的匀变速运动）。可见，以上两式是完全等价的。所以，达朗贝尔认为这场争论只是一场咬文嚼字式的、无意义的争论，两种量度同样有效，它们是从不同的侧面来反映物质的运动。

　　在经过了大约 130 年后，能量概念的建立和能量守恒定律的发现，使关于物质运动的量度问题更为明确。恩格斯在 1880 年所写的《运动的量度——功》一文中，根据当时科学的最新成就，揭示了两种量度的本质，对这场争论做出了真正科学的总结。恩格斯说："机械运动确实有两种量度，每一种量度仅适用于一定范围之内的一系列现象，在不发生机械运动'消失'而产生其他形式的运动情况下（如在简单机械的平衡条件下的运动传递、完全弹性碰撞的运动传递等），运动的传递和变化可以用 $m\boldsymbol{v}$ 去量度，在发生了机械运动'消失'而其他形式的运动产生，即机械能和其他形式的能（包括热能、电磁能、化学能）相互转化的过程时，都应当用 $\frac{1}{2}mv^2$ 去量度。这两种量度虽然不矛盾，但仍包含了不同的意义。"至此，动量的物理意义真正地明确了，动量这一物理学的重要概念真正形成与建立起来了。随着物理学研究深入到微观高速领域，在物体运动的速度可与光速相比时，必须用相对论的动量表示式，即 $p = mv = \dfrac{m_0 v}{\sqrt{1 - v^2/c^2}}$，其中 m_0 为物体在静止时的质量。

3.1　冲量　动量定理

在现代高技术条件下的军事斗争中，航空兵正起着越来越重要的作用。跳伞是一项技能复杂且有一定危险性的航空运动，实践性强，必须遵循跳伞训练规律，经过严格、正规、科学的跳伞动作训练，才能保证安全。那么在跳伞的过程中，就涉及伞绳和伞两者谁先打开的问题，两者打开先后顺序的不同，会对跳伞员产生什么样的不同影响呢？

 物理学基本内容

3.1.1　动量

动量是描述物体运动状态的物理量，是运动物体的基本属性。常识告诉我们，物体做机械运动时，质量较大的物体运动状态变化较为困难，质量较小的物体运动状态变化相对要容易一些，例如，要使速度相同的火车和汽车都停下来，显然火车较之于汽车要困难得多。而在两个质量相同的物体之间比较，例如，两辆质量相同的汽车，要使高速行驶的汽车停下来就比使低速行驶的汽车停下来要困难。这说明人们在研究力的作用效果及物体机械运动状态变化时，应该同时考虑物体的质量和运动速度这两个因素，为此引入了动量的概念，以其作为物体机械运动的量度。它的定义为：物体的质量与其速度的乘积，即

$$\boldsymbol{p} = m\boldsymbol{v} \tag{3-1}$$

在直角坐标系下动量的分量形式为

$$p_x = mv_x \tag{3-2}$$
$$p_y = mv_y \tag{3-3}$$
$$p_z = mv_z \tag{3-4}$$

由于物体在运动过程中不同时刻的速度是不同的，所以动量的大小和方向都可能是变化的，初动量和末动量就是指在始末时刻的动量。

对多个物体（或质点）组成的质点系，还有总动量的概念，即质点系动量。质点系动量定义为系统内各质点动量的矢量和，其数学表达式为

$$p = \sum_i p_i \tag{3-5}$$

式中，p_i 表示系统内各个质点的动量。总动量也有分量形式，即

$$p_x = \sum_i p_{ix} \tag{3-6}$$

$$p_y = \sum_i p_{iy} \tag{3-7}$$

$$p_z = \sum_i p_{iz} \tag{3-8}$$

3.1.2　冲量

由第2章牛顿的质点动力学方程

$$F = \frac{\mathrm{d}p}{\mathrm{d}t} \tag{3-9}$$

可得

$$F\mathrm{d}t = \mathrm{d}p \tag{3-10}$$

两端同时取积分，为

$$\int_{t_1}^{t_2} F\mathrm{d}t = \int_{p_1}^{p_2} \mathrm{d}p \tag{3-11}$$

式（3-11）等号左端为力 F 在时间 t_1 到 t_2 内的积分，定义为冲量，常用 I 表示，即

$$I = \int_{t_1}^{t_2} F\mathrm{d}t \tag{3-12}$$

单位是牛顿秒（N·s）。

应当指出，冲量 I 是矢量，它表示力对时间的累积作用。冲量的方向一般不是某一瞬时质点所受力的方向，只有恒力冲量的方向才与力的方向相同，变力冲量的方向与后面要讲到的平均力的方向相同。

式（3-12）中的力是合力，对应的冲量为合力的冲量，如合力为 F_1、F_2、F_3、$\cdots$、F_N 同时作用在质点上，则合力的冲量可表示为

$$I = \int_{t_1}^{t_2} F_{合}\,\mathrm{d}t = \int_{t_1}^{t_2} \left(\sum_{i=1}^{N} F_i \right) \mathrm{d}t = \sum_{i=1}^{N} \int_{t_1}^{t_2} F_i\mathrm{d}t = \sum_{i=1}^{N} I_i \tag{3-13}$$

式（3-13）表明，合力的冲量等于各个分力在同一时间内冲量的矢量和。其中 $\int_{t_1}^{t_2} F_i\mathrm{d}t$ 表示力 F_i 在这段时间内的冲量。

式（3-12）是矢量积分，在具体计算时，常用直角坐标分量式：

$$I_x = \int_{t_1}^{t_2} F_x\mathrm{d}t \tag{3-14}$$

$$I_y = \int_{t_1}^{t_2} F_y\mathrm{d}t \tag{3-15}$$

$$I_z = \int_{t_1}^{t_2} F_z\mathrm{d}t \tag{3-16}$$

$$I = I_x \boldsymbol{i} + I_y \boldsymbol{j} + I_z \boldsymbol{k} \tag{3-17}$$

3.1.3　动量定理

1. 质点的动量定理

式 $\boldsymbol{F}dt = d\boldsymbol{p}$ 表明，质点在 dt 时间内受到的合外力 $\boldsymbol{F}$ 的冲量等于质点在 dt 时间内动量的增量 $d\boldsymbol{p}$。当考虑力从 t_1 时刻到 t_2 时刻持续一段有限时间的作用效果时，由式（3-11）可以得到

$$\int_{t_1}^{t_2} \boldsymbol{F}dt = \int_{p_1}^{p_2} d\boldsymbol{p} = \boldsymbol{p}_2 - \boldsymbol{p}_1 \tag{3-18}$$

上式左侧的积分显然是合力 $\boldsymbol{F}$ 在 t_1 到 t_2 这段时间内的总冲量，右侧 $\boldsymbol{p}_2$ 为质点在 t_2 时刻的动量（末动量），$\boldsymbol{p}_1$ 为质点在 t_1 时刻的动量（初动量）。式（3-18）叫作质点的动量定理，它表明：合力在一段时间内的冲量等于质点在同一段时间内动量的增量。

质点的动量定理反映了力的持续作用与物体机械运动状态变化之间的关系。质点动量的变化取决于力的冲量，不论力是大还是小，只要力的冲量相同，也就是力对时间的累积量相同，就可以造成质点动量相同的改变，只不过力较大时，作用时间短一些，而力较小时，作用时间需要持续更长一些罢了。因此也可以这样理解，冲量是用动量变化来衡量的作用量，若物体的初末动量相等，则合外力冲量为零。

质点的动量定理式（3-18）是矢量关系，力的冲量 $\boldsymbol{I} = \int_{t_1}^{t_2} \boldsymbol{F}dt$ 也是一个矢量。如果力 $\boldsymbol{F}$ 的方向不随时间变化，则冲量的方向与力的方向一致。例如，重力的冲量就与重力的方向一致。如果力 $\boldsymbol{F}$ 的方向是变化的，冲量的方向就不能由某一个时刻的力的方向来确定了。例如，质点做匀速率圆周运动的时候，合外力表现为向心力，其方向由质点所在处指向圆心，方向是不断变化的。在这种情况下，冲量的方向可以根据式（3-18）由质点动量的增量来确定，也就是说，不论力的方向怎样变化，冲量 $\boldsymbol{I}$ 的方向始终与动量的增量 $\Delta\boldsymbol{p} = \boldsymbol{p}_2 - \boldsymbol{p}_1$ 的方向一致。我们还注意到式（3-18）中的冲量 $\boldsymbol{I}$、质点的初动量 $\boldsymbol{p}_1$ 和末动量 $\boldsymbol{p}_2$ 在数学上表现为矢量的加减关系，在矢量关系图上这三个矢量应当构成一个闭合的三角形，如图 3-1 所示。这种形象地用矢量图表示的动量定理在分析问题和解题中都会有很好的直观效果。

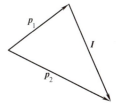

图 3-1

将式（3-18）投影到坐标轴上就是质点动量定理的分量形式。例如，在直角坐标系中，对 x、y、z 轴分别投影就有

$$I_x = \int_{t_1}^{t_2} F_x dt = p_{2x} - p_{1x} \tag{3-19}$$

$$I_y = \int_{t_1}^{t_2} F_y dt = p_{2y} - p_{1y} \tag{3-20}$$

$$I_z = \int_{t_1}^{t_2} F_z dt = p_{2z} - p_{1z} \tag{3-21}$$

上述公式表明：力在哪一个坐标轴方向上产生冲量，动量在该方向上的分量就发生变化，动量分量的增量等于同方向上冲量的分量。

> 以跳伞员为研究对象，假定伞和伞绳完全打开后跳伞员动量变化相同。如果先打开伞，之后跳伞员与伞绳的作用时间较短，根据质点的动量定理，伞绳对跳伞员作用力较大；如果先打开伞绳，之后伞有一个相对较长时间的打开过程，则伞绳对跳伞员作用力较之前者相对较小。因此，在跳伞时，应该先打开伞绳，后开伞。　**现象解释**

2. 平均冲力

在碰撞、打击类问题中，相互作用时间极短，而力的峰值却很大，变化也很快，通常把这种力称为冲力。冲力和冲量是容易混淆的两个不同的概念，冲力是具有一定特点的力，而冲量是力对时间的累积，读者应注意区别。冲力的变化很难测定，研究其作用的细节十分困难。因此，平均冲力概念的引入对这类问题的研究特别有用。如果有

$$\int_{t_1}^{t_2} \boldsymbol{F} \mathrm{d}t = \overline{\boldsymbol{F}}(t_2 - t_1) \tag{3-22}$$

则 $\overline{\boldsymbol{F}}$ 称为变力 $\boldsymbol{F}$ 在 t_1 到 t_2 时间内的平均冲力，从而式（3-22）可以写成

$$\overline{\boldsymbol{F}} = \frac{\int_{t_1}^{t_2} \boldsymbol{F} \mathrm{d}t}{t_2 - t_1} = \frac{\boldsymbol{I}}{\Delta t} \tag{3-23}$$

为了说明平均冲力的意义，不妨设在 t_1 到 t_2 的作用时间内，力 $\boldsymbol{F}$ 的方向沿 x 轴，其大小随时间变化的情况如图 3-2 所示。由式（3-22）可知，该力的冲量为

$$I_x = \int_{t_1}^{t_2} F_x \mathrm{d}t = \overline{F}_x(t_2 - t_1) = \overline{F}_x \Delta t \tag{3-24}$$

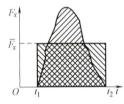

图 3-2

显然，式中积分等于 F_x 曲线与 t 轴所围的面积，即为力在这段时间内的冲量。如果使图 3-2 中矩形面积与上述面积相等，那么与矩形高度对应的力就是平均冲力。

碰撞、打击类问题中的冲力，一般情况要远大于作用在物体上的其他力，这样可近似认为冲力就是物体所受到的合力。根据动量定理，只要知道了物体在碰撞、打击前后的始末动量，就可以得到

$$\overline{\boldsymbol{F}} = \frac{\int_{t_1}^{t_2} \boldsymbol{F} \mathrm{d}t}{t_2 - t_1} = \frac{\boldsymbol{p}_2 - \boldsymbol{p}_1}{\Delta t} \tag{3-25}$$

3. 质点系的动量定理

下面讨论在外力和内力的共同作用下质点系动量的变化规律。

对含有 n 个质点的质点系，我们可以先考虑系统中第 i 个质点。它受到的合外力为 $\boldsymbol{F}_{i外}$，受到其他质点的合内力为 $\boldsymbol{F}_{i内}$，合力 $\boldsymbol{F} = \boldsymbol{F}_{i外} + \boldsymbol{F}_{i内}$。现在对第 i 个质点应用质点的动量定理

$$\boldsymbol{F}_{i外} + \boldsymbol{F}_{i内} = \frac{\mathrm{d}\boldsymbol{p}_i}{\mathrm{d}t} \tag{3-26}$$

对质点系的所有质点求和，得

$$\sum_i \boldsymbol{F}_{i外} + \sum_i \boldsymbol{F}_{i内} = \sum_i \frac{\mathrm{d}\boldsymbol{p}_i}{\mathrm{d}t} \tag{3-27}$$

式中，左侧第一项是对质点系中各质点受的外力求和，为系统所受的合外力，即 $\boldsymbol{F}_外 = \sum_i \boldsymbol{F}_{i外}$；左侧第二项是对质点系中各质点彼此之间的内力求和，由于内力总是以作用力和反作用力的形式成对出现，该项求和的结果等于零。等式的右边可以改写为

$$\sum_i \frac{\mathrm{d}\boldsymbol{p}_i}{\mathrm{d}t} = \frac{\mathrm{d}}{\mathrm{d}t} \sum_i \boldsymbol{p}_i = \frac{\mathrm{d}\boldsymbol{p}}{\mathrm{d}t} \tag{3-28}$$

式中，$\boldsymbol{p} = \sum_i \boldsymbol{p}_i$ 是质点系所有质点动量之和，即为质点系的（总）动量。这样，式（3-28）最终可以表述为

$$\boldsymbol{F}_外 = \frac{\mathrm{d}\boldsymbol{p}}{\mathrm{d}t} \quad 或 \quad \boldsymbol{F}_外 \mathrm{d}t = \mathrm{d}\boldsymbol{p} \tag{3-29}$$

即质点系所受的合外力等于质点系动量对时间的变化率。这个规律称为质点系动量定理的微分形式。动量定理的微分形式是合外力与动量变化率的瞬时关系，当讨论力持续作用一段时间后质点系动量变化的规律时，需要对式（3-29）积分

$$\int_{t_1}^{t_2} \boldsymbol{F}_{\text{外}}\, \mathrm{d}t = \int_{P_1}^{P_2} \mathrm{d}\boldsymbol{p} = \boldsymbol{p}_2 - \boldsymbol{p}_1 \tag{3-30}$$

式中，$\int_{t_1}^{t_2} \boldsymbol{F}_{\text{外}}\mathrm{d}t$ 是 Δt 时间内质点系受到的合外力的冲量，即在某段时间内质点系受到的合外力的冲量等于质点系（总）动量的增量。

　　质点系和质点的动量定理所反映的规律是一致的，即质点系动量的变化只取决于系统所受的合外力，与内力的作用没有关系。合外力越大，系统动量的变化率就越大；合外力的冲量越大，系统动量的变化就越大。同时也需注意到，在质点系里，各质点受到的内力及内力的冲量并不等于零，内力的冲量将改变各质点的动量，这点由式（3-18）可以反映出来。但是，对内力及内力的冲量求矢量和一定等于零，因此，内力并不改变质点系的总动量，只起着质点系内各质点之间彼此交换动量的作用，或者说改变总动量在各个质点上的分配。

 物理知识应用

　　【例 3-1】　力 F 作用在质量 $m = 1.0\text{kg}$ 的质点上，使之沿 Ox 轴运动。已知在此力作用下质点的运动方程为 $x = 3t - 4t^2 + t^3$，式中 t 以 s 计，x 以 m 计，求在 0 到 4s 的时间间隔内力 F 的冲量。

　　【解】　由冲量定义，有

$$I = \int F \mathrm{d}t = \int ma\mathrm{d}t \qquad \text{①}$$

加速度大小为

$$a = \frac{\mathrm{d}^2 x}{\mathrm{d}t^2} = \frac{\mathrm{d}^2}{\mathrm{d}t^2}(3t - 4t^2 + t^3) = -8 + 6t \qquad \text{②}$$

将式②代入式①，积分并代入 $m = 1.0\text{kg}$，得 F 的冲量大小为

$$I = \int_0^4 m(-8 + 6t)\mathrm{d}t = 16\text{N} \cdot \text{s}$$

本题也可以根据动量定理 $\boldsymbol{I} = \boldsymbol{p}_2 - \boldsymbol{p}_1$ 求解，读者可自行练习。

　　【例 3-2】　自动步枪每分钟可射出 600 颗子弹，每颗子弹的质量为 20g，出口速度为 $500\text{m} \cdot \text{s}^{-1}$，求射击时的平均反冲力。

　　【解】　已知射出子弹的速率 $n = 600$ 颗 $\cdot \text{min}^{-1}$，因而根据动量定理，发射子弹的平均冲力为

$$\overline{F} = \frac{nmv}{\Delta t} = 100\text{N}$$

平均反冲力则为 $\overline{F}' = \overline{F} = 100\text{N}$。

　　【例 3-3】　如图 3-3 所示，一架以 $3.0 \times 10^2 \text{m} \cdot \text{s}^{-1}$ 的速率水平飞行的飞机，与一只身长为 0.20m、质量为 0.50kg 的飞鸟相碰，设碰撞后飞鸟的尸体与飞机具有同样的速率，而原来飞鸟对于地面的速率甚小，可以忽略不计。试估计飞鸟对飞机的冲击力。

　　分析：由于鸟与飞机之间的作用是一短暂时间内急剧变化的变力，直接应用牛顿定律解决受力问题是不可能的。如果考虑力的时间累积效果，运用动量定理来分析，就可避免作用过程中的细节情况。在求鸟对飞机的冲力（常指在短暂时间内的平均力）时，由于飞机的状态（指动量）变化不知道，使计算也难以进

图 3-3

行，这时，可将问题转化为讨论鸟的状态变化来分析其受力情况，并考虑鸟与飞机作用的相互性（作用与反作用），问题就很简单了。

【解】以飞鸟为研究对象，取飞机运动方向为 x 轴正向，由动量定理得

$$F'\Delta t = mv - 0$$

式中，F' 为飞机对鸟的平均冲力，而身长为 20cm 的飞鸟与飞机碰撞时间约为 $\Delta t = l/v$，代入上式可得

$$F' = mv^2/l = 2.25 \times 10^5 \, \text{N}$$

鸟对飞机的平均冲力为

$$F = -F' = -2.25 \times 10^5 \, \text{N}$$

式中，负号表示飞机受到的冲力与其飞行方向相反。从计算结果可知，$2.25 \times 10^5 \, \text{N}$ 的冲力大致相当于一个 23t 的物体所受的重力，可见，此冲力是相当大的。

【例 3-4】如图 3-4 所示，一跳伞员在做延迟跳伞。跳伞员的质量 $m = 70 \text{kg}$，自悬停在高空中的直升机中跳出，当速度达到 $v_1 = 55 \, \text{m} \cdot \text{s}^{-1}$ 时把伞打开，经过时间 $\Delta t = 1.25 \text{s}$ 后，速度减到 $v_2 = 5 \, \text{m} \cdot \text{s}^{-1}$。试求这段时间内绳索作用于人的平均拉力。

【解】设时间 Δt 内作用于人的平均拉力为 F_T，根据动量定理，有

$$(mg - F_T)\Delta t = mv_2 - mv_1$$

可得

$$F_T = \frac{m}{\Delta t}(v_1 - v_2) + mg$$

$$= \left[\frac{70}{1.25}(55 - 5) + 70 \times 9.8\right] \text{N} = 3486 \text{N}$$

图 3-4

【例 3-5】质量为 m、速率为 v 的小球，以入射角 α 斜向与墙壁相碰，又以原速率沿反射角 α 方向从墙壁弹回。设碰撞时间为 Δt，求墙壁受到的平均冲力。

【解】（解法一）建立如图 3-5a 所示坐标系，以 v_x、v_y 表示小球反射速度的 x 和 y 分量，则由动量定理可知，小球受到的冲量的 x、y 分量的表达式如下：

x 方向：

$$\overline{F}_x \Delta t = mv_x - (-mv_x) = 2mv_x \qquad ①$$

y 方向：

$$\overline{F}_y \Delta t = -mv_y - (-mv_y) = 0 \qquad ②$$

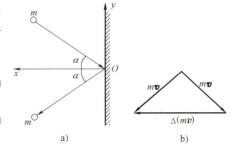

图 3-5

所以

$$\overline{\boldsymbol{F}} = \overline{F}_x \boldsymbol{i} = \frac{2mv_x}{\Delta t}\boldsymbol{i}$$

$$v_x = v\cos\alpha$$

故

$$\overline{\boldsymbol{F}} = \frac{2mv\cos\alpha}{\Delta t}\boldsymbol{i} \text{（方向沿 } x \text{ 轴正向）}$$

根据牛顿第三定律，墙受的平均冲力

$$\overline{\boldsymbol{F}}' = -\overline{\boldsymbol{F}} \text{（方向垂直墙面指向墙内）}$$

（解法二）画动量矢量图如图 3-5b 所示，由图知

$$\Delta(m\boldsymbol{v}) = 2mv\cos\alpha\boldsymbol{i} \text{（方向垂直于墙面指向墙外）}$$

由动量定理

$$\overline{F}\Delta t = \Delta(m\boldsymbol{v})$$

得

$$\overline{F} = \frac{2mv\cos\alpha}{\Delta t}i$$

不计小球重力，$\overline{F}$ 即为墙对球的冲力。

由牛顿第三定律，墙受的平均冲力

$$\overline{F}' = -\overline{F}$$（方向垂直墙面指向墙内）

俗话说："好船家会使八面风。"有经验的水手能够使用风力开船逆风行进，试根据所学动量定理的知识说明其中的道理。

思维拓展

 物理知识拓展

动量定理与增程弹

如何才能既不降低火炮的机动性能（尺寸不能太大），又能提高火炮的射程呢？

增大初速度并以最佳角度发射炮弹是增大火炮射程常用的方法。由动量定理 $F \cdot \Delta t = \Delta(mv)$，要想提高弹丸的初速度，有几种途径：增大推力、延长推力对弹丸的作用时间、减轻弹丸的质量。增大推力即增大膛压，可通过增加发射药量或采用高能发射药以实现，但必须考虑其对炮管的烧蚀、炮管加速疲劳及断裂等问题。加长火炮的身管能延长发射药燃气对弹丸的推动过程，美国曾把原来 109 型火炮的 3.7m 长的身管加长到 6.4m，之后发射同样的老式弹丸，射程由原来的 14.6km 增加到 22km，提高了 51%。但如果无限制地加长身管，势必要增加身管乃至全炮各部件的强度，这不仅增加制造成本，而且降低了火炮的机动性能。当弹丸所受合外力的冲量一定时，弹丸质量越小，其速度变化的数值越大；然而弹丸太轻，杀伤力必定也减小。这些是需要我们权衡利弊、综合考虑的。

要增大火炮的射程，我们不仅可以从内弹道（弹丸离开炮口前的运行轨迹）来考虑，还可以从改变弹丸在外弹道（弹丸离开炮口的运行轨迹）上的飞行情况来考虑。如何从外弹道途径来增大弹丸的速度呢？这主要是通过采用火箭增程弹和冲压喷气弹来实现的，也就是在弹丸上安装小小的火箭发动机和喷气部件。根据反冲原理不难看出，弹丸在飞行过程中得到向前的推力，这必有利于增大射程。例如，一般认为火炮的射程应该控制在 20km 之内，但第四次中东战争中，以色列用 175mm 自行加农炮发射火箭增程弹，使射程增至 54km。使用这种弹丸的优点是火炮炮管和结构无须改变，便可将射程大大增加，但是，火箭增程弹的威力和命中精度有所下降，成本也有所提高。

弹丸在飞行过程中还将受到空气阻力的作用。由动量定理可知，空气阻力的冲量将使弹丸的飞行速度减小，因而射程随之减小。若减小弹丸的飞行阻力，不仅要使弹丸表面光滑，更重要的是要使弹丸更加细长、接近流线形。

3.2 动量守恒定律

着陆速度过大，飞机减速距离就会增加，如何才能缩短减速距离、安全着陆，是飞行员最关心的问题。如图所示，为了减小飞机着陆的距离，在某些机型的发动机排气口外装有挡板，使排出气体转向，从而达到辅助刹车的目的。那么减速板的工作原理是什么呢？

物理现象

物理学基本内容

从质点系动量定理可知，如果质点系所受的合外力（不是合外力的冲量）为零，即 $\boldsymbol{F}_{外} = \sum\limits_{i=1}^{N} \boldsymbol{F}_i = \boldsymbol{0}$，则有

$$\sum_i \boldsymbol{p}_i = \sum_i m_i \boldsymbol{v}_i = 常矢量 \tag{3-31}$$

这就是说，如果作用于质点系的合外力为零，那么该质点系的总动量保持不变，这个规律就是动量守恒定律。动量守恒定律是自然界的基本规律之一，具有广泛的应用领域，我们将对其进行深入的讨论。

（1）动量守恒是指质点系总动量不变，$\sum_i m_i \boldsymbol{v}_i = 常矢量$。质点系中各质点的动量是可以变化的，质点通过内力的作用交换动量，机械运动在系统内转移。

（2）$\boldsymbol{F}_{外} = \boldsymbol{0}$ 是动量守恒的条件，但它是一个很严格的以致很难实现的条件，真实系统通常与外界或多或少地存在着某些作用。当质点系内部的作用远远大于外力，或者外力不太大而作用时间很短促，以致形成的冲量很小时，外力对质点系动量的相对影响就比较小，此时可以忽略外力的效果，近似地应用动量守恒定律。例如，在空中爆炸的炸弹，各碎片间的作用力是内力，内力很强，外力是重力，相比之下，重力远远小于爆炸时的内力，因而重力可以忽略不计，炸弹系统动量守恒。爆炸后所有碎片动量的矢量和等于爆炸前炸弹的动量。在近似条件下应用动量守恒定律，极大地扩展了用动量守恒定律解决实际问题的范围。

（3）式（3-31）表达的是动量守恒定律的矢量形式，根据动量定理的分量式，显然有动量守恒定律的分量式为

$$若 F_x = 0，则 p_x = \sum_i p_{ix} = \sum_i m_i v_{ix} = 常量 \tag{3-32}$$

$$若 F_y = 0，则 p_y = \sum_i p_{iy} = \sum_i m_i v_{iy} = 常量 \tag{3-33}$$

$$若 F_z = 0，则 p_z = \sum_i p_{iz} = \sum_i m_i v_{iz} = 常量 \tag{3-34}$$

合外力在哪一个方向上的分量为零，质点系总动量在该方向上的分量就是一个守恒量。

（4）在物理学中，常常涉及孤立系统，孤立系统是指与外界没有任何相互作用的系统，孤立系统受到的合外力必然为零，因此动量守恒定律又可以表述为：孤立系统的动量保持不变。

（5）关于动量守恒定律与牛顿运动定律。此前，我们从牛顿运动定律出发导出了动量定理，进而导出了动量守恒定律。事实上，动量守恒定律远比牛顿运动定律适用范围更广泛、意义更深刻、更能揭示物质世界的一般性规律。动量守恒定律适用的质点系范围，大到宇宙，小到微观粒子，当把质点系的范围扩展到整个宇宙时，可以得出宇宙中动量的总量是一个不变量的结论，这就使得动量守恒定律成为自然界普遍遵从的定律。而牛顿运动定律只在宏观物体做低速运动的情况下成立，超越这个范围，牛顿运动定律就不再适用。

（6）动量守恒定律在很多力学问题的分析与求解过程中都有广泛的应用。应用动量守恒定律的关键是能够准确判断动量守恒的条件是否得到了满足。因此，一方面，熟练掌握并理解动量守恒的条件是最为重要的；另一方面，也要注意判断是否有动量的分量守恒。

（7）动量守恒定律和动量定理都只对惯性参考系成立，在非惯性参考系中则需要加上惯性力才能应用。

值得一提的是，动量与动能虽然都是描述机械运动状态的物理量，但它们的意义有所不同。动量是矢量，物体间可以通过相互作用实现机械运动的传递，可以说，动量是物体机械运动的一种量度。动能是标量，动能可以转化为势能或其他形式（如热运动等）的能量，可以说动能是机械运动转化为其他运动形式能力的一种量度。

　从质点系动量定理可知，质点系总动量不变的物理意义是什么？是不是系统整体运动状态不变？如何描述系统整体运动状态？　**思维拓展**

　对于喷气式飞机来说，飞机的动力输出靠的是发动机喷出气体所产生的推力。如果把飞机（含燃料）和喷出的气体所组成的系统作为研究对象，在忽略地面摩擦阻力的情况下，整个系统动量守恒。如图所示，减速板的作用是将发动机喷出的气体改变方向。在减速板的作用下，发动机喷出气体动量增量的方向与飞机滑行方向相同，根据动量守恒定律，飞机的动量增量方向就与飞机的滑行方向相反，相当于产生了一个阻碍飞机滑行的反推力，从而达到辅助刹车的目的。　**现象解释**

在机场常常会看到过这样的场景，停在停机坪上的飞机被一辆方方正正的车牵着走。这是因为飞机没有倒挡装置，无法在地面上倒车，需要在这样一辆牵引车的作用下移动到指定位置。那么能够实现飞机的倒车和转弯吗？飞机减速板的原理给我们什么启示？　**思维拓展**

物理知识应用

【例3-6】 如图3-6所示，一辆停在水平地面上的炮车以仰角 θ 发射一颗炮弹，炮弹的出膛速度相对于炮车为 u，炮车和炮弹的质量分别为 M 和 m，忽略地面的摩擦，试求：（1）炮车的反冲速度；（2）若炮筒长为 l，则在发射炮弹的过程中炮车移动的距离为多少？

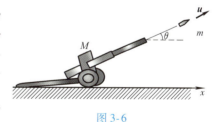

图 3-6

【解】（1）以炮弹和炮车为系统，选地面为参考系。由于系统在水平方向无外力作用，因此，系统在该方向上动量守恒。设炮弹出膛时对地的速度为 v，此时炮车相对于地面速度为 v'，根据相对运动速度变换关系，可得

$$v = u + v' \qquad\qquad ①$$

在水平方向建立 Ox 轴，并以炮弹前进的方向为正方向，由于系统动量在水平方向的分量守恒，因此

$$Mv' + mv_x = 0 \qquad\qquad ②$$

式①在 x 方向的分量式为

$$v_x = u\cos\theta + v' \qquad\qquad ③$$

将式③代入式②，可得炮车的反冲速度为

$$v' = \frac{-m}{M+m}u\cos\theta \qquad\qquad ④$$

式中，负号表示炮车后退。

（2）以 $u(t)$ 表示炮弹在炮筒内运动过程中任意时刻相对炮车的速率，由式④可得炮车的速度 v' 随时间变化的关系为

$$v'(t) = \frac{-m}{M+m} u(t) \cos\theta$$

因此，在发射炮弹的过程中，炮车的位移为

$$\Delta x = \int_0^t v'(t)\,\mathrm{d}t = \int_0^t \frac{-m}{M+m} u(t) \cos\theta \mathrm{d}t = \frac{-m\cos\theta}{M+m} \int_0^t u(t)\,\mathrm{d}t$$

将上式中的 t 取为炮弹出膛的时刻，有 $\int_0^t u(t)\,\mathrm{d}t = l$，可得炮车的位移为

$$\Delta x = -\frac{m\cos\theta}{M+m} l$$

上式表明，炮车后退的距离为

$$\Delta x = \frac{m\cos\theta}{M+m} l$$

从以上例题可以看出，应用动量守恒定律求解时，与应用动能定理、动量定理、机械能守恒定律一样，不必考虑过程中状态变化的细节，只需考虑过程的始末状态，这也正是其用于解题的方便之处。

不难看出，应用动量守恒定律解题的一般步骤是：

（1）按问题的要求和计算方便，选定系统，分析要研究的过程；

（2）对系统进行受力分析，并根据动量守恒条件，判断系统是否满足动量守恒，或系统在哪个方向上动量守恒；

（3）确定系统在研究过程中的初动量和末动量。应注意各动量中的速度是相对同一惯性系而言的；

（4）建立坐标系，列出动量守恒方程并求解，必要时进行讨论。

【例3-7】 如图3-7所示，向北发射一枚质量 $m = 50\text{kg}$ 的炮弹，达最高点时速率为 $200\text{m}\cdot\text{s}^{-1}$，爆炸成三块弹片。第一块质量 $m_1 = 25\text{kg}$，以 $400\text{m}\cdot\text{s}^{-1}$ 的水平速度向北飞行；第二块质量 $m_2 = 15\text{kg}$，以 $200\text{m}\cdot\text{s}^{-1}$ 的水平速率向东飞行。求第三块的速度。

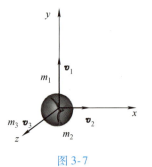

图3-7

【解】 取 x 轴向东，y 轴向北，则爆炸前的动量为

$$\boldsymbol{p}_0 = m\boldsymbol{v} = mv\boldsymbol{j} = 10000\boldsymbol{j}\,\text{kg}\cdot\text{m}\cdot\text{s}^{-1}$$

爆炸后的总动量为

$$\begin{aligned}\boldsymbol{p} &= m_1 v_1 \boldsymbol{j} + m_2 v_2 \boldsymbol{i} + m\boldsymbol{v}_3 \\ &= 10000\boldsymbol{j} + 3000\boldsymbol{i} + (50 - 25 - 15)\boldsymbol{v}_3\end{aligned}$$

由 $\boldsymbol{p}_0 = \boldsymbol{p}$ 得

$$\boldsymbol{v}_3 = -300\boldsymbol{i}\,\text{m}\cdot\text{s}^{-1}$$

第三块弹片向西飞行，速率为 $300\text{m}\cdot\text{s}^{-1}$。

 物理知识拓展

对称性和守恒定律

物理学各个领域有那么多定理、定律和法则，但它们的地位并不是平等的，而是有层次的。统率整个经典力学的是牛顿运动定律，统率整个电磁学的是麦克斯韦方程组，是否有凌驾于这些基本规律之上的、更高层次的法则呢？有，对称性原理就是这样的法则。

对称性又叫不变性。H. Weyl 的定义是，我们对一件东西可以进行操作，操作后这件东西仍旧和以前一样，我们就叫这件东西是对称的。人们发现，如果任一给定的物理实验或物理现象的发展变化过程，是

和此实验的空间位置无关的，这个事实叫作空间平移对称性，动量守恒定律就是这种对称性的表现；又如任一给定实验的发展过程和此实验装置在空间的取向无关，这个事实叫作空间转动对称性，角动量守恒定律就是这种对称性的表现；又如任一给定的物理实验的进展过程和此实验的开始时间无关，这个事实叫作时间平移对称性，能量守恒定律就是这种对称性的表现。对于每一种对称性，都存在一个守恒定律，我们往往可根据对称性原理和守恒定律做出一些定性判断，得到一些有用信息。这些不仅不会与已知领域的具体定律相悖，还能指导我们去探索未知领域。当代物理学家，正高度自觉地运用对称性原理和与之相应的守恒定律，去寻求物质更深层次的奥秘。

3.3　质心　质心运动定理

　　按不同飞行状态，飞机的飞行性能包括平飞性能、上升性能、续航性能和起飞及着陆性能等。研究飞机飞行性能时，常将飞机作为一可控质心处理。可控的意思就是说飞机的飞行轨迹是可以人为改变的，而轨迹的变化则决定于作用在飞机上的外力。那么什么是质心？飞机上的外力与质心运动之间满足什么样的动力学规律呢？

 物理学基本内容

3.3.1　质心

　　对于多个质点组成的系统，每个质点的运动情况可能各不相同。为了深入理解质点系的运动，通常引入质心的概念。通过质心的运动可以了解质点系运动的总体趋势及某些特征。

　　什么是质心？一位战士向敌人投掷一枚手榴弹，如图 3-8 所示，仔细观察，手榴弹上有一点的运动轨迹为抛物线，其他各点既随该点做抛物线运动，又绕该点转动。如果用这一点的运动来描述手榴弹

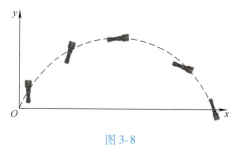

图 3-8

整体的运动，将使问题的研究大为简化，这个点就是手榴弹的质量中心，简称质心，质心是一个物体质量的集中点。不难看出，质心的运动能够描述出物体整体运动的趋势。

　　一个系统的质心在哪里？也就是说，哪一点的运动能够描述系统整体运动的趋势呢？为此，我们研究由 N 个质点组成的系统。设各质点的质量分别为 m_1，m_2，$\cdots$，m_N，在时刻 t，位置矢量分别为 $\boldsymbol{r}_1$，$\boldsymbol{r}_2$，$\cdots$，$\boldsymbol{r}_N$，速度分别为 $\boldsymbol{v}_1$，$\boldsymbol{v}_2$，$\cdots$，$\boldsymbol{v}_N$，所受外力分别为 $\boldsymbol{F}_1$，$\boldsymbol{F}_2$，$\cdots$，$\boldsymbol{F}_N$，根据质点系动量定理的微分形式，有

$$\sum_{i=1}^{N} \boldsymbol{F}_i = \frac{\mathrm{d}}{\mathrm{d}t} \sum_{i=1}^{N} m_i \boldsymbol{v}_i = \frac{\mathrm{d}^2}{\mathrm{d}t^2} \sum_{i=1}^{N} m_i \boldsymbol{r}_i \tag{3-35}$$

以 m 表示系统的总质量，即 $m = \sum_{i=1}^{N} m_i$，则式（3-35）可改写成

$$\sum_{i=1}^{N} \boldsymbol{F}_i = m \frac{\mathrm{d}^2}{\mathrm{d}t^2} \sum_{i=1}^{N} \left(\frac{m_i \boldsymbol{r}_i}{m} \right) \tag{3-36}$$

对于式（3-36），我们类比牛顿第二定律 $\boldsymbol{F} = m \dfrac{\mathrm{d}^2 \boldsymbol{r}}{\mathrm{d}t^2}$，可知 $\sum_{i=1}^{N} \left(\dfrac{m_i \boldsymbol{r}_i}{m} \right)$ 是描述空间位置的物理量，

且其具有长度的量纲，记为$\boldsymbol{r}_C$，即

$$\boldsymbol{r}_C = \frac{\sum_{i=1}^{N} m_i \boldsymbol{r}_i}{m} \tag{3-37}$$

由位置矢量$\boldsymbol{r}_C$确定的这个点就是质点系的质心。

在直角坐标系中，质心坐标可以表示为

$$x_C = \frac{\sum_{i=1}^{N} m_i x_i}{m}, \ y_C = \frac{\sum_{i=1}^{N} m_i y_i}{m}, \ z_C = \frac{\sum_{i=1}^{N} m_i z_i}{m} \tag{3-38}$$

对于质量连续分布的物体，可以把物体看成由许多质量为 dm 的质元组成。这时，质心的位置可用积分计算，即

$$\boldsymbol{r}_C = \frac{\int \boldsymbol{r} \mathrm{d}m}{m} \tag{3-39}$$

式（3-39）中 $\boldsymbol{r}$ 为质元 dm 相对于参考点的位置矢量。上式的分量式为

$$x_C = \frac{\int x \mathrm{d}m}{m}, \ y_C = \frac{\int y \mathrm{d}m}{m}, \ z_C = \frac{\int z \mathrm{d}m}{m} \tag{3-40}$$

当质量为线分布时，取 d$m = \lambda \mathrm{d}l$，其中 λ 为单位长度物体的质量，称为线质量或线密度，dl 为线元；当质量为面分布时，取 d$m = \sigma \mathrm{d}S$，其中 σ 为一定厚度时单位面积物体的质量，称为面质量或面密度，dS 为面元；当质量为体分布时，取 d$m = \rho \mathrm{d}V$，其中 ρ 为单位体积物体的质量，称为体质量或体密度，dV 为体元。

需要指出的是：质心的位矢与参考系的选取有关，但可以证明，对于不变形的物体，其质心相对物体自身的位置是确定不变的，与参考系的选取无关。一般来说，对于密度均匀、形状对称的物体，其质心在其几何中心。例如，匀质球体的质心在球心，匀质圆环的质心在圆环中心，匀质矩形平板的质心在两条对角线的交点，等等。另外，需要说明的是，质心不一定总是在物体上，例如在"背越式"跳高时，运动员的质心实际上是从横杆的下方通过的。

还需要注意，质心与重心是两个不同的概念。质心位置是系统内各质点位置以质量为权重的平均值，其位置只与物体的质量和质量分布有关，而与作用在物体上的力无关。重心是一个物体各部分所受重力的合力作用点。不过，在地球表面附近的局部范围内，当物体的尺寸不太大时，可以认为其质心与重心的位置重合。

> 为什么当物体的尺寸不太大时，可以认为物体的质心与重心的位置重合呢？质心位置是系统内各质点位置以质量为权重的平均值，通过类比，如何计算物体重心的位置呢？ 思维拓展

3.3.2　质心运动定理

将式（3-37）代入式（3-36），并令 $\boldsymbol{F}$ 表示作用于系统的合外力，即 $\boldsymbol{F} = \sum_i \boldsymbol{F}_i$，则有

$$\boldsymbol{F} = m \frac{\mathrm{d}^2}{\mathrm{d}t^2} \boldsymbol{r}_C = m \boldsymbol{a}_C \tag{3-41}$$

式中，$\boldsymbol{a}_C$ 为质心的加速度。结果表明，质点系的运动等同于一个质点的运动，这个质点具有质点系的总质量，它所受的外力是质点系所受所有外力的矢量和，并且等于总质量与质心加速度

的乘积，这一结论称为质心运动定理。

质心运动定理告诉我们，无论系统内各质点的运动如何复杂，但质心的运动可能相当简单，只由作用在系统上所有外力的矢量和决定。内力不能改变质心的运动状态，大力士不能自举其身就是一例。各质点随质心运动，表现出系统整体的运动，例如，抛向空中的一团绳索，做各种优美动作的跳水运动员，其质心不过是在做抛体运动而已。因此，质心在系统中处于重要的地位，它的运动描绘了系统整体的运动趋势。另外，从质心运动定理与牛顿第二定律具有相同形式来看，可以说质心是质点系平动特征的代表点，不过，质心运动定理不能给出各质点围绕质心的运动或质点系内部的相对运动规律。一般来说，系统的运动是其质心的运动和系统内各质点相对质心运动的叠加，这些问题要另行研究。

质心的速度为

$$\boldsymbol{v}_C = \frac{\mathrm{d}\boldsymbol{r}_C}{\mathrm{d}t} = \frac{\mathrm{d}}{\mathrm{d}t}\left(\frac{\sum_i m_i \boldsymbol{r}_i}{m} \right) = \frac{1}{m}\left(\sum_i m_i \frac{\mathrm{d}\boldsymbol{r}_i}{\mathrm{d}t} \right) = \frac{1}{m}\left(\sum_i m_i \boldsymbol{v}_i \right) \tag{3-42}$$

于是，系统的总动量为

$$\boldsymbol{p}_C = m\boldsymbol{v}_C = \sum_i m_i \boldsymbol{v}_i = \boldsymbol{p} \tag{3-43}$$

可见，系统的总动量等于其质心的动量。如绕中心轴转动的匀质圆盘，由于其质心不动，因此，圆盘的总动量为零。

若质点系不受外力或所受外力的矢量和为零，则由动量守恒定律可知，系统的总动量守恒，即

$$\boldsymbol{p} = m\boldsymbol{v}_C = 常矢量 \tag{3-44}$$

由此得到动量守恒定律的另一种表述：当质点系不受外力或所受外力的矢量和为零时，系统的质心保持静止或做匀速直线运动。

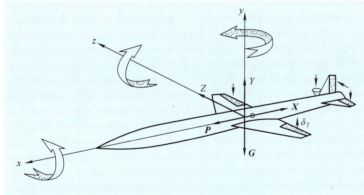

如图所示，作用在飞机上的外力有重力 G、推力 P 和气动力 R，通常气动力 R 又由升力 Y、侧力 Z 和阻力 X 组成。其中重力 G 虽能引起轨迹变化，但不能人为控制，而 P 和 R 则可通过相应的操纵机构人为控制，从而改变飞机飞行轨迹。故将能人为控制的力合成为 N，称为可控力。根据动力学基本定理，在航迹坐标系内建立的飞机质心动力学方程为

$$\begin{cases} m\dfrac{\mathrm{d}v}{\mathrm{d}t} = P - X - G\sin\theta \\[2mm] mv\dfrac{\mathrm{d}\theta}{\mathrm{d}t} = Y\cos\gamma_s - G\cos\theta \\[2mm] -mv\cos\theta\dfrac{\mathrm{d}\psi_s}{\mathrm{d}t} = Y\sin\gamma_s \end{cases}$$

式中，θ 为轨迹倾角；ψ_s 为轨迹偏角；γ_s 为轨迹滚转角（绕速度矢的滚转角）。方程是在飞机无侧滑、推力矢量沿着速度方向的条件下简化得出的。第一式表示飞机速度大小变化，第二、三式分别表示飞机在垂直和水平面内的速度方向变化。

物理知识应用

【例3-8】试确定半径为 R 的匀质半圆形薄板的质心位置。

【解】建立如图3-9所示的坐标系。因薄板的质量分布关于 Oy 轴对称，显然有 $x_C = 0$，因此只需要计算 y_C。设面密度为 σ，则薄板质量为 $m = \sigma\pi R^2/2$。取如图所示的细窄条，其面积为 $dS = 2R\cos\theta dy$，质量为 $dm = \sigma dS$。由于 $y = R\sin\theta$，所以 $dy = R\cos\theta d\theta$。根据质心分量式（3-40），可得

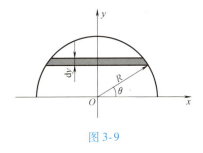

图 3-9

$$y_C = \frac{\int y dm}{m} = \int \frac{y\sigma dS}{m} = \int_0^{\pi/2} \frac{R\sin\theta \cdot \sigma \cdot 2R\cos\theta \cdot R\cos\theta d\theta}{\sigma\pi R^2/2}$$

$$= \int_0^{\pi/2} -\frac{4R}{\pi}\cos^2\theta d(\cos\theta) = \frac{4R}{3\pi}$$

即薄板质心位于 $\left(0, \dfrac{4R}{3\pi}\right)$ 处。

【例3-9】一炮弹在轨道最高点炸成质量比 $m_1 : m_2 = 3 : 1$ 的两块碎片，其中 m_1 自由下落，落地点与发射点的水平距离为 R_0，m_2 继续向前飞行，与 m_1 同时落地，如图3-10所示，不计空气阻力，求 m_2 的落地点。

【解】建立如图3-10所示的坐标系，炮弹炸裂前仅受重力作用，炸裂时，内力使炮弹分成两片，但系统的外力仍为重力，且始终保持不变。因此，炮弹炸裂对质心的运动没有影响，质心仍按抛体规律飞行。这就是说，当 m_2 落地时，炮弹的质心坐标应为 $x_C = 2R_0$，即

$$x_C = \frac{m_1 x_1 + m_2 x_2}{m_1 + m_2} = 2R_0$$

图 3-10

依题意，$m_1 = 3m_2$，代入上式得

$$x_2 = 5R_0$$

故 m_2 落地点距发射点的水平距离为 $5R_0$。

 物理知识拓展

1. 质心参考系

取质心为参考点建立起来的参考系，称为质心参考系（Center of Mass Frame），简称为质心系。由于质心的特殊性，在分析力学问题时，利用质心参考系常常带来方便。质点系中每一质点相对实验室参考系（惯性系）的运动可以分解为随质心的运动和相对于质心的运动两个部分，各质点运动状态的差异，表现为相对于质心有不同的速度。显然相对于质心系，质心速度 $\boldsymbol{v}_C = 0$，此时由式（3-43）得出 $\boldsymbol{p} = \sum_i m_i \boldsymbol{v}_i = m\boldsymbol{v}_C = \boldsymbol{0}$。这就是说，相对于质心参考系，质点系的总动量恒为零，因此，质心参考系又叫零动量参考系或动量中心系。不论质点系是否受到外力的作用，任何质点系相对它的质心系动量守恒。从质心系看来，质点系的运动总是各向同性的。

质心系可能是惯性系，也可能是非惯性系，视质点系所受合外力是否为零而定。当合外力 $\sum_i \boldsymbol{F}_i = \boldsymbol{0}$ 时，质心加速度为零，则质心系是惯性系，否则它不是惯性系。

2. 重心

在地面附近，物体的每一微小部分都受到铅直向下的地球引力，即重力。这些微小重力的合力，其大小即为该物体的重量，其作用点即为该物体的重心。确定物体重心的位置，在工程实际中具有重要意义。例如，飞机在整个飞行过程中，重心应当位于确定的区域内。若重心超前，就会增加起飞和着陆的困难；若重心偏后，飞机就不能稳定飞行。高速转动的零部件的重心，即使偏离转动轴线的距离不大，也会引起振动等不良后果。

现在讨论重心位置的确定。设物体由若干部分组成，其第 i 部分重力为 G_i，重心为 (x_i, y_i, z_i)。物体的重力 G，则类比于质心公式，可以得到物体的重心为

$$\boldsymbol{r}_C = \frac{\sum\limits_{i=1}^{N} G_i \boldsymbol{r}_i}{G} \tag{3-45}$$

其分量式为

$$x_C = \frac{\sum\limits_{i=1}^{N} G_i x_i}{G}, \; y_C = \frac{\sum\limits_{i=1}^{N} G_i y_i}{G}, \; z_C = \frac{\sum\limits_{i=1}^{N} G_i z_i}{G} \tag{3-46}$$

对于质量连续分布的物体，可以把物体看成由许多质量为 dm 的质元组成。这时，重心的位置可用积分计算，即

$$\boldsymbol{r}_C = \frac{\int \boldsymbol{r} dG}{G} \tag{3-47}$$

分量式为

$$x_C = \frac{\int x dG}{G}, \; y_C = \frac{\int y dG}{G}, \; z_C = \frac{\int z dG}{G} \tag{3-48}$$

可见，与质心不同，物体的重心位置不仅仅取决于物体的几何形状，而且与物体各部分的重量有关。通常情况下，如果物体线度不是很大，认为物体各部分重力加速度相同，此时，物体的重心就与质心重合，这个结论很容易从上面公式得到。

3.4　质量流动与火箭飞行原理

在第十三届中国航展开幕式上，换上了"中国心"的歼-20以新的姿态、新的装备首次飞过珠海上空，以双机进场、单机表演的形式，充分展现了其低空飞行的优异机动性能与快速指向能力。其中原因除了科学的外形设计以外，依靠的就是大推力的发动机。对于喷气式发动机来说，它的推力是如何产生的，怎么才能进一步增大其推力呢？

┌─┐
│物│
│理│
│现│
│象│
└─┘

📖 物理学基本内容

遨游太空是人类自古就有的愿望，但是由于太空中没有空气，所以就不能利用空气动力在宇宙中驰骋。直到 1883 年，俄国力学家齐奥尔科夫斯基在其论文《自由空间》中指出，宇宙飞

船的运动必须利用喷气推进原理，并画出了飞船的草图。1903年，他又发表了"利用喷气工具研究宇宙空间"的论文，深入论证了喷气工具用于星际航行的可行性，从而推导出发射火箭运动必须遵循的"齐奥尔科夫斯基公式"，也因此他被尊称为"火箭之父"。但实际上，我国是发明火箭最早的国家，随着火药的出现，在公元9、10世纪，我国就开始把火药用到军事上，1232年，已在战争中使用了真正的火箭。明代人万户利用47枚飞龙火箭，做了推动座椅升空的实验。万户的这种敢于挑战的勇气，是人类进取精神的体现，他本人也是人类航天活动的先驱。

中国航天从无到有、从小到大，从仿制到自行研制，走过了艰苦创业、配套发展、改革振兴和走向世界等几个重要阶段。2021年4月29日，我国"天和"号空间站核心舱发射成功，这意味着我国载人航天工程"三步走"战略中最后一步开始成功实施，航天强国建设已进入新的发展阶段，意义重大，影响深远。

火箭在喷射燃料而获得推力向前运动的过程中，其本身的质量在连续地减少；喷气式飞机在飞行过程中不断地有空气进入，同时又把这部分空气与燃料加在一起以很高的速度喷射出去；星体在宇宙空间中运动时，由于俘获宇宙中星际间的一些物质而使其质量增加，或因放射性而使其质量不断地减少；雨滴在下落的过程中其质量也在不断地减少。这些实例的一个共同特点就是物体在运动中其质量随时间连续地变化，我们称这类物体为变质量物体。下面就以火箭为例，来对这类变质量物体的动力学问题进行具体研究。

3.4.1　火箭运动的动力学方程

我们把箭体（含燃料）和喷出的气体组成的系统作为研究对象，以地面为参考系，如图3-11所示，设时刻 t 火箭的总质量为 m，速度为 $\boldsymbol{v}$，在 $t+dt$ 时间内，有质量 dm' 的燃料变为气体，并以恒定的速度 $\boldsymbol{u}$ 相对箭体向后喷出，而火箭质量减为 $m-dm'$，速度增为 $\boldsymbol{v}+d\boldsymbol{v}$，此时喷出的气体相对地面的速度为 $\boldsymbol{v}+d\boldsymbol{v}+\boldsymbol{u}$，则在时刻 t 和 $t+dt$ 系统的总动量分别为

图3-11

t 时刻
$$\boldsymbol{p}(t)=m\boldsymbol{v} \tag{3-49}$$
$t+dt$ 时刻
$$\boldsymbol{p}(t+dt)=(m-dm')(\boldsymbol{v}+d\boldsymbol{v})+dm'(\boldsymbol{v}+d\boldsymbol{v}+\boldsymbol{u}) \tag{3-50}$$
系统动量的增量
$$\boldsymbol{p}(t+dt)-\boldsymbol{p}(t)=md\boldsymbol{v}+\boldsymbol{u}dm'=d\boldsymbol{p} \tag{3-51}$$
系统所受的合外力为
$$\boldsymbol{F}=\frac{d\boldsymbol{p}}{dt}=m\frac{d\boldsymbol{v}}{dt}+\boldsymbol{u}\frac{dm'}{dt} \tag{3-52}$$
由于单位时间内从火箭喷出气体的质量等于火箭在单位时间内减少的质量，即
$$\frac{dm'}{dt}=-\frac{dm}{dt} \tag{3-53}$$
因此，式（3-52）可写为
$$m\frac{d\boldsymbol{v}}{dt}=\boldsymbol{F}+\boldsymbol{u}\frac{dm}{dt} \tag{3-54}$$
式（3-54）即为火箭运动的动力学方程。对于任意一个变质量系，此式也成立。它描述了变质量系的加速度与其受力的瞬时关系。

从式（3-54）可以看到，火箭的动力学方程，是研究火箭主体部分的运动及受力情况的。

方程中 m 代表主体部分的质量，是一个变化的量，$\dfrac{\mathrm{d}\boldsymbol{v}}{\mathrm{d}t}$ 代表火箭运动的加速度，$m\dfrac{\mathrm{d}\boldsymbol{v}}{\mathrm{d}t}$ 是质量和加速度的乘积。$\boldsymbol{F}$ 为主体部分所受到的外力（如空气阻力、重力等）。$\boldsymbol{u}$ 是燃气喷出时相对于箭体的速度，注意这是一个相对速度。$\dfrac{\mathrm{d}m}{\mathrm{d}t}$ 为主体部分质量在单位时间内的变化量，这一项在火箭运动情况中是小于零的，而对于有质量流入的情况，这一项应该是大于零的。把式（3-54）与牛顿第二定律的形式相对应，那么 $\boldsymbol{u}\dfrac{\mathrm{d}m}{\mathrm{d}t}$ 应该具有力的含义，很明显，这就是火箭发动机的推力。只要有气体喷出，火箭的主体就将受到反推力的作用，使火箭的速度不断增加，推动着火箭既可以在大气层中，又可以在外层空间飞行。

现象解释

根据变质量系动力学方程，假设质点在运动过程中同时有多个质量加入和放出，则

$$m\dfrac{\mathrm{d}\boldsymbol{v}}{\mathrm{d}t}=\boldsymbol{F}+\boldsymbol{u}_1\dfrac{\mathrm{d}m_1}{\mathrm{d}t}+\boldsymbol{u}_2\dfrac{\mathrm{d}m_2}{\mathrm{d}t}+\cdots+\boldsymbol{u}_n\dfrac{\mathrm{d}m_n}{\mathrm{d}t}$$

如图所示，对于喷气式飞机，如果压气机单位时间内的进气量为 $\dfrac{\mathrm{d}m'}{\mathrm{d}t}$，燃烧室单位时间内燃烧燃料为 $\dfrac{\mathrm{d}Q}{\mathrm{d}t}$，发动机尾喷管喷出的气体相对于飞机的速率为 u，则有

压气机　　　燃烧室　涡轮　尾喷管

$$m\dfrac{\mathrm{d}\boldsymbol{v}}{\mathrm{d}t}=\boldsymbol{F}-\boldsymbol{v}\dfrac{\mathrm{d}m'}{\mathrm{d}t}-\boldsymbol{u}\left(\dfrac{\mathrm{d}m'}{\mathrm{d}t}+\dfrac{\mathrm{d}Q}{\mathrm{d}t}\right)$$

此式即为喷气飞机的动力学方程。等式左端是飞机质量与其加速度的乘积。等式右端有三项：第一项为飞机受到的外力；第二项是由于进入空气而作用于飞机上的反推力，但其方向与 $\boldsymbol{v}$ 相反，可见进入空气对飞机的作用是阻力；第三项为喷出的燃气作用于飞机的反推力，这是使飞机加速的动力，其方向与 $\boldsymbol{u}$ 方向相反。

飞机发动机的单位时间进气量也叫作空气质量流量，用 $I=\dfrac{\mathrm{d}m'}{\mathrm{d}t}$ 表示，工程上用 V 表示飞机飞行速度，V_P 表示发动机喷气速度，P 表示喷气飞机发动机推力，所以

$$P=I(-V_P-V)-V_P\dfrac{\mathrm{d}Q}{\mathrm{d}t}$$

可见，提高喷气速度 V_P 可以增加推力，在加力状态时，加力燃烧室喷嘴喷出补充燃料，燃烧后进一步提高燃气温度，增加喷气速度，从而增大发动机推力。一般来说，使用加力状态后，推力大约可增加 25%。飞机在起飞时为缩短滑跑距离，加速爬升时为缩短时间，均使用这种工作状态。但为了避免发动机高温受损，通常对连续使用加力的工作时间有所限制。

思维拓展

雨滴在空气中运动时逐渐蒸发的情况，或者冰块在运动过程中逐渐熔化的情况等，类似于变质量系，加入或放出质量的相对速率有什么特点？此时的动力学方程可以表示成什么形式？

在这样一个推力的作用下，火箭的速度将遵循怎样的规律呢？下面就从变质量系的动力学方程出发，推导火箭的速度方程，以便更清楚地了解火箭加速的过程。

3.4.2　火箭运动的速度公式

在重力场中，火箭系统受到重力作用，为简单起见，重力加速度近似为常数，且不计空气阻力。当火箭竖直发射时，取竖直向上为正方向，则 $f = -mg$，根据火箭运动的动力学方程，得

$$mdv = -mgdt - udm \tag{3-55}$$

设火箭由地表静止发射，点火时其质量为 m_0，在时刻 t，质量为 m，速度为 v，则有

$$\int_0^v dv = -\int_0^t gdt - \int_{m_0}^m u\frac{dm}{m} \tag{3-56}$$

可得火箭速度公式为

$$v = u\ln\frac{m_0}{m} - gt \tag{3-57}$$

火箭在星际空间飞行时，系统不受外力作用，则火箭运动微分方程可写为

$$mdv = -udm$$

若 $t = 0$ 时的火箭运动速率为 v_0，则有

$$\int_{v_0}^v dv = -u\int_{m_0}^m \frac{dm}{m}$$

可得火箭速度公式为

$$v = u\ln\frac{m_0}{m} + v_0 \tag{3-58}$$

通过上式分析可见，火箭的速度主要由 $u\ln\dfrac{m_0}{m}$ 这一项来决定，要想提高其速度，主要考虑两个方面的因素：一是增大喷气速率；二是提升质量比 $\dfrac{m_0}{m}$。原则上只要能找到合适的燃料，并且设计出合理的箭体，就可以使火箭能够达到理想的飞行速度。100 多年来，为了提升火箭的速度，人们尝试了各种各样的方法，但迄今为止，性能最好的液氢液氧燃料喷气速率也只能达到 4.2 km·s^{-1}；而增大质量比又必须要考虑箭体的结构和箭体可负载的最大质量，目前单级火箭的质量比最高只能做到 15。在实际发射中，由于重力和空气阻力的影响，单级火箭的末速度最终只能达到 7 km·s^{-1}，这个速度小于第一宇宙速度。要想实现将物体送入太空的目的，目前一般采用多级火箭技术来实现。

设多级火箭的各级质量比分别为 N_1，N_2，$\cdots$，N_n，各级火箭的相对喷射速率分别为 u_1，u_2，$\cdots$，u_n，则各级火箭达到的速度为

$$v_1 = u_1\ln N_1,\ v_2 - v_1 = u_2\ln N_2,\ \cdots,\ v_n - v_{n-1} = u_n\ln N_n \tag{3-59}$$

上面各式相加有

$$v_n = \sum_{i=1}^n u_i\ln N_i \tag{3-60}$$

若 $u_1 = u_2 = \cdots = u_n = u$，$N_1 = N_2 = \cdots = N_n = N$，则有

$$v_n = nu\ln N \tag{3-61}$$

目前，火箭是将物体送入太空的唯一运载工具，几乎所有航天器都是靠火箭发射并控制其航向的，各种导弹及火箭炮也都是以火箭发动机作为动力，空间技术的发展更是以火箭技术为基础。

如果考虑到大气阻力的存在，如何推导火箭的速度公式呢？

思维拓展

物理知识应用

【例3-10】忽略飞船受到的地球引力。设想太空船载荷为 5×10^4 kg，携带 2×10^6 kg 燃料，燃料喷射速度为 2.35 km·s^{-1}。问太空船最后达到的速度为多少？

【解】根据火箭运动速度公式，有

$$v = u \ln \frac{m_0}{m} = 8.73 \text{km} \cdot \text{s}^{-1}$$

【例3-11】如图 3-12 所示，一长为 l，密度均匀的柔软链条，线密度为 λ。将其堆放于地面上，手握链条一端并以速率 v 匀速上提。当其一端被提离地面高度为 y 时，求手的拉力。

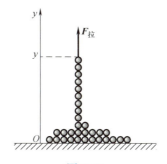

图 3-12

【解】（解法一）本题中，堆在地面上的部分速率为零，被手提起的链条部分匀速运动，加速度为零，这类似于火箭运动的变质量物体运动问题，有

$$m \frac{\mathrm{d}\boldsymbol{v}}{\mathrm{d}t} = \boldsymbol{F} + \boldsymbol{u} \frac{\mathrm{d}m}{\mathrm{d}t}$$

先建立坐标系，选取一个正方向。我们选手的提力方向为正方向，并且以所要研究的被手提起的部分作为主体部分。这样一一找到微分方程中各项在例题中的对应量。主体部分总质量等于被提起的长度 y 与线质量密度 λ 的乘积：

$$m = y\lambda$$

所受到的合外力就是手的提力与自身所受到的重力之差，即

$$\boldsymbol{F} = (F_{拉} - y\lambda g)\boldsymbol{j}$$

参与流动的部分相对于主体部分的运动速度就等于负的链条被提起的运动速度，即

$$\boldsymbol{u} = -v\boldsymbol{j}$$

这样就能够写出微分方程的分量式

$$y\lambda \frac{\mathrm{d}v}{\mathrm{d}t} = (F_{拉} - y\lambda g) - v \frac{\mathrm{d}(y\lambda)}{\mathrm{d}t}$$

因为链条被提起的速率为常量，所以 $\frac{\mathrm{d}v}{\mathrm{d}t} = 0$。将上式进行整理，得

$$F_{拉} = y\lambda g + v \frac{\mathrm{d}(y\lambda)}{\mathrm{d}t}$$

式中，λ 为常量，提到微分号外，考虑到链条被提起的速率等于单位时间内链条被提起的长度，有

$$v = \frac{\mathrm{d}y}{\mathrm{d}t}$$

$$\boldsymbol{F}_{拉} = (y\lambda g + v^2\lambda)\boldsymbol{j}$$

（解法二）先建立坐标系，我们选手的提力方向为 y 轴正方向，设在 $\mathrm{d}t$ 时间内有长度为 $\mathrm{d}y = v\mathrm{d}t$ 的一小段上提，则在 $\mathrm{d}t$ 时间内已上提长链动量的增量为 $v\lambda(y + \mathrm{d}y) - v\lambda y = v\lambda\mathrm{d}y$，由动量定理

$$(F_{拉} - \lambda yg)\mathrm{d}t = v\lambda\mathrm{d}y$$

可得

$$F_{拉} = y\lambda g + v\frac{\mathrm{d}(y\lambda)}{\mathrm{d}t}$$

式中，λ 为常量，提到微分号外，考虑到链条被提起的速率等于单位时间内链条被提起的长度，有

$$v = \frac{\mathrm{d}y}{\mathrm{d}t}$$

所以

$$\boldsymbol{F}_{拉} = (y\lambda g + v^2\lambda)\boldsymbol{j}$$

【例 3-12】一架喷气式飞机以 $210\mathrm{m}\cdot\mathrm{s}^{-1}$ 的速度飞行，它的发动机每秒吸入 75kg 空气，在体内与 3.0kg 燃料燃烧后以相对于飞机 $490\mathrm{m}\cdot\mathrm{s}^{-1}$ 的速度向后喷出。求发动机对飞机的推力。

【解】以飞机运动方向为正，由式（3-58）可得飞机推力为

$$P = -v\frac{\mathrm{d}m'}{\mathrm{d}t} + u\left(\frac{\mathrm{d}m'}{\mathrm{d}t} + \frac{\mathrm{d}Q}{\mathrm{d}t}\right)$$

代入数据 $v = 210\mathrm{m}\cdot\mathrm{s}^{-1}$，$\frac{\mathrm{d}m'}{\mathrm{d}t} = 75\mathrm{kg}\cdot\mathrm{s}^{-1}$，$\frac{\mathrm{d}Q}{\mathrm{d}t} = 3\mathrm{kg}\cdot\mathrm{s}^{-1}$，$u = 490\mathrm{m}\cdot\mathrm{s}^{-1}$，有

$$P = 2.25 \times 10^4\mathrm{N}$$

 物理知识拓展

核能推进技术

1955 年，美国开始研究核火箭。后来这项计划曾一度因种种原因而进展缓慢，但在研究中，科学家已找到了一些有希望的设计方案。

核火箭用的发动机是靠核燃料裂变时产生的巨大热能，将推进剂加热到极高温度（4000℃以上）。推进剂因而获得动能，以极高的速度从尾部喷出，从而推动火箭高速飞行。由于核燃料体积小、发热量大，核火箭可做到重量轻、体积小，化学燃料火箭根本不能与它抗衡。

国外研究得比较多的核火箭发动机叫"过热喷射式核发动机"。它的核心是一个小巧玲珑的核反应堆，核燃料制成燃料元件，排成堆芯。起动时将液氢打进堆芯，受热后迅速变成几千摄氏度的高温气体，从火箭尾部高速喷射出来，产生巨大推力，这种发动机比较容易实现，也可能比化学火箭更经济。但由于冲量不够大，还不能作为远程的星际航行工具。第二种叫"等离子挤压式核发动机"。它的心脏也是一个核反应堆，但反应堆不是用来供热，而是用来供电的。启动时，先向 Y 型真空室注入推进剂（如液氢），接着马上将两端封闭起来，并接通电流，使推进剂加热到 70 万℃。这时推进剂已成为高温等离子体，它在电磁力的推动下，从火箭尾部喷出。由于喷出的等离子体可达极高速度（甚至接近光速），因此可以将火箭加速到星际航行所要求的速度。第三种叫"气体堆芯核发动机"。它是以气态铀或钚代替固体核燃料，利用气体核燃料的裂变反应放出的热量，把来自燃料箱的液氢加热到极高温度（9000℃以上），以强大的排气流推动火箭。备有这种核发动机的火箭可肩负火星之行的光荣使命。最后一种叫"爆炸排气式核发动机"。发动时向爆炸室内注入少量核爆炸剂，利用核爆炸对室壁产生的巨大压力来推动火箭前进。

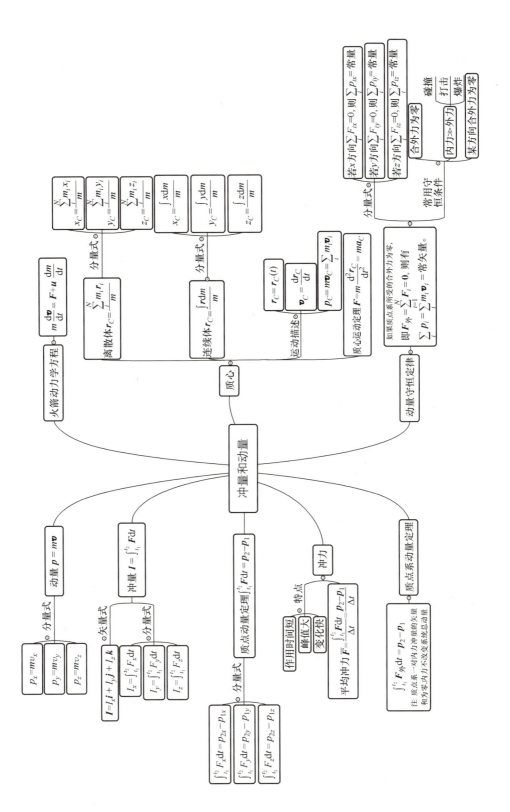

思考与练习

思考题

3-1 动能与动量有什么区别？若物体的动量发生改变，它的动能是否一定也发生改变？试举例说明。

3-2 人坐在车上推车，是怎么也推不动的；但坐在轮椅上的人却能让车前进。为什么？

3-3 一人用恒力 F 推地上的木箱，经历时间 Δt 未能推动木箱，此推力的冲量等于多少？木箱既然受了力 F 的冲量，为什么它的动量没有改变？

3-4 能否利用装在小船上的风扇扇动空气使小船前进？

3-5 试阐述为什么质点系中的内力不能改变质点系的总动量。

3-6 以球击墙而弹回，由球和墙组成的系统动量守恒吗？

3-7 自己身体的质心是固定在身体内某一点吗？能把自身的质心移到身体外面吗？

3-8 我国东汉学者王充在他所著《论衡》（公元28年）一书中记有："古之多力者，身能负荷千钧。手能决角伸钩。使之自举，不能离地。"这说的是古代大力士自己不能把自己举离地面。这个说法正确吗？为什么？

3-9 燃放烟火时，一朵五彩缤纷的烟花的质心的运动轨迹如何（忽略空气阻力与风力）？为什么在空中烟火总是以球形逐渐扩大？

3-10 对于变质量系统，能否应用 $F = \dfrac{\mathrm{d}(m\boldsymbol{v})}{\mathrm{d}t}$？为什么？

练习题

3-1 一颗子弹在枪筒里前进时所受的合力大小为 $F = 400 - \dfrac{4 \times 10^5}{3}t \,(\mathrm{SI})$，子弹从枪口射出时的速率为 $300\mathrm{m \cdot s^{-1}}$。假设子弹离开枪口时合力刚好为零，则

(1) 子弹走完枪筒全长所用的时间 $t =$ _____；

(2) 子弹在枪筒中所受力的冲量 $I =$ _____；

(3) 子弹的质量 $m =$ _____。

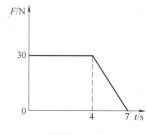

3-2 质量 $m = 10\mathrm{kg}$ 的木箱放在地面上，在水平拉力 F 的作用下由静止开始沿直线运动，其拉力随时间的变化关系如习题3-2图所示。若已知木箱与地面间的摩擦因数 $\mu = 0.2$，那么在 $t = 4\mathrm{s}$ 时，木箱的速度大小为 _____；在 $t = 7\mathrm{s}$ 时，木箱的速度大小为 _____。（g 取 $10\mathrm{m \cdot s^{-2}}$）

习题3-2图

3-3 一吊车底板上放一质量为 $10\mathrm{kg}$ 的物体，若吊车底板加速上升，加速度大小为 $a = 3 + 5t\,(\mathrm{SI})$，则 $2\mathrm{s}$ 内吊车底板给物体的冲量大小 $I =$ _____；$2\mathrm{s}$ 内物体动量的增量大小 $\Delta p =$ _____。

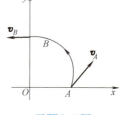

3-4 一质点的运动轨迹如习题3-4图所示。已知质点的质量为 $20\mathrm{g}$，在 A、B 两位置处的速率都为 $20\mathrm{m \cdot s^{-1}}$，$\boldsymbol{v}_A$ 与 x 轴成 $45°$ 角，$\boldsymbol{v}_B$ 垂直于 y 轴，求质点由 A 点到 B 点这段时间内，作用在质点上外力的总冲量。

习题3-4图

3-5 如习题3-5图所示，用传送带 A 输送煤粉，料斗口在 A 上方高 $h = 0.5\mathrm{m}$ 处，煤粉自料斗口自由落在 A 上。设料斗口连续卸煤的流量为 $q_m = 40\mathrm{kg \cdot s^{-1}}$，$A$ 以 $v = 2.0\mathrm{m \cdot s^{-1}}$ 的水平速度匀速向右移动。求装煤的过程中，煤粉对 A 的作用力的大小和方向。（不计相对传送带静止的煤粉质量）

3-6 质量为 m' 的人手执一质量为 m 的物体，以与地平线成 θ 角的速度 $\boldsymbol{v}_0$ 向前跳去。当他达到最高点时，将物体以相对于人的速度大小为 u 向后平抛出去。试问：由于抛出该物体，此人跳的水平距离增加了

多少？（空气阻力不计）

3-7　质量为 m 的一只狗，站在质量为 m' 的一条静止在湖面的船上，船头垂直指向岸边，狗与岸边的距离为 s_0。这只狗向着湖岸在船上走过 l 的距离停下来，求这时狗离湖岸的距离 s。（忽略船与水的摩擦阻力）

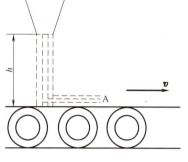

3-8　大小为 $F = 30 + 4t$（SI）的力作用于质量 $m = 20\text{kg}$ 的物体上。问：

（1）在开始 2s 内，此力的冲量多大？

（2）要使冲量等于 $300\text{N} \cdot \text{s}$，此力的作用时间是多少？

（3）若物体的初速为 $20\text{m} \cdot \text{s}^{-1}$，运动方向与 $\boldsymbol{F}$ 的方向相同，在（2）的末时刻，物体的速度是多大？

习题 3-5 图

3-9　自动步枪每分钟可射出 600 颗子弹，每颗子弹的质量为 20g，出口速度为 $500\text{m} \cdot \text{s}^{-1}$，求射击时的平均反冲力。

3-10　向北发射一枚质量 $m = 50\text{kg}$ 的炮弹，达最高点时速率为 $200\text{m} \cdot \text{s}^{-1}$，爆炸成三块弹片。第一块质量 $m_1 = 25\text{kg}$，以 $400\text{m} \cdot \text{s}^{-1}$ 的水平速度向北飞行；第二块质量 $m_2 = 15\text{kg}$，以 $200\text{m} \cdot \text{s}^{-1}$ 的水平速率向东飞行。求第三块的速度。

3-11　小车质量 $m_1 = 200\text{kg}$，车上有一装沙的箱子，质量 $m_2 = 100\text{kg}$，现以 $v_0 = 1\text{m} \cdot \text{s}^{-1}$ 的速率在光滑水平轨道上前进，一质量为 $m_3 = 50\text{kg}$ 的物体自由落入沙箱中。求：

（1）m_3 落入沙箱后小车的速率；

（2）m_3 落入沙箱后，沙箱相对于小车滑动经 0.2s 停在车面上，求车面与沙箱底的平均摩擦力？

3-12　如习题 3-12 图所示，质量为 m' 的斜面体，斜面倾角为 α，跨过顶端定滑轮的轻绳两端分别连有质量均为 m 的物体，整个系统放在光滑桌面上，从静止开始运动。当斜面上物体以相对速率 v 沿光滑斜面滑动时，斜面体在桌面上滑动的速率有多大？

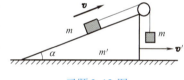

习题 3-12 图

3-13　喷气式发动机每秒钟吸入空气的质量是 70kg，燃料消耗率是 $1.35\text{kg} \cdot \text{s}^{-1}$。喷出的燃气对飞机的相对速度是 $1800\text{m} \cdot \text{s}^{-1}$。设大气是平静的，飞机沿水平直线飞行；求当飞行速度是 $1332\text{km} \cdot \text{h}^{-1}$ 时，发动机总附加推力的大小。

3-14　如习题 3-14 图所示，质量为 $m' = 1.5\text{kg}$ 的物体，用一根长为 $l = 1.25\text{m}$ 的细绳悬挂在天花板上。今有一质量为 $m = 10\text{g}$ 的子弹以 $v_0 = 500\text{m} \cdot \text{s}^{-1}$ 的水平速度射穿物体，刚穿出物体时子弹的速度大小 $v = 30\text{m} \cdot \text{s}^{-1}$，设穿透时间极短。求：

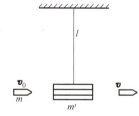

（1）子弹刚穿出时绳中张力的大小；

（2）子弹在穿透过程中所受的冲量。

3-15　静水中停着两条质量均为 m' 的小船，当第一条船中的一个质量为 m 的人以水平速度 $\boldsymbol{v}$（相对于地面）跳上第二条船后，两船运动的速度各多大？（忽略水对船的阻力）

习题 3-14 图

3-16　两个质量分别为 m_1 和 m_2 的木块 A 和 B，用一根劲度系数为 k 的轻弹簧连接起来，放在光滑的水平面上，使 A 紧靠墙壁，如习题 3-16 图所示。用力推 B 使弹簧压缩 x_0，然后释放。已知 $m_1 = m$，$m_2 = 3m$，试求：

（1）释放后，A、B 两木块速度相等时的速度大小；

（2）释放后弹簧的最大伸长量。

3-17　习题 3-17a 图所示为一艘宇航拖船和货舱，总质量为 m，沿 x 轴在外太空飞行。它们正相对太阳以大小为 $2100\text{km} \cdot \text{h}^{-1}$ 的初速度 $\boldsymbol{v}_i$ 运动。经过一次轻微的爆炸，拖船将质量为 $0.20m$ 的货舱抛出（见习题 3-17b 图），因而拖船沿 x 轴的速度比货舱快了 500km·h^{-1}；也就是说，拖船与货仓间的相对速率 v_{rel} 是 500km·h^{-1}。拖船相对于太阳的速度 v_{HS} 为多少？

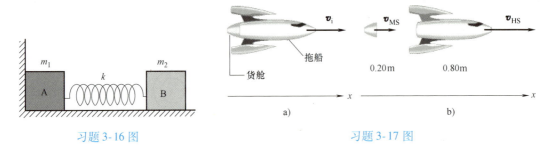

习题 3-16 图   习题 3-17 图

3-18　一种美洲蜥蜴能在水面上行走（见习题 3-18 图）。走每一步时，蜥蜴先用它的脚拍水，然后很快就把它推到水中以致在脚面上形成一空气坑。为了完成这一步时不至于在向上拉起脚时受水的拽力，蜥蜴在水流进空气坑时就撤回了自己的脚。在整个拍水-向下推-又撤回的过程中，对蜥蜴的向上的冲量必须等于重力产生的向下的冲量才能使蜥蜴不致沉于水中。假设一只美洲蜥蜴的质量是 90g，每只脚的质量是 3g，一只脚拍水时的速率是 1.5m·s^{-1}，一单步的时间是 0.6s。

习题 3-18 图

（1）拍水期间水对蜥蜴的冲量的大小是多少？（假定此冲量竖直向上）

（2）在一步的 0.6s 期间，重力对蜥蜴的向下的冲量是多少？

（3）拍和推中哪一个动作提供了对蜥蜴的主要支持力，或者它们近似地提供了相等的支持力？

3-19　足球质量为 0.4kg，初始时刻以 20m·s^{-1} 速度向左运动，受到斜向上 45°的力后向右上方运动，速度为 30m·s^{-1}（见习题 3-19 图）。求冲量和平均冲力，碰撞时间设为 0.01s。

3-20　飞机着陆减速板：为了减小飞机着陆的距离，在发动机排气口外装有挡板，使排出气体转向，排出气体分为相等的两路通过挡板后转为与竖直方向成 15°角（见习题 3-20 图）。已知气体的流量为 1000kg·s^{-1}，排出气体的相对速度为 700m·s^{-1}，求排出气体作用于飞机的阻力。

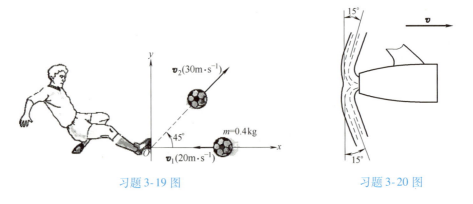

习题 3-19 图   习题 3-20 图

3-21　有一水平运动的传送带将沙子从一处运到另一处，沙子经一竖直的静止漏斗落到传送带上，传送带以恒定的速率 v 水平运动。忽略机件各部位的摩擦及传送带另一端的其他影响，试问：

（1）若每秒有质量为 $q_m = dm/dt$ 的沙子落到传送带上，要维持传送带以恒定速率 v 运动，需要多大的功率?

（2）若 $q_m = 20\mathrm{kg} \cdot \mathrm{s}^{-1}$，$v = 1.5\mathrm{m} \cdot \mathrm{s}^{-1}$，水平牵引力多大? 所需功率多大?

3-22　质量为 m_0 的战舰以速度 v_0 向前行驶。若舰上六门大炮向正前方同一目标齐射，仰角为 θ，每发炮弹的质量为 m，炮弹出口速度为 u，不计水的阻力。求经过一次齐射后，战舰的速度增量 Δv。

3-23　习题 3-23 图表示飞机的三个轮子和飞机重心的位置，设三个轮子置于地坪上，已知飞机重量 $W = 480\mathrm{kN}$，重心坐标为 $x_C = 0.02\mathrm{m}$，$y_C = 0.2\mathrm{m}$，试求三个轮子对地坪的压力（图中尺寸单位为 m）。

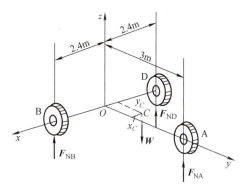

习题 3-23 图

 阅读材料

世界运载火箭技术最新发展

随着航天工程对运载火箭的运载能力、可靠性、经济性、使用灵活性和便捷性的需求不断增加，同时随着重复使用、新动力、新材料、人工智能等新技术的蓬勃发展，世界运载火箭技术在近年来取得了长足的进步。

在总体技术方面，通过重复使用技术的应用，有效降低了进入空间成本，提高市场竞争力。重复使用技术已成为运载火箭发展的重要方向，以 SpaceX 公司猎鹰 9 号火箭为代表，从 2015 年 12 月首次实现了陆上垂直回收以来，猎鹰 9 号火箭实现了单一一级模块 11 次复用，中转周期最短 27 天。垂直起降回收技术已完全成熟，并取得了商业上的巨大成功。智能技术的快速进步为运载火箭技术发展带来了新动能，全生命周期数字化管理、基于数字样机的虚拟设计、快速生产制造、智能飞行和自主返回控制等技术不断取得突破。

在箭体结构设计与制造技术方面，随着计算技术的发展，载荷、布局及结构逐渐由传统的串行设计转变为快速迭代优化设计，如通过发动机推力结构与箭体结构一体化设计，实现壳段或贮箱箱底传力，提高结构效率；先进材料应用上，各国不断发展铝锂合金和复合材料轻质结构技术，从而降低结构系数；制造工艺方面，广泛采用以搅拌摩擦焊、3D 打印等为代表的先进成形工艺技术。

在先进动力技术方面，不断发展高性能液氧甲烷、液氧煤油和氢氧发动机技术，美国的梅林-1D 液氧煤油发动机推重比高达 185，RL-10B 氢氧发动机真空比冲达到 465s，SpaceX 公司研发的猛禽液氧甲烷发动机采用全流量补燃循环，真空比冲超过 370s，室压最大可达到 33MPa，推重比不小于 200，节流范围为 45% ~ 100%，设计重复使用次数不少于 50 次。

在先进测试发射技术方面，各国均在开展快速测试发射技术研究，发展电气系统智能化机内测试技术、先进地面测发控技术、智能化故障诊断技术以及并行测试技术等诸多关键技术，实现运载火箭快速、可靠进入空间。

第4章 功 和 能

历史背景与物理思想发展

能量概念最早源于生产，经过概念的比较和辨别，升华为科学的概念。

人们造出机器是为了让它做功。"功"的概念在一般人的感觉中是现实的，具体来说，它起源于早期工业革命中工程师们的需求，当时他们需要一个用来比较蒸汽机效率的办法。在实践中，大家逐渐采用机器举起的物体的重量与行程之积来量度机器的输出，并称之为功。

在19世纪初期，用机械功测量"活力"已引入动力技术著作中。1820年后，力学论文开始强调功的概念。1829年，法国工程师彭塞利在一本力学著作中引进"功"这一名词。之后，科里奥利在《论刚体力学及机器作用的计算》一文中，明确地把作用力与受力点沿力的方向的可能位移的乘积叫作"运动的功"。功与以后建立的能量概念具有相同的量纲，功作为能量变化的量度为研究能量转化过程奠定了定量分析基础。

到了19世纪40年代，能量守恒与转化定律确立，这时物理学已经取得了如下的一些主要成就：

1）早已发现了机械运动在一定条件下的不灭性（动量守恒、"活力"守恒）；

2）发现了"自然力"相互转化的种种现象；

3）在一些特殊情况下接触到能量守恒与转化定律（楞次定律、赫兹定律）；

4）确信永动机之不可能；

5）建立了初步的能量概念。

这里迈尔、亥姆霍兹和焦耳为能量守恒定律的最终建立做出了重要贡献。

迈尔从事有关能量守恒与转化问题的研究，是从对生理现象的分析开始的。他在论文《论与新陈代谢相联系着的有机运动》（1845年）中提出了几种形式的力：运动的力（实际为动能）、下落的力（实际为重力势能）、热力、电力、磁力和化学力，并谈到了各种力之间的相互转化。文章还讨论了动植物机体中的能量问题。他反对那种把机体的活动归纳为一种"生命力"的看法，认为机体中，机械效应和热效应来源于吸收氧和食物时所进行的化学过程。迈尔还在一篇题为《对天体力学的意见》的文章中，探讨了宇宙中的能量循环。迈尔的思想是深刻的，虽然他是沿着"力"及其关系的概念展开的，但思想上基本确认了能量守恒定律。所以，迈尔堪称能量守恒定律最早的奠基人。

亥姆霍兹在表述他的"力的守恒"定律时又引入了所谓"张力"的概念，提出"所有张力与活力之和始终是一个常数。这条具有普遍形式的定律，可以称为力的守恒原理"。可以看出，他的所谓"张力"实际上是指势能，"活力"即指动能。亥姆霍兹是用$\frac{1}{2}mv^2$来表示活力的。亥姆霍兹还把这一定律用于对其他物理过程的分析。例如，他在分析光的干涉时指出，干涉条纹中的明暗现象并不表示能量的消失，而只是一种重新分布。他也研究了能量守恒定律在电磁现象方面的应用，给出了静电力做功时电荷系的活力改变的关系式。

焦耳为热功当量的测定做出了突出的贡献。他不仅从实验上研究热与机械功的当量关系，而且在研究的过程中，同时也阐明了热的本质以及其跟能量守恒与转化定律相关的问题。迈尔、亥姆霍兹和焦耳以不同的方法，从不同的角度探索了能量守恒与转化定律，因而各有自己的贡献。

从经典物理学到近代物理学，人们对能量的认识发生了巨大的变化：能量可连续取值→普朗克指出：物体只能以 $h\nu$ 为单位发射和吸收电磁波→微观世界的原子光谱是线状谱→能级是分立的。

物体间的相互作用总是在空间和时间里发生的，在上一章，我们研究了力的时间累积作用，本章中，我们将讨论力的空间累积，介绍功和能的概念以及相关的定理、定律。从中，我们会发现，物质运动的某些内在属性常在一定条件下以某个量的不变性（即守恒性）表现出来。前面讨论过的动量如此，本章讨论的能量和后面将学习的角动量也无不是如此，这将为我们提供新的从不同角度分析问题的思路和处理问题的方法。

4.1 功 保守力 势能

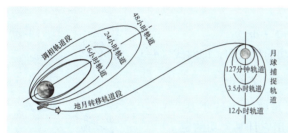

我国探月工程已利用嫦娥系列卫星出色完成"绕、落、回"任务，并首次地外天体采样后返回，其政治影响、科研价值和工程意义都非常巨大。探月卫星从发射到环月飞行，主要 〔物理现象〕 分为四个阶段：第一段是发射段，运载火箭把卫星送入绕地球飞行的大椭圆轨道，此时卫星轨道远地点约 5.1×10^4 km；第二段是调相轨道段，星箭分离后，依靠星上推进系统使卫星绕地球做多次加速变轨，一次比一次飞得更远，越来越接近月球，最重要的是第三次近地点变轨，卫星远地点高度被提高到约 4×10^5 km，进入地月转移轨道；第三段是地月转移轨道段，卫星在北京飞控中心的指挥下，调整飞行路线，准确飞向月球；第四段是环月轨道段，卫星接近月球时减速制动，被月球引力捕获，通过三次制动进入一条高度为 200km 的极月圆轨道，开始绕月飞行。

这四个阶段的关键技术就是对卫星轨道进行精确调控，即所谓变轨。为什么卫星不直接由火箭送入最终运行的空间轨道，而是要在一个椭圆轨道上先行过渡，再从地面向卫星上的发动机发出点火指令，通过一定的推力改变卫星的运行速度，达到改变卫星运行轨道的目的？

📖 物理学基本内容

4.1.1 功

力的作用过程中，如果力的作用点由初位置变化到末位置，就形成了力对空间的累积，物理学上用功这个物理量来表示，记为 A。下面讨论功的数学形式和计算。

1. 恒力的功

在恒力 $\boldsymbol{F}$ 作用下，质点沿着直线发生了一段位移 $\Delta\boldsymbol{r}$，如图 4-1 所示，力 $\boldsymbol{F}$ 做的功定义为力在位移方向的分量与位移大小的乘积，即

$$A = |\boldsymbol{F}|\cos\theta \cdot |\Delta\boldsymbol{r}| \qquad (4\text{-}1)$$

用矢量点积的方式表述为

$$A = \boldsymbol{F} \cdot \Delta \boldsymbol{r} \tag{4-2}$$

即功等于力与力作用点位移的点积。

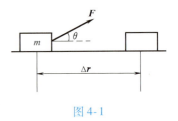

功是标量，没有方向，但是有正负。当力与位移方向的夹角 $0 \leqslant \theta < \pi/2$ 时，$A > 0$，我们说力 $\boldsymbol{F}$ 对物体做了正功；当 $\pi/2 < \theta \leqslant \pi$ 时，$A < 0$，力 $\boldsymbol{F}$ 对物体做的是负功；若 $\theta = \pi/2$，力 $\boldsymbol{F}$ 与位移 $\Delta \boldsymbol{r}$ 垂直，$A = 0$，不做功。

图 4-1

在国际单位制中，功的单位为焦耳（J），与能量的单位相同。功是过程量，是能量转化的量度。物体对外做了多少功就是消耗了多少能量，外力对物体做了多少功就是传递给物体多少能量。

2. 变力的功

在图 4-2 中，质点在变力 $\boldsymbol{F}$ 作用下沿曲线路径 l 由 a 点移动到 b 点。在曲线路径上不同的点，力的大小、方向以及力与位移方向的夹角都可能不相同。为了计算功，我们将 a 点到 b 点的轨迹进行无限小分割（微分），得到考察点 P 点处一无穷小的元位移 $\mathrm{d}\boldsymbol{r}$，由于 $\mathrm{d}\boldsymbol{r} \to \boldsymbol{0}$，因此在 $\mathrm{d}\boldsymbol{r}$ 范围内，曲线趋于直线，力 $\boldsymbol{F}$ 的变化极其微小，可以看作恒力处理。这样，根据式（4-2），元位移 $\mathrm{d}\boldsymbol{r}$ 中力的功 $\mathrm{d}A$（称为元功）表示为

$$\mathrm{d}A = \boldsymbol{F} \cdot \mathrm{d}\boldsymbol{r} \tag{4-3}$$

力 $\boldsymbol{F}$ 做的总功，应等于路径 l 上各元位移的元功的代数和，即对式（4-3）的积分

$$A = \int \mathrm{d}A = \int_a^b \boldsymbol{F} \cdot \mathrm{d}\boldsymbol{r} \tag{4-4}$$

式（4-4）是功的计算的普遍公式，不论是恒力还是变力，不论是引力、摩擦力、电磁力做功等，都可以用它计算。功的定义与质点的位移有关，因而功与参考系的选择有关。

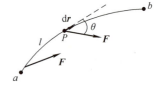

3. 质点的合力功

当多个力同时作用在质点上时，合力表示为

$$\boldsymbol{F} = \sum_i \boldsymbol{F}_i \qquad (i = 1, 2, \cdots, n) \tag{4-5}$$

图 4-2

若质点在合力作用下由 a 点经路径 l 到达 b 点，合力的功

$$A = \int_a^b \boldsymbol{F} \cdot \mathrm{d}\boldsymbol{r} = \int_a^b \Big(\sum_i \boldsymbol{F}_i \Big) \cdot \mathrm{d}\boldsymbol{r}$$
$$= \sum_i \Big(\int_a^b \boldsymbol{F}_i \cdot \mathrm{d}\boldsymbol{r} \Big) = \sum_i A_i \tag{4-6}$$

即合力的功等于各分力功的代数和。

但是，对质点系而言各个力作用在不同质点上，而各个质点的位置变化可能是不同的，所以总功是不能通过合力来计算的。应先计算各个质点上力（内力、外力）各自做的功，然后对功进行求和。

4. 坐标系中功的计算

在直角坐标中，力表示为

$$\boldsymbol{F} = F_x \boldsymbol{i} + F_y \boldsymbol{j} + F_z \boldsymbol{k} \tag{4-7}$$

力的功

$$A = \int_a^b \boldsymbol{F} \cdot \mathrm{d}\boldsymbol{r} = \int_a^b (F_x \mathrm{d}x + F_y \mathrm{d}y + F_z \mathrm{d}z) \tag{4-8}$$

在自然坐标中，力表示为

$$\boldsymbol{F} = F_\tau \boldsymbol{\tau} + F_\mathrm{n} \boldsymbol{n} \tag{4-9}$$

力的功

$$A = \int_a^b \boldsymbol{F} \cdot \mathrm{d}\boldsymbol{r} = \int_a^b (F_\tau \boldsymbol{\tau} + F_n \boldsymbol{n}) \cdot \mathrm{d}s\boldsymbol{\tau}$$

$$= \int_a^b F_\tau \mathrm{d}s \qquad (4\text{-}10)$$

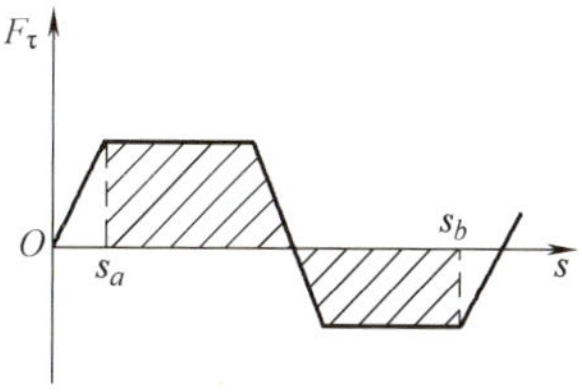

图 4-3

力随位置 s 变化为 $F_\tau = F_\tau(s)$，此时功可以用 $F_\tau - s$ 曲线来表示这种函数关系。图 4-3 中，根据式（4-10），质点在力 $\boldsymbol{F}$ 的作用下由 s_a 运动到 s_b，力 $\boldsymbol{F}$ 的功应该为此段曲线与横轴包围的面积，即图中的阴影部分，横轴上面积为正，下面积为负。在此面积为简单几何图形的时候，由面积计算功不失为一种简单有效的方法。

4.1.2　功率

做功的快慢用功率来描述，定义为单位时间力对物体所做的功。设力在 Δt 时间内做功 ΔA，则有平均功率的概念，即

$$\overline{P} = \frac{\Delta A}{\Delta t} \qquad (4\text{-}11)$$

当 Δt 趋近于零，得到瞬时功率

$$P = \lim_{\Delta t \to 0} \frac{\Delta A}{\Delta t} = \frac{\mathrm{d}A}{\mathrm{d}t} \qquad (4\text{-}12)$$

将 $\mathrm{d}A = \boldsymbol{F} \cdot \mathrm{d}\boldsymbol{r}$ 代入式（4-12），功率又表示为

$$P = \boldsymbol{F} \cdot \frac{\mathrm{d}\boldsymbol{r}}{\mathrm{d}t} = \boldsymbol{F} \cdot \boldsymbol{v} \qquad (4\text{-}13)$$

可见，功率为力与质点速度的点积。在国际单位制中，功率的单位为瓦（W）。任何机器往往有其额定的功率，汽车在上坡时需要换挡，就是由于功率一定时，力大则速度就要变小。人在各种活动中消耗能量的功率见表 4-1。

已知功率计算功，可将功率对时间积分：

$$A = \int_{t_1}^{t_2} P \mathrm{d}t \qquad (4\text{-}14)$$

表 4-1　人在各种活动中消耗能量的功率

活动项目	消耗能量的功率/W	活动项目	消耗能量的功率/W
篮球	600	爬山	750～900
滑冰	780	骑自行车	300～780
仰泳	800	跑步	700～1000
跳舞	200～500	走路	170～380

4.1.3　常见力的功及其特点

1. 重力的功

质量为 m 的质点在重力场中由 a 点（高度 y_a）经任意路径 acb 到达 b 点（高度 y_b），如图 4-4 所示，重力做的功

$$A_{acb} = \int \boldsymbol{F} \cdot \mathrm{d}\boldsymbol{r} = \int -mg\boldsymbol{j} \cdot (\mathrm{d}x\boldsymbol{i} + \mathrm{d}y\boldsymbol{j} + \mathrm{d}z\boldsymbol{k})$$

$$= -mg \int_{y_a}^{y_b} \mathrm{d}y = mgy_a - mgy_b \qquad (4\text{-}15)$$

式（4-15）的结果中没有体现路径的影响，可知重力做功只由质点的始末高度位置 y_a 和 y_b 决定，与具体路径无关。

2. 万有引力的功

如图4-5所示，质量分别为 m_1 和 m_2 的质点，设 m_1 固定不动，取为坐标原点，m_2 由 a 点经任意路径 l 运动到 b 点。已知 m_2 在 a 点和 b 点时的位矢分别为 $\boldsymbol{r}_a$ 和 $\boldsymbol{r}_b$。

某时刻 m_2 对 m_1 的位矢为 $\boldsymbol{r}$，当 m_2 发生元位移 $\mathrm{d}\boldsymbol{r}$ 时，引力的元功为

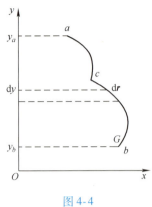

图 4-4

$$\mathrm{d}A = \boldsymbol{F} \cdot \mathrm{d}\boldsymbol{r} = -G\frac{m_1 m_2}{r^2}\boldsymbol{r}^0 \cdot \mathrm{d}\boldsymbol{r} \qquad (4\text{-}16)$$

由图可见，$\boldsymbol{r}^0 \cdot \mathrm{d}\boldsymbol{r} = |\mathrm{d}\boldsymbol{r}|\cos\theta = \mathrm{d}r$，此处 $\mathrm{d}r$ 为位矢大小的增量，故式（4-16）可以写为

$$\mathrm{d}A = -G\frac{m_1 m_2}{r^2}\mathrm{d}r \qquad (4\text{-}17)$$

这样，质点由 a 点运动到 b 点引力做的总功为

$$A = \int \mathrm{d}A = -\int_{r_a}^{r_b} G\frac{m_1 m_2}{r^2}\mathrm{d}r = -Gm_1 m_2\left(\frac{1}{r_a} - \frac{1}{r_b}\right)$$

$$(4\text{-}18)$$

由式（4-18）的结果可知，万有引力做功也只由始末决定，与路径无关，不论物体由 r_a 点经历何种路径到达 r_b 点万有引力做功都一样。

3. 弹力的功

弹簧的一端固定，系在另一端的物体偏离平衡位置为 x 时，所受弹力 $\boldsymbol{F} = -kx\boldsymbol{i}$。弹力在物体发生元位移 $\mathrm{d}x\boldsymbol{i}$ 时做的元功

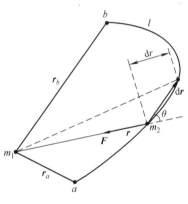

图 4-5

$$\mathrm{d}A = -kx\boldsymbol{i} \cdot \mathrm{d}x\boldsymbol{i} = -kx\mathrm{d}x \qquad (4\text{-}19)$$

这样，当物体从初态位置 x_a 运动到末态位置 x_b 的过程中，弹力的功

$$A = \int \mathrm{d}A = -\int_{x_a}^{x_b} kx\mathrm{d}x = \frac{1}{2}kx_a^2 - \frac{1}{2}kx_b^2 \qquad (4\text{-}20)$$

可以看出，弹力做功也只由始末位置决定，与具体路径无关。

4. 摩擦力的功

置于粗糙水平桌面上的物体，由 s_a 点经任意路径移动到 s_b 点，运动中所受滑动摩擦力方向与速度方向相反，即 $\boldsymbol{f} = -f\boldsymbol{\tau}$，发生元位移 $\mathrm{d}\boldsymbol{r} = \mathrm{d}s\boldsymbol{\tau}$ 时摩擦力的元功

$$\mathrm{d}A = -f\mathrm{d}s \qquad (4\text{-}21)$$

当物体从初态位置 s_a 运动到末态位置 s_b 的过程中，设摩擦力大小不变，其功为

$$A = \int \mathrm{d}A = -\int_{s_a}^{s_b} f\mathrm{d}s = f(s_a - s_b) \qquad (4\text{-}22)$$

可以看出，摩擦力的功与路径有关，经历不同的路程，做功不一样。值得注意的是：两物体之间的滑动摩擦力总与两物体的相对运动的方向相反，当两物体有相对运动时，一对滑动摩擦力总是做负功，但单个的滑动摩擦力可以做正功。

4.1.4 保守力和势能

1. 保守力与非保守力

重力、万有引力和弹力做功都具有相同的特点，那就是做功与路径无关，仅由运动物体的始末位置决定，具有这样特点的力就是保守力。或者等效地说，当质点沿任一闭合路径运动再回到起点时，保守力所做的功为零，用数学公式可以表示为

$$\oint_l \boldsymbol{F}_\text{保} \cdot \mathrm{d}\boldsymbol{l} = 0 \tag{4-23}$$

在数学上叫作保守力的环流（环路积分）等于零，此为保守力的另一种等价定义。物理上把存在保守力的空间称为保守力场。

如果力 $\boldsymbol{F}$ 做的功不仅与物体的始末位置有关，而且与做功路径有关，则称其为非保守力。前面介绍的摩擦力就是典型的非保守力。

2. 势能

功是物体（系统）在运动过程中能量变化的量度。那么，在保守力做功的时候，是什么形式的能量在发生变化呢？我们将重力、万有引力、弹力的功列在一起进行分析：

$$A_\text{重力} = \int_a^b \boldsymbol{G} \cdot \mathrm{d}\boldsymbol{r} = mgy_a - mgy_b \tag{4-24}$$

$$A_\text{万有引力} = -\int_{r_a}^{r_b} G\frac{m_1 m_2}{r^2}\mathrm{d}r = -Gm_1 m_2\left(\frac{1}{r_a} - \frac{1}{r_b}\right) \tag{4-25}$$

$$A_\text{弹力} = \int_a^b \boldsymbol{F}_\text{弹} \cdot \mathrm{d}x\boldsymbol{i} = \frac{1}{2}kx_a^2 - \frac{1}{2}kx_b^2 \tag{4-26}$$

式（4-24）~式（4-26）的左侧都是保守力的功，而右侧都是两项之差，每一项都决定于系统的相对位置，其中第一项与系统初态时的相对位置（y_a 或 r_a 或 x_a）相联系，第二项与系统末态时的相对位置（y_b 或 r_b 或 x_b）相联系，因此，保守力做功时发生变化的能量，一定是一种与系统相对位置有关的能量。我们把这种与系统相对位置有关的能量定义为系统的势能，用 E_p 表示。这样，与初态相对位置对应的势能用 E_pa 表示，与末态相对位置对应的势能用 E_pb 表示，式（4-24）~式（4-26）就可以归纳为

$$A_{ab} = \int_a^b \boldsymbol{F}_\text{保} \cdot \mathrm{d}\boldsymbol{r} = E_\text{pa} - E_\text{pb} = -(E_\text{pb} - E_\text{pa}) \tag{4-27}$$

式（4-27）说明：在系统由相对位置 a 变化到相对位置 b 的过程中，保守力做的功等于系统势能增量的负值，即势能减少量。式（4-27）也称为系统的势能定理，当保守力做正功时，系统势能减少，减少的势能转化为其他形式的能量。

要确定物体在空间某点的势能，如 a 点处 E_pa，由式（4-27）

$$E_\text{pa} = \int_a^b \boldsymbol{F}_\text{保} \cdot \mathrm{d}\boldsymbol{r} + E_\text{pb} \tag{4-28}$$

可见 a 点处的势能除了与保守力的功有关外，还与 b 点处的势能有关，所以势能是由系统的相对位置决定的能量，是一个相对值，要确定 a 点的势能，就需要选择一个参考点，叫作势能零点，在这里我们选择 b 点为势能的零点，即 $E_\text{pb}=0$，则

$$E_\text{pa} = \int_a^0 \boldsymbol{F}_\text{保} \cdot \mathrm{d}\boldsymbol{r} \tag{4-29}$$

式（4-29）是势能计算的普遍公式，式中"0"代表所选势能零点位置，势能零点的选择，原则上是任意的，但要便于处理问题。根据这个公式，空间 a 点处的势能等于将物体由该点沿任意路径移动到所选势能零点过程中保守力做的功。势能是状态函数，与功具有相同的量纲和单位。

保守力的功是系统势能变化的量度。只有在保守力场中，才有与之相应的势能。势能与保守力相联系，而力是物体间的相互作用，因此，势能是属于彼此以保守力相互作用的整个物体系统，是一种相互作用能。势能不像动能那样可以为某一个质点独有，一般情况下常说某物体具有多少势能，只是一种习惯上的简略说法。

根据前面关于重力等常见力做功的分析和势能计算的普遍公式，可以得到常见保守力的势能：

（1）重力场中，通常选取某一水平面为势能零点，即规定 $y_b = 0$ 处的 $E_{pb} = 0$，得到质点在任一位置处的重力势能为

$$E_{pa} = mgy_a \qquad (4\text{-}30)$$

（2）万有引力场中，通常选取无穷远处为势能零点，即 $r_b \to \infty$ 时，$E_{pb} = 0$，得到质点在任意位置 a 点处的万有引力势能为

$$E_{pa} = -G\frac{m_1 m_2}{r_a} \qquad (4\text{-}31)$$

（3）弹性力场中，选择弹簧自然伸长状态时质点所在位置为势能零点，即 $x = 0$ 时，$E_{pb} = 0$，则质点在任意位置 x 处的弹性势能为

$$E_{pa} = \frac{1}{2}kx_a^2 \qquad (4\text{-}32)$$

注意，对上述讨论的势能，如果在计算中选择的势能零点在其他位置，势能结果应该根据势能公式重新计算。

三种势能的曲线如图4-6所示。

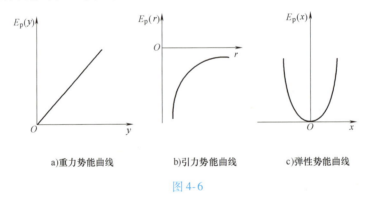

a)重力势能曲线　　　　b)引力势能曲线　　　　c)弹性势能曲线

图4-6

一个复杂的系统可能包含有不止一种势能。例如，一个竖直悬挂的弹簧振子就既有重力势能，又有弹性势能。这时可以把各种势能的总和定义为系统的势能，势能定理依然成立，且

$$A_{ab} = -(E_{pb} - E_{pa}) \qquad (4\text{-}33)$$

即系统在一个变化过程中，各保守力所做的总功等于系统总势能的减少量。

> 在许多实际问题中，往往能先通过实验得出系统的势能曲线。从势能曲线可以读出某位置处系统的势能，看出势能在空间的整体变化趋势。除此之外，还能挖掘出哪些有用的物理信息呢？比如势能曲线上某点斜率代表什么，曲线顶点代表什么，从曲线变化趋势特点能否进行平衡分析，等等。　　思维拓展

3. 由势能求保守力

根据势能定理式（4-27），有

$$dA_{保} = \boldsymbol{F}_{保} \cdot d\boldsymbol{l} = F_{保} \cos\theta dl = -dE_p \qquad (4\text{-}34)$$

由于 $F_{保} \cos\theta$ 为保守力在位移方向上的分量，记作 $F_{保l}$，由此可得

$$F_{保l} = -\frac{dE_p}{dl} \qquad (4\text{-}35)$$

此式说明：保守力场中某点处的保守力沿某一方向的分量等于相应势能沿该方向的空间变化率的负值。

可以引用弹性势能验证式（4-35）。取 l 方向为弹簧形变运动的 x 轴方向，则弹力沿 x 方向的空间变化率为

$$F_x = -\frac{d}{dx}\left(\frac{1}{2}kx^2\right) = -kx$$

这正是弹簧弹性力的胡克定律。

在空间直角坐标系中，表示力 $\boldsymbol{F}$ 只需要三个分量 F_x、F_y、F_z，于是保守力表示为

$$\begin{aligned}
\boldsymbol{F} &= F_x \boldsymbol{i} + F_y \boldsymbol{j} + F_z \boldsymbol{k} \\
&= -\left(\frac{\partial E_p}{\partial x}\boldsymbol{i} + \frac{\partial E_p}{\partial y}\boldsymbol{j} + \frac{\partial E_p}{\partial z}\boldsymbol{k}\right) \\
&= -\nabla E_p
\end{aligned} \qquad (4\text{-}36)$$

即保守力等于相应势能函数的梯度的负值。

> 假设卫星脱离运载火箭之后获得的总能量为 E，则 E 为卫星在一定轨道高度上势能和动能的代数和，即有   **现象解释**
>
> $$E = \frac{1}{2}mv^2 - G\frac{m_E m}{r}$$
>
> 式中，m 为卫星在轨道上的质量，v 为卫星在轨道上的速率，r 为卫星到地心的距离，m_E 为地球的质量。由上可知，若将质量为 m 的物体从距地心 r_1 处抬高到 r_2 处，则需要总能量的差值为
>
> $$\Delta E = m\left(\frac{1}{2}v_2^2 - G\frac{m_E}{r_2}\right) - m\left(\frac{1}{2}v_1^2 - G\frac{m_E}{r_1}\right) = m\Delta H$$
>
> 式中，ΔH 与运载质量无关。可见，若将一个大质量的物体（运载火箭和卫星系统）由 r_1 处抬高到 r_2 处，将比一个小质量物体（卫星和自身变轨系统）送到同样高度，要花费更大的能量。所以，用卫星本身具有的变轨能力进入最终轨道比用运载火箭直接把卫星送入预定轨道可以节省能量。

 物理知识应用

【例4-1】 一架飞机受力 $\boldsymbol{F} = 3y\boldsymbol{i} + x\boldsymbol{j}$(SI) 的作用，沿曲线 $\boldsymbol{r} = a\cos t\boldsymbol{i} + a\sin t\boldsymbol{j}$(SI) 运动。试求从 $t=0$ 运动到 $t=2\pi$ 时力 $\boldsymbol{F}$ 所做的功。

【解】 由于已知力 $\boldsymbol{F}$ 和运动学方程，可应用功的定义式计算。

因为 $\qquad\qquad\qquad\qquad x = a\cos t, \quad y = a\sin t$

所以 $\qquad\qquad\qquad\qquad dx = -a\sin t dt, \quad dy = a\cos t dt$

$$F_x = 3y = 3a\sin t, \quad F_y = x = a\cos t$$

于是，力所做的功

$$A = \int_{M_1}^{M_2} \boldsymbol{F} \cdot \mathrm{d}\boldsymbol{r} = \int_{M_1}^{M_2} F_x \mathrm{d}x + F_y \mathrm{d}y$$

$$= \int_{t_1}^{t_2} 3a\sin t(-a\sin t \mathrm{d}t) + a\cos t(a\cos t \mathrm{d}t)$$

$$= \int_0^{2\pi} (-3a^2 \sin^2 t \mathrm{d}t + a^2 \cos^2 t \mathrm{d}t)$$

$$= a^2 \int_0^{2\pi} (1 - 4\sin^2 t) \mathrm{d}t$$

$$= a^2 \int_0^{2\pi} [1 - 2(1 - \cos 2t)] \mathrm{d}t$$

$$= -2\pi a^2$$

【例4-2】 一飞机在空中做直线运动，受到的黏滞力正比于速度的平方，系数为 α。运动规律为 $x = ct^3$。求该飞机由 $x_0 = 0$ 运动到 $x = l$ 过程中黏滞力所做的功。

【解】 由运动学方程 $x = ct^3$ 得到

$$v = \frac{\mathrm{d}x}{\mathrm{d}t} = 3ct^2, \quad t = c^{-\frac{1}{3}} x^{\frac{1}{3}}$$

根据题意，物体受到的黏滞力为

$$F = -\alpha v^2 = -9\alpha c^2 t^4 = -9\alpha c^{\frac{2}{3}} x^{\frac{4}{3}}$$

黏滞力对物体所做的功为

$$A = \int_0^l F \mathrm{d}x = -\int_0^l 9\alpha c^{\frac{2}{3}} x^{\frac{4}{3}} \mathrm{d}x = -\frac{27}{7} \alpha c^{\frac{2}{3}} l^{\frac{7}{3}}$$

上述例题表明，计算变力做功时，首先要根据题意写出力的表达式，再根据功的定义写出元功表达式，最后积分便可求出该力所做的功。

【例4-3】 一绳长为 r，小球质量为 m 的单摆竖直悬挂，在水平力 $\boldsymbol{F}$ 的作用下，小球由静止极其缓慢地移动，直至绳与竖直方向的夹角为 θ，求力 $\boldsymbol{F}$ 做的功。

【解】 因小球极其缓慢地移动，可近似认为加速度为零，所受合力为零，即水平力 $\boldsymbol{F}$、重力 $\boldsymbol{G}$、拉力 $\boldsymbol{F}_r$ 的矢量和为零，所以各力做功的代数和为零。力 $\boldsymbol{F}$ 的轨迹法向分力不做功，其切向分力做功与重力轨迹切向分子做功大小相等，符号相反，此值即为力 $\boldsymbol{F}$ 做的功。图4-7为小球移动过程中绳与竖直方向成任意 α 角时的受力图，切向力有

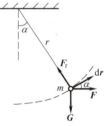

$$F\cos\alpha = mg\sin\alpha$$

力 $\boldsymbol{F}$ 做功

$$A = \int \boldsymbol{F} \cdot \mathrm{d}\boldsymbol{r} = \int F\cos\alpha \, |\mathrm{d}\boldsymbol{r}| = \int_0^\theta mg\sin\alpha (r\mathrm{d}\alpha)$$

$$= mgr(1 - \cos\theta)$$

图4-7

【例4-4】 质量 $m = 2\mathrm{kg}$ 的物体，在力 $F = 6t$（SI）的作用下从原点由静止出发，沿 Ox 轴做直线运动。求在前2s时间内力 F 所做的功以及 $t = 2\mathrm{s}$ 时的功率。

【解】 变力 F 所做的功为

$$A = \int F \mathrm{d}x = \int Fv \mathrm{d}t \qquad\qquad ①$$

由题设条件可求出

$$a = \frac{F}{m} = \frac{6t}{2} = 3t = \frac{\mathrm{d}v}{\mathrm{d}t}$$

所以

$$v = \int_0^t a \mathrm{d}t = \int_0^t 3t \mathrm{d}t = \frac{3}{2} t^2$$

上式代入式①有

$$A = \int_0^t Fv\,\mathrm{d}t = \int_0^t \left(6t \cdot \frac{3}{2}t^2\right)\mathrm{d}t = \int_0^2 9t^3\,\mathrm{d}t = \frac{9}{4}t^4 \Big|_0^2 = 36\mathrm{J}$$

$$P = Fv = 6t \cdot \frac{3}{2}t^2 = 9t^3 = 9 \times 2^3\,\mathrm{W} = 72\mathrm{W}$$

4.2 动能 动能定理

朝鲜战争后期，中美空军进行了一番较量。中国空军米格-15 的主要对手是 F-86，在实战过程中，中国飞行员擅长在战争中学习战争，创造出"摇-摇"战术，多次重创 F-86 机群。"摇-摇"战术分为高"摇-摇"和低"摇-摇"。高"摇-摇"是把我机的速度转换为高度，把动能转换为势能，防止我机因速度太快而冲到敌机前面，始终保持敌机在视野内，直到机头指向敌机，构成攻击条件。低"摇-摇"与此相反，是把高度转换成速度，把势能转换为动能，不单纯依赖发动机而大幅提高飞机速度，为攻击敌机创造条件。这种根据作战需求灵活调整"能量状态"，适时储存和释放能量，既省力又借力，从而灵活应对不同空战态势，扬长避短实现作战效益最大化。

值得一提的是，"摇-摇"战术与后来 1960 年美国空军约翰·博伊德建立的"能量机动理论"有颇多相通之处。他认为战机格斗的本质是动能与重力势能的转换效率，那么如何应用能量概念定量地对比两架战斗机的空战机动能力？

 物理学基本内容

4.2.1 质点的动能定理

力的空间累积，即力对物体做功会产生什么效果呢？质量为 m 的质点，受合力 $\boldsymbol{F}$ 的作用，由功的定义

$$A = \int_a^b \boldsymbol{F} \cdot \mathrm{d}\boldsymbol{r} = \int_a^b F_\tau \mathrm{d}s \tag{4-37}$$

式中，F_τ 是力在运动轨迹切向方向上的分量，根据 $F_\tau = m\dfrac{\mathrm{d}v}{\mathrm{d}t}$，以及 $\mathrm{d}s = v\mathrm{d}t$，代入上式有

$$A = \int_a^b \boldsymbol{F} \cdot \mathrm{d}\boldsymbol{r} = \int_a^b m\frac{\mathrm{d}v}{\mathrm{d}t}v\mathrm{d}t = \int_{v_a}^{v_b} mv\mathrm{d}v \tag{4-38}$$

式中，v_a、v_b 分别是质点在 a 点、b 点的速率，积分得

$$A = \int_a^b \boldsymbol{F} \cdot \mathrm{d}\boldsymbol{r} = \frac{1}{2}mv_b^2 - \frac{1}{2}mv_a^2 \tag{4-39}$$

我们定义 $\dfrac{1}{2}mv^2$ 为质点的动能，用 E_k 表示，是描写物体机械运动状态的另一个重要物理量，是由于物体运动而具有的一种能量。动能与物体的运动速度有关，也就与参考系有关。动能的单位与功相同。则

$$A = E_{kb} - E_{ka} = \Delta E_k \tag{4-40}$$

式（4-40）为质点的动能定理，它表明：合力对质点做的功等于质点动能的增量。

4.2.2　质点系的动能定理

对于质点系统，其动能定义为系统中各个质点动能之和，数学表达式为

$$E_k = \sum_i E_{ki} = \sum_i \frac{1}{2} m_i v_i^2 \tag{4-41}$$

在讨论质点系的动能定理时，既要考虑外力的功，也要考虑内力的功。对系统中第 i 个质点，作用在其上的外力功为 $A_{i外} = \int \boldsymbol{F}_{i外} \cdot \mathrm{d}\boldsymbol{r}_i$，内力做的功 $A_{i内} = \int \boldsymbol{F}_{i内} \cdot \mathrm{d}\boldsymbol{r}_i$，质点的动能从 E_{kia} 变化到 E_{kib}，应用质点的动能定理

$$A_{i外} + A_{i内} = E_{kib} - E_{kia} \tag{4-42}$$

再对系统中所有质点求和

$$\sum_i A_{i外} + \sum_i A_{i内} = \sum_i E_{kib} - \sum_i E_{kia} \tag{4-43}$$

式中，$\sum_i A_{i外} = A_外$ 为所有外力对质点系做的功；$\sum_i A_{i内} = A_内$ 为质点系内各质点间的内力做的功；$\sum_i E_{kib} = E_{kb}$ 和 $\sum_i E_{kia} = E_{ka}$ 分别为系统末态和初态的动能，这样，式（4-43）又可以表述为

$$A_外 + A_内 = E_{kb} - E_{ka} \tag{4-44}$$

这个结论称为质点系的动能定理。它表明：所有外力对质点系做的功与内力做功之和等于质点系动能的增量。动能定理建立起过程量功与状态量动能之间的关系，在计算复杂的力做功时只需求始末两态的动能变化，即求出该过程的功。

质点系的动能定理指出，系统的动能既可以因为外力做功而改变，又可以因为内力做功而改变。例如，飞行中的炮弹发生爆炸，爆炸前后系统的动量是守恒的，但爆炸后各碎片的动能之和必定远远大于爆炸前炮弹的动能，这是爆炸时内力（炸药的爆破力）做功的缘故。

系统内力总是成对出现，一对内力大小相等方向相反，虽然合力为零，但一对内力的功不一定等于零，因而内力的功可以改变系统的总动能。一对力的功如何计算呢？ 〔思维拓展〕

一对力特指两个物体之间的作用力和反作用力，它普遍存在于物质世界，如质点系中。一对力的功是指在一个过程中作用力与反作用力做功之和，即总功。如果将彼此作用的两个物体视为一个系统（最简单的质点系），作用力与反作用力就是系统的内力，因此一对力的功也常常是指内力的功。

如图所示，现在考虑系统内两个质点 m_1 和 m_2，某时刻它们相对于坐标原点的位矢分别为 $\boldsymbol{r}_1$ 和 $\boldsymbol{r}_2$，$\boldsymbol{F}_{12}$ 和 $\boldsymbol{F}_{21}$（注意脚标顺序，第一个脚标表示研究对象，即受力方，第二个脚标表示施力方）为它们之间的相互作用力。现在设质点 m_1 发生了一段元位移 $\mathrm{d}\boldsymbol{r}_1$，力 $\boldsymbol{F}_{12}$ 做的元功 $\mathrm{d}A_1 = \boldsymbol{F}_{12} \cdot \mathrm{d}\boldsymbol{r}_1$，质点 m_2 发生了一段元位移 $\mathrm{d}\boldsymbol{r}_2$，力 $\boldsymbol{F}_{21}$ 做的元功 $\mathrm{d}A_2 = \boldsymbol{F}_{21} \cdot \mathrm{d}\boldsymbol{r}_2$，这一对力做的元功之和

$$\begin{aligned} \mathrm{d}A &= \mathrm{d}A_1 + \mathrm{d}A_2 = \boldsymbol{F}_{12} \cdot \mathrm{d}\boldsymbol{r}_1 + \boldsymbol{F}_{21} \cdot \mathrm{d}\boldsymbol{r}_2 \\ &= \boldsymbol{F}_{21} \cdot (\mathrm{d}\boldsymbol{r}_2 - \mathrm{d}\boldsymbol{r}_1) = \boldsymbol{F}_{21} \cdot \mathrm{d}(\boldsymbol{r}_2 - \boldsymbol{r}_1) \\ &= \boldsymbol{F}_{21} \cdot \mathrm{d}\boldsymbol{r}_{21} \end{aligned} \quad \text{①}$$

因为 $\boldsymbol{r}_{21} = \boldsymbol{r}_2 - \boldsymbol{r}_1$ 是质点 m_2 对质点 m_1 的相对位矢，$\mathrm{d}\boldsymbol{r}_{21}$ 就是质点 m_2 对质点 m_1 的相对元位移，式①说明：一对力的元功，等于其中一个质点受的力与该质点对另一质点相对元位移的点积（脚标1和2是可以交换的），即取决于力和相对位移。

如果在一对力的作用下，系统中的两质点由初态时的相对位置 a 变化到末态时的相对位置 b，一对力做的总功就是上式的积分，即

$$A = \int \mathrm{d}A = \int_a^b \boldsymbol{F}_{21} \cdot \mathrm{d}\boldsymbol{r}_{21} \qquad ②$$

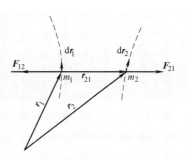

积分沿相对位移的路径进行。式②表现了一对力做功的重要特点：一对力做的总功，只由力和两质点的相对位移决定，由于相对位移与参考系的选择没有关系，因此，一对力做的总功与参考系的选择无关。根据这一特点，计算一对力做功的时候，可以先假定其中的一个质点不动，另一个质点受力并沿着相对位移的路径运动，只计算后一个质点相对移动时力做的功就行了。

能量机动性是指飞机在飞行中改变飞机动能、势能的能力，是应用能量概念来表达飞机空战机动的能力，也是当前综合评定歼击机空战机动性能好坏的常用方法。这种方法对于分析空战机动性能是很有好处的。空战机动的实质是迅速地变换飞行状态，飞行状态用飞机的飞行高度和速度来表示，而能量正是状态的参数。因而，用能量法分析空战机动更为直接。〔现象解释〕

飞机在空中飞行，具有一定的高度，又有一定的速度，因此，也具有一定的势能（E_p）和动能（E_k），其机械能（航空理论中称为总能量）可表示为

$$E = E_\mathrm{p} + E_\mathrm{k} = mgH + \frac{1}{2}mv^2 \qquad ①$$

由于不同的战斗机具有不同的重量，自然具有的能量也不一样。为了更好地反映战斗机真实的能量特性，引入单位重量飞机所具有的能量，即战斗机总能量除以战斗机本身重量，这样，其单位是长度（m），故称其为能量高度，用 H_E 表示，即

$$H_E = \frac{E}{mg} = H + \frac{v^2}{2g} \qquad ②$$

能量机动性（也就是能量可变性）用单位飞机重量所具有的能量随时间的变化率即能量上升率（$\mathrm{m \cdot s}^{-1}$）来描述，

$$\frac{\mathrm{d}H_E}{\mathrm{d}t} = \frac{v}{g}\frac{\mathrm{d}v}{\mathrm{d}t} + \frac{\mathrm{d}H}{\mathrm{d}t} \qquad ③$$

考虑到铅垂面飞机质心运动方程

$$\begin{cases} \dfrac{G}{g}\dfrac{\mathrm{d}v}{\mathrm{d}t} = P - G\sin\theta - X \\[2mm] \dfrac{\mathrm{d}H}{\mathrm{d}t} = v\sin\theta \end{cases} \qquad ④$$

代入式③后，得

$$\frac{\mathrm{d}H_E}{\mathrm{d}t} = \frac{v}{g}\frac{P - X - G\sin\theta}{G}g + v\sin\theta = \frac{P-X}{G}v = SEP \qquad ⑤$$

$(P-X)v$ 是飞机的剩余功率，SEP 是飞机单位重量剩余功率。可见，单位重量飞机能量变化率 $\dfrac{\mathrm{d}H_E}{\mathrm{d}t}$ 即是飞机单位重量剩余功率，$SEP = \dfrac{\mathrm{d}H_E}{\mathrm{d}t} = n_x v \left(n_x = \dfrac{P-X}{G} \text{为飞机的纵向过载} \right)$ 的物理意义就是：飞机的能量上升率或单位重量剩余功率越大，飞机进行机动动作的潜力就越大。

能量机动理论使空战可以量化，进而影响战机的设计，定量确定敌我机动性的差别，优化空战格斗战术，对飞行员洞察空战本质、提升战术素养具有重要的启示意义，使空战产生了革命性的变化。这深刻表明，无论陆军、海军还是空军，战术的发展水平受制于武器装备，而武器装备的研发则取决于基础理论。

 物理知识应用

【例4-5】 一架飞机受力 $\boldsymbol{F} = 3y\boldsymbol{i} + x\boldsymbol{j}$ （SI）的作用，沿曲线 $\boldsymbol{r} = a\cos t\boldsymbol{i} + a\sin t\boldsymbol{j}$ （SI）运动。能否用动能定理求从 $t = 0$ 运动到 $t = 2\pi$ 时力 $\boldsymbol{F}$ 所做的功，合力的功是多少？

【解】 由运动学方程，可求得飞机运动中所受的合力为

$$\boldsymbol{F} = m\frac{\mathrm{d}^2\boldsymbol{r}}{\mathrm{d}t^2} = -ma\cos t\boldsymbol{i} - ma\sin t\boldsymbol{j}$$
$$= -m(x\boldsymbol{i} + y\boldsymbol{j})$$

可见，题目中给的飞机受力并不是飞机受到的合力，所以不能用动能定理求其做的功。

由运动学方程，我们可以求出任意时刻的速度，再由动能定理求其合力的功。

$$\boldsymbol{v} = \frac{\mathrm{d}\boldsymbol{r}}{\mathrm{d}t} = -a\sin t\boldsymbol{i} + a\cos t\boldsymbol{j}$$

可求得飞机的速率 $v = a$，不考虑飞机质量变化，可见飞机动能不变，由动能定理其合力的功为零。

【例4-6】 见图4-8，一链条长为 l，质量为 m，放在光滑的水平桌面上，链条一端下垂，长度为 a。假设链条在重力作用下由静止开始下滑，求链条全部离开桌面时的速度。

【解】 重力做功只体现在悬挂的一段链条上，设某时刻悬挂着的一段链条长为 x，所受重力

$$\boldsymbol{G} = \frac{m}{l}xg\boldsymbol{i}$$

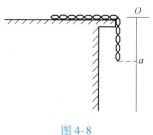

图4-8

经过元位移 $\mathrm{d}x$，重力的元功

$$\mathrm{d}A = \boldsymbol{G} \cdot \mathrm{d}x\boldsymbol{i} = \frac{m}{l}gx\mathrm{d}x$$

当悬挂的长度由 a 变为 l（链条全部离开桌面）时，重力的功

$$A = \int \mathrm{d}A = \int_a^l \frac{m}{l}gx\mathrm{d}x = \frac{m}{2l}g(l^2 - a^2)$$

根据动能定理，外力的功等于链条动能的增量

$$A = \frac{m}{2l}g(l^2 - a^2) = \frac{1}{2}mv^2 - 0$$

得

$$v = \sqrt{\frac{g}{l}(l^2 - a^2)}$$

【例4-7】 质量 $m = 2\text{kg}$ 的物体，在力 $F = 6t$ （SI）的作用下从原点由静止出发，沿 Ox 轴做直线运动。请用动能定理求在前 2s 时间内力 F 所做的功。

【解】 由题设条件可求出

$$a = \frac{F}{m} = \frac{6t}{2} = 3t = \frac{\mathrm{d}v}{\mathrm{d}t}$$

所以

$$v = \int_0^t a\mathrm{d}t = \int_0^t 3t\mathrm{d}t = \frac{3}{2}t^2$$

由动能定理有

$$A = \frac{1}{2}mv^2 - 0 = 36\text{J}$$

物理知识拓展

动能武器

　　当地时间 2022 年 3 月 19 日，俄罗斯国防部发言人科纳申科夫宣布，采用 "匕首" 高超声速航空导弹摧毁了位于乌克兰伊万-弗兰科夫州的一处乌军大型导弹和航空弹药库。18 日当天，俄军 "堡垒" 岸防导弹系统摧毁了乌军位于敖德萨州的无线电和电子侦察中心。俄方专家称，这是 "人类历史上首次在实战中使用高超声速武器"。高超声速导弹有着速度快、飞行轨迹可变、让防御系统无的放矢等特点，成为近年来各国争相研制的突破性武器技术。

　　一切运动的物体都具有动能。根据动能的定义，一个物体只要有一定的质量和足够大的运动速度，就具有相当的动能，就能有惊人的杀伤破坏能力，这个物体就是一件动能武器。这里最重要的一点是，动能武器不是靠爆炸、辐射等其他物理和化学能量去杀伤目标，而是靠自身巨大的动能，在与目标短暂而剧烈的碰撞中杀伤目标。在美国的战略防御计划中的一系列非核太空武器中，动能武器占有重要地位。例如，他们研制的代号叫 "闪光卵石" 的太空拦截器，长为 1.02m，直径为 0.3m，质量小于 45kg，飞行高度为 644km，飞行速度约 6.4km·s^{-1}。它是利用直接撞击以摧毁来袭导弹的，这就是它为什么又被称为拦截器的原因。显然，要能使这种武器发挥威力，需有一套跟踪、瞄准、寻的、信息、航天等高新技术作为基础才能实现。正是因为近几十年来，微电子技术、光电技术、航天和信息等基础技术得到了高速发展，武器的命中精度提高到米数量级，这就促使人们能够避免使用大范围毁伤的核武器，而发展一系列靠直接与靶标（例如导弹、卫星等航天器）相互作用达到毁伤目的的武器。除了在大气层外太空能利用动能武器摧毁靶标外，大气层内也在发展比一般炸药驱动的弹丸或碎片速度大得多的动能武器，例如，利用电磁加速原理研制的电磁轨道炮等，加速后的弹丸速度可达每秒几千米，甚至超过第一宇宙速度（7.9km·s^{-1}）。

4.3　机械能守恒定律

为了使飞机改出俯冲，飞行员应拉杆增大迎角（增大升力）获得正过载，使轨迹向上弯曲，当轨迹接近水平时，飞行员应减小迎角，使飞机转入平飞状态。

　　如图所示，在改出俯冲过程中，重要的是有高度损失，为了保证俯冲后的离地安全高度和减少改出俯冲时的高度损失，我们该如何分析引起高度损失的因素及计算高度损失？

物理现象

物理学基本内容

4.3.1　机械能　功能原理

　　我们现在将质点系的动能定理和势能定理结合起来，全面阐述机械运动系统的功能关系。首先，看质点系的动能定理

$$A_{外} + A_{内} = E_{kb} - E_{ka} \tag{4-45}$$

式中，如果将内力分为保守内力和非保守内力，内力的功相应地分为保守内力的功 $A_{保内}$ 和非保

守内力的功 $A_{非保内}$，则

$$A_{内} = A_{保内} + A_{非保内} \tag{4-46}$$

而保守力的功等于系统势能的减少，即

$$A_{保内} = E_{pa} - E_{pb} \tag{4-47}$$

综合式（4-45）~式（4-47），并考虑到动能和势能都是系统因机械运动而具有的能量，我们把 $E = E_k + E_p$ 称为系统机械能，所以

$$A_{外} + A_{非保内} = (E_{kb} + E_{pb}) - (E_{ka} + E_{pa}) = E_b - E_a \tag{4-48}$$

式（4-48）表达的这个规律称为功能原理。它表明：外力与非保守内力做功之和等于系统机械能的增量。质点系的动能定理（系统只含一个质点时就是质点的动能定理）和功能原理从不同的角度反映了力的功与系统能量变化的关系。在具体应用时，应根据不同的研究对象和力学环境来选择使用。例如，在不区别保守力和非保守力做功的情况下应选用质点系的动能定理，此时不考虑势能。而一旦计入了势能，就只能采用质点系的功能原理，此时保守力的功已经被势能的变化代替，将不再出现在式子中。如果是将单个质点作为研究对象，那么一切作用力都是外力，显然只能应用质点的动能定理了。

功能原理是机械运动的一个基本规律，它是从牛顿定律推导出来，可以认为是一个理论结果，物理实验首先证实了它的正确性，理论与实验的一致性是牛顿定律正确性的判据。

机械能是描写系统机械运动能力状态的一个物理量。要求读者能准确、熟练地进行计算。计算机械能有几个要点：

1）明确指定势能的零点位置，并始终以此为计算势能的标准。

2）机械能具有系统特性，系统中各个质点的动能和势能的计算，不能有遗漏。

3）计算机械能时，应该注意必须是各质点同一时刻的能量才能相加，不能将时间弄错了。

4.3.2 机械能守恒定律

如果质点系只有保守内力做功，外力和非保守内力不做功或者做功之和始终等于零，根据功能原理，系统的机械能守恒，即

若 $A_{外} + A_{非保内} = 0$，则

$$E = 常量 \tag{4-49}$$

这就是机械能守恒定律。它指出：对于只有保守内力做功的系统，系统的机械能是一守恒量。在机械能守恒的前提下，系统的动能和势能可以互相转化，系统各组成部分的能量可以互相转移，但它们的总和不会变化。

判断机械能是否守恒是掌握机械能守恒定律的难点。为了理解上述条件，除分清外力、保守内力和非保守内力外，还要分析它们是否做功，做到了这两点就不难判断机械能是否守恒。

系统机械能守恒的条件是 $A_{外} + A_{非保内} = 0$，这是对某一惯性系而言的。在某一惯性系中系统的机械能守恒，并不能保证在另一惯性系中系统的机械能也守恒，因为非保守内力做的功 $A_{非保内}$ 是否为零虽然与选取的参考系无关，但外力做的功 $A_{外}$ 是否为零则取决于参考系的选择。例如，在车厢里的光滑桌面上，弹簧拉着一个质量为 m 的物体做简谐振动，车厢以匀速 v 前进，选弹簧和物体作为系统，厢壁拉弹簧的力 F 是外力。以车厢为参考系时，弹簧与厢壁的连接点没有位移，外力 F 不做功，$A_{外} = 0$，系统的机械能 $E = E_k + E_p = 常量$；以地面为参考系时，$dA_{外} =$

$\boldsymbol{F} \cdot \boldsymbol{v} \mathrm{d}t \neq 0$，外力做功，系统机械能不守恒。

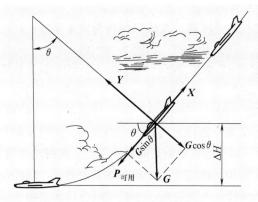

改出俯冲是变速曲线运动，并且 $\theta < 0$，根据飞机质心在铅垂平面内运动的动力学方程为：

现象解释

$$\begin{cases} \dfrac{G}{g} \dfrac{\mathrm{d}v}{\mathrm{d}t} = P_{可用} - G\sin\theta - X \\ \dfrac{G}{g} v \dfrac{\mathrm{d}\theta}{\mathrm{d}t} = Y - G\cos\theta \end{cases} \qquad ①$$

式中，Y 为升力；G 为重力；X 为阻力；$P_{可用}$ 为飞机推力。

在改出俯冲过程中，为简单计，假设发动机推力近似与飞机阻力相等，并定义 $n_y = \dfrac{Y}{G}$ 为平均过载，式①可简化为

$$\begin{cases} \dfrac{1}{g} \dfrac{\mathrm{d}v}{\mathrm{d}t} = -\sin\theta \\ \dfrac{v}{g} \dfrac{\mathrm{d}\theta}{\mathrm{d}t} = n_y - \cos\theta \end{cases} \qquad ②$$

将上述两式相除并分离变量，可得

$$\frac{1}{v}\mathrm{d}v = \frac{-\sin\theta}{n_y - \cos\theta}\mathrm{d}\theta \qquad ③$$

如改出俯冲过程开始时的速度与俯冲角分别为 v_1 和 θ_1，结束时速度为 v 和 $\theta = 0$，并认为改出俯冲过程中 n_y 为常数，则对式③积分、化简、整理可得到 v_1 和 v 的关系式，即

$$\int_{v_1}^{v} \frac{1}{v}\mathrm{d}v = \int_{\theta_1}^{0} \frac{-\sin\theta}{n_y - \cos\theta}\mathrm{d}\theta \qquad ④$$

$$\ln\frac{v}{v_1} = \ln\left(\frac{n_y - \cos\theta_1}{n_y - 1}\right) \qquad ⑤$$

$$v = v_1\left(\frac{n_y - \cos\theta_1}{n_y - 1}\right) \qquad ⑥$$

因为在改出俯冲过程中，已假定发动机推力与飞机阻力相等，飞机势能和动能相互转换，所以，根据机械能守恒定律，改出俯冲的高度损失应为

$$\Delta H = \frac{v^2 - v_1^2}{2g} \qquad ⑦$$

将式⑥代入式⑦，可得到计算改出俯冲高度损失公式为

$$\Delta H = \frac{v_1^2}{2g}\left[\left(\frac{n_y - \cos\theta_1}{n_y - 1}\right)^2 - 1\right] \qquad ⑧$$

可见，只要知道了开始改出俯冲时的速度 v_1、俯冲角 θ_1 及平均过载 n_y，即可对改出俯冲时的高度损失进行计算。

4.3.3 能量守恒定律

究竟什么是能量？在许多书籍中，能量被定义为做功的能力，然而，这一定义并未给出深层次的内涵。现实告诉我们，能量尚没有更深的解释。诺贝尔奖获得者理查德·费曼在其讲义

中提到，在今天的物理学中意识到"能量是什么"非常重要，但现在仍没有明确的物理图像。能量非常抽象，尽管有许多计算公式，但我们不清楚各种能量公式的机制或者原因。或许40年后也不会改变，能量的概念及能量守恒定律对于领会一个体系（系统）的行为非常重要，却没有一个人能给出能量的真实本质。

一个与外界没有能量交换的系统称为孤立系统，孤立系统没有外力做功，$A_{外}=0$。孤立系统内可以有非保守内力做功，根据功能原理有

$$A_{非保内} = E_2 - E_1 = \Delta E \tag{4-50}$$

这时孤立系统的机械能不守恒。例如，孤立系统内某两个物体之间有摩擦力做功，一对摩擦力的功必定是负值，因此，孤立系统的机械能要减少。减少的机械能到哪里去了呢？人们注意到，当摩擦力做功时，相关物体的温度升高了，即通常所说的摩擦生热。根据热学的研究，温度是构成物质的分子（原子）无规则热运动剧烈程度的量度。温度越高，分子（原子）无规则热运动就越剧烈，物体（系统）具有的与大量分子（原子）无规则热运动相关的热力学能就越高。由此可见，在摩擦力做功的过程中，机械运动转化为热运动，机械能转换成了热力学能，实验表明两种能量的转换是等值的。

事实上，由于物质运动形式的多样性，能量的形式也将是多种多样的，除机械能外，还有热能、电磁能、原子能、化学能等。人类在长期的实践中认识到，一个系统（孤立系统）当其机械能减少或增加时，必有等量的其他形式的能量增加或减少，系统的机械能和其他形式的能量的总和保持不变。概括地说，一个孤立系统经历任何变化过程时，系统所有能量的总和保持不变。能量既不能产生也不能消灭，只能从一种形式转化为另一种形式，或者从一个物体转移到另一个物体，这就是能量守恒定律。机械能守恒定律仅仅是它的一个特例。

能量的概念是物理学中最重要的概念之一。在物质世界千姿百态的运动形式中，能量是能够跨越各种运动形式并作为物质运动一般性量度的物理量。能量守恒的实质表明各种物质运动可以相互转换，但是物质或运动本身既不能创造也不能消灭。20世纪初，狭义相对论诞生，爱因斯坦提出了著名的相对论质量-能量关系：$E = mc^2$，再一次阐明了孤立系统能量守恒的规律，并指出能量守恒的同时必有质量守恒，进一步将能量和质量这两个物理学的重要概念联系在一起，拓展了人类对于自然规律的认识。

物理知识应用

【例4-8】 在图4-9中，劲度系数为k的轻弹簧下端固定，沿斜面放置，斜面倾角为θ。质量为m的物体从与弹簧上端相距为a的位置以初速度v_0沿斜面下滑并使弹簧最多压缩b。求物体与斜面之间的摩擦因数μ。

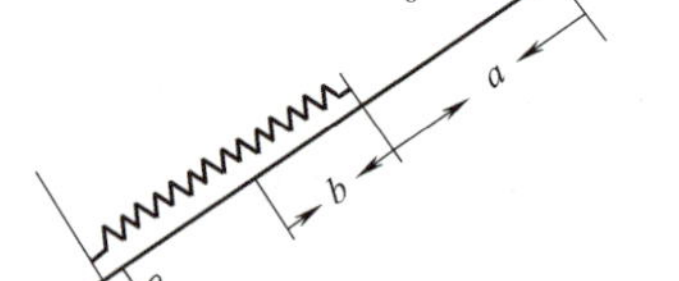

【解】 将物体、弹簧、地球视为一个系统，重力和弹力是保守内力，正压力与物体位移垂直不做功，只有摩擦力F_k为非保守内力且做功。根据系统的功能原理，摩擦力做的功等于系统机械能的增量，并注意到弹簧最大压缩时物体的速度为零，即有

$$-F_k(a+b) = \left(\frac{1}{2}kb^2\right) - \left[\frac{1}{2}mv_0^2 + mg(a+b)\sin\theta\right]$$

以及

$$F_k = \mu mg\cos\theta$$

图4-9

可以解得

$$\mu = \frac{\frac{1}{2}mv_0^2 + mg(a+b)\sin\theta - \frac{1}{2}kb^2}{mg(a+b)\cos\theta}$$

【例4-9】 用机械能守恒定律求解例4-6。

【解】 以链条、地球为系统，整个系统没有受到外力做功，由于桌面光滑，因此也没有非保守内力做功，所以系统机械能守恒。取桌面高度为重力势能零点。

初时刻：
$$E_{p0} = -\frac{m}{l}ag\frac{a}{2}, \quad E_{k0} = 0$$

末时刻：
$$E_p = -mg\frac{l}{2}, \quad E_k = \frac{1}{2}mv^2$$

根据机械能守恒定律：
$$E_{k0} + E_{p0} = E_k + E_p$$
$$v = \sqrt{\frac{g}{l}(l^2 - a^2)}$$

【例4-10】 两块质量各为 m_1 和 m_2 的木板，用劲度系数为 k 的轻弹簧连在一起，放置在地面上，如图4-10所示。问至少要用多大的力 F 压缩上面的木板，才能在该力撤去后因上面的木板升高而将下面的木板提起？

【解】 加外力 F 后，弹簧被压缩，m_1 在重力 G_1、弹力 F_1 及压力 F 的共同作用下处于平衡状态，如图4-11a所示。一旦撤去 F，m_1 就会因弹力 F_1 大于重力 G_1 而向上运动，只要 F 足够大以至于弹力 F_1 也足够大，m_1 就会上升至弹簧由压缩转为拉伸状态，以致将 m_2 提离地面。

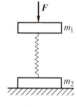

图 4-10

将 m_1、m_2、弹簧和地球视为一个系统，该系统在压力 F 撤去后，只有保守内力做功，该系统机械能守恒。设压力 F 撤离时刻为初态，m_2 恰好提离地面时为末态，初态、末态时动能均为零。设弹簧原长时为坐标原点和势能零点（见图4-11b），则机械能守恒应该表示为

$$m_1 g x + \frac{1}{2}kx^2 = -m_1 g x_0 + \frac{1}{2}kx_0^2 \qquad ①$$

式①中，x_0 为压力 F 作用时弹簧的压缩量。由图4-11a可得
$$m_1 g + F - kx_0 = 0 \qquad ②$$

式①中，x 为 m_2 恰好能提离地面时弹簧的伸长量，由图4-11c可知，此时要求
$$kx \geq m_2 g \qquad ③$$

联立求解式①~式③，解得
$$F \geq (m_1 + m_2)g$$

故能使 m_2 提离地面的最小压力

$$F_{\min} = (m_1 + m_2)g$$

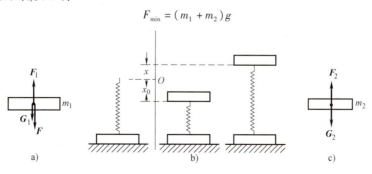

图 4-11

【例4-11】 跃升是将飞机的动能转变为势能,迅速取得高度优势的一种机动飞行。在给定初始高度和初始速度的情况下,飞机完成跃升所需的时间越短、获得的高度增量越大,则它的跃升性能越好。跃升通常可分为进入跃升、跃升直线段和改出跃升三个阶段。设进入跃升时飞行状态为 (v_0, H_0),改出跃升时飞行状态为 (v_1, H_1),近似认为跃升过程中推力和阻力基本相等,即 $P = X$,求飞机的跃升高度和最大跃升高度(设改出跃升时速度不得小于最小允许使用速度 v_a)。

【解】 跃升中飞机升力 Y 始终与运动轨迹相垂直,假设推力和阻力相等,飞机仅在重力作用下,故可利用机械能守恒定律,得

$$mgH_0 + \frac{1}{2}mv_0^2 = mgH_1 + \frac{1}{2}mv_1^2$$

$$\Delta H = H_1 - H_0 = \frac{1}{2g}(v_0^2 - v_1^2)$$

可见,初始速度 v_0 越大,且跃升终了时的速度 v_1 越小,则跃升高度增量 ΔH 越大。利用最小允许使用速度 v_a,可得最大跃升高度增量为

$$\Delta H_{max} = \frac{1}{2g}(v_0^2 - v_a^2)$$

实际中,v_a 与不同高度下的大气参数和飞机气动特性有关,因此,ΔH_{max} 只能迭代求得。

【例4-12】 俯冲是飞机用势能换取动能,迅速降低高度、增加速度的机动飞行。利用俯冲可以实施追击、攻击地面目标或进行俯冲轰炸等。飞机俯冲的航迹可以分成三段:进入俯冲、俯冲直线段和改出俯冲(见图4-12)。求俯冲直线段俯冲极限速度和飞机的俯冲速度随飞行高度的变化规律。

【解】 直线俯冲时,由于 $\frac{d\theta}{dt} = 0$,飞机铅垂面运动动力学方程简化为

$$\begin{cases} \dfrac{G}{g} \dfrac{dv}{dt} = P - G\sin\theta - X \\ Y = G\cos\theta \end{cases}$$

因俯冲时航迹倾角 θ 为负值,故重力分量 $(-G\sin\theta)$ 为正值,在俯冲时起加速作用。当 $P - G\sin\theta > X$ 时,$\frac{dv}{dt} > 0$,飞机加速俯冲。随着高度降低,空气密度增加和飞行速度加快,飞机阻力显著增加。当俯冲至某一高度和速度时,$P - G\sin\theta = X = K_X v^2$,$\frac{dv}{dt} = 0$,此时的飞行速度就是俯冲极限速度,其值为

$$v_{d,1} = \sqrt{\frac{(P - G\sin\theta)}{K_X}}$$

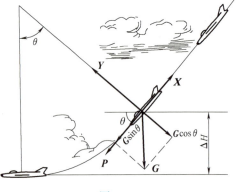

图 4-12

在飞机设计中,俯冲极限速度 $v_{d,1}$ 应该小于该高度上的最大容许速度。最大容许速度通常由飞机结构强度所限制。

飞机的俯冲速度随飞行高度的变化规律,可通过对 $\frac{dv}{dt}$ 做如下变换:

$$\frac{dv}{dt} = \frac{dv}{dH}\frac{dH}{dt} = v\sin\theta\frac{dv}{dH}$$

把 $\frac{dv}{dt} = g\dfrac{P - G\sin\theta - X}{G}$ 代入上式

$$\frac{dv}{dH} = -\frac{g}{v}\left(1 - \frac{P - K_X v^2}{G\sin\theta}\right)$$

实际计算时要对上式数值积分。

【例4-13】 把登月舱舱构件从地面先发射到地球同步轨道站,再由同步轨道站装配起来发射到月球面上

（见图 4-13）。已知登月舱构件质量共计为 $m = 1.0 \times 10^4 \mathrm{kg}$，同步轨道半径 $r_1 = 4.22 \times 10^7 \mathrm{m}$，地心到月心的距离 $r_2 = 3.9 \times 10^8 \mathrm{m}$，地球半径 $R_{\mathrm{E}} = 6.37 \times 10^6 \mathrm{m}$，月球半径 $R_{\mathrm{M}} = 1.74 \times 10^6 \mathrm{m}$，地球质量 $m_{\mathrm{E}} = 5.97 \times 10^{24} \mathrm{kg}$，月球质量 $m_{\mathrm{M}} = 7.35 \times 10^{22} \mathrm{kg}$。设登月舱在同步轨道上的位置正好处在月、地连心线上，同时考虑到地球和月球之间的引力，试求上述两步发射中发动机推力克服引力各最少需要做多少功。

【解】 考虑到登月舱在地、月共同引力下，它的引力势能应等于它在地球引力场中的势能和在月球引力场中的势能之和。

舱在地面上时，势能为

$$E_{p0} = -Gm\left(\frac{m_{\mathrm{E}}}{R_{\mathrm{E}}} + \frac{m_{\mathrm{M}}}{r_2 - R_{\mathrm{E}}}\right) = -6.20 \times 10^{11} \mathrm{J}$$

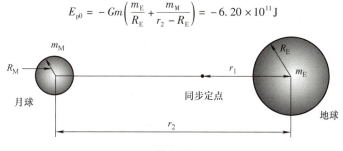

图 4-13

登月舱在同步轨道上时，势能为

$$E_{p1} = -Gm\left(\frac{m_{\mathrm{E}}}{r_1} + \frac{m_{\mathrm{M}}}{r_2 - r_1}\right) = -9.48 \times 10^{10} \mathrm{J}$$

登月舱在月球表面上时，势能为

$$E_{p2} = -Gm\left(\frac{m_{\mathrm{E}}}{r_2 - R_{\mathrm{M}}} + \frac{m_{\mathrm{M}}}{R_{\mathrm{M}}}\right) = -3.48 \times 10^{10} \mathrm{J}$$

下面求登月舱在地、月间势能的极大值，将势能普遍表示为

$$E_{pr_{\mathrm{E}}} = -Gm\left(\frac{m_{\mathrm{E}}}{r_{\mathrm{E}}} + \frac{m_{\mathrm{M}}}{r_2 - r_{\mathrm{E}}}\right)$$

式中，r_{E} 为登月舱到地心的距离，令 $\dfrac{E_{pr_{\mathrm{E}}}}{\mathrm{d}r_{\mathrm{E}}} = 0$ 可求得 $r_{\mathrm{E}} = 0.9r_2 = 3.51 \times 10^8 \mathrm{m}$ 时，有势能极大值，代入上式得到势能极大值为

$$E_{p\max} = -1.26 \times 10^{10} \mathrm{J}$$

从地面到同步轨道推力克服引力最少做功

$$A_1 = E_{p1} - E_{p0} = 5.25 \times 10^{11} \mathrm{J}$$

从同步轨道到势能极大值位置，推力克服引力最少做功

$$A_2 = E_{p\max} - E_{p1} = 8.22 \times 10^{10} \mathrm{J}$$

此后登月舱在月球引力作用下加速坠落到月球表面。

【例 4-14】 在地面上发射物体使其环绕地球运转所需的最小发射速度称为第一宇宙速度。设 m_{E} 和 m 分别为地球和卫星的质量，R_{E} 为地球半径，从地球表面发射卫星，求送入半径为 r 的圆形轨道所需的发射速度 v_0？（忽略大气阻力）

【解】 把卫星和地球作为一个系统，忽略大气阻力，则系统不受外力作用，并且只有保守内力做功，因此系统的机械能守恒。取无穷远处为引力势能零点，发射时卫星的机械能与卫星在圆轨道上运行时的机械能相等，即

$$\frac{1}{2}mv_0^2 - G\frac{m_{\mathrm{E}}m}{R_{\mathrm{E}}} = \frac{1}{2}mv^2 - G\frac{m_{\mathrm{E}}m}{r}$$

式中，v 为环绕速度。注意到地球的引力就是卫星做圆周运动所需的向心力，即

$$G \frac{m_{\mathrm{E}} m}{r^2} = m \frac{v^2}{r}$$

利用卫星在地面所受的万有引力等于重力，即

$$G \frac{m_{\mathrm{E}} m}{R_{\mathrm{E}}^2} = mg$$

由以上三式可解得发射速度为

$$v_0 = \sqrt{2 R_{\mathrm{E}} g \left(1 - \frac{R_{\mathrm{E}}}{2r} \right)}$$

上式表明，轨道半径越小，发射速度越小，当 $r \approx R_{\mathrm{E}}$ 时的发射速度最小，为第一宇宙速度，即

$$v_1 = \sqrt{g R_{\mathrm{E}}} = \sqrt{9.80 \times 6.37 \times 10^6} \, \mathrm{m \cdot s^{-1}} = 7.9 \times 10^3 \, \mathrm{m \cdot s^{-1}}$$

在地面上发射物体使其脱离地球引力所需的最小发射速度称为第二宇宙速度，其值为 11.2km·s⁻¹，这时物体将沿抛物线轨道逃离地球，成为太阳系的人造行星。使物体脱离太阳引力的束缚而飞出太阳系所需的最小发射速度，称为第三宇宙速度，其值为 16.7km·s⁻¹。

 物理知识拓展

1. 从功能关系来分析理想流体在重力场中做定常流动时压强和流速的关系

流体在所占据的空间的每一点都具有流速随空间的分布，此称为流体速度场，简称流场。为形象描述流场，在流场中引进一系列假想的曲线称为流线，每一瞬时流线上任一点的切线方向和流经该点的流体质元的速度方向一致。流体内由流线所围成的细管称为流管。如图 4-14 所示，在流场中取一细流管，设在某时刻 t，流管中一段流体处在 $a_1 a_2$ 位置，经过很短的时间 Δt，这段流体到达 $b_1 b_2$ 位置，由于是定常流动（流动中流场不随时间变化），空间各点的压强、流速等物理量均不随时间变化，因此，从截面 b_1 到 a_2 这一段流体的运动状态在流动过程中没有变化，即这段流体的动能和重力势能是不变的，实际上只需考虑 $a_1 b_1$ 和 $a_2 b_2$ 这两段流体的机械能的

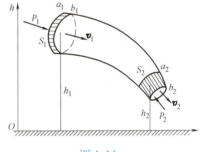

图 4-14

改变。由流体的连续性方程，这两段流体的质量相等，均为 m，设 $a_1 b_1$ 和 $a_2 b_2$ 两段流体在重力场中的高度分别为 h_1 和 h_2，速度分别为 $\boldsymbol{v}_1$ 和 $\boldsymbol{v}_2$，压强分别为 p_1 和 p_2，密度分别为 ρ_1 和 ρ_2，则这两段流体机械能的增量为

$$E_2 - E_1 = \left(\frac{1}{2} m v_2^2 + m g h_2 \right) - \left(\frac{1}{2} m v_1^2 + m g h_1 \right) \tag{4-51}$$

为推动流体流入或流出 $b_1 a_2$ 流管，外界所必须做的功称为推挤功。对理想流体来说，黏滞阻力为零，这段流体从 $a_1 a_2$ 流到 $b_1 b_2$ 过程中，后方的流体推动它前进，外压力 $p_1 S_1$ 做正推挤功 $p_1 V_1$，使 $a_1 b_1$ 质元流入 $b_1 a_2$ 流管；而前方的流体阻碍质元流出 $b_1 a_2$ 流管，外压力 $p_2 S_2$ 做负推挤功 $p_2 V_2$，阻碍 $a_2 b_2$ 质元流出 $b_1 a_2$ 流管。可见，推挤功是克服某种作用力，使流体发生宏观位置移动所消耗的功。外力的总推挤功为

$$A = p_1 V_1 - p_2 V_2 \tag{4-52}$$

由于 $a_1 b_1$ 和 $a_2 b_2$ 两段流体积相等，即 $V_1 = V_2 = \Delta V$，故得

$$A = (p_1 - p_2) \Delta V \tag{4-53}$$

根据功能原理，这段流体机械能的增量等于外力所做的功，即

$$A = E_2 - E_1 \tag{4-54}$$

将式（4-51）和式（4-53）代入式（4-54）并考虑流体的不可压缩性，$a_1 b_1$ 与 $a_2 b_2$ 处的流体密度均为 ρ，

$$m = \rho \Delta V \qquad (4\text{-}55)$$

得

$$(p_1 - p_2)\Delta V = \rho \Delta V \left[\left(\frac{1}{2}v_2^2 + gh_2 \right) - \left(\frac{1}{2}v_1^2 + gh_1 \right) \right] \qquad (4\text{-}56)$$

即

$$p_1 + \frac{1}{2}\rho v_1^2 + \rho gh_1 = p_2 + \frac{1}{2}\rho v_2^2 + \rho gh_2 \qquad (4\text{-}57)$$

考虑到所取横截面 S_1 和 S_2 的任意性，上述关系还可以写成一般形式

$$p + \frac{1}{2}\rho v^2 + \rho gh = 常量 \qquad (4\text{-}58)$$

式（4-57）或式（4-58）称为伯努利方程。式（4-58）给出了做定常流动的理想流体中同一流管的任一截面上压强、流速和高度所满足的关系。伯努利方程实质上是能量守恒定律在理想流体定常流动中的具体表现。

若把 $b_1 a_2$ 流管看作一个有质量流入、流出的开口系统，在流体从流入到流出的流动过程中，$b_1 a_2$ 流管开口系统用于质量迁移所做的功称为流动功，用 A_f 表示，显然开口系统所做的功就是外力所做的总推挤功的负值，即

$$A_f = p_2 V_2 - p_1 V_1 \qquad (4\text{-}59)$$

流动功可视为流动过程中开口系统与外界由于物质的进出而传递的机械功。以开口系统为研究对象可以应用能量守恒定律有

$$E_1 = A_f + E_2 \qquad (4\text{-}60)$$

与式（4-54）功能原理的结果一样。

2. 黑洞

在星体上发射物体使其脱离该星体引力所需的最小发射速度称为逃逸速度，用 v_e 表示，这时物体将沿抛物线轨道逃离星体。

以物体和星体为系统，只考虑万有引力作用，系统的机械能守恒。物体质量为 m，星体质量为 M，半径为 R，在离星体无穷远处，物体脱离星体的引力范围，引力势能为零，取最小动能为零，此时系统的机械能为零。因此，在星体表面以逃逸速度发射物体时系统的机械能也为 0，即

$$\frac{1}{2}mv_e^2 - G\frac{Mm}{R} = 0$$

解得逃逸速度为

$$v_e = \sqrt{\frac{2GM}{R}}$$

一个引力体系的逃逸速度等于真空中的光速 c 时，即

$$v_e = c = \sqrt{\frac{2GM}{R}} \quad 或 \quad R = \frac{2GM}{c^2}$$

这样，若一个星体的半径和质量满足不等式 $r < 2GM/c^2$，则它的逃逸速度 v_e 就要大于光速。按照狭义相对论，一切物体的速度不能超过光速 c，按照广义相对论，光子也要受到引力的作用，亦即由于引力的作用光子也不能从该星体表面逃离，该星体就成了一个"黑洞"。因此，我们把 $r_g = \dfrac{2GM}{c^2}$ 称为引力半径。

对于地球，质量 $m_E = 6 \times 10^{24} \text{kg}$，代入引力半径公式得

$$r_g \approx 0.9\text{cm}$$

就是说，如果地球的质量全部集中到一个半径约为 0.9cm 的小球内，那么地球将成为一个黑洞。

4.4　碰撞问题

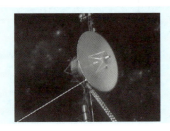

使物体脱离太阳引力的束缚而飞出太阳系所需的最小发射速度为 $16.7\mathrm{km \cdot s^{-1}}$，目前人类还不能实现这么大的直接发射速度。那么 1977 年发射的旅行者 1 号外太阳系空间探测器，已成为目前首个离开太阳系的人造物体，它是如何做到的呢？

物理现象

物理学基库内容

4.4.1　碰撞过程及分类

碰撞泛指强烈而短暂的相互作用过程，如撞击、锻压、爆炸、投掷、喷射等都可以视为广义的碰撞。相互作用力大、作用时间短是碰撞的特征。由此，碰撞瞬间的物体系统，内力远远大于外力，外力的冲量可以忽略不计，因此动量守恒是一般碰撞过程的共同特点。

在各种碰撞中，有些是接触碰撞，如炮弹与坦克的碰撞、乒乓球与台面的碰撞、打击锻造等；还有些是非接触碰撞，如天体之间通过万有引力作用的碰撞、微观带电粒子间通过库仑力作用的碰撞等都属于这类碰撞。

以两个小球的接触碰撞为例（后面都以此情况为例），通常把碰撞过程分为两个阶段。开始碰撞时，两球相互挤压，发生形变，由形变产生的弹性回复力使两球的速度发生变化，直到两球速度变得相等为止，这时形变达到最大。这是碰撞的第一阶段，称为压缩阶段。此后，由于形变仍然存在，弹性回复力继续作用，使两球速度继续改变而有相互脱离接触的趋势，两球压缩的程度逐渐减小，直到两球脱离接触时为止。这是碰撞过程的第二阶段，称为恢复阶段。整个碰撞过程到此结束。

按照碰撞的形变和能量转化的特征，可将碰撞分为三类：

1）完全弹性碰撞。碰撞后物体的形变完全恢复，形变损失的动能随着形变的恢复完全恢复，机械能守恒。完全弹性碰撞是一种理想情况，有些实际过程，如两个弹性较好物体的碰撞等，可近似按完全弹性碰撞处理。

2）完全非弹性碰撞。碰撞之后物体的形变完全不恢复，伴随机械能与其他形式能量的转化，机械能不守恒。常常表现为参与碰撞的物体在碰撞后合并在一起，以同一速度运动。如具有黏性的泥团溅落到车轮上与车轮一起运动，子弹射入木块并嵌入其中等。

3）非完全弹性碰撞。碰撞之后物体形变不能全部恢复，伴随机械能与其他形式能量的转化，机械能不守恒。大量的实际碰撞过程属于这一类，如工厂中气锤锻打工件等。

为简单起见，我们只研究两球碰撞前后的速度都在两球连心线上的碰撞，即正碰。

4.4.2　完全弹性碰撞

如图 4-15 所示，质量分别为 m_1 和 m_2 的两球做完全弹性碰撞，碰前的速度分别为 $\boldsymbol{v}_{10}$ 和 $\boldsymbol{v}_{20}$，碰后分离时各自的速度分别为 $\boldsymbol{v}_1$ 和 $\boldsymbol{v}_2$。在碰撞压缩阶段，两球的部分动能转变为弹性势能，在恢复阶段，弹性势能又完全转变为动能，两球恢复原状，系统机械能守恒；又根据碰撞系统动量守恒，且由于速度都沿同一直线，设向右为正方向，有

图 4-15

$$m_1 v_{10} + m_2 v_{20} = m_1 v_1 + m_2 v_2 \tag{4-61}$$

$$\frac{1}{2} m_1 v_{10}^2 + \frac{1}{2} m_2 v_{20}^2 = \frac{1}{2} m_1 v_1^2 + \frac{1}{2} m_2 v_2^2 \tag{4-62}$$

两式联立，整理得

$$v_2 - v_1 = v_{10} - v_{20} \tag{4-63}$$

式（4-63）表明，在弹性正碰中，碰后两球的分离速度与碰前两球的接近速度量值相等。可解得

$$v_1 = \frac{(m_1 - m_2) v_{10} + 2 m_2 v_{20}}{m_1 + m_2} \tag{4-64}$$

$$v_2 = \frac{(m_2 - m_1) v_{20} + 2 m_1 v_{10}}{m_1 + m_2} \tag{4-65}$$

讨论几个特例：

1）若两球质量相等，即 $m_1 = m_2$，则有

$$v_1 = \frac{(m_1 - m_2) v_{10} + 2 m_2 v_{20}}{m_1 + m_2} = v_{20}$$

$$v_2 = \frac{(m_2 - m_1) v_{20} + 2 m_1 v_{10}}{m_1 + m_2} = v_{10}$$

上述结果表明，两球碰后彼此交换速度，若 m_2 原来静止，则碰后 m_1 静止，m_2 以 m_1 碰前的速度前进。在原子反应堆中，为了使快中子慢下来，就要选择与中子质量相近的物质粒子组成减速剂，使中子碰撞后几乎停下来。从力学的角度看，氢是最有效的减速剂，但由于其他原因，实际常选重水、石墨等材料作为中子的慢化剂。

2）若 $m_2 \gg m_1$，且 m_2 在碰前静止，即 $v_{20} = 0$，则有

$$v_1 \approx -v_{10}, v_2 \approx 0$$

上述结果表明，一个原来静止且质量很大的球在碰后仍然静止，质量很小的球以原速率被弹回。例如在核反应堆中，选择重金属如铅等作为反射层，可以防止中子漏出堆外。

3）若 $m_2 \ll m_1$，且 $v_{20} = 0$，则有

$$v_1 \approx v_{10}, v_2 \approx 2 v_{20}$$

上述结果表明，质量很大的球与质量很小的静止球碰撞后，大质量球的速度几乎不变，而小质量球的速度约为大质量球速度的 2 倍。

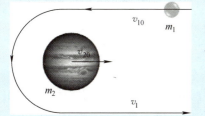

引力弹弓效应是航天技术中增大空间探测器速率的一种有效办法，又被称为引力助推。最早提出这个技术的人是苏联科学家尤里·康德拉图克，他在 1918 年左右发表的论文"致有志于建造星际火箭而阅读此文者"中提出了引力助推的概念。此人还设计了人类登月的方式，并最终被美国宇航局采纳，"阿波罗"号宇宙飞船登月就是基本按照尤里的设想设计的。

现象解释

我们以空间探测器飞临木星为例，此时它会因木星引力作用做双曲线运动。这里我们简化处理，如图所示，航天器从木星旁边飞过的过程可视为一种无接触的完全弹性"碰撞"过程。木星的质量为 m_2，相对于太阳的轨道速率为 v_{20}，空间探测器质量为 m_1，以相对于太阳 v_{10} 的速率迎向木星飞行。由于木星的引力，探测器绕过木星后沿和原来速度相反的方向离去。以 v_{20} 的方向为正方向，碰撞中系统动量和机械能守恒，由于木星的质量远大于探测器的质量，探测器碰后的速度可由式（4-64）近似求得

$$v_1 = 2v_{20} - (-v_{10}) = 2v_{20} + v_{10}$$

式中，v_{10} 前面的负号表示其方向与规定的正方向相反。

可见，探测器从木星绕过后由于引力的作用而速率增大了。这种现象就是引力弹弓效应。1977 年美国国家航空航天局（NASA）先后发射了旅行者二号和旅行者一号卫星。如今，两位"旅行者"都已经完成了各自的使命，并且已经在宇宙中遨游了四十多年，它们已经成功地借助引力弹弓效应飞到了太阳系的边缘。

4.4.3　完全非弹性碰撞

碰撞系统的动量仍守恒，但碰后两物体合在一起，以相同的速度运动。

由动量守恒定律 $m_1 v_{10} + m_2 v_{20} = (m_1 + m_2)v$ 可解出碰撞后的速度为

$$v = \frac{m_1 v_{10} + m_2 v_{20}}{m_1 + m_2} \tag{4-66}$$

系统损失的机械能为

$$E_{k0} - E_k = \left(\frac{1}{2}m_1 v_{10}^2 + \frac{1}{2}m_2 v_{20}^2\right) - \frac{1}{2}(m_1 + m_2)v^2$$

$$= \frac{m_1 m_2 (v_{10} - v_{20})^2}{2(m_1 + m_2)} \tag{4-67}$$

假设一台质量为 3023kg 的运动型多用途汽车（SUV）与一台质量为 1184kg 的小型汽车相撞，两车的初始速度均为 22.35m·s^{-1}，并且相向而行，当两车相撞后彼此卷入而成为完全非弹性碰撞。则两车在相撞时，哪辆车中的人相对安全一些？

v_x 作为小汽车的初始速度，$-v_x$ 为 SUV 的初始速度，相撞后的最后速度

思维拓展

$$v_{f \cdot x} = \frac{mv_x - M'v_x}{m + M} = -9.77\text{m·s}^{-1}$$

SUV 速度变化量为

$$\Delta v_{\text{SUV}, x} = -9.77\text{m·s}^{-1} - (-22.35\text{m·s}^{-1}) = 12.58\text{m·s}^{-1}$$

小汽车速度变化量为

$$\Delta v_{\text{car}, x} = -9.77\text{m·s}^{-1} - 22.35\text{m·s}^{-1} = -32.12\text{m·s}^{-1}$$

碰撞的时间间隔相同，同为 Δt，结果表明，这段时间内，小汽车的加速度几乎是 SUV 的 32.12/12.58 = 2.55 倍。从结果来看，SUV 比小汽车要安全。

4.4.4　非完全弹性碰撞

碰撞系统的动量仍守恒，但由于碰撞后的形变恢复一部分，所以碰撞后两物体彼此分开，但仍有部分形变被保留下来，因此，机械能有损失。

实验表明，压缩后的恢复程度取决于碰撞物体的材料。牛顿总结实验结果，提出碰撞定律：

碰撞后两球的分离速度 $v_2 - v_1$ 与碰撞前两球的接近速度 $v_{10} - v_{20}$ 之比为一定值，比值由两球材料的性质决定。该比值称为恢复系数，用 e 表示，即

$$e = \frac{v_2 - v_1}{v_{10} - v_{20}} \tag{4-68}$$

由式（4-68）可见：若 $e = 1$，则 $v_2 - v_1 = v_{10} - v_{20}$，为完全弹性碰撞，这时碰撞定律式（4-68）与机械能关系式（4-62）等效；若 $e = 0$，则 $v_2 = v_1$，为完全非弹性碰撞；若 $0 < e < 1$，为非完全弹性碰撞。e 值可由实验测定，因此，动量守恒定律和碰撞定律可作为研究正碰的两个基本方程，这就是说，上述三类碰撞都可以由式（4-61）和式（4-68）联立求解。

物理知识应用

【例 4-15】 在一场交通事故中，质量为 $m_1 = 2209\text{kg}$ 的载货卡车向北行驶，与一辆西行的质量为 $m_2 = 1474\text{kg}$ 的轿车相撞并卷在一起。公路上的刹车痕迹显示了精确的碰撞位置和车轮滑行的方向。如图 4-16 所示，卡车与初始行驶方向夹角为 38°，轿车驾驶员声称卡车的速度为 $22\text{m} \cdot \text{s}^{-1}$，然而，车辆的速度是应该被限制在 $11\text{m} \cdot \text{s}^{-1}$ 内，除此以外，轿车驾驶员还声称在卡车撞上时轿车在交叉口的速度不超过 $11\text{m} \cdot \text{s}^{-1}$，既然卡车驾驶员是超速的，就应该为这场事故负责。

轿车驾驶员的描述是否是正确的？

【解】 汽车碰撞过程为一完全非弹性碰撞过程，由动量守恒定律得

$$m_1 \boldsymbol{v}_1 + m_2 \boldsymbol{v}_2 = (m_1 + m_2) \boldsymbol{v}_{\text{f}}$$

$$\boldsymbol{v}_{\text{f}} = \frac{m_1 \boldsymbol{v}_1 + m_2 \boldsymbol{v}_2}{m_1 + m_2}$$

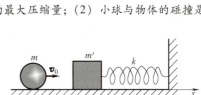

图 4-16

对于卡车，其速度沿 y 轴方向：$\boldsymbol{v}_1 = v_1 \boldsymbol{j}$

对于轿车，其速度沿 x 轴负方向：$\boldsymbol{v}_2 = -v_2 \boldsymbol{i}$，代入上式得

$$\boldsymbol{v}_{\text{f}} = v_{\text{f},x} \boldsymbol{i} + v_{\text{f},y} \boldsymbol{j} = \frac{-m_2 v_2}{m_1 + m_2} \boldsymbol{i} + \frac{m_1 v_1}{m_1 + m_2} \boldsymbol{j}$$

$$\cot(90° + 38°) = \frac{v_{\text{f},x}}{v_{\text{f},y}} = -\frac{m_2 v_2}{m_1 v_1}$$

卡车速度： $\qquad v_1 = \frac{m_2 v_2}{m_1 \tan 38°} = 0.854 v_2$

由此可知，卡车的速度小于轿车，说明轿车驾驶员描述的与事实不符。

【例 4-16】 一质量 $m' = 10\text{kg}$ 的物体放在光滑的水平面上，并与一水平轻弹簧相连，如图 4-17 所示，弹簧的劲度系数 $k = 1000\text{N} \cdot \text{m}^{-1}$。今有一质量 $m = 1\text{kg}$ 的小球，以水平速率 $v_0 = 4\text{m} \cdot \text{s}^{-1}$ 滑过来，与物体 m' 相碰后以 $v_1 = 2\text{m} \cdot \text{s}^{-1}$ 的速率弹回。（1）求物体起动后，弹簧的最大压缩量；（2）小球与物体的碰撞是否是弹性碰撞？恢复系数多大？（3）如果物体上涂有黏性物质，相碰后与小球粘在一起，则（1）（2）的结果如何？

【解】（1）本题要分两个阶段考虑，第一阶段是小球与物体相碰，第二阶段是物体压缩弹簧。

当 m 与 m' 相碰时，由于碰撞时间极短，弹簧还来不及变形，水平面又光滑，因此这两个物体组成的系统在水平方向不受外力作用而动量守恒。以向右方向为正，并设 m' 在碰撞后的速度为 $v_{m'}$，则有

$$mv_0 = m'v_{m'} - mv_1 \qquad\qquad ①$$

在 m' 压缩弹簧的过程中，只有弹性力做功，故机械能守恒。设弹簧的最大压缩量为 Δx，最大压缩时刻 m' 静止，则有

$$\frac{1}{2}m'v_{m'}^2 = \frac{1}{2}k(\Delta x)^2 \qquad ②$$

联立式①和式②，解得

$$\Delta x = \sqrt{\frac{m'}{k} \cdot \frac{m}{m'}}(v_0 + v_1)$$

代入 $m' = 10\text{kg}$，$m = 1\text{kg}$，$k = 1000\text{N}\cdot\text{m}^{-1}$，$v_0 = 4\text{m}\cdot\text{s}^{-1}$，$v_1 = 2\text{m}\cdot\text{s}^{-1}$，得

$$\Delta x = 6\times 10^{-2}\text{m}$$

（2）计算碰前、后的总动能，比较后有

$$\frac{1}{2}mv_0^2 > \frac{1}{2}mv_1^2 + \frac{1}{2}m'v_{m'}^2$$

可见 m 和 m' 的碰撞为非弹性碰撞，根据碰撞定律，恢复系数为

$$e = \frac{v_{m'} - (-v_1)}{v_0} = \frac{\frac{m}{m'}(v_0 + v_1) + v_1}{v_0} = 0.65$$

从 $e < 1$ 也可以看出该碰撞为非弹性碰撞。

（3）如果小球 m 和 m' 碰撞后粘在一起，则为完全非弹性碰撞，恢复系数 $e = 0$。由系统动量守恒得

$$mv_0 = (m' + m)v \qquad ③$$

在碰撞后压缩弹簧的过程中，系统机械能守恒，即

$$\frac{1}{2}(m' + m)v^2 = \frac{1}{2}k(\Delta x)^2 \qquad ④$$

联立式③和式④，解得

$$\Delta x = \sqrt{\frac{m + m'}{k}} \cdot \frac{mv_0}{m + m'} = \frac{mv_0}{\sqrt{k(m + m')}}$$

代入各量的值，得

$$\Delta x = 3.8 \times 10^{-2}\text{m}$$

【例4-17】轻弹簧下端固定在地面，上端连接一质量为 m 的木板，静止不动，如图4-18a所示。一质量为 m_0 的弹性小球从距木板 h 高度处以水平速度 $\boldsymbol{v}_0$ 平抛，落在木板上与木板弹性碰撞，设木板没有左右摆动，求碰后弹簧对地面的最大作用力。

【解】本题讨论的是一个复合过程。对于复合过程，可以分解为若干个分过程来讨论。

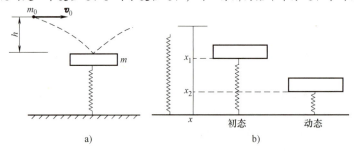

图4-18

第一个分过程是 m_0 的平抛，当 m_0 到达木板时，其水平和竖直方向的速度分别为

$$v_x = v_0 \qquad ①$$
$$v_y = \sqrt{2gh} \qquad ②$$

第二个分过程是小球与木板的弹性碰撞过程，将小球与木板视为一个系统，动量守恒。因碰撞后木板没有左右摆动，小球水平速度不变，故只需考虑竖直方向动量守恒即可（忽略重力）。设碰撞后小球速度竖直分量为 v_y'，木板速度为 v，则有

$$m_0 v_y = m_0 v_y' + mv \qquad ③$$

完全弹性碰撞，系统动能不变，即

$$\frac{1}{2}m_0(v_x^2 + v_y^2) = \frac{1}{2}m_0(v_x^2 + v_y'^2) + \frac{1}{2}mv^2 \qquad ④$$

第三个分过程是碰撞后木板的振动过程，将木板、弹簧和地球视为一个系统，机械能守恒。取弹簧为原长时作为坐标原点和势能零点，并设木板静止时弹簧已有的压缩量为 x_1，碰后弹簧的最大压缩量为 x_2（见图 4-18b）。由机械能守恒有

$$\frac{1}{2}mv^2 + \frac{1}{2}kx_1^2 - mgx_1 = \frac{1}{2}kx_2^2 - mgx_2 \qquad ⑤$$

式中，x_1 可由碰撞前弹簧木板平衡时的受力情况求出：

$$mg = kx_1 \qquad ⑥$$

弹簧处于最大压缩时对地的作用力最大：

$$F_{max} = kx_2 \qquad ⑦$$

联立求解式①~式⑦，得

$$F_{max} = mg + \frac{2m_0}{m_0 + m}\sqrt{2mgkh}$$

 物理知识拓展

1. 超高速碰撞

当由碰撞引起的应力比材料的强度高许多倍时，可以把弹丸及靶板局部材料视为流体。于是，流体力学的原理可用于分析超高速碰撞的初始阶段。这个简化过程使得超高速碰撞问题在数学分析方面的难易程度仅次于弹性碰撞问题。就这一点而论，超高速碰撞问题的研究对定量了解更普遍的碰撞问题是一个特别有吸引力的起点。

当速度达到某一数值，可以近似忽略弹丸及靶板材料强度。这样一个速度值，对于不同的弹-靶材料组合有很大不同。对蜡子弹打蜡靶的情况，速度不到 $1km \cdot s^{-1}$ 时就可忽略弹-靶强度（显然，这时弹-靶都处于液体状态）。速度为 $1.5 \sim 2.5km \cdot s^{-1}$ 时，密度大的软材料如铅、锡、金及铟等，可以产生超高速碰撞现象。在典型的结构及坚硬材料如铝、钢、石英等材料中，速度必须达到 $5 \sim 6km \cdot s^{-1}$ 才能产生超高速碰撞现象。在低密度高强度材料如铍、硼金属及像氧化铝、碳化硼这样的硬陶瓷和金刚石中，只有速度达到和超过 $8 \sim 10km \cdot s^{-1}$ 时才能产生上述现象。

无论是弹丸还是靶材冲击受压，受冲击的地方的材料行为都犹如流体，而其他部分的材料特性仍然受有关强度现象的控制，这时便出现了人们十分关注的碰撞现象。在这里，可能发生各种各样的碰撞现象，如弹丸保持完整无损，在低密度软靶材料中形成很深的孔，或在靶的表面弹丸飞溅，靶表面或者保持不变形，或者产生强度破坏如碎裂或崩落。

2. 对称性和守恒定律

物理学各个领域有那么多定理、定律和法则，但它们的地位并不是平等，而是有层次的。统率整个经典力学的是牛顿定律，统率整个电磁学的是麦克斯韦方程，是否有比这些基本规律更高层次的法则呢？有，对称原理就是这样的法则。

对称性又叫不变性。1951 年，德国数学家威尔提出了关于对称性的普遍严格的定义："如果一个操作使系统从一个状态变到另一个与之等价的状态，或者说，系统状态在此操作下不变，我们就说系统对于这一操作是对称的，而这个操作叫作这个系统的一个对称操作。"人们发现，如果给定的物理实验或物理现象的发展变化过程，是和此实验的空间位置无关的，其就具有空间平移对称性，动量守恒定律就是这种对称性的表现。如果给定实验的发展过程和此实验装置在空间的取向无关，其就具有空间转动对称性，角动量守恒定律就是这种对称性的表现。如果给定的物理实验的进展过程和此实验的开始时间无关，其就具有时间平移对称性，能量守恒定律就是这种对称性的表现。对于每一种对称性，都存在一个守恒定律，我们往往可根据对称性原理和守恒定律做出一些定性判断，得到一些有用信息。这些法则不仅不会与已知领域的具体定律相悖，还能指导我们去探索未知领域。当代物理学家，正高度自觉地运用对称性法则和与之相应的守恒定律，去寻求物质更深层次的奥秘。

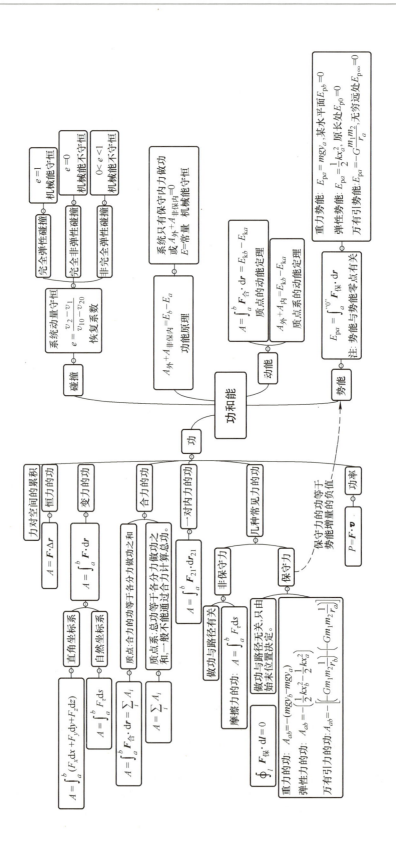

章知识导图

碰撞

完全弹性碰撞 $e=1$ 机械能守恒

完全非弹性碰撞 $e=0$ 机械能不守恒

非完全弹性碰撞 $0<e<1$ 机械能不守恒

系统动量守恒 $e=\dfrac{v_2-v_1}{v_{10}-v_{20}}$ 恢复系数

功能原理 $A_{外}+A_{非保内}=E_b-E_a$

系统只有保守力内力做功 或 $A_{外}+A_{非保内}=0$ $E=常量$ 机械能守恒

动能

质点的动能定理 $A=\int_a^b \boldsymbol{F}_合 \cdot d\boldsymbol{r}=E_{kb}-E_{ka}$

质点系的动能定理 $A_{外}+A_{内}=E_{kb}-E_{ka}$

功和能

功

势能

势能 $E_{pa}=\int_a^{-0} \boldsymbol{F}_保 \cdot d\boldsymbol{r}$ 注: 势能与势能零点有关

重力势能: $E_{pa}=mgy_a$, 某水平面 $E_{pb}=0$

弹性势能: $E_{pa}=\dfrac{1}{2}kx_a^2$, 原长处 $E_{p0}=0$

万有引力势能: $E_{pa}=-G\dfrac{m_1m_2}{r_a}$, 无穷远处 $E_{p\infty}=0$

力对空间的累积

恒力的功 $A=\boldsymbol{F}\cdot\Delta\boldsymbol{r}$

变力的功 $A=\int_a^b \boldsymbol{F}\cdot d\boldsymbol{r}$

直角坐标系 $A=\int_a^b (F_x dx+F_y dy+F_z dz)$

自然坐标系 $A=\int_a^b F_\tau ds$

合力的功

质点: 合力功等于各分力做功之和 $A=\int_a^b \boldsymbol{F}_合 \cdot d\boldsymbol{r}=\sum_i A_i$

质点系: 总功等于各分力做功之和, 一般不能通过合力计算总功。 $A=\sum_i A_i$

一对内力的功 $A=\int_a^b \boldsymbol{F}_{21}\cdot d\boldsymbol{r}_{21}$

几种常见力的功

非保守力

做功与路径有关

摩擦力的功: $A=\int_a^b F_\tau ds$

保守力

做功与路径无关, 只由始末位置决定。 $\oint_l \boldsymbol{F}_保 \cdot dl=0$

重力的功: $A_{ab}=-(mgy_b-mgy_a)$

弹性力的功: $A_{ab}=-\left(\dfrac{1}{2}kx_b^2-\dfrac{1}{2}kx_a^2\right)$

万有引力的功: $A_{ab}=-\left[\left(-Gm_1m_2\dfrac{1}{r_b}\right)-\left(-Gm_1m_2\dfrac{1}{r_a}\right)\right]$

保守力的功等于 势能增量的负值

功率 $P=\boldsymbol{F}\cdot\boldsymbol{v}$

思考与练习

思考题

4-1　将物体匀速或匀加速拉起同样的高度时，外力对物体做的功是否相同？

4-2　子弹水平地射入树干内，阻力对子弹做正功还是负功？子弹施于树干的力对树干做正功还是负功？

4-3　非保守力做功总是负的，这种说法是否正确？

4-4　如果两个质点相互作用力沿着两质点的连线作用，而大小决定于它们之间的距离，这样的力叫有心力。万有引力就是一种有心力，任何有心力都是保守力，这个结论对吗？

4-5　在匀速水平开行的车厢内悬吊一个单摆。相对于车厢参考系，摆球的机械能是否不变？相对于地面参考系，摆球的机械能是否也保持不变？

练习题

（一）填空题

4-1　质量为 m 的物体，置于电梯内，电梯以 $g/2$ 的加速度匀加速下降 h，在此过程中，电梯对物体的作用力所做的功为 _____。

4-2　如习题 4-2 图所示，沿着半径为 R 圆周运动的质点，所受的几个力中有一个是恒力 $\boldsymbol{F}_0$，方向始终沿 x 轴正向，即 $\boldsymbol{F}_0 = F_0\boldsymbol{i}$。当质点从 A 点沿逆时针方向走过 $3/4$ 圆周到达 B 点时，力 $\boldsymbol{F}_0$ 所做的功为 $A =$ _____。

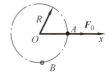

习题 4-2 图

4-3　已知地球质量为 m'，半径为 R。一质量为 m 的火箭从地面上升到距地面高度为 $2R$ 处。在此过程中，地球引力对火箭做的功为 _____。

4-4　有一劲度系数为 k 的轻弹簧，竖直放置，下端悬一质量为 m 的小球。先使弹簧为原长，而小球恰好与地接触。再将弹簧上端缓慢地提起，直到小球刚能脱离地面为止。在此过程中外力所做的功为 _____。

4-5　一个质量为 m 的质点，仅受到力 $F = kr/r^3$ 的作用，其中 k 为常量，r 为从某一定点到质点的矢径。该质点在 $r = r_0$ 处被释放，由静止开始运动，当它到达无穷远时的速率为 _____。

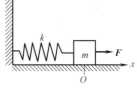

习题 4-6 图

4-6　如习题 4-6 图所示，劲度系数为 k 的弹簧，一端固定在墙壁上，另一端连一质量为 m 的物体，物体在坐标原点 O 时弹簧长度为原长。物体与桌面间的摩擦因数为 μ。若物体在不变的外力 F 作用下向右移动，则物体到达最远位置时系统的弹性势能 $E_p =$ _____。

4-7　已知地球的半径为 R，质量为 m_E。现有一质量为 m 的物体，在离地面高度为 $2R$ 处。以地球和物体为系统，若取地面为势能零点，则系统的引力势能为 _____；若取无穷远处为势能零点，则系统的引力势能为 _____。（G 为引力常量）

4-8　保守力的特点是 _____，保守力的功与势能的关系式为 _____。

4-9　如习题 4-9 图所示，质量为 m 的小球系在劲度系数为 k 的轻弹簧一端，弹簧的另一端固定在 O 点。开始时弹簧在水平位置 A，处于自然状态，原长为 l_0。小球由位置 A 释放，下落到 O 点正下方位置 B 时，弹簧的长度为 l，则小球到达 B 点时的速度大小为 $v_B =$ _____。

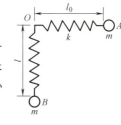

习题 4-9 图

4-10　如习题 4-10 图所示，一弹簧原长 $l_0 = 0.1\text{m}$，劲度系数 $k = 50\text{N} \cdot \text{m}^{-1}$，其一端固定在半径为 $R = 0.1\text{m}$ 的半圆环的端点 A，另一端与一套在半圆环上的

小环相连。在把小环由半圆环中点 B 移到另一端 C 的过程中,弹簧的拉力对小环所做的功为_____J。

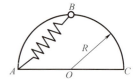

　4-11　一质点在保守力场中沿 x 轴（在 $x > 0$ 范围内）运动,其势能为 $E_p = \dfrac{kx}{x^2 + a^2}$。其中 k、a 均为大于零的常量。则该保守力的大小 $F =$ _____。

习题 4-10 图

　4-12　粒子 B 的质量是粒子 A 的质量的 4 倍,开始时粒子 A 的速度 $\boldsymbol{v}_{A0} = 3\boldsymbol{i} + 4\boldsymbol{j}$,粒子 B 的速度 $\boldsymbol{v}_{B0} = 2\boldsymbol{i} - 7\boldsymbol{j}$。在无外力作用的情况下两者发生碰撞,碰后粒子 A 的速度变为 $\boldsymbol{v}_A = 7\boldsymbol{i} - 4\boldsymbol{j}$,则此时粒子 B 的速度 $\boldsymbol{v}_B =$ _____。

　4-13　一质量为30kg的物体以 $10\,\text{m}\cdot\text{s}^{-1}$ 的速率水平向东运动,另一质量为20kg的物体以 $20\,\text{m}\cdot\text{s}^{-1}$ 的速率水平向北运动。两物体发生完全非弹性碰撞后,它们的速度大小 $v =$ _____,方向为_____。

　4-14　一个打桩机,夯的质量为 m_1,桩的质量为 m_2。假设夯与桩相碰撞时为完全非弹性碰撞且碰撞时间极短,则刚刚碰撞后夯与桩的动能是碰前夯的动能的_____倍。

（二）计算题

　4-15　一质量为 m 的质点在 Oxy 平面上运动,其位置矢量为

$$\boldsymbol{r} = a\cos\omega t\,\boldsymbol{i} + b\sin\omega t\,\boldsymbol{j} \quad (\text{SI})$$

式中,a、b、ω 是正值常量,且 $a > b$。

　（1）求质点在点 $A\,(a,\,0)$ 时和点 $B\,(0,\,b)$ 时的动能;

　（2）求质点所受的合外力 $\boldsymbol{F}$ 以及当质点从 A 点运动到 B 点的过程中 $\boldsymbol{F}$ 的分力 F_x 和 F_y 分别做的功。

　4-16　质量为2kg的物体,在沿 x 方向的变力作用下,在 $x = 0$ 处由静止开始运动。设变力与 x 的关系如习题 4-16 图所示。试由动能定理求物体在 $x = 5\text{m}$、10m、15m 处的速率。

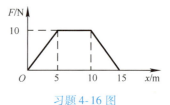

习题 4-16 图

　4-17　某弹簧不遵守胡克定律。设施力 F,相应伸长为 x,力与伸长的关系为

$$F = 52.8x + 38.4x^2 \quad (\text{SI})$$

　（1）将弹簧从伸长 $x_1 = 0.50\text{m}$ 拉伸到伸长 $x_2 = 1.00\text{m}$ 时,求外力所需做的功;

　（2）将弹簧横放在水平光滑桌面上,一端固定,另一端系一个质量为 2.17kg 的物体,然后将弹簧拉伸到一定伸长 $x_2 = 1.00\text{m}$,再将物体由静止释放,求当弹簧回到 $x_1 = 0.50\text{m}$ 时物体的速率;

　（3）此弹簧的弹力是保守力吗?

　4-18　如习题 4-18 图所示,一劲度系数为 k 的轻弹簧水平放置,左端固定,右端与桌面上一质量为 m 的木块连接,水平力 $\boldsymbol{F}$ 向右拉木块。木块处于静止状态。若木块与桌面间的静摩擦因数为 μ,且 $F > \mu mg$,求弹簧的弹性势能 E_p 应满足的关系。

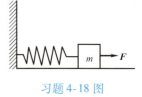

习题 4-18 图

　4-19　用劲度系数为 k 的弹簧,悬挂一质量为 m 的物体,若使此物体在平衡位置以初速 $\boldsymbol{v}$ 突然向下运动,问物体可降低到何处?

　4-20　如习题 4-20 所示,边长为 a 的正方体木块静浮于横截面积为 $4a^2$ 的杯内水面上,水的深度 $h = 2a$。已知水的密度为 ρ_0,木块的密度为 $\dfrac{1}{2}\rho_0$,现将木块非常缓慢地压至水底。忽略水的阻力作用,求在此过程中外力所做的功。

　4-21　有人从10m深的井中提水,开始时桶中装有10kg的水。由于水桶漏水,每升高1m漏水0.2kg,求水桶匀速地从井中提到井口时人所做的功。

　4-22　一方向不变、大小按 $F = 4t^2$（SI）变化的力作用在原先静止、质量为4kg的物体上。求:

　（1）前3s内力所做的功;

（2）$t = 3\text{s}$ 时物体的动能；

（3）$t = 3\text{s}$ 时力的功率。

4-23　一颗速率为 700m·s^{-1} 的子弹，打穿一块木块后速率降为 500m·s^{-1}，如果让它继续穿过完全相同的第二块木块，子弹的速率降为多少？

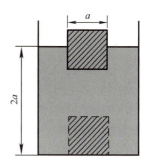

习题 4-20 图

4-24　一物体按规律 $x = ct^3$ 在流体介质中做直线运动，其中 c 为常量，t 为时间。设介质对物体的阻力正比于速度，阻力系数为 k，试求物体由 $x = 0$ 运动到 $x = l$ 时，阻力所做的功。

4-25　如习题 4-25 图所示，一条位于竖直平面内半径为 R 的光滑 1/4 圆形细弯管，作为与之等长的细铁链的导管。初始时刻铁链 AB 全部静止在管内，由此状态释放铁链，当 OA 与 y 轴夹角为 α（$\alpha < \pi/2$）时，求铁链的速度。

4-26　长 $l = 50\text{cm}$ 的轻绳，一端固定在 O 点，另一端系一质量 $m = 1\text{kg}$ 的小球，开始时，小球与竖直线的夹角为 $60°$，如习题 4-26 图所示，在竖直面内并垂直于轻绳给小球初速度 $v_0 = 350\text{cm·s}^{-1}$。试求：

（1）在随后的运动中，绳中张力为零时，小球的位置和速度；

（2）在轻绳再次张紧前，小球的轨道方程。

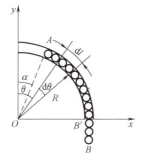

习题 4-25 图

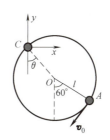

习题 4-26 图

4-27　如习题 4-27 图所示，劲度系数为 k 的轻弹簧，一端固定，另一端与桌面上的质量为 m 的小球 B 相连接。用外力推动小球，将弹簧压缩一段距离 L 后放开。假定小球所受的滑动摩擦力大小为 F 且恒定不变，动摩擦因数与静摩擦因数可视为相等。试求 L 必须满足什么条件时，才能使小球在放开后就开始运动，而且一旦停止下来就一直保持静止状态。

4-28　一物体与斜面间的摩擦因数 $\mu = 0.20$，斜面固定，倾角 $\alpha = 45°$。现给予物体以初速率 $v_0 = 10\text{m·s}^{-1}$，使它沿斜面向上滑，如习题 4-28 图所示。求：

（1）物体能够上升的最大高度 h；

（2）该物体达到最高点后，沿斜面返回到原出发点时的速率 v。

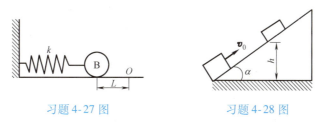

习题 4-27 图　　　　　习题 4-28 图

4-29　设两个粒子之间相互作用力是排斥力，其大小与粒子间距离 r 的函数关系为 $F = k/r^3$，k 为正值

常量，试求这两个粒子相距为 r 时的势能。（设相互作用力为零的地方势能为零）

4-30　质量 $m = 2\text{kg}$ 的物体受到力 $\boldsymbol{F} = 5t\boldsymbol{i} + 3t^2\boldsymbol{j}$（SI）的作用而运动，$t = 0$ 时物体位于原点并静止。求前 10s 内力做的功和 $t = 10\text{s}$ 物体的动能。

4-31　如习题 4-31 图所示，自动卸料车连同料重量为 G_1，它从静止开始沿着与水平面成 30° 的斜面滑下。滑到底端时与处于自然状态的轻弹簧相碰，当弹簧压缩到最大时，卸料车就自动翻斗卸料，此时料车下降高度为 h。然后，依靠被压缩弹簧的弹性力作用又沿斜面回到原有高度。设空车重量为 G_2，另外假定摩擦阻力为车重的 0.2 倍，求 G_1 与 G_2 的比值。

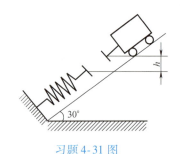

习题 4-31 图

4-32　一地下蓄水池的面积为 50m^2，蓄水深度为 1.5m，水面低于地面 5.0m。如将这池水全部吸到地面，需做多少功？已知抽水机的效率为 80%，输入功率为 3.5kW，抽完这池水需多少时间？

4-33　一质点沿习题 4-33 图所示的路径运动，求力 $\boldsymbol{F} = (4 - 2y)\boldsymbol{i}$（SI）对该质点所做的功。（1）沿 ODC；（2）沿 OBC。

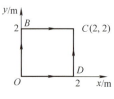

习题 4-33 图

4-34　某学生有一个用于汽车防撞护栏的设计：现以一台质量为 1700kg、速度为 $20\text{m} \cdot \text{s}^{-1}$ 行驶的汽车撞向轻质弹簧，可使汽车减速至停止。为了使乘客不受伤害，汽车在减速过程中加速度不大于 $5g$。

（1）确定需要的弹簧劲度系数，确定使车辆减速至停止的压缩距离，在计算过程中，可忽略所有的车辆的形变或扭曲以及车辆和地面间的摩擦；

（2）这个设计的缺点是什么？

4-35　2029 年 4 月 13 日，小行星 99942 阿波菲斯将要通过近地 18600mile（1mile 约为 1609m）的地点，这段距离也是地球距离月球距离的 1/13。该行星的密度约为 $2600\text{kg} \cdot \text{m}^{-3}$，大约可以看成是一个直径为 320m 的球体，通过近地点时的速度将为 $12.6\text{km} \cdot \text{s}^{-1}$。

（1）如果出现很小的偏离轨道，这个行星就会撞上地球，其将释放多大的动能？

（2）美国测试过最大核炸弹，这枚核炸弹为 15Mt TNT 当量。（1Mt TNT 释放 4.184×10^{15} J 的能量）。问多少这种核炸弹的能量等价于小行星的能量？

4-36　白垩纪晚期恐龙灭绝的可能原因之一是当时有一颗较大的小行星撞击地球。这个过程中会有能量释放出来，假设小行星是一半径为 1.00km、密度为 $4750\text{kg} \cdot \text{m}^{-3}$ 的球状星体，以并不大的速度进入太阳系与地球发生撞击，这颗小行星在撞击地球前动能有多大？

4-37　如习题 4-37 图所示，质量为 m_2 的物体与轻弹簧相连，弹簧另一端与一质量可忽略的挡板连接，静止在光滑的桌面上。弹簧劲度系数为 k。今有一质量为 m_1、速度为 $\boldsymbol{v}_0$ 的物体向弹簧运动并与挡板正碰，求弹簧最大的被压缩量。

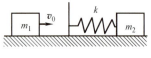

习题 4-37 图

4-38　核反应堆减速剂。铀核反应堆裂变产生高速运动的中子。在一个中子可以触发额外的裂变前，它必须通过与反应堆减速剂原子核碰撞来减速。第一个核反应堆（建于 1942 年芝加哥大学）以及 1986 年发生核事故的苏联切尔诺贝利反应堆都以碳（石墨）作为减速剂材料。假设一个中子（质量为 1.0u）速度为 $2.6 \times 10^7\text{m} \cdot \text{s}^{-1}$ 与静止的碳原子核（质量为 12u）弹性碰撞。在碰撞过程中外力忽略，碰撞后中子的速度是多少？（u 是原子质量单位，等于 $1.66 \times 10^{-27}\text{kg}$）。

4-39　质量为 3000kg 的赛斯纳（Cessna）飞机在巴西一丛林 1600m 的高空以 $75\text{m} \cdot \text{s}^{-1}$ 的速度向北飞行，与一质量为 7000kg、以 $100\text{m} \cdot \text{s}^{-1}$ 的速度北偏西 35° 飞行的另一飞机发生相撞。赛斯纳失事飞机在南偏西 25° 的 1000m 位置处，而另一飞机被撞成质量相等的两部分。其中的一部分在东偏北的 22° 的 1800m 位置处发现，另一部分在什么位置？（给出大小和方向）

阅读材料

卫星家族

人造地球卫星是环绕地球在空间轨道上运行的无人航天器，简称人造卫星或卫星。自 1957 年 10 月 4 日苏联成功发射了人类第一颗人造卫星之后，全球发射的航天器中 90% 以上是人造卫星。它是用途最广、发展最快的航天器之一。

卫星的种类很多，大致可按运行轨道、用途和质量分类。

按运行轨道，卫星可分为低轨道、中高轨道、地球同步轨道、地球静止轨道、太阳同步轨道、大椭圆轨道和极轨道七大类。这种分类法是根据开普勒定律得出的卫星空间位置的特定数据确定的，即轨道参数。它可以确定和跟踪卫星在空间的方位及运行速度。

按用途，卫星则可分为科学卫星、技术实验卫星和应用卫星三种。科学卫星就是用于科学探测研究的卫星，主要包括空间物理探测卫星和天文卫星。技术实验卫星则是进行新技术试验或为应用卫星进行先行试验的卫星。应用卫星是直接为国民经济、军事和文化教育等服务的，是当今世界上发射最多、应用最广、种类最杂的航天器之一。应用卫星细分下去还有三大类，即通信卫星、对地观测卫星和导航卫星。通信卫星可用于电话、电报、广播、电视及数据的传输；对地观测卫星可用在气象观测、资源勘探和军事侦察等领域；导航卫星可以为车船、飞机以及导弹武器等提供导航、定位和测量服务。

按质量划分是英国萨里大学提出的一种新观点。该观点的标准是：1000kg 以上的为大型卫星，500 ~ 1000kg 为中型卫星，100 ~ 500kg 为小型卫星，10 ~ 100kg 为微型卫星，10kg 以下为纳米卫星。其中纳米卫星还处于研究阶段。

1. 军事卫星系统

现代战争在某种意义上就是高科技战与信息战。军事卫星系统已成为一些国家现代作战指挥系统和战略武器系统的重要组成部分，占世界各国航天器发射数量的 2/3 以上。

军事卫星包括侦察卫星、通信卫星、导航卫星、预警卫星等。世界上最早部署国防卫星系统的是美国。自 1962 年至 1984 年，美国共部署了三代国防通信卫星 68 颗，使军队指挥能运筹帷幄，决胜千里。据说，美国总统向全球一线部队下达作命令仅需 3min。

如 1991 年的海湾战争，多国部队前线总指挥传送给五角大楼的战况有 90% 是经卫星传输的。多国部队以美国全球军事指挥控制系统（WWMCCS）为核心，进行战略任务的组织协调工作，以国防数据网（DDN）为主要战略通信手段，用三军联合战术通信系统（TRI-TAC）来协同陆、海、空的战术通信，构成完整的陆、海、空一体化通信网。多国部队共动用了 14 颗通信卫星，包括用于战略通信的"国防通信卫星" Ⅱ 型 2 颗、"国防通信卫星" Ⅲ 型 4 颗；用于战术通信的舰队通信卫星 3 颗、"辛康" Ⅳ 型通信卫星 4 颗；还有一颗主要用于英军通信的"天网" Ⅳ 通信卫星。多国部队各军兵种都配有国防通信系统接收机和通信接口。另外，在沙特的美军部队还配有一支由 20 人组成的卫星通信分队操作卫星地面站，用以确保卫星通信网正常运转。

许多国家都把军事卫星当作国防竞备的重要内容，并让它在现代战争中大显身手。而在和平年代，又把这些军事卫星改造为民用，为经济建设服务。

军用卫星的发展趋势主要在于提高卫星的生存能力和抗干扰能力，实现全天候、全天时覆盖地球和实时传输信息，延长工作寿命，扩大军事用途。

2. 军事侦察卫星

"知己知彼"是战争决策十分重要的一环，现代战争更是如此。利用军事侦察卫星这只

"火眼金睛"刺探敌情是"知彼"的一种先进手段。侦察卫星包括照相侦察卫星、电子侦察卫星、海洋监视预警卫星、导弹预警卫星和核爆炸监视预警卫星等。

世界上第一颗照相侦察卫星是美国1959年2月28日发射的"发现者"1号。照相侦察卫星的基本设置是可见光照相机,有全景扫描相机和画幅式相机两种。前者一般用于执行普查任务,可把地面上广大地区的景物拍下来。画幅式相机所拍范围虽小,但分辨力高,适用于军事机构、导弹基地、交通枢纽等战略目标的拍摄,这种卫星上还装有红外、多光谱、微波等照相机,发展到后期又装备有雷达照相机。

卫星侦察并非万能的,它在对手的各种欺骗和遮蔽对策下有时也会显得无能为力。而且150km高度轨道卫星对地面目标分辨力的光学极限值是10cm,即地面10cm内的两个或两个以上物体,卫星片上只能显出一个点,所以要判断一些细微的情况就会显得一筹莫展。

第 5 章　刚体的定轴转动

历史背景与物理思想发展

物体的一些运动是与它的形状有关的，这时物体就不能看成质点了，对其运动规律的讨论必须考虑形状的因素。对有形物体的一般性讨论也是一个非常复杂的问题，全面的分析和研究是力学专业课程学习的内容。在大学物理中，我们讨论有形物体的一种特殊的情况，那就是物体在运动时没有形变或形变可以忽略的情况。如果物体在运动时没有形变或其形变可以忽略，我们就能抽象出一个有形状而无形变的物体模型，这个模型叫作刚体。刚体更准确的定义是：如果一个物体中任意两个质点之间的距离在运动中都始终保持不变，我们则称之为刚体。被认为是刚体的物体在任何外力作用下都不会发生形变。实际物体在外力作用下总是有形变的，因此，刚体是一个理想模型。它是对有形物体运动的一个重要简化。实际物体能否看成刚体，不是依据其材质是否坚硬，而是考察它在运动过程中是否有形变或其形变是否可以忽略。正如质点力学中所讨论的那样，刚体就是一个质点系，而且是一个较为特殊的刚性的质点系，它的运动规律较之于一个质点相对位置分布可以随时间改变的一般质点系而言，要简单得多。

在物理学研究中，物理学家建立物理模型是一种基本的、十分重要的研究方法。从广义上讲，物理学中的各种基本概念，如长度、时间、空间等都可称为物理模型，因为它们都是以各自相应的现实原型（实体）为背景，抽象出来的最基本的物理概念。从狭义上讲，只有那些反映特定问题或特定具体事物的结构才叫作物理模型，如质点、刚体、理想气体等。

理想模型是指在原型（物理实体、物理系统、物理过程）基础上，经过科学抽象而建立起来的一种研究客体。它忽略了原型中的次要因素，集中突出了原型中起主导作用的因素，所以，理想模型是原型的简化和纯化，是原型的近似反映。

实体理想模型是建立在客观实体的基础上，根据讨论问题的性质和需要把客观实体理想化。比如，物理学中最简单、最重要的质点模型即如此。质点这一概念忽略了大小、形状等因素，突出了位置和质量特性，所以，这个模型的提出是一个科学抽象过程，是对实际物体的简化和纯化。但这种简化和纯化并不是没有根据的，任何理想模型的建立都要根据具体的实际情况而定。实际物体抽象为质点基于两点考虑：一是一个体积不是很大的物体，其运动被定域在非常广阔的空间里面，所以运动物体的大小跟空间线度相比是可以忽略的。二是运动物体上各个不同位置的点具有完全相同的运动状态，只要知道它的任何一点的运动状态，就可以知道整个物体的运动状态。可见，在这两种情况下，可以把物体看成忽略大小和形状的质点。在物理学中，实体理想模型还有点电荷、点光源、光滑平面、无限大平面、理想气体、理想流体、杠杆、绝对黑体、平面镜、薄透镜等。

理想模型也应用于系统和过程，系统一般泛指相互作用的物体的全体。如遵循牛顿第三定律、相互作用的物体的全体，叫作"力学系统"；讨论重力势能时，把地球和某物体视为"保守力系统"等。这些系统都是理想化的物理模型，称为系统理想模型。这种模型忽略了其他物体对系统的影响（如力的作用、能量传递等），而只研究系统内部物体间相互作用的规律。"力学系统"忽略了其他物体对系统的万有引力作用等,"保守力系统"忽略了一些非保守力因素,如摩擦等。事实上,在现实世界中严格的保守力系统和绝热系统是不存在的。自然界中各种事物的运动变化过程都是极其复杂的,在物理学研究中,不可能面面俱到。要首先分清主次,然后忽略掉次要因素,只保留运动过程中的主要因素,这样就得到了过程理想模型,如匀速直线运动、匀变速直线运动、匀速圆周运动、自由落体运动、斜抛运动、简谐振动、光的直线传播等模型。理想实验实际上也是一种过程理想模型,只不过这个"过程"是指实验过程。

类比方法也是物理学研究中常见的、十分重要的研究方法。类比方法自提出到现在已得到很大的发展和充实。类比方法的客观基础,一是不同的自然事物之间的相似性。不同事物在属性、数学形式及其定量描述上,有相同或相似的地方,因而可以进行比较。根据其相同或相似的已知部分,推知其未知的部分也可能相同或相似。所以,事物间的相似性是运用类比方法进行逻辑推理的客观依据。而事物之间存在的差异性却限制了类比的范围,使类比只能在一定的条件下进行。二是人脑的生理结构和功能为类比方法提供了生理条件。类比是人脑凭借已知对象的知识(即脑中已建立的神经联系)做出推测或结论,而且复杂的联想与联系是人脑结构与功能的基本要素和特征,也是人的神经系统与外界、主观与客观相互作用的结果。

诚然,类比是一种与科学发现这种创造性工作联系最为密切的逻辑方法。它是建立在原有背景知识的基础上,尝试从已知导向未知,推进科学认识的有力武器:科学家在构造和发展科学假说及其解释系统时,总是得益于在所研究对象与已知事物之间寻求和使用类比。类比几乎对一切科学理论都有帮助发现作用,巧妙的类比往往还能够预示观察、实验的正确方向,并可能最终导致重大的科学发现。开普勒曾说:"我珍视类比胜于任何别的东西,它是我最可信赖的老师,它能揭示自然界的秘密。"康德也说过:"每当理智缺乏可靠的思路时,类比这个方法往往能指引我们前进。""我始终以类比的方法和合理的可信性为指导,尽可能地把我的理论体系大胆地发展下去。"

下面我们用类比的方法,应用牛顿质点力学的研究方法来研究一个特殊的理想模型——刚体。

5.1　刚体及刚体运动

当飞机飞行速度接近声速时,周围的气流状态会发生变化,出现激波或其他效应,使机身抖动、失控,并且还将出现极大的阻力,使飞机难以突破声速,人们把这种现象称为声障。1947 年 10 月 14 日,人类驾驶装备火箭发动机的 X-1 飞机首次突破了声障。此后,超声速飞机才逐渐发展起来。螺旋桨飞机的速度一般不到 0.8 倍声速,超声速飞行始终是一个难题,主要原因在于螺旋桨的叶尖在飞行中会率先达到局部超声速,限制了飞行速度的进一步提升。那么为什么螺旋桨的叶尖会在飞行中率先超声速呢?

物理现象

物理学基本内容

本章开始学习一种特殊的质点系——刚体,它的运动比质点更复杂,但研究内容仍然是运动的描述、功能关系及机械运动的传递和转移等,所用到的基本物理原理仍然是牛顿运动定律,且与质点问题研究的物理思想是一致的。特别是对定轴转动的刚体，很多物理规律的数学表达与质点相似，请读者在学习过程中注意和前面各章节的类比。

5.1.1　刚体及其运动的分类

在研究飞机沿轨迹运动时，可以把飞机看作质点，而如果要研究飞机的姿态变化，则不能够忽略其大小和形状。对于需要考虑大小和形状但又可忽略形变的这一类物体，物理学中将其抽象为一种理想模型——刚体。刚体是在任何力的作用下都不发生形变的物体，即刚体上任意两质点间的相对距离保持不变。但任何实际的物体在受力情况下都会发生或大或小的形变，所以刚体是一种理想模型。

与质点理想模型类似，研究对象能否看成刚体也是相对的。当物体所发生的形变对所研究的问题产生的影响可以忽略不计时，我们就可以把它当作刚体近似处理。

相比于质点的运动，刚体除了空间位置的变化，还有整体姿态的变化，分别称为平动和转动，下面具体给出刚体运动的分类。

1. 平动

如果在运动过程中，刚体内部任意两个质点之间连线的方向始终保持不变，这样的运动称为平动。平动时，刚体只有空间位置的变化而没有整体姿态的变化，刚体上所有质点的运动均一致，因此刚体的平动可以用刚体上任意质点的运动来代替，如图 5-1a 所示，此时刚体可以看作质点，其运动在前面已研究过。

2. 定轴转动

如果在运动过程中，刚体上所有质点均绕某一固定直线做圆周运动，这样的运动称为定轴转动，该直线称为转轴。如抗眩晕训练用的悬梯、固定滚轮的运动均属于定轴转动。需要注意：转动是否是定轴的，取决于参考系的选择，如螺旋桨飞机的螺旋桨，相对于飞机其运动就是定轴转动，相对于地面则不是。

3. 其他类型的运动

平动和定轴转动是刚体最简单、最基本的运动形式，除此之外刚体还有平面平行运动、定点转动以及一般运动等形式。平面平行运动时，刚体上各质点的运动始终限定于某一平面内且这些平面相互平行，如图 5-1b 中的圆柱沿斜面滚落，火车车轮沿直线轨道的运动等。刚体运动时其上某一点始终保持静止不动，这样的运动就是定点转动，如图 5-1c 所示陀螺的运动。对于刚体更复杂的一般运动，都是上述几种基本运动的叠加。作为基础，本章主要讨论刚体的定轴转动。

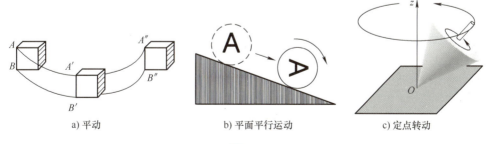

a) 平动　　　　　　　　b) 平面平行运动　　　　　　　c) 定点转动

图 5-1

5.1.2　刚体定轴转动的描述

做定轴转动时，刚体除转轴外的各个质点均在垂直于转轴的平面内做圆周运动。这些平面称为转动平面。各质点的转动平面与转轴的交点称为转心，质点到转心的距离称为转动半径。不难发现，虽然各质点的转动半径可能不同，相同时间内它们圆周运动的弧长也不同，但各个弧长所对应的角位移是相同的。因此，用角量来描述刚体的定轴转动最方便。

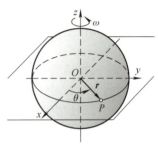

如图 5-2 所示，刚体绕定轴转动，转轴通常记为 z 轴。刚体上任意质点 P 的圆周运动即代表了刚体的定轴转动。在 P 点的转动平面内以其转心 O 为原点建立极坐标系，设在任意时刻 t，质点相对于坐标原点 O 的位矢为 $\mathbf{r}$，$\mathbf{r}$ 相对于 x 轴正向的夹角为 θ。θ 值随刚体转动不断变化，既表示了质点 P 圆周运动的角位置，也描述了刚体的定轴转动的角位置，其随时间的变化关系就是刚体定轴转动的运动方程

$$\theta = \theta(t) \qquad (5\text{-}1)$$

图 5-2

在一段时间内 θ 值的增量 $\Delta\theta$ 即为刚体定轴转动的角位移，无限小的角位移用 $\mathrm{d}\theta$ 表示。由角量描述方法，可进一步表示出刚体定轴转动的角速度和角加速度：

$$\omega = \frac{\mathrm{d}\theta(t)}{\mathrm{d}t} \qquad (5\text{-}2)$$

$$\beta = \frac{\mathrm{d}\omega(t)}{\mathrm{d}t} = \frac{\mathrm{d}^2\theta(t)}{\mathrm{d}t^2} \qquad (5\text{-}3)$$

需要注意的是，有限大小的角位移 $\Delta\theta$ 不是矢量，但可以证明无限小角位移是矢量，角速度和角加速度也都是矢量，它们的方向均通过右手螺旋定则来确定。如图 5-3 中，刚体做定轴转动，使右手四指旋向刚体直观转动的方向，则拇指的指向即为无限小角位移的方向。不难发现这也是角速度的方向。在此基础上，可根据式（5-3）结合矢量的求导法则分析角加速度的方向：某时刻如果角速度的大小在增大，则角加速度的方向与角速度方向相同；如果角速度的大小在减小，则角加速度的方向与角速度方向相反。显然，在刚体的定轴转动中，无限

图 5-3

小角位移、角速度和角加速度矢量的方向只有沿着 z 轴和逆着 z 轴两个方向。所以，刚体定轴转动的问题可类比质点的直线运动，将上述三个矢量写成标量形式，其正负号表示方向，见表 5-1。

表 5-1　定轴转动与直线运动的类比

物理量	刚体的定轴转动	质点的直线运动
角速度/速度	$\omega = \omega_0 + \int \beta \mathrm{d}t$	$v = v_0 + \int a \mathrm{d}t$
位置	$\theta = \theta_0 + \int \omega \mathrm{d}t$	$s = s_0 + \int v \mathrm{d}t$

矢量的定义不仅包含大小和方向，还包含了运算法则。有限大小的角位移不是矢量，因为它不满足矢量的加法交换律。快用本书或者铅笔盒来转一转，试着证明吧！（提示：不要只绕一个轴转。）

思维拓展

物理知识应用

【例5-1】 利用膛线使子弹出射时绕自身纵轴旋转，是提高枪械射击精度的常见手段（原理参见第5.4节）。如图5-4所示，95式突击步枪的枪管 L 长463mm，内有4条膛线，膛线缠距（枪管中的膛线旋转一周所前进的距离）l 为240mm，主要使用DBP-87式5.8毫米步枪弹，子弹的出膛速率 v 约为930m·s^{-1}。假设子弹在出射过程中做匀加速直线运动，试求子弹绕纵轴旋转的角加速度大小。

【解】 根据膛线缠距的定义可以得出，任意时刻子弹在枪膛中的位置为 s 时，子弹绕纵轴旋转的角度 θ 为

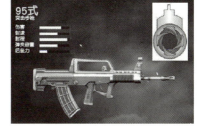

图5-4

$$\theta = 2\pi \frac{s}{l}$$

上式对时间求二阶导数可得任意时刻子弹旋转的角加速度

$$\beta = 2\pi \frac{a}{l}$$

子弹在出射过程中做匀加速直线运动，故子弹的加速度 $a = v^2/2L$。代入上式得

$$\beta = \frac{\pi v^2}{lL} = 2.44 \times 10^7 \text{rad} \cdot \text{s}^{-2}$$

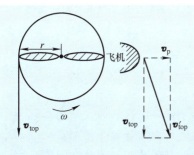

现象解释

螺旋桨飞机的主要特点是依靠螺旋桨转动产生的空气动力来提供拉力。如图所示，当飞机在空中飞行时，飞机具有相对于空气的飞行速度 $\boldsymbol{v}_{\text{plane}}$，螺旋桨桨叶叶尖相对于飞机具有旋转切向的线速度 $\boldsymbol{v}_{\text{top}}$，螺旋桨桨叶相对于气流的速度是 $\boldsymbol{v}_{\text{plane}}$ 与 $\boldsymbol{v}_{\text{top}}$ 的叠加，它比这两者都要大。随着飞行速度的增加，螺旋桨桨叶叶尖位置会率先局部超声速，从叶尖位置产生失速，并逐渐扩展到叶根位置，使螺旋桨提供的拉力大幅下降。同时，声障的巨大阻力对螺旋桨的结构强度也提出了巨大的挑战，所以螺旋桨飞机实现超声速飞行非常困难，并且为了保证桨叶叶尖不会局部超声速，飞机飞行速度比声速要低不少。

 物理知识拓展

飞机的姿态描述

在前几章讨论到飞机的运动时，主要研究飞机整体位置的变化，把飞机当作了质点来处理。但实际上，飞机的飞行离不开姿态的变化。为了研究方便，通常将飞机的运动分解为质心的平动和绕质心轴的转动。一般有6个坐标，其中3个用来描述质心的运动、3个用来描述飞机绕质心轴的转动。在2.3节讨论力学中常见的力时曾提到飞机飞行过程中所受力的情况，包括飞机的升力、阻力、发动机推力和重力。这些力在飞行航迹的切向和法向的分力影响着飞机的飞行速率和方向机动，而这些分力的大小又与气流坐标系和航迹坐标系中的飞机姿态有关系，因此，清晰定量地描述飞机姿态是研究飞机飞行运动的重要基础。

为了方便研究，常建立与飞机机体固连的机体坐标系，机体坐标轴绕质心的三维定点转动十分复杂，需要在理论力学课程专门研究，下面仅对一维定轴转动进行简要描述。

机体坐标系中，原点 O 为飞机质心；纵轴 $Ox(t)$ 平行于机身轴线或机翼平均气动弦线，指向机头方

向；竖轴 $Oy(t)$ 在飞机对称平面内，垂直于
$Ox(t)$，指向上方，横轴 $Oz(t)$ 垂直于飞机对称
平面，指向右方，如图 5-5 所示。

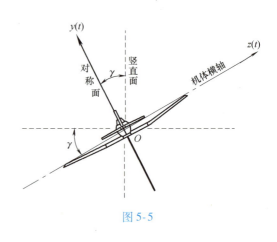

图 5-5

　　飞机在空中转动时，相应的机体坐标轴相
对于其他坐标轴的夹角也发生改变。机体纵轴
与水平面之间的夹角叫俯仰角，用 θ 表示，俯
仰角有正、负之分：纵轴指向水平面的上方，
俯仰角为正，正的俯仰角又叫仰角；指向水平
面的下方，俯仰角为负，又叫俯角。飞行时，
飞行员可根据机头与天地线的位置关系或地平
仪的指示来判断俯仰角。坡度是飞机对称面与
通过纵轴的铅垂面之间的夹角，用 γ 表示，一
般规定，左坡度为负，右坡度为正。在飞行中，
飞行员可从飞机风挡和天地线的关系位置或根据地平仪的指示来判断飞机的坡度。飞机的坡度还可以用飞机的横轴与机头所对天地线之间的夹角来表示。

　　在飞行中，飞机绕纵轴、竖轴和横轴转动的角速度分别称为滚转角速度（ω_x）、偏转角速度（ω_y）和俯仰角速度（ω_z）。飞机的滚转、偏转和俯仰角速度有正负之分，正、负号由右手定则并依据飞机转动轴的正、负向来确定。比如，确定俯仰角速度的正负时，用右手握住横轴，以四指弯曲的方向表示飞机的转动方向，如拇指伸直指向横轴正向，则俯仰角速度为正，反之则为负。偏转角速度和滚转角速度的正、负用上述同样的方法确定。

5.2　转动定律

　　弓箭都有尾羽，现代导弹等飞行器的设计也参考了这一设计。通常在大气层中飞行的导弹都在尾部装有尾翼。尾翼起着什么样的作用？为什么一定要安装在尾部呢？

物理现象

 物理学基本内容

　　刚体是特殊的质点系，自然服从质点系的动力学规律。通过第 3 章的质心运动定理可知，刚体所受的合外力决定其质心的加速度，即刚体的整体平动状态的变化。那么，刚体转动状态变化的原因是什么？

　　我们可以从生活中的现象来思考。例如同样是做俯卧撑训练，相比于膝盖着地，采用脚部着地的方法，训练强度会高许多。要使悬梯转动起来，在离转轴较远的位置施力就比在较近处施力轻松一些。人体站立时均处于重力与地面支持力平衡的状态，但单脚站立比两脚分立更容易倾倒。这说明转动状态变化的原因，涉及力的大小、方向和力的作用点，这三个要素归纳总结起来就是关于力矩的概念。

5.2.1　力矩

1. 对点的力矩

如图 5-6a 所示，设 F 是作用在 A 点上的力，O 点为选择的参考点，A 相对于 O 的位矢为 r，则力 F 相对于 O 点的力矩定义为：力的作用点相对于参考点的位矢 r 与力 F 的矢积，即

$$M = r \times F \tag{5-4}$$

力矩是矢量，它的大小为 $rF\sin\alpha$，其中 α 为 r 与 F 的夹角。它的方向垂直于 r 和 F 所确定的平面，沿右手螺旋方向。

若有多个力 F_i 作用于不同点，则它们相对于参考点 O 的合力矩为

$$M = \sum_i M_i = \sum_i r_i \times F_i \tag{5-5}$$

式中，r_i 为各力的作用点相对于参考点 O 的位矢。

在国际单位制中，力矩的单位为牛顿米（N·m）。

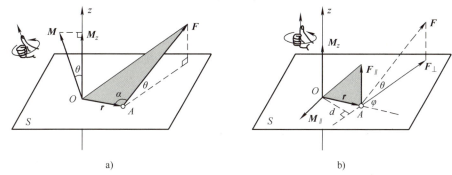

图 5-6

2. 对轴的力矩

力对轴的力矩定义为力对轴上某点的力矩沿轴向的分量。如图 5-6a 所示，作用于 A 点的力 F 对 O 点的力矩 M_z 沿 z 轴的分量 M_z 即为 F 对 z 轴的力矩。

对轴的力矩，还可以从另一个角度理解。如图 5-6b 所示，将力 F 分解为平行于 z 轴的 $F_{\parallel}$ 和 S 面内的分力 $F_{\perp}$，S 面为通过力的作用点 A 且垂直于 z 轴的平面，O 为 z 轴与 S 面的垂足。不难看出：力 F 对 O 点的力矩分为了两部分，其中 $F_{\parallel}$ 的力矩垂直于 z 轴，$F_{\perp}$ 的力矩沿 z 轴，故力 F 对轴的力矩就等于 $F_{\perp}$ 对 O 点的力矩：

$$M_z = r \times F_{\perp} \tag{5-6}$$

其大小为

$$M_z = F_{\perp} \cdot r\sin\varphi = F_{\perp} d \tag{5-7}$$

式中，r 表示 A 点相对于 O 点的位矢；φ 表示 $F_{\perp}$ 与 r 的夹角；d 是力 $F_{\perp}$ 作用线与轴线间的距离，称为力臂。可见，通过垂直于轴的分力来计算对轴的力矩最简单。

对于定轴转动的刚体，没有轴向以外的其他转动，所以只需要考虑对定轴的力矩，即考虑力在其转动平面内的分量对定轴的力矩。又因对定轴的力矩只有沿轴的两个方向，故可将其写为标量，用正负号表示其沿轴正向或者负向。

如果定轴转动的刚体受多个力矩，合力矩是各力矩的代数和，即

$$M = \sum_i M_i \tag{5-8}$$

式中，M_i 表示各个力对定轴的力矩的代数值。

特别地，由于系统内各对相互作用的内力大小相等、方向相反且在同一直线上，有相同的力臂，所以力矩也大小相等，方向相反，即系统内力矩的矢量和为零。

　　　　现在你能想明白，为什么汽车转弯靠转向盘，而飞机转弯用一杆两舵（驾驶杆和方向舵）了吗？

5.2.2　刚体定轴转动定律

　　定轴转动刚体受到力矩作用时，其角速度会发生变化，即具有角加速度。那么刚体所受力矩与角加速度之间的定量关系是什么？

　　如图5-7，刚体绕定轴 z 以角速度 ω 转动，角加速度为 β。在刚体上任取一质元 Δm_i，其转心为 O，Δm_i 相对于 O 的位矢为 $\boldsymbol{r}_i$。对定轴转动刚体所受的力矩，只与转动平面内的力有关，故下面只讨论力在转动平面内的分量。质元 Δm_i 受到来自刚体外的力 $\boldsymbol{F}_i$ 和来自刚体内其他质元的作用力 $\boldsymbol{f}_i$，故具有在转动平面内的加速度 $\boldsymbol{a}_i$。此时，根据牛顿第二定律有

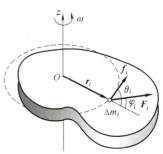

图5-7

$$\boldsymbol{F}_i + \boldsymbol{f}_i = \Delta m_i \boldsymbol{a}_i = \Delta m_i(\boldsymbol{a}_{i\text{n}} + \boldsymbol{a}_{i\tau}) \tag{5-9}$$

式（5-9）将 $\boldsymbol{a}_i$ 分解为了沿质元圆周运动的法向分量和切向分量。该质元受到的对 z 轴的力矩为

$$\boldsymbol{r}_i \times \boldsymbol{F}_i + \boldsymbol{r}_i \times \boldsymbol{f}_i = \Delta m_i \boldsymbol{r}_i \times \boldsymbol{a}_{i\text{n}} + \Delta m_i \boldsymbol{r}_i \times \boldsymbol{a}_{i\tau} \tag{5-10}$$

由于法向加速度 $\boldsymbol{a}_{i\text{n}}$ 与 $\boldsymbol{r}_i$ 平行，因此等号右边的第一项为零。考虑刚体上所有质元都满足式（5-10）关系，对其进行求和得到

$$\sum_i \boldsymbol{r}_i \times \boldsymbol{F}_i + \sum_i \boldsymbol{r}_i \times \boldsymbol{f}_i = \sum_i \Delta m_i \boldsymbol{r}_i \times \boldsymbol{a}_{i\tau} \tag{5-11}$$

式（5-11）等号左边第一项是刚体上所有质元所受的外力矩之和，用 $\boldsymbol{M}$ 表示；第二项是刚体上所有质元相互作用的内力矩之和，等于零。同时注意到，等号右边各个质元的切向加速度大小与刚体转动的角加速度的关系为 $a_{i\tau} = r_i\beta$，且 $\boldsymbol{r}_i \times \boldsymbol{a}_{i\tau}$ 的方向正好沿定轴的方向。如图5-7所示，当质元随刚体运动沿逆时针加速时，$\boldsymbol{r}_i \times \boldsymbol{a}_{i\tau}$ 的方向沿 z 轴正向，与刚体角加速度 $\boldsymbol{\beta}$ 的方向相同；当质元随刚体运动沿顺时针加速时，$\boldsymbol{r}_i \times \boldsymbol{a}_{i\tau}$ 的方向沿 z 轴负向，仍与刚体角加速度 $\boldsymbol{\beta}$ 的方向相同。综上，$\boldsymbol{r}_i \times \boldsymbol{a}_{i\tau}$ 可表示为 $r_i^2\boldsymbol{\beta}$，于是式（5-11）可化简为

$$\boldsymbol{M} = \boldsymbol{\beta} \sum_i \Delta m_i r_i^2 \tag{5-12}$$

式（5-12）等号右边的求和项以 J 表示，称为刚体对该转轴的转动惯量，得

$$\boldsymbol{M} = J\boldsymbol{\beta} \tag{5-13}$$

应该指出，式（5-13）中 $\boldsymbol{M}$、J、$\boldsymbol{\beta}$ 三者的关系是瞬时关系，并且 $\boldsymbol{\beta}$ 的方向与 $\boldsymbol{M}$ 的方向一致。对于定轴转动刚体，式（5-13）可改写为标量式

$$M = J\beta \tag{5-14}$$

　　式（5-14）表明，刚体所受的对于某一定轴的合外力矩等于刚体对此定轴的转动惯量与刚体在此合外力矩作用下所获得的角速度的乘积。式中合外力矩 M、转动惯量 J、角加速度 β 都是对同一轴而言的。这一结论叫作刚体定轴转动定律，是解决刚体定轴转动问题的基本定律，它的地位与解决质点动力学问题的牛顿第二定律相当。

将式（5-14）与牛顿第二定律 $F = ma$ 进行对比是很有启发性的，即合外力矩与合外力相对应，角加速度与加速度相对应，而转动惯量则与质量相对应。当定轴转动刚体所受的合外力矩为零时，角加速度为零，因而角速度保持不变。即原来静止的保持静止，原来转动的做匀角速转动。这表明，任何转动物体都具有转动惯性，即在不受外力矩作用时，物体都具有保持转动状态不变的性质。对于给定的外力矩 M，转动惯量 J 越大，角加速度 β 就越小，即刚体绕定轴转动的状态越难改变，可见转动惯量是物体转动惯性大小的量度。

刚体定轴转动定律的应用与牛顿运动定律的应用相似。牛顿运动定律应用的基础是受力分析，而对于转动定律的应用，则不仅要进行受力分析，还要进行力矩分析，然后应用转动定律列出刚体定轴转动的动力学方程并求解出结果。在刚体定轴转动定律的应用中还常常涉及与牛顿运动定律的综合，题目的复杂性相对较大，这也是读者应注意的问题。应用转动定律解题时，应注意以下几点：

（1）力矩和转动惯量必须对同一转轴而言。

（2）要选定转轴的正方向，以便确定力矩或角加速度、角速度的正负。

（3）当系统中既有转动物体又有平动物体时，如果用隔离体法解题，那么对转动物体按转动定律建立方程，对平动物体则按牛顿定律建立方程。

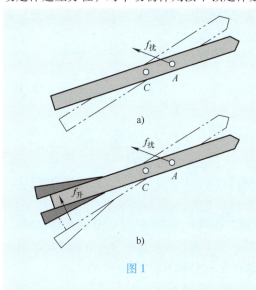

图 1

现象解释

如果没有尾翼，导弹在空中飞行时，主要受到重力、推力和空气动力的作用，通常这三者的关系使导弹处于力和力矩都相对平衡的状态。但当再受到其他扰动（如紊乱气流的作用）时，导弹会怎么样呢？如图 1a 所示，此时导弹没有安装尾翼，A 是空气动力的等效作用点，假设它位于重心 C 的前方。当导弹受到来自前方向上的扰动力时，该力将对重心产生垂直于纸面向外的力矩，使其逆时针翻转。随着导弹迎角增大，空气动力也随之增大，并进一步增大力矩，严重影响导弹的弹道。尾翼的作用正是利用空气动力在尾部产生相应的力矩来协助调整导弹姿态，对扰动引起的翻转起到负反馈的作用。例如图 1b 所示，当导弹上仰时，水平尾翼的迎角也随之增大，从而获得垂直于尾翼向上的升力，此升力作用于导弹重心的后方，所以对导弹重心产生的是使导弹下俯的力矩。飞机上的尾翼也起着类似的作用，防止飞机快速失去俯仰平衡，促使飞机向正常飞行姿态调整。当然，这种稳定调节作用是有限的，并且在一定条件范围内生效。同时，飞机越稳定，也就意味着操纵机动性越差。飞机设计团队们总是会根据不同任务目标需求来设计飞机，客机需要极好的稳定性，而歼击机需要将一部分稳定性操纵交给飞行员和飞控系统，从而获得更好的机动性。有许多歼击机就为了追求更好的机动性而将尾翼的固定部分取消代之以全动尾翼。如图 2 所示的发动机推力矢量技术也是新一代战机获得更高机动性的重要手段。

图 2

转动定律是定轴转动问题中的重要规律，它在生产生活中有非常多的应用。比如自行车手通过终点时有时会高举双手挥臂庆祝，脚下的自行车仍能平稳前进，也能转弯。这得益于当自行车倾斜时，前轮会自动转向倾斜的方向。有兴趣的读者可以试一试，如果在右倾时左转，则一定会摔倒。那前轮是如何实现自动转向的呢？请查阅资料，进行思考。

5.2.3　刚体的转动惯量

1. 转动惯量

如前所述，式（5-12）右边求和项定义为刚体对转轴的转动惯量

$$J = \sum_i \Delta m_i r_i^2 \tag{5-15}$$

即刚体对转轴的转动惯量等于组成刚体的各质元的质量与各质元到转轴的距离平方的乘积之和。转动惯量是标量，且具有可加性。如果一个刚体由几部分组成，可以分别计算各部分对同一定轴的转动惯量，再把结果相加就得到整个刚体对该轴的转动惯量。

对于质量连续分布的刚体，则用积分代替求和，即

$$J = \int r^2 \mathrm{d}m \tag{5-16}$$

式中，r 是质元 $\mathrm{d}m$ 到转轴的垂直距离。

在国际单位制中，转动惯量的单位是千克二次方米（$\mathrm{kg \cdot m^2}$）。

决定刚体转动惯量大小的因素如下：

（1）刚体的总质量：形状、大小和转轴位置都相同的匀质刚体，总质量越大，转动惯量就越大。

（2）质量分布：形状、大小、转轴位置和总质量都相同的刚体，质量的分布离转轴越远，转动惯量就越大。如质量和半径都相同的圆盘与圆环，由于圆环质量集中分布在边缘，而圆盘质量均匀分布在整个盘面上，因此对于它们的中心轴而言，圆环的转动惯量较大。

（3）转轴位置：同一刚体，对不同位置的转轴，其转动惯量不同。

细心观察会发现，喷气式飞机发动机的安装位置主要有两种：一种是安装在两侧机翼，另一种是安装在机身后部。从物理的角度看，这两种安装位置体现着怎样的设计思想呢？

发动机安装在两侧机翼时，发动机巨大的质量会使飞机绕机身纵轴的转动惯量更大，更不容易产生滚转，使飞行更加平稳。相反，如果发动机安装在机身后部，此时飞机绕纵轴的转动惯量相对更小，飞机滚转的灵活性得到了提升。因此，通常我们会发现客机的发动机一般位于两侧机翼，而对机动性要求较高的歼击机的发动机则位于机身后部。

2. 平行轴定理

若一质量为 m 刚体，对通过其质心轴的转动惯量为 J_c，而对另一个与质心轴平行的轴的转动惯量为 J，两平行轴间的距离为 d，可以证明

$$J = J_c + md^2 \qquad\qquad (5\text{-}17)$$

式（5-17）称为转动惯量的平行轴定理。它表明，在一组平
行轴中，同一刚体对其质心轴的转动惯量是最小的。通常，
质量呈规则分布的刚体绕质心轴的转动惯量 J_c 是容易求得
的，再利用平行轴定理可求出对其他平行轴的转动惯量。如
图 5-8 所示的机械手表的自动陀就是利用其轴不过质心，而
从佩戴者的运动中获得能量。表 5-2 给出了典型匀质刚体对
给定轴的转动惯量。

图 5-8

表 5-2　典型匀质刚体对给定轴的转动惯量

刚体及转轴	图示和转动惯量	刚体及转轴	图示和转动惯量
圆环 转轴通过中心 与环面垂直	转轴　r $J = mr^2$	圆环 转轴沿直径	转轴　r $J = \dfrac{1}{2} mr^2$
圆盘 转轴通过中心 与盘面垂直	转轴　r $J = \dfrac{1}{2} mr^2$	圆筒 转轴沿几何轴 $r_1 = r_2$ 时为薄圆筒 $r_2 = 0$ 时为圆柱体	r_1　r_2 $J = \dfrac{m}{2}(r_1^2 + r_2^2)$
细棒 转轴通过中心 与棒垂直	转轴 l $J = \dfrac{1}{12} ml^2$	细棒 转轴通过端点 与棒垂直	转轴 l $J = \dfrac{1}{3} ml^2$
球体 转轴沿直径	转轴　$2r$ $J = \dfrac{2}{5} mr^2$	球壳 转轴沿直径	转轴　$2r$ $J = \dfrac{2}{3} mr^2$

物理知识应用

转动惯量的计算

【例5-2】 如图5-9所示，匀质细棒的质量为m，长为l，求该棒对通过棒上距中心距离为d的O点并与棒垂直的Oz轴的转动惯量。

【解】 如图取坐标轴，原点在转轴上。在x处取一线元dx，其质量为$dm = \lambda dx$，其中$\lambda = m/l$是细棒的线质量密度。由式（5-16）有

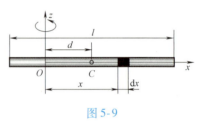

图5-9

$$J = \int x^2 dm = \lambda \int_{-\frac{l}{2}+d}^{\frac{l}{2}+d} x^2 dx = \frac{1}{12}ml^2 + md^2$$

上述结果有两种特殊情况：

（1）当$d=0$时，即转轴通过棒的中心并与棒垂直时，则有

$$J = \frac{1}{12}ml^2$$

（2）当$d=l/2$时，即转轴通过棒的一端并与棒垂直，则有

$$J = \frac{1}{12}ml^2 + m\left(\frac{l}{2}\right)^2 = \frac{1}{3}ml^2$$

该结论与平行轴定理一致。

【例5-3】 求质量为m、半径为R的匀质薄圆环对通过圆环中心并与其所在平面垂直的轴的转动惯量。

【解】 如图5-10所示，将圆环看成由许多段小圆弧组成，每一段小圆弧为一质元，其质量为dm，各质元到轴的垂直距离都等于R，所以

$$J = \int R^2 dm = R^2 \int dm = mR^2$$

从本例不难看出，一个质量为m、半径为R的薄壁圆筒对其中心轴的转动惯量也是mR^2。

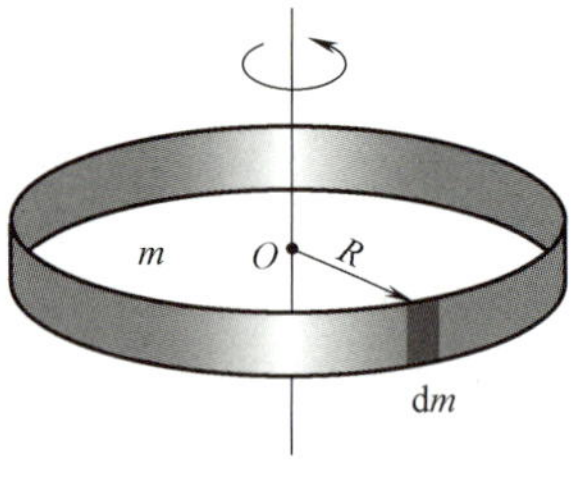

【例5-4】 求质量为m、半径为R、厚为h的匀质圆盘对通过中心并与圆盘垂直的轴的转动惯量。

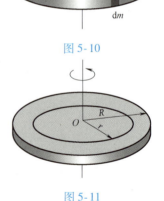

图5-10

【解】 如图5-11所示，将圆盘看成由许多薄圆环组成。取任一半径为r、宽度为dr的薄圆环，按上题结果，此薄圆环的转动惯量为

$$dJ = r^2 dm$$

式中，dm为薄圆环的质量。以ρ表示圆盘的体质量密度，则有$dm = \rho dV = \rho \cdot h2\pi r dr$，因此有

$$dJ = r^2 \cdot 2\pi rh\rho dr$$

从而

$$J = \int dJ = \int_0^R 2\pi r^3 h\rho dr = \frac{1}{2}\pi R^4 h\rho$$

图5-11

将$\rho = m/\pi R^2 h$代入上式，可得

$$J = \frac{1}{2}mR^2$$

由于上式中对厚度h没有限制，所以一个质量为m、半径为R的匀质实心圆柱体对其中心轴的转动惯量也是$mR^2/2$。

【例5-5】 一半径为R的匀质圆盘，挖去如图5-12所示的一块小圆盘，剩余部分的质量为m。试求其对通过中心并垂直盘面的轴的转动惯量。

【解】 设未挖时的质量为m_0，挖掉部分的质量为m'，盘厚为h，体质量密度为ρ。由于

$$\frac{m'}{m_0} = \frac{\pi (R/2)^2 h\rho}{\pi R^2 h\rho} = \frac{1}{4}$$

$$m + m' = m_0$$

故

$$m_0 = \frac{4}{3}m, \quad m' = \frac{1}{3}m$$

根据平行轴定理，挖掉部分对 OO' 轴的转动惯量

$$J' = \frac{1}{2}m'\left(\frac{R}{2}\right)^2 + m'\left(\frac{R}{2}\right)^2 = \frac{1}{8}mR^2$$

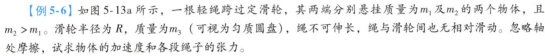

图 5-12

由转动惯量的相加性可得，剩余部分的转动惯量为

$$J = J_0 - J' = \frac{1}{2}m_0 R^2 - \frac{1}{8}mR^2 = \frac{13}{24}mR^2$$

【例 5-6】如图 5-13a 所示，一根轻绳跨过定滑轮，其两端分别悬挂质量为 m_1 及 m_2 的两个物体，且 $m_2 > m_1$。滑轮半径为 R，质量为 m_3（可视为匀质圆盘），绳不可伸长，绳与滑轮间也无相对滑动。忽略轴处摩擦，试求物体的加速度和各段绳子的张力。

【解】由题意可知 m_1 和 m_2 做平动，m_3 做定轴转动。隔离 m_1、m_2 和 m_3，并画出受力图，如图 5-13b 所示。由于滑轮质量不能忽略，所以滑轮两边绳子张力的大小 F'_{T1} 和 F'_{T2} 并不相等，但 $F_{T1} = F'_{T1}$，$F_{T2} = F'_{T2}$。因绳子不能伸长，所以 m_1 和 m_2 的加速度大小相等。选取各自的加速度方向为正方向，根据牛顿第二定律对 m_1 和 m_2 分别有

$$F_{T1} - m_1 g = m_1 a$$

$$m_2 g - F_{T2} = m_2 a$$

对 m_3 来说，取逆时针方向为转动正方向，由于重力 $m_3 \boldsymbol{g}$ 和轴承支持力 $\boldsymbol{F}_N$ 对轴 O 均无力矩，故根据转动定律得

$$F'_{T2}R - F'_{T1}R = J\beta$$

因绳与滑轮之间无相对滑动，所以 m_2（或 m_1）的加速度 a 与滑轮边缘点的切向加速度相等，即

$$a = R\beta$$

将以上四个方程联立求解，并代入 $J = m_3 R^2 / 2$，可得

$$a = \frac{(m_2 - m_1)g}{m_1 + m_2 + \frac{1}{2}m_3}$$

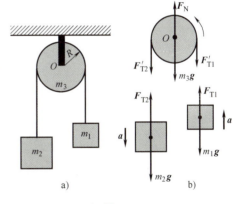

图 5-13

$$F_{T1} = m_1(g + a) = \frac{m_1\left(2m_2 + \frac{1}{2}m_3\right)g}{m_1 + m_2 + \frac{1}{2}m_3}$$

$$F_{T2} = m_2(g - a) = \frac{m_2\left(2m_1 + \frac{1}{2}m_3\right)g}{m_1 + m_2 + \frac{1}{2}m_3}$$

本题值得注意的是，绳与轮槽之间无相对滑动是靠静摩擦力来维持的，而静摩擦力存在一个最大值，相应地，滑轮有最大角加速度和边缘点的最大线加速度，当两物体重量差别太大以致物体有过大的加速度时，将产生绳与轮槽的相对滑动。

【例 5-7】一飞轮的半径 $R = 0.25\text{m}$，质量 $m = 60\text{kg}$，此质量可近似认为只分布在轮的边缘，飞轮以 $1000\text{r} \cdot \text{min}^{-1}$ 的转速转动，如图 5-14a 所示。已知飞轮与制动杆上的闸瓦间摩擦因数为 $\mu = 0.4$，闸瓦到制动杆转轴 O 的距离为杆全长的 $1/3$，制动杆及闸瓦质量忽略不计。在制动飞轮时，若要求在 $t = 5\text{s}$ 内使它

均匀地减速而最后停止转动，则制动杆自由端加的力的大小 F 为多少？

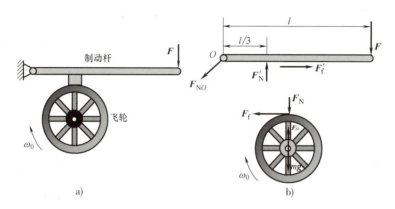

图 5-14

【解】飞轮初始角速度为

$$\omega_0 = 2\pi n = \frac{2 \times 3.14 \times 1000}{60} \text{rad} \cdot \text{s}^{-1} = 104.7 \text{rad} \cdot \text{s}^{-1}$$

末角速度 $\omega = 0$。以 ω_0 方向为正方向，可得飞轮的角加速度为

$$\beta = \frac{\omega - \omega_0}{t} = \frac{0 - 104.7 \text{rad} \cdot \text{s}^{-2}}{5} \approx -20.9 \text{rad} \cdot \text{s}^{-2}$$

式中，负号表示 β 与 ω_0 方向相反。

飞轮与制动杆受力如图 5-14b 所示，飞轮所受摩擦力大小 $F_f = \mu F_N$，它对飞轮的阻力矩为

$$M_f = -F_f R = -\mu F_N R$$

其他外力对中心轴的力矩均为零，因此，按转动定律，则有

$$-\mu F_N R = J\beta$$

式中，转动惯量 $J = mR^2$。代入公式化简可得

$$F_N = -\frac{mR\beta}{\mu} = \frac{-60 \times 0.25 \times (-20.9)}{0.4} \text{N} = 784 \text{N}$$

根据牛顿第三定律，飞轮对制动杆的压力大小 $F_N' = F_N = 784 \text{N}$。设制动杆长度为 l，由对制动杆轴的力矩平衡条件得

$$F_N' \cdot \frac{l}{3} = Fl$$

$$F = \frac{F_N'}{3} = \frac{784}{3} \text{N} \approx 261 \text{N}$$

【例 5-8】设螺旋桨飞机的螺旋桨有三片桨叶，每片桨叶的质量为 m 长度为 R，其低速转动时单位长度所受的空气阻力与速度成正比 $\lambda_f = kv$。忽略发动机本身的阻尼，求停车后，螺旋桨从转速为 ω_0 到静止过程中转过的角度。（桨叶可视为匀质细棒，如图 5-15 所示。）

图 5-15

【解】由于螺旋桨所受重力和支持力的等效作用中心位于螺旋桨转轴处，故对轴力矩为零。只需要考虑空气阻力的力矩。我们先对一片桨叶所受阻力矩进行分析，在其上沿径向建立坐标轴，在坐标为 r 处取 dr，设任意时刻螺旋桨的角速度为 ω，则 r 处的线速度为 ωr，dr 受到的空气阻力表示为 $f = -k\omega r dr$，故整片桨叶所受空气阻力对转轴的力矩为

$$M = \int_0^R -k\omega r^2 dr = -\frac{1}{3}kR^3\omega$$

对于三片桨叶组成的螺旋桨，所受总阻力矩为 $M_{总}=3M$。对转轴的总转动惯量为 $J=mR^2$。

根据转动定律

$$M_{总}=J\beta$$

$$-3\times\frac{1}{3}kR^3\omega=mR^2\frac{\mathrm{d}\omega}{\mathrm{d}t}$$

$$-kR^3\omega=mR^2\frac{\mathrm{d}\omega}{\mathrm{d}\theta}\frac{\mathrm{d}\theta}{\mathrm{d}t}$$

$$=mR^2\frac{\mathrm{d}\omega}{\mathrm{d}\theta}\omega$$

整理之后，根据题目条件确定积分上下限，进行积分得

$$\int_0^\theta\mathrm{d}\theta=-\frac{m}{kR}\int_{\omega_0}^0\mathrm{d}\omega$$

$$\theta=\frac{m\omega_0}{kR}$$

【例 5-9】 一匀质圆盘的质量为 m，半径为 R，在水平桌面上绕其中心轴旋转，如图 5-16 所示，设圆盘与桌面间的摩擦因数为 μ，求圆盘从角速度 ω_0 旋转到静止需要多少时间以及停转过程中的角位移。

【解】 以圆盘为研究对象，它受重力、桌面的支持力和摩擦力，前两个力对中心轴的力矩为零。

在圆盘上取一细圆环，半径为 r，宽度为 $\mathrm{d}r$，整个圆环所受摩擦力矩之和为 $\mathrm{d}M$。由于圆环上各质点所受摩擦力的力臂都相等，力矩的方向都相同，若取 ω_0 的方向为正方向，σ 为圆盘面质量密度，$\mathrm{d}S$ 为圆环面积，即

$$\sigma=\frac{m}{\pi R^2},\ \mathrm{d}S=2\pi r\mathrm{d}r,\ \mathrm{d}m=\sigma\mathrm{d}S=\frac{2mr\mathrm{d}r}{R^2}$$

因此有

$$\mathrm{d}M=\mu\mathrm{d}mgr=-2\mu mg\frac{r^2\mathrm{d}r}{R^2}$$

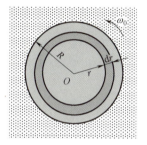

图 5-16

整个圆盘所受力矩为

$$M=\int\mathrm{d}M=-\frac{2\mu mg}{R^2}\int_0^R r^2\mathrm{d}r=-\frac{2}{3}\mu mgR$$

式中，负号表示力矩 $\boldsymbol{M}$ 与 $\boldsymbol{\omega}_0$ 方向相反，是阻力矩。

根据转动定律，得

$$\beta=\frac{M}{J}=\frac{-\dfrac{2}{3}\mu mgR}{\dfrac{1}{2}mR^2}=-\frac{4\mu g}{3R}$$

由此可知，$\boldsymbol{\beta}$ 为常量，且与 $\boldsymbol{\omega}_0$ 方向相反，表明圆盘做匀减速转动，因此有

$$\omega=\omega_0+\beta t$$

当圆盘停止转动时，$\omega=0$，则得

$$t=\frac{0-\omega_0}{\beta}=\frac{3R\omega_0}{4\mu g}$$

而转动角位移为

$$\Delta\theta=\omega_0 t+\frac{1}{2}\beta t^2=\frac{3R\omega_0^2}{8\mu g}$$

【例 5-10】 一根长为 l、质量为 m 的均匀细直棒，一端有一固定的光滑水平轴，可以在铅垂面内自由转动，最初棒静止在水平位置。求：（1）它下摆 θ 角时的角加速度、角速度；（2）此时轴对棒作用力的大小。

【解】 如图 5-17 所示，当棒下摆 θ 角时，作用在质元 $\mathrm{d}m$ 上的重力相对转轴的力矩大小为

$$\mathrm{d}M = |\boldsymbol{r} \times \mathrm{d}m\boldsymbol{g}| = r\mathrm{d}mg\sin\alpha = xg\mathrm{d}m$$

方向使棒绕轴顺时针转动。对所有质元求和，得棒受到的重力矩

$$M = g\int x\mathrm{d}m = mgx_C$$

这表明作用在各个质元上的重力矩之和等于全部重力作用在质心上的力矩。由 $x_C = l\cos\theta/2$，求得

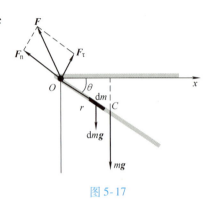

图 5-17

$$M = \frac{1}{2}mgl\cos\theta$$

（1）由定轴转动定理，角加速度

$$\beta = \frac{M}{J} = \frac{(mgl\cos\theta)/2}{ml^2/3} = \frac{3g\cos\theta}{2l}$$

由

$$\beta = \frac{\mathrm{d}\omega}{\mathrm{d}t} = \frac{\mathrm{d}\omega}{\mathrm{d}\theta}\frac{\mathrm{d}\theta}{\mathrm{d}t} = \omega\frac{\mathrm{d}\omega}{\mathrm{d}\theta}$$

得

$$\omega\mathrm{d}\omega = \frac{3g\cos\theta}{2l}\mathrm{d}\theta$$

对上式两边积分

$$\int_0^\omega \omega\mathrm{d}\omega = \int_0^\theta \frac{3g\cos\theta}{2l}\mathrm{d}\theta$$

可得

$$\omega^2 = \frac{3g\sin\theta}{l}$$

所以

$$\omega = \sqrt{\frac{3g\sin\theta}{l}}$$

（2）为了求轴对棒的作用力，考虑棒质心的运动。由图 5-17，得

$$F_n - mg\sin\theta = ma_n = \frac{m\omega^2 l}{2}$$

$$mg\cos\theta - F_\tau = ma_\tau = \frac{m\beta l}{2}$$

利用前面求出的 β、ω，可解出 F_τ、F_n，由此求出

$$F = \sqrt{F_\tau^2 + F_n^2} = mg\sqrt{\frac{25}{4}\sin^2\theta + \frac{11}{6}\cos^2\theta}$$

 物理知识拓展

作用在飞机上的力矩与飞机的平衡和稳定

由转动定律可知，物体转动角速度的保持与改变，取决于作用在物体上的力矩是否平衡。对于飞机来说，也不例外。飞机俯仰、偏转和滚转角速度的保持和改变，同作用于飞机上的力矩密切相关。因此，研究作用在飞机上的各种力矩，对于研究飞机的转动特性具有重要意义。通常选取飞机质心作为参考点来研究飞机姿态的改变。此时质心参考系中的惯性力矩为零，重力矩近似为零，飞机所受的力矩主要来源于空气动力和发动机推力。如图 5-18 所示，飞机除主翼外，还有副翼和襟翼，以及机身尾部的水平的平尾和竖直的垂尾。这些影响飞机空气动力的机构对飞机的平衡、稳定和操纵起着重要的作用。

（1）飞机纵向平衡　飞机纵向平衡是指飞机做匀速直线运动，并且不绕横轴转动的飞行状态。保持飞

图 5-18

机俯仰平衡的条件是作用于飞机的各俯仰力矩之和为零。飞机取得俯仰平衡后，不绕横轴转动，迎角保持不变。

飞行中，飞机受升力、重力、阻力和推力的作用，除重力外，这些力构成了绕横轴转动的力矩，即俯仰力矩，如图 5-19 所示，其中影响最为显著的是机翼力矩和平尾力矩。

机翼力矩主要是机翼升力对飞机质心构成的俯仰力矩，用 $M_{Z翼}$ 表示。如机翼升力的大小为 $F_{Y翼}$，其压力中心到飞机质心的距离为 $X_翼$，则机翼的俯仰力矩为 $M_{Z翼} = F_{Y翼} X_翼$。

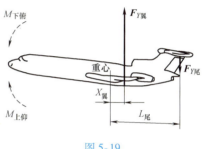

图 5-19

水平尾翼的力矩是水平尾翼的升力的大小 $F_{Y尾}$ 对飞机质心所形成的力矩，用 $M_{Z尾}$ 表示为 $M_{Z尾} = F_{Y尾} L_尾$。$L_尾$ 是平尾压力中心至飞机质心的距离，称为平尾的尾臂。

对同一飞机，在一定飞行高度上，$F_{Y尾}$ 的值取决于空气流向水平尾翼的速度和升力系数。操纵升降舵上偏和下偏，可改变水平尾翼翼面的弯度，引起升力系数的变化。若升降舵下偏，使水平尾翼的向上升力增加；反之，升降舵上偏，使水平尾翼的向上升力减小。

飞行中作用在飞机上的各俯仰力矩的平衡是暂时的，不平衡是经常的。例如，燃油消耗将使飞机质心位置前后移动，从而导致飞机俯仰的不平衡。要继续保持平衡，驾驶员可前后移动驾驶杆来偏转升降舵，产生操纵力矩，以保持力矩平衡。

(2) 飞机航向平衡   飞机航向平衡是指作用于飞机各偏转力矩之和为零。飞机取得航向平衡后，不绕立轴转动，侧滑角不变或没有侧滑。飞机的侧滑角是指飞机的对称平面和相对气流间的夹角，用 β 表示。

飞机航向平衡破坏后，机头要向左或向右偏转而产生侧滑。如机头向右偏转，气流从左前方吹来叫左侧滑；反之，机头向左偏转，气流从右前方吹来，叫右侧滑。

作用于飞机的偏转力矩主要有：两边机翼阻力对质心形成的力矩、垂直尾翼侧力对质心形成的力矩、双发动机或多发动机的推力对质心形成的力矩及机身力矩等。

机翼的阻力力矩指机翼阻力的大小 F_X 对立轴形成的力矩，它力图迫使机头偏转，其大小可用下式表示：

$$M_{y翼} = F_{X左} a \quad 或 \quad M_{y翼} = F_{X右} b$$

式中，a、b 分别表示左边和右边机翼的阻力作用线与质心的垂直距离。

当飞机发生侧滑时，垂直尾翼产生的侧力 $F_{Z尾}$ 将对立轴形成偏转力矩 ($M_{y尾}$)。飞机做无侧滑飞行时，如果方向舵不在中立位置上，则垂直尾翼两侧的流速和压力不等，亦会有垂直尾翼侧力，产生绕立轴偏转的力矩，其大小可用下式表示：

$$M_{y尾} = F_{Z尾} L_尾$$

式中，$L_尾$ 是垂直尾翼压力中心至飞机质心距离。

双发动机或多发动机的飞机，其一侧发动机的推力 P 绕飞机立轴所形成的力矩，也会促使飞机偏转，此力矩称为推力力矩 $M_{y推}$，即

$$M_{y推} = P_右 c \quad 或 \quad M_{y推} = P_左 d$$

式中，c、d 分别表示右边和左边的发动机推力作用线至质心的距离。在全发正常工作情况下，该力矩为零，只有在单发停车或某台发动机非正常工作时才存在这种力矩。

当飞机侧滑时，机身产生侧向力 $F_{Z身}$，$F_{Z身}$ 的作用点在一般情况下均位于质心之前，因此，对质心产生一个不稳定力矩，这会促使飞机偏转。

飞机处于航向平衡状态时，各偏转力矩之和为零。在飞机使用维护过程中，如果机翼或垂直尾翼发生变形，使两边机翼阻力不等或垂直尾翼上有侧向力产生，就会使左右偏转力矩不等，即破坏了飞机的航向平衡。此时最有效的克服办法就是利用偏转方向舵产生的方向操纵力矩来平衡使机头偏转的力矩，从而保持飞机的航向平衡。

（3）飞机横向平衡　飞机横向平衡是指作用于飞机的各滚转力矩之和为零。飞机取得横向平衡后，不绕纵轴滚转或仅做等速滚转，其倾斜角为零或滚转速度不变化。

作用于飞机的滚转力矩，主要有两侧机翼升力对纵轴形成的力矩，此力矩叫机翼升力力矩（$M_{x翼}$）：

$$M_{x翼} = F_{Y右}a \quad 或 \quad M_{x翼} = F_{Y左}b$$

式中，a、b 分别表示右边和左边机翼升力的作用线至质心的垂直距离。

飞机处于横向平衡状态时，各偏转力矩之和为零。在飞机使用维护过程中，如果飞机维护不良，使左右机翼的升力不等，左滚力矩和右滚力矩不等，就会破坏飞机的横向平衡，例如，机翼变形、副翼的安装不对称、两边襟翼收放时不对称等都会破坏飞机的横向平衡。

又如，质心位置左右移动也会破坏飞机的横向平衡。质心位置向右移，右翼升力至质心的距离缩短，使飞机向左滚转的力矩减小，左翼升力至质心的距离加长，使飞机向右滚转的力矩增大，这将迫使飞机向右滚转。再如，左右机翼油箱燃油消耗快慢不一也会破坏飞机横向平衡。遇到这些情况，可通过驾驶员适当操纵副翼产生横向操纵力矩，以保持飞机的横向平衡。

飞机起落架前三点式和后三点式布局的着陆稳定性

早期在螺旋桨飞机上广泛采用后三点式起落架，如图5-20所示，其特点是两个主轮（主起落架）布置在飞机的质心之前并靠近重心，尾轮（尾支撑）远离重心布置在飞机的尾部。它的尾轮结构简单，轻便小巧，易于安装。正常着陆时，三个机轮同时触地，具有较大的迎角，可以利用较大的飞机阻力来进行减速，从而可以减小着陆时的滑跑距离。但是，后三点式布局也有着严重的安全隐患：一是在大速度滑跑，遇到前方撞击或强烈制动时，由于飞机重心靠近主轮，因此起稳定作用的重力矩偏小，飞机容易发生倒立现象（俗称"拿大顶"）；二是如果着陆时的实际速度大于规定值，则飞机接地时的实际迎角将小于规定值，使机尾抬起，只有主轮接地。接地瞬间，作用

图 5-20

在主轮的撞击力将产生抬头力矩，使迎角增大，由于此时飞机的实际速度大于规定值，导致升力大于飞机重力而使飞机重新升起，此后速度很快减小而使飞机再次飘落。飞机这种不断升起飘落的"跳跃"现象很可能使飞机损坏。

优先考虑安全因素的情况下，现代飞机上使用最广泛的是前三点式起落架，如图5-21所示，其特点是两个主轮保持一定间距左右对称地布置在飞机重心稍后处，前轮布置在飞机头部的下方。此时，由于飞机重心靠后，离前轮较远，重力矩相对于前轮很大，在紧急制动时不容易发生倒立危险。另外，前三点式飞机靠后方主轮接地，作用在主轮的撞击力矩使迎角急剧减小，因而不会产生像后三点式起落架那样严重的"跳跃"现象。

图 5-21

5.3　定轴转动中的功能关系

2022 年 6 月，我国第三艘航空母舰福建舰下水，按计划开展系泊试验和航行试验。福建舰首次配置了世界领先的电磁弹射装置。相比于传统方式，电磁弹射将舰载机起飞效率提高了至少 1/3。但电磁弹射对其储能装置提出了极高的要求，需要在 2 ~ 3s 内释放出 100MJ 以上的能量，一般的储能装置难以满足要求。由于飞轮储能具有能量密度大、功率密度高、充能速度快、使用寿命长、安全稳定等特点，因此可作为电磁弹射的储能装置。

物理现象

那么，哪些参数能够帮助我们提高飞轮储能？在工程设计中又会受到哪些技术条件的限制？

📖 物理学基本内容

定轴转动刚体，在其转动状态变化过程中同样涉及功和能量转化关系。在接下来的讨论中，希望读者将它们与第 4 章当中的规律进行类比学习。

5.3.1　力矩的功和功率

质点在外力作用下发生位移时，我们说力对质点做了功。同样，当刚体在外力矩作用下绕定轴转动发生角位移时，我们就说力矩对刚体做了功，即力矩对空间发生了积累作用。

如图 5-22 所示，刚体绕定轴转动，其上的 P 点随刚体转动发生一个元位移 $\mathrm{d}\boldsymbol{r} = \mathrm{d}s\boldsymbol{\tau}$，$\boldsymbol{\tau}$ 是 P 点圆周运动切向方向的单位矢量。这一过程中有力 $\boldsymbol{F}$ 作用在 P 点上，则力 $\boldsymbol{F}$ 做的元功为

$$\mathrm{d}A = \boldsymbol{F} \cdot \mathrm{d}\boldsymbol{r} = \boldsymbol{F} \cdot \boldsymbol{\tau}\mathrm{d}s$$
$$= F_\tau \mathrm{d}s = F_\tau r\mathrm{d}\theta \qquad (5\text{-}18)$$

不难看出，$F_\tau r$ 即是力 $\boldsymbol{F}$ 对轴的力矩 M，所以上面的元功可写成

$$\mathrm{d}A = M\mathrm{d}\theta \qquad (5\text{-}19)$$

若刚体从角位置 θ_1 转到 θ_2，则力矩做功为

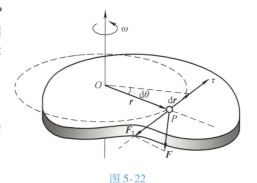

图 5-22

$$A = \int \mathrm{d}A = \int_{\theta_1}^{\theta_2} M\mathrm{d}\theta \qquad (5\text{-}20)$$

可见，力对定轴转动刚体所做的功，可以用力矩做功来计算，两者是等价的。对定轴转动的刚体，通过力矩和角位移计算做功更为方面。

关于力矩的功，下面做几点讨论：

（1）多个力矩的功。对质点系，多个力的功等于各力的功的代数和。类似的，多个力矩的功等于各力矩的功的代数和。由于刚体上各质点在同一时间内绕轴转过的角位移相同，因此有

$$A = \sum_i A_i = \sum_i \int M_i d\theta = \int (\sum_i M_i) d\theta = \int M d\theta \tag{5-21}$$

即多个力矩作用在刚体上做的总功等于合力矩在相同时间内做的功。

（2）内力矩的功。在质点力学中，内力的功不一定为零，取决于质点间是否有相对位移。内力矩与内力相似，也可以做功从而改变质点系的动能。但对于刚体，质点间无相对位移，因此内力矩对刚体做的总功始终为零。

（3）力矩的功率。

$$P = \frac{dA}{dt} = M\frac{d\theta}{dt} = M\omega \tag{5-22}$$

其形式与力的功率 $P = \boldsymbol{F} \cdot \boldsymbol{v}$ 相似。当力矩与角速度同方向时，力矩的功和功率均为正值，反向时则为负值。

5.3.2 刚体定轴转动的动能

设在某一时刻，刚体转动的角速度为 ω。在刚体中取一质元，质量为 Δm_i，到转轴的垂直距离为 r_i，则该质元做圆周运动的速率为 $v_i = r_i\omega$，其动能为

$$E_{ki} = \frac{1}{2}\Delta m_i v_i^2 = \frac{1}{2}\Delta m_i r_i^2 \omega^2 \tag{5-23}$$

整个刚体的转动动能应为所有质元的动能之和，即

$$E_k = \sum_i E_{ki} = \frac{1}{2}(\sum_i \Delta m_i r_i^2)\omega^2 = \frac{1}{2}J\omega^2 \tag{5-24}$$

定轴转动刚体的动能等于刚体对转轴的转动惯量与其角速度二次方乘积的二分之一。由上述推导可见，定轴转动刚体的动能就是各个质元的动能之和，只是在描述刚体定轴转动情况下的一种更方便的表示方式。

5.3.3 刚体定轴转动的动能定理

力对质点做功会使质点的动能发生变化，那么，力矩对定轴转动的刚体做功又会有什么样的效果呢？下面借助刚体的定轴转动定律进行推导。

设一刚体做定轴转动时所受合外力矩为 $M_\text{外}$，在 dt 时间内刚体的角位移为 $d\theta$，则合外力矩做的元功为

$$dA = M_\text{外}d\theta = J\beta d\theta = J\frac{d\omega}{dt}d\theta = J\frac{d\theta}{dt}d\omega = J\omega d\omega \tag{5-25}$$

若刚体从角位置 θ_1 处转到角位置 θ_2 处，在 θ_1 处角速度为 ω_1，在 θ_2 处角速度为 ω_2，则在此过程中合外力矩对刚体做的功为

$$A = \int dA = \int_{\theta_1}^{\theta_2} M_\text{外}d\theta = \int_{\omega_1}^{\omega_2} J\omega d\omega = \frac{1}{2}J\omega_2^2 - \frac{1}{2}J\omega_1^2 \tag{5-26}$$

以上结果表明，合外力矩对绕定轴转动的刚体所做的功等于该刚体转动动能的增量。这是动能定理在刚体定轴转动问题中的具体形式，称为刚体定轴转动的动能定理。

下面做两点说明：

（1）刚体作为质点系，应遵从质点系动能定理，即外力功与内力功之和等于系统动能的增量。但如前已讨论过，对于刚体，内力矩的功为零，故刚体动能增量只与外力矩做功有关。

（2）动能定理中涉及的力矩、转动惯量、角速度等都是与转轴相关的物理量，因此各物理量须相对于同一轴而言。

飞轮转动时具有转动动能。由式（5-24）可知，飞轮的转动惯量和角速度越大，则转动动能越大。以半径为 R、高度为 h、绕中心轴旋转的匀质圆柱为例，其转动惯量为

$$J = \frac{1}{2}mR^2 = \frac{1}{2}\rho\pi hR^4$$

可见，增大材料密度和尺寸可以增大转动惯量。但在实际应用中，飞轮储能装置的存放空间往往是有限的，因此选用密度更大的材料来制作飞轮利于增大在有限空间内的转动惯量。

增大储能的另一种方式是提高转速，但高转速下材料内部会产生很大的离心力。根据向心力公式 $\mathrm{d}F = \omega^2 r\mathrm{d}m = \rho\omega^2 r\mathrm{d}V$ 可知，转速和材料的密度越大，受到的离心力也越大。这就要求选用抗拉强度大、密度小的材料来设计制作飞轮。所以材料的密度不是越大越好，也不是越小越好，而是要根据飞轮的实际造型设计和转速等因素来综合选材，对于超高速飞轮，通常会选用纤维增强聚合物材料。

同时为了保证储能效率，必须尽可能减小摩擦，为此储能装置内部的真空度可达 10^{-5} Pa，飞轮质心精度控制在 10^{-6} m 以下，并且采用了永磁悬浮、超导磁悬浮等技术。可以说，超高速飞轮储能集合了材料、力学、电磁学等多方面的技术，体现着一个国家的技术实力。目前，我国的飞轮储能技术处于世界领先地位，除了在军事领域有重要应用外，在民用领域也在不断开辟新的应用场景。

5.3.4　刚体的重力势能

刚体的重力势能为组成刚体各个质元的重力势能之和。在均匀重力场中，刚体的重心与质心重合，故有

$$E_{\mathrm{p}} = \sum_i \Delta m_i g h_i = mg \sum_i \frac{\Delta m_i h_i}{m} = mgh_c \tag{5-27}$$

式中，m 为刚体的质量；h_c 为重心高度。式（5-27）表明：在均匀的重力场中，刚体的重力势能可以等效为刚体的全部质量集中在重心处的质点的重力势能。

由于刚体不考虑形变，所以也就不必考虑刚体的形变势能。但在质点（系）、刚体组合问题中，就需要根据实际情况综合考虑。

浸没于水中的物体，比如潜艇，其浮力也有一个等效中心，称为浮心。类比重力势能可以定义浮力势能，即浮力与浮心深度的乘积，下潜深度越深，浮力势能越大，反之则浮力势能越小。怎样才能让潜艇在水中稳定平衡而不易翻转呢？按照自然规律，能量越低系统越稳定。当浮心位于重心正上方时，浮力势能较小的同时重力势能也较小，潜艇处于稳定平衡状态；当浮心与重心的连线不在铅垂平面内时，潜艇处于非平衡状态，将会转向稳定平衡状态；当浮心位于重心正下方时，两种势能都处在较大状态，潜艇将处于非稳定平衡状态，稍有扰动就会翻转。因此，在设计中我们必须使正常姿态下的潜艇的浮心位于重心正上方，潜艇才能在航行过程中不易翻转。飞机在大气中运动的稳定性是否也涉及此问题，感兴趣的读者可以自行查阅资料。

5.3.5　功能原理和机械能守恒定律

对于既有平动物体又有定轴转动刚体组成的系统来说，动能定理、功能原理和机械能守恒定律仍然成立。在运动过程中，外力（矩）做功与内力（矩）做功之和等于系统动能的增量；外力（矩）做功与非保守内力（矩）做功之和等于系统机械能的增量；如果在运动过程中，只有保守内力（矩）做功，则系统机械能守恒。需要注意的是，系统的动能是指系统内平动物体的平动动能和定轴转动刚体的转动动能之和，势能是指平动物体和转动刚体的势能。

 物理知识应用

【**例 5-11**】 如图 5-23 所示，质量为 m、长为 l 的均质细杆可绕水平光滑轴 O 在铅垂平面内转动。若是杆从水平位置开始由静止释放，求杆转至竖直位置时的角速度。

【**解**】 应用动能定理求角速度。当杆的位置由 θ 转到 $\theta+\mathrm{d}\theta$ 时，重力矩所做元功为

$$\mathrm{d}A = M\mathrm{d}\theta = \frac{1}{2}mgl\cos\theta\mathrm{d}\theta$$

杆从水平位置转至铅垂位置过程中，合外力矩（即重力矩）做功的量值为

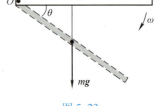

$$A = \int_0^{\frac{\pi}{2}} M\mathrm{d}\theta = \frac{mgl}{2}\int_0^{\frac{\pi}{2}}\cos\theta\mathrm{d}\theta = \frac{1}{2}mgl$$

根据刚体定轴转动的动能定理，有

图 5-23

$$\frac{1}{2}mgl = \frac{1}{2}J\omega^2 - 0 = \frac{1}{2}J\omega^2$$

可得

$$\omega = \sqrt{\frac{mgl}{J}} = \sqrt{\frac{3g}{l}}$$

【**例 5-12**】 试用功能原理求例 5-6 中物体的加速度。

【**解**】 将 m_1、m_2、m_3 及绳作为一个系统，所受外力为 $m_1\boldsymbol{g}$、$m_2\boldsymbol{g}$、$m_3\boldsymbol{g}$ 以及轴承的支持力。在运动过程中，由于绳与滑轮之间无相对滑动，故非保守内力不做功，不考虑绳子的伸长也就不考虑弹性势能。于是系统的功能原理可表示为

$$A_{外} = E_k - E_{k0}$$

式中，外力做功为

$$A_{外} = m_2gh - m_1gh$$

而 E_k 和 E_{k0} 则为系统末态和初态的动能。设 m_1 和 m_2 的初速度为零，相应地，m_3 的初角速度也为零。当 m_2 下降一段距离 h 时，m_1 和 m_2 的速率为 v，m_3 的角速度为 ω，所以有

$$E_{k0} = 0$$

$$E_k = \frac{1}{2}m_1v^2 + \frac{1}{2}m_2v^2 + \frac{1}{2}J\omega^2$$

式中，$J = \frac{1}{2}m_3R^2$。因绳与滑轮之间无相对滑动，故物体 m_1 或 m_2 的速率 v 应与滑轮边缘上点的速率相等，即 $v = \omega R$。

根据功能原理可得

$$(m_2 - m_1)gh = \frac{1}{2}(m_1 + m_2)v^2 + \frac{1}{2}J\omega^2 = \frac{1}{2}(m_1 + m_2 + \frac{1}{2}m_3)v^2$$

将上式对时间求导，得

$$(m_2 - m_1)g\frac{\mathrm{d}h}{\mathrm{d}t} = (m_1 + m_2 + \frac{1}{2}m_3)v\frac{\mathrm{d}v}{\mathrm{d}t}$$

因为$\frac{\mathrm{d}h}{\mathrm{d}t} = v$，所以

$$a = \frac{\mathrm{d}v}{\mathrm{d}t} = \frac{(m_2 - m_1)g}{m_1 + m_2 + \frac{1}{2}m_3}$$

如将地球包括在系统内，则重力为保守内力。系统在运动过程中，只有保守内力做功，所以此例也可用机械能守恒定律求解，读者不妨一试。

 物理知识拓展

地球自转的动能

地球的自转运动具有相应的转动动能。将地球近似为一个质量均匀分布的球体，取地球半径为 6371km、质量为 5.965×10^{24}kg、自转周期为 23 时 56 分，则可以计算出地球自转的转动动能约为 2.575×10^{29}J。

然而，地球并不是一个质量均匀分布的球体，且其转动惯量也可能会发生变化。比如地质变迁导致的山脉隆起会增大地球的转动惯量，全球变暖导致的冰川融化使大量海水向赤道转移，也会增大地球的转动惯量。假设地球的自转角动量是守恒的，如果转动惯量增大则角速度会减小，反之角速度增大。以 2011 年 3 月 11 日发生的日本大地震为例，地壳塌陷使太平洋底部出现了 400m 宽的裂痕，减小了地球的转动惯量，观测显示昼夜时长约缩短了 $1.6\mu s$，说明地球自转角速度增加了。将变化后的转动惯量和自转角速度代入转动动能的表达式得出：地球的转动动能增大了。

那么，地球增加的动能从哪儿来的呢？这与引起转动惯量变化的原因有关。比如，地壳塌陷时，增加的自转动能来源于减少的势能；高山隆起时，减少的自转动能就转化为了山体的重力势能和这一变化过程中的其他能量。此外潮汐的起伏和大气的运动等，也会导致地球转动惯量的变化，因此自转动能还与海洋和大气等系统的能量相关。由此可见，地球的自转动能是地球整体能量的一部分，与其他形式的能量存在着相互转化的关系。

对于地球自转能量的利用，科学家们一直抱持谨慎的态度。一方面，我们会在需要的时候加以利用。比如潮汐发电站，将水流的动能转化为了电能；发射卫星时，选择在低纬度自西向东飞，就利用地球自转的动能节约了火箭燃料。但另一方面，我们也十分关心和关注地球自转的变化，比如根据目前的理论，地球磁场的产生是源于地球外核的运动。我们都知道地球磁场对地球生物的保护作用是多么重要，然而地球自转的变化会对外核的运动和地磁场产生什么样的影响尚不明确。

5.4   角动量   角动量守恒定律

 飞机竖直爬升过程中，如果关闭发动机，使飞机依靠惯性继续向上运动，后又在重力作用下回到原来的高度。这一过程中如果忽略空气动力，试问飞机会落回原来的位置么？如果不会，飞机回到原来高度时会在哪里呢？

物理现象

物理学基本内容

大到天体，小到基本粒子都具有转动的状态，角动量就是描述转动状态的物理量。虽然角动量被定义于 18 世纪，但直到 20 世纪人们才认识到它是自然界最基本、最重要的概念之一。它不仅在经典力学中很重要，在近代物理中也有着广泛的应用。下面由力矩的定义式进行分析，逐步得到角动量的概念。

5.4.1 角动量

根据力矩的定义式和牛顿第二定律，考虑质点所受合力矩 M 与合力 F 的关系有

$$M = r \times F = r \times \frac{\mathrm{d}p}{\mathrm{d}t} \tag{5-28}$$

由于

$$\frac{\mathrm{d}(r \times p)}{\mathrm{d}t} = \frac{\mathrm{d}r}{\mathrm{d}t} \times p + r \times \frac{\mathrm{d}p}{\mathrm{d}t} = r \times \frac{\mathrm{d}p}{\mathrm{d}t}$$

所以

$$M = \frac{\mathrm{d}(r \times p)}{\mathrm{d}t} \tag{5-29}$$

在牛顿第二定律 $F = \mathrm{d}p/\mathrm{d}t$ 中，动量 p 是描述质点平动状态的物理量，力的作用将会导致 p 的变化。类似地，式（5-29）中力矩的作用将导致 $r \times p$ 随时间变化，我们将 $r \times p$ 定义为描述质点转动状态的物理量，称为角动量，用字母 L 表示。

如图 5-24 所示，质点某时刻相对于参考点 O 的位置矢量为 r，动量为 $p = mv$，则质点对 O 点的角动量为

$$L = r \times p = r \times mv \tag{5-30}$$

L 是矢量，它的大小为

$$L = mvr\sin\alpha \tag{5-31}$$

式中，α 是 r 与 p（或 v）的夹角。L 的方向垂直于 r 和 p 决定的平面，其指向由右手螺旋定则确定。

在国际单位制中，角动量的单位为千克二次方米每秒（$\mathrm{kg \cdot m^2 \cdot s^{-1}}$）。

需要注意：

（1）角动量不仅与质点的运动有关，还与参考点的位置有关。对于不同的参考点，同一质点有不同的位矢，故角动量一般不等。因此，在说明一个质点的角动量时，必须指明是对哪一个参考点而言的，脱离参考点谈角动量没有意义。为此，在进行角动量图示时，通常将角动量标示在参考点 O 上，而不是在质点 m 上。

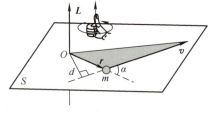

图 5-24

（2）角动量是描述转动状态的物理量，动量是描述平动状态的物理量，注意从物理意义和定义式上加以区分。

（3）质点对轴的角动量定义为质点对轴上某点的角动量在该轴上的投影。（请读者自行证明：质点对轴上任意点的角动量沿轴的投影都相等。）对固定轴，角动量只能取沿轴正向或负

向，此时用正负号表示其方向。

对于质点系，相对于某一参考点的角动量定义为各个质点相对于该参考点的角动量的矢量和，即

$$L = \sum_i L_i \tag{5-32}$$

> 将角动量与动量进行对比，能帮助我们更好地理解角动量。比如它们都是矢量，而且都与速度相关。但它们也有不同之处，你能想到哪些呢？
>
> 例如，当质点速度方向变化时也意味着动量改变了，那角动量也一定会改变吗？试着找到反例吧！

> 思维拓展

5.4.2　角动量定理

1. 质点的角动量定理

将式（5-29）中的 $r \times p$ 用 L 表示，得到

$$M = \frac{\mathrm{d}L}{\mathrm{d}t} \tag{5-33}$$

即质点角动量对时间的变化率等于质点受到的合力矩。式（5-33）称为质点的角动量定理的微分形式。它不但指明了角动量变化的原因在于受到力矩的作用，而且定量给出了力矩与角动量变化率之间的关系，是力矩与物体转动状态变化关系的基本方程之一。

为了便于进一步理解角动量定理，将上式改写为 $M\mathrm{d}t = \mathrm{d}L$。在一段时间内，例如从 t_1 到 t_2，相应质点的角动量在 t_1 时刻为 L_1，t_2 时刻为 L_2，积分得

$$\int_{t_1}^{t_2} M\mathrm{d}t = \int_{L_1}^{L_2} \mathrm{d}L = L_2 - L_1 \tag{5-34}$$

式中，合力矩从 t_1 到 t_2 对时间的积分称为合力矩在这段时间内的冲量矩；$L_2 - L_1$ 则是 t_1 到 t_2 时间内质点角动量的增量。式（5-34）说明：在某段时间内，质点合力矩的冲量矩等于该时间内质点角动量的增量，这称为质点的角动量定理。

2. 质点系的角动量定理

上述针对单个质点得到的角动量定理还可以推广到质点系中去。设由多个质点构成的质点系，相对于同一参考点 O，对质点系中的第 i 个质点，受到的系统的外力矩表示为 $M_{i外}$，受到的系统的内力矩表示为 $M_{i内}$，应用质点角动量定理有

$$M_{i外} + M_{i内} = \frac{\mathrm{d}L_i}{\mathrm{d}t} \tag{5-35}$$

将质点系中所有质点的上述关系式求和，得到

$$\sum_i M_{i外} + \sum_i M_{i内} = \sum_i \frac{\mathrm{d}L_i}{\mathrm{d}t} \tag{5-36}$$

式中，$\sum_i M_{i外}$ 为作用于质点系的合外力矩，表示为 $M_{外}$；$\sum_i M_{i内}$ 为质点系中各质点彼此相互作用的内力矩之和，等于零；将等式右侧的求和运算与求导运算交换顺序，$\sum_i \frac{\mathrm{d}L_i}{\mathrm{d}t} = \frac{\mathrm{d}\left(\sum_i L_i\right)}{\mathrm{d}t}$，其中 $\sum_i L_i$ 为质点系的总角动量，表示为 L。则式（5-36）化为

$$M_{外} = \frac{\mathrm{d}L}{\mathrm{d}t} \tag{5-37}$$

式（5-37）表明，质点系角动量随时间的变化率等于质点系所受的合外力矩。

考虑从 t_1 到 t_2 时刻，质点系角动量从 L_1 变化到 L_2，对式（5-37）变换后积分得

$$\int_{t_1}^{t_2} M_{外} \mathrm{d}t = \int_{L_1}^{L_2} \mathrm{d}L = L_2 - L_1 \tag{5-38}$$

式（5-38）中，左侧的积分是合外力矩对时间的累积；右侧 $L_2 - L_1$ 是同一时间段内质点系角动量的增量。式（5-38）说明：在某段时间内，质点系合外力矩的冲量矩等于该时间内质点系角动量的增量，这称为质点系的角动量定理。

质点系的角动量定理说明，只有作用于系统的合外力矩才能改变系统的角动量，内力矩不能改变系统的角动量。但内力矩能引起系统内各质点的角动量的变化，使系内质点间彼此交换角动量。这与质点系的动量定理相似。

关于质点、质点系的角动量定理，需要注意：一是力矩和角动量须是对同一个参考点或轴；二是定理的矢量性，一般情况下需要用矢量表示，在讨论定轴问题时，力矩和角动量常采用带正负号的标量表示；三是冲量矩的方向不是角动量的方向，而是与角动量增量的方向一致。

5.4.3 角动量守恒定律

根据质点和质点系角动量定理，若系统（质点、质点系）所受的合外力矩 $M_{外}$ 等于零，则有

$$\frac{\mathrm{d}L}{\mathrm{d}t} = 0 \quad 或 \quad L = \sum_i L_i = 常矢量 \tag{5-39}$$

可见，对某一固定参考点 O，如果作用于质点的所有力矩的矢量和为零，那么该质点对 O 点的角动量保持不变。这一结论称为角动量守恒定律。

关于角动量守恒定律，需要强调的是：

（1）同一问题中判断角动量是否守恒时，角动量和力矩必须相对同一参考点。

（2）角动量守恒的条件是合外力矩 $\sum_i r_i \times F_i = 0$，而不是合外力 $\sum_i F_i = 0$。也就是说，合外力等于零时合外力矩可能不为零；反过来合外力矩等于零时，合外力亦可以不为零。力偶矩（由大小相等、方向相反、但不共线的一对平行力相对于同一参考点形成的力矩）就是一个简单的实例。

（3）角动量守恒定律的分量式为：若 $M_x = 0$，则 $L_x = 常量$，x 也可理解为过参考点 O 的 x 轴，M_x 是合力对 x 轴的力矩，L_x 是对 x 轴的角动量，y、z 方向同理。这说明，合力矩沿某一轴的分量为零时，角动量沿该轴的分量就守恒。所以，角动量守恒定律和动量守恒定律类似，作为矢量关系式，可以应用于单一方向，对问题进行分析。

角动量守恒定律是继动量守恒定律之后得到的又一重要守恒定律，如果说动量是与平动相联系的一个守恒量的话，那么角动量则可以认为是与转动相联系的守恒量。与动量守恒定律相类似，角动量守恒定律尽管可以从牛顿运动定律推导出来，但是角动量守恒定律不受牛顿运动定律适用范围的限制。不论是研究物体的低速运动还是高速运动，是宏观领域的物理现象还是微观世界的物理过程，角动量守恒定律已被大量实验事实验证是正确的，无一相悖。它和动量守恒定律、能量守恒定律一样，是自然界最基本、最普遍的规律之一。

5.4.4　有心力作用下的质点角动量

角动量守恒定律成立的条件是系统所受的合力矩为零。对质点而言，合力矩为零有两种实现的可能，一是质点所受的合力为零，自然合力矩为零；二是合力不为零，但力作用点的位矢与力在同一直线上，$r \times F = 0$。

位矢与力共线的典型是有心力。如果质点在运动过程中受到的力始终指向某个中心，这种力称为有心力，这个中心称为力心。因为有心力对力心的力矩恒为零，所以仅受有心力作用的质点对力心的角动量保持不变。天体之间的万有引力就是一种有心力。例如，地球绕太阳运动的轨道是一椭圆，太阳位于椭圆的一个焦点上。在日心参考系中，太阳对地球的引力始终指向太阳中心的固定点，引力对太阳中心的力矩为零，因此地球对太阳中心的角动量是一守恒量（后续将要学习的点电荷的库仑力也具有类似的性质）。根据角动量的定义 $L = r \times mv$ 可知，地球对太阳中心的角动量方向垂直于椭圆轨道平面，角动量守恒要求角动量的大小不变，方向也不变，这意味着地球绕太阳运行的轨道平面方位不变（这里忽略了太阳运动和其他天体的影响），类似的情况在人造地球卫星绕地球运转时也是一样的。

> 由于忽略了空气动力，飞机只受万有引力的作用，研究飞机整体位置的变化，故可将飞机看作一质点。考虑到地球自转，飞机上述的运动在南北两极和赤道附近的情况比较简单，这里以在赤道附近为例讨论。在地心参考系中，飞机关闭发动机后的运动可以分解为沿半径方向的上升、回落运动，以及沿着地球自转切向的圆周运动。设飞机质量为 m，初始位置到地心的距离为 r，地球自转角速度为 ω，则飞机初始的圆周运动切向速度为 $v = \omega r$，飞机的角动量 $L = m\omega r^2$。因飞机受到的万有引力为有心力，因此飞机角动量是守恒的，所以只要飞机在初始高度的上方，其角速度就小于地球自转角速度。在其落回初始高度这一过程中，地球自转角位移大于飞机相对地心的角位移。因此，当飞机落回到初始高度时，它将会在原高度点的西侧。在赤道外的其他位置请读者自行分析。 **现象解释**
>
> 在第 2 章学习非惯性系时，曾涉及类似的现象，请读者试着用转动参考系相关原理分析上述问题。

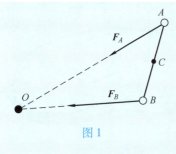

图 1

> 上面谈到万有引力是有心力，质点所受万有引力对力心不产生力矩。那么对于质点系是否也成立呢？ **思维拓展**
>
> 如图 1 所示，由两个质量相同的质点 A、B 相连组成的系统受到来自 O 处质点的万有引力。系统相对于 O 点所受的合力矩等于 A、B 各自相对于 O 点所受的力矩的矢量和。由于万有引力 F_A 和 F_B 为有心力，力矩始终为零，因此该系统相对于 O 点所受的合力矩为零，系统相对于 O 点的角动量守恒。可见，对质点系同样可以应用有心力。

但是角动量是相对于某个参考点而言的，考虑质点系运动时有一个重要的参考点——质心。考虑 A、B 系统相对于自身质心参考点 C 的受力矩情况，不难发现，一般情况下合力矩并不为零。如图 1 中所示的情况时，B 受到的力矩更大，因此整个系统将绕质心产生顺时针的角加速度。当 AB 连线与 OC 重合时，合力矩为零并且处于稳定平衡状态。可见，万有引力虽然不改变质点系相对于力心的角动量，但会改变质点系相对于质心的角动量。这导致质点系自身的转动状态发生变化。

现实中就有这样的例子：抬头仰望夜空，月球始终只有一面朝向地球，即月球的（平均）自转角速度正好等于其绕地球的（平均）公转角速度，这一现象称为潮汐锁定。形成潮汐锁定的原因正是由于月球受到引潮力，其质量分布并不均匀，此时地球引力会相对于月心产生力矩作用（见图2）。（当然，实际的情况比这更加复杂。）

图 2

你也可以试想，如果月球转的再快一些、质量再大一些会怎样？地球会被月球潮汐锁定吗？地球和太阳之间会不会有类似的现象？

5.4.5　定轴转动刚体的角动量定理与角动量守恒定律

被称为"表王"的地平仪是飞行员确定飞机俯仰角和倾斜角的仪表，其内部的关键部件是一个三自由度陀螺。仪表的基本工作原理，是在飞行过程中飞机姿态不断变化时，高速旋转的陀螺，其转轴的空间指向始终保持不变。

　　那么，高速旋转的陀螺，其转轴的空间指向始终保持不变的物理原理是什么？

【物理现象】

1. 定轴转动刚体的角动量

作为质点系，刚体对某一参考点的角动量应等于组成刚体的所有质点对同一参考点的角动量的矢量和。将前面质点系的角动量理论应用到定轴转动刚体问题中，将会得到更为具体的表达式。

对于确定的转轴，刚体只涉及转轴方向的角动量。如图 5-25 所示，刚体绕定轴 z 转动，其上任一质元 Δm_i 的转心为 O，相对 O 点的位矢为 r_i，速度为 v_i，根据式（5-30），其相对于 O 点的角动量大小为

$$L_i = r_i \Delta m_i v_i \tag{5-40}$$

方向沿轴向。因此，其相对于 O 点的角动量等于对轴的角动量，即 $L_{zi} = L_i$。若刚体做定轴转动的角速度为 ω，则 $v_i = r_i \omega$，于是

$$L_{zi} = r_i^2 \Delta m_i \omega \tag{5-41}$$

由于所有质元的角动量均沿轴线，故将所有质点对转轴的角动量求和，得到刚体对转轴的总角动量

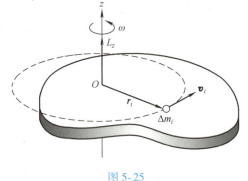

图 5-25

$$L_z = \sum_i L_{zi} = \left(\sum_i r_i^2 \Delta m_i \right) \omega = J\omega \tag{5-42}$$

式（5-42）表明，做定轴转动的刚体对转轴的角动量等于刚体对同一转轴的转动惯量与角速度的乘积。后面我们研究定轴转动的刚体时，对轴的角动量简记为 L。

2. 定轴转动刚体的角动量定理和角动量守恒定律

由式（5-37），质点系的角动量定理对 z 轴的分量式可表达为

$$M_{外z} = \frac{\mathrm{d}L_z}{\mathrm{d}t} \tag{5-43}$$

对定轴转动的刚体，式（5-43）改写为

$$M_{外} = \frac{\mathrm{d}L}{\mathrm{d}t} = \frac{\mathrm{d}(J\omega)}{\mathrm{d}t} \tag{5-44}$$

式（5-44）表明，作用在定轴转动刚体上的合外力矩，等于该刚体角动量对时间的变化率。设从时刻 t_1 到 t_2 这段时间内，刚体的角速度由 ω_1 变为 ω_2，将式（5-44）变换后积分得

$$\int_{t_1}^{t_2} M_{外}\mathrm{d}t = J\omega_2 - J\omega_1 \tag{5-45}$$

式中，$\int_{t_1}^{t_2} M_{外} \mathrm{d}t$ 是 t_1 到 t_2 时间内作用于定轴转动刚体的冲量矩。式（5-45）表明，作用于定轴转动刚体的冲量矩等于在同一时间内该刚体角动量的增量。这一结论称为定轴转动刚体的角动量定理。式（5-44）和式（5-45）分别为定理的微分和积分形式。

由式（5-45）可见，若刚体所受的合外力矩 $M_{外}$ 恒为零，则角动量 L 不随时间变化，即

$$L = J\omega = 常量 \tag{5-46}$$

这就是定轴转动刚体的角动量守恒定律。

理解和应用角动量定理、角动量守恒定律时，应注意以下几个方面。

（1）由于角动量守恒是角动量 L 不随时间变化，所以要求合外力矩必须时时为零。另外，L、J、ω 是对同一轴而言的，L、ω 相对于轴的正方向取值有正有负。

（2）对于定轴转动的刚体，因为其转动惯量 J 不变，所以当角动量守恒时，其角速度保持不变。

（3）无论是刚体，或是几个共轴刚体组成的系统，甚至是有形变的物体以及任意质点系，对定轴的角动量定理和角动量守恒定律都成立。对在转动过程中转动惯量可以改变的物体而言，如果物体上各点绕定轴转动具有相同的角速度 ω，当合外力矩为零时，由角动量守恒定律可知：J 增大时，ω 就减小；J 减小时，ω 就增大。如舞蹈演员和滑冰运动员做旋转动作时，先将两臂和腿伸开，绕通过足尖的竖直轴以一定的角速度旋转，然后将两臂和腿迅速收拢，由于转动惯量减小，而使旋转明显加快。卫星的"悠悠消旋"技术原理与此类似。通常，航天器在变轨的过程中，为了保持姿态稳定，会先起旋，变轨之后再根据需要进行消旋。如图 5-26 所示，通过细索在卫星两侧对称位置反向缠绕固定两个质量块。消旋时，打开锁定装置，质量块在离心力作用下远离卫星，使得系统整体转动惯量增大，转速减小，从而达到有效消旋目的。

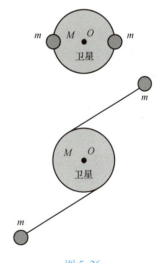

图 5-26

（4）对于既有转动物体又有平动物体的系统来说，若作用于系统的对某一定轴的合外力矩为零，则系统对该轴的角动量保持不变，即

$$\sum_i L_i = \sum_i J_i \omega_i = 常量 \tag{5-47}$$

　　上述刚体定轴转动的角动量定理和角动量守恒定律，实际上是质点系角动量定理和角动量守恒定律分量形式的具体应用，所得结论便于处理定轴转动问题。

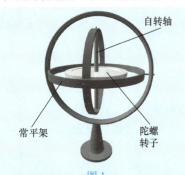

自转轴

常平架　　　　陀螺转子

图 1

　　安装在轮船、飞机或火箭上的惯性导航装置称为回转仪，也叫陀螺，也是通过角动量守恒的原理来工作的，如图 1 所示。回转仪的核心器件是一个转动惯量较大的转子，装在"常平架"上。常平架由三个圆环构成，转子和圆环之间用轴承连接，轴承的摩擦力矩极小，常平架的作用是使转子不会受任何力矩的作用。转子一旦转动起来，它的角动量将守恒，即其指向将永远不变，因而能实现定向、导航作用。

　　地平仪结构示意如图 2，陀螺与刻度表固连，通过常平架安装在表盘后方，使得陀螺和刻度表能够在空间中自由转动。地平仪工作时，由于角动量守恒，高速旋转的陀螺转轴空间指向保持固定不变。此时，刻度表上的地平线和子午线将按事先校准的方位不再发生变化。当飞机飞行姿态发生变化时，表盘将会随飞机机体发生转动，所以飞行员就可以通过观察表盘中的刻度来读取姿态信息。

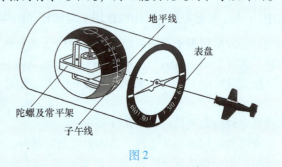

地平线

表盘

陀螺及常平架

子午线

图 2

5.4.6　进动

　　我们以质量呈轴对称分布的陀螺定点运动为例。如图 5-27a 所示，当陀螺没有转动时，直立方向是重力的非稳定平衡点，稍受扰动它将在重力矩作用下倾倒；但当陀螺高速旋转时，尽管仍受重力矩的作用，它却不倒下来。这时，陀螺在绕本身的对称轴 Oz' 转动（这种旋转叫自旋，设自旋角动量为 L）的同时，其对称轴还将绕竖直轴 Oz 回转。这种高速自旋的物体的转轴在空间中回转的现象称为进动。

　　进动是怎么产生的呢？对于这种定点转动问题，需要分析对定点 O 的力矩。地面的支持力过 O 点，对 O 点力矩为零。重力对 O 点产生一力矩，

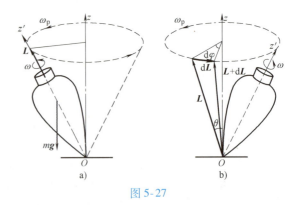

图 5-27

其方向垂直于 Oz' 轴和重力的作用线所组成的平面。根据质点系的角动量定理，质点系所受的对给定参考点 O 的合外力矩满足 $M = \mathrm{d}L/\mathrm{d}t$，或写成 $\mathrm{d}L = M\mathrm{d}t$。所以，在极短的时间 $\mathrm{d}t$ 内，陀螺的角动量将因重力矩的作用而产生一增量 $\mathrm{d}L$，如图 5-27b 所示，其方向垂直于 L，结果使 L 的大小不变而方向发生变化。因此，陀螺的自转轴将从 L 的位置偏转到 $L + \mathrm{d}L$ 的位置上，而不

是向下倾倒。如此持续不断地偏转下去就形成了自转轴的回转，其运动轨迹是以 Oz 为轴、锥顶在陀螺尖顶与地面接触处 O 点的锥面，这就是陀螺绕竖直轴 Oz 的进动。严格地讲，陀螺的总角动量应该是它的自旋角动量和进动角动量的矢量和。当考虑陀螺高速旋转时，其自转的角速度远大于进动的角速度，故可忽略进动的角动量而只考虑自旋角动量。

进动本质上是自转轴绕另一轴的转动，因此可以用角位移、角速度等量来描述。设其 dt 时间内的角位移为 $d\varphi$，$d\varphi$ 取决于陀螺角动量方向的变化。$d\varphi$ 为末态角动量 $L + dL$ 和初始角动量 L 在旋转平面内所形成的夹角，故有

$$d\varphi = \frac{|dL|}{L\sin\theta} \tag{5-48}$$

其中，$|dL| = Mdt$ 为角动量增量的大小。再由角速度的定义可得进动角速度的大小为

$$\Omega = \frac{d\varphi}{dt} = \frac{|dL|}{L\sin\theta dt} = \frac{M}{L\sin\theta} \tag{5-49}$$

式（5-49）说明，外力矩并非产生某个角加速度，而是决定了进动的角速度，进动角速度 Ω 正比于外力矩。可见分析定点转动的基本方法是角动量定理，而前面第 5.2 节谈到的转动定律主要适用于定轴转动的情况。角动量定理是比转动定律更本质的规律（亦如动量定理之于牛顿第二定律）。

进动现象十分神奇，它反映的特点是：当你试图对转动着的物体的轴施加作用力去改变转轴的方向的时候，转轴可能不会沿着力的方向运动，而是沿着力矩的方向去改变。例如图 5-28 所示，发射子弹时利用膛线让弹体具有绕纵轴的角动量，当受空气扰动时弹体会发生进动，不易翻转，保证了射击精度和毁伤效果。再例如图 5-29 所示，高速旋转的螺旋桨随飞机一起改变方向时，也会发生进动，右旋螺旋桨飞机，具有向前的角动量。当操纵飞机向右转弯时，螺旋桨的转轴也会随之受到轴承对其约束力的作用，转轴前端受力向右、后端受力向左，故受到向下的力矩作用，因此使飞机向下进动。类似地，当操纵飞机左转时，力矩使飞机向上进动；当操纵飞机抬头时，力矩使飞机向右进动；当操纵飞机低头时，力矩使飞机向左进动。

需要指出的是，如果进动时的自旋角速度不太大，则轴线在进动时还会上上下下做周期性的摆动，这种摆动就是所谓的章动（参见本节物理知识拓展）。

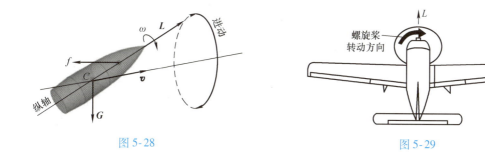

图 5-28　　　　　　　　　　　　　　　　　图 5-29

回顾对质点直线运动和刚体定轴转动的描述以及两种运动所遵循的力学规律，我们发现，它们在形式上非常相似，如表 5-3 所示。这是因为质点直线运动和刚体定轴转动的位置都只需要一个独立的坐标表示，前者用线坐标 x，后者用角坐标 θ。x 和 θ 是一种线量和角量的对应关系，这种对应关系反映到其他的物理量，自然这两种运动的物理规律也具有线量和角量的对应

形式。

表5-3　质点直线运动和刚体定轴转动的比较

质点的直线运动				刚体的定轴转动			
速度　$v = \dfrac{\mathrm{d}x}{\mathrm{d}t}$		加速度　$a = \dfrac{\mathrm{d}v}{\mathrm{d}t} = \dfrac{\mathrm{d}^2 x}{\mathrm{d}t^2}$		角速度　$\omega = \dfrac{\mathrm{d}\theta}{\mathrm{d}t}$		角加速度　$\beta = \dfrac{\mathrm{d}\omega}{\mathrm{d}t} = \dfrac{\mathrm{d}^2 \theta}{\mathrm{d}t^2}$	
动量　$p = mv$		动能　$E_\mathrm{k} = \dfrac{1}{2}mv^2$		角动量　$L = J\omega$		动能　$E_\mathrm{k} = \dfrac{1}{2}J\omega^2$	
力　F		质量　m		力矩　M		转动惯量　J	
功　$A = \int F\mathrm{d}x$		冲量　$\int F\mathrm{d}t$		功　$A = \int M\mathrm{d}\theta$		冲量矩　$\int M\mathrm{d}t$	
牛顿定律　$F = ma$				转动定律　$M = J\beta$			
动量定理　$F\mathrm{d}t = \mathrm{d}p$　或　$\displaystyle\int_{t_0}^{t} F\mathrm{d}t = p - p_0$				角动量定理　$M\mathrm{d}t = \mathrm{d}L$　或　$\displaystyle\int_{t_0}^{t} M\mathrm{d}t = L - L_0$			
动能定理　$A = \dfrac{1}{2}mv^2 - \dfrac{1}{2}mv_0^2$				动能定理　$A = \dfrac{1}{2}J\omega^2 - \dfrac{1}{2}J\omega_0^2$			

 物理知识应用

1. 质点（质点系）的角动量、角动量定理和角动量守恒定律

【例5-13】 质量为 m 的质点沿一直线运动，O 点到该直线的垂直距离为 d。设在时刻 t 质点位于 A 点，速度为 v，如图5-30所示。求该时刻质点对 O 点的角动量。

【解】 依题意 $r = \overrightarrow{OA}$，α 是 r 与 v 的夹角。根据角动量定义，质点对 O 点角动量的大小为

$$L = rmv\sin\alpha = mvd$$

L 的方向垂直纸面向外。

【例5-14】 请由角动量守恒定律导出开普勒第二定律：行星对太阳的位矢在相等的时间内扫过相等的面积。

【解】 如图5-31所示，设太阳中心为 O 点，行星在太阳引力作用下运动。由于引力始终通过 O 点，所以行星对 O 点的角动量 L 保持不变。L 方向不变表明由 r 和 v 决定的平面方位保持不变，因此，行星运动的轨道是一个平面轨道。

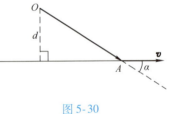

图5-30

L 的大小为

$$L = rmv\sin\theta = mr\,\frac{\left| \mathrm{d}r \right|}{\mathrm{d}t}\sin\theta$$

由图5-31可知，上式中乘积 $r|\mathrm{d}r|\sin\theta$ 等于阴影三角形面积的2倍，而阴影面积正是位矢 r 在 $\mathrm{d}t$ 时间内扫过的面积。以 $\mathrm{d}S$ 表示这一面积，则有

$$L = m\,\frac{2\mathrm{d}S}{\mathrm{d}t}$$

可得

$$\frac{\mathrm{d}S}{\mathrm{d}t} = \frac{L}{2m}$$

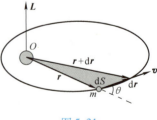

图5-31

由于 L 和 m 为常量，所以上式表明，行星对太阳的位矢 r 扫过面积的时间变化率（称为行星运动的面积速度）保持不变，即位矢 r 在相等的时间内扫过相等的面积。

【例5-15】 中子星的前身一般是一颗质量比太阳大8倍的恒星。它在爆发坍缩过程中产生的巨大压力，使它的物质结构发生巨大的变化。在这种情况下，不仅原子的外壳被压破了，连原子核也被压破了。

因此，原子核中的质子和中子被挤出来，质子和电子挤到一起又结合成中子。最后，所有的中子挤在一起，形成了中子星。当恒星收缩为中子星后，自转就会加快，能达到每秒几圈到几十圈。同时，收缩使中子星成为一块极强的"磁铁"，这块"磁铁"在它的某一部分向外发射出电波。当它快速自转时，就像灯塔上的探照灯那样，有规律地不断向地球扫射电波。当发射电波的那部分对着地球时，我们就收到电波；当这部分随着星体的转动而偏转时，我们就收不到电波。所以，我们收到的电波是间歇的。这种现象又称为"灯塔效应"。

设某恒星原来每24小时自转9周，在其收缩为中子星后半径减小为原来的1/700，问此时它的角速度是多大？

【解】根据角动量守恒定律：$J_0\omega_0 = J\omega$

可得

$$\frac{\omega}{\omega_0} = \frac{J_0}{J} = \frac{R_0^2}{R^2} = 700^2 = 4.9 \times 10^5$$

式中，

$$\omega_0 = 2\pi\nu_0 = 2\pi\left[9/(24\times3600)\right] \text{ rad}\cdot\text{s}^{-1} = 6.55\times10^{-4}\text{rad}\cdot\text{s}^{-1}$$

$$\omega = 4.90\times10^5\omega_0 = 4.9\times10^5\times(6.55\times10^{-4})\text{ rad}\cdot\text{s}^{-1} = 321\text{rad}\cdot\text{s}^{-1}$$

【例 5-16】当质子以初速度 $\boldsymbol{v}_0$ 接近原子核时，原子核可被看作不动，质子受到原子核斥力的作用，它的运动轨道将是一条双曲线，如图 5-32 所示。设原子核的电荷量为 Ze，质子的质量为 m，初速 $\boldsymbol{v}_0$ 的方向线与原子核的垂直距离为 b，质子所受静电力为 $k\dfrac{Ze^2}{r^2}$，k 是一个常数。忽略万有引力，试求质子和原子核最接近的距离。

【解】选原子核所在处为坐标原点 O，因为原子核对质子的斥力始终通过 O 点，即质子受有心力作用，所以质子在运动过程中对 O 点的角动量守恒。设质子和原子核的最近距离为 r_s，该处速度的大小为 v_s，则有

$$mv_0b = mv_sr_s \qquad ①$$

由于在质子的运动过程中仅受静电力作用，而静电力为保守力，因此，对于原子核和质子组成的系统来说，其动能和电势能的总和保持不变。选取距 O 点无穷远处为势能零点，根据势能定义，在与 O 点相距为 r 处的电势能为

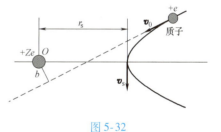

图 5-32

$$E_p(r) = \int_r^\infty k\frac{Ze^2}{r^2}\mathrm{d}r = k\frac{Ze^2}{r}$$

在 $r = r_s$ 处，有

$$\frac{1}{2}mv_s^2 + k\frac{Ze^2}{r_s} = \frac{1}{2}mv_0^2 \qquad ②$$

由式①和式②消去 v_s，并化简得

$$r_s^2 - 2k\frac{Ze^2}{mv_0^2}r_s - b^2 = 0$$

解得

$$r_s = k\frac{Ze^2}{mv_0^2} \pm \sqrt{\left(k\frac{Ze^2}{mv_0^2}\right)^2 + b^2}$$

上式取负号时，$r_s < 0$，不合题意，故舍去。因此质子与原子核的最近距离为

$$r_s = k\frac{Ze^2}{mv_0^2} + \sqrt{\left(k\frac{Ze^2}{mv_0^2}\right)^2 + b^2}$$

2. 定轴转动刚体的角动量、角动量定理和角动量守恒定律

【例 5-17】如图 5-33 所示为军事训练中的前倒动作。要求双臂抬起，手掌向下，腿站直，身体前倾，在即将着地的瞬间前臂外旋，两手拍地，用手掌和手臂内侧着地。上述动作要领在保证动作完成的同时也

有利于减小着地损伤。请从刚体定轴转动角度分析上述动作要领如何减小着地损伤。

【解】将人体近似为一长为 l、质量为 m 的均匀细杆，绕光滑轴 O 在铅垂面内转动。初始时，细杆从竖直位置由静止倾倒。着地时，地面支持力的等效作用点到 O 点的距离为 a，假设着地瞬间作用时间为 Δt，地面支持力的平均值为 N。我们把整个过程分为两个阶段进行讨论。

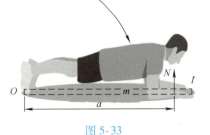

图 5-33

第一阶段为细杆倾倒过程。只有保守力重力做功，因此系统的机械能守恒。设着地前瞬间细杆转动的角速度为 ω，有

$$E_{\mathrm{k}} = E_{\mathrm{p0}}$$

$$\frac{1}{2}J\omega^2 = \frac{1}{6}m\,l^2\omega^2 = \frac{1}{2}mgl$$

$$\omega = \sqrt{3g/l}$$

第二阶段，细杆的转动在地面支持力矩和重力矩的作用下减速。由角动量定理得

$$\left(\frac{1}{2}mgl - Na\right)\Delta t = 0 - J\omega$$

$$N = \frac{ml}{\Delta ta}\sqrt{\frac{gl}{3}} + \frac{mgl}{2a}$$

从理论分析结果可见，增大支持力的等效作用距离、增加作用时间，能有效减小着地作用力，保护身体不受损伤。要求手掌抬起、做拍地动作一方面是增加与地面作用时间，另一方面是有效延长支持力的等效作用距离。或者体重轻、身高小的也可在一定程度减小着地损伤。

【例5-18】如图 5-34 所示，一长为 l、质量为 m 的均匀细杆，可绕光滑轴 O 在铅垂面内摆动。当杆静止时，一颗质量为 m_0 的子弹水平射入与轴相距为 a 处的杆内，并留在杆中，使杆能偏转到 $\theta = 30°$，求子弹的初速 v_0。

【解】我们把整个过程分为两个阶段进行讨论。

第一阶段：子弹射入细杆，并使杆获得初角速度。这一阶段时间极短，细杆发生的偏转极小，可以认为仍处于竖直位置。考虑子弹和细杆所组成的系统，系统的外力为子弹、细杆所受重力及轴的支持力，但这些力对轴 O 均无力矩，满足条件 $M = 0$，故此阶段系统的角动量守恒。以细杆转动的方向为正方向，子弹射入细杆前后，系统的角动量分别为

$$L_0 = m_0 v_0 a, \qquad L = J\omega$$

式中，$J = \frac{1}{3}ml^2 + m_0 a^2$ 为子弹射入细杆后系统对轴 O 的转动惯量。由 $L_0 = L$ 有

$$m_0 v_0 a = J\omega \qquad\qquad ①$$

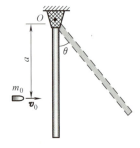

图 5-34

第二阶段：子弹随杆一起绕轴 O 转动。以子弹、细杆和地球为系统，在第二阶段只有保守内力做功，因此系统的机械能守恒。选取细杆处在竖直位置时子弹的位置为重力势能零点，系统在始末态的机械能分别为

$$E_0 = \frac{1}{2}J\omega^2 + mg\left(a - \frac{l}{2}\right)$$

$$E = m_0 ga\,(1 - \cos\theta)\ + mg\left(a - \frac{l}{2}\cos\theta\right)$$

式中，$\theta = 30°$，由 $E_0 = E$，有

$$\frac{1}{2}J\omega^2 + mg\left(a - \frac{l}{2}\right) = m_0 ga\left(1 - \frac{\sqrt{3}}{2}\right) + mg\left(a - \frac{l}{2}\frac{\sqrt{3}}{2}\right)$$

所以

$$J\omega^2 = g\left[m_0 a\ (2-\sqrt{3})\ + ml\left(1-\frac{\sqrt{3}}{2}\right)\right] = g\frac{2-\sqrt{3}}{2}\ (2m_0 a + ml)$$ ②

式①和式②联立，并代入 J 值，可得

$$v_0 = \frac{1}{m_0 a}\sqrt{\frac{2-\sqrt{3}}{6}(ml + 2m_0 a)(ml^2 + 3m_0 a^2)g}$$

【例 5-19】 螺旋桨飞机降落后关闭发动机，此时螺旋桨做定轴转动，角速度为 ω_0，转动惯量为 J。假设螺旋桨在转动过程中受到恒定阻力矩 M 的作用，试用定轴转动刚体的角动量定理计算螺旋桨停止转动时所需要的时间？

【解】 设螺旋桨转动方向为正方向。由角动量定理，作用在螺旋桨上的冲量矩改变了其角动量，有

$$- Mt = 0 - J\omega_0$$

即

$$t = \frac{J\omega_0}{M}$$

【例 5-20】 某同轴双旋翼直升机在空中平稳飞行时，两旋翼以匀角速度 ω_0 反向旋转。假如其中一组旋翼突然失去连接掉落，为保证飞行安全，飞行员增大单旋翼转速为 ω，从而保持升力准备降落。求此时机身的转动角速度 Ω。已知旋翼的桨叶可近似为固连在转轴上的长为 l 的匀质细杆，单组三片桨叶的总质量为 m，直升机机身相对于转轴的转动惯量为 J_M，忽略空气阻力和轴承摩擦。

【解】 出现故障后，设正常工作的旋翼转动方向为正方向。忽略掉空气阻力后，直升机系统只受与旋翼同轴的升力和重力的作用，相对于轴的力矩为零。因此整个系统对轴的角动量守恒，故

$$L = L_0$$
$$J\omega + J_M\Omega = J\omega_0$$

其中 $J = \frac{1}{3}ml^2$ 为正常工作旋翼的转动惯量，代入上式之后得到

$$\Omega = -\frac{m(\omega - \omega_0)l^2}{3J_M}$$

可见，旋翼的转速变化会导致直升机机身发生旋转，导致操纵困难。

【例 5-21】 如图 5-35a 所示，一转盘可看成匀质圆盘，能绕过中心 O 的竖直轴在水平面自由转动，一人站在盘边缘。初时人、盘均静止，然后人在盘上随意走动，于是盘也转起来。请问：在这个过程中人和盘组成的系统的机械能、动量和对轴的角动量是否守恒？若不守恒，原因是什么？

【解】 系统的机械能显然不守恒，静止时和运动时重力势能相同，而运动时系统有了动能，故机械能增加了。增加的原因是人的肌肉的力量作为非保守内力做了正功。

系统的动量也不守恒。一个匀质圆盘，无论它转得多快，其动量始终是零。如图 5-35b 所示，以 O 为对称轴在盘上取一对对称的质元，它们的质量相同，到轴的距离相同，故速度相反，动量大小相同、速度相反，所以它们的动量之和为零。由于整个圆盘可看作由无数的质元成对组成的，每一对质元的动量为零，则整个圆盘的动量也是零。系统静止时动量为零，系统运动时盘的动量依然是零而人的动量不为零，可见动量不守恒。不守恒的原因是圆盘的轴要给盘一个冲量来制止盘的平动。

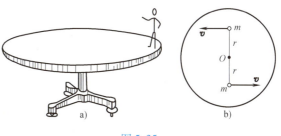

图 5-35

系统对轴的角动量守恒，因为人受到的重力和盘受到的重力的方向与轴平行，根据对定轴力矩的定义，它们不提供对轴的力矩。盘受到的轴的支撑力的作用点在盘中心，力臂为零，故力矩也为零。所以系统受到的对轴的合外力矩为零。故角动量守恒。

物理知识拓展

1. 章动

前文分析了陀螺在重力矩作用下的进动现象，不知你是否会产生疑问：形成稳定进动时，重力矩将不做功，进动转动的动能是哪儿来的呢？你可以试着做一做图 5-36 所示的实验：使高速旋转的陀螺一端置于支架上，再突然放手，你将会发现，陀螺稍微下落一下后开始绕竖直轴进动。下落中陀螺重力势能转化为进动动能。如果陀螺自转角速度不是很大，会明显发现自转轴出现上下摆动的现象，这种现象称为章动。下面仅针对图 5-36 的情况进行简要定性分析。

图 5-36

对于陀螺而言，式（5-49）其实给出的是稳定进动（理论力学中称为规则进动）的条件，即进动对应的角动量增量正好等于重力的冲量矩。而当突然放手时，陀螺失去支撑瞬间，其初始进动角速度 $\Omega = 0$，此时进动对应的角动量增量小于重力矩的冲量矩，故陀螺转轴首先向下倾斜。

接下来，由于在竖直方向陀螺角动量产生向下的增量，但沿 z 轴的角动量分量是守恒的，需要向上的增量平衡向下的增量，故必然导致进动的产生。随着进动角速度 Ω 不断增大，当 Ω 增大到正好满足 $\Omega L \sin\theta \mathrm{d}t = M\mathrm{d}t$，即满足式（5-49）时，陀螺向下倾斜的角速度不再增加。但是，只要陀螺还在继续向下倾斜，角动量产生向下的增量就继续增加，进动角速度 Ω 就会继续增大。当 $\Omega L \sin\theta \mathrm{d}t > M\mathrm{d}t$ 时，即进动对应的角动量增量大于重力矩的冲量矩，陀螺转轴向下倾斜的角速度会越来越小，直至停止下落，开始向上抬起。向上抬起的过程则正好与上述过程相反。陀螺将回到初始高度并周期性的重复整个过程，这一现象就是章动。

2. 鱼雷、直升机尾桨

角动量守恒的系统，如果其中的一部分转动了起来，其他部分一定会获得相反方向的角动量，这是由于系统内力矩的作用而产生的结果。鱼雷在其尾部装有两个转向相反的螺旋桨就是一例。鱼雷最初是不转动的，在不受外力矩作用时，根据角动量守恒定律，其总的角动量应始终为零。如果只装一部螺旋桨，当其顺时针转动时，雷身将反向滚动，这时鱼雷就不能正常运行了。为此在鱼雷的尾部再装一部相同的螺旋桨，工作时让两部螺旋桨向相反的方向旋转，这样就可使鱼雷的总角动量保持为零，以免鱼雷发生滚动。而水对转向相反的两台螺旋桨的反作用力便是鱼雷前进的推力。又如当安装在直升机上方的旋翼转动时，根据角动量守恒定律，它必然引起机身的反向打转，通常在直升机的尾部侧向安装一个小的辅助螺旋桨，叫作尾桨（见图 5-37），它提供一个外加的水平力，其力矩可抵消旋翼给机身的反作用力矩。卫星的姿态调整也应用了这一原理，许多卫星内部安装有多个反作用轮，通过电机驱动反作用轮转动时，卫星就能朝相反方向调整自身姿态（见图 5-38）。

图 5-37

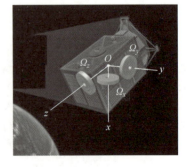

图 5-38

章知识导图

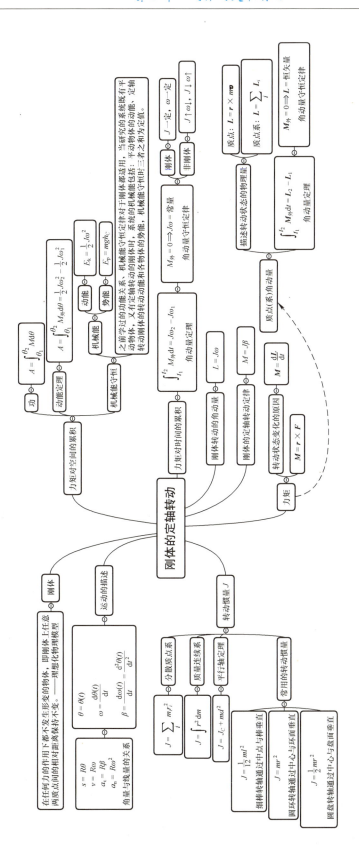

思考与练习

思考题

5-1 在求刚体所受的合外力矩时，能否先求出刚体所受合外力，再求合外力对转轴的力矩？说明其理由。

5-2 绕固定轴做匀变速转动的刚体，其上各点都绕转轴做圆周运动。试问刚体上任意一点是否有切向加速度？是否有法向加速度？切向加速度和法向加速度的大小是否变化？理由如何？

5-3 一个圆环和一个圆盘半径相等，质量相同，均可绕通过中心、垂直于环/盘面的轴转动，开始时静止。当对两者施以相同的力矩时，哪个转得快？

5-4 用手指顶一根竖直竹竿，为什么长的比短的容易顶？这和一般常识所说的"长的重心高，不稳"是否矛盾？试解释这种现象。

5-5 一个有竖直光滑固定轴的水平转台。人站立在转台上，身体的中心轴线与转台竖直轴线重合，两臂伸开各举着一个哑铃。当转台转动时，此人把两哑铃水平地收缩到胸前。在这一收缩过程中，

(1) 转台、人与哑铃以及地球组成的系统机械能守恒否？为什么？

(2) 转台、人与哑铃组成的系统角动量守恒否？为什么？

(3) 每个哑铃的动量与动能守恒否？为什么？

5-6 人造地球卫星绕地球中心做椭圆轨道运动，若不计空气阻力和其他星球的作用，在卫星运行过程中，卫星的动量和它对地心的角动量都守恒吗？为什么？

练习题

(一) 填空题

5-1 可绕水平轴转动的飞轮，直径为 1.0m，一条绳子绕在飞轮的外周边缘上。如果飞轮从静止开始做匀角加速运动且在 4s 内绳被展开 10m，则飞轮的角加速度为_____。

5-2 绕定轴转动的飞轮均匀地减速，$t=0$ 时角速度为 $\omega_0 = 5\text{rad} \cdot \text{s}^{-1}$，$t=20\text{s}$ 时角速度为 $\omega = 0.8\omega_0$，则飞轮的角加速度 $\beta = $ _____，$t=0$ 到 $t=100\text{s}$ 时间内飞轮所转过的角度 $\theta = $ _____。

5-3 决定刚体转动惯量的因素是：_____。

5-4 如习题 5-4 图所示，一质量为 m、半径为 R 的薄圆盘，可绕通过其一直径的光滑固定轴转动，转动惯量 $J = mR^2/4$。初始时刻，该圆盘从静止开始在恒力矩 M 作用下转动，则 t 时刻位于圆盘边缘上与轴 AA' 的垂直距离为 R 的 B 点的切向加速度 $a_\tau = $ _____，法向加速度 $a_n = $ _____。

5-5 如习题 5-5 图所示，P、Q、R 和 S 是附于刚性轻质细杆上的质量分别为 $4m$、$3m$、$2m$ 和 m 的四个质点，$PQ = QR = RS = l$，则系统对 OO' 轴的转动惯量为_____。

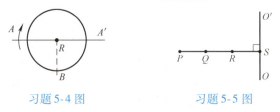

习题 5-4 图　　　　　习题 5-5 图

5-6 一做定轴转动的物体，对转轴的转动惯量 $J = 3.0\text{kg} \cdot \text{m}^2$，角速度 $\omega_0 = 6.0\text{rad} \cdot \text{s}^{-1}$。现对物体加一恒定的制动力矩 $M = -12\text{N} \cdot \text{m}$，当物体的角速度减慢到 $\omega = 2.0\text{rad} \cdot \text{s}^{-1}$ 时，物体已转过的角度 $\theta = $ _____。

5-7 如习题 5-7 图所示，一长为 L 的轻质细杆，两端分别固定质量为 m 和 $2m$ 的小球，此系统在铅垂

平面内可绕过中点 O 且与杆垂直的水平光滑固定轴（O 轴）转动。开始时杆与水平成 60° 角，处于静止状态。无初转速地释放以后，杆球这一刚体系统绕 O 轴转动。系统绕 O 轴的转动惯量 $J =$ _____ 。释放后，当杆转到水平位置时，刚体受到的合外力矩 $M =$ _____ ，角加速度 $\beta =$ _____ 。

5-8　如习题 5-8 图所示，一可绕定轴转动的飞轮，在 $20\text{N} \cdot \text{m}$ 的总力矩作用下，在 10s 内转速由零均匀地增加到 $8\text{rad} \cdot \text{s}^{-1}$，飞轮的转动惯量 $J =$ _____ 。

5-9　转动着的飞轮的转动惯量为 J，在 $t = 0$ 时角速度为 ω_0。此后飞轮经历制动过程。阻力矩 M 的大小与角速度 ω 的平方成正比，比例系数为 k（k 为大于 0 的常量）。当 $\omega = \omega_0/3$ 时，飞轮的角加速度 $\beta' =$ _____ 。从开始制动到 $\omega = \omega_0/3$ 所经过的时间 $t =$ _____ 。

5-10　长为 l、质量为 m' 的匀质杆可绕通过杆一端 O 的水平光滑固定轴转动，转动惯量为 $m'l^2/3$，开始时杆竖直下垂，如习题 5-10 图所示。有一质量为 m 的子弹以水平速度 $\boldsymbol{v}_0$ 射入杆上 A 点，并嵌在杆中，$OA = 2l/3$，则子弹射入后瞬间杆的角速度 $\omega =$ _____ 。

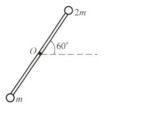 

习题 5-7 图　　　　　　习题 5-8 图　　　　　　习题 5-10 图

5-11　如习题 5-11 图所示，质量为 m、长为 l 的棒，可绕通过棒中心且与棒垂直的竖直光滑固定轴 O 在水平面内自由转动（转动惯量 $J = ml^2/12$）。开始时棒静止，现有一子弹，质量也是 m，在水平面内以速度 $\boldsymbol{v}_0$ 垂直射入棒端并嵌在其中，则子弹嵌入后棒的角速度 $\omega =$ _____ 。

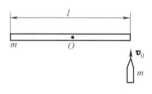

习题 5-11 图

5-12　一水平的匀质圆盘，可绕通过盘心的竖直光滑固定轴自由转动。圆盘质量为 m'，半径为 R，对轴的转动惯量 $J = m'R^2/2$。当圆盘以角速度 ω_0 转动时，有一质量为 m 的子弹沿盘的直径方向射入而嵌在盘的边缘上。子弹射入后，圆盘的角速度 $\omega =$ _____ 。

（二）计算题

5-13　一做匀变速转动的飞轮在 10s 内转了 16 圈，其末角速度为 $15\text{rad} \cdot \text{s}^{-1}$，它的角加速度的大小等于多少？

5-14　如习题 5-14 所示，脉冲星是一个高速旋转的中子星，它像灯塔发射光束那样发射无线电波束。该星每转一次我们接收到一个无线电脉冲。转动的周期 T 可以通过测量脉冲之间的时间得知。蟹状星云中的脉冲星的转动周期 $T = 0.033\text{s}$，并以 $1.26 \times 10^{-5} \text{s} \cdot \text{a}^{-1}$（年）的时率增大。

（1）脉冲星的角加速度是多少？

（2）如果它的角加速度是恒定的，从现在经过多长时间脉冲星要停止转动？

（3）此脉冲星是在 1054 年看到的一次超新星爆发中产生的。该脉冲星的初始周期 T 是多少？（假定脉冲星从产生时起是以恒定角加速度加速的。）

习题 5-14 图

5-15　在从跳板起跳期间，一个跳水者的质心的角速度在 220ms 内从零增大到 $6.20\text{rad} \cdot \text{s}^{-1}$，她的质心的转动惯量是 $12\text{kg} \cdot \text{m}^2$。在起跳期间，她的平均角加速度和板对她的平均外力矩的大小是多少？

5-16　习题 5-16 图所示为 Lawrence Livermore 实验室中的中子试验设备的重屏蔽门。它是世界上最重的安有轴的门。此门的质量是 44000kg，对于通过其大轴的竖直轴的转动惯量是 $8.7 \times 10^4 \, \text{kg} \cdot \text{m}^2$，（前）面宽是 2.4m。忽略摩擦，在它的外沿上并垂直于门面加多大的恒定的力才能使它在 30s 内从静止转过 90°？

5-17　如习题 5-17 图所示，一长为 l 的均匀直棒可绕过其一端且与棒垂直的水平光滑固定轴转动。抬起另一端使棒向上与水平面成 60°，然后无初转速地将棒释放。已知棒对轴的转动惯量为 $ml^2/3$，其中 m 和 l 分别为棒的质量和长度。求：

（1）放手时棒的角加速度；

（2）棒转到水平位置时的角加速度。

习题 5-16 图

5-18　质量分别为 m 和 $2m$、半径分别为 r 和 $2r$ 的两个均匀圆盘，同轴地粘在一起，可以绕通过盘心且垂直盘面的水平光滑固定轴转动，对转轴的转动惯量为 $9mr^2/2$，大小圆盘边缘都绕有绳子，绳子下端都挂一质量为 m 的重物，如习题 5-18 图所示。求盘的角加速度的大小。

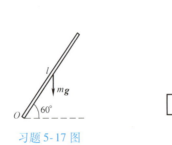

习题 5-17 图

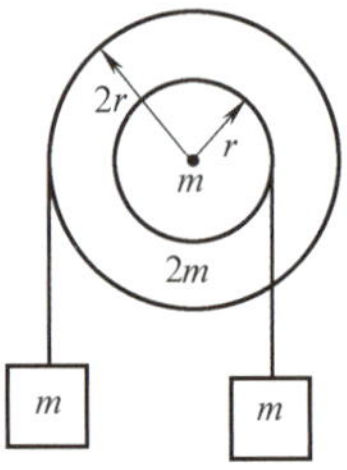

习题 5-18 图

5-19　通信卫星是一个质量为 1210kg、直径为 1.21m、长为 1.75m 的实心圆柱体。从航天飞机货舱发射前，它就被驱动绕其轴以 $1.52 \text{r} \cdot \text{s}^{-1}$ 的速度旋转，如习题 5-19 图所示。计算这颗卫星绕其转动轴的转动惯量和转动动能。

5-20　如习题 5-20 图所示，设两重物的质量分别为 m_1 和 m_2，且 $m_1 > m_2$，定滑轮的半径为 r，对转轴的转动惯量为 J，轻绳与滑轮间无滑动，滑轮轴上摩擦不计。设开始时系统静止，试求 t 时刻滑轮的角速度。

习题 5-19 图

习题 5-20 图

5-21　一定滑轮半径为 0.1m，相对中心轴的转动惯量为 $1 \times 10^{-3} \, \text{kg} \cdot \text{m}^2$。一变力 $F = 0.5t$（SI）沿切线方向作用在滑轮的边缘上。如果滑轮最初处于静止状态，忽略轴承的摩擦，试求它在 1s 末的角速度。

5-22　一质量为 $m' = 15\text{kg}$、半径为 $R = 0.30\text{m}$ 的圆柱体，可绕与其几何轴重合的水平固定轴转动（转动惯量 $J = m'R^2/2$）。现以一不能伸长的轻绳绕于柱面，而在绳的下端悬一质量 $m = 8.0\text{kg}$ 的物体。不计圆柱体与轴之间的摩擦，求：

（1）物体自静止下落，5s 内下降的距离；

（2）绳中的张力；

（3）物体下落 5m 时圆柱体的角速度。

5-23　转速表的简化模型如习题 5-23 图所示。长为 $2l$ 的杆 DE 的两端各有质量为 m 的球 D 与 E，杆 DE 与转轴 AB 绞接。当转轴 AB 的角速度改变时，杆 DE 的转角也发生变化。当 $\omega = 0$ 时，$\varphi = \varphi_0$，此时扭簧中不受力。已知扭簧产生的力矩 M 与转角 φ 的关系为 $M = k(\varphi - \varphi_0)$，其中 k 为扭簧刚度。试求角速度 ω 与角 φ 之间的关系。

5-24　物体 A 和 B 叠放在水平桌面上，由跨过定滑轮的轻质细绳相互连接，如图 5-24 所示。今用大小为 F 的水平力拉 A。设 A、B 和滑轮的质量都为 m，滑轮的半径为 R，对轴的转动惯量 $J = \dfrac{1}{2}mR^2$。A 与 B 之间、A 与桌面之间、滑轮与其轴之间的摩擦都可以忽略不计，绳与滑轮之间无相对的滑动且绳不可伸长。已知 $F = 10\mathrm{N}$，$m = 8.0\mathrm{kg}$，$R = 0.050\mathrm{m}$。求：

（1）滑轮的角加速度；

（2）物体 A 与滑轮之间的绳中的张力；

（3）物体 B 与滑轮之间的绳中的张力。

5-25　如习题 5-25 图所示，质量为 m、长为 l 的匀质细杆可绕光滑水平轴在竖直面内转动。若使杆从水平位置由静止释放，求杆转至任意位置（与水平方向成 θ 角）时所受力矩及角加速度、角速度、动能和杆下端的线速度的大小。

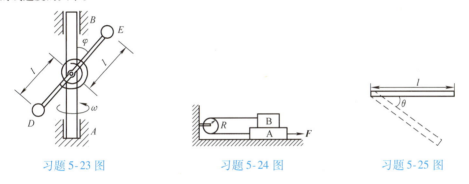

习题 5-23 图　　　　　　　习题 5-24 图　　　　　　　习题 5-25 图

5-26　利用储存在一个转动的飞轮中的能量工作的载货汽车曾在欧洲使用过。载货时用电动机使飞轮达到其最高速率 $200\pi\ \mathrm{rad \cdot s^{-1}}$。假设这样的飞轮是一个质量为 500kg、半径为 1.0m 的实心均匀圆柱体。

（1）在充足能量后，飞轮的动能是多少？

（2）如果载货汽车工作时的平均功率需求是 8.0kW，则在两次充能之间它可以工作多少分钟？

5-27　汽车的曲轴以 100hp（相当于 74.6kW）的功率从发动机向主轴传送能量，主轴以速率 $1800\mathrm{r \cdot min^{-1}}$ 转动。曲轴产生的力矩（单位用 $\mathrm{N \cdot m}$）是多少？

5-28　计算将地球在 24h 内从静止加速到它现时绕自己的轴转动的角速度所需要的力矩、能量和平均功率。

5-29　如习题 5-29 图所示，Tarzan 站在悬崖上可以摆动绳子营救地面上被蛇围困的 Jane，他要跳下悬崖，在他摆动的最低点抓住 Jane 到树附近安全的地方。Tarzan 的质量为 80.0kg，Jane 的质量为 40.0kg，附近树的安全高度为 10.0m，悬崖高 20.0m。绳子长度为 30m，Tarzan 将以多大速度跳下悬崖然后和 Jane 成功离开险境？

5-30　一根放在水平光滑桌面上的匀质棒，可绕通过其一端的竖直固定光滑轴 O 转动。匀质棒的质量为 $m = 1.5\mathrm{kg}$，长度为 $l = 1.0\mathrm{m}$，对轴的转动惯量为 $J = ml^2/3$。初始时匀质棒静止。今有一水平运动的子弹垂直地射入匀质棒的另一端，并留在棒中，如习题 5-30 图所示。子弹的质量为 $m' = 0.020\mathrm{kg}$，速率为 $v = 400\mathrm{m \cdot s^{-1}}$。试问：

（1）匀质棒开始和子弹一起转动时角速度 ω 有多大？

（2）若匀质棒转动时受到大小为 $M_r = 4.0\mathrm{N \cdot m}$ 的恒定阻力矩作用，匀质棒能转过多大的角度 θ？

习题 5-29 图

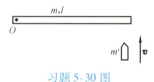

习题 5-30 图

5-31　一均匀木杆，质量为 $m_1 = 1\text{kg}$，长 $l = 0.4\text{m}$，可绕通过它的中点且与杆身垂直的光滑水平固定轴，在竖直平面内转动。设杆静止于竖直位置时，一质量为 $m_2 = 10\text{g}$ 的子弹在距杆中点 $l/4$ 处穿透木杆（穿透所用时间不计），子弹初速度的大小 $v_0 = 200\text{m} \cdot \text{s}^{-1}$，方向与杆和轴均垂直。穿出后子弹速度大小减为 $v = 50\text{m} \cdot \text{s}^{-1}$，但方向未变，求子弹刚穿出的瞬时，杆的角速度的大小。（木杆绕通过中点的垂直轴的转动惯量 $J = m_1 l^2 / 12$）

5-32　一个坍缩着的自旋的恒星其转动惯量降到了初值的 1/3。它的新的转动动能与初始的转动动能之比是多少？

5-33　一个质量为 m' 的女孩手拿一块质量为 m 的石头，站在静止的半径为 R、转动惯量为 J 的无摩擦旋转木马的边沿上。她沿与旋转木马外沿相切的方向水平地扔出石头，石头相对地面的速率为 v，此后，旋转木马的角速度和女孩的线速率分别是多少？

5-34　一个质量为 0.10kg 和半径为 0.10m 的水平乙烯唱片绕通过它的中心的竖直轴以角速率 4.7rad·s^{-1} 转动。唱片对其转轴的转动惯量是 $5.0 \times 10^{-4}\text{kg} \cdot \text{m}^2$。一小块质量为 0.020kg 的湿泥从上方竖直地落到唱片上并粘在唱片边上。在泥块刚粘上唱片时唱片的角速率是多大？

5-35　如习题 5-35 图所示，一只质量为 m 的企鹅从 A 点由静止下落。A 点离一个 $Oxyz$ 坐标系的原点 O 的距离为 D。（z 轴的正向垂直于纸面向外。）

（1）下落的企鹅对 O 的角动量 $\boldsymbol{L}$ 为何？

（2）对于 O，企鹅的重力 $\boldsymbol{F}_g$ 的力矩为何？

5-36　杂技运动中，一个空中飞人在跳向他的搭档的过程中，做了一个翻腾 4 周的动作，延续时间 $t = 1.87\text{s}$。在最初和最后的 1/4 周中，他是伸展的，如习题 5-36 图所示，这时他对于质心（图中的点）的转动惯量 $J_1 = 19.9\text{kg} \cdot \text{m}^2$。在飞行的其余时间，他处于屈体的姿态，转动惯量 $J_2 = 3.93\text{kg} \cdot \text{m}^2$。他对于他的质心的角速率在屈体姿势时必须是多少？

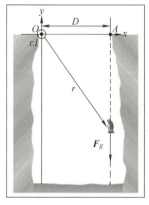

习题 5-35 图

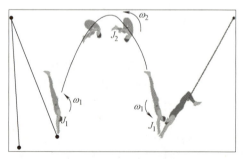

习题 5-36 图

5-37　如果地球的极地冰帽都融化了，而且水都回归海洋，海洋深度将增加约30cm，这对地球的转动会有什么影响？估算一下将引起的每天时间长度的改变。（工业污染所引发的大气变暖能使冰帽熔化。）

5-38　有一质量为m_1、长为l的均匀细棒，静止平放在滑动摩擦因数为μ的水平桌面上，它可绕通过其端点O且与桌面垂直的固定光滑轴转动。另有一水平运动的质量为m_2的小滑块，从侧面垂直于棒与棒的另一端A相碰撞，设碰撞时间极短。已知小滑块在碰撞前后的速度分别为v_1和v_2，如习题5-38图所示。求碰撞后从细棒开始转动到停止转动的过程所需的时间。已知棒绕O点的转动惯量$J = \frac{1}{3}m_1 l^2$。

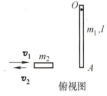

习题 5-38 图

5-39　有两位滑冰运动员，质量均为50kg，沿着距离为3.0m的两条平行路径相互滑近。他们具有$10\text{m}\cdot\text{s}^{-1}$的等值反向的速度。第一个运动员手握住一根3.0m长的刚性轻杆的一端，当第二个运动员与他相距3m时，就抓住杆的另一端。（假设冰面无摩擦。）

（1）试定量地描述两人被杆连在一起以后的运动；

（2）两个通过拉杆而将距离减小为1.0m，问这以后他们怎样运动？

5-40　一转动惯量为J的圆盘绕一固定轴转动，起初角速度为ω_0。设它所受阻力矩与转动角速度成正比，即$M = -k\omega$（k为正的常数），求圆盘的角速度从ω_0变为$\frac{1}{2}\omega_0$时所需的时间。

5-41　一轻绳跨过两个质量均为m、半径均为r的均匀圆盘状定滑轮，绳的两端分别挂着质量为m和$2m$的重物，如习题5-41图所示。绳与滑轮间无相对滑动，滑轮轴光滑。两个定滑轮的转动惯量均为$\frac{1}{2}mR^2$。将由两个定滑轮以及质量为m和$2m$的重物组成的系统从静止释放，求两滑轮之间绳内的张力。

5-42　如习题5-42图所示，质量为m的小球系于轻绳一端，以角速度ω_0在光滑水平面上做半径为r_0的圆周运动。绳的另一端穿过中心小孔并受铅直向下的拉力，当半径变为$r_0/2$时，试求此刻小球速率及拉力在此过程中所做的功。

5-43　如习题5-43图所示，宇宙航行飞行器以速度$v_1 = 5140\text{km}\cdot\text{h}^{-1}$绕着月球在半径为$R_1 = 2400\text{km}$的圆形轨道上运动，为了转换到另一半径为$R_2 = 2000\text{km}$的圆形轨道上运行，在$A$点点火使速度减少到$v_2 = 4900\text{km}\cdot\text{h}^{-1}$以进入椭圆轨道$AB$。试求：

（1）在椭圆轨道上B点的速度；

（2）在B点速度应降低多少，才能使其进入较小的圆形轨道上运行。

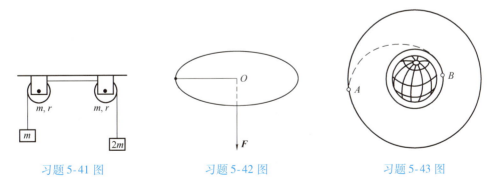

习题 5-41 图　　　　　习题 5-42 图　　　　　习题 5-43 图

5-44　一质量均匀分布的圆盘，质量为M，半径为R，放在一粗糙水平面上（圆盘与水平面之间的摩擦因数为μ），圆盘可绕通过其中心O的竖直固定光滑轴转动。开始时，圆盘静止，一质量为m的子弹以水平速度v_0垂直于圆盘半径打入圆盘边缘并嵌在盘边上，求：

（1）子弹击中圆盘后，盘所获得的角速度；

（2）经过多少时间后，圆盘停止转动。

（圆盘绕通过 O 的竖直轴的转动惯量为 $\frac{1}{2}MR^2$，忽略子弹重力造成的摩擦阻力矩。）

 ## 阅读材料

惯性导航中的各种陀螺仪

惯性导航系统（INS）是一种自主式导航系统，自问世以来，广泛应用在航海、航空、航天和军事等领域中。陀螺仪作为一种重要的惯性敏感器，是构成 INS 的基础核心器件，INS 的性能在很大程度上取决于陀螺仪的性能。目前惯性导航中应用的陀螺仪按结构构成大致可以分为三类：机械陀螺仪、光学陀螺仪、微机械陀螺仪（MEMSG）。

1. 机械陀螺仪

机械陀螺仪是指利用高速转子的转轴稳定性来测量载体正确方位的角传感器。它的基本原理简单，主要受制于高速转子的支承问题，因此机械陀螺仪的发展过程就是同支承的有害力矩做斗争的过程。

1963 年，美国的 E. W. Home 提出了"动力调谐陀螺仪（DTG）"的结构。在 DTG 中，采用了挠性接头来驱动陀螺转子，同时，挠性接头也取代了陀螺支架环及精密轴承。DTG 是一种"干式"的二自由度的陀螺仪，不需要浮液和温度控制系统，因而在飞机和战术导弹中得到了大量应用，但由于挠性支承只有不到 1mm 厚度，承受不了较大的冲击和振动。1952 年，美国提出了静电陀螺（ESG）的构想，即在金属球形空心转子的周围装有均匀分布的高压电极，用静电力支承高速旋转的转子（参见本书下册第 11 章）。它不存在摩擦，所以精度高，漂移率达 $(10^{-6} \sim 10^{-5})° \cdot h^{-1}$。我国 1965 年由清华大学首先开始研制 ESG，应用背景是"高精度船用 INS"。1967 年至 1990 年，清华大学、常州航海仪器厂、上海交通大学等合作研制成功了 ESG 工程样机，其零偏漂移误差小于 $0.5' \cdot h^{-1}$，随机漂移误差小于 $0.001' \cdot h^{-1}$，中国和美国、俄罗斯并列成为世界上掌握 ESG 技术的国家。

2. 光学陀螺仪

随着光学技术的发展，激光陀螺仪、光纤陀螺仪应运而生，其主要原理是萨尼亚克效应：在环形闭合光路中，从某一观察点发出的一对光波沿相反方向运行一周后又回到该点时，这对光波的光程（或相位）将由于闭合光路相对于惯性空间的旋转而不同，其光程差（或相位差）与闭合光路的旋转角速度成正比（参见本书下册第 17 章）。1963 年，美国 Spurry 公司首先研制了"激光陀螺仪（RLG）"。1978 年，Honeywell 公司研制成功了 GG-1342 型 RLG，达到了中等精度 INS 所要求的精度，在飞机上首次得到大量应用，开始了光学陀螺仪导航的新时代。经过 30 多年的发展和完善，激光陀螺仪捷联惯导系统在军用、民用方面被广泛应用，在波音 747-400、757、767、737，以及空中客车 A320 和 A340 等中高精度 INS 均装备了激光陀螺仪惯性基准系统。它的优点是：启动时间短，测量范围宽，是理想的捷联式陀螺仪。但由于激光陀螺制造工艺的问题不易解决，因此人们开始把精力转移到研制光纤陀螺仪上。

光纤陀螺仪与激光陀螺仪的不同之处仅在于光纤陀螺仪是用光导纤维缠绕成一个线圈作光路来代替用石英玻璃加工出的密封空腔光路。1981 年，斯坦福大学的 H. G. Shaw 和 H. C. Lefevre 等人在世界上首次研制成功了"全光纤的 IFOG"。自 1990 年以来，光纤陀螺仪的精度得到了逐步的提高，由于采用了"多功能电光调制器"等集成光电子器件，光纤陀螺仪的结构实现了模块化和小型化。因此，与激光陀螺仪相比较，光纤陀螺仪成本较低，比较适合批量生产。光纤陀螺仪的主要优点在于：无活动部件，体积小，结构简单，耐冲击；启动时间短；易于采用集成光路技术，信息稳定可靠，可直接数字输出，便于与计算机接口；检测灵敏度和分辨率比激光陀螺仪提高了几个数量级，克服了激光陀螺仪的闭锁问题。

3. 微机械陀螺仪

微机械陀螺仪（MEMSG）属于微电子机械范畴，是一种振动式角速率传感器。它的基本原理是通过化学腐蚀的办法，在材料上蚀刻出来一个可以振动的结构，并附加电子驱动器和传感器。当振动结构随陀螺整体转动时，将额外受到科里奥利力的作用。传感器将采集振动结构的运动信息，从而反推出陀螺的转动。就目前已研制成功的 MEMSG 来说，其结构有以下两种：音叉式结构（利用线振动来产生陀螺效应）和双框架结构（利用角振动来产生陀螺效应）。

由于电子技术和微机械加工技术的发展，MEMSG 成为现实，其体积小，成本低，适合大批量生产。它按所用材料分为石英和硅两类。石英材料结构的品质因数 Q 值很高，陀螺仪特性最好，且有实用价值，是最早商品化的。但石英材料加工难度大，成本很高。而硅材料结构完整，弹性好，比较容易得到高 Q 值的硅微机械结构。

从 20 世纪 90 年代开始研制以来，MEMSG 已经在民用产品上得到了广泛的应用，部分应用在了低精度惯性导航产品中。美国国防部将 MEMSG 技术列入国防部的关键技术，美国国防部高级研究计划局（DARPA）资助开发军用 MEMSG 的经费每年达 5000 万美元以上。BEI 公司生产了一种高性能的单轴、固态石英音叉微机械振动陀螺仪 CRS11，据报道，此型号陀螺仪已应用于 Predator Tactial 导弹和 Maverick 导弹上。

4. 陀螺仪的发展趋势

新型的 MEMSG（如静电悬浮转子微陀螺仪和集成光学陀螺仪 IOG）是各国竞相研究的对象。静电悬浮转子微陀螺仪相较于静电陀螺仪成本更低，可同时测量二轴角速度和三轴线加速度，是高精度多轴集成微惯性传感器技术发展的一个重要方向。IOG 是采用先进的微米/纳米集成光电子技术，用光波导集成光路作为其谐振腔的新型陀螺。它的体积小、质量轻、耐振动、抗电磁干扰能力强、成本低，是光学陀螺仪向微型陀螺仪发展的方向。在国内，清华大学于 1996 年首先开始研制谐振式集成光学陀螺仪（R-IOG），精度大大提高。2020 年，浙江大学戴道锌课题组报道了超高 Q 值硅基跑道型微腔的研究成果。伴随着量子技术的不断精进，新的如核磁共振陀螺仪、原子陀螺仪等基于量子理论的陀螺仪有可能成为未来市场的新生力量（见图 5-39）。

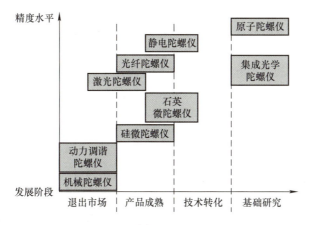

图 5-39

第6章 机械振动

历史背景与物理思想发展

机械振动最典型、最重要的应用之一就是对声乐的研究和声学的应用。我国古代对声乐的研究、声学的应用，如乐器的制作等，有着辉煌的成就。乐器的出现给人们美的感觉，这可能是推动声学发展的一个因素。早在夏、商以前就有了石磬、陶制的钟，还有了铜制的铃、钟、编钟和鼓。1979 年在湖北随县发掘的战国时期曾侯乙（公元前 433 年左右）墓中，有一套随葬的编钟共 65 件，其工艺之精美、结构之别致、音律之清晰，都达到了惊人的地步，这些钟至今仍能发出十分悦耳的声音。这足以显示出我国古代人民在制作乐器上的智慧。

音律的研究是随着人们对乐器发声和调节音调的要求而提出的课题，音律是指音高的规律，远在黄帝时就有人曾用 12 只竹管按长度的不同排列起来作为定律的标准，这可能就是中国以管定律的由来（西方是以弦定律），到了西周时期就出现了 12 律；在春秋战国时期的《管子·地员》中记载了音律的"三分损益法"，这是以某一音律的管或弦的长度为标准，将此长度乘以 $(3 \pm 1)/3$，便是相邻的两个音的管或弦的长度，以此类推，直到得出比基音约高 2 倍或低 1/2 的位置为止，这样就完成了 12 律音，可是由此计算而得出的 12 个律，其相邻两律之间的长度差并不相等，这就叫 12 不平均律。到了明代，朱载堉又在《律吕精义》中提出"12 平均律"，这也是世界上最早完成的 12 平均律。

关于共振现象的研究，北宋时期的沈括发现，管与弦发生共振时，两个频率成倍数或成简单的整数比。这就是我们所说的共振条件。他通过实验证实了这一问题，他在《补笔谈》中描述了这一实验："今曲中有声者，须以此而用之。欲知其应者，先调诸弦令声和，乃剪纸人加弦上，鼓其应弦，则纸人跃，他弦即不动……虽在他琴鼓之，应弦亦振。"所得结论是"声同即应，此常理也"。沈括的物理思想是非常可贵的。在欧洲直到 17 世纪，才由牛津的诺布耳和皮戈特完成了弦线的共振实验，比我国晚 600 多年。

在西方，早在公元前 6 世纪，古希腊的毕达哥拉斯就研究了弦的振动问题。他发现，如果几根弦的长度成简单的比值，这样发出的音调，彼此之间就是有规律的乐音音程。比如用 3 根弦发出某一乐音以及它的五度音和八度音，在其他条件（弦的密度、张力等）都相同的情况下，这三根弦的长度比为 6∶4∶3。这样就把以前感官上欣赏的和谐音乐，同简单的数目联系起来了。

在这方面做出重大突破的是意大利的伽利略。伽利略首先通过观察单摆的摆动，发现其周期或频率仅由其摆长决定而不能随意改变，而且，由周期性的同相位推动能够保持甚至逐渐增大单摆振幅的观察，他领悟到这就是产生共鸣现象的具体机制。接着，伽利略先描述了在一架古钢琴上，不仅两根同音的弦之间会发生共鸣，而且在两根相差八度或五度音程的琴弦之间也会发生有限度的共鸣，这些现象完全可以解释击响了的弦的振动在空气中的传播激起了另一根弦振动的结果。其次，伽利略还观察到，当奏起中提琴的低音弦时，如果一只放在邻近的薄壁酒杯具有相同的固有振动周期，那么它会产生共鸣。伽利略还发现，单纯用手指尖摩擦酒杯的边缘，也可以使它发出同样音调的声音，同时，如果在酒杯里盛有水，则可以从水面上的波纹看到酒杯的振动。于是,伽利略就通过这样一系列的观察和推理,证实了声音是一种机械振动现象。

1633 年,伽利略的学生,法国的马林·默森(1588—1648),首次测定了振动频率的绝对量值和空气中的声速,并且发现弦在发出基音的同时还伴有泛音,也就是倍频音。伽利略和默森的工作,在声学的发展中起了重要作用。继默森测定空气中的声速之后,牛顿在他的《自然哲学的数学原理》一书中,推导出了空气的传声速度与空气的压缩系数及密度的关系。1816 年,拉普拉斯把这一推导进一步发展,使牛顿的声速公式与实验相符。19 世纪初期,声学出现了第一流的实验学者——德国的克拉尼(1756—1827),他系统地研究了弦、杆、板的振动问题,发现了弦与杆的纵向振动和扭转振动,并在不是空气的其他气体和固体中测定了声的传播速度,于 1802 年出版《声学》一书,公布了他的研究成果。此后,柯莱顿(1802—1892)和施特姆(1803—1855)在日内瓦湖中测定了水中的声速,证明了水是可压缩的。

德国的亥姆霍兹在他的《声音的感觉理论》一书中,强调了正弦振荡和人们生理实在的直接对应关系。1857 年他又提出了听觉的共鸣理论,认为人的耳蜗有一系列的调谐共振子,正是这些共振子,实现了按声波频谱的共振,从而使人们能够分辨出不同频率的声音。基于声学理论的研究,亥姆霍兹于 1863 年提出了音乐和谐理论。英国的物理学家瑞利(1842—1919)出版了《声的理论》一书后(1877),又完成了声学的数学理论。

弦的振动方程是提出著名的泰勒级数的泰勒在 1713 年提出的,伯努利、达朗贝尔和欧拉几位大学者为此建立了偏微分方程和波动方程,从而彻底解决了弦的振动理论。

6.1　简谐振动

如图所示是宇航员在失重条件下测量自身质量,所用的测量装置称为 BMMD。测量装置的核心部件是一个劲度系数为 k 的弹簧。那么它是如何实现对宇航员身体质量测量的呢?

物理现象

📖 物理学基本内容

无论在宏观世界还是微观世界,高速领域还是低速领域,振动都是物质的一种普遍而基本的运动形式,常见的有机械振动、电磁振动和微观粒子的运动。它的主要特点是运动时间上的周期性。这个特点使它在运动规律和研究方法上具有特殊性,如状态参量相位的引入,正弦、余弦形式的运动方程,旋转矢量法等。

广义地说,任何物理量在某一量值附近随时间做周期性的变化都可以叫作振动。例如,交流电路中的电流和电压,振荡电路中的电场强度和磁场强度等均随时间做周期性的变化。

机械振动是物体在某固定位置附近的往复运动,是一种最直观、最普遍的运动形式。例如,活塞的往复运动、树叶在空气中的抖动、琴弦的振动、心脏的跳动等都是振动。

振动有简单和复杂之别。最简单的是简谐振动,它也是最基本的振动,因为一切复杂的振动都可以认为是由许多简谐振动合成的。所谓的简谐振动是指,物体运动时,决定其位置的坐标是按余弦（或正弦）函数规律随时间变化的。下面以弹簧振子为例讨论简谐振动的特征及其运动规律。

6.1.1　弹簧振子模型

弹簧振子是一个理想化的简谐振动模型。将质量可忽略不计的轻弹簧一端固定，另一端与质量为 m 的物体相连，置于光滑的水平面上。若该系统在振动过程中，弹簧的形变与弹力总是满足胡克定律，那么，这样的弹簧-物体系统称为弹簧振子。

如图 6-1 所示，当弹簧处于自然状态时，振子受到的合外力为零，此时振子的位置称为平衡位置，以平衡位置为坐标原点，当振子偏离平衡位置的位移为 x 时，其受到的弹力作用为

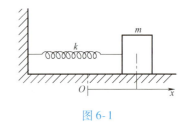

图 6-1

$$F = -kx \qquad (6\text{-}1)$$

式中，k 为弹簧的劲度系数；负号表示弹力的方向与振子的位移方向相反。式（6-1）表明振子在运动过程中受到的力总是指向平衡位置，且力的大小与振子偏离平衡位置的位移大小成正比，具有这种特点的力就称为线性回复力。

由牛顿第二定律，可得

$$m\frac{\mathrm{d}^2 x}{\mathrm{d}t^2} = -kx \quad \text{或} \quad \frac{\mathrm{d}^2 x}{\mathrm{d}t^2} + \frac{k}{m}x = 0 \qquad (6\text{-}2)$$

令

$$\omega = \sqrt{\frac{k}{m}} \qquad (6\text{-}3)$$

即有

$$\frac{\mathrm{d}^2 x}{\mathrm{d}t^2} + \omega^2 x = 0 \qquad (6\text{-}4)$$

在数学上，它是二阶线性常系数齐次微分方程，其通解可写成余弦（或正弦）函数形式，本书对机械振动统一用余弦函数表示：

$$x = A\cos(\omega t + \varphi) \qquad (6\text{-}5)$$

式中，ω 由系统的固有性质决定；A 和 φ 是由初始条件确定的两个积分常数，有其明确的物理意义，后面再具体讨论。由于式（6-5）满足简谐振动的定义，因此说明弹簧振子做的是简谐振动。

式（6-1）、式（6-4）和式（6-5）都可作为运动是否为简谐振动的判据，分别称为物体做简谐振动的动力学特征、动力学方程和运动学方程。

6.1.2　简谐振动的速度、加速度

由简谐振动的运动学方程，可求得任意时刻质点的振动速度和加速度

$$v = \frac{\mathrm{d}x}{\mathrm{d}t} = -\omega A\sin(\omega t + \varphi) = \omega A\cos\left(\omega t + \varphi + \frac{\pi}{2}\right) \qquad (6\text{-}6)$$

$$a = \frac{\mathrm{d}v}{\mathrm{d}t} = -\omega^2 A\cos(\omega t + \varphi) = \omega^2 A\cos(\omega t + \varphi + \pi) \qquad (6\text{-}7)$$

广义地说，简谐振动速度 v 和加速度 a 也都是简谐振动，它们都与弹簧振子的振动的频率相同。图 6-2 画出了简谐振动的位移、速度、加速度与时间的关系。其中位移与时间关系曲线称为振动曲线，从振动曲线上一般我们可读出振幅、任意时刻质点的振动方向、波长等。

6.1.3 描述简谐振动的特征量

1. 振幅

物体偏离平衡位置的最大位移的绝对值叫作振幅，用字母 A 表示。振幅的大小由初始条件决定。

2. 周期、频率、角频率

周期：物体做简谐振动时，完成一次全振动所需的时间，用字母 T 表示。由周期函数的性质，有

$$A\cos(\omega t + \varphi) = A\cos[\omega(t + T) + \varphi] = A\cos(\omega t + \varphi + 2\pi)$$

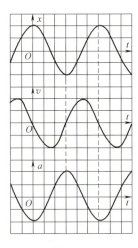

图 6-2

由此可知

$$\omega T = 2\pi, \quad T = \frac{2\pi}{\omega} \tag{6-8}$$

频率：单位时间内系统所完成的全振动的次数，用 ν 表示：

$$\nu = \frac{1}{T} = \frac{\omega}{2\pi} \tag{6-9}$$

在国际单位制中，ν 的单位是赫兹（Hz）。

角频率：系统在 2π 秒内完成的全振动的次数，用字母 ω 表示，它代表振动状态变化的快慢：

$$\omega = \frac{2\pi}{T} = 2\pi\nu \tag{6-10}$$

由前面的讨论可知，弹簧振子的角频率和周期分别为

$$\omega = \sqrt{\frac{k}{m}}, \quad T = 2\pi\sqrt{\frac{m}{k}} \tag{6-11}$$

质量 m 和劲度系数 k 都属于弹簧振子本身固有的属性，式（6-11）表明，弹簧振子的角频率和周期完全取决于系统本身的性质，因此常称其为固有角频率和固有周期。

3. 相位和初相位

简谐振动运动学方程中的 $(\omega t + \varphi)$ 叫作 t 时刻振动的相位，记为 $\Phi = \omega t + \varphi$。由式（6-5）运动学方程和式（6-6）速度方程可知，只要给定任意时刻的相位，就可以确定质点在该时刻的振动位置和速度，也就完全地确定了质点的运动状态。因此，在说明简谐振动时，通常不分别指出位置和速度，而直接用相位表示质点的某一运动状态。例如，当余弦函数中 $\omega t + \varphi = 0$，即相位为零的状态，表示质点在正位移极大处而速度为零；$\omega t + \varphi = \frac{\pi}{2}$，即相位为 $\frac{\pi}{2}$ 的状态，表示质点在越过原点并以最大速率向 x 轴负向运动等。

φ 叫初相，即 $t = 0$ 时的相位，它描述初始时刻的运动状态。初相取值范围一般为 $0 \sim 2\pi$ 或 $-\pi \sim \pi$。

4. 振幅、初相与初始条件的关系

$t = 0$ 时的位置和速度称为初始条件。由简谐振动运动学方程和其速度方程，我们有

$$x_0 = A\cos\varphi \tag{6-12}$$
$$v_0 = -\omega A\sin\varphi \tag{6-13}$$

有

$$A = \sqrt{x_0{}^2 + \frac{v_0^2}{\omega^2}} \tag{6-14}$$

$$\varphi = \arctan\left(-\frac{v_0}{\omega x_0}\right) \tag{6-15}$$

由此可知，只要初始条件确定，质点简谐振动的振幅和初相就是确定的。

> 通过给 BMMD 装置施加激振力，人与座椅一起做机械振荡。宇航员通过测量他或她坐在该椅子上时振动的周期 T，由弹簧振子的周期公式便可求出质量。具体做法是，先测空椅子 BMMD 振动的周期，通过 $T = 2\pi\sqrt{\dfrac{m}{k}}$，即可得 BMMD 参与部件的有效质量 m。再测宇航员坐在 BMMD 上时系统的固有周期，通过 $T = 2\pi\sqrt{\dfrac{m+M}{k}}$，即可得到宇航员的质量 M。 〔现象解释〕

6.1.4　弹性元件的串、并联

由于联结方式不同，系统内多个弹性元件可并联、串联或以其他组合方式联结。为简化分析，可用等效劲度系数来表示它们的弹性特征，下面分别对串联和并联方式进行讨论：

1. 串联

如图 6-3 所示，以两个弹簧串联为例，各自的劲度系数是 k_1 和 k_2。若它们承受拉力 $\boldsymbol{F}$ 作用，两个弹簧分别产生形变是

$$x_1 = \frac{F}{k_1}, \quad x_2 = \frac{F}{k_2} \tag{6-16}$$

串联系统的总形变是

$$x = x_1 + x_2 = F\left(\frac{1}{k_1} + \frac{1}{k_2}\right) \tag{6-17}$$

则系统的等效劲度系数的倒数为

$$\frac{1}{k} = \frac{x}{F} = \frac{1}{k_1} + \frac{1}{k_2} \tag{6-18}$$

由此可见，弹性元件串联将使总劲度系数减小。

2. 并联

如图 6-4 所示，两个弹簧并联，各自的劲度系数是 k_1 和 k_2。当系统整体受拉力 F 时，它们形变都将是 x，则两个弹簧分别承受拉力为

$$F_1 = k_1 x, \quad F_2 = k_2 x \tag{6-19}$$

总的拉力是

$$F = F_1 + F_2 = (k_1 + k_2)x \tag{6-20}$$

则系统的等效劲度系数是

$$k = \frac{F}{x} = k_1 + k_2 \tag{6-21}$$

由此可见，弹性元件并联将使总劲度系数增大。

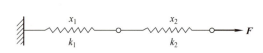

图 6-3

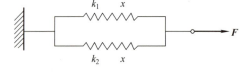

图 6-4

单摆在小角度摆动的情况下，做的是简谐振动吗？

1. 单摆

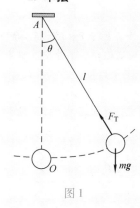

图 1

如图 1 所示，不计质量和伸长的细线长为 l，一端固定在 A 点，另一端系一质量为 m 的小球。细线在竖直位置 O 点时，小球受到的合外力为零，故位置 O 即为平衡位置。将小球稍微移离平衡位置 O，小球在重力作用下就会在位置 O 附近来回往复地运动。这一振动系统称为单摆。

把单摆在某一时刻离开平衡位置的角位移 θ 作为位置变量，并规定取逆时针方向为正，故 z 轴垂直纸面向外，即小球在平衡位置右方时，θ 为正，在左方时，θ 为负。重力对 A 点的力矩大小为 $mgl\sin\theta$，拉力 F_T 的力矩为零，所以单摆是在重力矩作用下而振动。单摆在平衡位置右侧时，重力矩的方向与规定的正方向相反，在左侧时与规定正方向相同。根据转动定律，得

$$J\beta = M = -mgl\sin\theta$$

式中，$J = ml^2$ 为小球对 A 点的转动惯量；$\beta = \dfrac{\mathrm{d}^2\theta}{\mathrm{d}t^2}$ 为小球的角加速度。当 θ 很小时，$\sin\theta \approx \theta$，所以

$$\beta = \frac{\mathrm{d}^2\theta}{\mathrm{d}t^2} = -\frac{g}{l}\theta$$

令

$$\omega^2 = \frac{g}{l}$$

有

$$\frac{\mathrm{d}^2\theta}{\mathrm{d}t^2} + \omega^2\theta = 0$$

可见，单摆的小角度摆动也是简谐振动，振动周期为

$$T = \frac{2\pi}{\omega} = 2\pi\sqrt{\frac{l}{g}}$$

2. 复摆

任意形状的物体悬挂后所做的摆动叫复摆。如图 2 所示，物体悬挂于 O 点，其质心 C 距物体的悬挂点 O 之间的距离是 h。并规定取逆时针方向为正，故 z 轴垂直纸面向外

$$M_z = -mgh\sin\theta = J\frac{\mathrm{d}^2\theta}{\mathrm{d}t^2}$$

当 θ 很小时，$\theta \approx \sin\theta$，故有

$$\frac{\mathrm{d}^2\theta}{\mathrm{d}t^2} + \frac{mgh}{J}\theta = 0$$

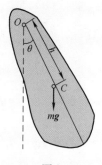

图 2

令

$$\omega = \sqrt{\frac{mgh}{J}}$$

有

$$\frac{\mathrm{d}^2\theta}{\mathrm{d}t^2} + \omega^2\theta = 0$$

可见，复摆小角度振动也是简谐振动，振动周期为

$$T = \frac{2\pi}{\omega} = 2\pi\sqrt{\frac{J}{mgh}}$$

以上几种是在小角度情况下可以视为简谐振动，因此称为微振动的简谐近似。

物理知识应用

【例 6-1】 一质量为 $m = 1.0\text{kg}$ 的物体悬挂于轻弹簧下端，平衡时可使弹簧伸长 $l = 9.8 \times 10^{-2}\text{m}$，今使物体在平衡位置获得方向向下的初速度 $v_0 = 1\text{m} \cdot \text{s}^{-1}$，此后物体将在竖直方向上运动。不计空气阻力，(1) 试证其在平衡位置附近的振动是简谐振动；(2) 求物体的速度、加速度及其最大值；(3) 求最大回复力。

【解】 (1) 如图 6-5 所示，以平衡位置 A 为原点，向下为 x 轴正方向，设某一瞬时振子的坐标为 x，则物体在振动过程中的运动方程为

$$m\frac{\text{d}^2 x}{\text{d}t^2} = -k(x + l) + mg$$

式中，l 是弹簧挂上重物后的净伸长。因为 $mg = kl$，所以上式变为

$$m\frac{\text{d}^2 x}{\text{d}t^2} = -kx$$

即为

$$\frac{\text{d}^2 x}{\text{d}t^2} + \omega^2 x = 0$$

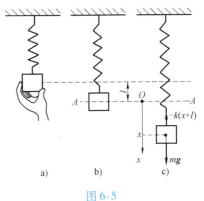

图 6-5

式中，$\omega^2 = \dfrac{k}{m}$，于是该系统做简谐振动。

$$\omega = \sqrt{\frac{g}{l}} = 10\text{rad} \cdot \text{s}^{-1}$$

设振动系统的运动学方程为

$$x = A\cos(\omega t + \varphi)$$

依题意知 $t = 0$ 时，$x_0 = A\cos\varphi = 0$，$v_0 = -\omega A\sin\varphi = 1\text{m} \cdot \text{s}^{-1}$，可求出

$$A = \sqrt{x_0^2 + \frac{v_0^2}{\omega^2}} = \frac{v_0}{\omega} = 0.1\text{m}$$

$$\varphi = \arctan\left(-\frac{v_0}{\omega x_0}\right) = \pm\frac{\pi}{2}$$

由 $v_0 > 0$ 得

$$\varphi = -\pi/2$$

振动系统的运动学方程为

$$x = 0.1\cos\left(10t - \frac{\pi}{2}\right)(\text{SI})$$

(2) 此简谐振动的速度为

$$v = \frac{\text{d}x}{\text{d}t} = -\omega A\sin(\omega t + \varphi) = -\sin\left(10t - \frac{\pi}{2}\right)(\text{SI})$$

加速度为

$$a = \frac{\text{d}v}{\text{d}t} = -\omega^2 A\cos(\omega t + \varphi) = -10\cos\left(10t - \frac{\pi}{2}\right)(\text{SI})$$

速度和加速度最大值为

$$v_m = 1\text{m} \cdot \text{s}^{-1}, \quad a_m = 10\text{m} \cdot \text{s}^{-2}$$

(3) 最大回复力和最大位移相对应

$$F_{\mathrm{m}} = kA = m\omega^2 A = 10\mathrm{N}$$

【例 6-2】 如图 6-6 所示，一根劲度系数为 k 的轻质弹簧一端固定，另一端系一轻绳，绳过定滑轮挂一质量为 m 的物体。滑轮的转动惯量为 J，半径为 R，若物体 m 在其初始位置时弹簧无伸长，然后由静止释放。（1）试证明物体 m 的运动是简谐振动；（2）求此振动系统的振动周期；（3）写出运动学方程。

【解】（1）若物体 m 离开初始位置的距离为 l 时受力平衡，则此时

$$mg = kl, \quad 即\ l = \frac{mg}{k}$$

以此平衡位置为坐标原点 O，竖直向下为 x 轴正向，当物体 m 在坐标 x 处时，由牛顿运动定律和定轴转动定律有

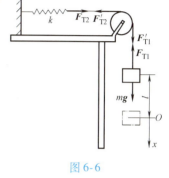

图 6-6

$$\begin{cases} mg - F_{\mathrm{T1}} = ma \\ F'_{\mathrm{T1}}R - F'_{\mathrm{T2}}R = J\beta \\ F_{\mathrm{T2}} = k(x + l) \\ a = R\beta \\ F'_{\mathrm{T1}} = F_{\mathrm{T1}} \\ F'_{\mathrm{T2}} = F_{\mathrm{T2}} \end{cases}$$

解得

$$\left(m + \frac{J}{R^2} \right) \frac{\mathrm{d}^2 x}{\mathrm{d}t^2} + kx = 0$$

$$\frac{\mathrm{d}^2 x}{\mathrm{d}t^2} + \frac{k}{m + (J/R^2)} x = 0$$

所以，此振动系统的运动是简谐振动。

（2）由上面的表达式知，此振动系统的角频率

$$\omega = \sqrt{\frac{k}{m + (J/R^2)}}$$

故振动周期为

$$T = \frac{2\pi}{\omega} = 2\pi \sqrt{\frac{m + (J/R^2)}{k}}$$

（3）依题意知 $t = 0$ 时，$x_0 = -l$，$v_0 = 0$，可求出 $A = l = \dfrac{mg}{k}$，$\varphi = \pi$，因此振动系统的运动学方程为

$$x = A\cos(\omega t + \varphi) = \frac{mg}{k}\cos\left[\sqrt{\frac{k}{m + (J/R^2)}}\, t + \pi \right]$$

【例 6-3】 已知如图 6-7 所示的谐振动曲线，试写出运动学方程。

【解】 设谐振动方程为 $x = A\cos(\omega t + \varphi)$。从图 6-7 中易知 $x_0 = \sqrt{2}\,\mathrm{m}$，$A = 2\mathrm{m}$，下面只要求出 φ 和 ω 即可。从图中分析知，$t = 0$ 时，有

$$x_0 = 2\cos\varphi = \sqrt{2}, \quad v_0 = -2\omega\sin\varphi > 0$$

所以

$$\varphi = \pm\frac{\pi}{4}, \quad \sin\varphi < 0$$

得

$$\varphi = -\frac{\pi}{4}$$

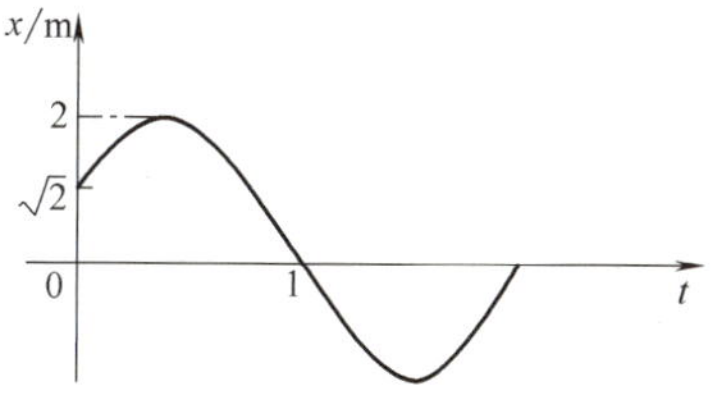

图 6-7

再从图中分析，$t = 1\mathrm{s}$ 时

$$x_1 = 2\cos\left(\omega - \frac{\pi}{4} \right) = 0$$

$$v_1 = -2\omega\sin\left(\omega - \frac{\pi}{4}\right) < 0$$

所以

$$\omega - \frac{\pi}{4} = \frac{1}{2}\pi, \quad \omega = \frac{3\pi}{4}s^{-1}$$

所以振动方程为

$$x = 2\cos\left(\frac{3\pi}{4}t - \frac{\pi}{4}\right) \quad (SI)$$

 物理知识拓展

飞机液压管路结构的振动损伤[⊖]

飞机液压系统作为飞机内部重要的机电子系统，该系统将从飞机外部或者内部获取的能量转变为液压能，然后对液压能实现调节并将其配送至需要液压能供能的作动装置。这些需要液压能供能的作动装置包括起落架收放、进气道调节、舱门作动等机构。由此可见飞机液压系统在满足设计与飞机安全需求方面均发挥了重要作用。图6-8为某型飞机内壁板上的液压管路系统局部图。

飞机作为航空航天飞行器，其重量的减轻会带来油耗的降低。此外，发动机的功率和机身自重很大程度上影响燃油的能效，所以在同等的造价与性能前提下，机体质量的减小可以将飞机的响应速度、运行速度与运载能力大幅提升。研究表明：升高飞机液压系统压力是减小其体积与重量的最为有效的方法。然而伴随着液压系统工作压力的提升，由此引发的振动也越发强烈，剧烈的振动将带来管路破裂以及管夹松动等问题，这将严重降低飞机的安全性。

飞机液压管路结构在实际工程中主要承受两种载荷：油液压力脉动载荷与随机振动环境载荷。由液压泵导致的液压油的压力脉动激励往往会引发液压系统产生流固耦合振动，尤其在管路折弯区域，流固耦合振动效应越加强烈。由发动机带来的随机振动激励可能在液压管路结构造成疲劳累积损伤，进而引发管路结构的疲劳破坏，最终导致飞机飞行故障。故有很多研究人员对管路结构的振动特性及其疲劳寿命进行分析研究，以提高飞机液压管路结构的安全性与可靠性。

图6-8 某型飞机内壁板液压管路系统局部图

⊖ 仲维康. 复杂振动环境下飞机液压管路结构振动仿真分析与疲劳寿命预测［D］. 西安：西安电子科技大学，2021：1-2.

6.2　简谐振动的旋转矢量法表示

当飞机在铅垂面内做 360° 的连续斤斗动作时，假定其做的是匀角速度的圆周运动，那么在地面上飞机的投影做的是什么运动？

物理现象

 物理学基本内容

6.2.1　简谐振动的旋转矢量表示法

简谐振动除了用运动方程和振动曲线来描述以外，还有一种很直观、方便的描述方法，称为旋转矢量表示法。

如图 6-9 所示，过 O 点作 x 轴，再以 O 为起点作一个长度为 A 的矢量 A。矢量 A 绕原点 O 以匀角速度 ω 沿逆时针方向旋转，称为旋转矢量，矢量端点在平面上将画出一个圆，称为参考圆。

设 $t = 0$ 时矢量 A 与 x 轴的夹角即初角位置为 φ，则任意 t 时刻 A 与 x 轴的夹角即角位置为 $\Phi = \omega t + \varphi$，矢量的端点 M 在 x 轴上投影点 P 的坐标为

$$x = A\cos(\omega t + \varphi)$$

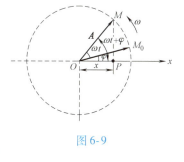

图 6-9

这与简谐振动的运动方程相同，因此，旋转矢量的端点在 x 轴上的投影点的运动就是简谐振动。

显然，一个旋转矢量与一个简谐振动相对应，其对应关系是：旋转矢量的长度对应振动的振幅；矢量的角位置对应振动的相位，矢量的初角位置对应振动的初相，矢量的角位移对应振动相位的变化；矢量的角速度对应振动的角频率；矢量旋转的周期和频率对应振动的周期和频率。在讨论简谐振动时，用旋转矢量帮助分析，可以使描述运动的各个物理量更直观，运动过程更清晰，有利于问题的解决。

必须指出，旋转矢量本身并不做简谐振动，我们是利用旋转矢量端点在 x 轴上的投影点的运动，形象地表示简谐振动的规律。

由于旋转矢量 A 的矢端 M 做匀速圆周运动，因此借助 M 点的速度矢量和加速度矢量还可求出简谐振动的速度和加速度。如图 6-10 所示，M 点的速率为 $v_{\mathrm{m}} = \omega A$，在时刻 t，速度矢量在 x 轴上的投影为

$$v = v_{\mathrm{m}}\cos\left(\omega t + \varphi + \frac{\pi}{2}\right) = -\omega A\sin(\omega t + \varphi) \qquad (6\text{-}22)$$

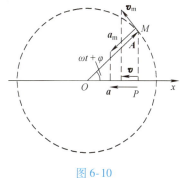

图 6-10

这正是 P 点沿 x 轴做简谐振动的速度公式。M 点的加速度就是法向加速度 a_{m}，其在 x 轴上的投影大小为

$$a = a_{\mathrm{m}}\cos(\omega t + \varphi + \pi) = -\omega^2 A\cos(\omega t + \varphi) \qquad (6\text{-}23)$$

这正是 P 点沿 Ox 轴做简谐振动的加速度公式。

6.2.2 相位差

1. 同频率不同简谐振动

通过旋转矢量图，可方便地比较两个同频率简谐振动的相位关系。有下列两个同频率简谐振动

$$x_1 = A_1\cos(\omega t + \varphi_1), x_2 = A_2\cos(\omega t + \varphi_2)$$

它们的相位差为

$$\Delta\varphi = (\omega t + \varphi_2) - (\omega t + \varphi_1) = \varphi_2 - \varphi_1 \tag{6-24}$$

从式（6-24）可以看出，两个同频率的简谐振动在任意时刻的相位差都等于其初相差，而与时间无关。由这个相位差可以分析它们的振动步调关系。

如图 6-11 所示，这个相位差在旋转矢量图上表现为两个旋转矢量 A_1 和 A_2 的夹角，同频率下这个夹角不随时间变化。若 $\Delta\varphi = \varphi_2 - \varphi_1 > 0$，我们说 x_2 的振动相位比 x_1 超前 $\Delta\varphi$，或者说 x_1 的振动相位比 x_2 落后 $\Delta\varphi$，也就是说 x_2 要先于 x_1 到达同方向的最大位移处。

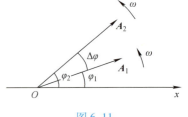

图 6-11

若 $\Delta\varphi = 0$（或 2π 的整数倍），如图 6-12 中的 A_1 和 A_2，它们的矢端在 x 轴上投影表明：两振动质点将同时到达同方向的最大位移处，并且同时越过平衡位置向同一方向运动，它们的步调完全相同，这种情况称为同相。若 $\Delta\varphi = \pi$（或 π 的奇数倍），如图 6-13 中的 A_1 和 A_2，它们的矢端在 x 轴上的投影表明：两振动质点将同时到达各自相反方向的最大位移处，并且同时越过平衡位置但向相反方向运动，它们的步调完全相反，这种情况称为反相。

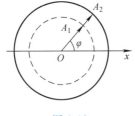

图 6-12

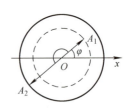

图 6-13

2. 同一简谐振动不同时刻

设简谐振动运动学方程为

$$x = A\cos(\omega t + \varphi)$$

则任意两个不同的时刻 t_1 和 t_2 的相位差为

$$\Delta\varphi = (\omega t_1 + \varphi) - (\omega t_2 + \varphi) = \omega(t_1 - t_2) = \omega\Delta t \tag{6-25}$$

从式（6-25）可以看出，同一简谐振动在不同时刻的相位差与简谐振动的角频率和时间差有关。

3. 同一简谐振动不同物理量

值得指出，我们也可以比较同一简谐振动其他物理量（如速度、加速度等）间的步调。例如，由式（6-5）、式（6-6）和式（6-7）可以看出，速度 v 比位移 x 超前 $\dfrac{\pi}{2}$，而比加速度 a 落后 $\dfrac{\pi}{2}$，a 与 x 反相。在任何时刻，它们在相位上均保持这样的关系。

相位差在研究简谐振动合成问题时起着决定性的作用，这将在以后的相关内容中进行讨论。

 物理知识拓展

简谐振动的复数表示法

简谐振动的更为一般的表示法是复数表示法，它便于在振动分析中使用。复数 $\dot{x}$ 的指数表示形式是

$$\dot{x} = re^{j\theta} \qquad ①$$

它的模记作

$$|\dot{x}| = r$$

它的辐角记作

$$\arg(\dot{x}) = \theta$$

我们可以用它的模表示振幅，辐角表示相位，则复数表示了一个简谐振动，它是

$$\dot{x} = Ae^{j(\omega t + \varphi)}$$

它可改写为

$$\dot{x} = Ae^{j\varphi} \cdot e^{j\omega t}$$

其中，$e^{j\omega t}$ 称为旋转因子，它对应为旋转矢量以角速度 ω 旋转（旋转矢量法）；$Ae^{j\varphi}$ 称为复振幅，它不仅给出振动的振幅，而且给出它的初相位，它对应的是初始状态，用 $\dot{A}$ 表示：

$$\dot{A} = Ae^{j\varphi}$$

有些书也把复振幅写成下面的形式：

$$\dot{A} = A\angle\varphi$$

A 表示旋转矢量的大小，φ 表示旋转矢量的初相。

$$\dot{x} = Ae^{j\varphi} \cdot e^{j\omega t} = \dot{A}e^{j\omega t}$$

复数也可以用它的实部和虚部表示（三角函数解析表示法），它的实部记作 $\mathrm{Re}(\dot{x})$，它的虚部记作 $\mathrm{Im}(\dot{x})$，则式①的实部与虚部分别是

$$\mathrm{Re}(\dot{x}) = A\cos(\omega t + \varphi)$$
$$\mathrm{Im}(\dot{x}) = A\sin(\omega t + \varphi)$$

它们就是简谐振动的位移时间历程。

简谐振动的速度和加速度同样地也可用复数表示（复数表示法）。它的位移若由式①给出，则它的速度和加速度分别是

$$\frac{\mathrm{d}\dot{x}}{\mathrm{d}t} = j\omega Ae^{j(\omega t + \varphi)} = j\omega\,\dot{A}e^{j\omega t}$$

$$\frac{\mathrm{d}^2\dot{x}}{\mathrm{d}t^2} = -\omega^2 Ae^{j(\omega t + \varphi)} = -\omega^2\,\dot{A}e^{j\omega t}$$

简谐振动的三种表示方法各有特点，三角函数解析表示法比较直观，旋转矢量表示法几何意义明确，复数表示法便于分析。在振动分析中将根据不同情况加以选用。同时，必须熟悉它们之间的转换关系。在振动分析时相互变换，才能加深对振动现象的理解。

相控阵天线的校准方法之一[⊖]——旋转矢量法

相控阵天线由多个单元组成，依靠控制每个单元的相位来改变合成波束的指向，实现波束扫描。相控阵天线由于天线单元之间间距小，互耦强烈，导致天线增益下降，副瓣电平抬高，严重时不仅无法实现波束准确扫描，而且可能出现波束严重畸变。针对相控阵天线幅相不一致性的校准，1982 年日本学者 Seji Mano 和 Takashi Katagi 提出了旋转矢量法（REV，Rotating-element Electric-field Vector），该方法不需要对辐射场的相位进行测量，也不需要附加开关设备，仅利用有源相控阵自身的控制系统进行功率测量即可完成校准，且可用于发射天线的校准。

一个阵列的合成电场矢量是各单元电场矢量的叠加。当其中一个单元的激励相位变化 360° 时，单元电场矢量在矢量坐标中的轨迹为一个圆，合成电场矢量的端点落在这个圆上。改变移相器的相移，测量合成电场矢量的幅度波动，然后通过数学计算求解该旋转单元的幅度和相位值，这就是 REV 法的原理。

如图 6-14 所示，合成电场矢量的初始状态用 E_0 和 ϕ_0 表示，第 n 个单元的电场矢量用 E_n 和 ϕ_n 表示。当第 n 个单元的相位偏移 Δ 时，合成电场矢量为

$$E = (E_0 e^{j\phi_0} - E_n e^{j\phi_n}) + E_n e^{j(\phi_n + \Delta)}$$

定义第 n 个单元的相对幅度和相位为

$$\left. \begin{array}{l} k = \dfrac{E_n}{E_0} \\[2mm] X = \phi_n - \phi_0 \end{array} \right\}$$

则合成功率可表示为

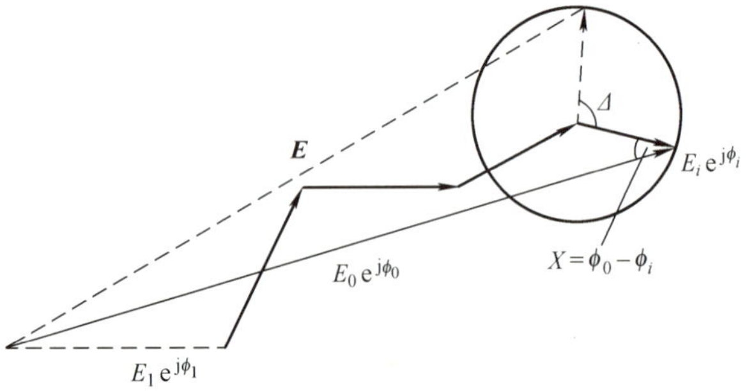

图 6-14 旋转矢量法原理

$$Q = \frac{|E|^2}{E_0^2} = Y^2 + k^2 + 2kY\cos(\Delta + \Delta_0)$$

其中

$$\left. \begin{array}{l} Y^2 = (\cos X + k)^2 + \sin^2 X \\[2mm] \tan\Delta_0 = \dfrac{\sin X}{\cos X - k} \end{array} \right\}$$

可以看出，合成功率 Q 随着单元相位的变化以余弦形式变化，单元相位变化为 $-\Delta_0$ 时 Q 取得最大值。最大功率与最小功率之比为

$$r^2 = \frac{(Y+k)^2}{(Y-k)^2} = \frac{Q_{\max}}{Q_{\min}}$$

 物理知识应用

【例 6-4】 一质点沿 x 轴做简谐振动，振幅 $A = 0.06\text{m}$，周期 $T = 2\text{s}$，当 $t = 0$ 时，质点对平衡位置的位移 $x_0 = 0.03\text{m}$，此时刻质点向 x 轴正方向运动。求：（1）初相位；（2）在 $x_1 = -0.03\text{m}$ 且向 x 轴负方向运动时物体的速度、加速度，以及从这一位置回到平衡位置所需的最短时间。

【解】 （1）取平衡位置为坐标原点。设位移表达式为

$$x = A\cos(\omega t + \varphi)$$

⊖ 翟禹，苏东林. 旋转矢量法解的二义性及其消除方法 [J]. 北京航空航天大学学报，2012，38（11）：1450-1453。

其中，$A = 0.06\text{m}$，$\omega = \dfrac{2\pi}{T} = \pi \text{ rad} \cdot \text{s}^{-1}$，$t = 0$ 时，有 $x_0 = 0.03\text{m}$ 且向 x 轴正方向运动，所以

$$\cos\varphi = 0.5, \quad \sin\varphi < 0$$

得

$$\varphi = -\frac{\pi}{3}$$

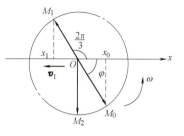

图 6-15

于是此简谐振动的运动方程为

$$x = 0.06\cos(\pi t - \pi/3) \,(\text{SI})$$

下面我们用旋转矢量法来求初相 φ。由初始条件，$t = 0$ 时 $x_0 = 0.03\text{m} = A/2$，质点向 x 轴正向运动，可画出如图 6-15 所示的旋转矢量的初始位置 M_0，从而得出 $\varphi = -\dfrac{\pi}{3}$。

（2）设 $t = t_1$ 时，$x_1 = -0.03\text{m}$，$v < 0$。这时旋转矢量的矢端应该在 M_1 的位置，即有

$$x_1 = 0.06\cos(\pi t_1 - \pi/3) = -0.03$$

且 $\pi t_1 - \pi/3$ 为第二象限角，取

$$\pi t_1 - \pi/3 = \frac{2\pi}{3}$$

此时质点的速度、加速度为

$$v = -\omega A \sin(\omega t + \varphi) = -0.06\pi\sin\frac{2\pi}{3} = -0.16\text{m} \cdot \text{s}^{-1}$$

$$a = -\omega^2 A\cos(\omega t + \varphi) = 0.30\text{m} \cdot \text{s}^{-2}$$

从 $x_1 = -0.03\text{m}$ 回到平衡位置，旋转矢量的矢端应该从 M_1 的位置逆时针旋转到 M_2 位置，旋转矢量旋转的最小角度为 $3\pi/2 - 2\pi/3 = 5\pi/6$，需要的最短时间为

$$t = \frac{5\pi}{6\omega} = 0.83\text{s}$$

6.3　简谐振动的能量　能量平均值

若考虑弹簧振子中弹簧的质量，那这个系统是否还做简谐振动，质量分布对振动系统有何影响，该如何研究？　　物理现象

 物理学基本内容

6.3.1　简谐振动的能量

以弹簧振子为例来说明简谐振动的能量。设振子质量为 m，弹簧的劲度系数为 k，在某一时刻的位移为 x，速度为 v，即

$$x = A\cos(\omega t + \varphi), \quad v = -\omega A\sin(\omega t + \varphi)$$

于是，振子所具有的振动动能和振动势能分别为

$$E_k = \frac{1}{2}mv^2 = \frac{1}{2}m\omega^2 A^2 \sin^2(\omega t + \varphi)$$

$$= \frac{1}{2}kA^2 \sin^2(\omega t + \varphi) \tag{6-26}$$

$$E_p = \frac{1}{2}kx^2 = \frac{1}{2}kA^2\cos^2(\omega t + \varphi) \tag{6-27}$$

这说明，弹簧振子的动能和势能是按余弦或正弦函数的平方随时间变化的。

简谐振动的总能量为

$$E = \frac{1}{2}kA^2 = \frac{1}{2}m\omega^2 A^2 \tag{6-28}$$

说明简谐振动的能量正比于振幅的平方，正比于系统固有角频率的平方。

动能、势能和总能量随时间变化的曲线如图 6-16 所示。当 $x = 0$ 时，势能 $E_p = \frac{1}{2}kx^2 = 0$，动能 $E_k = \frac{1}{2}m\omega^2 A^2$ 最大；当 $x = A$ 时，势能 $E_p = \frac{1}{2}kA^2$ 最大，动能 $E_k = 0$，显然简谐振动是动能和势能相互转换的过程，系统的总机械能 E 守恒。

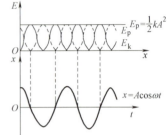

图 6-16

6.3.2　能量平均值

动能和势能在一个周期内的平均值为

$$\overline{E}_k = \frac{1}{T}\int_0^T E_k(t)\,\mathrm{d}t = \frac{1}{T}\int_0^T \frac{1}{2}kA^2\sin^2(\omega t + \varphi)\,\mathrm{d}t = \frac{1}{4}kA^2 \tag{6-29}$$

$$\overline{E}_p = \frac{1}{T}\int_0^T E_p(t)\,\mathrm{d}t = \frac{1}{T}\int_0^T \frac{1}{2}kA^2\cos^2(\omega t + \varphi)\,\mathrm{d}t = \frac{1}{4}kA^2 \tag{6-30}$$

可见，

$$\overline{E}_k = \overline{E}_p = \frac{1}{4}kA^2 = \frac{1}{2}E \tag{6-31}$$

动能和势能在一个周期内的平均值相等，且均等于总能量的一半。

上述结论虽是从弹簧振子这一特例推出，但具有普遍意义，适用于任何一个简谐振动系统。

6.3.3　能量法分析简谐振动

单自由度系统无阻尼自由振动的又一个重要分析方法是能量法。前面的振动分析方法是从力和运动的关系上去分析，应用的是牛顿第二定律。这里的振动分析方法是从能量观点去分析，应用的是机械能守恒定律。

对于单自由度固有系统，它的惯性元件在振动时提供动能 $E_k = \frac{1}{2}mv^2$。它的弹性元件则提供势能，重力也提供势能，以静平衡位置为零势能点，则它的势能是 $E_p = \frac{1}{2}kx^2$。系统是无阻尼的，没有能量耗散，也没有外加策动力作用，不会提供额外的能量，所以系统的机械能守恒，即有 $\frac{\mathrm{d}E}{\mathrm{d}t} = \frac{\mathrm{d}}{\mathrm{d}t}(E_k + E_p) = 0$，这构成了用能量法分析无阻尼自由振动的理论基础。

首先，应用能量法可推导出系统无阻尼自由振动的微分方程

$$\frac{\mathrm{d}}{\mathrm{d}t}\left(\frac{1}{2}mv^2 + \frac{1}{2}kx^2\right) = mv\frac{\mathrm{d}v}{\mathrm{d}t} + kx\frac{\mathrm{d}x}{\mathrm{d}t} = 0 \tag{6-32}$$

因为 $v = \frac{\mathrm{d}x}{\mathrm{d}t} \neq 0$，有

$$\frac{\mathrm{d}^2 x}{\mathrm{d}t^2} + \frac{k}{m}x = 0$$

在很多情况下写出系统的动能和势能表达式比分析力和运动的关系更为方便，因而常常应用能量法来推导振动微分方程。

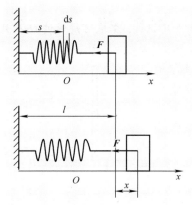

现象解释

在前面的简谐振动中，研究的对象是简谐振子模型，其质量集中在振子上而不计弹簧的质量，由此得到的规律往往只能处理一些质量集中的惯性元件。那么对于质量具有一定分布的体系，我们需要考虑质量分布对振动系统的影响。设弹簧质量为 m，沿弹簧长度均匀分布，振子质量为 m'。如图所示，以 v 表示振子在某时刻的速度，设弹簧各点的速度和它们到固定端的长度成正比。可以证明：该系统依然做简谐振动，且此系统的有效质量为 $m' + \dfrac{m}{3}$，角频率为 $\left[k/(m' + m/3) \right]^{1/2}$。

证明如下：设弹簧某时刻长度为 l，则距离其固定端为 s 的 $\mathrm{d}s$ 微元段质量和速度为

$$\mathrm{d}m = m\,\frac{\mathrm{d}s}{l}, \quad v_l = \frac{s}{l}v$$

这一微元段的动能为

$$\frac{1}{2}\mathrm{d}mv_l^2 = \frac{1}{2}\left(\frac{s}{l}v\right)^2\mathrm{d}m = \frac{mv^2}{2l^3}s^2\mathrm{d}s$$

整个弹簧的动能为

$$E'_{\mathrm{k}} = \int_0^l \frac{mv^2}{2l^3}s^2\mathrm{d}s = \frac{1}{6}mv^2$$

整个弹簧振子系统的动能为

$$E_{\mathrm{k}} = \frac{1}{2}\left(m' + \frac{m}{3}\right)v^2$$

从而此系统的有效质量为

$$m' + \frac{m}{3}$$

弹簧振子的总能量为

$$E = E_{\mathrm{k}} + E_{\mathrm{p}} = \frac{1}{2}\left(m' + \frac{m}{3}\right)v^2 + \frac{1}{2}kx^2 = 常数$$

此式对 x 求导，可得

$$\left(m' + \frac{m}{3}\right)v\,\frac{\mathrm{d}v}{\mathrm{d}x} + kx = 0$$

所以

$$\left(m' + \frac{m}{3}\right)\frac{\mathrm{d}v}{\mathrm{d}t} = \left(m' + \frac{m}{3}\right)\frac{\mathrm{d}^2x}{\mathrm{d}t^2} = -kx$$

由此得此系统的角频率为

$$\omega = \left[k/(m' + m/3) \right]^{1/2}$$

由以上分析可以看出，应用能量法分析我们就可以考虑类似弹簧质量等因素的影响。若我们忽略弹簧质量会使计算所得的固有频率偏高，将影响计算的精度。用折算质量去修正计算结果，既方便，又有利于提高精度，是工程上采用的很好的近似方法。

物理知识应用

如图 6-17 所示，一密度均匀的"T"字形细尺由两根金属米尺组成，若它可绕通过 O 点且垂直纸面的水平轴转动，其微小振动周期的计算如下：

设米尺长为 l，质量为 m，以地球和"T"形尺为研究系统，当图 6-17 中的"T"形尺绕通过 O 点且垂直于纸面的水平轴转动时，不计阻力的影响，则只有重力做功，系统的机械能守恒，取"T"形尺处于平衡位置时系统的势能为零，当"T"形尺转离平衡位置 θ 角时，系统的动能和势能分别为

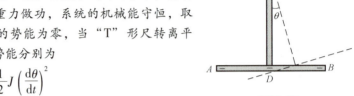

图 6-17

$$E_{k} = \frac{1}{2} J \left(\frac{d\theta}{dt} \right)^2$$

$$E_{p} = mg \frac{l}{2}(1 - \cos\theta) + mgl(1 - \cos\theta) = \frac{3}{2}mgl(1 - \cos\theta)$$

式中，J 是"T"形尺对轴 O 的转动惯量，根据平行轴定理，有

$$J = \frac{1}{3}ml^2 + \left(\frac{1}{12}ml^2 + ml^2 \right) = \frac{17}{12}ml^2$$

$$E = E_{k} + E_{p} = \frac{1}{2} \cdot \frac{17}{12}ml^2 \cdot \left(\frac{d\theta}{dt} \right)^2 + \frac{3}{2}mgl(1 - \cos\theta) = 常量$$

将上式对时间 t 求导，有

$$\frac{17}{12}ml^2 \cdot \frac{d\theta}{dt} \cdot \frac{d^2\theta}{dt^2} + \frac{3}{2}mgl\sin\theta \frac{d\theta}{dt} = 0$$

因为是微小角振动，所以 $\sin\theta \approx \theta$，代入上式可得

$$\frac{17}{12}ml^2 \cdot \frac{d\theta}{dt} \cdot \frac{d^2\theta}{dt^2} + \frac{3}{2}mgl \cdot \theta \frac{d\theta}{dt} = 0$$

即

$$\frac{d^2\theta}{dt^2} + \frac{18g}{17l}\theta = \frac{d^2\theta}{dt^2} + \omega^2\theta = 0, \qquad \omega^2 = \frac{18g}{17l}$$

说明"T"形尺的微小振动是简谐振动，振动的周期为

$$T = \frac{2\pi}{\omega} = 2\pi \sqrt{\frac{17l}{18g}} = 2 \times 3.14 \times \sqrt{\frac{17 \times 1}{18 \times 9.8}}s = 1.95s$$

 物理知识拓展

稳定平衡位置附近的微小振动

在弹簧振子和单摆的例子中，物体做简谐振动都是在恢复力作用下进行的。物体离开平衡位置时就要受到恢复力的作用而返回。这一平衡位置称作稳定平衡位置。

根据力和势能的关系，在稳定平衡位置处，振动系统的势能必取最小值，而势能曲线在稳定平衡位置处应该达到最低点。由于势能曲线在其最低点附近足够小的范围内都可以用抛物线近似，所以在稳定平衡位置的微小振动就都是简谐振动。下面用解析方法来说明这一点。

设系统沿 x 轴振动，其势能函数为 $E_{p}(x)$，如果势能曲线存在一个极小值，该位置就是系统的稳定平衡位置，在该位置（取 $x=0$）附近将势能函数用级数展开为

$$E_{p}(x) = E_{p}(0) + \left(\frac{dE_{p}}{dx} \right)_{x=0} x + \frac{1}{2}\left(\frac{d^2E_{p}}{dx^2} \right)_{x=0} x^2 + \cdots \tag{6-33}$$

由于势能极小值在 $x=0$ 的平衡位置处，该处振动质点应该受力为零，即有

$$\frac{dE_p(x)}{dx} = 0 \tag{6-34}$$

若系统是做微振动

$$\left(\frac{d^2E_p}{dx^2}\right)_{x=0} \neq 0 \tag{6-35}$$

略去 x^3 以上高阶无穷小，得到

$$E_p'(x) \approx E_p(0) + \frac{1}{2}\left(\frac{d^2E_p}{dx^2}\right)_{x=0} x^2 \tag{6-36}$$

根据保守力与势能函数的关系

$$F = -\frac{dE_p(x)}{dx} \tag{6-37}$$

对式（6-36）两边关于 x 求导可得

$$F = -\left(\frac{d^2E_p}{dx^2}\right)_{x=0} x = -kx \tag{6-38}$$

这说明，一个微振动系统一般都可以当作谐振动处理。

6.4　简谐振动的合成

> 在双转子航空发动机中，双转子系统的转子转速是由航空发动机的气动、结构、强度设计决定的，运行中两个转子各自具有较确定性的值，但没有固定的比值。当两个转子的转速比较接近时，发动机会出现拍振现象，拍振将引起振动强度过大问题。资料表明，为了防止航空发动机产生拍振，一般两个转子的转速差不应低于20%。在航空发动机双转子系统的不平衡故障诊断中，要同时识别两个转子不平衡故障的相位和不平衡量，需要利用拍振原理，分离出内、外转子各自的不平衡量和相位，其中涉及双转子系统的转速差值量化问题。那么这里的拍振产生的机理是什么呢？如何由已知其中一个转子的转速和拍振求出另一个转子的转速？

【物理现象】

物理学基本内容

一个质点同时参与两个振动，根据运动叠加原理，这个质点的合运动就是这两个振动的合成。一般情况下振动的合成是比较复杂的，我们先来看同方向、同频率的简谐振动的合成问题。

6.4.1　同方向、同频率简谐振动的合成

设质点同时参与两个同方向、同频率的简谐振动

$$x_1 = A_1\cos(\omega t + \varphi_1), x_2 = A_2\cos(\omega t + \varphi_2)$$

合振动是

$$x = x_1 + x_2 = A_1\cos(\omega t + \varphi_1) + A_2\cos(\omega t + \varphi_2)$$

由三角函数关系，可得

$$x = A\cos(\omega t + \varphi)$$

式中，

$$A = \sqrt{A_1^2 + A_2^2 + 2A_1A_2\cos(\varphi_2 - \varphi_1)} \tag{6-39}$$

$$\tan\varphi = \frac{A_1\sin\varphi_1 + A_2\sin\varphi_2}{A_1\cos\varphi_1 + A_2\cos\varphi_2} \tag{6-40}$$

由此可见，同方向同频率的简谐振动的合振动仍为一同频率的简谐振动，其振幅和初相由式（6-39）和式（6-40）确定。

下面我们用更为简洁、直观的旋转矢量讨论上述问题。如图 6-18 所示，取坐标轴 Ox，画出 $t=0$ 时刻两分振动的旋转矢量 A_1 和 A_2，它们与 x 轴的夹角分别为 φ_1 和 φ_2，并以相同角速度 ω 沿逆时针方向旋转，x_1 和 x_2 分别为旋转矢量 A_1 和 A_2 在 x 轴上的投影，x 是 A_1 和 A_2 的合矢量 A 在 x 轴上的投影，且有 $x = x_1 + x_2$，因此合矢量 A 在 x 轴上投影点的运动就代表合振动。因两分矢量 A_1 和 A_2 的夹角恒定不变，所以合矢量 A 的大小保持不变，而且同样以角速度 ω 旋转。这说明合矢量 A 在 x 轴上投影点的运动仍是与分振动同频率的简谐振动。图中矢量 A 即是合振动的旋转矢量，任一时刻合振动的位移等于 A 在 x 轴上的投影，即

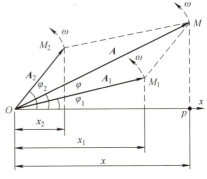

图 6-18

$$x = A\cos(\omega t + \varphi)$$

式中，振幅 A 是合矢量 A 的长度；初相位 φ 是初始时刻合矢量 A 与 x 轴之间的夹角。从图中 $\triangle OM_1M$，运用余弦定律，即可求得式（6-39），又从图中 Rt$\triangle OMP$，根据 $\tan\varphi = MP/OP$，即可求得式（6-40）。由式（6-39）可知，合振幅 A 的大小除了与分振幅 A_1、A_2 有关外，还决定于两个振动的相位差（$\varphi_2 - \varphi_1$）。下面讨论合振动的振幅与两分振动相位差之间的关系：

当相位差 $\varphi_2 - \varphi_1 = \pm 2k\pi$（$k = 0, 1, 2, \cdots$）时，

$$A = \sqrt{A_1^2 + A_2^2 + 2A_1A_2} = A_1 + A_2 \tag{6-41}$$

即两分振动同相时，合振幅最大。

当相位差 $\varphi_2 - \varphi_1 = \pm(2k+1)\pi$（$k = 0, 1, 2, \cdots$）时，

$$A = \sqrt{A_1^2 + A_2^2 - 2A_1A_2} = |A_1 - A_2| \tag{6-42}$$

即两分振动反相时，合振幅最小。

6.4.2　同方向、不同频率简谐振动的合成

设质点同时参与两个同方向，但频率分别为 ω_1 和 ω_2 的简谐振动，即

$$x_1 = A_1\cos(\omega_1 t + \varphi_1), x_2 = A_2\cos(\omega_2 t + \varphi_2)$$

两分振动的相位差为

$$\Delta\varphi = (\omega_2 t + \varphi_2) - (\omega_1 t + \varphi_1) = (\omega_2 - \omega_1)t + (\varphi_2 - \varphi_1) \tag{6-43}$$

可见 $\Delta\varphi$ 是时间 t 的函数，也就是说旋转矢量图 6-19 中的平行四边形形状会改变，所以合矢量 A 的大小和转动角速度也要不断变化。因此合矢量 A 所代表的合振动虽然仍与原来的振动方向相同，但不再是简谐振动，而是比较复杂的周期运动。

这里，为了突出频率不同的效果，我们设两分振动的振幅都为 A，且初相均为 0，合振动的位移为

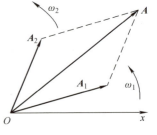

图 6-19

$$x = x_1 + x_2 = A(\cos\omega_1 t + \cos\omega_2 t) \tag{6-44}$$

利用三角函数关系可求得

$$x = 2A\cos\left(\frac{\omega_2 - \omega_1}{2}t\right)\cos\left(\frac{\omega_2 + \omega_1}{2}t\right) \tag{6-45}$$

这时，式中第一项因子 $2A\cos\dfrac{\omega_2-\omega_1}{2}t$ 的周期

要比另一因子 $\cos\dfrac{\omega_2+\omega_1}{2}t$ 的周期长得多。为

了突出问题的主要矛盾，我们研究频率相近的两个简谐振动的合成，这时式（6-45）表示的运动可以看作振幅按照 $\left|2A\cos\dfrac{\omega_2-\omega_1}{2}t\right|$

缓慢变化，而角频率等于 $\dfrac{\omega_2+\omega_1}{2}$ 的"准谐振

动"，这是一种振幅有周期性变化的"简谐振动"（见图 6-20，$\nu_1=4.5\,\mathrm{Hz}$，$\nu_2=4\,\mathrm{Hz}$，虚线间隔为 1s）。或者说，合振动描述的是一个高

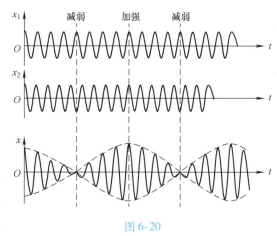

图 6-20

频振动受到一个低频振动调制的运动，这种振动的振幅时大时小的周期性变化现象叫作"拍"。

由于振幅只能取正值，因此拍的角频率应为调制角频率 $\left|\dfrac{\omega_2-\omega_1}{2}\right|$ 的 2 倍，即 $\omega_{拍}=|\omega_2-\omega_1|$，于是拍频为

$$\nu_{拍}=\frac{\omega_{拍}}{2\pi}=\left|\frac{\omega_2}{2\pi}-\frac{\omega_1}{2\pi}\right|=|\nu_2-\nu_1| \tag{6-46}$$

即拍频等于两个分振动频率之差。

拍现象在声振动、电磁振荡、无线电技术和波动中经常遇到。例如拍现象可用于频率的测定上，使待测振动与已知频率振动叠加，测得拍频，即可得到两者的频率差，从而确定待测系统的振动频率。管乐器中的双簧管就是利用两个簧片振动频率的微小差别产生出颤动的拍音，超外差式收音机中的振荡电路、汽车速度监视器等也都利用了拍的原理。

用旋转矢量法理解上述结果更简单一些。分别画出两个旋转矢量，若 $\omega_2>\omega_1$，A_2 比 A_1 转得快，当 A_2 与 A_1 反向时合振幅最小，当 A_2 与 A_1 同向时合振幅最大，并且这种变化是周期性的。

　　双转子系统的拍振产生的机理如上所述。下图为双转子系统试验模型及其测点位置图。测点①、②采用电涡流位移传感器，分别测量内外转子的位移；测点③、④采用转速传感器，分别测量外、内转子的转速。假设外转子的转速为 578r/min，拍振为 68r/min，那么由式（6-46）可知内转子的转速为 510r/min 或 646r/min。　**现象解释**

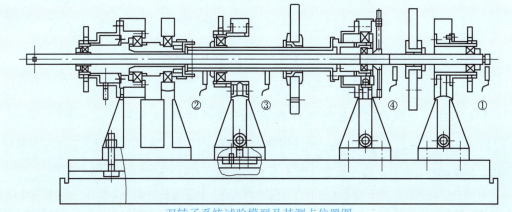

双转子系统试验模型及其测点位置图

6.4.3 两个互相垂直的简谐振动的合成

1. 两个互相垂直、同频率简谐振动的合成

设两个振动的方向分别沿着 x 轴和 y 轴，并表示为

$$x = A_1\cos(\omega t + \varphi_1), y = A_2\cos(\omega t + \varphi_2)$$

由以上两式消去 t，就得到合振动的轨迹方程。为此，先将上式改写成下面的形式：

$$\frac{x}{A_1} = \cos\omega t\cos\varphi_1 - \sin\omega t\sin\varphi_1 \tag{6-47}$$

$$\frac{y}{A_2} = \cos\omega t\cos\varphi_2 - \sin\omega t\sin\varphi_2 \tag{6-48}$$

以 $\cos\varphi_2$ 乘以式（6-47），以 $\cos\varphi_1$ 乘以式（6-48），并将所得两式相减，得

$$\frac{x}{A_1}\cos\varphi_2 - \frac{y}{A_2}\cos\varphi_1 = \sin\omega t\sin(\varphi_2 - \varphi_1) \tag{6-49}$$

以 $\sin\varphi_2$ 乘以式（6-47），以 $\sin\varphi_1$ 乘以式（6-48），并将所得两式相减，得

$$\frac{x}{A_1}\sin\varphi_2 - \frac{y}{A_2}\sin\varphi_1 = \cos\omega t\sin(\varphi_2 - \varphi_1) \tag{6-50}$$

将式（6-49）和式（6-50）分别平方，然后相加，就得到合振动的轨迹方程

$$\frac{x^2}{A_1^2} + \frac{y^2}{A_2^2} - 2\frac{xy}{A_1 A_2}\cos(\varphi_2 - \varphi_1) = \sin^2(\varphi_2 - \varphi_1) \tag{6-51}$$

式（6-51）是椭圆方程，在一般情况下，两个互相垂直的、同频率的简谐振动合振动的轨迹为一椭圆，而椭圆的形状决定于分振动的相位差 $\varphi_2 - \varphi_1$。下面分析几种特殊情形。

（1）两分振动的相位相同或相反：$\varphi_2 - \varphi_1 = 0$ 或 π，这时，式（6-51）变为

$$\left(\frac{x}{A_1} \mp \frac{y}{A_2}\right)^2 = 0 \tag{6-52}$$

即

$$y = \pm\frac{A_2}{A_1}x \tag{6-53}$$

式（6-53）表示，合振动的轨迹是通过坐标原点的直线，如图 6-21 所示，当两分振动的相位相同时，取正号（见图 6-21 中直线 a）；当两分振动的相位相反时，取负号（见图 6-21 中直线 b）。显然，在这两种情况下，合振动都仍然是与分振动频率相同的简谐振动，而合振动的振幅为

$$A = \sqrt{A_1^2 + A_2^2} \tag{6-54}$$

（2）两分振动的相位相差为 $\pm\pi/2$，有

$$\frac{x^2}{A_1^2} + \frac{y^2}{A_2^2} = 1 \tag{6-55}$$

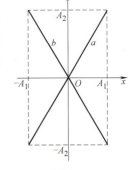

图 6-21

式（6-55）表示，合振动的轨迹是以坐标轴为主轴的正椭圆，如

图 6-22 所示。当 $\varphi_2 - \varphi_1 = \dfrac{\pi}{2}$ 时，振动沿顺时针方向进行；当 $\varphi_2 - \varphi_1 = -\dfrac{\pi}{2}$ 时，振动沿逆时针方向进行。如果两个分振动的振幅相等，即 $A_1 = A_2$，椭圆变为圆，如图 6-23 所示。

（3）两分振动的相位差不为上述数值。合振动的轨迹为处于边长分别为 $2A_1$（x 方向）和 $2A_2$（y 方向）的矩形范围内的任意确定的椭圆。图 6-24 画出了几种不同相位差所对应的合振动的轨迹图形。

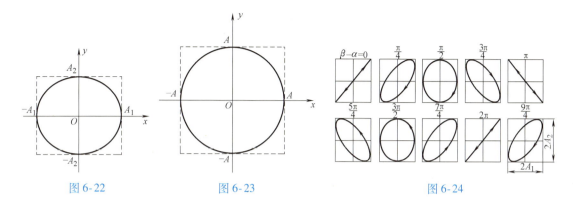

图 6-22　　　　　　　　　　　　　图 6-23　　　　　　　　　　　　　图 6-24

　　总之，一般说来，两个振动方向互相垂直、频率相同的简谐振动，其合振动轨迹为一直线、圆或椭圆。轨迹的形状、方位和运动方向由分振动的振幅和相位差决定，在电子示波器中，若令互相垂直的正弦变化的电学量频率相同，即可以在荧光屏上观察到合成振动的轨迹。

　　以上讨论同时也说明：任何一个直线简谐振动、椭圆运动或匀速圆周运动都可以分解为两个互相垂直的同频率的简谐振动。通过这些例子，可以加深我们对运动叠加原理的认识。

2. 两个互相垂直、频率不同的简谐振动的合成

　　如果两个分振动的频率接近，其相位差将随时间变化，合振动的轨迹将不断按图 6-24 所示的顺序，在上述矩形范围内由直线逐渐变为椭圆，又由椭圆逐渐变为直线，并不断重复进行下去。如果两个分振动的频率相差较大，但有简单的整数比关系，这时合振动为有一定规则的稳定的闭合曲线，这种曲线称为李萨如图形，且相互垂直方向的振动频率 ν_x 与 ν_y 之比等于平行于 y 轴的直线与图形的最多交点个数与平行于 x 轴的直线与图形的最多交点个数之比，利用李萨如图形的这个特点，可以由一个已知频率的振动，求得另一个振动的频率。这是无线电技术中常用来测定振荡频率的方法。图 6-25 表示了两个分振动的频率之比为 2∶1、3∶1 和 3∶2 情况下的李萨如图形。

　　如果两个互相垂直的简谐振动的频率之比是无理数，那么合振动的轨迹将不重复地扫过整个由振幅所限定的矩形（$2A_1 \times 2A_2$）范围。这种非周期性运动称为准周期运动。

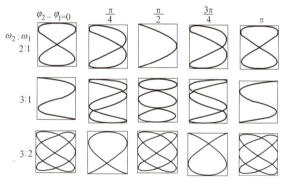

图 6-25

　　随着工农业生产的发展，各种机械设备的创造和使用给人类带来了繁荣和进步，但同时也产生了越来越多而且越来越强的噪声。那么除了传统的封闭法（指用耳塞或者全封闭耳机把耳朵罩起来）减少噪声干扰外，请大家应用本节课学习的内容，思考还可以如何来减小噪声？　　　　　　　　　　　　　　　　　　思维拓展

物理知识应用

【例6-5】 质点同时参与两个简谐振动，它们的运动方程分别为

$$x_1 = 5 \times 10^{-2} \cos\left(10t + \frac{3}{4}\pi\right)(\text{SI})$$

$$x_2 = 6 \times 10^{-2} \cos\left(10t + \frac{1}{4}\pi\right)(\text{SI})$$

（1）求合振动的振幅和初相；

（2）另有一同方向的简谐振动

$$x_3 = 7 \times 10^{-2} \cos(10t + \varphi)(\text{SI})$$

问 φ 为何值时，$x_1 + x_3$ 的振幅最大？φ 为何值时，$x_2 + x_3$ 的振幅最小？幅值各为多少？

【解】（1）同方向同频率的简谐振动的合振动仍为一简谐振动，有

$$A = \sqrt{A_1^2 + A_2^2 + 2A_1 A_2 \cos(\varphi_2 - \varphi_1)} = 7.8 \times 10^{-2}\,\text{m}$$

$$\tan\varphi = \frac{A_1 \sin\varphi_1 + A_2 \sin\varphi_2}{A_1 \cos\varphi_1 + A_2 \cos\varphi_2} = 11$$

$$\varphi_0 = 84°48'$$

（2）当 x_3 振动与 x_1 振动同相，即 $\varphi = \frac{3\pi}{4}$ 时，合振幅最大：

$$A_{13} = A_1 + A_3 = 12 \times 10^{-2}\,\text{m}$$

当 x_3 振动与 x_2 振动反相，即 $\varphi = \frac{\pi}{4} \pm \pi$ 时，合振幅最小：

$$A_{23} = |A_2 - A_3| = 1 \times 10^{-2}\,\text{m}$$

 物理知识拓展

谐振分析

两个在同一直线上而频率不同的简谐振动合成的结果仍是振动，但一般不再是简谐振动。现在再来看频率比为 1∶2 的两个简谐振动合成的例子。设

$$x = x_1 + x_2 = A_1 \sin\omega t + A_2 \sin2\omega t$$

合振动的 x-t 曲线如图 6-26 所示。可以看出合振动不再是简谐振动，但仍是周期性振动。合振动的频率就是那个较低的振动的频率。一般地说，如果分振动不是两个，而是两个以上且各分振动的频率都是其中一个最低频率的整数倍，则上述结论仍然正确，即合振动仍是周期性的，其频率等于那个最低的频率。合振动的具体变化规律则与分振动的个数、振幅比例关系及相差有关。图 6-27 是说明由若干分简谐振动合成"方波"的曲线。图 6-27a 表示方波的合振动曲线，其频率为 ν。图 6-27b、c、d 依次为频率是 ν、2ν、3ν 的简谐振动的曲线。这三个简谐振动的合成曲线如图 6-27e 所示。它已和方波振动曲线相近了，如果再加上频率为 4ν，5ν，…而振幅适当的若干简谐振动，就可以合成相当准确的方波振动了。

以上讨论的是振动的合成，与之相反，任何一个复杂的周期性振动都可以分解为一系列简谐振动之和。这种把一个复杂的周期性振动分解为许多简谐振动之和的方法称为谐振分析。

根据实际振动曲线的形状，或它的位移-时间函数关系，求出它所包含的各种简谐振动的振幅和初相的数学方法叫傅里叶分析，它指出：一个周期为 T 的周期函数 $F(t)$ 可以表示为

$$F(t) = \frac{a_0}{2} + \sum_{k=1}^{\infty}\left[A_k \cos(k\omega t + \varphi_k)\right]$$

式中，各分振动的振幅 A_k 与初相 φ_k 可以用数学公式根据 $F(t)$ 求出。这些分振动中频率最低的称为基频振

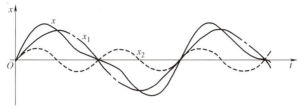

图 6-26

动，它的频率就是原周期函数 $F(t)$ 的频率，这一频率也叫基频。其他分振动的频率都是基频的整数倍，依次分别称为二次、三次、四次……谐频。

不仅周期性振动可以分解为一系列频率为最低频率整数倍的简谐振动，而且任意一种非周期性振动也可以分解为许多简谐振动。不过对非周期性振动的谐振分析要用傅里叶变换处理。通常用频谱来表示一个实际振动所包含的各种谐振成分的振幅和它们的频率的关系。周期性振动的频谱是分立的线状谱，而非周期性振动的频谱密集成连续谱。

谐振分析无论对实际应用还是理论研究，都是十分重要的方法，因为实际存在的振动大多不是严格的简谐振动，而是比较复杂的振动。在实际现象中，一个复杂振动的特征总跟组成它的各种不同频率的谐振成分有关。例如，同为 C 音，音调（即基频）相同，但钢琴和胡琴发出的 C 音的音色不同，就是因为它们所包含的高次谐频的个数与振幅不同的缘故。

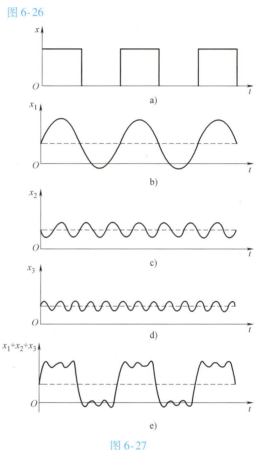

图 6-27

6.5 阻尼振动 受迫振动 共振

杨利伟是我国首飞的航天员，在神舟五号飞天时，我们只看到了完美的结果，但是据杨利伟回忆，在飞天过程中，他曾经历了多次生死考验。其中有一次就是在火箭上升到离地面 $30 \sim 40\,km$ 的高度时，火箭和飞船开始急剧抖动，当时传回地面的画面定格了 26s 之久，杨利伟一动不动。大家都担心他发生了什么？直到整流罩脱离，阳光射入舱中后，他眨了一下眼，人们才确定，他还活着。后经科学家研究发现，在这期间发生了一种威胁杨利伟生命的现象——共振。这个共振是外界一个 8Hz 频率的振动与内脏器官比较接近而产生的，随着共振不断加强，杨利伟回忆说"感觉五脏六腑都要被震碎了，处于忍耐的临界点，甚至一度觉得自己就要死了"。那么什么是共振？共振是如何产生的，如何来抑制有害的共振？

物理学基本内容

6.5.1　阻尼振动

前面我们所讨论的是不受任何阻力的理想条件下的振动，即物体一经扰动将永远振动下去，且振幅保持不变。实际上，任何振动系统总要受到阻力的作用，这时的振动称为阻尼振动。由于振动系统克服阻力做功，能量将不断减少，振幅也逐渐减小。

振动系统的阻尼通常分为两种：一种是由于摩擦阻力使系统能量逐渐变为热能，称为摩擦阻尼；另一种是由于振动系统引起邻近质点的振动，并使振动系统的能量逐渐向四周辐射出去，称为辐射阻尼。例如音叉振动时，一方面因受空气阻力而消耗能量，同时也因辐射声波而导致能量的减少。

下面主要讨论谐振子系统受到弱介质阻力而衰减的情况。弱介质阻力是指当振子运动速度较低时，介质对物体的阻力仅与速度的一次方成正比，即这时阻力为

$$f = -\gamma v = -\gamma \frac{\mathrm{d}x}{\mathrm{d}t} \tag{6-56}$$

式中，γ 称为阻力系数，与物体的形状、大小、物体的表面性质及介质性质有关。仍以弹簧振子为例，这时振子的动力学方程为

$$-kx - \gamma \frac{\mathrm{d}x}{\mathrm{d}t} = m \frac{\mathrm{d}^2 x}{\mathrm{d}t^2} \tag{6-57}$$

$$\frac{\mathrm{d}^2 x}{\mathrm{d}t^2} + \frac{\gamma}{m} \frac{\mathrm{d}x}{\mathrm{d}t} + \frac{k}{m} x = 0 \tag{6-58}$$

令 $\dfrac{k}{m} = \omega_0^2$，$\dfrac{\gamma}{m} = 2\beta$，则

$$\frac{\mathrm{d}^2 x}{\mathrm{d}t^2} + 2\beta \frac{\mathrm{d}x}{\mathrm{d}t} + \omega_0^2 x = 0 \tag{6-59}$$

式中，$\omega_0 = \sqrt{\dfrac{k}{m}}$ 是系统的固有角频率，由系统的性质决定；$\beta = \dfrac{\gamma}{2m}$ 定义为阻尼系数，由系统的阻力系数决定。

讨论：

（1）欠阻尼运动　若 $\beta < \omega_0$，则方程的解为

$$x = A\mathrm{e}^{-\beta t}\cos(\omega t + \varphi) \tag{6-60}$$

式中，$\omega = \sqrt{\omega_0^2 - \beta^2}$；$A$ 和 φ 是由初始条件决定的积分常数，图 6-28 是阻尼振动的位移-时间曲线。阻尼对振动的影响表现在振动的振幅 $A\mathrm{e}^{-\beta t}$ 随时间 t 逐渐衰减，β 越大，即阻尼越大，振幅衰减得越快，因此阻尼振动不是简谐振动，也不是一种周期运动。但是由于 $\cos(\omega t + \varphi)$ 是周期性变化的，因此我们把函数 $\cos(\omega t + \varphi)$ 的周期叫作阻尼振动的周期，并用 T 表示，则

$$T = \frac{2\pi}{\omega} = \frac{2\pi}{\sqrt{\omega_0^2 - \beta^2}} > \frac{2\pi}{\omega_0} = T_0 \tag{6-61}$$

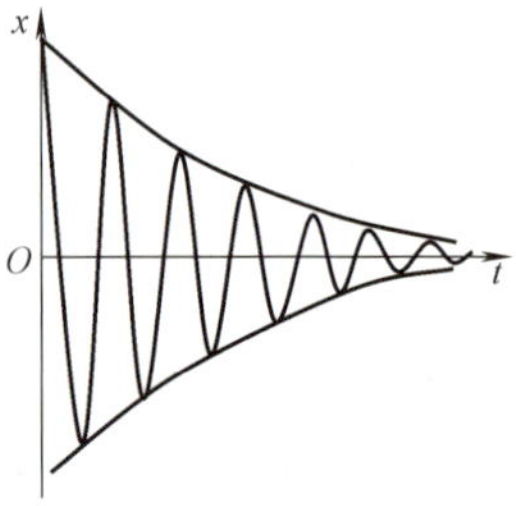

图 6-28

可见，对一个振动系统，有阻尼时的振动周期要比无阻尼时大。

这就是说由于阻尼，振动变慢了。阻尼越小，其周期也就越接近于无阻尼自由振动的周期，运

动越接近于简谐振动。阻尼越大，振幅的减小越快，周期比无阻尼时长。

（2）过阻尼运动　若 $\beta > \omega_0$，则方程的解为

$$x = A_1 e^{-(\beta - \sqrt{\beta^2 - \omega_0^2})t} + A_2 e^{-(\beta + \sqrt{\beta^2 - \omega_0^2})t} \tag{6-62}$$

式中，A_1、A_2 是两个积分常数，由初始条件决定。这时物体从开始的最大位移处缓慢地回到平衡位置，不再做往复运动（见图6-29）。β 越大，物体回到平衡位置所用的时间越长。

（3）临界阻尼运动　若 $\beta = \omega_0$，则方程的解为

$$x = (A_1 + A_2 t) e^{-\beta t} \tag{6-63}$$

式中，A_1、A_2 是两个积分常数。与欠阻尼和过阻尼相比，在临界阻尼状态下，物体回到平衡位置所需的时间最短（见图6-29）。

某些科学研究和工程技术设备，根据需要常用改变阻尼大小的方法来控制系统的振动情况。例如各类机器的防震器大多采用一系列的阻尼装置，使频繁的撞击变为缓慢的振动，并迅速衰减，以保护机件；有些精密仪器，如物理天平、灵敏电流计中装有阻尼装置并调至临界阻尼状态，使指针较快回到零位，而不致来回摆动很长时间，使测量快捷、准确。

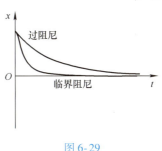

图 6-29

6.5.2　受迫振动

要使有阻尼的振动系统维持等幅振动，必须给振动系统不断地补充能量，即施加持续的周期性外力作用，这个周期性外力叫作驱动力。振动系统在周期性外力作用下发生的振动叫作受迫振动。例如电动机的转子的质心若不在转轴上，则当电动机工作时，它的转子就会对基座加上一个周期性外力（频率等于转子的转动频率）而使基座做受迫振动；扬声器中和纸盆相连的线圈，在通有音频电流时，在磁场作用下，就会对纸盆施加周期性的外力而使之发声；人们听到声音也是耳膜在传入耳蜗的声波的周期性压力作用下做受迫振动的结果。

为简单起见，假设驱动力取如下形式：

$$F = F_0 \cos \Omega t \tag{6-64}$$

式中，F_0 为驱动力的幅值；Ω 为驱动力的角频率。下面我们以弹簧振子为例，讨论弱阻尼谐振子系统在驱动力作用下的受迫振动，其动力学方程为

$$-kx - \gamma v + F_0 \cos \Omega t = m \frac{\mathrm{d}^2 x}{\mathrm{d}t^2} \tag{6-65}$$

令 $\dfrac{k}{m} = \omega_0^2$，$\dfrac{\gamma}{m} = 2\beta$，则有

$$\frac{\mathrm{d}^2 x}{\mathrm{d}t^2} + 2\beta \frac{\mathrm{d}x}{\mathrm{d}t} + \omega_0^2 x = \frac{F_0}{m} \cos \Omega t \tag{6-66}$$

该方程的解为

$$x = A_0 e^{-\beta t} \cos(\omega t + \varphi') + A \cos(\Omega t + \varphi) \tag{6-67}$$

此式表明，受迫振动可以看成是两个振动合成。一个振动由此式的第一项表示，它是一个减幅的振动。经过一段时间后，这一分振动就减弱到可以忽略不计了。余下的就只有式（6-67）中后一项表示的振幅不变的振动，这就是受迫振动达到稳定状态时的等幅振动。因此受迫振动的稳定状态就由下式表示：

$$x = A \cos(\Omega t + \varphi)$$

稳定受迫振动的角频率等于驱动力的角频率。用待定系数法可确定稳定受迫振动的振幅为

$$A = \frac{F_0}{m\ \sqrt{(\omega_0^2 - \Omega^2)^2 + 4\beta^2\Omega^2}} \tag{6-68}$$

需要说明的是，稳定受迫振动的振幅与系统的初始条件无关，而是与系统固有频率、阻尼系数及驱动力角频率和幅值均有关的函数。

必须指出，稳定的受迫振动的位移表达式虽然与简谐振动同形，但由于它们受力情况不同，因而其运动情况是有区别的。前者以驱动力的频率振动，在这种振动中，由于阻力的存在而消耗能量，将由驱动力做功来补偿，它是一种实际的振动；后者是以系统的固有频率振动，阻力被忽略，不消耗能量，是一种理想的振动。此外，简谐振动的振幅由初始条件决定，稳定的受迫振动的振幅则由振动系统的性质（m、ω_0、β）及驱动力的性质（Ω、F_0）共同决定，与初始条件无关。但就运动学的性质来说（指 x、v 与 t 的关系），稳定的受迫振动仍然是简谐振动。

6.5.3　共振

共振是受迫振动中一个重要而具有实际意义的现象，下面分别从位移共振和速度共振两方面加以讨论。

1. 位移共振

对于一个振动系统，当阻尼和驱动力幅值不变时，受迫振动的位移振幅是驱动力角频率 Ω 的函数，它存在一个极值。受迫振动的位移振幅达极大值的现象称为位移共振。由式（6-68）求导，并令 $\dfrac{\mathrm{d}A}{\mathrm{d}\Omega} = 0$，得到位移共振的角频率为 $\Omega_r = \sqrt{\omega_0^2 - 2\beta^2}$，进而求出共振时的振幅

$$A_r = \frac{F_0}{2m\beta\ \sqrt{\omega_0^2 - \beta^2}} \tag{6-69}$$

显然，位移共振的振幅大小与阻尼有关，且位移共振频率小于固有频率。

图 6-30a 表示在几种阻尼系数不同的情况下受迫振动的振幅随驱动力的角频率变化情况。可见，阻尼越大，位移幅值的极大值越小；阻尼越小，位移幅值的极大值越大，共振角频率越接近系统固有频率。

进一步的研究表明，当系统发生位移共振时，在一个周期内，有时驱动力与速度同方向，做正功；有时驱动力与速度反方向，做负功。但一个周期内，驱动力所做的净功与阻力的功相互抵消。

2. 速度共振

系统做受迫振动时，其速度为

$$v = -\Omega A \sin(\Omega t + \varphi) = -v_m \sin(\Omega t + \varphi) \tag{6-70}$$

式中，

$$v_m = \Omega A = \frac{\Omega F_0}{\sqrt{(\omega_0^2 - \Omega^2)^2 + 4\beta^2\Omega^2}} \tag{6-71}$$

称为速度振幅，同样可求出当 $\Omega = \omega_0$ 时，速度振幅有极大值，这种现象称为速度共振。图 6-30b 表示在给定幅值的周期性外力作用下，振动时的阻尼越小，速度幅值的极大值越大，共振曲线越为尖锐。进一步研究表明，当系统发生速度共振时，振动速度和驱动力同相，即驱动力在整个周期内对系统做正功，用以补偿阻尼引起的能耗。因此，速度共振处于能量最佳输入状态，又称为能量共振。在弱阻尼情况下，位移共振与速度共振的条件趋于一致，所以一般可以不必区分两种共振。如收音机的"调谐"就是利用了"电共振"。

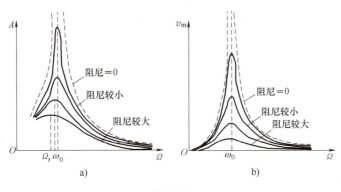

图 6-30

共振产生的机理如上所述。从中我们可以寻找抑制共振的办法：增大系统阻尼；破坏驱动力的周期性；改变驱动力或系统固有频率，使二者尽量远离。 **现象解释**

 ## 物理知识拓展

从振动频率认识次声武器

次声的振动是机械振动，其频率在 20Hz 以下。它传播远，衰减小，在空气中约以 $340\text{m} \cdot \text{s}^{-1}$（$1224\text{km} \cdot \text{h}^{-1}$）的速度传播，在水中约以 $1480\text{m} \cdot \text{s}^{-1}$（$5328\text{km} \cdot \text{h}^{-1}$）的速度传播，且可传播数千千米以上。它穿透力强，一般的障碍物如房屋、碉堡工事、一般的隔声材料等很难将次声挡住。因人体和动物器官的固有频率多在次声的频率范围内，次声对人体和动物的损伤作用更大，这已为许多实验事实所证明。

实验发现：人的头部固有频率为 8 ~ 12Hz；心脏的固有频率为 5Hz；内脏器官的固有频率为 4 ~ 8Hz 等。次声作用于人体，将引起人体器官的强烈共振；轻者发生头痛、恶心、晕眩；较重者出现肌肉痉挛、全身颤抖、呼吸困难、神经错乱等；重者将造成脱水休克、失去知觉、血管破裂、内脏严重损伤甚至死亡。1972 年苏联学者曾以 10Hz、135dB 的次声作用于小白鼠进行研究；1974 年美国学者曾以 0.5Hz、166 ~ 172.5dB 的次声作用于狗、猴进行研究，都证实次声对动物的损伤和致死效果。坦皮斯（Tempes）和布莱恩（Brgan）发现，7Hz、105dB 的次声可以使 30% 的被试者出现眼球振颤，当次声强度加大时，这种现象更为明显和严重。

由于次声的种种奇妙特性，它随传播距离增加的衰减极小，在空中、在水下全然如此，为此，人们始终在不断地探讨次声武器。20 世纪 90 年代，美国洛斯阿拉莫斯实验室宣称它正在发展次声武器，产生极低频率的次声，绕过窗口、建筑物，使敌方丧失意识、内脏受损。法国历来在声学应用研究中卓有建树，对次声武器的研究也不例外。俄罗斯、英国和我国也在展开这方面的研究。

研制次声武器有几个关键技术尚待解决：其一，作为武器如何产生高强度的次声波。这涉及工作原理、成本、能源、材料等因素。其二，控制次声波的聚束定向传播。微波和激光聚束定向传播问题已得到圆满解决，但次声的波长从十几米至几百米，能轻易绕过传播路径上的建筑物，其传播指向性无法与电磁波相比拟。这一技术很难解决，然而不解决不仅会造成能源的巨大浪费，而且会危及己方，不能成为武器。其三，小型化问题。作为一种实用性的武器，小型化的必要性自不待言。

颤振

颤振是一种气动弹性动力不稳定的现象。颤振是气流中运动的结构在空气动力、惯性力和弹性力的相互作用下形成的一种自激振动。低于颤振速度时，振动是衰减的；等于颤振速度时，振动保持等幅；超过颤振速度时，在多数情况下，振动是发散的，从而会引起结构的破坏。在第一次世界大战期间，Hardly Page 双发动机飞机因尾翼颤振而坠毁。这可能是航空发展史上最早的颤振事故。

随着科学技术的发展，一些工程结构的刚度相对地越来越小了，如现代的一些飞行器、大型的桥梁建筑、高层建筑、电视发射塔、高大的烟囱等，这些结构的设计都需要考虑预防气动弹性振动，或者说都有气动弹性设计问题。

具有流线形切面的机翼结构，在空气中运动时也会出现气动弹性不稳定振动。例如，将一悬臂机翼模型置于风洞中，当风洞中没有气流时，机翼模型受扰动就会引起振动，但是这种振动是衰减性的。当风洞中的气流速度逐渐增加，受扰动的机翼模型的振动阻尼率先是增加，随着气流速度进一步增加时，阻尼率会逐渐降低，气流速度增加到某一临界值时，阻尼为零，受扰动的机翼模型会维持等幅振动。气流速度超过临界速度时，任何微小的扰动，都会引起机翼模型的不稳定的剧烈振动，这时阻尼率是负值。我们称这时的机翼模型出现了"颤振"。

对于简单的悬臂机翼，在超过临界速度的任何风速下，都会发生颤振。而对于包含副翼的机翼，则有可能在几个速度范围内发生颤振。不同速度范围内的颤振形态是不一样的。但是，它们的共同特点是振动翼面的迎角都较小，或者说振动不稳定性是限于位流意义下的，即气流不发生分离。然而，螺旋桨叶之类的颤振往往是处于失速迎角状态的不稳定振动，这类振动称为"失速"颤振。

机翼结构是一个具有无限多自由度的弹性体，经过某种简化的模型仍有很多自由度，理论分析与实验观察都表明，发生颤振运动时各广义坐标的振动位移间存在着明显的相位差，也就是说各广义坐标间相位差的存在是发生颤振的必要条件。

自激振动

自激振动，泛论之，一个弹性系统受到外界激励便产生振动。若激励是短暂的冲击，则系统做阻尼振动；若激励是持续的脉动，则系统做受迫振动。有意思的是，有一类弹性系统，即使外界激励为定常，也能产生振动——自激振动（self-excited vibration），简称为自振。各种管乐器、机械钟表和心脏等均为自振系统。如果联系电子线路和电磁现象，那么晶体管振荡器、能输出各种电压波形的信号发生器和电磁断续器也是自振系统。旷野中输电线在大风中"尖叫"，自来水管有时出现颤振或嗡嗡长鸣，车床在切削过程中有时也会出现颤动，等等，这些现象均系自振。深入分析自振产生的机制以后，发现自振系统必定由三个部分组成：①振动系统；②能源，用以供给自振过程中的能量耗损；③具有正反馈特性的控制和调节系统。正是这一反馈性能将定常能量转变为交变的振动能量，这种反馈过程体现了振动系统对外界激励的控制和调节。自振系统的工作原理方框图如图 6-31 所示。

风对桥梁的作用不仅表现在风压上，更表现在风致振动上。后者又可以分为两类，平均风作用下产生的自激振动；脉动风作用下的受迫振动。对于柔性结

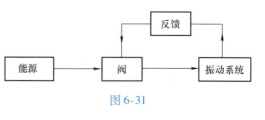

图 6-31

构的悬索桥，风致自激振动导致的破坏作用尤其显著。1940 年美国西海岸华盛顿州建成了中央跨径为 853m 的悬索桥塔科马桥，其跨度居当时世界第三，其设计抗风速为 $60 \text{m} \cdot \text{s}^{-1}$。不料 4 个月后，此桥却在 $19 \text{m} \cdot \text{s}^{-1}$ 的风速下，产生强烈扭曲而坍塌。塔科马桥事故令桥梁工程界震惊。经广泛深入的研究，学者终于提出了风致振动问题，由此开辟了桥梁与风场相互作用动力学研究的新领域，逐渐形成了一门新兴学科——结构风工程学。塔科马桥事故是一个自激振动的典型，风致桥梁振动问题的定量研究十分复杂，其大略图像是，风场给予桥梁一个气动力，引起桥梁变形和振动，反过来这又改变了桥梁四周的风场，产生了一附加气动力作用于桥梁，如此反馈、循环和放大，最终造成桥梁大幅度剧烈的自振，相应地将风的动能转换为桥梁的振动能。风场中的脉动成分或湍流成分将导致桥梁做受迫振动（抖振），不过，从桥梁的实际情况看，抖振不会造成桥梁在短期内的破坏性后果，它会引起结构的局部疲劳，也影响着行车的安全。

章知识导图

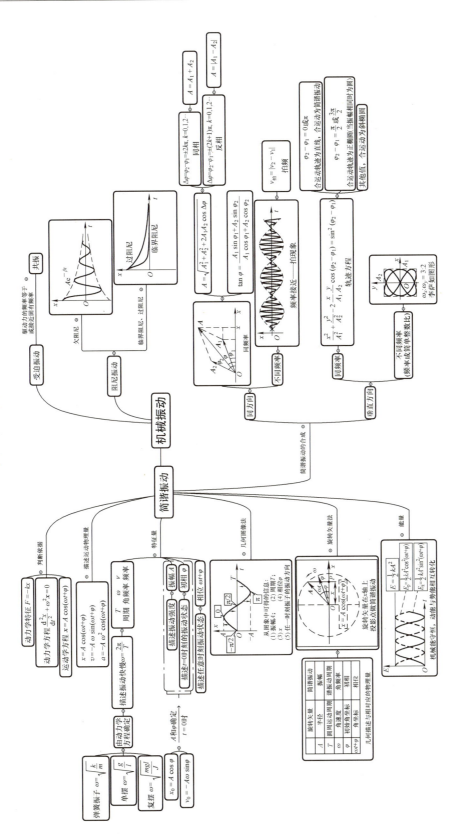

思考与练习

思考题

6-1　什么是简谐振动？下列运动中哪个是简谐振动？

（1）拍皮球时球的运动；

（2）锥摆的运动；

（3）一小球在半径很大的光滑凹球面底部的小幅度摆动。

6-2　如果把一弹簧振子和一单摆拿到月球上去，它们的振动周期将如何改变？

6-3　当一个弹簧振子的振幅增大到 2 倍时，试分析它的下列物理量将受到什么影响：振动的周期、最大速度、最大加速度和振动的能量。

6-4　把一单摆从其平衡位置拉开，使悬线与竖直方向成一小角度 φ，然后放手任其摆动。如果从放手时开始计算时间，此 φ 角是否为振动的初相位？单摆的角速度是否为振动的角频率？

6-5　稳态受迫振动的频率由什么决定？改变这个频率时，受迫振动的振幅会受到什么影响？

6-6　弹簧振子的无阻尼自由振动是简谐振动，同一弹簧振子在简谐驱动力持续作用下的稳态受迫振动也是简谐振动，这两种简谐振动有什么不同？

练习题

（一）填空题

6-1　有两相同的弹簧，其劲度系数均为 k：

（1）把它们串联起来，下面挂一个质量为 m 的重物，此系统做简谐振动的周期为_____；

（2）把它们并联起来，下面挂一个质量为 m 的重物，此系统做简谐振动的周期为_____。

6-2　在两个相同的弹簧下各悬一物体，两物体的质量比为 4∶1，则二者做简谐振动的周期之比为____。

6-3　一简谐振动的表达式为 $x = A\cos(3t + \varphi)$，已知 $t = 0$ 时的初位移为 0.04m，初速度为 0.09m·s⁻¹，则振幅 $A =$ _____，初相 $\varphi =$ _____。

6-4　一简谐振子的振动曲线如习题 6-4 图所示，则以余弦函数表示的振动方程为_____。

6-5　一弹簧振子做简谐振动，振幅为 A，周期为 T，其运动方程用余弦函数表示。若 $t = 0$ 时，

（1）振子在负的最大位移处，则初相为_____；

（2）振子在平衡位置向正方向运动，则初相为_____；

（3）振子在位移为 $A/2$ 处，且向负方向运动，则初相为_____。

6-6　已知两个简谐振动的振动曲线如习题 6-6 图所示，两简谐振动的最大速率之比为_____。

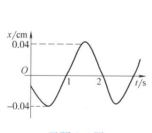

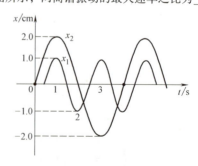

习题 6-4 图　　　　　　　　习题 6-6 图

6-7 两个弹簧振子的周期都是 0.4s，设开始时第一个振子从平衡位置向负方向运动，经过 0.5s 后，第二个振子才从正方向的端点开始运动，则这两振动的相位差为_____。

6-8 质量为 m 物体和一个轻弹簧组成弹簧振子，其固有振动周期为 T。当它做振幅为 A 自由简谐振动时，其振动能量 $E = $ _____。

6-9 一物块悬挂在弹簧下方做简谐振动，当这物块的位移等于振幅的一半时，其动能是总能量的 _____。（设平衡位置处势能为零）当这物块在平衡位置时，弹簧的长度比原长长 l，这一振动系统的周期为_____。

6-10 一物体同时参与同一直线上的两个简谐振动：

$$x_1 = 0.05\cos\left(4\pi t + \frac{1}{3}\pi\right) \text{ (SI)} , \quad x_2 = 0.03\cos\left(4\pi t - \frac{2}{3}\pi\right) \text{ (SI)}$$

合成振动的振幅为_____m。

（二）计算题

6-11 一轻弹簧在 60N 的拉力下伸长 30cm。现把质量为 4kg 的物体悬挂在该弹簧的下端并使之静止，再把物体向下拉 10cm，然后由静止释放并开始计时。求

（1）物体的振动方程；

（2）物体在平衡位置上方 5cm 时弹簧对物体的拉力；

（3）物体从第一次越过平衡位置时刻起到它运动到上方 5cm 处所需要的最短时间。

6-12 一简谐振动的振动曲线如习题 6-12 图所示，求振动方程。

6-13 有一单摆，摆长为 $l = 100$cm，开始观察时（$t = 0$），摆球正好过 $x_0 = -6$cm 处，并以 $v_0 = 20$cm·s^{-1} 的速度沿 x 轴正向运动，若单摆运动近似看成简谐振动。试求：

（1）振动频率；

（2）振幅和初相。

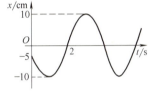

习题 6-12 图

6-14 一质点做简谐振动，其振动方程为

$$x = 6.0 \times 10^{-2}\cos\left(\frac{1}{3}\pi t - \frac{1}{4}\pi\right) \text{ (SI)}$$

（1）当 x 值为多大时，系统的势能为总能量的一半？

（2）质点从平衡位置移动到上述位置所需最短时间为多少？

6-15 如习题 6-15 图所示，有一水平弹簧振子，弹簧的劲度系数 $k = 24$N·m^{-1}，重物的质量 $m = 6$kg，重物静止在平衡位置上。设以一水平恒力 $F = 10$N 向左作用于物体（不计摩擦），使之由平衡位置向左运动了 0.05m 时撤去力 F。当重物运动到左方最远位置时开始计时，求物体的运动方程。

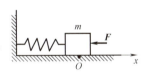

习题 6-15 图

6-16 如习题 6-16 图所示，一质点在 x 轴上做简谐振动，选取该质点向右运动通过 A 点时作为计时起点（$t = 0$），经过 2s 后质点第一次经过 B 点，再经过 2s 后质点第二次经过 B 点，若已知该质点在 A、B 两点具有相同的速率，且 $AB = 10$cm 求：

（1）质点的振动方程；

（2）质点在 A 点处的速率。

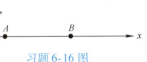

习题 6-16 图

6-17 一个站台以 2.20cm 的振幅和 6.60Hz 的频率发生振动，求它的最大加速度是多少？

6-18 一个扬声器的膜片正在做简谐振动，频率是 440Hz，最大位移为 0.75mm。问其角频率、最大速度和最大加速度的大小各是多少？

6-19 把一个假想的大型弹弓拉伸 1.5m，发射一个 130g 的抛射体，其速率足以逃离地球（11.2km·s^{-1}），假定弹弓的弹性带服从胡克定律。

（1）如果全部的弹性势能转化成动能，此装置的劲度系数是多少？

（2）假设平均说来一个人可出力 220N，那么需要多少人来拉这个弹性带？

6-20　一质量 $m = 0.25\text{kg}$ 的物体，在弹簧的力作用下沿 x 轴运动，平衡位置在原点。弹簧的劲度系数 $k = 25\text{N} \cdot \text{m}^{-1}$。

（1）求振动的周期 T 和角频率 ω；

（2）如果振幅 $A = 15\text{cm}$，$t = 0$ 时物体位于 $x = 7.5\text{cm}$ 处，且物体沿 x 轴反向运动，求初速 v_0 及初相 φ；

（3）写出振动的数值表达式。

6-21　一物体做简谐振动，其速度最大值 $v_m = 3 \times 10^{-2}\text{m} \cdot \text{s}^{-1}$，其振幅 $A = 2 \times 10^{-2}\text{m}$。若 $t = 0$ 时，物体位于平衡位置且向 x 轴的负方向运动，求：

（1）振动周期 T；

（2）加速度的最大值 a_m；

（3）振动方程的数值表达式。

6-22　一弹簧振子沿 x 轴做简谐振动（弹簧为原长时振动物体的位置取为 x 轴原点），已知振动物体最大位移为 $x_m = 0.4\text{m}$，最大恢复力为 $F_m = 0.8\text{N}$，最大速度为 $v_m = 0.8\text{m} \cdot \text{s}^{-1}$，又知 $t = 0$ 的初位移为 $+0.2\text{m}$，且初速度与所选 x 轴方向相反，求：

（1）振动能量；

（2）此振动的表达式。

6-23　质量 $m = 10\text{g}$ 的小球与轻弹簧组成的振动系统，按 $x = 0.5\cos\left(8\pi t + \dfrac{1}{3}\pi\right)$ 的规律做自由振动，式中，t 以 s 为单位，x 以 cm 为单位，求：

（1）振动的角频率、周期、振幅和初相；

（2）振动的速度、加速度的数值表达式；

（3）振动的能量 E；

（4）平均动能和平均势能。

6-24　一质点同时参与两个同方向的简谐振动，其振动方程分别为
$$x_1 = 5 \times 10^{-2}\cos(4t + \pi/3)\,(\text{SI}),\ x_2 = 3 \times 10^{-2}\sin(4t - \pi/6)\,(\text{SI})$$
画出两振动的旋转矢量图，并求合振动的振动方程。

6-25　三个同方向、同频率的简谐振动分别为
$$x_1 = 0.08\cos(314t + \pi/6)$$
$$x_2 = 0.08\cos(314t + \pi/2)$$
$$x_3 = 0.08\cos(314t + 5\pi/6)$$
求：

（1）合振动的表达式；

（2）合振动由初始位置运动到 $x = A/2$（A 为振幅）所需的最短时间。

 **阅读材料**

混沌简介

1. 简单系统中的复杂行为

大摆角的单摆的运动情况分析：

$$\frac{\mathrm{d}^2\theta}{\mathrm{d}t^2} + \frac{g}{l}\sin\theta = 0 \qquad ①$$

此方程是一个二阶非线性微分方程，下面就用非线性力学中最基本的研究方法——相图法来研究分析该系统。

"相"的意思是运动状态，质点在某一时刻的运动状态就是明确它在该时刻的位置和速度，位置和速度的关系曲线就是它的相图。相图法是一种图解分析方法，可用于分析一阶、二阶非线性微分方程的动态过程，取得稳定性、时间响应等有关的信息。在现代计算机模拟计算下，可比较迅速、精确地获得相轨迹图形，用于系统的分析与设计。现在我们以质点的速度和位置作为坐标轴，构成直角坐标平面，此平面被称为相平面；质点的每一个运动状态对应相平面上的一个点，称为相点；质点运动发生变化时，相点就在相平面内运动，相点的运动轨迹称为相迹线或相图；相点在相平面内运动的速度称为相速度。在相图中能得到质点运动状态的整体概念。

当摆角很大时，对单摆的运动方程①进行积分，可得到

$$\frac{1}{2}\left(\frac{\mathrm{d}\theta}{\mathrm{d}t}\right)^2 - \frac{g}{l}\cos\theta = C$$

式中，C 为积分常数。

设初始条件为 $t = 0$ 时，$\theta = \theta_0$，$\dfrac{\mathrm{d}\theta}{\mathrm{d}t} = 0$，可得 $C = -\dfrac{g}{l}\cos\theta_0$，得出

$$\dot{\theta} = \frac{\mathrm{d}\theta}{\mathrm{d}t} = \pm\sqrt{\frac{2g}{l}\left(\cos\theta - \cos\theta_0\right)} \tag{②}$$

由式②作出相图如图 6-32 所示。中心 O 点对应单摆下垂的平衡位置，是一个稳定的不动点，在中心 O 周围（$<5°$）。相图是椭圆，对于小角度摆动，对式①积分得出的也是椭圆方程，两种情况相符。摆动幅度再增大，相图不再是椭圆但仍然闭合，说明单摆仍做周期运动。若能量再增加，相图不再闭合，表示单摆不再往复摆动，而是沿正向或反向转动起来了。当 $\theta = \theta_0 = \pi$ 时，即单摆摆到最高点时，$\dfrac{\mathrm{d}\theta}{\mathrm{d}t} = 0$，$\dfrac{\mathrm{d}^2\theta}{\mathrm{d}t^2} = 0$，说明最高点是一个不稳定平衡点。但是要让单摆摆到最高点时恰好静止是不可能的，因为两个分支点 G_1、G_2 是介于单向旋转和往复旋转之间的一个临界状态，究竟如何运动取决于初始条件的细微差别。在求解非线性力学问题时，相图中出现了分支点，这表明在该状态下力学系统的行为不是完全确定的，于是，一个确定性方程演化出了内在的随机性，一个简单的系统顿时变得复杂起来了。

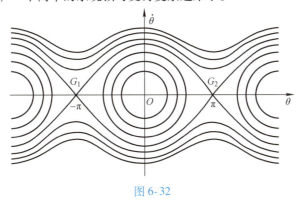

图 6-32

单摆系统的行为不是完全确定的，这种不可预测的、随机的现象就是混沌。实际上，混沌现象到处可见，它揭示了绚丽多彩、千姿百态的大千世界内在的一种机制，它是那么瞬息万变，充满复杂性，确定性系统包含着混沌，混沌中也存在着特殊的有序。

2. 混沌简介

混沌在我国传说中指宇宙形成以前模糊一团的景象，中国人常用混沌一词表达某种美学境

界或体道致知的精神状态，把混沌当作自然界固有的一种秩序，一种生命的源泉。这与历史上的中国神话、中国哲学有很大关系，最终与中国人独特的思维方式有很大的关系。在西方文化中，混沌是"无形""空虚""无秩序"。

现代科学所讲的混沌，其基本含义可以概括为：聚散有法，周行而不殆，回复而不闭。意思是说混沌轨道的运动完全受规律支配，但相空间中轨道运动不会中止，在有限空间中永远运动着，不相交也不闭合。混沌运动表观上是无序的，产生了类随机性，也称内在随机性。混沌模型一定程度上更新了传统科学中的周期模型，用混沌的观点去看原来被视为周期运动的对象，往往有新的理解。

混沌现象是自然界中的普遍现象，天气变化就是一个典型的混沌运动。混沌现象的一个著名表述就是蝴蝶效应，意思是说：一只蝴蝶今天拍打了一下翅膀，使大气的状态产生了微小的改变，但过了一段时间，这个微小的改变能够使本来会产生的龙卷风避免了，或者能使本来不会产生的龙卷风产生了。南美洲一只蝴蝶扇一扇翅膀，可能就会在佛罗里达引起一场飓风。

混沌也是一种数学现象，有其自身颇为古怪的几何学意义，它与被称为奇异吸引子的离奇分形形状相联系。蝴蝶效应表明，奇异吸引子上的详细运动不可预先确定，但这并未改变它是吸引子的事实。

混沌也不是独立存在的科学，它与其他各门科学互相促进、互相依靠，由此派生出许多交叉学科，如混沌气象学、混沌经济学、混沌数学等。混沌学不仅极具研究价值，而且有现实应用价值，能直接或间接创造财富。混沌中蕴含有序，有序的过程也可能出现混沌，大自然就是如此复杂，纵横交错，包含着无穷的奥秘。因此，对混沌科学的进一步研究将使我们对大自然有更深刻的理解。

3. 混沌的特征

（1）系统方程无任何随机因子，但必须有非线性项。混沌是决定性动力学系统中出现的一种貌似随机的运动。所谓"决定性"是指描述系统运动状态的方程是确定的，不包含随机变量。要产生混沌运动，则确定性方程一定是非线性的。

（2）系统的随机行为是其内在特征，不是外界引起的。随机性可分为由外界施加的外在随机性和动力学系统本身所固有的内在随机性两种。实际上内在随机并不是一种真正的随机，它的行为是完全正确的，只是表现得太复杂，不可预测，就像是随机一样，这种混乱、随机是系统自身的一种内在特征，或者说系统本身就是这样，"混乱"才正常。

（3）对初始条件极端敏感。内在随机性是通过对初始条件的极端敏感性表现出来的，初始条件的误差在非线性动态系统中可能会按指数规律增长，"失之毫厘，谬以千里"。处于混沌状态的系统，运动轨道将依赖初始条件，从两个极其邻近的初值出发的两轨道，在足够长的时间以后，必然会呈现出显著的差别来。无论多么精密的测量都存在误差，我们无法给出真正精确的初始值，再小的误差经系统各部分之间的非线性相互作用也都可能被迅速放大，初始状态的信息很快消失，从而表现为行动的不可预测性，这就是混沌运动。

第7章 机 械 波

历史背景与物理思想发展

　　机械波中我们接触最多的就是声波。人们虽然很早就知道声在空气中传播，但声的本质是什么还是众说纷纭，有人说是波，有人说是粒子，这和光学中的波动说和粒子说的争论一样。17 世纪，牛顿把声波作为弹性波推导了声速的公式，他认为声速正比于介质弹性力的平方根，反比于介质密度的平方根，这反映了声的实质。实验工作者们试着确定声音的速率，并且找到了一组范围很宽的数值，即 $183 \sim 449 \mathrm{m \cdot s^{-1}}$。看到这样的矛盾，牛顿为了更好地证实他对声速的力学推导，亲自做实验测量。实验物理是一种专门的艺术，并不是牛顿的最强项，但是他的方法体现了他天才的一面。在牛顿生活和工作的剑桥特里尼蒂学院有一条长长的连拱廊，那里会产生回声。他用一个单摆作为计时装置，改变摆的长度就可以调整摆的周期（$T = 2\pi \sqrt{L/g}$）。当单摆开始摆动时，他安排发出一个尖锐的噪声，如果回声在摆回来之前到达，那么摆的长度就太长了，摆的周期比声音在长廊（127m）来回一次的时间要长；如果摆先回来，那么摆长就太短了。这样，他对声音传播一段已知距离所需时间的估计不断完善，也就对它的速率的估计越来越准了。牛顿确定出，回声回来的时间比 2.4m 长的单摆摆动一次时间要短，但比 1.7m 长的单摆摆动一次时间要长。这些测量把声速的范围缩小为 $280 \sim 331 \mathrm{m \cdot s^{-1}}$。牛顿在他的《自然哲学的数学原理》一书中报告了更好的测量结果，为 $300 \sim 338 \mathrm{m \cdot s^{-1}}$。书中牛顿从对简谐运动的分析出发，又扩展分析声音的传播，这是一种完全没有先例的论证。通过分析单摆的运动，并把这一分析扩展到水波，牛顿计算出单个水波的周期，即波前进一个波长的时间，从而得出波速。玻意耳关于气体压强与体积关系的工作成果，使牛顿计算声速的结果是 $298 \mathrm{m \cdot s^{-1}}$。

　　人们发现计算值和实验值有较大的误差，原来牛顿认为声波传播是个等温过程，没有考虑声波变化较快，由压缩变热和稀疏制冷的热量传不出去，实际上是个绝热过程。1816 年，拉普拉斯修改了牛顿的公式，把等温压缩系数换为绝热压缩系数，使理论和实验结果相吻合。通过牛顿到拉普拉斯的工作，人们才最后确认声波是弹性波。

　　到 20 世纪，机械波的研究有多方面的发展。从弹性波到非弹性波，从超声波、可闻声波到次声波，从乐音到噪音，从研究声波本身到声波与物质的相互作用，发展出水声学和声呐、语言声学、建筑声学、超声医学和噪声控制等诸多学科。汪德昭曾研究气体中大小粒子平衡，后来研究水声学，开创我国水声学研究的新局面。马大猷为中国空气声学发展做出开创性工作，尤其是在环境声学方面。他曾领导人民大会堂的音质设计，还领导我国语言声学的研究，在噪声方面取得成就。

　　值得指出的是，中国古代的鱼洗在激发时出现四角分布的波腹或波节，即沿着盆壁圆周发生两个周期的驻波。浙江省博物馆所藏的一件鱼洗，当盛上不同深度的水时，可以分别激发出四个、六个和八个波节的振动模式，即分别相应于两个、三个和四个周期的驻波。如果情况确实如此，那就应当会先后听到基音、八度音和五度音等音程不同的嗡声。这一现象同伽利略的酒杯实验是如此惊人地相似，而且驻波的规则图样比波纹密度更加容易观察。假若有人看到了这一现象并且善于思考的话，本来是有可能发现频率就是音高的量度的。遗憾的是，当时缺乏对这类科学现象的进一步研究和科学总结，没有关于鱼洗振动模式变化时所伴随的嗡声变化的记载。

除了经典的声波和光波，在现代物理中一项引起广泛兴趣的研究就是引力波是否存在。爱因斯坦在他的广义相对论中预测了引力波并且指出该波比较微弱，只有在宏观极其大的物体中才能产生。引力波的存在可以通过中子星运行的轨道频率间接得到。2016年2月，美国的物理学家向全世界宣布他们探测到了引力波，由此掀起了一个引力波观测的高潮。

7.1 机械波的一般概念

> 地震是一种严重的自然灾害，它起源于地壳内岩层的突然破裂。地震表面波有两种形式：一种是扭曲波，使地表发生扭曲；另一种使地表上下波动，就像大洋面上的水波那样。一次里氏7级地震释放的能量，相当于大约几十万吨级TNT炸药爆炸所放出的能量。地震的破坏力为什么如此之强？为什么表面波会有两种形式？ 物理现象

 物理学基本内容

波动是自然界中广泛存在的一种物质运动形式，是振动在空间的传播。机械振动在弹性介质中的传播称为机械波，如声波、地震波等；交变电磁场在空间的传播称为电磁波，如无线电波、光波、X射线等。不同类型波的物理本质虽然不同，但它们具有一些共同的特征和规律。例如，它们都有一定的传播速度，都伴随着能量的传播，都具有空间、时间上的周期性，线性波还遵从叠加原理，有干涉、衍射现象等。近代物理揭示出微观粒子具有波粒二象性，并称之为物质波，但其波函数的物理意义与经典波函数完全不同。下面我们从最简单形象的机械波入手，开始认识波的基本特征。

7.1.1 机械波的产生

机械振动在弹性介质（固体、液体和气体）中传播形成机械波，是因为弹性介质内各质元之间有弹性力相互作用。可见，机械波的产生必须具备两个条件：

（1）有做机械振动的物体，谓之波源或振源；

（2）有能够传播这种振动的弹性介质。

当介质中某一质元P受到扰动，离开平衡位置时，介质就发生了形变，一方面，邻近质元将对它施加弹性恢复力，迫使它有回到平衡位置的趋势，但由于惯性和扰动的持续作用，质元P回到平衡位置后并不停止，于是该质元在平衡位置附近振动起来；另一方面，质元P也将对邻近的质元施加弹性力，迫使邻近质元也在自己的平衡位置附近振动起来。由此可见，介质中一个质元的振动带动邻近质元的振动，于是振动就以一定的速度由近及远传播出去，形成波动。

如果波动中使介质各部分振动的回复力是弹性力，则称为弹性波。例如，声波即为弹性波。机械波不一定都是弹性波，如水面波就不是弹性波，水面波中的回复力是水质元所受的重力和表面张力，它们都不是弹性力。本章将只讨论弹性波。

需要指出，波动传播的是波源的振动状态及振动能量，介质中的质元并不随波前进，只在各自的平衡位置附近往复运动。就如列奥纳多·达·芬奇所描述的："常常是（水）波离开了

它产生的地方，而那里的水并不离开；就像风吹过庄稼地形成波浪，在那里我们看到波动穿越田野而去，而庄稼仍在原地。"

7.1.2 横波和纵波

按振动方向与波传播方向之间的关系可将波分为横波与纵波。质元振动方向与波的传播方向垂直的波叫作横波，振动方向与波的传播方向平行的波叫作纵波。

图7-1是横波在一根弦线上传播的示意图，将弦线分成许多可视为质点的小段，质点之间以弹性力相联系。设 $t=0$ 时，质点都在各自的平衡位置，此时质点1在外界作用下由平衡位置向上运动，由于弹性力的作用，质点1带动质点2向上运动；继而质点2又带动质点3……于是各质点就依次上下振动起来。横波的特点是有交替出现的波峰和波谷。

横波的质元振动方向与传播方向垂直，说明当横波在介质中传播时，介质中层与层之间将发生相对位错，即产生切变。只有固体能承受切变，因此横波只能在固体中传播。

图7-2是纵波在一根弹簧中传播的示意图，在纵波中，质元的振动方向与波的传播方向平行，因此在介质中就形成稠密和稀疏的区域，故又称为疏密波，纵波的特点是有交替出现的密部和疏部。纵波可引起介质产生体变，固、液、气体都能承受体变，因此，纵波能在所有物质中传播，纵波传播的其他规律与横波相同。

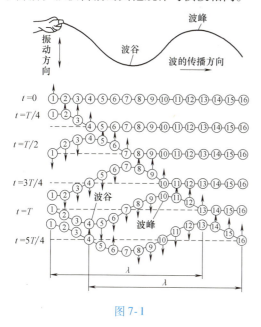

图7-1

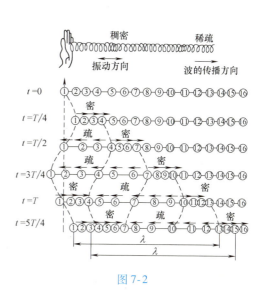

图7-2

对于水面波比较特殊，因为在液面上有表面张力，故能承受切变，所以水面波是纵波与横波的合成波。此时，组成液体的微元在自己的平衡位置附近做椭圆运动。

发生岩层破裂的震源一般在地表下几千米到几百千米的地方。由于固体既能传播横波，也能传播纵波，因此地震波在地球内部同时存在两种形式：纵波（使地表上下振动）和横波（使地表发生晃动）。纵波的传播速度为 $5\sim14\mathrm{km\cdot s^{-1}}$，横波的速度较小，为 $3\sim8\mathrm{km\cdot s^{-1}}$。故纵波先到达地表，使建筑物上下振动，横波后到达，使已松散的建筑物左右摇晃。所以，达到一定强度的地震破坏力非常大。

现象解释

7.1.3 波线和波面

为了形象地描述波在空间中的传播，我们介绍如下一些概念。

波传播到的空间称为波场。

在波场中，代表波的传播方向的射线，称为波射线，也简称为波线。

波场中同一时刻振动相位相同的点的轨迹，谓之波面。

某一时刻波源最初的振动状态传到的波面叫作波前或波阵面，即最前方的波面，因此，任意时刻只有一个波前，而波面可有任意多个，如图7-3所示。

按波面的形状，波可分为平面波、球面波和柱面波等。在各向同性介质中，波线恒与波面垂直。

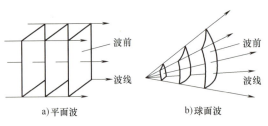

a) 平面波　　　　b) 球面波

图7-3

7.1.4 描述波动的几个物理量

1. 波长

同一时刻，沿波线上各质点的振动相位是依次落后的，则同一波线上相邻的相位差为2π的两振动质点之间的距离叫作波长，即一个完整波形的长度，用λ表示。当波源做一次全振动时，波传播的距离就等于一个波长，因此波长反映了波的空间周期性。显然，横波的波长等于两相邻波峰或两相邻波谷之间的距离，如图7-1所示；纵波的波长等于两相邻密部中心或两相邻疏部中心的距离，如图7-2所示。

2. 波动周期和频率

波动过程也具有时间上的周期性，波动周期是指一个完整波形通过介质中某固定点所需的时间，用T表示。周期的倒数叫作频率，波动频率即为单位时间内通过介质中某固定点完整波的数目，用ν表示。由于波源每完成一次全振动，波就前进一个波长的距离，如图7-4所示，由此可知，波动的周期（或频率）即为波源的振动周期（或频率）。波动周期T与频率ν之间亦有

$$T = \frac{1}{\nu} = \frac{2\pi}{\omega} \tag{7-1}$$

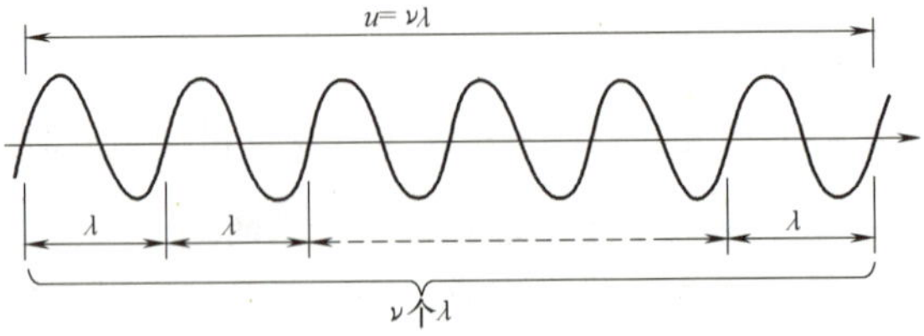

图7-4

3. 波速

波动是振动状态（即相位）的传播，振动状态在单位时间内传播的距离叫作波速，因此波

速又称相速，用 u 表示。

显然，如图7-4，波长与波速、周期和频率的关系为

$$\lambda = uT = \frac{u}{\nu} \tag{7-2}$$

此式不仅适用于机械波，也适用于电磁波。

需要指出，机械波的波速仅由介质的力学性质决定，但波的频率由波源的振动频率决定，与介质无关。因此不同频率的波在同一介质中传播时都具有相同的波速。而同一频率的波在不同介质中传播时波速不同，从而其波长也不同。波速与介质中质点的振动速度是两个不同的概念，注意区分。

可以证明，对于简谐波，在固体中传播的横波的波速为

$$u = \sqrt{\frac{G}{\rho}} \tag{7-3}$$

纵波的波速为

$$u = \sqrt{\frac{Y}{\rho}} \tag{7-4}$$

式中，G 和 Y 分别是介质的切变模量和弹性模量（也叫杨氏模量）；ρ 为介质的密度。

在弦中传播的横波的波速为

$$u_{\perp} = \sqrt{\frac{F_{\mathrm{T}}}{\mu}} \tag{7-5}$$

式中，F_{T} 是弦中张力；μ 为弦的线密度。

在液体和气体中不可能发生切变，所以不可能传播横波。液体和气体中只能传播与体变有关的弹性纵波。在液体和气体中纵波传播速度为

$$u = \sqrt{\frac{K}{\rho}} \tag{7-6}$$

式中，K 是介质的体积模量；ρ 是介质的密度。

对于理想气体，把声波中的气体过程作为绝热过程近似处理，根据分子动理论和热力学（见第9章），可推出声速的公式为

$$u = \sqrt{\frac{\gamma p}{\rho}} \tag{7-7}$$

式中，γ 是气体的比热容比；p 是气体的压强；ρ 是介质的密度。则声波在理想气体中的传播速度为

$$u = \sqrt{\frac{\gamma p}{\rho}} = \sqrt{\frac{1.4 \times 1.013 \times 10^{5}}{1.293}} \mathrm{m \cdot s^{-1}} = 331.2 \mathrm{m \cdot s^{-1}}$$

蝙蝠会利用人类听不到的声音进行回声定位，人们认识到原来夏天的傍晚远比我们以为的要吵闹得多。人的耳朵只能听到频率在 20～20000Hz 之间的声音，你是否思考过，为什么人类听不到频率超过 20000Hz 的超声波和频率低于 20Hz 的次声波？

 物理知识拓展

介质的弹性模量 Y、切变模量 G 和体积模量 K

我们知道，物体（包括固体、液体和气体），在受到外力作用时，形状或体积都会发生或大或小的变

化。这种变化统称为形变。当外力不太大因而引起的形变也不太大时，去掉外力后形状或体积仍能复原。这个外力的限度叫弹性限度。在弹性限度内的形变叫弹性形变，它和外力具有简单的关系。由于外力施加的方式不同，形变可以有以下几种基本形式：最简单的形变就是长度和体积的改变，简称线变和体变；还有一种是物体内各物质层发生相对位移，称为切变。

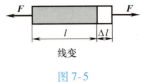

图 7-5

（1）弹性模量　如图 7-5 所示，若在截面积为 S、长为 l 的细棒的两端施以大小相等、方向相反的轴向拉力 F 时，棒伸长了 Δl，则相对变化 $\dfrac{\Delta l}{l}$ 叫作线应变，$\dfrac{F}{S}$ 叫作应力。实验表明，在弹性限度内，应力和线应变成正比，这一关系叫作胡克定律，写成公式为

$$\frac{F}{S} = Y\frac{\Delta l}{l} \tag{7-8}$$

式中，比例系数 Y 即为弹性模量，其大小由材料的弹性决定。

关于胡克定律的讨论：由式（7-8）可得

$$F = \frac{YS}{l}\Delta l = k\Delta l$$

在外力不太大时，Δl 较小，S 基本不变，因而 $\dfrac{YS}{l}$ 近似为一常数，可用 k 表示。上式即常见的外力和棒的长度变化成正比的公式，k 称为劲度系数，简称劲度。

材料发生线变时，它具有弹性势能。类比弹簧的弹性势能公式，由上式可得弹性势能为

$$W_\mathrm{p} = \frac{1}{2}k(\Delta l)^2 = \frac{1}{2}\frac{YS}{l}(\Delta l)^2 = \frac{1}{2}YSl\left(\frac{\Delta l}{l}\right)^2 \tag{7-9}$$

注意到 $V = Sl$ 为材料的总体积，就可以得知，当材料发生线变时，单位体积内的弹性势能为

$$w_\mathrm{p} = \frac{1}{2}Y\left(\frac{\Delta l}{l}\right)^2 \tag{7-10}$$

即等于弹性模量和线应变的平方的乘积的一半。

（2）切变模量　如图 7-6 所示，物体的上、下底面积均为 S，若在其上施以大小相等、方向相反的力 F 时，物体发生了切变，实验表明，在弹性限度内，切应力 $\dfrac{F}{S}$ 与切应变 $\varphi = \dfrac{\Delta x}{d}$ 成正比，即

$$\frac{F}{S} = G\varphi = G\frac{\Delta x}{d} \tag{7-11}$$

式中，比例系数 G 即为切变模量，其大小由材料的性质决定。

（3）体积模量　如图 7-7 所示，在压强为 p 时，若流体的体积等于 V，当压强增为 $p + \Delta p$ 时，体积变为 $V + \Delta V$。实验表明，在通常压强范围内有

$$\Delta p = -K\frac{\Delta V}{V} \tag{7-12}$$

式中，比例系数 K 即为体积模量，它的大小因物质种类不同而异；负号表示压强增大时体积减小。

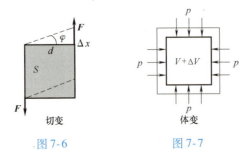

图 7-6　　　　　　图 7-7

7.2　平面简谐波的波函数和物理意义

 物理学基本内容

在介质中行进的波叫作行波。在波的传播中，如果波源和介质中各质元都做简谐振动，这种波叫作简谐波。其中最简单、最基本的行波是平面简谐波。任何复杂的波都可以看作若干个简谐波叠加的结果。那么如何定量地描述一个波动过程？这就是下面要寻找的波函数。

7.2.1　平面简谐波的波函数

因为波动是振动状态的传播过程，所以波函数必须能够定量地描述波传播的介质中任意一点在任意时刻质元偏离平衡位置的位移。对于平面简谐波，同一波面上各质元振动状态完全相同，所有波线垂直波面且互相平行，如图 7-8 所示，所以只要给出一条波线上各质元的振动规律，就可以知道空间所有质元的振动规律。由于各质元开始振动的时刻不同，各质元的简谐振动是不同步的，也就是说在同一时刻各个质元偏离平衡位置的位移与质元在波线上的位置有关。各质元偏离平衡位置

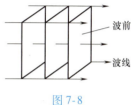

图 7-8

的位移 y 随其在波线上的位置 x 和时间 t 变化的数学表达式即 $y = y(x, t)$ 叫作简谐波的波函数，它可以通过下面的步骤写出来。

如图 7-9 所示，设一平面简谐波在不吸收能量、无限大的均匀介质中沿 Ox 轴正向传播，波速为 u，取 Ox 轴为一条波线，O 为坐标原点，已知 O 点处质元的振动规律为

$$y_0 = A\cos(\omega t + \varphi)$$

式中，A 为振幅；ω 为角频率；φ 为初相；y_0 为 t 时刻原点 O 处质元离开平衡位置的位移。在 Ox 轴正半轴上任取一点 P，其坐标为 x，下面的任务就是要找出 P 处质元在任一时刻 t 离开平衡位置的位移 y。

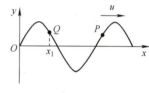

图 7-9

由于振动是以速度 u 沿 Ox 轴正向传播，原点 O 处质元的某一振动状态传到 P 点需要的时间是 $\dfrac{x}{u}$，所以 P 处质元在 t 时刻的振动状态与 O 处质元在 $\left(t - \dfrac{x}{u}\right)$ 时刻的振动状态应相同，即

$$y = A\cos\left[\omega\left(t - \frac{x}{u}\right) + \varphi\right] \tag{7-13}$$

其对于 P 点在 Ox 轴负半轴的情况也是适用的，式（7-13）即为沿 Ox 轴正向传播的平面简谐波的表达式或波函数。波函数含有时间 t 和位置坐标 x 两个变量，它给出了波线上任意一处的质元在任意时刻的位移，而 $\omega\left(t - \dfrac{x}{u}\right) + \varphi$ 则表示波线上任意时刻任意一处质元振动的相位。

上述结果是波沿着 Ox 轴正向传播的情形，如果波沿着 Ox 轴负向传播，则 P 处质元的振动状态比 O 处质元的同一振动状态要超前一段时间 $\dfrac{x}{u}$，因此，P 处质元在 t 时刻的振动状态与原点 O 处质元在 $\left(t + \dfrac{x}{u}\right)$ 时刻的振动状态应相同，即

$$y = A\cos\left[\omega\left(t + \frac{x}{u}\right) + \varphi\right] \tag{7-14}$$

由式（7-1）和式（7-2），平面简谐波的波函数也可以写成下列形式：

$$y = A\cos\left[2\pi\left(\nu t \mp \frac{x}{\lambda}\right) + \varphi\right] \tag{7-15}$$

$$y = A\cos\left[2\pi\left(\frac{t}{T} \mp \frac{x}{\lambda}\right) + \varphi\right] \tag{7-16}$$

$$y = A\cos\left[\frac{2\pi}{\lambda}(ut \mp x) + \varphi\right] = A\cos\left[(\omega t \mp kx) + \varphi\right] \tag{7-17}$$

式中，$k = \dfrac{2\pi}{\lambda}$，称为波数，它表示在 2π 长度内所具有的完整波的数目，正号表示沿 Ox 轴负向传播，负号表示沿 Ox 轴正向传播。

　　上面的讨论，是已知原点 O 处质元的振动规律和波的传播方向的情况下，写出的波函数。已知振动规律的点称为始点，始点可以取在原点 O 上，也可以不在原点 O 上。比如一列波沿 x 轴正向传播，始点 Q 坐标为 x_1，如图 7-9 所示，振动规律为 $y = A\cos(\omega t + \varphi)$，则某一振动状态从始点传到 x 处所需时间为 $\dfrac{x - x_1}{u}$，x 处质元 t 时刻的振动状态与 x_1 处质元 $t - \dfrac{x - x_1}{u}$ 时刻的振动状态应相同，所以

$$y = A\cos\left[\omega\left(t - \frac{x - x_1}{u}\right) + \varphi\right] \tag{7-18}$$

这就是已知始点 Q 处质元振动规律时正向传播的波函数。

　　需要指出，如果已知振动规律的点是振源，则在振源两侧，波的传播方向相反。

　　简谐振动可以用旋转矢量法来表示，对于平面简谐波，是否可以借助空间旋转矢量法研究其波函数呢？　　**思维拓展**

7.2.2　波函数的物理意义

　　（1）波函数中含有位置坐标 x 和时间 t 两个自变量，当位置坐标 x 为定值 x_a 时，这时波函数就变成波线上 x_a 处质元的振动方程，即

$$y = A\cos\left(\omega t - \frac{2\pi}{\lambda}x_a + \varphi\right)$$
$$= A\cos(\omega t + \alpha)$$

式中，$\alpha = -\dfrac{2\pi}{\lambda}x_a + \varphi$ 是该质元做简谐振动的初相，对于不同 x_a 处的质元都在做同频率的简谐振动，但初相各不相同。沿传播方向，波线上各质元的振动相位依次落后。假设波沿着 Ox 轴正向传播，则 $-\dfrac{2\pi}{\lambda}x_a$ 表示 x_a 处质元的振动比原点 O 处质元的振动落后的相位，离 O 点越远，相位落后得越多。若 $x = \lambda$，则该处质元振动与原点 O 处质元的振动相差为 2π。由此也可以看出波长这个物理量反映出波在空间上的周期性。

　　（2）当时间 t 为定值 t_a 时，位移 y 只是位置坐标 x 的函数，这种情况相当于在 t_a 时刻把波线上各个质元偏离平衡位置的位移（即波形）"拍照"下来。这时波函数变为

$$y = A\cos\left(\omega t_a - 2\pi\,\frac{x}{\lambda} + \varphi\right) \tag{7-19}$$

该方程表示在 t_a 时刻波线上各质元离开平衡位置位移的分布情况，当 $t = T$ 时，

$$y = A\cos\left(2\pi\,\frac{x}{\lambda} - 2\pi - \varphi\right)$$

可见 $t = T$ 时的波形与 $t = 0$ 时的波形相同，说明周期这个物理量反映了波在时间上的周期性。

另外，可以导出同一波线上两质点之间的相位差为

$$\Delta\varphi = -\frac{2\pi}{\lambda}(x_2 - x_1) \tag{7-20}$$

（3）如果 x 和 t 都在变化，波函数就描绘出波线上所有质元在不同时刻的位移，或者说，波函数包括了不同时刻的波形。图 7-10 给出了 t 时刻和 $t + \Delta t$ 时刻的两条波形曲线，由图可以看出，在 Δt 时间内，整个波形沿 Ox 轴正方向移动了一段距离 $\Delta x = u\Delta t$，波形移动的速度就是波速 u。可见，当 x 和 t 同时变化时波函数描述了波的传播，反映了波形不断向前推进的波动传播的全过程。

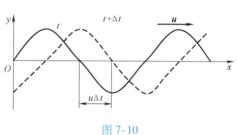

图 7-10

7.2.3 波动中质点振动的速度与加速度

介质中任一质点的振动速度，可通过波函数将 y 对 t 求偏导数得到，记作 $\frac{\partial y}{\partial t}$。以波函数 $y = A\cos\left[\omega\left(t - \frac{x}{u}\right) + \varphi\right]$ 为例，质点的振动速度为

$$v = \frac{\partial y}{\partial t} = -A\omega\sin\left[\omega\left(t - \frac{x}{u}\right) + \varphi\right] \tag{7-21}$$

质点的加速度为 y 对 t 的二阶偏导数，

$$a = \frac{\partial^2 y}{\partial t^2} = -A\omega^2\cos\left[\omega\left(t - \frac{x}{u}\right) + \varphi\right] \tag{7-22}$$

7.2.4 平面简谐行波的微分方程

将沿 x 轴传播的平面简谐波的波函数分别对 t 和 x 求二阶偏导数，有

$$\frac{\partial^2 y}{\partial t^2} = -A\omega^2\cos\left[\omega\left(t - \frac{x}{u}\right) + \varphi\right]$$

$$\frac{\partial^2 y}{\partial x^2} = -A\,\frac{\omega^2}{u^2}\cos\left[\omega\left(t - \frac{x}{u}\right) + \varphi\right]$$

比较上面两式可得到

$$\frac{\partial^2 y}{\partial x^2} = \frac{1}{u^2}\,\frac{\partial^2 y}{\partial t^2} \tag{7-23}$$

式（7-23）反映的是一切平面波必须满足的波动微分方程。电磁波、声波和物质波（德布罗意波）等都满足这样的波动微分方程，都具有波的基本性质。

对于波函数，仅考虑无限延伸的波动，这时的数学描述比较容易，但自然界中的波动多数都是局限在某空间里的，这就限定了波函数解的形式，求解时必须依据相应的边界条件。现代

的光导就是一个例子，光被限制在光导中传播，这时会受光导边界条件的限制，能够激发出各种不同的模式，因此，一个光导可以传播多个信号。

 物理知识应用

【例7-1】 已知波函数为 $y = 0.01\cos\pi\left(10t - \dfrac{x}{10}\right)$ （SI），求：（1）振幅、波长、周期、波速；（2）$x = 10\text{m}$ 处质点的振动方程及该质点在 $t = 2\text{s}$ 时的振动速度；（3）距原点为20m和60m两点处质点振动的相位差。

【解】（1）用比较法，将题给的波函数改写成如下形式：

$$y = 0.01\cos 10\pi\left(t - \frac{x}{100}\right)\ (\text{SI})$$

并与波函数的标准形式

$$y = A\cos\left[\omega\left(t - \frac{x}{u}\right) + \varphi\right]$$

比较即可得：振幅 $A = 0.01\text{m}$，角频率 $\omega = 10\pi$，波速 $u = 100\text{m} \cdot \text{s}^{-1}$，初相 $\varphi = 0$。频率 $\nu = 5\text{Hz}$，周期 $T = 1/\nu = 0.2\text{s}$，波长 $\lambda = uT = 20\text{m}$。

（2）将 $x = 10\text{m}$ 代入

$$y = 0.01\cos 10\pi\left(t - \frac{x}{100}\right)\ (\text{SI})$$

得

$$y = 0.01\cos(10\pi t - \pi)\ (\text{SI})$$

所以

$$v = -0.1\pi\sin(10\pi t - \pi)\ (\text{SI})$$
$$t = 2\text{s 时}，\ v = 0$$

（3）同一时刻，波线上坐标为 x_1 和 x_2 两点处质点振动的相位差

$$\Delta\varphi = -\frac{2\pi}{\lambda}(x_2 - x_1) = -2\pi\frac{\delta}{\lambda}$$

式中，$\delta = x_2 - x_1$ 是波动传播到 x_2 和 x_1 处的波程之差。

$\delta = x_2 - x_1 = 40\text{m}$ 时，　　　　　　　$\Delta\varphi = -2\pi\dfrac{\delta}{\lambda} = -4\pi$

式中，负号表示 x_2 处的振动相位落后于 x_1 处的振动相位。

【例7-2】 平面简谐波在 $t = 0$ 和 $t = 1\text{s}$ 时的波形如图7-11所示（周期 $T > 1\text{s}$）。求：（1）波的角频率和波速；（2）写出此简谐波的波函数；（3）以图中 P 点为坐标原点，写出波函数。

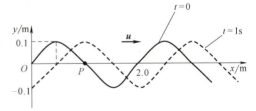

图7-11

【解】（1）图中所示振幅和波长分别为：$A = 0.1\text{m}$，$\lambda = 2.0\text{m}$。

在 $t = 1\text{s}$ 时间内，波形沿 x 轴正方向移动了 $\lambda/4$，则波的周期和角频率分别为

$$T = 4\text{s},\ \omega = \frac{2\pi}{T} = \frac{\pi}{2}\text{rad} \cdot \text{s}^{-1}$$

波速为

$$u = \frac{\lambda}{T} = 0.5\text{m} \cdot \text{s}^{-1}$$

（2）设原点 O 处质点的振动方程为

$$y_0 = A\cos(\omega t + \varphi)$$

由 $t = 0$ 初始条件得

$$y_0 = A\cos\varphi = 0, v_0 = -\omega A\sin\varphi < 0$$

$$\varphi = \frac{\pi}{2}$$

此平面简谐波的波函数为

$$y = A\cos\left[\omega\left(t - \frac{x}{u}\right) + \varphi\right] = 0.1\cos\left(\frac{\pi}{2}t - \pi x + \frac{\pi}{2}\right)(\text{SI})$$

（3）我们看到，如果知道了某一个质点的振动方程，通过相位（或时间）超前或落后的概念就很容易得到波函数：

$$y_P = 0.1\cos\left(\frac{\pi}{2}t + \frac{\pi}{2} - \pi\right) = 0.1\cos\left(\frac{\pi}{2}t - \frac{\pi}{2}\right)$$

$$y = A\cos\left[\omega\left(t - \frac{x}{u}\right) + \varphi\right] = 0.1\cos\left(\frac{\pi}{2}t - \pi x - \frac{\pi}{2}\right)(\text{SI})$$

【例 7-3】 一平面波在介质中以速度 $u = 20\text{m} \cdot \text{s}^{-1}$ 沿直线传播，已知在传播路径上某点 A 的振动方程为 $y_A = 3\cos 4\pi t$，如图 7-12 所示。（1）若以 A 点为坐标原点，写出波函数，并求出 C、D 两点的振动方程；（2）若以 B 点为坐标原点，写出波函数，并求出 C、D 两点的振动方程。

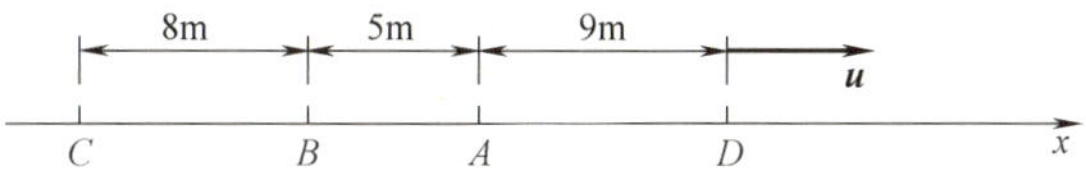

图 7-12

【解】（1）已知 $u = 20\text{m} \cdot \text{s}^{-1}$，$\omega = 4\pi \text{s}^{-1}$，$T = \frac{2\pi}{\omega} = 0.5\text{s}$，$\lambda = uT = 10\text{m}$。若以 A 点为坐标原点，则原点的振动方程为

$$y_0 = y_A = 3\cos 4\pi t$$

所以波函数为

$$y = 3\cos 4\pi\left(t - \frac{x}{20}\right) = 3\cos\left(4\pi t - \frac{\pi}{5}x\right)$$

对 C 点，$x_C = -13\text{m}$；对 D 点，$x_D = 9\text{m}$。C 点和 D 点的振动方程分别为

$$y_C = 3\cos\left(4\pi t - \frac{\pi}{5}x_C\right) = 3\cos\left(4\pi t + \frac{13}{5}\pi\right)$$

$$y_D = 3\cos\left(4\pi t - \frac{\pi}{5}x_D\right) = 3\cos\left(4\pi t - \frac{9}{5}\pi\right)$$

（2）对 B 点，$x_B = -5\text{m}$，有　　$y_B = 3\cos\left[4\pi t - \frac{\pi}{5}\cdot(-5)\right] = 3\cos(4\pi t + \pi)$

若以 B 点为坐标原点，则原点的振动方程为

$$y_0 = y_B = 3\cos(4\pi t + \pi)$$

此时波函数为

$$y = 3\cos\left[4\pi\left(t - \frac{x}{20}\right) + \pi\right] = 3\cos\left(4\pi t - \frac{\pi}{5}x + \pi\right)$$

式中，x 是波线上任意一点的坐标（以 B 点为坐标原点），所以对 C 点，$x_C = -8\text{m}$；对 D 点，$x_D = 14\text{m}$。C 点和 D 点的振动方程分别为

$$y_C = 3\cos\left(4\pi t + \frac{8}{5}\pi + \pi\right) = 3\cos\left(4\pi t + \frac{13}{5}\pi\right)$$

$$y_D = 3\cos\left(4\pi t - \frac{\pi}{5} \times 14 + \pi\right) = 3\cos\left(4\pi t - \frac{9}{5}\pi\right)$$

 物理知识拓展

波动的复数表示方法

第 6 章介绍了简谐振动的复数表示方法，波动是振动的传播过程，所以也能采用复数表示方法，只要能够正确地运用这种方法，它可使计算过程大为简化。下面举一些例子进行介绍。

首先，讨论无衰减平面行波沿 x 轴正向传播的情况，用三角函数形式表示的波函数形式为

$$y = A\cos\left[\omega\left(t - \frac{x}{u}\right) + \varphi\right] = A\cos(\omega t - kx + \varphi)$$

式中，$k = \dfrac{\omega}{u} = \dfrac{2\pi}{\lambda}$ 称为波数，它表示 2π 长度内的完整波的数量。上面的振动位移表达式如果用复数形式表示，则可以写成

$$\widetilde{y} = Ae^{j(\omega t - kx + \varphi)} = Ae^{j\varphi}e^{-jkx}e^{j\omega t}$$
$$= Ae^{-jkx}e^{j(\omega t + \varphi)} = Ae^{-j(kx - \varphi)}e^{j\omega t}$$

y 可以利用复数的实部来表示，则可以得到

$$y = \mathrm{Re}(\widetilde{y}) = \mathrm{Re}(Ae^{j\varphi}e^{-jkx}e^{j\omega t}) = \mathrm{Re}(\dot{y}e^{j\omega t})$$

其中

$$\dot{y} = Ae^{j\varphi}e^{-jkx}$$

称为复振幅。它仅是空间位置的函数，而与时间无关，由于它包含场量的相位，所以也称为相量。若要得到场矢量的瞬时值，只需要将复振幅乘以 $e^{j\omega t}$ 并取实部即可。

7.3　波的能量

抛物面天线是雷达装备的重要组成部分，是应用最广的雷达天线之一，能满足多种雷达系统的要求，因此在雷达装备中发挥重要作用。一般而言，抛面的口径越大其优点越是突出。抛物面天线在发射和接收信号时，用到了哪些物理原理呢？

〔物理现象〕

 物理学基本内容

7.3.1　介质中体积元的能量

在波的传播中，载波的介质并不随波向前移动，波源的振动能量则通过介质间的相互作用而传播出去。介质中各质点都在各自的平衡位置附近振动，因而具有动能；同时，介质因形变而具有弹性势能。下面我们以棒中纵波为例来讨论波动能量。

如图 7-13 所示，设一细棒，沿 Ox 轴放置，密度为 ρ，横截面为 S，弹性模量为 Y。当平面简谐波以波速 u 沿 Ox 轴正向传播时，棒中波函数为

$$y = A\cos\left[\omega\left(t - \frac{x}{u}\right) + \varphi_0\right]$$

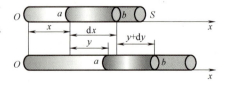

图 7-13

在棒上任取一体积元 dV，其原长为 dx，两端面分别为 a、b，质量为 $dm = \rho dV = \rho S dx$，当有波传到该体积元时，其振动速度为

$$v = \frac{\partial y}{\partial t} = -A\omega \sin\left[\omega\left(t - \frac{x}{u}\right) + \varphi_0\right] \tag{7-24}$$

因而该体积元的振动动能为

$$dE_k = \frac{1}{2}(dm)v^2 = \frac{1}{2}\rho dV A^2 \omega^2 \sin^2\left[\omega\left(t - \frac{x}{u}\right) + \varphi_0\right] \tag{7-25}$$

设在时刻 t 该体积元正在被拉长，两端面 u 和 b 的位移分别为 y 和 $y + dy$，则体积元的实际伸长量为 dy，由式（7-8）有

$$\frac{F}{S} = Y\frac{dy}{dx}$$

由形变产生的弹性回复力大小为

$$F = YS\frac{dy}{dx} = \frac{YS}{dx}dy$$

对比胡克定律，细棒的劲度系数应为

$$k = \frac{YS}{dx}$$

则该体积元的弹性势能为

$$dE_p = \frac{1}{2}k(dy)^2 = \frac{1}{2}\frac{YS}{dx}(dy)^2 = \frac{1}{2}YS dx\left(\frac{dy}{dx}\right)^2 \tag{7-26}$$

把

$$\frac{\partial y}{\partial x} = \frac{\omega A}{u}\sin\left[\omega\left(t - \frac{x}{u}\right) + \varphi_0\right] \tag{7-27}$$

和固体中纵波的速度 $u = \sqrt{\dfrac{Y}{\rho}}$ 代入式（7-26），则弹性势能可写成

$$dE_p = \frac{1}{2}\rho dV A^2 \omega^2 \sin^2\left[\omega\left(t - \frac{x}{u}\right) + \varphi_0\right] \tag{7-28}$$

于是该体积元的机械能为

$$dE = dE_k + dE_p = \rho dV A^2 \omega^2 \sin^2\left[\omega\left(t - \frac{x}{u}\right) + \varphi_0\right] \tag{7-29}$$

式（7-29）表明，波在介质中传播时，介质中任一体积元的总能量随时间做周期性变化。这说明该体积元和相邻的介质之间有能量交换，体积元的能量增加时，它从来波方向相邻介质中吸收能量；体积元的能量减少时，它向去波方向相邻介质释放能量。这样，能量不断地从介质的一部分传递到另一部分，所以，波动过程也就是能量传播的过程。

应当注意，波动的能量和谐振动的能量有着明显的区别。在一个孤立的谐振动系统中，谐振子和外界没有能量交换，所以系统的机械能守恒且动能和势能在不断地相互转换；而在波动中，某一体积元内的机械能不守恒，且同一体积元内的动能和势能是同步变化的，在平衡位置，动能为极大值，势能也为极大值，在最大位移处，动能为零，势能也为零。由上述结论可知，质元在平衡位置处形变最大，在最大位移处，形变为零。上述能量和形变的关系请读者自行思考。

　　在波的传播过程中，每个质元的能量随时间而变，这是否违反能量守恒定律？对于自由空间波线上的一列简谐波，结果又如何呢？

思维拓展

7.3.2 波的能量密度和平均能流密度

1. 波的能量密度

单位体积介质中所具有的波的能量，称为波的能量密度，用 w 表示：

$$w = \frac{\mathrm{d}E}{\mathrm{d}V} = \rho A^2 \omega^2 \sin^2\left[\omega\left(t - \frac{x}{u}\right) + \varphi_0\right] \tag{7-30}$$

能量密度在一个周期内的平均值称为平均能量密度，用 $\overline{w}$ 表示：

$$\overline{w} = \frac{1}{T}\int_0^T w\,\mathrm{d}t = \frac{1}{T}\int_0^T \rho A^2 \omega^2 \sin^2\left[\omega\left(t - \frac{x}{u}\right) + \varphi_0\right]\mathrm{d}t = \frac{1}{2}\rho A^2 \omega^2 \tag{7-31}$$

式（7-31）指出，平均能量密度与波振幅的平方、角频率的平方及介质密度成正比。此公式适用于各种弹性波。

2. 波的平均能流密度（波强）

所谓能流，即单位时间内通过与波的传播方向垂直的某一截面的能量。如图 7-14 所示，设想在介质中作一个垂直于波速的截面积为 ΔS，长度为 u 的长方体，则在单位时间内，体积为 $u \cdot \Delta S$ 的长方体内的波动能量都要通过 ΔS 面，当能量密度取其一个周期的时间平均值 $\overline{w}$，即得平均能流为

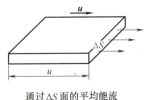

通过 ΔS 面的平均能流

图 7-14

$$\overline{P} = \overline{w}u\Delta S = \frac{1}{2}\rho A^2 \omega^2 u\Delta S \tag{7-32}$$

我们把与波的传播方向垂直的单位面积的平均能流称为平均能流密度或波的强度，简称波强。波强为矢量，用 $\boldsymbol{I}$ 表示，它的大小为 $I = \dfrac{\overline{P}}{\Delta S}$，方向为波的传播方向，则有

$$\boldsymbol{I} = \frac{1}{2}\rho A^2 \omega^2 \boldsymbol{u} = \overline{w}\boldsymbol{u} \tag{7-33}$$

即波强与波振幅的平方、角频率的平方、介质密度以及波速的大小成正比（只对弹性波成立）。波强的单位是瓦［特］每平方米（$\mathrm{W \cdot m^{-2}}$）。

7.3.3 波的振幅

若平面简谐波在各向同性、均匀、无吸收的理想介质中传播，可以证明其波振幅在传播过程中将保持不变。

设有一平面波在均匀介质中沿 x 方向行进。如图 7-15 所示，在波的传播方向上取两个面积相等的波面 S_1 和 S_2。因为介质不吸收波的能量，根据能量守恒，在单位时间内通过 S_1 和 S_2 面的能量应该相等。以 I_1 表示 S_1 处的平均能流密度，以 I_2 表示 S_2 处的平均能流密度，则应该有

$$I_1 S_1 = I_2 S_2 \tag{7-34}$$

利用式（7-32），则有

$$\frac{1}{2}\rho u\omega^2 A_1^2 S_1 = \frac{1}{2}\rho u\omega^2 A_2^2 S_2 \tag{7-35}$$

平面波

图 7-15

对于平面波，$S_1 = S_2$，因而有

$$A_1 = A_2 \tag{7-36}$$

这就是说，在均匀的、不吸收能量的介质中传播的平面波的振幅保持不变。这一点我们在之前介绍平面简谐波的波函数时已经用到了。

波面是球面的波叫球面波。如图 7-16 所示，球面波的波线沿着半径向外。如果球面波在均匀无吸收的介质中传播，可证明振幅将随 r 改变。

设以点波源 O 为圆心画半径分别为 r_1 和 r_2 的两个球面（见图 7-16）。在介质不吸收波的能量的条件下，一个周期内通过这两个球面的能量应该相等。这时式（7-35）仍然正确，不过 S_1 和 S_2 应分别用球面积 $4\pi r_1^2$ 和 $4\pi r_2^2$ 代替。由此，对于球面波应有

图 7-16

$$A_1 r_1 = A_2 r_2 \tag{7-37}$$

即振幅与离点波源的距离成反比。以 A_1 表示离波源的距离为单位长度处的振幅，则在离波源任意距离 r 处的振幅为 $A = A_1/r$。由于波动的相位随 r 的增加而落后的关系和平面波类似，所以球面简谐波的波函数应该是

$$y = \frac{A}{r} \cos\left[\omega\left(t - \frac{x}{u}\right) + \varphi_0\right] \tag{7-38}$$

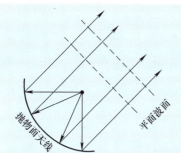

抛物面天线　平面波面

若雷达信号以球面波向空间各向传播，由于球面波的能流密度与球面的半径平方成反比，即与目标相对雷达间距离的平方成反比，单一波源的能量比较小，即使忽略能量在传播过程中的损失，也因传播过程中能量的分散，使到达接收器上的信号的波强极微弱，从而难以接收到。但对于以平面波传播的信号，在相同面积的波面上波强不变。

解决这一问题的思路是，可以设法让雷达波尽可能平行发射，以保证接收到的信号强度。采用抛物面作为雷达的发射天线可以达到这一目的。在抛物面焦点处安装发射天线，经抛物面反射后近似产生平行的雷达波束，如图所示，产生的是平面波而不是球面波，改善了信号传播中波面的形状，使能量不至于太过分散。

现象解释

7.3.4　波的吸收

在导出平面简谐波的波函数时，假定了波是在均匀无吸收的介质中传播，因此介质中各质点振动的振幅不变。实际上，波在介质中传播时，介质总要吸收波的一部分能量，因此即使在平面波的情况下，波的振幅也要逐渐减小，波的强度也要减小，这种现象称为波的吸收。

如图 7-17 所示，设平面波通过厚度为 $\mathrm{d}x$ 的有吸收介质薄层后，其振幅衰减量为 $-\mathrm{d}A$，实验指出

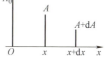

图 7-17

$$-\frac{\mathrm{d}A}{A} = \alpha\,\mathrm{d}x \tag{7-39}$$

经积分得

$$A = A_0 \mathrm{e}^{-\alpha x} \tag{7-40}$$

式中，A_0 和 A 分别是 $x=0$ 和 $x=x$ 处的波振幅；α 是介质的吸收系数（看成常量）。

由于波强与波振幅的平方成正比，所以波强的衰减规律为

$$I = I_0 \mathrm{e}^{-2\alpha x} \tag{7-41}$$

式中，I_0 和 I 分别是 $x=0$ 和 $x=x$ 处的波强。

物理知识应用

【例7-4】绳波的能流：绳波是一种横波，作为位置和时间函数的波函数为

$$y(x,t) = 0.130\cos(9.00x + 72.0t)\ (\text{SI})$$

绳子的线密度为 $0.0067\text{kg}\cdot\text{m}\cdot\text{s}^{-1}$，问波在传播过程中的能流多大？

【解】波的能流

$$\overline{P} = \frac{1}{2}\rho\omega^2 A^2 S_\perp u$$

其中 $S_\perp$ 为绳的横截面积。由于

$$\rho S_\perp = \frac{m}{V}S_\perp = \frac{m}{L} = \mu$$

所以

$$\overline{P} = \frac{1}{2}\mu\omega^2 A^2 u$$

把 $u = \frac{\omega}{k} = \frac{72.0}{9.00}\text{m}\cdot\text{s}^{-1} = 8.00\text{m}\cdot\text{s}^{-1}$ 代入能流表达式可以得到

$$\overline{P} = \frac{1}{2}\mu u\omega^2 A^2 = \frac{1}{2}\times 0.0067\times 8.00\times 72.0^2\times 0.130^2\text{W}\approx 2.35\text{W}$$

 物理知识拓展

1. 从波强认识波：战场冲击波

振动时间相对较短、传播能量相对较大的波称为冲击波。在军事活动中伴随着兵器的使用，常常会产生各种各样的冲击波。

在空中爆炸的普通炸弹，当冲击波超压为 0.1atm（1atm = 101325Pa）时就会引起门窗损坏、玻璃破碎；超压为 0.5atm 时，能掀翻屋顶；超压为 1atm 时，会造成房屋倒塌。粗看起来，0.1atm 的超压很小，可是当它作用在长、宽各为 1m 的玻璃窗上时，压力竟达 10^4N，虽然这个力的作用时间很短，但这么大的冲击力仍能产生相当可观的破坏作用。对于人体而言，冲击波超压为 0.5atm 时，人的耳膜破裂，内脏受伤；超压为 1atm 时，人体内脏器官严重损伤，尤其会造成肺、肝、脾破裂，导致人员死亡。

炸弹在水中爆炸产生的冲击波的威力比在空气中爆炸大。由于水的密度为空气密度的 800 多倍，可压缩性为空气的 1/30000～1/20000，水本身吸收的能量少，所以水成了爆炸能量的良好传导体。例如，装有几百千克炸药的水雷或鱼雷在水中爆炸的瞬时，能形成几万大气压和几千摄氏度的高压高温气体，并以每秒传播 6000～7000m 的高速猛烈地向四周膨胀，强大的冲击波压力超过舰艇装甲和隔舱钢板的强度，可以一下子击穿舰体的水下部分。

核武器在空中爆炸的瞬间，形成高温高压的火球，其温度可达几百万甚至几千万摄氏度，压强高达上亿大气压。由于火球内的温度和压强极高，促使火球迅速向外膨胀，压缩周围的空气，在火球周围形成一个空气密度很大的压缩区。随着火球的不断膨胀，压缩区的厚度不断增加，火球本身的压强逐渐降低，膨胀的速度越来越慢。而此时压缩区仍以惯性继续高速前进，所以在压缩区的后面必然会出现一个压强低于正常大气压的稀疏区。负压在一定程度上又加重了破坏杀伤作用。

2. 飞机噪声及危害

飞机噪声是一种机械波。随着飞机飞行速度的提高及大功率发动机的使用，飞机噪声问题日趋严重，引起了公众对航空噪声的重视与研究。飞机在起飞、着陆及整个飞行过程中始终伴随着多种类型的噪声，概括如下。

（1）推进系统噪声：如喷气噪声、火箭噪声、风扇和压气机噪声、螺旋桨噪声、推力换向装置噪声等。

（2）动力升力系统噪声：如外部排气、襟翼和喷气襟翼等噪声。

（3）附面层压力脉动噪声：如大速压和跨声速飞行状态引起的附面层压力脉动噪声。

（4）气流分离噪声：由于机体外表面突出或结构不连续引起的气流分离噪声，称为分离流噪声。

（5）空腔噪声：如打开的军械舱、与外部气流相通的隔舱等引起的空腔噪声。

（6）机炮或火箭发射噪声。

（7）管道噪声：如充压空气管道、空调管道、进气口及通风管道等管道噪声。

（8）其他噪声：如辅助动力装置、电动机、油泵噪声等。

飞行器各种噪声源的典型最大声压级：激波振荡、火箭发动机及分离流所产生的噪声声压级高达170dB 以上，涡轮喷气发动机可达 155dB 以上，螺旋桨式发动机约为150dB 左右。国产喷气式飞机尾喷口噪声高达 160dB，进气道噪声为 140～155dB，其他部位的噪声也都在 130dB 以上。

飞机噪声的危害：

（1）飞机噪声可使机上乘员听力损伤、心情烦躁、干扰语音通信，并且影响大脑和心血管的系统功能。飞机在起飞、着陆时的噪声影响机场周围环境，居民反应强烈。

（2）飞机噪声干扰机载电子设备与电器元件。电子设备及各种电器元件对噪声干扰非常敏感，这些设备在高声强的噪声环境下，不仅会因工作失灵、设备失效引起故障，还会造成错误动作，从而不能可靠地工作，严重时会产生破坏，危及飞机的安全可靠性。

（3）飞机噪声将引起飞机结构声疲劳，在高噪声载荷作用下结构会产生动应力响应，在反覆应力作用下，会产生铆钉松动、断裂、甚至飞掉、蒙皮裂纹等，严重时承力件断裂。这些故障都不同程度地影响了飞机结构的完整性与使用寿命。

因此，对飞机噪声的研究应该成为飞机结构设计中的必要环节，对飞机噪声的研究应该包括：噪声载荷预估、噪声控制、结构抗声疲劳设计、声疲劳试验技术等。

7.4 惠更斯原理 波的叠加和干涉

干涉合成孔径声呐作为一种高分辨率的水下成像工具，具有分辨率高，且分辨率与距离无关的特点，可以工作在从高频到低频的不同频段，并且能提供目标的高度信息，更加直观地显示成像结果，因此有广阔的应用。在军事领域，可以运用合成孔径声呐进行海底地形测绘、搜救、水下反潜和水下目标探测、识别等。这其中用到了哪些物理原理呢？

物理学基本内容

波在不同介质分界面会发生反射和折射，那么反射和折射有什么规律？两列波或多列波在空间中的同一区域相遇时又会产生什么样的现象？要回答这些问题就需要研究波的传播规律。

7.4.1 惠更斯原理

当机械波在弹性介质中传播时，由于介质质元间的弹性力作用，介质中任何一点的振动都会引起邻近各质元的振动，因此，波动到达的任一点都可看作是新的波源。例如水波的传播，如图 7-18 所示，当一块开有小孔的隔板挡在波的前面，则不论原来的波面是什么形状，都可以看到小孔的后面出现了圆形的波，就好像是以小孔为点波源发出的一样，说明小孔可以看作新的波源，其发出的波称为子波。

荷兰物理学家惠更斯观察和研究了大量类似现象，于1690年提出了描述波传播特性的惠更斯原理：介质中波的波前上的各点，都可以看作发射子波的波源，其后任一时刻这些子波的包络面就是新的波阵面。

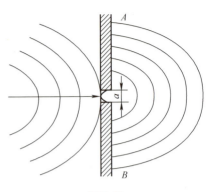

图 7-18

如图7-19所示，点波源 O 在各向同性的均匀介质中以波速 u 发出球面波，已知在 t 时刻的波阵面是半径为 R_1 的球面 S_1。根据惠更斯原理，S_1 上的各点都可以看作发射子波的新波源，经过 Δt 时间，各子波波阵面是以 S_1 球面上各点为球心，以 $r = u\Delta t$ 为半径的许多球面，这些子波波阵面的包络面 S_2 就是球面波在 $t + \Delta t$ 时刻的新的波阵面。显然，S_2 是一个仍以点波源 O 为球心，以 $R_2 = R_1 + u + \Delta t$ 为半径的球面。如果有障碍物或者是各向异性介质，波面的几何形状将发生变化，方向也会发生改变。

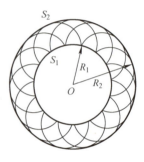

图 7-19

惠更斯原理不仅适用于机械波，也适用于电磁波。而且不论波动经过的介质是均匀的，还是非均匀的，是各向同性的还是各向异性的，只要知道了某一时刻的波阵面，就可以根据这一原理，利用几何作图法来确定以后任一时刻的波阵面，进而确定波的传播方向，因此，根据惠更斯原理，还可以很简单地说明波在传播中发生的衍射、反射和折射等现象。

当波在传播过程中遇到障碍物时，绕过障碍物传播方向发生偏折的现象，称为波的衍射。如图7-18所示，平面波通过一狭缝后能绕过障碍物进入按直线传播所不能达到的影区，根据惠更斯原理，当波阵面到达狭缝时，缝处各点成为子波源，它们发射子波的包络面在边缘处不再是平面，从而使传播方向偏离原方向而向外延展，进入缝两侧的阴影区域。

衍射现象是波动的基本特征之一。实验表明，当障碍物的线度与波长相比拟时，衍射现象最明显。

波动从一种介质传到另一种介质时，在两种介质的分界面上，传播方向会发生变化，产生反射和折射现象。下面用惠更斯原理来推导波的反射定律和折射定律。

设有一平面波向两介质的分界面 AB_3 传播（见图7-20）。当 t_0 时刻，入射波的波阵面为 AA_3（为通过 AA_3 线并与图面垂直的平面）。波阵面上的 A 点最先与分界面相遇，随后波阵面上 A_1、A_2 点相继到达分界面上 B_1、B_2 点，直到 t_1 时，A_3 点到达 B_3 点。

以入射波到达分界面上的各点作为子波的波源，并设 $AA_1 = A_1A_2 = A_2A_3$，且设 u 为此介质中的波速，t_1 时刻，从 A、B_1、B_2 等点发射的子波波面是半径为 $d = u(t_1 - t_0)$、$\dfrac{2d}{3}$、$\dfrac{d}{3}$ 的一系列圆弧，这些圆弧的包络面就是通过 B_3 点并与这些圆弧相切的直线 B_3B。因而 t_1 时刻，反射波的波阵面为经过 B_3B 并与图面垂直的平面。与波阵面 AA_3 垂直的线（I）是入射波的波线，称为入射线。与波阵面 B_3B 垂直的线（L）是反射波的波线，称为反射线。令 n 为两介质分界面的法线方向，入射线与法线的夹角 i 称为入射角，反射线与法线的夹角 i' 称为反射角。

由所作的图即可推得反射定律。从图 7-20 中可以看出，时刻 t_0 的 $\triangle A_3AB_3$ 和时刻 t_1 的 $\triangle BB_3A$ 两个直角三角形是全等的。因此 $\angle A_3AB_3 = \angle BB_3A$，所以 $i = i'$，即入射角等于反射角。从图 7-20 还可以看出，入射线、反射线和分界面的法线均在同一平面内（图面）。上述结论称为波动的反射定律。

当波动从一介质进入另一介质时，由于在两种介质中的波速不相同，在分界面上要发生折射现象，设 u_1 表示波动在第一种介质中的波速，u_2 表示波动在第二种介质中的波速，AB_3 为两种介质的分界面（见图 7-21）。t_0 时刻，入射波的波阵面到达 AA_3 位置，而 t_1 时，A_3 点到达 B_3 点。与反射的情况一样，入射波波阵面到达分界面上的各点 A、B_1、B_2 等都作为子波的波源，由于折射波是在第二种介质中传播的，子波的波速应为 u_2，因此在 t_1 时刻，从 A、B_1、B_2 各点发出的子波与图面相交的交线分别为半径 $d = u_2(t_1 - t_0)$、$\dfrac{2d}{3}$、$\dfrac{d}{3}$ 的一系列圆弧。这些圆弧的包络面就是通过 B_3 点并与这些圆弧相切的直线 B_3B，因而 t_1 时刻折射波的波阵面是通过 B_3B 并与图面垂直的平面。与这平面垂直的直线是折射波的波线（R），称为折射线。折射线与分界面的法线 n 的夹角 γ 称为折射角。

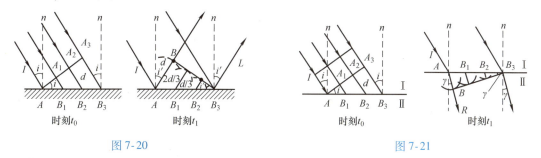

时刻 t_0　　　　　时刻 t_1　　　　　时刻 t_0　　　　　时刻 t_1

图 7-20　　　　　　　　　　图 7-21

由所作的图即可推得折射定律，因 $i = \angle A_3AB_3$，$\gamma = \angle BB_3A$，所以 $A_3B_3 = u_1(t_1 - t_0) = AB_3\sin i$，$AB = u_2(t_1 - t_0) = AB_3\sin\gamma$，两式相除，得

$$\frac{\sin i}{\sin r} = \frac{u_1}{u_2} = n_{21}$$

上式指出入射角与折射角存在一定的关系，入射角的正弦与折射角的正弦之比都等于波动在第一介质中的波速与第二介质中的波速之比。对于给定的两种介质来说，比值 n_{21} 称为第二介质对于第一介质的相对折射率，从图中可以看出，入射线、折射线和分界面的法线在同一平面内。上述结论称为波动的折射定律。

7.4.2　波的叠加原理

观察和实验表明：几列波在空间某点相遇，都保持原来的特性（频率、波长、振动方向、传播方向等）不变，与各波单独传播时一样，这称为波的独立性；而在相遇区域内各质点的振动则是各列波在该处激起的振动的合成，这就是波的叠加原理，如图 7-22 所示。需要注意的是几列波相遇仅在重叠区域构成合成波，过了重叠区又能分道扬镳而去，这就是波不同于粒子的一个重要运动特征。例如，把两个石块同时投入静止的水中，两个振源所激起的水波可以互相贯穿地传播。又如，在嘈杂的公共场所，各种声音都传到人的耳朵，但我们仍能将它们区分开来，这些实例都反映了波传播的独立性。

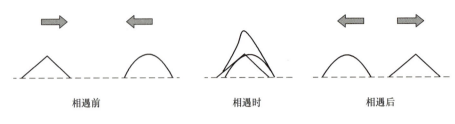

|相遇前|相遇时|相遇后|

图 7-22

　　波的叠加与振动的叠加是不完全相同的。振动的叠加仅发生在单一质点上，而波的叠加则发生在波相遇范围内的许多质点上，由此构成了波的叠加所特有的现象。

　　波的叠加原理并不是普遍成立的，当人们的实验观察和理论研究扩大到强波范围时，介质就会表现出非线性特征，此时波就不再遵从叠加原理。这时线性波动方程也不再是正确的，研究这种情形的理论称为非线性波理论。

7.4.3　波的干涉

1. 干涉现象

　　在一般情况下，振幅、频率和相位都不相同的两列波在空间某点叠加时，该点的振动情况是复杂而又不稳定的，但满足下述条件的两列波在介质中相遇时，则可形成一种稳定的叠加状态，即出现干涉现象。

　　若两列波频率相同、振动方向平行、相位差恒定，它们在空间中任何一点相遇时，该点的两个分振动也会有恒定的相位差，会形成强度稳定的振动。但对于空间中不同的点，对应的相位差的值是不同的。因此在空间中会出现某些点的振动始终加强，另一些点的振动始终减弱（或完全抵消），这种现象称为波的干涉。满足上述条件的波源叫作相干波源，相干波源发出的波叫相干波。利用水波可以很方便地观察干涉现象，通过两个相干波源在水面产生水波，就会产生明显的干涉图案（见图 7-23）。

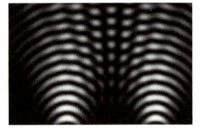

图 7-23

2. 波的干涉理论分析

　　设 S_1 和 S_2 为两相干波源，如图 7-24 所示。它们的振动方程分别为

$$y_{10} = A_1 \cos(\omega t + \varphi_{10})$$
$$y_{20} = A_2 \cos(\omega t + \varphi_{20})$$

波源激起的波各自单独传播到叠加点 P 时，在 P 点引起的振动方程分别为

$$y_1 = A_1 \cos\left(\omega t - \frac{2\pi r_1}{\lambda} + \varphi_{10}\right)$$

$$y_2 = A_2 \cos\left(\omega t - \frac{2\pi r_2}{\lambda} + \varphi_{20}\right)$$

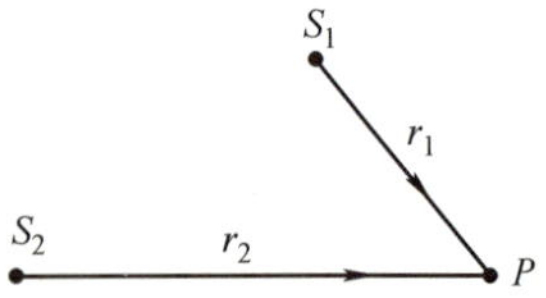

合振动方程为

$$y = y_1 + y_2 = A\cos(\omega t + \varphi)$$

合振幅 A 为

图 7-24

$$A = \sqrt{A_1^2 + A_2^2 + 2A_1 A_2 \cos\Delta\varphi} \tag{7-42}$$

可见 P 点振动不但与分振动的振幅 A_1 及 A_2 有关，还与两波在 P 点处的相位差 $\Delta\varphi$ 有关。

由于波的强度正比于振幅的平方，所以

$$I = I_1 + I_2 + 2\sqrt{I_1 I_2}\cos\Delta\varphi \tag{7-43}$$

式中，$\Delta\varphi$ 是 P 点处两个分振动的相位差：

$$\Delta\varphi = (\varphi_{20} - \varphi_{10}) - 2\pi\frac{r_2 - r_1}{\lambda} \tag{7-44}$$

对于满足

$$\Delta\varphi = \pm 2k\pi\,(k = 0,1,2,\cdots) \tag{7-45}$$

的空间各点，其振幅

$$A = A_1 + A_2 = A_{\max}, I = I_1 + I_2 + 2\sqrt{I_1 I_2} = I_{\max} \tag{7-46}$$

这些点处的合振动始终加强，合振幅最大，称为干涉相长。

对于满足

$$\Delta\varphi = \pm(2k+1)\pi \quad (k = 0,1,2,\cdots) \tag{7-47}$$

的空间各点，其振幅

$$A = |A_1 - A_2| = A_{\min}, I = I_1 + I_2 - 2\sqrt{I_1 I_2} = I_{\min} \tag{7-48}$$

这些点处的合振动始终减弱，称为干涉相消。

如果 $\varphi_{10} = \varphi_{20}$，即对于振动初相位相同的两个相干波源，上述干涉相长或相消的条件可简化为

$$\delta = r_2 - r_1 = \begin{cases} \pm 2k\dfrac{\lambda}{2} & k = 0,1,2,\cdots 干涉相长 \\[2mm] \pm(2k+1)\dfrac{\lambda}{2} & k = 0,1,2,\cdots 干涉相消 \end{cases} \tag{7-49}$$

式（7-49）表明，当两个相干波源初相位相同时，在两列波的叠加区域，波程差等于半波长偶数倍的各点，振幅和强度最大；波程差等于半波长奇数倍的各点，振幅和强度最小。而对于其他的点，根据两列波在该点的相位差的情况，合振动的振幅介于上述最大振幅和最小振幅之间。

干涉合成孔径声呐原理是利用小孔径基阵在移动中发射和接收信号，通过对各个方位的回波信号进行相应的处理，合成得到等效的虚拟大孔径，从而获得目标区域的高分辨成像。

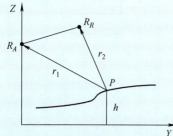

如图所示，对两个接收阵的回波分别进行合成孔径成像后，将两者进行配准后相干叠加。由于高度变化，两幅接收基阵的回波之间会存在着传播路程差 Δr，其可以表示为：$\Delta r = r_2 - r_1$，回波信号之间存在着相位差 $\Delta\varphi = \dfrac{2\pi}{\lambda}\Delta r$，式中的 λ 为发射信号波长。位于地面上不同距离的目标，其回波在两个接收基阵上的传播路程不同，相位也存在差异。对两个接收阵回波的成像结果进行相干叠加后，在 Y 方向上不同位置的目标点，有的会被增强，有的会被削弱。其中当相位差为 $(2k+1)\pi$ 时，相位相反，幅度互相抵消；而当相位差为 $2k\pi$ 时，相位相同，幅度增强。这样在二维的相干图像上就表现为明暗相间的干涉条纹。当高度变化时，表现在干涉图上的结果为条纹向着不同的方向

弯曲，根据暗条纹的曲线形状变化即可得出对应的地面高度变化。

　　在一个空旷的房间中，如果入射声波和墙面反射波刚好在同一直线上干涉叠加，会不会导致在该方向上某些位置声音较强，而另一些位置声音较弱，从而影响收听效果？如何避免？

 物理知识应用

【例 7-5】 如图 7-25 所示，相干波源 S_1 和 S_2 相距 $\lambda/4$（λ 为波长），S_1 的相位比 S_2 的相位超前 $\pi/2$，每一列波的振幅均为 A，并且在传播过程中保持不变。P、Q 为 S_1 和 S_2 连线外侧的任意点。求 P、Q 两点的合成振幅。

【解】 两个分振动的相位差为

$$\Delta\varphi = \varphi_2 - \varphi_1 - \frac{2\pi}{\lambda}\Delta r$$

依题意 $\varphi_2 - \varphi_1 = -\dfrac{\pi}{2}$，$\Delta r = \overline{S_2P} - \overline{S_1P} = \dfrac{\lambda}{4}$，有

$$\Delta\varphi = -\frac{\pi}{2} - \frac{2\pi}{\lambda}\cdot\frac{\lambda}{4} = -\pi$$

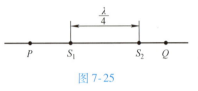

图 7-25

即 S_1 和 S_2 的振动传到 P 点时相位相反，则 P 点的合振幅为

$$A_P = |A_2 - A_1| = 0$$

可见在 S_1 和 S_2 连线左侧延长线上各点，均因干涉而静止。

　　同理，对于 Q 点，$\Delta r = \overline{S_2Q} - \overline{S_1Q} = -\dfrac{\lambda}{4}$，则有

$$\Delta\varphi = -\frac{\pi}{2} - \frac{2\pi}{\lambda}\cdot\left(-\frac{\lambda}{4}\right) = 0$$

即 S_1 和 S_2 的振动传到 Q 点时相位相同，则 Q 点的合振幅为

$$A_Q = A_2 + A_1 = 2A$$

可见在 S_1 和 S_2 连线的右侧延长线上各点，均因干涉而加强。

【例 7-6】 同一介质中有两个相干波源 S_1、S_2 振幅皆为 $A = 33\text{cm}$，当 S_1 点为波峰时，S_2 正好为波谷。设介质中波速 $u = 100\text{m}\cdot\text{s}^{-1}$，欲使两列波在 P 点干涉后得到加强，这两列波的最小频率为多大？

【解】 由图 7-26 知

$$\overline{S_1P} = r_1 = 30\text{cm}, \quad \overline{S_2P} = r_2 = \sqrt{30^2 + 40^2}\text{cm} = 50\text{cm}$$

要使从 S_1、S_2 两个波源发出的波在 P 点干涉后得到加强，其波长必须满足

$$\Delta\varphi = (\varphi_2 - \varphi_1) - 2\pi\left(\frac{r_2 - r_1}{\lambda}\right) = \pm 2k\pi \quad (k = 0,1,2,\cdots)$$

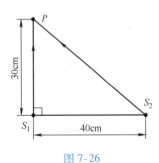

图 7-26

由题意知 $\varphi_2 - \varphi_1 = \pi$，而 $r_2 - r_1 = (50 - 30)\text{cm} = 20\text{cm}$，代入上式得

$$\pi - \frac{40\pi}{\lambda} = \pm 2k\pi \quad 即 \quad \lambda = \frac{40}{1 + 2k}$$

当 $k = 0$ 时，λ 为最大值 λ_{max}，即

$$\lambda_{max} = \frac{40}{1 + 2k}\bigg|_{k=0} = 40\text{cm} = 0.4\text{m}$$

故

$$\nu_{min} = \frac{u}{\lambda_{max}} = \frac{100}{0.4}\text{Hz} = 250\text{Hz}$$

物理知识拓展

声呐

海洋开发、航运、地质勘探、水下物体搜索、军事活动都需要有高效的水下观察手段。陆地上常用的光波和无线电波在水中衰减很快，无法长距离传播，而声波却可以在水中传输很远的距离，因此它理所当然地成为最主要的水下信息载体。水下较远距离的探测和成像一般都使用声呐设备。声呐可以分成多个种类。按工作方式可分为主动声呐、被动声呐，按载体可分成舰艇用声呐、潜艇用声呐、航空吊放声呐及岸用声呐，按工作任务又可分为预警声呐、导航声呐、通信声呐、猎雷声呐、剖面声呐和图像声呐，等等。

目前水底成像声呐主要有回声探测仪、前视声呐、侧视声呐等。图像声呐是一种功能通用的声呐，即可以通过声呐图像进行目标识别来给出预警信息，也可以通过声呐图像分析目标的表面结构对目标进行检测。图像声呐的波束形成主要有两种方法：电子波束形成技术和声透镜波束形成技术。电子波束形成技术采用阵列技术，通过传感器阵列接收空间声场信息，对阵列信号进行时空相关处理得到多个波束，阵列信号处理理论已是水声信号处理中的一个基本内容，在目标探测、噪声中的信号检测及目标信号特征参数估计等诸多领域中起着举足轻重的作用。其技术内容主要是波束形成、空间增益的获取、干扰抑制，为后置信号处理环节提供良好的波形，及目标参数的估计等。多波束技术需要与阵列规模匹配的模拟数字信号处理电路来作为支撑，如何简化模拟数字电路规模也是人们研究的方向之一。

声透镜波束形成技术采用声透镜进行波束形成，可以极大地减小声呐接收机的电路规模，声透镜的工作原理与光学透镜相同，都依据几何射线成像理论。某一方向传播来的声波经过声透镜时，由于透镜前后界面的折射作用，使声波会聚在一点，即透镜的焦点上；在焦点位置放一个接收换能器就能实现对来自该方向波束的接收。在透镜焦平面位置布放一个由多个阵元组成的接收基阵，就能实现对来自不同方向入射声波的接收，得到目标的距离信息。如果声透镜是柱面透镜或接收阵是一维线列阵，可以进行二维声成像；如果声透镜和接收基阵都是二维的，则可以进行三维声成像。

7.5 驻波

 战斗机在空中高速飞行时，会发生一个有趣的现象，它们的尾部气流中，总是闪烁着一些等间距排列的圆环，称为马赫环。是不是所有飞机都会出现马赫环？马赫环又是怎样形成的呢？

物理现象

 物理学基本内容

7.5.1 驻波的形成

图 7-27 是驻波实验的演示示意图。弦线的一端与音叉 A 相连，另一端跨过劈尖 K、滑轮 M，系一重物，弦线在 AK 间被拉紧。音叉振动时，有横波在弦线上从左向右传播，在劈尖处被反射，形成反射波。在 AK 间的弦线上，同时有入射波与反射波传播，它们是等幅的相干波，将劈尖 K 调至适当位置，AK 间的弦线便形成稳定的分段振动的波形。从图上可以看出，由上述两列波叠加而成的波，从弦线与音叉连接处开始被分成好几段，每段两端的点静止不动，而每段

内的各质点同步调振动，但振幅不同。每段中间的点，振幅最大，越靠近两端的点，振幅越小。实验时可以发现，相邻两段各点振动步调是相反的。此时弦上只有段与段之间的分段振动，没有振动状态或波形的传播，这就是驻波。驻波是两列振幅相同、在同一直线上沿相反方向传播的相干波叠加而成的。图7-28描述了入射波（用点画线表示）与反射波（用虚线表示）叠加所形成的驻波，在每隔八分之一周期的几个时刻的驻波波形。

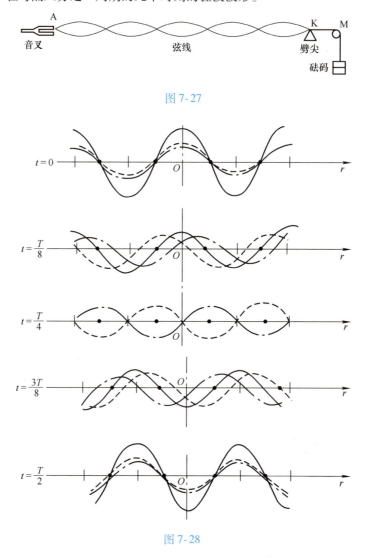

图7-27

图7-28

7.5.2　驻波方程

设有两列振幅相同，初相为零的相干波，分别沿 Ox 轴正方向和 Ox 轴负方向传播，波动方程分别为

$$y_1 = A\cos\left(\omega t - \frac{2\pi x}{\lambda}\right) \tag{7-50}$$

$$y_2 = A\cos\left(\omega t + \frac{2\pi x}{\lambda}\right) \tag{7-51}$$

在两波相遇处质点的位移为

$$y = y_1 + y_2 = A\cos\left(\omega t - \frac{2\pi x}{\lambda}\right) + A\cos\left(\omega t + \frac{2\pi}{\lambda}\right) \tag{7-52}$$

即

$$y = 2A\cos\left(2\pi\,\frac{x}{\lambda}\right)\cos(\omega t) \tag{7-53}$$

式（7-53）称为驻波方程。其中 $\cos(\omega t)$ 表示简谐振动，而 $\left|2A\cos\left(\frac{2\pi}{\lambda}x\right)\right|$ 为简谐振动的振幅，其中 x 与 t 被分隔于两个余弦函数中，不满足 $y(t+\Delta t,\ x+u\Delta t)=y(t,\ x)$，因此它不表示行波。

7.5.3 驻波的特点

1. 振幅分布

由式（7-53）可以看出驻波中各点都在做同频率的简谐振动，但各点的振幅不同，为 $\left|2A\cos\left(\frac{2\pi}{\lambda}x\right)\right|$。

当 $\left|\cos\left(2\pi\,\frac{x}{\lambda}\right)\right|=1$ 时，有

$$2\pi\,\frac{x}{\lambda} = \pm k\pi,\quad k=0,1,2,\cdots \tag{7-54}$$

即

$$x = \pm k\,\frac{\lambda}{2},\quad k=0,1,2,\cdots \tag{7-55}$$

满足式（7-55）的各点振幅最大（等于 $2A$），叫作波腹，相邻波腹之间的距离为

$$\Delta x = x_{k+1} - x_k = (k+1)\frac{\lambda}{2} - k\frac{\lambda}{2} = \frac{\lambda}{2} \tag{7-56}$$

即为半个波长。

当 $\left|\cos\left(2\pi\,\frac{r}{\lambda}\right)\right|=0$ 时，有

$$2\pi\,\frac{x}{\lambda} = \pm(2k+1)\frac{\pi}{2},\quad k=0,1,2,\cdots \tag{7-57}$$

即

$$x = \pm(2k+1)\frac{\lambda}{4},\quad k=0,1,2,\cdots \tag{7-58}$$

满足式（7-58）的各点振幅为零，这些点始终静止不动，叫作波节，可见相邻波节之间的距离也为半个波长。显然，波节与相邻波腹之间的距离为 $\frac{\lambda}{4}$。

若入射波与反射波在两端固定的弦线上叠加，只有当弦线长度为 $\frac{\lambda}{2}$ 的整数倍时，才能形成驻波。故测得波腹或波节间距离，便可确定两相干波的波长。

需要说明的是，式（7-55）和式（7-58）给出的波腹、波节位置的结论不具普遍性，因它们是从特例中导出的。

2. 相位分布

设在某一时刻 t，$\cos(\omega t)>0$。这时，在相邻的两波节之间，比如 $x_1 = -\lambda/4$ 和 $x_2 = \lambda/4$ 两

点之间，$\cos\left(2\pi\dfrac{x}{\lambda}\right)>0$，如图 7-29 所示，此时驻波方程可以写成

$$y=\left|2A\cos\left(2\pi\dfrac{x}{\lambda}\right)\right|\cos(\omega t)$$

可以看出，波节 x_1 和 x_2 之间的点相位相同，均为 ωt。而在 $x_2=\lambda/4$ 和 $x_3=3\lambda/4$ 之间各点，$\cos\left(2\pi\dfrac{x}{\lambda}\right)<0$，此时驻波方程可以写成

$$y=\left|2A\cos\left(2\pi\dfrac{x}{\lambda}\right)\right|\cos(\omega t+\pi)$$

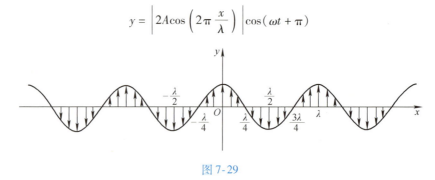

图 7-29

波节 x_2 和 x_3 之间的点相位也相同，均为 $\omega t+\pi$，对比可知，与 x_1 和 x_2 之间的点相位差为 π，说明波节 x_2 两侧相位相反。由此得出结论：两相邻波节之间各点的振动相位相同，振动位移同时达到最大值，同时通过平衡位置，同时达到负的最大值；而波节两侧各点振动相位相反，同时沿相反方向达到位移最大值，又同时沿相反方向通过平衡位置。可见，驻波是一种特殊形式的振动，每一段中质点都以确定的振幅在各自的平衡位置附近独立地振动，只有段与段之间的相位突变，没有像行波那样的相位和波形的传播。

3. 能量分布

当驻波形成时，介质各点必定同时达到最大位移，又同时通过平衡位置。当介质质点达到最大位移时，各质点的速度为零，即动能为零，而介质各处却出现了不同程度的形变，越靠近波节处形变量越大，驻波的能量以弹力势能的形式集中于波节附近。当介质质点通过平衡位置时，各处的形变都随之消失，弹力势能为零，而各质点的速度都达到了自身的最大值，以波腹处为最大，驻波的能量以动能的形式集中于波腹附近。于是我们可以得出这样的结论：在驻波中，波腹附近的动能与波节附近的势能之间不断进行着互相转换和转移，却没有能量的定向传播。

从能流角度来看，由于形成驻波的两列相干波的能流密度量值相等，但传播方向相反，因此合成波的平均能流密度为零，即不存在沿单一方向的能流，故驻波不传播能量。

7.5.4　半波损失

在图 7-27 所示的实验中，反射点 K 是固定不动的，在该处形成驻波的一个波节，这说明，当反射点固定不动时，反射波与入射波在劈尖处振动的相位是正好相反的。可以想象，如果反射波与入射波在劈尖处的相位是相同的，那么形成的驻波在劈尖处应该是波腹。也就是说，当反射点固定不动时，反射波与入射波在固定点的振动有 π 的相位突变。因为相距半个波长的两点相位差恰好为 π，所以这个 π 的相位突变一般形象化地叫作半波损失。当然如果反射劈尖处是自由的，合成的驻波在反射点将形成波腹，此时入射波与反射波在自由端的振动将没有相位突变。

现在我们把注意力集中在两种介质的界面处，形成驻波时，有的界面处形成波节，有的界

面处形成波腹。理论和实验表明，这一切均取决于界面两边介质的相对波阻（即波的阻抗）。波阻是指介质的密度与波速之乘积 ρu，波阻相对较大的介质称为波密介质，反之称为波疏介质。

波从波疏介质入射而从波密介质上反射时，界面处形成波节，如图 7-30a 所示，表明在界面处入射波与反射波的相位始终相反，也就是说产生了半波损失；而波从波密介质入射而从波疏介质上反射时，界面处形成波腹，如图 7-30b 所示，表明在界面处入射波与反射波的相位始终相同，这时反射波没有半波损失。

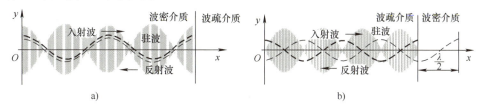

图 7-30

并不是所有飞机都会出现马赫环，它的出现必须满足两个条件：一是流体达到超声速；二是超声速流体内的压力与环境压力不同。在超声速飞机的发动机尾部，有一个拉瓦尔喷管，它的整体形状是先收敛，再扩张。气体在流经收敛段时，会从亚声速加速到声速，从最窄处再到扩张段，会直接加速到超声速，这时，如果流体的压力与外界不同，就能看到美丽的马赫环了。

现象解释

形成马赫环有两种情况。一种情况，若喷气压力大于环境压力，此时的气流处于"欠膨胀"状态，因此，喷出后会立即膨胀。但是，膨胀后气体压力减小，低于环境压力，又会被压缩，当压力大于环境压力时，又开始膨胀，如此往复循环，就形成了连续的"马赫环"。另一种情况，若喷气压力小于环境压力，这时气流处于过膨胀状态，喷出后会形成一道激波并被剧烈压缩，压缩后的气流压力一旦大于环境压力，就开始膨胀，接下来和第一种情况相同，重复着压缩膨胀过程，直到排气压力最终与环境压力相同，马赫环的循环也就到达了终点。

综合来看，可以将气流的膨胀和压缩过程看作两个波，一个膨胀波、一个压缩波，它们叠加在一起时，就形成了驻波，就是我们看到的马赫环。这种现象其实在水中也能看到，如图所示，水中发射的子弹能产生好几个连续的空腔，它们看起来一节一节的，就像莲藕一样。

 物理知识应用

【例 7-7】平面简谐波 $y_入 = A\cos 2\pi\left(\dfrac{t}{T} - \dfrac{x}{\lambda}\right)$，此波波速为 u，沿 x 方向传播，振幅为 A，频率为 f。如图 7-31 所示，以 B 为反射点且有半波损失，$l = 5\lambda$，设反射波振幅近似等于入射波振幅。求：（1）反射波的波动方程；（2）驻波方程；（3）分析 OB 间波节、波腹的位置坐标。

【解】（1）由题设条件首先确定入射波在 B 点引起的振动：

$$y_{入B} = A\cos 2\pi\left(\frac{t}{T} - \frac{l}{\lambda}\right)$$

考虑到反射点有半波损失，所以反射波的始点振动方程为

$$y_{反B} = A\cos\left[2\pi\left(\frac{t}{T} - \frac{l}{\lambda}\right) - \pi\right]$$

根据始点振动方程可以写出反射波的波动方程为

$$y_{反} = A\cos\left[2\pi\left(\frac{t}{T} + \frac{x-l}{\lambda}\right) - 2\pi\frac{5\lambda}{\lambda} - \pi\right]$$

$$= A\cos\left[2\pi\left(\frac{t}{T} + \frac{x}{\lambda}\right) - 21\pi\right] = -A\cos2\pi\left(\frac{t}{T} + \frac{x}{\lambda}\right)$$

（2）驻波由入射波和反射波叠加而成，方程驻波方程为

$$y = y_{入} + y_{反} = A\cos2\pi\left(\frac{t}{T} - \frac{x}{\lambda}\right) - A\cos2\pi\left(\frac{t}{T} + \frac{x}{\lambda}\right)$$

$$= 2A\sin\frac{2\pi x}{\lambda}\sin\frac{2\pi t}{T}$$

（3）波节：由

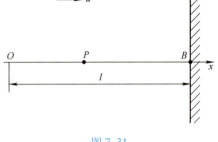

图 7-31

$$\sin\frac{2\pi x}{\lambda} = 0, \qquad \frac{2\pi x}{\lambda} = k\pi, \qquad k = 0,1,2,\cdots,10$$

得波节坐标

$$x = \frac{k}{2}\lambda$$

$$x = 0, \frac{\lambda}{2}, \lambda, \frac{3\lambda}{2}, 2\lambda, \cdots, \frac{9\lambda}{2}, 5\lambda$$

波腹：由

$$\left|\sin\frac{2\pi}{\lambda}x\right| = 1, \qquad \frac{2\pi x}{\lambda} = (2k+1)\frac{\pi}{2}, \qquad k = 0,1,2,\cdots,9$$

得波腹的位置坐标

$$x = (2k+1)\frac{\lambda}{4}$$

$$x = \frac{\lambda}{4}, \frac{3\lambda}{4}, \frac{5\lambda}{4}, \cdots, \frac{17\lambda}{4}, \frac{19\lambda}{4}$$

 ## 物理知识拓展

1. 弦乐器的发声原理

小提琴、二胡、琵琶等弦乐器都能发出美妙的声音，在这种弦乐器的演奏中，如何控制发声的音调呢？弦乐器的发声原理涉及了哪些物理知识？

对于两端固定且具有一定长度的弦线来说，形成驻波时，弦线两端为波节，此时波长 λ_n 与弦线长度 l 之间的关系为

$$l = n\lambda_n/2 \quad n = 1,2\cdots$$

即只有当弦长等于半波长的整数倍才能在两端固定的弦线上形成驻波。由 $\nu = u/\lambda$，得出弦线驻波的频率应满足的关系：

$$\nu_n = nu/2l, \quad n = 1,2,\cdots$$

这些频率叫作弦振动的本征频率，决定着各种振动模式，称为弦振动的简正模式。最低频率 ν_1 称为基频，其他较高频率 ν_2，ν_3，…常称为二次、三次…谐频，音乐理论中又称为范频。基频决定了弦乐器发音的音高，即音调。用手按压弦的不同位置，相当于弦的有效长度改变，因此可以改变音调，而谐频决定了弦乐器的音色。

波速 u 取决于介质，实际中的弦乐器，弦的紧张程度即弦中张力不同，波速不同，我们可以通过扭动二胡上的轸子和提琴上的弦轴，达到把音升高或降低的目的。此外，粗弦的线密度比细弦的大，因此两根具有相同长度及张力的弦，细弦比粗弦发出较高频率的基音。例如，小提琴上低音弦粗，高音弦细，且材质各异。

弦乐器的发声服从驻波原理，管乐器中管内空气柱、锣面、鼓皮、钟、铃等振动时也都是驻波系统，如图所示是平板以某一模式振动时，其上的细沙聚集在不振动的地方，显示出二维驻波的"波节"形状。那么对于二维和三维驻波，我们应该如何研究呢？

2. 驻波天线

在终端开路的传输线中，同时存在着反射波和入射波，反射波电流与入射波电流的相位互为反相，传输线上存在着驻波。驻波产生处电压与电流相位不同且相差 1/4 波长，电压电流的振幅有不均匀分布，且没有能量传输。假设这条传输线无损耗，那这时只是在某一个时间段内存储能量，在另一时间段内放出能量。

馈线或天线中各点电压电流同相位、每一点都有各自固定幅度的状态看起来好像是电压波、电流波不再沿导线移动，因此称为"驻波"状态。这样的天线就是"驻波天线"。驻波天线中，各段电流所产生的电磁场相位一致，在垂直于天线的远方互相叠加，在较短长度下取得较好的辐射效果。

3. 声悬浮

声悬浮是一种声学技术，是在地面和空间条件下实现的材料无容器处理的关键技术之一。在声悬浮装置的上方，"发射端"会不断地发出声波，当声波抵达下面的"反射调节端"后，又会被弹回来，调节两端的距离，当声波谐振腔的长度刚好是声波波长的整数倍时，装置内部就会产生稳定的"驻波"，即入射波与反射波的叠加，其中一直不动的点就是"波节"，振幅最大的点就是"波腹"。理论上讲，波节处声压为零，在节点偏下的位置声压向上，一旦声压形成的力场与悬浮物的重力达到平衡，就能实现悬浮的状态。和磁悬浮材料相比，它不受材料是否导电的限制，且悬浮和加热分别控制，而且由于物体能够悬浮在空中，没有明显的机械支撑也几乎没有附加反应，所以声悬浮技术可以模拟出无空间容器的状态，这既可以用来熔炼超高纯度的固体材料，也可以对流体和生命体的力学性质进行研究。

7.6 多普勒效应

我国雷达研究和应用的开拓者——葛正权，创建了中国第一个雷达研究所，开拓了我国雷达的研究和应用。脉冲多普勒雷达于 20 世纪 60 年代研制成功并投入使用，已广泛应用于机载预警、导航、导弹制导、卫星跟踪、战场侦察、靶场测量、武器火控和气象探测等方面，成为重要的军事装备，比普通雷达的抗杂波干扰能力强。装有脉冲多普勒雷达的预警飞机，已成为对付低空轰炸机和巡航导弹的有效军事装备。多普勒雷达是如何实现测距、测速等探测功能的？

 物理学基本内容

在机场，当飞机靠近时，我们听到轰鸣声高昂，而当飞机远离时，却听到它的轰鸣声变得低沉。这种由于波源或观察者，或者两者同时相对于介质有相对运动，使观察者接收到的波的频率与波源的振动频率不同的现象，称为多普勒效应。这类现象是由奥地利物理学家多普勒于 1842 年发现并提出的，下面我们就来分析这一现象。

为简单起见，我们将介质选为参考系，并假定波源和观察者的运动发生在两者的连线上。我们把波源相对于介质的运动速度用 u_s 表示，把观察者相对于介质的运动速度用 u_o 表示，介质中的波速用 u 表示。波源振动频率、介质中波动频率和观察者的接收频率分别用 ν_s、ν 和 ν' 表示。这里，波源的频率 ν_s 是指波源在单位时间内振动的次数，或在单位时间内发出的完整波的个数；而波动频率 ν 是指单位时间内通过介质中某点的完整波的个数；观察者接收频率 ν' 是指观察者在单位时间内接收到的完整波的个数。若波源和观察者都相对介质静止，则观察者接收到的频率等于波源的振动频率。对于波源和观察者相对介质运动，我们分三种情况进行讨论。

（1）波源不动，观察者以 u_o 相对于介质运动。

当观察者向着波源运动时，u_o 取为正，当观察者背着波源运动时，u_o 取为负。如图 7-32 所示，介质中的波速为 u，此时观察者测得的波速为 $u' = u + u_o$，这种情况下波长不因观察者的运动而改变。根据频率等于波速除以波长，此时观察者接收到波的频率为

$$\nu' = \frac{u'}{\lambda} = \frac{u + u_o}{u/\nu} = \frac{u + u_o}{u}\nu \tag{7-59}$$

由于波源静止，所以波的频率就等于波源的频率，因此有

$$\nu' = \frac{u + u_o}{u}\nu_s$$

上式表明，观察者运动时，接收到的频率为波源振动频率的 $1 + \dfrac{u_o}{u}$ 倍，向着波源运动时，接收到的频率大于波源的振动频率，远离波源运动时，接收到的频率小于波源的振动频率。当 $u_o = -u$ 时，$\nu' = 0$，观察者就接收不到波动了。

（2）观察者不动，波源以速度 u_s 相对于介质运动。

当波源向着观察者运动时，u_s 取为正，当波源远离观察者运动时，u_s 取为负。因为波在介质中的传播速度 u 只决定于介质的性质，与波源的运动无关，所以这时波源 S 的振动在一个周期内向前传播的距离就等于一个波长 $\lambda = uT$。如图 7-33 所示，当波源向着观察者运动，在一个周期内波源向前移动了 u_sT 的距离而达到 S' 点，结果使一个完整的波被挤压在 $S'O$ 之间，这就相当于介质中波长减少为 $\lambda' = \lambda - u_sT$。此时波的频率

$$\nu = \frac{u}{\lambda'} = \frac{u}{(u - u_s)/\nu_s} = \frac{u}{u - u_s}\nu_s \tag{7-60}$$

由于观察者静止，所以其接收到的频率就是波的频率，因此

$$\nu' = \frac{u}{u - u_s}\nu_s$$

上式表明，波源运动时，观察者接收到的频率为波源振动频率的 $\dfrac{u}{u - u_s}$ 倍，向着观察者运动时，接收到的频率大于波源的振动频率；远离观察者运动时，接收到的频率小于波源的振动频率。当 $u_s \to u$ 时，接收频率越来越高，其波长 λ 也越来越短（见图 7-34）。当 λ 小于组成介质的分子间距时，介质对于此波列不再是连续了，波列也就不能传播了。

（3）波源和观察者同时相对于介质运动。

综合以上两种分析，可得观察者接收到的频率

$$\nu' = \frac{u'}{\lambda'} = \frac{u + u_o}{(u - u_s)/\nu_s} = \frac{u + u_o}{u - u_s}\nu_s \tag{7-61}$$

式中，u_o 和 u_s 的正负取值和前面的约定一致。当观察者与波源相互接近时 $\nu' > \nu_s$；相互远离时 $\nu' < \nu_s$。

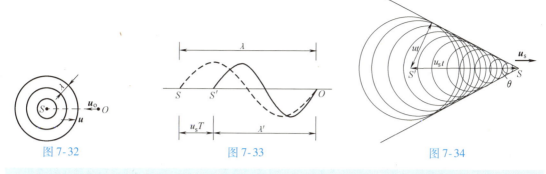

图 7-32   图 7-33   图 7-34

　　当多普勒雷达发射一固定频率的脉冲波对空扫描时，如遇到活动目标，回波的频率与发射波的频率出现频率差，称为多普勒频率。根据多普勒频率的大小，可测出目标对雷达的径向相对运动速度；根据发射脉冲和接收的时间差，可以测出目标距离。同时用频率过滤方法检测目标的多普勒频率谱线，滤除干扰杂波的谱线，可使雷达从强杂波中分辨出目标信号。所以多普勒雷达比普通雷达的抗杂波干扰能力强，能探测出隐蔽在背景中的活动目标。

　　不仅机械波有多普勒效应，电磁波也有多普勒效应，它是一切波动过程的共同特征。电磁波的多普勒效应是由光源和观察者的相对速度来决定。
　　光的多普勒效应在天体物理学中有许多重要应用。例如，用这种效应可以确定发光天体是向着、还是背离地球而运动，运动速率有多大。通过对多普勒效应所引起的天体光波波长偏移的测定，发现所有被进行这种测定的星系的光波波长都向长波方向偏移，这就是光谱线的多普勒红移，从而确定所有星系都在背离地球运动。这一结果成为宇宙演变的所谓"宇宙大爆炸"理论的基础。

 物理知识应用

　　【例7-8】一警笛发射频率为1500Hz的声波，并以22m·s^{-1}的速度向某一方向运动，一人以6m·s^{-1}的速度跟踪其后。求此人听到的警笛发出的声音的频率以及在警笛后方空气中声波的波长？
　　【解】观察者接收到的频率（波源和观察者同时运动）

$$\nu' = \frac{u + u_o}{u - u_s}\nu_s = \frac{330 + 6}{330 + 22} \times 1500\text{Hz} = 1432\text{Hz}$$

警笛后方空气中声波的频率（观察者静止，波源运动）

$$\nu = \frac{u}{u - u_s}\nu_s = \frac{330}{330 + 22} \times 1500\text{Hz} = 1406\text{Hz}$$

警笛后方空气中声波的波长

$$\lambda = \frac{u}{\nu} = \frac{u - u_s}{\nu_o} = \frac{330 + 22}{1500}\text{m} = 0.23\text{m}$$

 物理知识拓展

激波与超声速飞机的声障

　　上面讨论多普勒效应时，总是假设波源相对于介质的运动速率小于波在该介质中的传播速率，而当波

源的运动速率达到波的传播速率时，多普勒效应失去物理意义。如果波源相对于介质的运动速率 u_s 超过波在该介质中的传播速率 u，情况又将如何呢？显然，在 Δt 时间中运动质点掠过的距离为 $u_s\Delta t$，起始时被激励的球面波前的传播半径为 $u\Delta t$，它小于 $u_s\Delta t$。沿途先后被激励的球面波前，其半径依次按比例缩短，此时大量的微观波面的公切面即包络面，形成了一个宏观波面，它是以运动质点为顶点的圆锥面，被称作马赫锥。观测者感受的就是这个脉冲的锥状波前，如图 7-34 所示。因为马赫锥面是波的前缘，在圆锥外部，无论距离波源多近都没有波扰动。这个以波速传播的圆锥波面称为冲击波，简称激波。

马赫锥的半顶角，称为马赫角，应由下式决定：

$$\sin\theta = \frac{u}{u_s} = \frac{1}{M_a} \tag{7-62}$$

式中，$M_a = \dfrac{u_s}{u}$ 称为马赫数，是空气动力学中的一个很有用的量。例如，只要测出高速飞行物的马赫数，就可以相当准确地计算出该物体的飞行速度。

"激波"虽然以波来称呼，而实际上却不同于一般意义上的波，它只是一个以波速向外扩展的、聚集了一定能量的圆锥面。

当飞机、炮弹以超声速飞行时，也会在空气中激起冲击波，特别是当飞机以声速飞行时，$u_s = u$，$\alpha \to \pi$，这时马赫锥面为平面，即波源在所有时刻发射的波几乎同时到达接收器，这种冲击波的强度极大，通常称之为"声暴"。由于飞行速率与声速相同，机体所产生的任一振动都将尾随在机体附近，容易给飞行带来危险，所以声速区对飞行构成"声障"，在超声速飞机加速飞行时，必须尽快地越过"声障"进入超声速区。

章知识导图

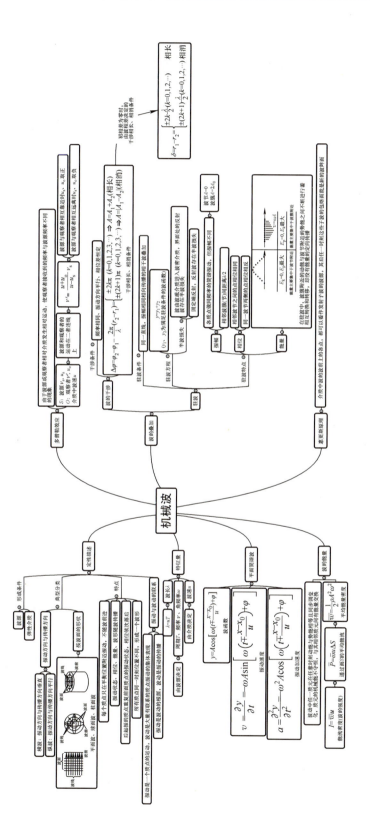

思考与练习

思考题

7-1 什么是波动？波动和振动有什么区别和联系？具备什么条件才能形成机械波？

7-2 在某弹性介质中，波源做简谐振动，并产生平面余弦波。波长为 λ，波速为 u，频率为 ν。问在同一介质内，这三个量哪一个是不变量？当波从一种介质进入另一种介质时，哪些是不变量？波速与波源振动速度是否相同？

7-3 在波函数 $y = A\cos\left[\omega\left(t - \dfrac{x}{u}\right) + \varphi\right]$ 中，y、A、ω、u、x、φ 的意义是什么？$\dfrac{x}{u}$ 的意义是什么？如果将波函数写成 $y = A\cos\left(\omega t - \dfrac{\omega x}{u} + \varphi\right)$，$\dfrac{\omega x}{u}$ 的意义又是什么？

7-4 拉紧的橡皮绳上传播横波时，在同一时刻，何处动能密度最大？何处弹性势能密度最大？何处总能量密度最大？何处这些能量密度最小？

7-5 二胡调音时，要旋动上部的旋杆，演奏时手指压触弦线的不同部位，就能发出各种音调不同的声音，这是什么缘故？

7-6 当你做健身操头顶有飞机飞过时，你会发现向下弯腰和向上直起时所听到的飞机声音音调不同。为什么？何时听到的音调高些？

练习题

（一）填空题

7-1 已知波源的振动周期为 4.00×10^{-2}s，波的传播速度为 $300\text{m} \cdot \text{s}^{-1}$，波沿 x 轴正方向传播，则位于 $x_1 = 10.0$m 和 $x_2 = 16.0$m 的两质点振动相位差为_____。

7-2 一平面简谐波沿 x 轴正方向传播，波速 $u = 100\text{m} \cdot \text{s}^{-1}$，$t = 0$ 时刻的波形曲线如习题 7-2 图所示。可知波长 $\lambda = $ _____；振幅 $A = $ _____；频率 $\nu = $ _____。

7-3 一平面简谐波沿 x 轴负方向传播。已知 $x = -1$m 处质点的振动方程为 $y = A\cos(\omega t + \varphi)$，若波速为 u，则此波的表达式为_____。

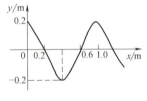

习题 7-2 图

7-4 一平面余弦波沿 Ox 轴正方向传播，波动表达式为 $y = A\cos\left[2\pi\left(\dfrac{t}{T} - \dfrac{x}{\lambda}\right) + \varphi\right]$，则 $x = -\lambda$ 处质点的振动方程是_____；若以 $x = \lambda$ 处为新的坐标轴原点，且此坐标轴指向与波的传播方向相反，则对此新的坐标轴，该波的波动表达式是_____。

7-5 在截面积为 S 的圆管中，有一列平面简谐波在传播，其波的表达式为 $y = A\cos\left(\omega t - 2\pi\dfrac{x}{\lambda}\right)$，管中波的平均能量密度是 w，则通过截面积 S 的平均能流是_____。

7-6 如习题 7-6 图所示，波源 S_1 和 S_2 发出的波在 P 点相遇，P 点距波源 S_1 和 S_2 的距离分别为 3λ 和 $10\lambda/3$，λ 为两列波在介质中的波长，若 P 点的合振幅总是极大值，则两波在 P 点的振动频率_____，波源 S_1 的相位比 S_2 的相位领先_____。

7-7 如习题 7-7 图所示，S_1 和 S_2 为同相位的两相干波源，相距为 L，P 点距 S_1 为 r；波源 S_1 在 P 点引起的振动振幅为 A_1，波源 S_2 在 P 点引起的振动振幅为 A_2，两波波长都是 λ，则 P 点的振幅 $A = $ _____。

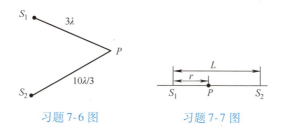

习题 7-6 图　　　　　　　习题 7-7 图

7-8　两相干波源 S_1 和 S_2 的振动方程分别是 $y_1 = A\cos\omega t$ 和 $y_2 = A\cos\left(\omega t + \dfrac{1}{2}\pi\right)$。$S_1$ 距 P 点 3 个波长，S_2 距 P 点 21/4 个波长，两波在 P 点引起的两个振动的相位差是_____。

7-9　两列波在一根很长的弦线上传播，其表达式为

$$y_1 = 6.0 \times 10^{-2}\cos\pi(x - 40t)/2 \quad (\text{SI})$$

$$y_2 = 6.0 \times 10^{-2}\cos\pi(x + 40t)/2 \quad (\text{SI})$$

则合成波的表达式为_____；在 $x = 0$ 至 $x = 10.0$ m 内波节的位置是_____；波腹的位置是_____。

7-10　设入射波的表达式为 $y_1 = A\cos 2\pi\left(\nu t + \dfrac{x}{\lambda}\right)$，波在 $x = 0$ 处发生反射，反射点为固定端，则形成的驻波表达式为_____。

7-11　简谐驻波中，在同一个波节两侧距该波节的距离相同的两个介质元的振动相位差是_____。

7-12　一驻波表达式为 $y = A\cos 2\pi x \cos 100\pi t\,(\text{SI})$，位于 $x_1 = (1/8)$ m 处的质元 P_1 与位于 $x_2 = (3/8)$ m 处的质元 P_2 的振动相位差为_____。

7-13　一列火车以 $20\,\text{m}\cdot\text{s}^{-1}$ 的速度行驶，若机车汽笛的频率为 600Hz，一静止观测者在机车前和机车后所听到的声音频率分别为_____和_____（设空气中声速为 $340\,\text{m}\cdot\text{s}^{-1}$）。

（二）计算题

7-14　习题 7-14 图所示为一平面简谐波在 $t = 0$ 时刻的波形图，求

（1）该波的波动表达式；

（2）P 处质点的振动方程。

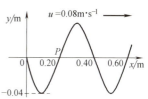

习题 7-14 图

7-15　一横波沿绳子传播，其波的表达式为 $y = 0.05\cos(100\pi t - 2\pi x)\,(\text{SI})$，求：

（1）此波的振幅、波速、频率和波长；

（2）绳子上各质点的最大振动速度和最大振动加速度；

（3）$x_1 = 0.2$ m 处和 $x_2 = 0.7$ m 处两质点振动的相位差。

7-16　如习题 7-16 图所示，一平面波在介质中以波速 $u = 20\,\text{m}\cdot\text{s}^{-1}$ 沿 x 轴负方向传播，已知 A 点的振动方程为 $y = 3 \times 10^{-2}\cos 4\pi t\,(\text{SI})$。

（1）以 A 点为坐标原点写出波的表达式；

习题 7-16 图

（2）以距 A 点 5m 处的 B 点为坐标原点，写出波的表达式。

7-17　一平面简谐纵波沿着线圈弹簧传播。设波沿着 x 轴正向传播，弹簧中某圈的最大位移为 3.0cm，振动频率为 25Hz，弹簧中相邻两疏部中心的距离为 24cm。当 $t = 0$ 时，在 $x = 0$ 处质元的位移为零并向 x 轴正向运动。试写出该波的表达式。

7-18　一振幅为 10cm、波长为 200cm 的一维余弦波，沿 x 轴正向传播，波速为 $100\,\text{cm}\cdot\text{s}^{-1}$，在 $t = 0$ 时原点处质点在平衡位置向正位移方向运动。求：

（1）原点处质点的振动方程；

（2）在 $x = 150\,\text{cm}$ 处质点的振动方程。

7-19　如习题 7-19 图所示为一平面简谐波在 $t = 0$ 时刻的波形图，设此简谐波的频率为 $250\,\text{Hz}$，且此时质点 P 的运动方向向下，求：

（1）该波的表达式；

（2）在距原点 O 为 $100\,\text{m}$ 处质点的振动方程与振动速度表达式。

7-20　一简谐波沿 x 轴正方向传播，波长 $\lambda = 4\,\text{m}$，周期 $T = 4\,\text{s}$，已知 $x = 0$ 处质点的振动曲线如习题 7-20图所示。

（1）写出 $x = 0$ 处质点的振动方程；

（2）写出波的表达式；

（3）画出 $t = 1\,\text{s}$ 时刻的波形曲线。

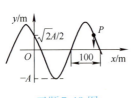
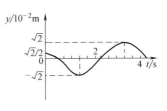

习题 7-19 图　　　　　　　　　　习题 7-20 图

7-21　一平面简谐波沿 x 轴正方向传播，波速为 $10\,\text{cm}\cdot\text{s}^{-1}$，如习题 7-21 图所示，已知 O 点的振动方程为 $y = 3\cos(2\pi t + \pi)$，其中 y 以 cm 计，t 以 s 计。（1）以 O 点为坐标原点，写出此波的波函数；（2）求距 O 点 $10\,\text{cm}$ 处的 P 质点在 $t = \dfrac{3}{4}\,\text{s}$ 时的振动速度。

7-22　如习题 7-22 图所示，已知 $t = 0$ 时和 $t = 0.5\,\text{s}$ 时的波形曲线分别为图中曲线（a）和（b），波沿 x 轴正向传播，试根据图中绘出的条件，求：

（1）波函数；

（2）P 点的振动方程。

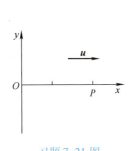
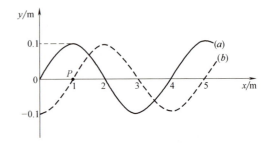

习题 7-21 图　　　　　　　　　　习题 7-22 图

7-23　在均匀介质中，有两列余弦波沿 Ox 轴传播，波动表达式分别为 $y_1 = A\cos[2\pi(\nu t - x/\lambda)]$ 与 $y_2 = 2A\cos[2\pi(\nu t + x/\lambda)]$，试求 Ox 轴上合振幅最大与合振幅最小的那些点的位置。

7-24　两波在一很长的弦线上传播，其表达式分别为

$$y_1 = 4.00 \times 10^{-2}\cos\frac{1}{3}\pi(4x - 24t) \quad (\text{SI})$$

$$y_2 = 4.00 \times 10^{-2}\cos\frac{1}{3}\pi(4x + 24t) \quad (\text{SI})$$

求：（1）两波的频率、波长、波速；

（2）两波叠加后的节点位置；

（3）叠加后振幅最大的那些点的位置。

7-25　如习题图 7-25 所示，A、B 是两个相干的点波源，它们的振动相位差为 π（反相）。A、B 相距 30cm，观察点 P 和 B 点相距 40cm，且 $PB \perp AB$。若发自 A、B 的两波在 P 点处最大限度地互相削弱，求波长最长是多少。

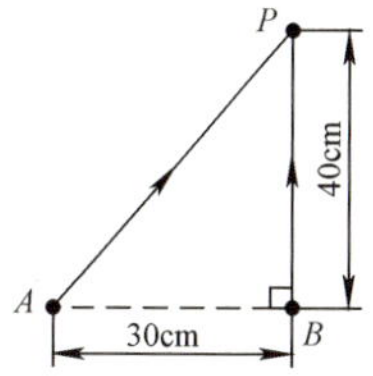

7-26　两列余弦波沿 Ox 轴传播，波动表达式分别为

$$y_1 = 0.06\cos\left[\frac{1}{2}\pi(0.02x - 8.0t)\right] \quad \text{(SI)}$$

与

$$y_2 = 0.06\cos\left[\frac{1}{2}\pi(0.02x + 8.0t)\right] \quad \text{(SI)}$$

试确定 Ox 轴上合振幅为 0.06m 的那些点的位置。

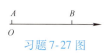

习题 7-25 图

7-27　如习题 7-27 图所示，同一介质中两相干波源位于 A、B 两点，其振幅相等，频率均为 100Hz，B 的相位比 A 的相位超前 π，若 A、B 两点相距 30m，且波的传播速度 $u = 400\text{m} \cdot \text{s}^{-1}$，以 A 为坐标原点，试求 AB 连线上因干涉而静止的各点的位置。

习题 7-27 图

7-28　一固定波源在海水中发射频率为 ν 的超声放，此超声波在一艘运动的潜艇上反射回来，在波源处静止的观察者测得发射波与反射波引起的两个振动合成的拍频为 $\Delta\nu$，设超声波在海水中传播的速度为 u，求潜艇向波源方向的分速度 v（设 $v < u$）。

阅读材料

反声探测技术和孤立波

利用声呐可以有效地探测、侦察和跟踪水下目标，相应地反声探测技术也应运而出。

1. 水声对抗技术

水声对抗技术包括水声诱饵、水声干扰和侦察声呐等，应用于水面舰艇、潜艇和反潜机上，用来侦察、干扰或诱骗对方声呐或声制导鱼雷，也称为声呐对抗。

（1）水声诱饵　是一种诱骗性水声对抗设备，它向水中发射一个模拟的舰艇回波或舰艇辐射噪声，诱骗敌方声呐或声制导鱼雷跟踪，使舰艇免遭发现或攻击。

（2）水声干扰　包括声干扰器、声气幕弹等。水声干扰器用来向水中发射强功率噪声，压制敌方声呐的工作。声气幕弹则利用在水中形成的气泡幕，产生大量杂散回波，干扰敌方声呐的工作。

（3）侦察声呐　主要采用被动工作方式，专门用于截获对方声呐发出的声信号，测出其工作频率和所在方位，并判断对方舰艇的类型。必要时还能为干扰机提供情报，发出假目标迷惑对方。

第二次世界大战期间出现的潜艇用气幕弹，是最早出现的一种被动式水声对抗器材，并一直沿用至今。20 世纪 60 年代，潜艇上开始装备专用的侦察声呐，其测频范围、测频精度和测向精度等不断得到扩大和提高。20 世纪 70 年代，各国军方相继开始研制水声对抗系统，并已陆续装备部队。现代潜艇的水声对抗系统一般包括：

1）侦察声呐。有一套特制的多模式（高频和低频）水听器，可在较宽频段范围内对目标的数量、方位、频率、波形、脉冲宽度、脉冲周期等进行侦察，测得的参数直接送入信号分析和处理系统。

2）基本系统。由探测识别、显示控制、信号处理分析、声呐数据库及其投射器等组成，用于探测与识别水声目标，根据测得的参数分析本艇受威胁程度，控制投放对抗器材或采取其他对抗措施。

3）悬浮式诱饵。使用时从艇上抛入大海任其漂流，专用于迷惑或诱骗声制导鱼雷。

4）自航式诱饵。即潜艇模拟器，使用时由投射器或鱼雷发射管射入海中，按规定航向自航，类似真实航行的潜艇。由于现代海战的需要，水声对抗系统正向多功能、系统化、小型化、通用化方向发展。

2. 声波隐身技术

隐蔽性是潜艇的特点，也是潜艇出奇制胜、有效保存自己的关键。而水下声辐射则是破坏其隐蔽性的主要因素，同时也是降低潜艇水声设备作用距离、构成敌方声制导水中兵器跟踪的信号源。水面舰艇和潜艇辐射的高能噪声很容易由被动声呐截获，拖曳声呐阵可能在数百海里以外就能侦听到。对入射声波反射强的舰艇则易被主动声呐探测到。此外，舱室空气噪声还严重影响潜艇员工作和身体健康，削弱其战斗力。因此。随着海战的需要和潜艇技术的发展，降低噪声问题日益受到世界各国的高度重视。

为降低目标向周围介质传播噪声，主要的技术途径包括控制噪声源和控制噪声传播途径。目前研究的主要技术措施有：

1）尽量减少机械装置。最理想的办法是采用喷水推进和电磁推进及磁流体推进技术，取消减速齿轮或改进其设计。英国的"敏捷"级、"特拉法尔加"级和美国的"海狼"级核动力潜艇由于采用了喷水推进装置，平均噪声降低10dB左右。

2）采用降低振动噪声的技术。主要是采用超低噪声发动机和辅助机或改进发动机和辅助机的设计和螺旋桨结构。例如，英国核潜艇率先采用减振筏形机座，美国于20世纪60年代，苏联于20世纪70年代先后采用并发展了此技术，使整艇降噪效果出现了一个飞跃。

3）减小螺旋桨空泡噪声。螺旋桨工作时，桨叶正面产生极低压力区；背面为高压区，以此产生推动潜艇前进的推力。在极低压力区会产生蒸汽、形成气泡并不断膨胀，当它们进入高压区后将突然爆裂，产生空泡噪声，其频谱很宽（20～50000Hz）。螺旋桨的空泡噪声是水面舰艇的最大噪声源，也是潜艇高速航行时的主要噪声源，是探测识别潜艇的最突出线索。以当前的声呐技术，已能具体识别出哪一型潜艇的哪一艘。因此，降低螺旋桨噪声是舰艇降噪声相当重要的一环，特别是对潜艇来说，意义更为重大。目前各国已摸索出一些行之有效的措施，例如，采用先进的精密加工制造技术，改进结构，有效地抑制螺旋桨的振动，降低螺旋桨噪声；增加桨叶数，降低其共振现象；降低桨叶负载，减少空泡形成；选用高阻尼合金材料，抑制桨叶振动，降低辐射噪声；采用主动气幕降噪法，以缓解或阻止空泡噪声的产生等。

4）在舰艇体外表面采用消声瓦或涂敷吸音涂层等吸声材料。吸声层的材料基本上是在橡胶基体中加入某些金属微粒，声波入射后使金属粒子运动产生热量，从而消耗声波能量。如美、英等国有不少核潜艇都在壳体上安装了消声瓦，将吸收敌方主动声呐声波和降低自身的辐射噪声结合起来，使舰体形成一个无回声层来达到隐身的目的。据测算，潜艇加装吸音涂层后，可使敌方主动声呐探测能力降低50%～75%。同时由于吸收了本艇的自噪声，本艇声呐基阵区相对安静，从而提高了本艇声呐探测能力。实验表明，核潜艇采用吸音涂层后，可使敌方主动声呐的反射声强降低90%，探测距离缩短68%。

3. 孤立波（Solitary wave）

关于非线性系统，除去前面谈到的混沌，还有非线性波动。非线性波动有两大类：一种是孤立波，又称孤子（Soliton）；另一种是耗散系统的波动，这类波的波形多种多样，研究方法与前者颇不相同。

1844年，罗素（J. Scott Russell）在"关于波的报道"中，谈及他于1834年在狭窄的爱丁堡格拉斯哥运河观察到有两匹马拉着一条船迅速前进。当船突然停下时，在船前面被船推动的水团形成一个光滑孤立的波峰，在河道中行进，最后高度逐渐减小而消失。罗素还在约 30cm 宽、6m 长的水槽中做过有关孤立波的实验，通过实验来研究波速。罗素的实验研究是初步的，后来还有许多关于水槽中孤子的研究。直到 1895 年，荷兰的考特威格（D. J. Korteweg）和德伏瑞斯（G. de Vries）才提出该水波的动力学方程，即 KdV 方程为

$$\frac{\partial y}{\partial t} = \frac{3}{2}\sqrt{\frac{g}{h}}\left(\frac{2}{3}a\frac{\partial y}{\partial x} + y\frac{\partial y}{\partial x} + \frac{1}{3}\sigma\frac{\partial^3 y}{\partial t^3}\right)$$

式中，$\sigma = \frac{h^3}{3} - \frac{Th}{\rho g}$，$T$ 和 ρ 分别表示表面张力和液体密度；a 为一常数。上述方程的波形解为

$$y(x,t) = a\,\mathrm{sech}^2\left\{\frac{1}{2}\sqrt{\frac{a}{\sigma}}\left[x - \sqrt{gh}\left(1 - \frac{a}{2h}\right)t\right]\right\}$$

而波速为

$$v = \sqrt{gh}\left(1 + \frac{a}{2h}\right)$$

由上式可知，振幅越大，波速越快。

孤立波还有一个重要的性质：两个波形不同的孤立波相碰撞，碰撞后仍保持为孤立波，称作碰撞不变性。正是由于这种类似于"粒子"的特征，人们称上述孤立波为"孤子"。此外，KdV 方程还有无穷多个守恒量。它们之中最前面的两个分别表示动量守恒和能量守恒。

当 KdV 方程被提出之后，在很长时间内都未引起人们的兴趣。一方面是由于人们还以为孤立波只不过是某种特殊的方程具有的特殊的解，是一种稀有现象；另一方面也是由于非线性数学有待进一步发展，以便对非线性方程（如 KdV 方程等）做更深入的研究。自 20 世纪 60 年代以来，关于"孤子"的研究有了巨大进展。"孤子"普遍存在于粒子物理、等离子体物理、超导理论、场论和非线性光学等许多学科中，许多方程有孤子解。在分子生物学领域，DNA 螺旋结构的"孤子"提出一种描述结构转变的方法，它可能解决控制基因表达机制的途径。"孤子"在技术上也得到应用，例如，应用光导纤维传播光学"孤子"可用于非常迅速地传递信息等。

非线性耗散系统的波动普遍存在于物理化学和生物学领域中，其研究方法与"孤子"不同。它们也不具有碰撞不变性和存在无穷多个守恒量的特征。它们之所以具有稳定波形和波速是扩散和非线性相互影响的结果。

第8章　气体动理论

历史背景与物理思想发展

1638 年，伽桑狄提出物质是由分子构成的，他假设分子能向各个方向运动，并由此出发解释气、液、固三种物质状态。玻意耳在 1662 年通过实验得到了气体定律，他把气体粒子比作固定在弹簧上的小球，用空气的弹性来解释气体的压缩和膨胀，从而定性地说明了气体的性质。他对分子运动论的贡献主要是引入了压强的概念。牛顿对玻意耳定律也进行过类似的说明，他认为：气体压强与体积成反比的原因是由于气体粒子对周围的粒子有斥力，而斥力的大小与距离成反比。胡克则把气体压力归因于气体分子与器壁的碰撞。由此可见，17 世纪人们已经产生了分子运动论的基本概念，能够定性地解释一些热学现象。但是在 18 世纪和 19 世纪初，由于热质说的兴盛，分子运动论受到压抑，发展的进程甚为缓慢。

D. 伯努利在 1738 年首先考虑在圆柱体容器中密封无数的微小粒子，这些粒子在运动中碰撞到活塞，对活塞产生一个力。他假设粒子碰前和碰后都具有相同的速度，推导出了压强公式，得到了比玻意耳定律更普遍的公式。这比范德瓦耳斯早近 150 年，遗憾的是，伯努利的理论被人们忽视了整整一个世纪。

俄国人罗蒙诺索夫在 1746 年论证了热的本质在于运动，讨论了气体的性质，阐述了气体分子无规则热运动的思想，并肯定了运动守恒定律在热学现象中的应用。

1816 年，英国的赫拉帕斯向皇家学会提出自己的分子运动理论。他明确地提出温度取决于分子速度的思想，并对物态变化、扩散、声音的传播等现象做出定量解释，但是权威学者们认为他的论文太过理想，拒绝发表。

1846 年，苏格兰的瓦特斯顿提出混合气体中不同比重的气体，所有分子的 mv^2 的平均值应相同。这大概是能量均分定理最早的说法。

要做进一步研究，靠完全弹性球的假设已经满足不了需要，必然需要进一步考虑分子速度的统计分布和分子间的作用力。从这一点来看，克劳修斯和麦克斯韦才是分子运动论真正的奠基人。

早在 1850 年，当克劳修斯初次发表热力学论文时，他就设想可以把热和功的相当性以热作为一种分子运动的形式体现出来。在谈到焦耳的摩擦生热实验之后，他写道："热不是物质，而是包含在物体最小成分的运动之中。"1857 年，他对分子运动论做了全面的论述，明确提出在分子运动论中应该应用统计概念。克劳修斯对分子运动论主要有以下几方面的贡献：①明确引进了统计思想；②引进平均自由程概念；③提出"维里理论"，这个理论后来对推导真实气体的状态方程很有用；④更严格地推导了理想气体状态方程；⑤根据上述方程确定气体中平动动能和总动能的比值，从而判定气体分子除了平动动能以外，还有其他形式的能量。

在 19 世纪中叶，大多数物理学家坚持把经典力学用于分子的热运动，企图对系统中所有分子的状态（位置、速度）做出完备的描述。而麦克斯韦认为这是不可能的，只有用统计方法才能正确描述大量分子的行为。他从分子热运动的基本假设出发得到的结论是：气体中分子间的大量碰撞不会像某些科学家所期望的那样，使分子速度平均，而是呈现速度的统计分布，所有速度都会以一定的概率出现。1859 年麦克斯韦在论文《气体动力理论的说明》中写道："如果有大量相同的球形粒子在完全弹性的容器中运动，则粒子之间将发生碰撞，每次碰撞都会使速度变化，所以在一定时间后，活力将按某一有规则的定律在粒子中分配，尽管每个粒子的速度在每次碰撞时都要改变，但速度在某些限值内的粒子的平均数是可以确定的。"在 1859 年的文章里，他还讨论了分子无规则运动的碰撞问题，麦克斯韦考虑到分子速率分布，计算了平均碰撞频率为 $\sqrt{2}\pi\rho^2 Nv$，比克劳修斯推算出的 $\frac{4}{3}\pi\rho^2 Nv$ 更准确。1860 年麦克斯韦用分子速度分布律和平均自由程的理论推算气体的输运过程：扩散、热传导和黏滞性，取得了一个惊人的结果："黏滞系数与密度（或压强）无关，随热力学温度的升高而增大。"极稀薄的气体和浓密的气体，其黏滞系数没有区别，竟与密度无关，这确是不可思议的事。于是麦克斯韦和他的夫人一起，在 1866 年亲自做了气体黏滞性随压强改变的实验。他们的实验结果表明，在一定的温度下，尽管压强在 10～760mmHg 之间变化，空气的黏滞系数仍保持常数。这个实验为分子运动论提供了重要的证据。

　　麦克斯韦速度分布律是从概率理论推算出来的，人们自然很关心这一规律的实际可靠性。首先对速度分布律做出间接验证的是通过光谱线的多普勒展宽，这是因为分子运动对光谱线的频率会有影响。1873 年瑞利用分子速度分布讨论了这一现象，1889 年他又定量地提出多普勒展宽公式。1892 年迈克耳孙通过精细光谱的观测，证明了这个公式，从而间接地验证了麦克斯韦速度分布律。1908 年理查森通过热电子发射间接验证了速度分布律。1920 年斯特恩发展了分子束方法，第一次直接得到速度分布律的证据。直到 1956 年才由库什和密勒对速度分布律做出了更精确的实验验证。

8.1　平衡态　状态参量

在秋天或冬天的早晨，当喷气式飞机飞过时，由于飞机喷出气体中充满带电粒子，会在天空留下一条白色轨迹，这实际上是小水珠形成的白雾。
那么白雾形成的原因是什么呢？

 物理学基本内容

　　牛顿的经典力学研究的对象是有限数量的质点、刚体等在力的作用下的力学规律。那么由大量粒子组成的系统有什么样的规律？如何研究？这就是热学将要回答的问题。

　　按研究角度和研究方法的不同，热学可分成热力学和统计力学两部分。热力学不涉及物质的微观结构，只是用严密的逻辑推理方法，着重分析研究由观察和实验所总结得到的，系统在物态变化过程中有关热功转换等的关系和实现条件。而统计力学则是从物质的微观结构出发，依据每个粒子所遵循的力学规律，用统计的方法来推求宏观量与微观量统计平均值之间的关系，解释并揭示系统宏观热现象及其有关规律的微观本质。可见热力学与统计力学的研究对象是一致的，即由大量粒子组成的系统，也称为热力学系统，但是研究的角度和方法却截然不同。在对热运动的研究上，统计力学和热力学二者起到了相辅相成的作用。热力学的研究成果，可以用来检验微观气体动理论（统计规律）的正确性；气体动理论所揭示的微观机制，又可以使热力学理论获得更深刻的意义。

气体动理论是在物质结构的分子学说的基础上，为说明气体的物理性质和气态现象而发展起来的。和力学研究的机械运动不同，气体动理论的研究对象是分子的热运动。就单个气体分子而言，运动具有明显的偶然性；对于分子数目十分巨大的热力学系统，其运动十分混乱，但集体表现却存在一定的规律性。这种大量的偶然事件在宏观上所显示的规律性叫作统计规律性。正是由于这些特点，热运动成为有别于其他运动形式的一种基本运动形式。在本章，我们将根据所假定的气体分子模型，运用统计方法，研究气体的宏观性质和规律，以及它们与分子微观量的平均值之间的关系，从而揭示这些性质和规律的本质。

8.1.1 平衡态

热力学系统简称系统，本书中我们所研究的系统通常是气体系统，系统所处的外部环境称为外界。

处在没有外界影响条件下的热力学系统，经过一定时间后，将达到一个确定的状态，其宏观性质不再随时间变化，我们把这种状态称为平衡态。

上面所说的没有外界影响，是指外界对系统既不做功也不传热的情况。事实上，并不存在完全不受外界影响，从而使得宏观性质绝对保持不变的系统，所以平衡态只是一种理想模型，它是在一定条件下对实际情况的抽象和近似。以后，只要实际状态与上述要求偏离不是太大，就可以将其作为平衡态来处理，这样既可简化处理的过程，又有实际的指导意义。

另外，由于永不停息的热运动，各粒子的微观量和系统的微观态都会不断地发生变化。但只要粒子热运动的平均效果不随时间改变，系统的宏观状态性质就不会随时间变化。因此，确切地说平衡态应该是一种热动平衡的状态。

8.1.2 状态参量

当系统处于平衡态时，系统的宏观性质将不再随时间变化，因此可以使用相应的物理量来具体描述系统的状态。这些物理量通称为状态参量，简称态参量。通常我们把描述单个粒子运动状态的物理量称为微观量，如粒子的质量、位置、动量、能量等，相应地用系统中各粒子的微观量描述的系统状态，称为微观态；描述系统整体特性的可观测物理量称为宏观量，如温度、压强、体积等，相应地用一组宏观量描述的系统状态，称为宏观态。

在实际问题中，用哪些参量才能将系统的状态描述完全，是由系统本身的性质和所研究的问题决定的。在这里我们将介绍体积 V、压强 p 和温度 T 这三个状态参量。

1. 体积

气体的体积，通常是指组成系统的分子的活动范围。由于分子的热运动，容器中的气体总是分散在容器中的各个空间部分，因此气体的体积，也就是盛气体容器的容积。在国际单位制中，体积的单位是立方米（m^3），常用单位还有升（L），$1L = 10^{-3}m^3$。

2. 压强

气体的压强，表现为气体对容器壁单位面积上产生的压力，是大量气体分子频繁碰撞容器壁产生的平均冲力的宏观表现，它显然与分子无规则热运动的频繁程度和剧烈程度有关。在国际单位制中，压强的单位是帕斯卡（Pa），常用的压强单位还有：厘米汞高（cmHg）、标准大气压（atm）等，它们与帕斯卡的关系是

$$1cmHg（厘米汞高）= 1.333 \times 10^3 Pa$$

$$1atm（标准大气压）=76cmHg=1.013 \times 10^5 Pa$$

现象解释

　　在秋天或冬天的早晨，高空有时由于湿度大和温度低，可以形成过饱和蒸汽，喷气式飞机喷出的废气中带电粒子就形成了凝结核而使水分子聚积其上而形成小水珠，由此就留下了飞机飞行的轨迹。这并不是飞行表演中飞机喷出的烟雾。[注]

3. 温度

　　体积 V 属于几何参量，压强 p 属于力学参量，我们再引入一个表征系统"冷热"程度的物理量——温度。温度宏观上表现为系统的冷热程度，而从微观上看，它表示分子热运动的剧烈程度。

　　在生活中，人们往往认为热的物体温度高，冷的物体温度低，这种凭主观感觉对温度的定性了解，在逻辑要求严格的热学理论和实践中，显然是远远不够的，必须对温度建立起严格的科学的定义。假设有两个热力学系统 A 和 B，原先处在各自的平衡态，现在使系统 A 和 B 互相接触，使它们之间能发生热传递，这种有热传递的接触称为热接触。一般说来，热接触后系统 A 和 B 的状态都将发生变化，但经过充分长一段时间后，系统 A 和 B 将达到一个共同的平衡态，由于这种共同的平衡态是在有传热的条件下实现的，因此称为热平衡。

　　如果有 A、B、C 三个热力学系统，当系统 A 和系统 B 都分别与系统 C 处于热平衡时，那么系统 A 和系统 B 此时也必然处于热平衡，这个实验结果通常称为热力学第零定律。这个定律为温度概念的建立提供了可靠的实验基础。根据这个定律，我们有理由相信，处于同一热平衡状态的所有热力学系统都具有某种共同的宏观性质，描述这个宏观性质的物理量就是温度。互为热平衡的系统都具有相同的温度，为我们用温度计测量物体或系统的温度提供了依据。

　　温度的数值表示法称为温标，常用的有热力学温标 T、摄氏温标 t 等。国际单位制中采用热力学温标，单位是开尔文（K）。摄氏温标与热力学温标的数值关系是

$$t = T - 273.15$$

8.2　理想气体状态方程

物理现象

　　空气的密度、温度和压力等均随高度发生变化，飞机空气动力的大小和飞行性能的优劣，都与这些参数有关。其中飞机的升力主要由机翼产生，升力大小可用升力公式

$$Y = C_y \frac{1}{2} \rho v^2 S$$

计算。式中，C_y 为升力系数；ρ 为空气密度；v 为气体流速；S 为机翼面积。

　　在飞机飞行的过程中，如何能够时时测量空气密度呢？

物理学基本内容

8.2.1　气体的微观模型

　　我们从气体动理论的观点来分析一个包含大量分子的气体系统中分子所具有的特点。

　　[注]　张三慧. 大学物理学学习辅导与习题解答 [M]. 3 版. 北京：清华大学出版社，2009.

1. 分子具有一定的质量和体积

如果系统包含的物质的量是 1mol，那么系统中的分子数等于阿伏伽德罗常量 $N_A = 6.0221367 \times 10^{23} \text{mol}^{-1}$。如果所讨论的是氢气系统，1mol 氢气的总质量是 $2.0 \times 10^{-3} \text{kg}$，每个氢气分子的质量为 $3.3 \times 10^{-27} \text{kg}$。

可以用类似的方法估计分子的体积。1mol 水的体积约为 $18 \times 10^{-6} \text{m}^3$，每个水分子占据的体积约为 $3.0 \times 10^{-29} \text{m}^3$，一般认为液体中分子是一个挨着一个排列起来的，水分子的体积与水分子所占据的体积的数量级相同。在气态下的分子数的密度比在液态下小得多，在标准状况（或称标准状态，即温度为 273.15K，压强为 101325Pa）下，饱和水蒸气的密度约为水的密度的 1/1000，即分子之间的距离约为分子自身线度的 10 倍。

2. 分子处于永不停息的热运动之中

布朗运动是分子热运动的间接证明。在显微镜下观察悬浮在液体中的固体微粒，会发现这些小颗粒在不停地做无规则运动，这种现象称为布朗运动。图 8-1 画出了五个藤黄粉粒每隔 20s 记录下来的位置变化。做布朗运动的小颗粒称为布朗微粒。布朗微粒受到来自各个方向的做无规则热运动的液体分子的撞击，由于颗粒很小，在每一瞬间，这种撞击不一定都是平衡的，布朗微粒就朝着撞击较弱的方向运动。由此可见，布朗运动是液体分子做无规则热运动的间接反映。

图 8-1

实验显示，无论液体还是气体，组成它们的分子都处于永不停息的热运动之中。组成固体的微粒由于受到彼此间的较大的束缚作用，一般只能在自己的平衡位置附近做热振动。

3. 分子之间以及分子与器壁之间进行着频繁碰撞

布朗微粒的运动实际上是液体和气体分子热运动的缩影，我们可以由布朗微粒的运动推知气体分子热运动的情景：在热运动过程中，气体系统中分子之间以及分子与容器器壁之间进行着频繁的碰撞，每个分子的运动速率和运动方向都在不断地、突然地发生变化；对于任一特定的分子而言，它总是沿着曲折的路径在运动，在路径的每一个折点上，它与一个或多个分子发生了碰撞，或与器壁上固体的分子发生了碰撞。

设想一个具有特定动量的分子进入气体系统中，由于碰撞，经过一段时间后这个分子的动量将分配给系统中每一个分子，并将分配到空间各个方向上去。由此可见，碰撞引起系统中动量的均匀化。同样，由于碰撞还将引起系统中分子能量的均匀化、分子密度的均匀化、分子种类的均匀化等。与此相对应，系统表现出一系列宏观性质的均匀化。

4. 分子之间存在分子力作用

由于分子力的复杂性，通常采用某种简化模型来处理。一种常用的模型是假设分子具有球对称性，分子力的大小随分子间距离的变化而变化。一般认为分子力具有一定的有效作用距离，当分子间距大于这个距离时，分子力可以忽略，这个有效作用距离称为分子力作用半径。分子力与分子间距的关系用图 8-2 表示，图中 r_0 为分子中心的平衡距离，即当两个分子中心相距 r_0 时，每个分子所受的斥力和引力正好相平衡。当两个分子中心的距离 $r > r_0$ 时，分子间表现为引力作用，并且随着 r 的增大引力逐渐趋于零；当两个分子中心的距离 $r < r_0$ 时，分子间表现为斥力作用。分

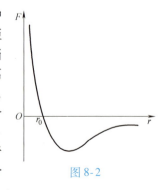

图 8-2

子自身具有一定的体积，不能无限制地压缩，正反映了这种斥力作用的存在。

8.2.2　理想气体的微观模型

实际气体在密度不太高、温度不太低、压强不太大的时候，较好地遵从气体的三个实验定律即玻意耳定律、盖-吕萨克定律和查理定律。理想气体定义为在任何情况下都严格地遵从这三个定律的气体，是一个理想模型。理想气体具有以下特征：

（1）分子与容器壁和分子与分子之间只有在碰撞的瞬间才有相互作用力，其他时候的相互作用力可以忽略不计。

（2）分子本身的体积在气体中可以忽略不计，即对分子可采用质点模型。

（3）分子与容器壁以及分子与分子之间的碰撞属于牛顿力学中的完全弹性碰撞，没有能量耗散。

对已达到平衡态的气体如果没有外界影响，其温度、压强等态参量都不会因分子与容器壁以及分子与分子之间的碰撞而发生改变，气体分子的速度分布也保持不变，因而分子与容器壁以及分子与分子之间的碰撞是完全弹性碰撞也是理所当然的。

综上所述，经过抽象与简化，理想气体可以看成一群彼此间除碰撞外无其他相互作用的无规则运动的弹性质点的集合，这就是理想气体的微观模型。

8.2.3　平衡态的统计假设

上述理想气体模型主要是针对分子的运动特征而建立起来的一个假设。为了以此模型为基础，求出平衡态时气体的一些宏观状态参量，还必须知道理想气体在处于平衡态时，分子的群体运动特征。这些特征也叫作平衡态的统计假设。在忽略重力场影响时，从平衡态的定义分析可知，气体的分子数密度总是处处相同的，即气体分子在容器中任何空间位置分布的机会均等，具有分布的空间均匀性，如若不然就会发生扩散，状态参量就会发生变化，也就不是平衡态。另一方面，在平衡态下向各个方向运动的气体的分子数是相同的，即气体分子向各个方向运动的概率是一样的，具有运动的各向同性，显然如果这一特征不能满足，气体就有定向运动，也不是平衡态。因此，我们将上述分析的结果归纳为平衡态的统计假设：理想气体处于平衡态时气体分子出现在容器内任何空间位置概率相等；气体分子向各个方向运动的概率相等。平衡态的统计假设的正确性将由应用该统计假设获得的理论结果与实验结果进行比对而得到验证。

根据上述假设，还可以进一步得到如下一些结论：

（1）分子沿各个方向运动的速度分量的各种平均值应该相等。例如，沿 x、y、z 三个方向速度分量的方均值应该相等。某方向的速度分量的方均值，定义为分子在该方向上的速度分量的平方的平均值，即把所有分子在该方向上的速度分量平方后加起来再除以分子总数

$$\overline{v_x^2} = \frac{\sum\limits_{i=1}^{N} v_{ix}^2}{N}, \ \overline{v_y^2} = \frac{\sum\limits_{i=1}^{N} v_{iy}^2}{N}, \ \overline{v_z^2} = \frac{\sum\limits_{i=1}^{N} v_{iz}^2}{N} \tag{8-1}$$

按照统计假设，分子群体在 x、y、z 三个方向上的运动应该是各向同性的，所以应该有 $\overline{v_x^2} = \overline{v_y^2} = \overline{v_z^2}$。

因为

$$v_i^2 = v_{ix}^2 + v_{iy}^2 + v_{iz}^2 \tag{8-2}$$

分子速度的平方的平均值为

$$\overline{v^2} = \frac{\sum\limits_{i=1}^{N} v_i^2}{N} = \overline{v_x^2} + \overline{v_y^2} + \overline{v_z^2}$$

由于 $\overline{v_x^2} = \overline{v_y^2} = \overline{v_z^2}$，所以有

$$\overline{v_x^2} = \overline{v_y^2} = \overline{v_z^2} = \frac{\overline{v^2}}{3} \tag{8-3}$$

即速度分量的方均值等于速率方均值的1/3。这个结论在下面证明压强公式时要用到。

（2）速度和它的各个分量的平均值为零。平衡态理想气体中各个分子朝各个方向运动的概率相等（正向运动的概率等于负向运动的概率）。因此，分子速度的平均值为零，各种方向的速度矢量相加会相互抵消。类似地，分子速度的各个分量的平均值也为零。

以上结论是统计结论，只有对大量气体分子才有意义，气体分子数越多，统计结果就越准确。

8.2.4　理想气体状态方程

理想气体状态方程是理想气体在平衡态时状态参量所满足的方程，可以由玻意耳定律、盖-吕萨克定律和查理定律推出，表示为

$$pV = \frac{m}{M}RT = \nu RT \tag{8-4}$$

式中，R 为普适气体常量，在国际单位制中，$R = 8.31\,\text{J} \cdot \text{mol}^{-1} \cdot \text{K}^{-1}$；$\nu$ 为气体分子的物质的量，可表示为

$$\nu = \frac{m}{M} = \frac{N}{N_A} \tag{8-5}$$

式中，m 为气体总质量；M 为气体分子的摩尔质量；N 为气体的分子数。式（8-4）还可以进一步写成

$$p = \frac{N}{V} \cdot \frac{R}{N_A} \cdot T$$

或

$$p = nkT \tag{8-6}$$

式中，$n = \dfrac{N}{V}$ 称为气体的分子数密度，即单位体积内的分子数；$k = \dfrac{R}{N_A}$ 称为玻尔兹曼常量，在国际单位制中，$k = 1.38 \times 10^{-23}\,\text{J} \cdot \text{K}^{-1}$。

理想气体状态方程表明了在平衡态下理想气体的各个状态参量之间的关系。当系统从一个平衡态变化到另外一个平衡态时，各状态参量发生变化，但它们之间仍然要满足状态方程。

根据理想气体状态方程

$$pV = \frac{m}{M}RT$$

得到空气密度为

$$\rho = \frac{m}{V} = \frac{Mp}{RT}$$

飞机在飞行的过程中，通过压力表得到大气压强 p，通过温度表得到大气温度 T，再根据空气摩尔质量 M 和普适气体常量 R，代入上式可算得空气密度。

现象解释

 物理知识拓展

航空标准大气简介

大气的物理状况复杂多变，主要表现为压强、温度和密度的垂直分布，而在水平方向却比较均匀。这

同地心引力随距离平方成反比有关，并常把这类变化作为大气分层的依据。若按大气温度随高度的分布特征，则可把大气分为对流层、平流层、中间层、热层和外大气层，如图 8-3 所示；若按大气成分变化，则可把大气分为均质层（小于86km）和非均质层（大于86km）；若按空气电离特性，则可把大气分为中性层（小于60km）和电离层（大于60km）。目前飞机主要在对流层和平流层的低层中飞行。

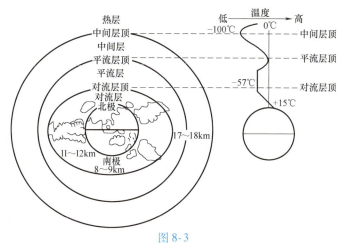

图 8-3

在航空航天等工程领域中，根据大量的高空大气探测资料和有关理论，对大气主要物理特性随高度的平均分布，规定一种最接近实际大气的大气物理特性模式，称为标准大气。世界气象组织（WMO）关于标准大气的定义是："能粗略地反映周年、中纬度状况的，取得国际认可的，假定的大气温度、压强和密度的垂直分布""假定空气服从使温度、气压和密度与位势建立关系的理想气体定律和流体静力学方程，并考虑随地球的旋转，在周日循环和半年变化，从活动到平静的地磁影响条件范围，以及从活动到平静的太阳黑子条件的平均值。"它的典型用途是作为气压高度表校准、飞机性能计算、飞机和火箭设计、弹道制表和气象制图的基准。在一个时期内，只能规定一个标准大气。这个标准大气，除相隔多年进行修正外，不允许经常变动。

国际民航组织（ICAO）的《ICAO标准大气手册》被批准作为国际标准化组织（ISO）的 ISO 标准大气（ISO，1973），1980年我国国家标准总局首次等效采用美国1976年标准大气（USSA-76）的36km以下部分为我国国家标准（GB/T 1920—1980）。USSA-76的基本假设包括：空气干洁，在86km以下呈均匀混合，视为理想气体，处于静力平衡状态和水平成层分布等。在给定温度-高度变化关系曲线及边界条件后，通过对静力学方程和气体状态方程求积分，即得相应的气压和密度数值。对于平均海平面处的大气特征参数为：标准重力加速度 $g = 9.80665 \mathrm{m \cdot s^{-2}}$，气压 $p_0 = 1013.25 \mathrm{hPa}$（hPa：百帕），气温 $T = 288.15 \mathrm{K}$，密度 $\rho = 1.2250 \mathrm{kg \cdot m^{-3}}$。

低层（20km以下）标准大气的气温和气压随高度的分布，如图 8-4 所示。

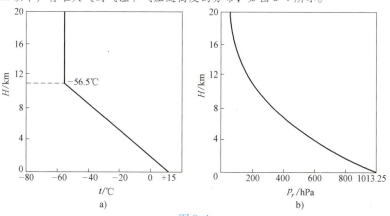

图 8-4

8.3　理想气体的压强和温度

 物理学基本内容

8.3.1　理想气体的压强公式

压强是宏观量。用气体动理论观点来看：压强是大量分子对器壁不断碰撞的结果。

1. 公式的推导

为了简化讨论，假设有同种理想气体盛于一个长、宽、高分别为 l_1、l_2、l_3 的长方体容器中并处于平衡态，如图 8-5 所示。设气体共有 N 个分子，每个分子的质量均为 m_0。我们先考察其中一个面上的压强，如图中的 S 面，其面积为 $l_2 l_3$。

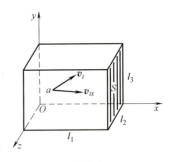

图 8-5

（1）一个分子在一次碰撞中对器壁的冲量　按理想气体平衡态的统计假设，分子与器壁间的碰撞是完全弹性的，设序号为 i 的分子以速度 (v_{ix}, v_{iy}, v_{iz}) 运动（$v_{ix} > 0$）并与 S 面碰撞，碰撞后速度变为 $(-v_{ix}, v_{iy}, v_{iz})$。分子在碰撞过程中受到的冲量为

$$\Delta p_{ix} = -m_0 v_{ix} - m_0 v_{ix} = -2 m_0 v_{ix} \tag{8-7}$$

分子对器壁的冲量为　　　　　　　　$-\Delta p_{ix} = 2 m_0 v_{ix}$

（2）一个分子对器壁 S 的平均作用力　我们假设此分子不与其他任何分子碰撞：如果分子与其他分子发生了碰撞，由于每个分子的质量是相等的，根据理想气体质点模型、弹性碰撞假设和动量守恒定律，分子与其他分子的碰撞过程满足速度交换，即碰撞过程可以等效为分子相互穿过而没有相互作用。因此，我们在推导的过程中使用假设"分子与其他分子没有碰撞"是合理的。

分子在与 S 面以及 S 面的对面碰撞时，它在 x 方向的速度的大小不变，只是方向发生改变；而且在分子与其余的四个面碰撞时，它在 x 方向的速度也不会变，所以分子在 x 方向的速度的大小在运动中是一个常量，就以 v_{ix} 表示。此分子在容器中在 x 方向来回运动，不断与 S 面发生碰撞，碰撞周期为 $\dfrac{2 l_1}{v_{ix}}$，碰撞频率为 $\dfrac{v_{ix}}{2 l_1}$。所以 Δt 时间内第 i 分子碰撞 S 面的次数为 $\dfrac{v_{ix} \Delta t}{2 l_1}$，$\Delta t$ 时间内第 i 分子施于器壁的冲量为

$$2 m_0 v_{ix} \cdot \frac{v_{ix} \Delta t}{2 l_1} = \frac{m_0 v_{ix}^2}{l_1} \Delta t \tag{8-8}$$

i 分子对器壁 S 的平均作用力为

$$\overline{F}_{ix} = \frac{I_{ix}}{\Delta t} = \frac{m_0 v_{ix}^2}{l_1} \tag{8-9}$$

（3）N 个分子对器壁 S 面的作用力　气体的 N 个分子对器壁 S 的平均作用力为各分子给 S 面的平均作用力的总和：

$$\overline{F} = \sum \overline{F}_{ix} = \sum_{i=1}^{N} \frac{m_0 v_{ix}^2}{l_1} = \frac{m_0}{l_1} \cdot \sum_{i=1}^{N} v_{ix}^2 \tag{8-10}$$

再按前面所学习过的速度分量的方均值的定义：$\overline{v_x^2} = \dfrac{\sum\limits_{i=1}^{N} v_{ix}^2}{N}$，以及速度分量的方均值与速率方均值的关系 $\overline{v_x^2} = \dfrac{\overline{v^2}}{3}$，我们得到气体给 S 面的平均冲力为

$$\overline{F} = \frac{m_0}{l_1} \cdot \sum_{i=1}^{N} v_{ix}^2 = \frac{m_0}{l_1} \cdot N \overline{v_x^2} = \frac{m_0 N \overline{v^2}}{3 l_1} \tag{8-11}$$

（4）器壁 S 面受到的压强　由于气体大量分子的密集碰撞，分子对器壁的冲力在宏观上表现为一个持续的恒力，它就等于平均冲力。因而我们可以求得 S 面上的压强

$$p = \frac{\overline{F}}{S} = \frac{\overline{F}}{l_2 l_3} = \frac{m_0 N \overline{v^2}}{3 l_1 l_2 l_3} = \frac{m_0 N \overline{v^2}}{3V} \tag{8-12}$$

式中，$V = l_1 l_2 l_3$ 为容器的体积。由于 $N/V = n$ 是气体的分子数密度，最后我们得到

$$p = \frac{1}{3} n m_0 \overline{v^2} \tag{8-13}$$

在上述结果中，有几点值得读者注意：一是容器的各个器壁上的压强都是相等的；二是压强公式与容器大小无关。由进一步分析可知，压强公式还与容器的形状无关，如果我们选择一个球形容器同样可以推导出上述的压强公式。

再考虑到分子的平均平动动能

$$\overline{\varepsilon}_t = \overline{\frac{1}{2} m_0 v^2} = \frac{1}{2} m_0 \overline{v^2} \tag{8-14}$$

代入式（8-13）可得

$$p = \frac{2}{3} n \overline{\varepsilon}_t \tag{8-15}$$

式（8-13）和式（8-15）均称为理想气体的压强公式。上述式子表明：气体的压强与分子数密度和平均平动动能成正比。这个结论与实验是高度一致的，它说明了我们对压强的理论解释以及理想气体平衡态的统计假设都是合理的。

2. 压强的统计意义

压强是大量分子对器壁碰撞的统计平均效果，对少量分子不成立，对于少数或单个分子讨论其压强是没有意义的。由于分子对器壁的碰撞是断断续续的，分子给予器壁的冲量是有起伏的，所以压强是个统计平均量。在气体中，分子数密度 n 也有起伏，所以 n 也是个统计平均量。式（8-15）表示三个统计平均量 p、n 和 $\overline{\varepsilon}_t$ 之间的关系，是个统计规律，而不是力学规律。在推导压强公式过程中，用到了统计方法，即对大量偶然事件求平均的方法。

8.3.2　理想气体的温度公式

1. 公式的推导

根据理想气体的压强公式 $p = \dfrac{2}{3} n \bar{\varepsilon_t}$ 和理想气体状态方程 $p = nkT$,我们可以得到

$$\bar{\varepsilon_t} = \frac{3}{2} kT \tag{8-16}$$

这就是平衡态下理想气体的温度公式。

　　式 (8-16) 说明气体分子的平均平动动能与热力学温度成正比。由此可知,描写系统宏观状态的参量——温度的高低唯一地由微观量的统计平均值——分子平均平动动能的大小来确定。因此我们说,温度是分子无规则热运动剧烈程度的量度,并可以将式 (8-16) 作为温度的定义式。由温度的定义加上理想气体模型和统计条件,就自然推导出理想气体的状态方程,理论模型和实验结果得到了完美的结合。需要指出的是,温度公式讨论的对象仍然是由大量分子组成的理想气体,对少量分子不成立。对于少数或单个分子讨论其温度是没有意义的。

　　式 (8-16) 表明,在相同的温度下,任何种类气体分子的平均平动动能都相同。也就是说,如果有一团由不同种类的气体混合而成的气体处于热平衡状态,那么不同的气体分子的运动可能很不相同,但它们的平均平动动能却是相同的。

　　由式 (8-16) 可以计算气体分子在热力学温度 T 时的方均根速率

$$\sqrt{\overline{v^2}} = \sqrt{\frac{3kT}{m_0}} = \sqrt{\frac{3RT}{M}} \tag{8-17}$$

式中,M 为气体的摩尔质量或平均摩尔质量。

　　提纯浓缩铀 - 235 含量的技术比较复杂,主要方法有气体扩散法、离子交换法、气体离心法、蒸馏法、电解法、电磁法、电流法等,其中以气体扩散法最成熟,其原理为:　　现象解释

　　由式 (8-17) 可以得到,在同一温度下,两种不同气体分子的方均根速率之比与它们的质量的平方根成反比,即

$$\sqrt{\frac{\overline{v_1^2}}{\overline{v_2^2}}} = \sqrt{\frac{m_{20}}{m_{10}}}$$

　　上式表明,在相同温度下,质量较大的气体分子运动平均速率较小,扩散较慢;质量较小的分子,运动平均速率较大,扩散较快。铀分离工厂就是利用这一原理将 $_{92}^{235}U$ 与 $_{92}^{238}U$ 分离,并获得纯度达 99% 的 $_{92}^{235}U$ 核燃料的。

2. 温度的统计意义

(1) 理想气体的热力学温度是气体分子平均平动动能的量度。

(2) 气体的平均平动动能与温度成正比。

(3) 温度是表征大量气体分子热运动剧烈程度的宏观量,是大量气体分子热运动的集体

表现。

地球大气层上层的电离层中，电离气体的温度可达 2000K，但 $1cm^3$ 中的分子数不超过 10^5 个。一块锡放到该处会不会被熔化？已知锡的熔点是 505K。

思维拓展

3. 关于热力学温度零开

从理想气体温度公式可以看出，当气体的温度达到热力学温度零开（0K）时分子热运动将会停止，关于这个问题，我们说明以下几点：

（1）当气体系统的温度达到 0K 时，分子平均平动动能等于零，这一结论是理想气体模型的直接结果。前面曾说过，实际气体只是在温度不太低、压强不太大的情况下，才接近于理想气体的行为。随着温度的降低，实际气体将转变为液体，乃至固体，其性质和行为显然不能用理想气体状态方程来描述，所以，由理想气体状态方程所得出的上述结论，是没有实际意义的。

（2）实验告诉我们，当温度趋近 0K 时，组成固体的粒子也还维持着某种振动能量。

（3）从理论上说，热力学温度 0K 只能趋近而不可能达到。所以上述"当气体的温度达到热力学温度 0K 时分子热运动将会停止"的命题，其前提是不成立的。

 ## 物理知识拓展

飞机空速表原理

空速是重要的飞行参数之一，飞行员根据空速的大小可判断作用在飞机上的空气动力情况，以便正确操纵飞机。另外，根据空速、风速、风向还可以计算地速，由地速和飞行时间可以计算出飞行距离。

空速与动压、静压和气温的关系是测量空速的理论基础，因此，在研究空速表的原理之前，必须分析这几个参数之间的关系。飞机相对于空气运动，可以看作飞机不动，而空气以大小相等、方向相反的流速流过飞机。由于空气流速等于或大于声速时会产生激波，而激波前后空气的状态参数将发生剧烈的变化，这与低速气流流动时有很大差别，因此需要将空气流速分为小于声速和大于声速两种情况来讨论。我们这里只讨论空气流速小于声速的情况，先不考虑空气压缩性的低速情形。

通过测量空气压强来测量空速，必须将气流引入，在飞机上都是用皮托管（总静压管、空速管）引入气流来测量压力的。皮托管的形状多种多样，但其原理是相同的，皮托管是由两个同心圆管组成的，其测压原理如图 8-6 所示。内管的端部（A）对准气流，外管的端部是封闭的，但是在其外侧面开有许多小圆孔（B）。内外管与 U 形压强计的两管相连。

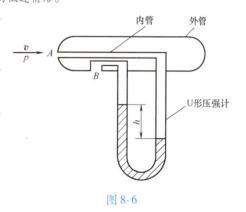

图 8-6

当气流流过圆管时，被圆管的前缘分为两部分，一部分气流流过圆管上部，另一部分流过圆管的下部，而中间有一个分界的流管，这个流管既不向上弯，也不向下弯，它沿着法线方向接近圆管，气流撞击在圆管上（设想 A 处封闭），由于气流受阻滞而完全失去定向运动动能。即在圆管头部 A 处，气流的速度变为零，动能全部变为压力能，这个 A 处称为停滞点或驻点。由伯努利方程可知，在 A 和 B 两处

$$p_1 + \frac{1}{2}\rho v_1^2 = p_2 + \frac{1}{2}\rho v_2^2 = 常数 \tag{8-18}$$

由于 $v_1 = 0$，所以

$$p_1 = p_2 + \frac{1}{2}\rho v_2^2 \tag{8-19}$$

气流受到全阻滞，这一点（A 处）的压力 p_1 就是总压，用 p_t 表示，总压 p_t 包括两部分，一部分是未受扰动的空气压力 p_2（就是静压），用 p_s 表示，另一部分是由动能转变来的压力 $\rho v^2/2$（v_2 就是空速 v），称为动压，用 q_c 表示。故式（8-19）可写成

$$p_t = p_s + q_c \tag{8-20}$$

或

$$q_c = p_t - p_s \tag{8-21}$$

在皮托管 B 处，如果与头部距离足够远，则该处的气流可以认为未受扰动，其流速 $v_2 = v$，压力 $p_2 = p_s$，即从皮托管外侧小圆孔引入的压力即为大气静压 p_s。因此，不考虑空气压缩性时可得

$$p_t = p_s + \frac{1}{2}\rho_s v^2 \tag{8-22}$$

所以

$$v = \sqrt{\frac{2(p_t - p_s)}{\rho_s}} \tag{8-23}$$

因为 $\rho_s = \dfrac{p_s M}{R T_s}$，所以

$$v = \sqrt{\frac{2(p_t - p_s)R T_s}{p_s M}} \tag{8-24}$$

可以看出：空速可以通过测量总压 p_t、静压 p_s 和空气密度 ρ_s 来测量；还可通过测量总压 p_t、静压 p_s 和空气温度 T_s 来测量。

8.4　能量均分定理　理想气体内能

给飞机轮胎充气，若保证充完后轮胎内气体的压强和体积保持恒定，假设轮胎材质不受温度影响，冬天充入的气体质量比夏天要多，请从内能的角度分析原因。

物理学基本内容

我们在研究大量气体分子的无规则运动时，只考虑了每个分子的平动。实际上，气体分子具有一定的大小和比较复杂的结构，不能看作质点。因此，分子的运动不仅有平动，还有转动和分子内原子间的振动。分子热运动的能量应将这些运动的能量都包括在内。为了说明分子无规则运动的能量所遵从的统计规律，并在这个基础上计算理想气体的内能，我们将借助于力学中自由度的概念。

8.4.1　自由度

1. 自由度的定义

确定一个物体空间位置所需的独立坐标数，叫作该物体的运动自由度，简称自由度。例如，若将大海中航行的军舰看成质点，确定它的位置所需的独立坐标数为两个，自由度为2，

分别是军舰的经度和纬度。将飞机看成一个质点时确定它的位置所需要的独立坐标数是三个，自由度为 3，分别是飞机的经度、纬度和高度。军舰被约束在海面上，自由度比飞机少。

2. 气体分子的自由度

根据自由度的定义，单原子气体分子可以看成一个质点，需要 x、y、z 三个独立的空间坐标才能确定其位置，所以它的自由度为 3，为平动自由度；对于刚性双原子气体分子除用 x、y、z 确定其质心位置（或者其中一个原子的位置）外，还要用两个独立的方位角才能确定其双原子连线的方位（或另一个原子的相对空间位置），因而它的自由度是 5，其中有三个平动自由度与两个转动自由度。对于刚性的多原子气体分子则在确定质心位置和任一过质心的轴线的方位后，还需要一个用以确定绕该轴转动的角坐标，因而它有六个自由度，其中包括三个平动自由度和三个转动自由度。上述分子的自由度如图 8-7 所示。

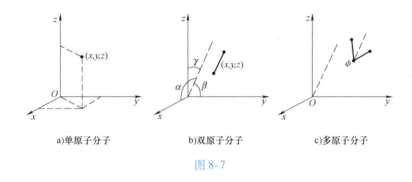

a)单原子分子　　　　　　b)双原子分子　　　　　　c)多原子分子

图 8-7

分子的自由度通常用 i 表示，其中平动自由度用 t 表示，转动自由度用 r 表示。在大学物理中只需要大家掌握上述三种情况，对于分子内有振动（原子间距离变化）的情况暂不予考虑。由此我们将上述情况总结如下。

单原子分子：$i=3$。

刚性双原子分子：$i=5$，其中 $t=3$，$r=2$。

刚性多原子分子：$i=6$，其中 $t=3$，$r=3$。

需要注意，对于某些多原子分子，比如 CO_2 分子，它的三个原子处于一条直线上，因此它的自由度同双原子分子。

8.4.2 能量按自由度均分定理

一个分子的平动动能为

$$\overline{\varepsilon_t} = \frac{1}{2} m_0 \overline{v^2} = \frac{3}{2} kT \tag{8-25}$$

利用速度分量的方均值与速率方均值的关系，即

$$\overline{v_x^2} = \overline{v_y^2} = \overline{v_z^2} = \frac{1}{3} \overline{v^2}$$

可得

$$\frac{1}{2} m_0 \overline{v_x^2} = \frac{1}{2} m_0 \overline{v_y^2} = \frac{1}{2} m_0 \overline{v_z^2} = \frac{1}{3} \left(\frac{1}{2} m_0 \overline{v^2} \right) = \frac{1}{2} kT$$

此式中前三个平方项的平均值各和一个平动自由度相对应，因此它说明分子的每一个平动自由

度的平均动能都相等，而且等于 $\frac{1}{2}kT$。

如果气体是由刚性的多（双）原子分子构成的，则分子的热运动除了分子的平动外，还有分子的转动。转动也有相应的能量，且由于分子间频繁的碰撞，分子间的平动能量和转动能量是不断相互转化的。实验表明：理想气体达到平衡态时，其分子的平动能量与转动能量是按自由度分配的，从而就得到如下的能量按自由度均分定理：

在温度为 T 的平衡态下，气体分子每一个自由度的平均能量都相等，都等于 $\frac{1}{2}kT$。

根据能量按自由度均分定理，如果一个气体分子的总自由度数是 i，则它的平均总动能是

$$\overline{\varepsilon}_k = \frac{i}{2}kT$$

将 i 值代入，可得几种气体分子的平均总动能如下：

单原子分子 $$\overline{\varepsilon}_k = \frac{3}{2}kT$$

刚性双原子分子 $$\overline{\varepsilon}_k = \frac{5}{2}kT$$

刚性多原子分子 $$\overline{\varepsilon}_k = 3kT$$

能量均分定理适用于达到平衡态的气体、液体、固体和其他由大量运动粒子组成的系统。对大量粒子组成的系统来说，动能会按自由度均分是依靠分子间频繁的无规则碰撞来实现的。在碰撞过程中，一个分子的动能可以传递给另一个分子，一种形式的动能可以转化为另一种形式的动能，而且动能还可以从一个自由度转移到另一个自由度。但只要气体达到了平衡态，那么任意一个自由度上的平均动能就应该相等。

8.4.3 理想气体的内能

1. 内能的定义

内能是指所有分子的各种形式的动能和势能的总和。对于实际气体来说，它的内能通常包括所有分子的平动动能、转动动能、振动动能及振动势能。由于分子间存在着相互作用的保守力，所以还应包括分子之间的势能。

2. 理想气体平衡态的内能

根据理想气体的微观模型，理想气体的分子间无相互作用，因此，分子之间没有势能。又由于不考虑分子内部原子间的振动，所以理想气体平衡态的内能只是所有分子平动动能和转动动能之和，即

$$E = \sum_{i=1}^{N} \varepsilon_{ki} = N\overline{\varepsilon}_k = \frac{m}{M}N_A \cdot \frac{i}{2}kT \tag{8-26}$$

式中，N 为系统的总分子数；$\overline{\varepsilon}_k$ 为分子的平均动能；$i = t + r$ 为分子的平动和转动自由度数之和。由于 $\nu = \frac{m}{M}$，式（8-26）可进一步写为

$$E = \nu N_A \frac{i}{2}kT \tag{8-27}$$

又由 $N_A k = R$，我们得到理想气体的内能公式

$$E = \nu \frac{i}{2}RT \tag{8-28}$$

这说明，对于给定的系统来说（m、M、i 都是确定的），理想气体平衡态的内能由温度唯一

确定，也就是说理想气体平衡态的内能是温度的单值函数，由系统的状态参量就可以确定它的内能。系统内能是一个态函数，只要状态确定了，那么相应的内能也就确定了。按照理想气体状态方程 $pV = \nu RT$，内能公式还可以记为

$$E = \frac{i}{2}pV \tag{8-29}$$

如果状态发生变化，则系统的内能也将发生变化。对于理想气体系统来说，内能的变化

$$\Delta E = \nu \frac{i}{2}R\Delta T \tag{8-30}$$

它与状态变化所经历的具体过程无关。上述与内能有关的公式我们在后面有广泛的应用，希望大家熟练掌握。

> 轮胎充气时需要达到所需压强，假设冬天和夏天大气压强相同，那么轮胎内部所需压强也应相同。轮胎体积也不变，根据式（8-29），可见轮胎内气体内能不变。再根据式（8-28）和 $\nu = \dfrac{m}{M}$，可以看出，夏天温度高，所需气体质量小，冬天温度低，所需气体质量大。 `现象解释`

 ## 物理知识应用

【例 8-1】 当温度 $T = 273\text{K}$ 时，求氧气分子的平均平动动能和平均转动动能。

【解】氧气是双原子分子气体，自由度 $i = 5$，平动自由度 $t = 3$，转动自由度 $r = 2$，有

$$\overline{\varepsilon}_t = \frac{3}{2}kT = \frac{3}{2} \times 1.38 \times 10^{-23} \times 273\text{J} = 5.65 \times 10^{-21}\text{J}$$

$$\overline{\varepsilon}_r = \frac{2}{2}kT = \frac{2}{2} \times 1.38 \times 10^{-23} \times 273\text{J} = 3.77 \times 10^{-21}\text{J}$$

【例 8-2】 2g 氢气与 2g 氦气分别装在两个容积相等、温度也相等的封闭容器内，试求：（1）平均平动动能之比；（2）压强之比；（3）内能之比。

【解】（1）因为 $T_2 = T_1$，所以

$$\overline{\varepsilon}_{t1} = \overline{\varepsilon}_{t2}$$

$$\frac{\overline{\varepsilon}_{t1}}{\overline{\varepsilon}_{t2}} = 1$$

（2）由 $pV = \dfrac{m}{M}RT$ 得

$$\frac{p_1}{p_2} = \frac{M_2}{M_1} = \frac{4\text{g} \cdot \text{mol}^{-1}}{2\text{g} \cdot \text{mol}^{-1}} = 2$$

（3）理想气体的内能为

$$E = \frac{m}{M} \cdot \frac{i}{2}RT = \frac{i}{2}pV$$

$$\frac{E_1}{E_2} = \frac{i_1}{i_2} \cdot \frac{p_1}{p_2} = \frac{10}{3}$$

 ## 物理知识拓展

热力学系统的储存能

除了储存在热力学系统内部的内能外，在系统外的参考坐标系中，热力学系统作为一个整体，由于其

宏观运动速度的不同或在重力场中由于高度的不同，而储存着不同数量的机械能，称为宏观动能和重力势能。这种储存能又称为外部储存能。

这样，我们就把系统的储存能分成了两类：需要用在系统外的参考坐标系内测量的参数来表示的能量称为外部储存能；与物质内部粒子的微观运动和粒子空间位形有关的能量称为内部储存能（内能）。下面讨论外部储存能。

宏观动能　质量为 m 的物体以速度 v 运动时，该物体具有的宏观运动动能为

$$E_k = mv^2/2$$

重力势能　质量为 m 的物体，当其在参考坐标系中的高度为 z 时所具有的重力势能为

$$E_p = mgz$$

式中，g 为重力加速度；v、z 为力学变量。处于同一热力学状态的物体可以有不同的 v、z，从这个意义上讲，v、z 是独立于热力学系统内部状态的，因此它们叫作外参数。在外部参考坐标系中，v、z 为点函数。

系统的总储存能　系统的总储存能 $E_总$ 为内、外储存能之和：

$$E_总 = E + E_k + E_p$$

或

$$E_总 = E + \frac{1}{2}mv^2 + mgz$$

内能的深入讨论

从微观观点来看，内能是与物质内部粒子的微观运动和粒子空间位形有关的能量。在分子尺度上，内能包括分子平动、转动、振动运动的动能，以及分子间由于相互作用力的存在而具有的势能；在分子尺度以下，内能还包括不同原子束缚成分子的能量、电磁偶极矩的能量；在原子尺度内，内能还包括自由电子绕核旋转及自旋的能量、自由电子与核束缚在一起的能量、核自旋的能量；在原子核尺度以下，内能还包括核能，等等。工程热力学中，在我们所讨论的一般热力学系统所进行的过程里，常常没有分子结构及核变化。这时，内能停留在分子尺度上，只考虑分子运动的内动能 ε_k 及分子间由于相互作用力的存在而具有的内势能 ε_p，即

$$E = \varepsilon_k + \varepsilon_p$$

在化学热力学中，由于涉及物质分子的变化，内能还将考虑物质内部储存的化学能。既然内能是一个状态参数，因此可用其他独立状态参数表示出来。例如，对简单可压缩系统而言，其内能可表示为 $E = E(T,V)$。

8.5　气体分子热运动的速率分布

火星的质量为地球质量的 0.108 倍，半径为地球的 0.531 倍，以表面温度 240K 计；木星的质量为地球质量的 318 倍，半径为地球的 11.2 倍，以表面温度 130K 计，请从速率分布角度分析火星和木星表面大气成分。[⊖]

 物理学基本内容

对大量分子构成的气体，由于每个时刻各个分子热运动的速率一般各不相同，并且每个分子的速率都通过碰撞不断改变，所以我们无法准确预言某个分子在某一时刻的速率。但对于处于平衡态的气体，我们仍可能从统计的角度，找出气体分子整体的速率分布规律。下面先来看

⊖　张三慧. 大学物理学（第三版）学习辅导与习题解答［M］. 北京：清华大学出版社，2009.

一下分子速率分布的描述方法。

8.5.1　速率分布函数

1. 分子的速率分布

随机量的分布通常用分布函数来表示。用分布函数表示统计分布规律有两种描述方式，一种是用离散值的方式，例如，讨论掷骰子行为中的统计规律；另一种是用连续值的方式。我们先看对掷骰子的描述。

用 i 表示掷骰子每次所掷出的数值。假设共掷了 N 次，其中出现 i 值的次数有 N_i 次（i 可取 1，2，3，4，5，6），各离散值出现的次数与总投掷次数的比值（通常可用百分比表示）为 $\dfrac{N_i}{N}$。

当 N 充分大时，这个比率趋于一个稳定值，这就是掷出数值 i 的分布函数。分布函数的物理意义通常可以用两种完全等价的方式来阐明。一是掷出数值 i 的次数 N_i 占总投掷次数 N 的比值；二是任意投掷一次，掷出数值为 i 的概率（可能性）。对于掷骰子这个具体例子来说，只要 N 充分大，出现 i 的概率肯定是无限接近 1/6，无论 i 为何值，这个概率都是相同的。而且还必然要满足归一化条件

$$\sum_i \frac{N_i}{N} = \frac{\sum_i N_i}{N} = \frac{N}{N} = 1 \tag{8-31}$$

即全部事件出现的总概率等于 1。

上述描述方法可以用来描述气体分子的速率分布。由于频繁的热运动，气体分子之间不断的碰撞将使某个分子的速率不断改变。设想我们能够跟踪这个分子并测量它在不同时刻的速率，可以想象得出每次测量的分子速率是随机分布的，这种分布有什么特点和性质正是我们要讨论的问题。需要指出的是，多次测量一个分子的速率所得到的速率分布与同时测量气体的所有分子所得到的速率分布是完全相同的。为了讨论方便，我们后面所说的速率分布使用后一种方式。

在平衡态下，气体分子速率的大小各不相同。由于分子的数目巨大，速率 v 可以看作在 $0 \sim \infty$ 之间连续分布。此时分子的速率分布函数应该这样来定义：假设系统的总分子数为 N，在速率 $v \sim v + dv$ 之间的分子数为 dN，则用 $\dfrac{dN}{N}$ 来表示在速率 $v \sim v + dv$ 之间的分子数占系统总分子数的比值；或者对于任意一个分子来说，这是它的速率处于 $v \sim v + dv$ 之间的概率。由于这一比值或概率和速率区间 dv 的大小成正比（即 dv 越大，dN 越大），故通常用 $\dfrac{dN}{Ndv}$ 来反映气体分子的速率分布，它与所取区间 dv 的大小无关而仅与速率 v 有关，如图 8-8 所示。我们把这个比值定义为速率分布函数

$$f(v) = \frac{dN}{Ndv} \tag{8-32}$$

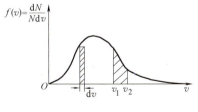

图 8-8

速率分布函数 $f(v)$ 的物理意义是：在速率 v 附近，单位速率区间内的分子数占系统总分子数 N 的比值；或者说，对于任意一个分子而言，它的速率刚好处于 v 值附近单位速率区间内的概率，故 $f(v)$ 也称为分子速率分布的概率密度。对于任意一个分子来说，它的速率多大是偶然的，但却具有一定的概率分布。只要给出了速率分布函数，整个分子的速率分布就完全确定了。

由速率分布函数 $f(v)$ 可求出：

在 $v \sim v + \mathrm{d}v$ 区间的分子数

$$\mathrm{d}N = Nf(v)\mathrm{d}v \qquad (8\text{-}33)$$

在 $v \sim v + \mathrm{d}v$ 区间的分子数在总数中占的比值，即一个分子的速率在 $v \sim v + \mathrm{d}v$ 区间的概率

$$\frac{\mathrm{d}N}{N} = f(v)\mathrm{d}v \qquad (8\text{-}34)$$

在分布函数 $f(v)$ 的曲线上，如图 8-8 所示，它表示曲线下一个微元矩形的面积。

在 $v_1 \sim v_2$ 区间的分子数可以用积分表示为

$$\Delta N = \int_{v_1}^{v_2} Nf(v)\mathrm{d}v \qquad (8\text{-}35)$$

在 $v_1 \sim v_2$ 区间的分子数在总数中占的比例，即一个分子的速率在 $v_1 \sim v_2$ 区间的概率

$$\frac{\Delta N}{N} = \int_{v_1}^{v_2} f(v)\mathrm{d}v \qquad (8\text{-}36)$$

在分布曲线上，它表示在 $v_1 \sim v_2$ 区间曲线下的面积。令 $v_1 = 0$，$v_2 = \infty$，则 ΔN 即为全部分子数 N，故有

$$\int_0^{\infty} f(v)\mathrm{d}v = 1 \qquad (8\text{-}37)$$

式（8-37）称为速率分布函数的归一化条件，表示所有速率的分子数与分子总数的比值为 1，即一个分子速率在（0，∞）区间的概率为 1。在分布曲线上，它表示在 $0 \sim \infty$ 区间曲线下的面积为 1。

2. 统计平均值

下面讨论如何用速率分布函数来求统计平均值。

平均速率：对于总分子数 N 很大的平衡态气体，设分子速率在 $v \sim v + \mathrm{d}v$ 之间的分子数为 $\mathrm{d}N$，这 $\mathrm{d}N$ 个分子的速率严格来说肯定是不相同的，但差别极其微小，因此可以近似认为这 $\mathrm{d}N$ 个分子速率都等于 v。这 $\mathrm{d}N$ 个分子的速率加起来等于 $v\mathrm{d}N = vNf(v)\mathrm{d}v$，全部气体分子的速率加起来等于 $\int_0^{\infty} v\mathrm{d}N = \int_0^{\infty} vNf(v)\mathrm{d}v$，故分子的平均速率

$$\overline{v} = \frac{\int_0^{\infty} v \cdot \mathrm{d}N}{N} = \frac{\int_0^{\infty} v \cdot Nf(v)\mathrm{d}v}{N} = \int_0^{\infty} v \cdot f(v)\mathrm{d}v \qquad (8\text{-}38)$$

式中，$\dfrac{\int_0^{\infty} v \cdot \mathrm{d}N}{N}$ 这种形式意味着，把每个分子的速率全部加起来，然后再除以总分子数 N 就是 $\overline{v}$；而 $\int_0^{\infty} v \cdot f(v)\mathrm{d}v$ 这种形式则意味着，先计算速率 v 与速率为 v 的分子的概率的乘积，然后再将它们全部相加得出 $\overline{v}$。仔细推敲两种算法形式，虽然计算结果一样，但作为方法本身来说，物理思维还是有区别的。

方均速率：同样的推算过程，将式（8-38）中的 v 用 v^2 代替，即可很方便地写出

$$\overline{v^2} = \frac{\int_0^{\infty} v^2 \cdot \mathrm{d}N}{N} = \frac{\int_0^{\infty} v^2 \cdot Nf(v)\mathrm{d}v}{N} = \int_0^{\infty} v^2 \cdot f(v)\mathrm{d}v \qquad (8\text{-}39)$$

从式（8-38）和式（8-39）可以看出，如果速率和速率平方的位置换为其他物理量，也可以得到该物理量的平均值。因此可以看出速率分布函数非常重要，下面我们就来学习由麦克斯韦给出的速率分布函数。

8.5.2　麦克斯韦速率分布及其实验验证

1. 麦克斯韦速率分布

1859 年，当分子还只是一种假说时，麦克斯韦就用概率论导出了在温度为 T 的平衡态下，不受外力场作用的理想气体分子速率分布函数的具体形式，即在速率区间 $v \sim v + \mathrm{d}v$ 内的分子数 $\mathrm{d}N$ 占分子总数 N 的比为

$$f(v) = 4\pi \left(\frac{m_0}{2\pi kT}\right)^{\frac{3}{2}} v^2 \mathrm{e}^{-\frac{m_0 v^2}{2kT}} \tag{8-40}$$

这个函数表达的速率分布规律叫作麦克斯韦速率分布律。式中，T 为理想气体平衡态的热力学温度；m_0 为气体分子的质量；k 为玻尔兹曼常量。式（8-40）表达的分布规律从数学形式上来看是较为复杂的，从图 8-9 中的曲线可以更清楚地看到它的特点。

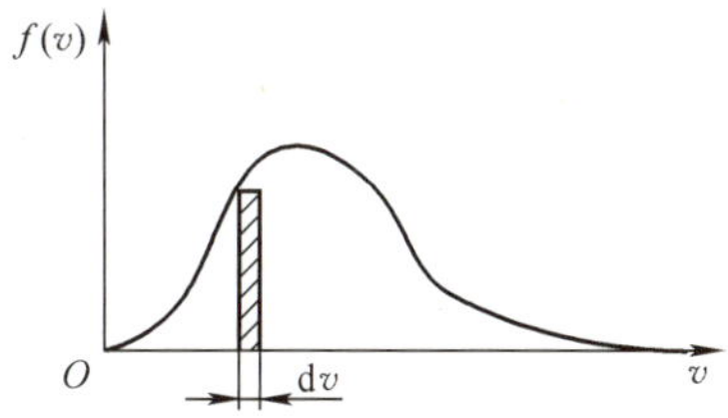

图 8-9　某一温度下速率分布曲线

2. 麦克斯韦速率分布的特点

从图 8-9 中可以看到速率分布显然是不均匀的，具有很大速率或很小速率的分子为数较少，其所占百分比较低，而具有中等速率的分子数很多，所占百分比很高。值得我们注意的是曲线上有一个峰值，曲线峰值所对应的速率比较常用，定义为最概然速率 v_p。它的物理意义是：在 v_p 附近单位速率区间内的分子数占系统总分子数的比值最大，或者说，对于一个分子而言，它的速率刚好处于 v_p 附近单位速率区间内的概率最大。麦克斯韦速率分布只适用于平衡态下包含大量分子的理想气体。对于少量气体，其分子的速率没有确定的分布规律。非平衡态的理想气体也不遵守麦克斯韦速率分布。

3. 麦克斯韦速率分布的实验验证

1920 年，斯特恩最早用实验方法测出了银蒸气分子的速率分布。其后又有很多人，包括我国物理学家葛正权，对不同物质的蒸气分子进行了更为精确的测定。精确度最高的是 1956 年进行的密勒-库什实验。在图 8-10 中，S 是炽热的钍分子射线源，C 是一个可绕中心轴旋转的铝合金圆柱体，上面沿纵向刻有一系列长螺距的螺旋形细槽（图中只画出了一条），圆柱体的半径为 r，长为 L，在侧视图上，细槽两端对圆柱体轴线的张角为 φ。S' 是根据电离计原理制成的分子射线探测器，它可以通过钍分子电离空气产生的电流大小，测出进入探测器的钍分子射线的强度。

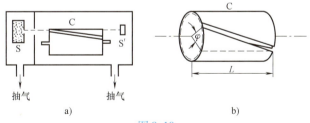

图 8-10

整个装置都放在抽成高真空的容器内。实验时，圆柱体以一定的角速度 ω 旋转，从加热的蒸气源逸出后进入沟槽的分子中，只有那些沿轴向通过距离 L 所用时间恰好等于圆柱体转动角度 φ 所需时间的分子，即速率满足如下关系的分子才能沿着沟槽进入探测器：

$$\Delta t = \frac{L}{v} = \frac{\varphi}{\omega} \quad \text{或} \quad v = \frac{L\omega}{\varphi}$$

而其他速率的分子都会先后沉积在沟槽的侧壁上。事实上，由于沟槽有一定的宽度，相当于张

角 φ 有一定的偏差范围。实际进入探测器的分子的速率，将包含在 $v \sim v + \Delta v$ 的范围内。改变 ω 的大小，就能测出不同速率范围的铊分子射线强度，从而得到不同速率范围的分子数比率。实验表明，若根据实验条件对实验数据进行必要的拟合，那么实验结果与麦克斯韦速率分布是符合较好的。

8.5.3　特征速率

处于平衡态的理想气体系统，它的热运动常用最概然速率、平均速率和方均根速率来表征。三个特征速率就不同的问题有各自的应用。举例来说，在讨论速率分布时，要用到最概然速率；在计算分子运动的平均自由程时，要用到平均速率；在计算分子的平均平动动能时，则要用到方均根速率。

按前面讲述的定义和计算方法，利用麦克斯韦速率分布函数（8-40）可得平衡态理想气体的最概然速率、平均速率和方均根速率，它们分别如下。

最概然速率：根据最概然速率的定义，可以用求极值的方法求出。

令

$$\frac{\mathrm{d}}{\mathrm{d}v} f(v) = \frac{\mathrm{d}}{\mathrm{d}v}\left[4\pi \left(\frac{m_0}{2\pi kT} \right)^{\frac{3}{2}} v^2 \mathrm{e}^{-\frac{m_0 v^2}{2kT}} \right] = 0$$

有

$$2v - \frac{m_0 v}{kT} v^2 = 0$$

即

$$v_p = \sqrt{\frac{2kT}{m_0}} = \sqrt{\frac{2RT}{M}} \approx 1.41 \sqrt{\frac{RT}{M}} \tag{8-41}$$

平均速率：把式（8-40）代入式（8-38）可求得

$$\bar{v} = \sqrt{\frac{8kT}{\pi m_0}} = \sqrt{\frac{8RT}{\pi M}} \approx 1.60 \sqrt{\frac{RT}{M}} \tag{8-42}$$

方均根速率：把式（8-40）代入式（8-39），再开方可求得

$$\sqrt{\overline{v^2}} = \sqrt{\int_0^\infty v^2 \cdot f(v)\,\mathrm{d}v} = \sqrt{\frac{3kT}{m_0}} = \sqrt{\frac{3RT}{M}} \approx 1.73 \sqrt{\frac{RT}{M}} \tag{8-43}$$

从式（8-41）~式（8-43）很容易看出，三个特征速率都和 $\sqrt{T}$ 成正比，都和 $\sqrt{M}$ 成反比，当气体的温度 T 和摩尔质量 M 相同时，$v_p : \bar{v} : \sqrt{\overline{v^2}} = 1.41 : 1.60 : 1.73$，如图 8-11 所示。在室温下，三个特征速率的数量级一般为百米每秒。

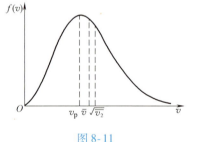

图 8-11

从麦克斯韦速率分布函数可以看出，分布函数不仅是速率 v 的函数，还与系统的构成——分子的摩尔质量 M 和系统的状态——温度 T 有关，由可变因子 T/M 决定。三个特征速率也仅取决于 T/M。

图 8-12a 表明，当温度升高时，气体分子的速率普遍增大，速率分布曲线的峰值也向量值增大的方向移动，但因曲线下的总面积，即分子数的百分数的总和是不变的，因此分布曲线在宽度增大的同时，高度降低，整个曲线变得"较平坦些"。同样可以分析在同一温度下，不同气体的分子速率分布曲线，如图 8-12b 所示，分子质量较小的气体 v_p 较大，曲线的峰值右移，曲线变得较为平坦。

利用理想气体状态方程 $pV = \nu RT$，可以把理想气体的三个特征速率用压强 p 和体积 V 来表示，例如，最概然速率就可以记作

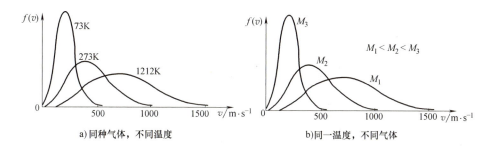

a)同种气体，不同温度　　　　　　b)同一温度，不同气体

图 8-12

$$v_p = \sqrt{\frac{2RT}{M}} = \sqrt{\frac{2pV}{m}} = \sqrt{\frac{2p}{\rho}} \tag{8-44}$$

式中，m 为气体质量；ρ 为气体密度。

现象解释

火星表面逃逸速度为

$$v_{火逃} = \sqrt{\frac{2GM_火}{R_火}} = 5 \times 10^3 \, \text{m} \cdot \text{s}^{-1}$$

火星表面 CO_2 和 H_2 的方均根速率分别为

$$v_{火CO_2} = \sqrt{\frac{3RT}{M_{CO_2}}} = 3.68 \times 10^2 \, \text{m} \cdot \text{s}^{-1}$$

$$v_{火H_2} = \sqrt{\frac{3RT}{M_{H_2}}} = 1.73 \times 10^3 \, \text{m} \cdot \text{s}^{-1}$$

从以上结果可以看出，H_2 分子容易逃逸，CO_2 分子不易逃逸，所以火星表面有 CO_2 而无 H_2。（实际上，火星表面大气中 96% 是 CO_2。）

同理，木星表面逃逸速度为

$$v_{木逃} = \sqrt{\frac{2GM_木}{R_木}} = 6 \times 10^4 \, \text{m} \cdot \text{s}^{-1}$$

木星表面 H_2 的方均根速率为

$$v_{木H_2} = \sqrt{\frac{3RT}{M_{H_2}}} = 1.27 \times 10^3 \, \text{m} \cdot \text{s}^{-1}$$

从以上结果可以看出，H_2 分子不易逃逸，所以木星表面有 H_2。（实际上，木星大气 78% 质量为 H_2，其余的是 He，其上盖有冰云，木星内部为液态甚至固态氢。）

思维拓展

能否从最概然速率推出最概然动能 $E_k = \frac{1}{2}mv_p^2 = kT$?

 物理知识应用

【例 8-3】 试计算气体分子热运动速率介于 $v_p - \frac{v_p}{100} \sim v_p + \frac{v_p}{100}$ 之间的分子数占总分子数的百分率。

〇 张三慧. 大学物理学（第三版）学习辅导与习题解答［M］. 北京：清华大学出版社，2009.

【解】

$$\frac{\Delta N}{N} = 4\pi \left(\frac{m_0}{2\pi kT}\right)^{\frac{1}{2}} e^{-\frac{m_0 v^2}{2kT}} v^2 \Delta v$$

$$v_{\mathrm{p}} = \sqrt{\frac{2kT}{m_0}}$$

所以

$$\frac{\Delta N}{N} = \frac{4}{\sqrt{\pi}} \left(\frac{v}{v_{\mathrm{p}}}\right)^2 e^{-\left(\frac{v}{v_{\mathrm{p}}}\right)^2} \frac{\Delta v}{v_{\mathrm{p}}}$$

由已知条件可知

$$v = \frac{99}{100} v_{\mathrm{p}}, \ \Delta v = \frac{v_{\mathrm{p}}}{50}$$

最后得到

$$\frac{\Delta N}{N} = 1.66\%$$

 物理知识拓展

玻尔兹曼能量分布律与飞机高度表原理

前面一个知识点介绍的麦克斯韦分子速率分布是理想气体处于平衡态时的情况，在讨论中我们没有涉及力场（如重力场）对气体分子的影响，下面我们将深入讨论这个问题。

将麦克斯韦速率分布函数 $f(v) = 4\pi \left(\frac{m_0}{2\pi kT}\right)^{\frac{3}{2}} e^{-\frac{m_0 v^2}{2kT}} v^2$ 改写为

$$dN = 4\pi N \left(\frac{m_0}{2\pi kT}\right)^{\frac{3}{2}} e^{-\frac{\varepsilon_{\mathrm{k}}}{kT}} v^2 dv \tag{8-45}$$

式中，$\varepsilon_{\mathrm{k}} = \frac{1}{2} m_0 v^2 = \frac{1}{2} m_0 (v_x^2 + v_y^2 + v_z^2)$ 为分子的动能。如果把气体放在保守力场中，那么气体分子不仅有动能，而且还有势能。一般说来，动能是速率的函数，即 $\varepsilon_{\mathrm{k}} = \varepsilon_{\mathrm{k}}(v)$，而势能则是分子在空间位置坐标的函数，即 $\varepsilon_{\mathrm{p}} = \varepsilon_{\mathrm{p}}(x, y, z)$。例如，在重力场中，分子的势能为 $\varepsilon_{\mathrm{p}} = m_0 gh$（设 $h = 0$ 处为重力势能零点）。因此，在有力场的情况下，如果我们既要考虑分子按速率的分布（即按动能分布），也要考虑分子按空间的分布（即按势能分布），前面考虑的分子通过频繁碰撞而进行的平动、转动、振动能量转换还应包括通过频繁碰撞而进行的动能与重力势能的能量转换。那么一个合理的考虑是，上式因子 $e^{-\varepsilon_{\mathrm{k}}/kT}$ 中的 ε_{k} 应当用粒子的总的能量 $\varepsilon = \varepsilon_{\mathrm{k}} + \varepsilon_{\mathrm{p}}$ 来代替。玻尔兹曼从这个观点出发，进一步运用统计物理学基本原理得到，分子速度处于 $v_x \sim v_x + dv_x$、$v_y \sim v_y + dv_y$、$v_z \sim v_z + dv_z$ 区间内，坐标处于 $x \sim x + dx$、$y \sim y + dy$、$z \sim z + dz$ 的空间体积元 $dV = dxdydz$ 内的分子数为

$$dN = n_0 \left(\frac{m_0}{2\pi kT}\right)^{\frac{3}{2}} e^{-\frac{\varepsilon_{\mathrm{k}} + \varepsilon_{\mathrm{p}}}{kT}} dv_x dv_y dv_z dxdydz$$

或

$$dN = n_0 \left(\frac{m_0}{2\pi kT}\right)^{\frac{3}{2}} e^{-\frac{\varepsilon}{kT}} dv_x dv_y dv_z dxdydz \tag{8-46}$$

式中，n_0 表示在势能 $\varepsilon_{\mathrm{p}} = 0$ 处单位体积内所含各种速度的分子数。式（8-46）表示在平衡态下，气体分子按能量（动能和势能）的分布规律，称为麦克斯韦-玻尔兹曼能量分布律，简称玻尔兹曼能量分布律。把式（8-46）对位置积分，就可以回到麦克斯韦速率分布，可见麦克斯韦速率分布是玻尔兹曼能量分布律的一个直接结果。

从式（8-46）很容易地看出，当气体的温度给定时，在确定的速度区间和坐标区域内，分子数只取决于因子 $e^{-\frac{\varepsilon}{kT}}$，称为概率因子。分子的能量 $\varepsilon = \varepsilon_{\mathrm{k}} + \varepsilon_{\mathrm{p}}$ 越大，概率因子 $e^{-\frac{\varepsilon}{kT}}$ 越小，分子数就越少。从统计意

义上看，这说明气体分子占据能量较低状态的概率比占据能量较高状态的概率大。一般来说，气体分子占据基态（最低能量状态）的概率要比占据激发态（较高能量状态）的概率大得多。根据玻尔兹曼能量分布律，对于式（8-46），由于

$$\iiint_{-\infty}^{\infty} \left(\frac{m_0}{2\pi kT}\right)^{\frac{3}{2}} e^{-\frac{\varepsilon_k}{kT}} dv_x dv_y dv_z = 1$$

所以

$$dN' = n_0 e^{-\frac{\varepsilon_p}{kT}} dxdydz$$

将两端同时除以 $dxdydz$，可以得出气体分子在重力场中按高度分布的规律：

$$n = n_0 e^{-\frac{m_0gh}{kT}} = n_0 e^{-\frac{Mgh}{RT}} \tag{8-47}$$

式中，n 是在高度 h 处单位体积内所含各种速度的分子数；n_0 是 $h=0$ 处单位体积内所含各种速度的分子数；T 是系统的温度。式（8-47）告诉我们：重力场中处于平衡态的理想气体越往高处分子越稀少，而且，质量越大的分子其分子数随高度的增加减少得越快。例如，离地 80km 时 O_2 已基本没有了，并且可以预期，由于一个氧分子的质量比氮分子的大，在含有 O_2 和 N_2 的混合理想气体中，越往上，N_2 所占的比例将越大，但在实际的大气层中，由于各种因素（如风或对流等）的影响，大气分子并不处于平衡态，分子密度并不严格按式（8-47）的规律分布。

将 $p = nkT$ 代入式（8-47），由此还可进一步得到，气体压强随高度变化的规律为

$$p = p_0 e^{-\frac{Mgh}{RT}} \tag{8-48}$$

在航空技术（如飞机高度表）中，可由此判断上升的高度

$$h = \frac{RT}{Mg}\ln\frac{p_0}{p} \tag{8-49}$$

地形匹配制导是远程巡航导弹常用的一种精确制导方式，为实现这种制导，需要先用侦察卫星或其他侦察手段测绘出导弹预定飞行路线的地形高度数据，并制成数字地图存储在弹上制导系统中。侦察设备中主要部分就是气压高度表，其工作原理是根据大气层的组成及特点，大气的静压 p_s 随着高度增加而减小。通过测量气压 p_s，间接测量高度。这种高度表实质上是测量绝对压力的压力表。海平面上的气压 p_0 为 760mmHg，为标准大气压。随着海拔升高，气压降低，3000m 以下，每升高 10m，大气压下降大约 1mmHg。大气压和海拔的关系根据式（8-48）大约可以用幂指数的关系表示为

$$p_s = p_0 e^{-\frac{h}{7924}}$$

式中，p_s 为气压，单位为 mmHg；h 为海拔，单位为 m。

气压式高度表的简单原理及盘面图如图 8-13 所示。将高度表壳密封，空气压力 p_s 由传压管送入高度表内腔。高度增加表内压力减小，置于表壳内的真空膜盒随之膨胀而产生形变，膜盒中心的位移经传动机构传送、变换和放大后，带动指针沿刻度面移动，指示出与气压 p_s 相对应的气压高度值。在盘面下部，有个小窗口，其示数是基准面的气压值，可通过调整旋钮调节。当测量导弹与行经区域地面的相对高度时，其示数是其正下方地面的气压值。

由于导弹存储器中存有预定航迹下所有区域的地形高度数据，这样将实测地形高度数据串与导弹计算机存储的数据逐次比较，通过计算机计算便可得到测量数据与预存数据的最佳匹配。因此，只要知道导弹在预存数字地图中的位置，将它和程序规定的位置比较，得到的位置误差就可形成制导指令，修正导弹的航迹误差。[一]

[一]　陈蕾蕾. 物理与军事 [M]. 北京：高等教育出版社，2016.

图 8-13

8.6　平均碰撞频率　平均自由程

> 烟幕干扰技术是一种重要的光电对抗手段。烟幕是烟和雾的通称。当可见光、红外辐射和激光在通过烟幕时被散射、吸收而衰减，从而起到遮蔽目标的作用，所以现代战场上经常利用烟雾来形成干扰屏障，以干扰敌方光电侦察系统、保护我方目标和行动。
>
> 想要在目标区域形成稳定的烟幕，减缓烟幕消散是一种手段。那么如何能够长时间的维持烟幕呢？

物理现象

物理学基本内容

气体系统由非平衡态向平衡态转变的过程，就称为输运过程。当系统各处气体密度不均匀时，就会发生扩散过程，使系统各处的密度趋于均匀；当系统各处的温度不均匀时，就会发生热传导过程，使各处的温度趋于均匀；当系统各处的流速不均匀时，就会发生黏性现象，使系统各处的流速趋于一致。扩散过程、热传导过程和黏性现象都是典型的输运过程。

如前所述，气体系统由非平衡态向平衡态的转变，是通过气体分子的热运动和相互碰撞得以实现的。所以，我们可以把热运动过程中分子间的碰撞作为气体内输运过程的机制。

气体分子在热运动中进行着频繁的碰撞，在连续两次碰撞之间分子所通过的自由路程的长短，完全是偶然的。但对大量分子而言，在连续两次碰撞之间所通过的自由路程的平均值，即平均自由程却是一定的，它是由气体系统自身性质决定的。

不难想象，气体分子的平均自由程与系统中单位体积分子数有关，与分子自身大小有关。为了探讨这种关系，我们首先应对气体系统和分子进行一些简化处理。

（1）认为气体分子是刚性球，把两个分子中心间最小距离的平均值认为是刚性球的有效直径，用 d 表示，并且分子间的碰撞是完全弹性碰撞。

我们把 d 称为分子的有效直径，是由于气体分子并不是真正的球体，分子碰撞的实际过程也与刚性球的完全弹性碰撞不同。这是因为，分子是一个复杂的带电体，分子之间相互作用的性质也是十分复杂的，当分子间距很小时，表现为斥力，并且随着分子间距的减小，斥力迅速增大，碰撞过程就是在这种斥力的作用下进行的。显然，随着两个分子在碰撞前相互接近的速率的不同，它们之间所能达到的最小距离也不同。可见分子的有效直径并不能代表分子的真正大小。

（2）系统中气体分子的密度不是很大，以致发生三个分子互相碰撞在一起的概率很小，可以忽略，只要考虑两个分子的碰撞过程就够了。

（3）如果分子热运动的相对速率的平均值为 $\bar{u}$，可以假定这个被我们跟踪的分子以 $\bar{u}$ 运动，而所有与它发生碰撞的分子都静止不动。

（4）当某个分子与其他分子碰撞时，它们的中心间距为 d，换一个角度，我们可以认为这个分子的直径为 $2d$，而所有与它发生碰撞的分子都看为没有大小的质点，如图 8-14 所示，下面的讨论都以此为基础。

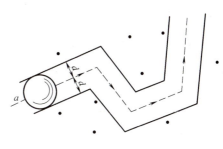

图 8-14

在上述简化处理下，让我们跟踪图 8-14 中的分子 a，观察它与其他分子碰撞的情形。在分子 a 的运动过程中，它将扫过一个以 πd^2 为截面积、以它的中心的运动轨迹为轴线的圆柱体，凡是处于这个圆柱体内的质点，都将与分子 a 发生碰撞。因此我们把截面积 πd^2 称为分子的碰撞截面。这个圆柱体必定是曲折的，这是因为在与其他分子发生碰撞的地方，分子 a 改变了运动方向。在 t 时间内，分子所扫过的曲折圆柱体的总长度（即其轴线的长度）为 $\bar{u}t$，相应的圆柱体的体积为 $\bar{u}t\pi d^2$。如果系统中单位体积内的分子数为 n，那么包含在圆柱体内的分子数为 $n\bar{u}t\pi d^2$。因为圆柱体内包含的分子都与分子 a 发生碰撞，所以在单位时间内分子 a 与其他分子的平均碰撞次数为

$$\bar{Z} = \frac{n\bar{u}t\pi d^2}{t} = n\bar{u}\pi d^2 \tag{8-50}$$

$\bar{Z}$ 称为分子的碰撞频率。可以证明，分子热运动的平均相对速率 $\bar{u}$ 与平均速率 $\bar{v}$ 之间存在下面的关系：

$$\bar{u} = \sqrt{2}\,\bar{v} \tag{8-51}$$

将式（8-51）代入式（8-50），得

$$\bar{Z} = \sqrt{2}n\bar{v}\pi d^2 \tag{8-52}$$

分子 a 在 1s 内运动的平均路程为 $\bar{v}$，在这段时间内发生了 $\bar{Z}$ 次碰撞，因而每连续两次碰撞所通过的平均路程，即平均自由程为

$$\bar{\lambda} = \frac{1}{\sqrt{2}d^2 n} \tag{8-53}$$

式（8-53）表示，分子的平均自由程与分子的有效直径的平方成反比，与单位体积内分子数成反比，而与分子的平均速率无关。

因为温度恒定时气体的压强与单位体积内的分子数成正比，即 $p = nkT$，所以可以得到分子平均自由程与压强的关系，即

$$\bar{\lambda} = \frac{kT}{\sqrt{2}\pi d^2 p} \tag{8-54}$$

这表示，在温度恒定时，分子的平均自由程与气体压强成反比。

在标准大气压下，0℃时各种气体的碰撞频率的数量级约为 $5 \times 10^9 \mathrm{s}^{-1}$，平均自由程的数量级为 $10^{-8} \sim 10^{-7}\mathrm{m}$（见表 8-1）。

表 8-1　0℃时不同压强下几种气体分子的平均自由程

p/Pa	氢气$\bar{\lambda}$/m	氮气$\bar{\lambda}$/m	氧气$\bar{\lambda}$/m	空气$\bar{\lambda}$/m
1.01×10^5	1.123×10^{-7}	0.599×10^{-7}	0.647×10^{-7}	7.000×10^{-8}
1.33×10^2	8.5×10^{-5}	4.5×10^{-5}	4.9×10^{-5}	5.2×10^{-5}
1.33	8.5×10^{-3}	4.5×10^{-3}	4.9×10^{-3}	5.2×10^{-3}
1.33×10^{-2}	8.5×10^{-1}	4.5×10^{-1}	4.9×10^{-1}	5.2×10^{-1}

烟幕的消散就是一种输运现象，即为扩散现象。现在，我们只考虑一种气体的质量输运。[注]设这种气体的密度沿 ox 轴方向改变着，沿着这个密度变化最大的方向，气体密度的空间变化率 $\dfrac{\mathrm{d}\rho}{\mathrm{d}x}$ 叫作密度梯度。在气体内任取一个垂直于 ox 轴的面积 ΔS。实验证明，在单位时间内，从密度较大的一侧通过该面积向密度较小的一侧扩散的质量与该面积所在处的密度梯度成正比，同时也与面积 ΔS 成正比，即

$$\frac{\Delta M}{\Delta t} = -D \frac{\mathrm{d}\rho}{\mathrm{d}x} \Delta S$$

式中，D 叫作扩散系数；负号表示气体的扩散从密度较大处向密度较小处进行，与密度梯度的方向恰好相反。

在气体动理论中，可以认为分子在通过气体中的分界面 $\mathrm{d}S$ 前的最后一次碰撞，平均地说，是发生在距离该分界面为 $\overline{\lambda}$ 处的。于是，分子就将该处的物理性质（质量、动量、能量）带到了分界面的另一侧。通过 $\mathrm{d}S$ 两侧物理量的差异，就可由单位时间转移的物理量求出如下的黏度、热导率与扩散系数：

$$\eta = \frac{1}{3} \rho \,\overline{v}\, \overline{\lambda}$$

$$\kappa = \frac{1}{3} \frac{C_{V,m}}{M} \rho \,\overline{v}\, \overline{\lambda}$$

$$D = \frac{1}{3} \overline{v}\, \overline{\lambda}$$

式中，$C_{V,m}$ 为定体摩尔热容，将在第 9 章具体介绍。

因为 $\overline{v} = \sqrt{\dfrac{8RT}{\pi M}}$，平均自由程 $\overline{\lambda} = \dfrac{kT}{\sqrt{2}\pi d^2 p}$，从扩散系数 $D = \dfrac{1}{3}\overline{v}\,\overline{\lambda}$ 可知，D 与 $T^{\frac{3}{2}}$ 成正比，而与压强 p 成反比。这说明，温度越高，分子运动速度越大；压强 p 越低时，分子平均自由程越大，所以碰撞机会少，扩散进行得越快。因此想要长时间的维系烟幕，需要环境温度越低越好，压强越大越好。

综上所述，在合适的地点选择合适的气候环境使用烟幕，会大大延长烟幕的维系时间。例如，气温由低纬度向高纬度递减，海拔高地区气温低；大气压的变化随高度增加而减小，冬季气压较高、夏季气压较低，晴天气压比阴雨天高。

物理知识应用

【例8-4】 计算在标准状态下氢分子的平均自由程和平均碰撞频率。（取分子的有效直径为 2.0×10^{-10} m）

【解】

$$\overline{\lambda} = \frac{kT}{\sqrt{2}\pi d^2 p} = 2.1 \times 10^{-7} \,\mathrm{m}$$

$$\overline{v} = \sqrt{\frac{8RT}{\pi M}} = 1.7 \times 10^3 \,\mathrm{m \cdot s^{-1}}$$

$$\overline{Z} = \frac{\overline{v}}{\overline{\lambda}} = 8.1 \times 10^9 \,\mathrm{s^{-1}}$$

㊀ 程守洙，江之永. 普通物理学：上册 [M]. 7 版. 北京：高等教育出版社，2016.

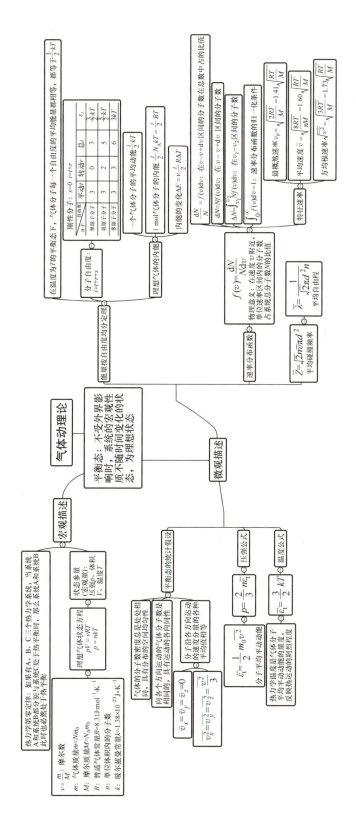

思考与练习

思考题

8-1　气体在平衡状态时有何特征？这时气体中有分子热运动吗？热力学中的平衡与力学中的平衡有何不同？

8-2　在推导理想气体的压强公式时为什么没有考虑分子间的碰撞？

8-3　试用气体的分子热运动说明为什么大气中氢的含量极少？

8-4　如盛有气体的容器相对于某坐标系从静止开始运动，容器内的分子速度相对于这坐标系也将增大，则气体的温度会不会因此升高呢？

练习题

（一）填空题

8-1　在相同的温度和压强下，氢气（视为刚性双原子分子气体）与氦气的单位体积热力学能之比为_____，氢气与氦气的单位质量热力学能之比为_____。

8-2　A、B、C 三个容器中皆装有理想气体，它们的分子数密度之比为 $n_A : n_B : n_C = 4:2:1$，而分子的平均平动动能之比为 $\overline{\varepsilon}_{tA} : \overline{\varepsilon}_{tB} : \overline{\varepsilon}_{tC} = 1:2:4$，则它们的压强之比 $p_A : p_B : p_C =$ _____。

8-3　2g 氢气与 2g 氦气分别装在两个容积相同的封闭容器内，温度也相同。（氢气分子视为刚性双原子分子）

（1）氢气分子与氦气分子的平均平动动能之比 $\overline{\varepsilon}_{tH_2} : \overline{\varepsilon}_{tHe} =$ _____；

（2）氢气与氦气压强之比 $p_{H_2} : p_{He} =$ _____；

（3）氢气与氦气热力学能之比 $E_{H_2} : E_{He} =$ _____。

8-4　在平衡状态下，已知理想气体分子的麦克斯韦速率分布函数为 $f(v)$，分子质量为 m，最概然速率为 v_p，试说明下列各式的物理意义：

（1）$\int_{v_p}^{+\infty} f(v)\,\mathrm{d}v$ 表示_____；

（2）$\int_{v_p}^{+\infty} \frac{1}{2}mv^2 f(v)\,\mathrm{d}v$ 表示_____。

8-5　习题 8-5 图所示的两条 $f(v)$-v 曲线分别表示氢气和氧气在同一温度下的麦克斯韦速率分布曲线。由此可知氢气分子的最概然速率为_____；氧气分子的最概然速率为_____。

8-6　一定量的某种理想气体，先经过等体过程使其热力学温度升高为原来的 2 倍，再经过等压过程使其体积膨胀为原来的 2 倍，则分子的平均自由程变为原来的_____倍。

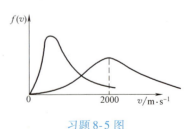

习题 8-5 图

（二）计算题

8-7　一瓶氢气和一瓶氧气温度相同，若氢气分子的平均平动动能为 6.21×10^{-21} J，试求：

（1）氧气分子的平均平动动能和方均根速率；

（2）氧气的温度。

8-8　在容积为 2.0×10^{-3} m³ 的容器中，有热力学能为 6.75×10^2 J 的刚性双原子分子理想气体。

（1）求气体的压强；

（2）若容器中分子总数为 5.4×10^{22} 个，求分子的平均平动动能及气体的温度。

8-9　设想太阳是由氢原子组成的理想气体，其密度可看作均匀的。若此理想气体的压强为 $1.35 \times 10^{14} \mathrm{Pa}$，试估计太阳的温度。（已知氢原子的质量 $m = 1.67 \times 10^{-27} \mathrm{kg}$，太阳半径 $R = 6.96 \times 10^8 \mathrm{m}$，太阳质量 $m_{\mathrm{sun}} = 1.99 \times 10^{30} \mathrm{kg}$）

8-10　某些恒星的温度可达到约 $1.0 \times 10^8 \mathrm{K}$，这也是发生聚变反应（也称热核反应）所需的温度。在此温度下，恒星可视为由质子组成。问：

（1）质子的平均动能是多少？

（2）质子的方均根速率为多大？

8-11　电视机显像管的真空度为 $1.33 \times 10^{-3} \mathrm{Pa}$，温度为 27℃，求其内的分子数密度和分子的平均自由程（设分子的有效直径为 $d = 3 \times 10^{-10} \mathrm{m}$）。

8-12　在太阳的大气中，温度和压强分别是 $2.00 \times 10^6 \mathrm{K}$ 和 0.03Pa。计算那里的自由电子（质量 $m = 9.11 \times 10^{-31} \mathrm{kg}$）的方均根速率。（设太阳的大气是理想气体）

8-13　真空管的线度为 $10^{-2} \mathrm{m}$，其中真空度为 $1.33 \times 10^{-3} \mathrm{Pa}$，若空气分子的有效直径为 $3 \times 10^{-10} \mathrm{m}$，真空管内的温度为 27℃，试求此时真空管内的分子数密度、空气分子的平均自由程和平均碰撞频率。

 ## 阅读材料

航空大气数据计算机

飞行仪表与传感器是测量飞机飞行运动状态参数的机载设备，飞行员凭借这类仪表与传感器显示的信息正确安全地驾驶飞机，自动控制系统凭借这类仪表与传感器输出的信息自动操纵控制飞机飞行，以完成各种飞行任务。

大气数据仪表是指测量大气参数的压力式飞行仪表与传感器，包括高度表、指示空速表、真空速表、马赫数表、升降速度表和大气温度表等，它们之所以称为大气数据仪表，是因为这些仪表不能直接测量出飞机所需的飞行参数，而是通过测量飞机与大气之间的作用力及飞机所在位置的大气参数（如大气静压和温度等），再根据大气参数与飞机飞行参数的特定关系进行换算，才能在相应的仪表上指示出所需的飞行参数，所以把这样的仪表叫作大气数据仪表。用在大气数据系统的电动大气数据仪表是测量相应的大气参数，经过飞机的全、静压系统和大气数据计算机转换成相应的电信号，再输送到相应的仪表分别指示飞机的各飞行参数。

飞行高度、空速、大气静温、大气密度等飞行参数都与总压、静压等参数有关，因此，只要有统一测量总压、静压、总温等少数参数的传感器，通过计算均可以得到上述飞行参数。

近 30 年来，航空科技迅速发展，各种高性能飞机相继出现，自动控制系统飞速发展（如相继出现飞行控制系统、发动机控制系统、火力控制系统、导航系统等），而且其功能日臻完善，这些系统都需要各种相同或不同的飞行参数，显然再用分立的、数目众多的仪表与传感器来提供这些参数，已不再适应需要。

因此，根据传感器测得的少量原始参数，如总压、静压、总温等参数，计算出较多的与大气数据有关的上述飞行参数的多输入多输出的机载综合测量系统——大气数据计算机就出现了，它有如下优点：

（1）减少了大量重复的分立式仪表与传感器，减少了机载设备的体积和重量，目前大气数据计算机的重量约 5kg。

（2）提高了参数的测量精度。在大气数据计算机中可以采用精度高的压力传感器、解算装置及误差补偿方法，可以大大提高参数的测量精度。

而众多的分立式仪表与传感器，则加重了总静压管的负担，加大了延迟误差，降低了测量系统的动态特性。

（3）提供信息的一致性得到提高。在大气数据计算中，计算机根据原始信息计算出各参数，并统一提供给各系统，因此提供的信息一致性得到提高。

（4）提高了可靠性。在大气数据计算机中均设有自检和故障监测系统，因而提高了可靠性；并可与机上其他计算机系统联网，构成变结构计算机系统，增加了冗余；在大型飞机上一般均装有两套大气数据计算机以提高其可靠性。

任何类型的大气数据计算机均由下述三大部分组成：

（1）几个原始参数传感器，提供总压、静压、总温和迎角等参数。

（2）解算装置或计算机，实现参数计算、误差修正。

（3）输出装置，为所需飞行参数信息的系统提供所要求的信息。

有的地方，把大气数据计算机称为大气数据系统。实际上，大气数据计算机的上述三大部分再加上显示飞行参数的显示装置（电子综合显示仪）才称为大气数据系统。

大气数据计算机技术的进一步发展趋势是将硬、软件设计成公用模块和专用模块两部分，公用模块适用于多种飞机机型，通常约占整机硬、软件的80%以上。专用模块则根据各种机型的特殊要求设计。这种标准化设计有利于批量生产，降低成本，减少维修设备，便于维护；减少对备件的需求，降低对维修人员技术水平的要求；缩短新品研制周期。

上述大气数据计算机由于总压（或动压）和静压传感器与输入、输出接口及中央处理机组装在一起，因而总静压要从总静压管经导管引到大气数据计算机，加大压力延迟误差。因此可以考虑在总静压管出口处直接装有小型的总压和静压传感器，直接送给各用户计算机的是总压、静压和总温的数字信号，由各用户的计算机自己计算得到所需的飞行参数。这样做的好处是减少了总静压的压力延迟误差，提高了飞行参数的动态特性，也可以减少机载计算机的数量，充分发挥计算机的潜力。

第9章 热力学基础

历史背景与物理思想发展

19 世纪前叶，已有一系列科学发现揭示出自然现象之间的联系和能量转换。人们对热的本质展开的研究和争论，为热力学理论的建立做了准备。热功相当原理奠定了热力学第一定律的基础，它和卡诺理论结合，产生了热力学第二定律。

历史上最早提出能量转化与守恒规律的是德国医生迈尔，他在 1842 年宣布了热和机械能的相当性和可转换性。迈尔是一位随船医生，他在给生病的船员放血时，发现他们的静脉血不像生活在温带国家中的人那样颜色暗淡，而是像动脉血那样鲜红。这种生理现象启发他思考其中的道理，他想到食物中所含的化学能可以像机械能一样转化为热。在热带高温情况下，机体只需要吸收食物中较少的热量，所以机体中食物的燃烧过程减弱了，因此，静脉血中留下了较多的氧。1842—1851 年，迈尔连续发表论文，论述了在自然界中普遍存在的各种运动形式及能量的转换。迈尔的贡献在于首先以普遍的、自然科学的形式提出了能量守恒与转化原理，说明了对自然科学的普遍意义。他的能量转换图像在后来的科学发展中得到进一步的确立和补充。

德国生理学家、物理学家亥姆霍兹从多方面研究和论证了能量转化与守恒定律。他在 1847 年完成的论文《力的守恒》中，系统而严密地论述了能量守恒原理。首先他用数学形式表述了孤立系统中机械能守恒，接着他把能量守恒原理应用于热学、电磁学、天文学和生理学领域，他还将能量守恒原理与永动机的不可能相联系，使能量守恒原理拥有更有效的说服力，使人们可以更深入地理解自然界的统一性。

英国著名的实验物理学家焦耳关于热功当量的测量是确立能量守恒定律的实验基础。从 1838 年到 1842 年的几年中，他通过磁电机的各种实验注意到电机和电路中的发热现象，他认为这和机件运转中的摩擦现象一样，都是动力损失的根源。从 1843 年以磁电机为对象开始测量热功当量，直到 1878 年最后一次发表实验结果，他先后做了不下四百余次实验，采用了原理不同的各种方法，以日益精确的数据，为热和功的相当性提供了可靠的证据，使能量转化与守恒定律确立在牢固的实验基础之上。

能量转化与守恒定律是自然界的基本规律之一，该定律的建立，使科学的各个分支之间建立起惊人的普遍的联系，揭示了自然现象中各种运动之间的转化，以及机械能、热能、化学能、电磁能、光和辐射能之间的转换，是自然科学内在的统一性说明。

热力学第二定律的发现与提高热机效率的研究有密切关系。蒸汽机虽然在 18 世纪就已发明，但它从初创到广泛应用，经历了漫长的年月，1765 年和 1782 年，瓦特两次改进蒸汽机的设计，使蒸汽机的应用得到了很大发展，但是效率仍不高。如何进一步提高机器的效率就成了当时工程师和科学家共同关心的问题。

1824 年，卡诺提出了在热机理论中有重要地位的卡诺定理，这个定理后来成了热力学第二定律的先导。他写道："为了以最普遍的形式来考虑热产生运动的原理，就必须撇开任何的机构或任何特殊的工作物质来进行考虑，就必须不仅建立蒸汽机原理，而且还要建立所有假想的热机的原理，不论在这种热机里用的是什么工作物质，也不论以什么方法来运转它们。"卡诺取最普遍的形式进行研究的方法，充分体现了热力学的精髓。他撇开一切次要因素，径直选取一个理想循环，由此建立了热量及其转移过程中所做功之间的理论联系。

卡诺根据热质守恒的假设和永动机不可能实现的经验总结，经过逻辑推理，证明他的理想循环能获得最高的效率。由于他缺乏热功转化的思想，所以对于热力学第二定律，"他差不多已经探究到问题的底蕴。阻碍他完全解决这个问题的，并不是事实材料的不足，而只是一个先入为主的错误理论。"卡诺在 1832 年 6 月先后得了猩红热和脑膜炎，8 月 24 日患流行性霍乱去世，年仅 36 岁。

克劳修斯于 1850 年对卡诺定理做了详尽的分析，他对热功之间的转化关系有了明确的认识。他证明，在卡诺循环中，"有两种过程同时发生，一些热量被用去了，另一些热量从热的物体转到冷的物体，这两部分热量与所产生的功有确定的关系"。克劳修斯正确地把卡诺定理做了扬弃，并进而将其改造成与热力学第一定律并列的热力学第二定律。

1854 年，克劳修斯更明确地阐明："热永远不能从冷的物体传向热的物体，如果没有与之联系的、同时发生的其他的变化的话。关于两个不同温度的物体间热交换的种种已知事实证明了这一点；因为热处处都显示出企图使温度的差别均衡的趋势，所以只能沿相反的方向，即从热的物体传向冷的物体。因此，不必再做解释，这一原理的正确性也是不证自明的。"他特别强调"没有其他变化"这一点，并解释说，如果同时有沿相反方向并至少是等量的热转移，还是有可能发生热量从冷的物体传到热的物体的。这就是沿用至今的关于热力学第二定律的克劳修斯表述。

热力学是从能量的观点，以实验定律为基础处理热运动中宏观量之间的关系，本章首先讨论功、内能及热量之间的定量关系，即热力学第一定律，然后将其应用到理想气体的等值过程和绝热过程，并通过循环过程讨论热机和制冷机的应用原理，最后讨论热力学第二定律，为定量判断过程方向，引入态函数熵，并介绍熵增加原理。

9.1　热力学第一定律

弹射器是航空母舰的重要设备之一，其中蒸汽弹射是利用蒸汽产生的巨大推力，将舰载机在航母甲板上的较短距离内加速到起飞速度，使舰载机顺利起飞。

在系统结构强度的限制内，要想使舰载机尽快达到起飞速度，就要定量研究蒸汽弹射系统的功，以及如何控制并提高弹射功？

 物理学基本内容

9.1.1　热力学过程

在第 8 章我们研究了热力学系统在平衡态时的性质，但热力学系统与外界是有联系的，根据联系的不同，可将系统进行分类：系统与外界既有能量交换又有物质交换的，称为开放系统；只有能量交换没有物质交换的，称为封闭系统；既没有能量交换又没有物质交换的，称为孤立系统；其他分类不再赘述。系统在外界作用下，状态将会发生变化，我们把热力学系统从一个状态变化到另一个状态所经历的过程称为热力学过程，根据过程进行的特点，可以将过程分为非静态过程和准静态过程。

1. 非静态过程

实际的热力学过程进行的每一瞬间系统都处于非平衡态，不能用确定的状态参量来描述，这样的过程称为非静态过程。如图 9-1 所示，活塞快速运动的过程就是非静态过程。活塞右移过程中，气缸内各处的参量如压强 p、温度 T、粒子数密度 n 是不一致的，显然，靠近活塞处粒子稀疏些，远离活塞处粒子稠密些。由于中间状态是一系列非平

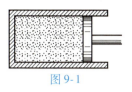

图 9-1

衡态，针对非静态过程的描述将是相当困难和复杂的，它是当前物理学的前沿课题之一。

2. 准静态过程

如果在过程进行中的任意时刻，系统都处于平衡态，这样的过程称为准静态过程，也称为平衡过程。显然，这是一种理想过程。如果实际过程进行得无限缓慢，各时刻系统的状态也就无限地接近平衡态，因此，准静态过程就是实际过程无限缓慢进行时的极限情形。虽然在实际中这种极限情形不能完全做到，但却可以无限趋近。这里"无限"一词具有相对意义。一个系统如果最初处于平衡态，在外界扰动下，经过一段时间变化到了一个新的平衡态，这一过程所用的时间称为弛豫时间。在一个实际过程中，如果系统的状态变化进行得足够缓慢，使得在实验观察过程中所经历的每一个过程所需的时间都比弛豫时间长得多，那么在任何时刻进行观察时，系统都有充分的时间达到平衡态，这样的过程就可以当成准静态过程处理。反之，如果过程进行得较快，系统状态在还未来得及实现平衡之前，又开始了下一步的变化，这种过程就是非静态过程。例如，发动机中气缸压缩气体的时间约为 $10^{-2}s$，气缸中气体压强的弛豫时间约为 $10^{-3}s$，是弛豫时间的 10 倍，如果要求不是非常精确，则在讨论气体做功时把发动机中气体压缩的过程作为准静态过程依然是合理的。

准静态过程虽然是理想过程，但能利用平衡态的状态参量来研究过程的规律，便于描述和讨论，因此，准静态过程仍然有很强的实际意义。如不特别声明，本书讨论的都是无摩擦的准静态过程。

3. 准静态过程的描述

（1）过程方程　在准静态过程中，系统时刻处于平衡态，因此准静态过程可用系统的一系列状态参量来描述。对于一定量的理想气体来说，平衡态用状态参量 p、V、T 来描述，理想气体状态方程为 $pV=\nu RT$，其中只有两个参量是独立的，这两个量的函数关系即为过程方程，例如 $p=p(V)$、$T=T(V)$ 和 $p=p(T)$ 等。不同的准静态过程，过程方程是不同的。

（2）过程曲线　过程方程在状态图上描绘出的曲线就是过程曲线。例如，以体积 V 为横坐标、压强 p 为纵坐标可以画 p-V 图，同理可画 p-T 图、V-T 图，如图 9-2 所示。显然，过程曲线上的任一个点都对应准静态过程中的一个平衡态，而状态图中的任意一条曲线则代表一个准静态过程。图 9-2a 是用 p-V 图描述的等体、等压、等温过程的三条曲线，而图 9-2b、c 则分别是用 p-T 图、V-T 图表示的等体、等压和等温过程曲线。除了上述三种等值过程外，热力学中常见

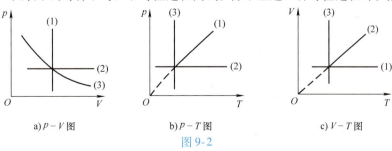

a) $p-V$ 图　　　　　b) $p-T$ 图　　　　　c) $V-T$ 图

图 9-2

的还有绝热过程以及更一般的过程等。注意，由于非平衡态没有确定的状态参量，所以非静态过程不能在状态图上表示出来。

9.1.2 热力学第一定律

前面我们学习了机械运动中的能量转化和守恒关系，那么在热运动和热现象中，能量的转化和守恒遵循什么样的规律？1850 年，德国物理学家克劳修斯总结了焦耳等人的热功等效和热功转化的思想，提出了热力学第一定律，指出对系统做功和向系统传递热量都可以改变系统的内能。实验研究发现，功、热量和系统内能之间存在着确定的当量关系。当固定质量的热力学系统（闭口系——没有物质穿过边界的系统）从一个状态变化到另一个状态时，无论经历的是什么样的具体过程，过程中外界做功和吸入热量一旦确定，系统内能的变化也是一定的。换句话说，就是系统从外界吸收的热量，一部分用于系统内能的增加，另一部分则用于系统对外做功。我们用 Q 表示从外界吸收的热量、ΔE 表示系统内能的增量、A 表示系统对外做功，则上述表述可写成

$$Q = \Delta E + A \tag{9-1}$$

对于无限小的热力学过程，则有

$$đQ = dE + đA \tag{9-2}$$

式（9-1）和式（9-2）即为热力学第一定律，它是普遍的能量转化和守恒定律在热力学范围内的具体表现。式中物理量的正负规定为：系统从外界吸入热量为正，系统向外界放出热量为负；系统的内能增加为正，系统的内能减少为负；系统对外界做功为正，外界对系统做功为负。

热力学第一定律是自然界的普遍规律。热力学第一定律适用于任何系统的任何热力学过程，即不论热力学系统是气体、液体或固态，系统进行的是准静态过程还是非静态过程，只要求系统的始末状态是平衡态。热力学第一定律表明，从热机的角度来看，要让系统对外做功，要么从外界吸入热量，要么消耗系统自身的内能，或者二者兼而有之。

历史上，不断有人想设计、制造一种不需要任何动力或消耗燃料，却能源源不断地对外做功的机器，这类机器称为第一类永动机。然而所有的尝试无一例外地失败了，原因就在于这种设想违反了热力学第一定律，也就是违反了能量守恒定律。因此，热力学第一定律的另一种表达是：第一类永动机是不可能制成的。要使系统对外做功，就必须向它提供热量或消耗系统的内能。事实上，早在 1775 年法国科学院就已宣布不再接受关于永动机的发明申请。

热力学第一定律中涉及 ΔE、A 和 Q 三个物理量，那么这三个量的物理意义是什么，如何定量计算？

9.1.3 准静态过程中内能的增量

系统所具有的由其热学状态决定的能量，称为系统的内能。由第 8 章中给出的内能公式 $E = \nu i R T/2$ 可知，内能是状态（温度）的单值函数，随温度的变化而变化。热力学系统经历准静态过程后，系统始末状态内能的增加量称为内能增量，用 ΔE 表示，

$$\Delta E = \nu \frac{i}{2} R (T_2 - T_1) = \nu \frac{i}{2} R \Delta T \tag{9-3}$$

式中，i 表示气体分子的自由度；ν 是气体的物质的量；ΔT 是温度增量。显然，ΔT 大于零，表示该准静态过程使系统温度升高，系统内能增大，ΔE 大于零。

对无限小过程而言，内能增量可以表示为

$$dE = \nu \frac{i}{2} R dT \tag{9-4}$$

需要指出的是，内能的增量与过程无关。无论经历什么样的过程，只要始末状态的温度差相等，内能的增量就都是相同的。在 p-V 图中，只要过程曲线的起点和终点相同，内能增量就是相同的。

改变系统的内能可以通过系统与外界的相互作用来实现，通常包括做功或热传递两种方式。

9.1.4　准静态过程中的功

1. 体积功

对于热力学系统而言，系统对外界做功或外界对系统做功，将使系统的状态发生变化。如图 9-3 所示为气缸中气体膨胀的过程，为了使其是一个准静态过程，外界必须提供力让活塞无限缓慢地移动。

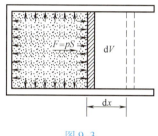

设活塞面积为 S，气体压强为 p，则当活塞向外移动 $\mathrm{d}x$ 距离时，气体推动活塞对外界所做的功为

$$\text{đ}A = F\mathrm{d}x = pS\mathrm{d}x = p\mathrm{d}V \tag{9-5}$$

式中，$\mathrm{d}V$ 为气体膨胀时体积的微小增量。由式（9-5）可以看出，系统对外做功一定与气体体积变化有关，所以我们将准静态过程中系统所做功叫作体积功。

图 9-3

显然，$\mathrm{d}V > 0$，$\text{đ}A > 0$，即气体膨胀时系统对外界做正功；$\mathrm{d}V < 0$，$\text{đ}A < 0$，即气体被压缩时系统对外界做负功，或外界对系统做正功。

如果系统的体积经过一个准静态过程由 V_1 变为 V_2，则该过程中系统对外界做的功为

$$A = \int_{V_1}^{V_2} p\mathrm{d}V \tag{9-6}$$

上述结果虽然是从气缸中活塞运动推导出来的，但对于任何形状的容器，系统在准静态过程中的功，都可用式（9-6）计算。

2. 体积功的几何意义

在 p-V 图上，如图 9-4 所示，积分式 $\int_{V_1}^{V_2} p\mathrm{d}V$ 表示 $V_1 \sim V_2$ 之间过程曲线下的面积，即体积功的大小等于对应过程曲线下的面积。根据上述几何解释，对于一些特殊的过程，体积功的计算可以不用积分，而直接由计算 p-V 图上过程曲线下的面积得到。

必须指出，系统从状态 1 经准静态过程到达状态 2，可以沿着不同的过程曲线（如图 9-4 中的虚线），也就是经历不同的准静态过程，所做的体积功（即过程曲线下的面积）也就不同，即体积功是一个与过程相关的物理量。

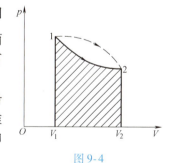

图 9-4

蒸汽弹射器作业时，需要在短时间内消耗大量蒸汽，因此需要事先在储气罐中输入大量蒸汽，并按要求的压力储存。弹射舰载机时，蒸汽经弹射阀流向弹射机汽缸，推动汽缸活塞做功，再由活塞通过拖梭带动舰载机加速。根据式（9-6），要想使舰载机尽快达到起飞速度，可以调高蒸汽的压强，使得蒸汽膨胀相同的体积时，输出更多的体积功。同时，提高储气罐或气缸内蒸汽的温度，也可以达到升高压强的目的。由于航母甲板长度限制，可通过增大汽缸的横截面积来提高膨胀体积。

现象解释

蒸汽弹射系统作业时，需要将水加热为蒸汽，经过一次弹射后，需要重复上述过程，准备下一次弹射。能否设计一个循环系统，使热力学过程循环进行，而不需要重复加水？ 〔思维拓展〕

9.1.5 热量

1. 热量

利用系统与外界有温度差而发生的能量传递称为热传导，简称传热，以这种方式传递的能量即为热量，它以分子热运动的形式储存在物体中。因此热量本质上是系统与外界之间或系统的不同部分之间转移的无规则热运动能量，常用 Q 表示。它和功一样，也是过程量，即在始末状态相同的情况下，热力学系统经历不同的准静态过程，吸收或放出的热量一般是不同的，如后面要讨论的等压过程就比相同始末状态的等体过程 Q 值大。

2. 热量的计算

很多情况下，系统与外界之间的热传递会引起系统本身温度的变化。不同物质升高相同温度时吸收的热量一般不相同。使单位质量的物体温度每升高（或降低）1K 所吸收（或放出）的热量称为比热容，用 c 表示，由此很容易得到热量的计算公式

$$\text{đ}Q = mc\text{d}T \tag{9-7}$$

式中，$\text{đ}Q$ 为一个无限小的热力学过程中系统吸收的热量；$\text{d}T$ 为温度的变化。不同物质的比热容不同，并且同一物质的比热容一般还随温度变化。

有时用物质的量 ν 来描述物质的多少要比用质量 m 更方便，我们特别把 1mol 物质温度升高（或降低）1K 所吸收（或放出）的热量定义为摩尔热容，用 C_m 表示，由此可以得到热量的计算公式

$$\text{đ}Q = \nu C_\text{m}\text{d}T \tag{9-8}$$

式中，$\text{đ}Q$ 为一个无限小的热力学过程中系统吸收的热量；$\text{d}T$ 为温度的变化。如果系统的温度由 T_1 变为 T_2，则该过程中系统吸收的热量应是积分

$$Q = \int_{T_1}^{T_2} \nu C_\text{m}\text{d}T \tag{9-9}$$

由于热量 Q 与过程相关，所以摩尔热容也与过程相关，对不同的过程摩尔热容也不同。而且对于一般的过程，摩尔热容也不是常量。如果摩尔热容 C_m 不是常量，C_m 是不能从积分号内提出的。

如果摩尔热容是一个常量，系统在过程中吸收的热量可表示为

$$Q = \nu C_\text{m}(T_2 - T_1) = \nu C_\text{m}\Delta T \tag{9-10}$$

摩尔热容 C_m 的下标通常指示过程，比如，$C_{V,\text{m}}$ 表示等体过程的摩尔热容，$C_{p,\text{m}}$ 表示等压过程的摩尔热容。

功和热量都是能量变化的量度，因此功、热量和内能三者的单位都相同，在 SI 中是焦耳。

 物理知识应用

【例9-1】 一系统由如图 9-5 所示的 a 状态沿 abc 到达 c 状态，有 350J 热量传入系统，系统做功 126J。

（1）经 adc 过程，系统做功 42J，问有多少热量传入系统？（2）当系统由状态 c 沿曲线 ca 返回状态 a 时，外界对系统做功为 84J，试问系统是吸热还是放热？热量传递了多少？

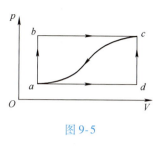

图 9-5

【解】abc 过程：

$$\Delta E = Q - A = 224\text{J}$$

（1）adc 过程：

$$Q = \Delta E + A = 266\text{J}$$

（2）ca 过程：

$$Q = \Delta E + A = -308\text{J}\ （表示系统放热）$$

物理知识拓展

1. 开口系统稳定流动能量方程——开口系统的热力学第一定律

前面讨论了闭口热力学系统的热力学第一定律，得出了一个重要的结论：热能转变为机械能的唯一途径是通过工质体积的膨胀。这是热能转变为机械能的基本特征。工程上的热力设备中常常涉及开口系统，有流体从系统流进流出，且工作流体常常是处在稳定工况下。这时，可认为系统与外界的功量和热量交换情况不随时间改变，系统内各处流体的热力学状态和流动情况也不随时间变化。这种过程称为稳定流动过程。例如飞机喷气发动机、汽轮机、叶轮式压气机、风机、泵、热交换器等的流动过程即是如此。将实际流动过程近似视为稳定流动过程可使问题分析解决大为简化。

稳定流动的能量方程可根据能量守恒原理得出。有工质出入的热力设备，按其工作情况可概括为图 9-6 所示的装置，取其进、出口截面 1-1 与 2-2 间的工质为热力学系统（简称热力系），该开口系与外界交换热量，通过叶轮向外输出净功（也称为轴功），还有工质进出界面，对于稳定流动，显然进出界面的工质质量相等，设为 m。由式（4-52），开口系为流体在流入和流出系统时支付的流动功为

$$A_f = p_2 V_2 - p_1 V_1$$

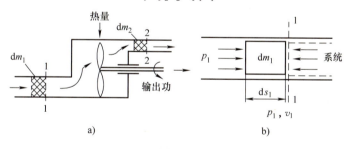

图 9-6

V_1、V_2 分别为流入、流出质量为 m 的流体的体积。假定质量为 m 的流体在流经此系统时吸入热量 Q；对外做净功 A_s（开口系通过叶轮向外输出的功，即轴功）；进入系统的工质的能量应该包含其内能 E_1、宏观动能 $mv_1^2/2$ 及重力势能 mgz_1；相应地，出口流出质量为 m 的工质的能量应该包含其内能 E_2、宏观动能 $mv_2^2/2$ 及重力势能 mgz_2；根据能量守恒原理可写出开口系稳定流动的能量方程为

$$Q = \left(E_2 + \frac{1}{2}mv_2^2 + mgz_2\right) - \left(E_1 + \frac{1}{2}mv_1^2 + mgz_1\right) + (p_2 V_2 - p_1 V_1) + A_s \tag{9-11}$$

值得注意的是，在稳定流动过程中，我们所研究的开口系统本身热力学状态及流动情况不随时间变化，因此整个流动过程的总效果，相当于一定质量的流体由进口穿过开口系经历一系列状态变化并与外界发生热和功的交换，最后流到了出口。这样，开口系稳定流动能量方程式也可视为对这部分流体流动过程的描述，即可视为一定控制质量的流体流过给定开口系时的能量方程式。因此，开口系稳定流动能量方程

式也可取上述控制质量（流入流出的质量）为研究对象，利用闭口系能量方程导出。

2. 常见热力工程问题分析

（1）热力发动机 热力发动机包括内燃机、蒸汽机、燃气轮机、蒸汽轮机等。下面以气轮机为例进行分析，如图 9-6a 所示。有气体流经开口系而对外做功。为分析气轮机中的能量转换，取 1-1 与 2-2 截面间的流体作热力系。我们只讨论稳定流动情况，此时气流通过气轮机发生膨胀，压力下降，对外做功。在实际的气轮机中，其进、出口速度相差不多，可认为 $m\Delta v^2/2 = 0$，气流对外略有散热损失，但数量通常不大，可认为 $Q = 0$。同时，气体在进、出口的重力位能之差甚微，也可忽略，即 $mg\Delta z = 0$，将上述条件代入式（9-11），得到气体流经气轮机时的能量方程式为

$$A_s = (E_1 + p_1 V_1) - (E_2 + p_2 V_2)$$

定义一个新的物理量焓，用 H 表示：

$$H = E + pV$$

显然，焓是由状态参数组成的，因此它也是一个状态参数。从物理意义上讲，焓实际上是流动工质的内能和流动功之和，可以认为是流动工质所携带的能量。

所以，气体流经气轮机时的能量方程式为

$$A_s = H_1 - H_2$$

可见，在气轮机中气流对外输出的净功量（轴功）等于其进、出口焓的差值。

（2）喷管 喷管是使气流加速的设备。它通常是一个变截面的流道，在分析中取其进、出口截面间的流体为热力学系统，并假定流动是稳定的。喷管实际流动过程的特征是：气流迅速流过喷管，其散热损失甚微，可认为 $Q = 0$；气流流过喷管时无净功输入或输出，$A_s = 0$；出口气体的重力势能差可忽略，$mg\Delta z = 0$。将上述条件代入式（9-11），得到

$$\frac{1}{2}m\Delta v^2 = -\Delta H = H_1 - H_2$$

可见，喷管中气流宏观动能的增加是由气流进、出口的焓差转换而来的。

（3）气轮机叶轮 气流流经气轮机叶轮上的动叶栅，推动转轮回转对外做功。取叶轮进、出口截面间的流体为热力学系统，此时，散热量可忽略，$Q = 0$；气体的重力势能差可忽略，$mg\Delta z = 0$；在一般冲击式气轮机中，气流流经动叶栅时并不发生热力状态的变化，即 $\Delta H = 0$。将上述条件代入式（9-11），得到

$$A_s = \frac{1}{2}m(v_1^2 - v_2^2)$$

可见，在气轮机叶轮中所进行的，是将气流的宏观动能差转换对外的机械功的单纯的机械能变换过程。

（4）热交换器 电厂中锅炉、加热器等换热设备均属于热交换器。取热交换器进、出口截面间的流体为热力学系统，此时有，$A_s = 0$、$mg\Delta z = 0$ 及 $m\Delta v^2/2 = 0$。将上述条件代入式（9-11），得到

$$Q = \Delta H = H_2 - H_1$$

可见，气流在热交换器中得到的热量等于其焓的增加量。

3. 飞行器的热防护

半个多世纪以来，人类在高超声速飞行器发展方面的成就卓著，这和防热技术的发展密不可分。以弹道导弹来说，要使导弹飞得越远，速度就越快，那么气动加热越严重；弹头越小，防热材料所占比重越小，防热层越薄，防热技术要求也越高。美国高速试验机成功地突破了热障，达到马赫数 6，外表面温度达到 730℃。航天器的发展同样与防热技术的发展紧密相连，脱轨后的航天飞机以马赫数 25 的高速再入大气层，引起近 1600℃ 的高温。洲际弹道导弹弹头的再入速度为 7km·s⁻¹ 左右。

再入时飞行器具有很高的初始动能，同时在地球引力场中，还具有所处再入高度上的势能，随高度下降，势能的变化将转化为动能。飞行器再入至到达地面的过程中，总能量的变化表现为对周围大气做功，其中一部分功转化成热能。例如，在 300km 高度圆形轨道飞行的飞行器动能约为 $3 \times 10^4 kJ \cdot kg^{-1}$。设其中一小部分转化成热能，若采用热沉式防热，即使是吸热材料性能最好的材料——铍，1kg 也只能吸收储存 $2.34 \times 10^3 kJ$ 的热量，不可能全部吸收储存，可见再入气动加热问题的严重性。

再入飞行器热防护的基本目的是在严酷的热环境下确保飞行器的安全，并使飞行器内部保持在允许的温度和压力范围内。热防护技术的发展，一方面取决于对再入气动热环境的深刻认识和了解，另一方面取决于热防护材料技术、设计制造技术的发展。高超声速飞行器从导弹开始发展，后有返回式卫星、载人飞船、航天飞机、月球和其他星球探测器等，空天飞机虽然还没有使用，防热技术曾作为其中一项关键技术进行大量研究。导弹弹头和返回式航天器，使命不同，飞行轨迹不同，热环境差别较大，因此防热的要求不同，采用的防热技术也不同。

再入飞行器防热曾经研究过多种方案，例如热沉法、辐射防热、发汗冷却防热、烧蚀防热等。热沉法利用材料的热容，吸收一定热量，国外曾在早期弹头上采用此方法。辐射防热利用某些材料在高温下具有高辐射的特性，将表面热量以辐射形式散发出去，航天器某些局部表面采用这种技术。发汗冷却借助向边界层中注入质量流，从而降低对流热流，实际上这是一种传质式方法。早年在再入弹头方面，近年在反导导弹红外导引头窗口的防热技术方面可见到不少研究报告，但未见实际使用的报道。烧蚀防热则借助防热材料表面层的熔解、汽化、热解等来消散热能，损失部分防热材料，而达到保护飞行器内部热环境的要求。这种方法用得最多，技术发展最快。

烧蚀防热是在气动热极端严重的情况下采用的一种热防护技术，得到了成功的发展和广泛应用。它并不排斥其他防热技术的研究发展和应用。例如，航天飞机的机身和机翼表面的气动加热不如机头严重，它采用防热瓦借助辐射散发热量；新型耐高温材料的出现，将扩大热沉式防热技术的应用；在弹头防热研究方面仍可见应用传质式防热技术的报告；高超声速导弹弹头向前喷射气体既可降低波阻又可降低表面热流；等等。不同类型的飞行器和飞行器的不同部位可以采用不同类型的防热措施，因此，高超声速气动热环境和根据气动热大小应采取什么样防热措施始终是一个不断研究发展的课题。

9.2　热力学第一定律对理想气体的应用

枪械消声器是一种附加于枪械上的装置，用来消减其射击噪声，起到隐蔽射击、保护射手听觉的目的，也可以用于执行特殊任务。

巨大的枪声主要来源是什么？枪械消声器的消声原理是什么？

物理现象

 物理学基本内容

研究理想气体在准静态过程中的性质和功能转化的规律，能够帮助我们理解和思考热力学中的一般问题，也能够在理论上为实际应用提供信息资料和指导建议。本节我们利用热力学第一定律对理想气体在一些简单过程中的能量转化情况进行定量分析。假设气体从初态 1 变化到末态 2，对应的状态参量分别为 (p_1, V_1, T_1) 和 (p_2, V_2, T_2)。

9.2.1　等体过程

1. 等体过程的定义与方程

在状态变化过程中，系统的体积保持不变的过程称为等体过程（也叫等容过程）。实际中，在内燃机里的汽油与空气混合物在燃料爆炸瞬间，体积来不及变化，就可认为是一个等体过程。这里我们只研究准静态过程，例如，将气缸的活塞固定，令其分别与一系列有微小温差的热源相接触，则气缸内气体的温度逐渐上升、压强增大，但体积却保持不变。

由理想气体状态方程 $pV = \nu RT$，可知等体过程的过程方程为 $V = C$ 或 $\dfrac{p}{T} = C$。在 p-V 图上，

等体过程对应的是一条与 p 轴平行的直线，称为等体线，如图 9-7 所示。

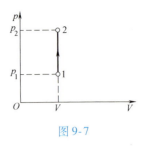

2. 等体过程的功、内能增量和热量

显然，等体过程的体积功为零，即

$$A = 0$$

由热力学第一定律可知，在等体过程中，气体吸热全部用于增加内能（或放出的热量等于内能的减少量），即

$$Q = \Delta E = \nu \frac{i}{2} R(T_2 - T_1) \tag{9-12}$$

3. 定体摩尔热容

对比用摩尔热容表示的热量公式（9-10）和式（9-12）可得，定体摩尔热容为

$$C_{V,m} = \frac{i}{2} R \tag{9-13}$$

需要注意，在式（9-13）中，对于刚性分子模型，单原子分子 $i = 3$，双原子分子 $i = 5$，多原子分子 $i = 6$。

用定体摩尔热容也可以把理想气体的内能公式写为

$$E = \nu \frac{i}{2} RT = \nu C_{V,m} T \tag{9-14}$$

内能增量为

$$\Delta E = \nu \frac{i}{2} R \Delta T = \nu C_{V,m} \Delta T \tag{9-15}$$

9.2.2　等压过程

1. 等压过程的定义与方程

在状态变化过程中，系统的压强保持不变的过程称为等压过程（也叫定压过程）。例如，将气缸与一系列有微小温度差的恒温热源相接触，同时用一个恒定不变的外力作用在活塞上，在活塞缓慢移动过程中，气体的体积变化、温度改变，其压强却保持不变，这就是准静态等压过程。

等压过程中的压强 p 为常量，其过程方程为 $p = C$ 或 $\dfrac{V}{T} = C$。在 p-V 图上，等压过程对应的是一条平行于 V 轴的直线，称为等压线，如图 9-8 所示。

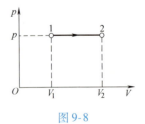

2. 等压过程的功、内能增量和热量

等压过程中气体对外做功为

$$A = \int_{V_1}^{V_2} p \, dV = p(V_2 - V_1) = \nu R(T_2 - T_1) \tag{9-16}$$

由气体内能增量计算式，可得内能增量

$$\Delta E = \nu C_{V,m}(T_2 - T_1) \tag{9-17}$$

由热力学第一定律可知

$$
\begin{aligned}
Q &= \Delta E + A = \nu C_{V,m}(T_2 - T_1) + \nu R(T_2 - T_1) \\
&= \nu(C_{V,m} + R)\Delta T
\end{aligned} \tag{9-18}
$$

由上面的式子可以看出，在等压过程中，气体吸收的热量一部分用于增加内能，一部分用于对外做功。

3. 定压摩尔热容

对比式（9-10）和式（9-18）可得，定压摩尔热容为

$$C_{p,\mathrm{m}} = C_{V,\mathrm{m}} + R \tag{9-19}$$

式（9-19）称为迈尔公式。可以看出，定压摩尔热容是在定体摩尔热容基础上再加 R，也就是说，对于 1mol 的理想气体，在等压过程中升高 1K 温度时，要比等体过程还要多吸收 8.31J 的热量，这是因为在等压过程中吸收的热量除了增加系统内能外，还要用于对外做功，而等体过程气体不做功，吸热的热量全部用于增加系统内能，所以定压摩尔热容要大于定体摩尔热容。

这两个摩尔热容之间的关系也可以用比热容比 γ 表示，比热容比 γ 定义为定压摩尔热容和定体摩尔热容之比，即

$$\gamma = \frac{C_{p,\mathrm{m}}}{C_{V,\mathrm{m}}} = \frac{i+2}{i} \tag{9-20}$$

γ 也称为绝热系数，在后面学习绝热过程中还要用到。

9.2.3　等温过程

1. 等温过程的定义与方程

在状态变化过程中系统的温度保持不变的过程称为等温过程。例如，与恒温热源接触的气缸，在其内的气体缓慢膨胀时，气体的体积变化、压强改变，但温度保持不变，这就是准静态等温过程。

由理想气体状态方程，等温过程方程为 $T = C$ 或 $pV = C$，由此可知，在 p-V 图上，等温过程对应的是一条双曲线，称为等温线，如图 9-9 所示。

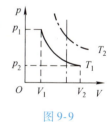

图 9-9

图 9-9 中的粗实线和粗虚线分别代表 T_1、T_2 两个等温过程，做一条等体线与两等温线相交，如图中点划线所示，等体线与两等温线的交点中，上方交点压强值大，在体积相等的情况下，其温度值也较大，即 $T_2 > T_1$，由此我们可以得到结论：在 p-V 图上的一系列等温线中，上方的温度高。

2. 等温过程的功、内能增量和热量

对于等温过程，由于温度不发生变化，所以

$$\Delta E = 0 \tag{9-21}$$

由热力学第一定律可知，等温过程中气体吸收的热量完全用于对外做功，即有

$$Q = A = \int_{V_1}^{V_2} p\mathrm{d}V = \int_{V_1}^{V_2} \frac{\nu RT}{V}\mathrm{d}V = \nu RT\ln\frac{V_2}{V_1} \tag{9-22}$$

或根据理想气体状态方程表达为

$$Q = A = \nu RT\ln\frac{p_1}{p_2} \tag{9-23}$$

在等温过程中，虽然系统有吸热或放热，但温度 T 保持不变，所以该过程的摩尔热容没有实际意义。由摩尔热容定义式（9-8），也可以认为 $C_{T,\mathrm{m}} = \dfrac{\text{đ}Q}{\nu \mathrm{d}T} = \infty$，这意味着系统与外界可以进行无限的热量交换，但系统始终能保持温度不变。

9.2.4　绝热过程

1. 绝热过程的定义

在系统状态变化过程中与外界完全没有热量交换的过程称为绝热过程。当然这是一种理想过程，自然界中完全绝热的系统是不存在的。对于实际发生的过程，只要满足一定的条件，可以近似看成绝热过程。例如，在被良好的隔热材料包围的系统中进行的过程，或者过程进行得非常快，以致系统来不及与外界进行明显的热交换的过程，如在内燃机气缸中气体进行的压缩和膨胀过程等。

2. 绝热过程的功、内能增量和热量

绝热过程的特征是

$$Q = 0 \tag{9-24}$$

因而有

$$A = -\Delta E \tag{9-25}$$

即在绝热过程中，如果系统对外界做正功，就必须以消耗系统的内能为代价，即系统的内能减少，温度降低，所以当储气钢筒内的高压二氧化碳气体由阀门放出而急剧膨胀时，可使其温度骤然下降到 $-78℃$ 以下而变成固态干冰，正是因为如此，绝热过程在制冷技术中，特别是在低温技术中，有着重要的应用。反之，如果系统对外界做负功（也叫作外界对系统做正功），则系统的内能增加，温度升高，例如在柴油机气缸中，空气和油的混合物被活塞急速压缩后，温度可升高到柴油的燃点以上（500～700℃），使油气混合物立即燃烧，就是基于此原理。

按照内能增量的计算公式，我们有

$$A = -\Delta E = -\nu \frac{i}{2} R(T_2 - T_1) = \frac{i}{2}(p_1 V_1 - p_2 V_2) = \frac{1}{\gamma - 1}(p_1 V_1 - p_2 V_2) \tag{9-26}$$

式中，最后一步用到了比热容比 $\gamma = \frac{i+2}{i}$。

思维拓展

绝热过程没有热量交换，其摩尔热容如何定义？

由公式 $đQ = \nu C_m dT$ 可知，摩尔热容定义为

$$C_m = \frac{đQ}{\nu dT}$$

根据热力学第一定律，将 $đQ = dE + đA$ 代入上式，可得

$$C_m = \frac{dE}{\nu dT} + \frac{đA}{\nu dT}$$

对于理想气体的准静态过程，由于理想气体的内能 $E = \nu \frac{i}{2} RT$，故 $dE = \nu \frac{i}{2} R dT$，而 $đA = p dV$，代入上式有

$$C_m = \frac{i}{2} R + \frac{p dV}{\nu dT} = C_{V,m} + \frac{p dV}{\nu dT}$$

此式即为理想气体的摩尔热容的计算公式，只要把反映具体过程特征的过程方程代入上式即可算出。如等体过程 $dV = 0$，则 $C_{V,m} = \frac{i}{2} R$；等压过程 $p dV = \nu R dT$，则 $C_{p,m} = \frac{i}{2} R + R$；等温过程 dT 等于零，$C_{T,m} = \infty$。请大家思考，绝热过程的摩尔热容是多少？

　　枪声的主要来源是膛口噪声。射击时，枪膛内火药急剧燃烧，产生大量高温高压气体，这些火药气体推动子弹沿着枪膛前进。子弹出膛时，其后的气体从枪口由内向外高速喷出，在枪口突然急速膨胀成膛口冲击波，导致附近空气振动而形成强烈的膛口噪声。

　　枪械消声器是针对膛口噪声采取的消声措施，通过降低膛口压力和火药气体的冲击速度、减小枪口噪声能量来实现降低噪声的目的。以膨胀型多腔消声器为例，该消声器是装在枪膛末端的管状装置，其内部空腔体积比枪膛大 20～30 倍，并以隔板分隔成多个腔室，中间有孔洞可以让弹头穿过。当高温高压的火药气体从枪口喷出、进入消声器的腔室内后，在腔室内快速膨胀，由于过程极快，气体来不及与外界交换热量，可以认为是绝热过程。气体因绝热膨胀、对外做功，其内能大大减少，消耗了大量内能，其压强和温度很快降低。经过在逐个腔室内的多次绝热膨胀，气体最终到达消声器的出口时，其压强、温度、速度都很低，膨胀产生的膛口噪声非常小，达到了消声的效果。

3. 绝热过程方程

　　（1）过程方程的推导　绝热过程不是等值过程，系统的状态参量 (p, V, T) 在过程中均为变量。我们将由热力学第一定律和理想气体的状态方程，导出理想气体在准静态绝热过程中状态参量间的定量关系。

　　对于理想气体，将状态方程 $pV = \nu RT$ 全微分，有

$$p\mathrm{d}V + V\mathrm{d}p = \nu R\mathrm{d}T \tag{9-27}$$

即

$$\mathrm{d}T = \frac{p\mathrm{d}V + V\mathrm{d}p}{\nu R} \tag{9-28}$$

对于准静态绝热过程，由 $đA = -\mathrm{d}E$ 和 $đA = p\mathrm{d}V$ 以及 $\mathrm{d}E = \nu C_{V,\mathrm{m}}\mathrm{d}T$，可得

$$p\mathrm{d}V = -\nu C_{V,\mathrm{m}}\mathrm{d}T \tag{9-29}$$

将式（9-28）代入式（9-29），得到

$$(C_{V,\mathrm{m}} + R)p\mathrm{d}V = -C_{V,\mathrm{m}}V\mathrm{d}p \tag{9-30}$$

把式（9-30）分离变量变为

$$\frac{\mathrm{d}p}{p} = -\gamma\frac{\mathrm{d}V}{V} \tag{9-31}$$

两端积分，

$$\int\frac{\mathrm{d}p}{p} = -\gamma\int\frac{\mathrm{d}V}{V} \tag{9-32}$$

可得

$$\ln pV^{\gamma} = C \tag{9-33}$$

最后有

$$pV^{\gamma} = C_1 \tag{9-34}$$

式（9-34）就是理想气体在准静态绝热过程中压强和体积变化的关系式，称为绝热过程的泊松方程。再使用理想气体状态方程 $pV = \nu RT$，式（9-34）可以替换成

$$TV^{\gamma-1} = C_2 \tag{9-35}$$

$$p^{\gamma-1}T^{-\gamma} = C_3 \tag{9-36}$$

　　式（9-34）～式（9-36）统称为绝热方程。应该注意，以上的分析和所得结论，只适用于比热容比 γ 为常数的准静态绝热过程。原因在于，非静态过程中，关系式 $đA = p\mathrm{d}V$ 不成立，而且

也不能用状态方程的微分形式表示过程中间状态的微小变化，因此得不到泊松方程。

　　下面我们使用绝热过程方程，计算在准静态绝热过程的功。根据泊松方程

$$pV^{\gamma} = p_1V_1^{\gamma} \tag{9-37}$$

式中，p_1 和 V_1 分别表示初态系统的压强和体积。系统对外界做功为

$$
\begin{aligned}
A &= \int_{V_1}^{V_2} p\mathrm{d}V = \int_{V_1}^{V_2} \frac{p_1V_1^{\gamma}}{V^{\gamma}}\mathrm{d}V \\
&= p_1V_1^{\gamma}\left(\frac{V_2^{1-\gamma}}{1-\gamma} - \frac{V_1^{1-\gamma}}{1-\gamma}\right) \\
&= \frac{1}{\gamma-1}(p_1V_1 - p_2V_2)
\end{aligned} \tag{9-38}
$$

　　（2）绝热曲线　绝热过程方程在 $p\text{-}V$ 图上对应的曲线称为绝热过程曲线，与等温过程曲线比较，绝热线要陡一些，如图 9-10 所示，其中实线为绝热过程曲线，虚线为等温过程曲线。这可以用数学方法通过比较两种过程曲线的斜率来分析。由绝热过程的泊松方程（9-34）可得绝热线的斜率为

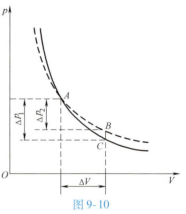

$$\frac{\mathrm{d}p}{\mathrm{d}V} = -\gamma\frac{p}{V} \tag{9-39}$$

同理，由等温过程方程 $pV = C$ 可得等温线的斜率为

$$\frac{\mathrm{d}p}{\mathrm{d}V} = -\frac{p}{V} \tag{9-40}$$

图 9-10

由于 $\gamma > 1$，对比即可看出，在 $p\text{-}V$ 图上同一点，绝热线斜率的绝对值大于等温线斜率的绝对值，因此，绝热线比等温线陡峭一些。

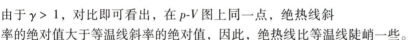

　　在图 9-10 中，一定量的理想气体从同一状态 A 出发，发生相同的体积变化 ΔV 时，绝热过程的压强变化绝对值 $|\Delta p|$ 要比等温过程的大一些。请尝试从气体动理论角度加以解释。　　**思维拓展**

　　以气体膨胀为例，在等温过程中，分子的热运动平均平动动能不变，引起压强减小的因素仅是因体积增大引起的分子数密度的减小。而在绝热过程中，除了分子数密度有同样的减小外，还由于气体膨胀对外做功时降低了温度，从而分子的平均平动动能也随之减小。因此，绝热过程压强的减小要比等温过程大。

　　同样的体积变化，为什么功不同？

9.2.5　多方过程

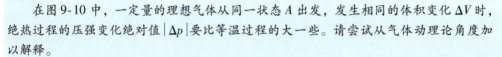

　　实验证实，由氢分子组成的原子团，在从液态向气态转化的过程中，尽管通过外部对其持续加热，却出现了冷却现象。　　**物理现象**

　　这一现象如何用热力学第一定律解释呢？

　　除等体、等压、等温和绝热过程外，实际系统所进行的过程可以是各种各样的。对于理想气体，它的过程方程既非 $pV = C$，也不满足 $pV^{\gamma} = C$，但可能满足

$$pV^n = C \tag{9-41}$$

其中 n 也是一个常数，满足这一方程的过程，称为多方过程，n 称为多方指数，数值随着具体过程而定。显然，当 $n=0$ 时，对应的是等压过程；$n=1$ 时，对应的是等温过程；$n=\gamma$ 时，对应的是绝热过程；$n \to \pm \infty$ 时，因 $p^{1/n}V = C$，所以对应的是等体过程。我们用 p-V 图来表示多方过程，如图 9-11 所示，不同曲线对应于不同的 n 值。在热工设备中，最常见的热力学过程是多方指数 n 介于 1 与 γ 之间某个值的多方过程。

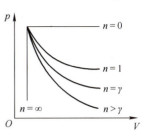

图 9-11

理想气体从状态 I（p_1，V_1）经过多方过程进入状态 II（p_2，V_2），这时若 $pV^n = C$（C 为常数），$p_1 V_1^n = p_2 V_2^n = C$。在这个过程中（$n \neq 1$），气体所做的功为

$$
\begin{aligned}
A &= \int_{V_1}^{V_2} p \, dV = \int_{V_1}^{V_2} \frac{p_1 V_1^n}{V^n} dV \\
&= p_1 V_1^n \int_{V_1}^{V_2} \frac{dV}{V^n} = \frac{p_1 V_1}{1-n} \left[\left(\frac{V_1}{V_2} \right)^{n-1} - 1 \right] \\
&= \frac{1}{1-n}(p_2 V_2 - p_1 V_1) = \frac{\nu R}{1-n}(T_2 - T_1)
\end{aligned}
\tag{9-42}
$$

根据热力学第一定律，多方过程中吸收的热量为

$$Q = \frac{\nu R}{1-n}(T_2 - T_1) + \nu C_{V,\mathrm{m}}(T_2 - T_1)$$

现象解释

上式右端第一项即为多方过程中的功，即式（9-42），第二项为内能增量，若在多方过程中，理想气体的多方摩尔热容为 $C_{n,\mathrm{m}}$，系统从外界吸收的热量为

$$Q = \nu C_{n,\mathrm{m}}(T_2 - T_1)$$

对比以上两式可得

$$C_{n,\mathrm{m}} = \frac{n - \gamma}{n - 1} C_{V,\mathrm{m}}$$

上式给出了多方指数和多方过程中摩尔热容的关系。多方过程的热容既可以为正值又可为负值。当 $n < 1$ 或 $n > \gamma$ 时，$C_{n,\mathrm{m}} > 0$；若 $1 < n < \gamma$ 时，$C_{n,\mathrm{m}} < 0$，这是多方过程的负热容特征。由氢分子组成的原子团在从液态向气态转化的过程就是多方过程，对其持续加热而出现的冷却现象，证实了负热容的存在。

热力学第一定律对理想气体的应用总结见表 9-1。

表 9-1　热力学第一定律在理想气体中的应用总结

过程	过程特点	过程方程	内能增量 ΔE	对外做功 A	吸收热量 Q
等体过程	$V = C$	$\dfrac{p}{T} = C$	$\nu C_{V,\mathrm{m}}(T_2 - T_1)$	0	$\nu C_{V,\mathrm{m}}(T_2 - T_1)$
等压过程	$p = C$	$\dfrac{V}{T} = C$	$\nu C_{V,\mathrm{m}}(T_2 - T_1)$	$p(V_2 - V_1)$ 或 $\nu R(T_2 - T_1)$	$\nu C_{p,\mathrm{m}}(T_2 - T_1)$
等温过程	$T = C$	$pV = C$	0	$\nu RT \ln \dfrac{V_2}{V_1}$ 或 $\nu RT \ln \dfrac{p_1}{p_2}$	$\nu RT \ln \dfrac{V_2}{V_1}$ 或 $\nu RT \ln \dfrac{p_1}{p_2}$

（续）

过程	过程特点	过程方程	内能增量 ΔE	对外做功 A	吸收热量 Q
绝热过程	$Q=0$	$pV^{\gamma}=C_1$ $TV^{\gamma-1}=C_2$ $p^{\gamma-1}T^{-\gamma}=C_3$	$\nu C_{V,\mathrm{m}}(T_2-T_1)$	$\dfrac{\nu R}{n-1}(T_2-T_1)$	0
多方过程		$pV^n=C$	$\nu C_{V,\mathrm{m}}(T_2-T_1)$	$\dfrac{p_2V_2-p_1V_1}{n-1}$	$A+\Delta E$

 物理知识应用

在前面几个知识点中，我们通过几个特殊的等值过程使用了热力学第一定律，这里我们通过例题为读者介绍它更广泛的应用。

【例9-2】 1mol 理想气体的循环过程如图 9-12 所示，其中 1→2 为等压过程，2→3 为等体过程，3→1 为等温过程。试分别讨论气体在这三个过程中气体吸入的热量 Q 及对外所做的功 A，内能增量 ΔE 是大于、小于还是等于零。

【解】 1→2 为等压过程，从 p-V 图上可以看出 $T_2 > T_1$，因此有

$$Q_p = C_{p,\mathrm{m}}(T_2-T_1) > 0$$
$$\Delta E = C_{V,\mathrm{m}}(T_2-T_1) > 0$$

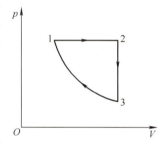

图 9-12

Q_p、A、ΔE 都大于零，表明气体从外部吸收的热量一部分用来对外部做功，其余部分用来增加内能。

2→3 为等体过程，故 $A=0$，从 p-V 图上可以看出此过程中 p 减小，T 减小，即 $T_2 > T_3$，所以有

$$Q_V = C_{V,\mathrm{m}}(T_3-T_2) < 0$$
$$\Delta E = Q_V < 0$$

Q_V 和 ΔE 都小于零，这表明 2→3 过程中，气体向外部放出热量，内能减少。

3→1 为等温过程，故 $\Delta E=0$，从 p-V 图上可以看出此过程中 V 减小，由公式可得 1mol 理想气体所做的功为

$$A = Q_T = RT_1\ln\frac{V_1}{V_3} < 0$$

A 和 Q_T 都小于零，这表明在 3→1 过程中外界对气体做功，同时气体向外部放出热量，内能保持不变。

【例9-3】 如图 9-13 所示，$4\times10^{-3}\mathrm{kg}$ 氢气被活塞封闭在某一容器的下半部而与外界（标准状态）平衡，容器开口处有一凸出边缘可防止活塞脱离（活塞的质量和厚度可忽略），现把 $2\times10^4\mathrm{J}$ 的热量缓慢地传给气体，使气体逐渐膨胀，问最后氢气的压强、温度和体积各变为多少？

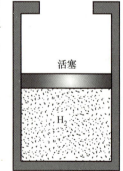

活塞

H_2

【解】 设氢气初态为 (p_1,V_1,T_1)，依题意有

$$m = 4\times10^{-3}\mathrm{kg}, \quad M = 2\times10^{-3}\mathrm{kg\cdot mol^{-1}}$$
$$p_1 = p_0 = 1.013\times10^5\mathrm{Pa}, \quad T_1 = 273\mathrm{K}$$

由理想气体状态方程可得氢气的初态体积为

$$V_1 = \frac{mRT_1}{Mp_1} = \frac{2RT_1}{p_1}$$

再考虑容器内气体先后进行的两个过程：

图 9-13

(1) 气体等压膨胀升温使活塞达到容器上边缘，在此过程中，设气体吸热 Q_1，状态由 (p_1, V_1, T_1) 变为 (p_2, V_2, T_2)，依题意，$p_2 = p_1 = p_0$，$V_2 = 2V_1$，因此可得

$$V_2 = \frac{4RT_1}{p_0} = 8.96 \times 10^{-2} \, \mathrm{m}^3$$

$$T_2 = \frac{V_2 T_1}{V_1} = 2T_1 = 546 \mathrm{K}$$

氢气是双原子分子气体，利用摩尔定压热容的定义，可得此过程中气体吸收的热量为

$$Q_1 = \frac{m}{M} C_{p,\mathrm{m}} (T_2 - T_1) = 2 \times \frac{7}{2} R (T_2 - T_1) = 1.59 \times 10^4 \, \mathrm{J}$$

(2) 气体等体升温升压，设在此过程中气体吸收热量为 Q_2，最后状态为 (p_3, V_3, T_3)，已知外界传递的热量为 $Q = 2 \times 10^4 \mathrm{J}$，则有

$$Q_2 = Q - Q_1 = 4.1 \times 10^3 \, \mathrm{J}$$

又因为

$$Q_2 = \frac{m}{M} C_{V,\mathrm{m}} (T_3 - T_2)$$

所以有

$$T_3 = \frac{Q_2}{\frac{m}{M} C_{V,\mathrm{m}}} + T_2 = 645 \mathrm{K}$$

$$p_3 = \frac{T_3 p_2}{T_2} = 1.20 \times 10^5 \, \mathrm{Pa}$$

因此，氢气最后的压强为 $1.20 \times 10^5 \mathrm{Pa}$，温度为 645K，体积为 $8.96 \times 10^{-2} \mathrm{m}^3$。

【例9-4】一气缸内盛有1mol温度为27℃，压强为1atm（101325Pa）的氮气（视作刚性双原子分子的理想气体），先使它等压膨胀到原来体积的两倍，再等体升压使其压强变为2atm，最后使它等温膨胀到压强为1atm。求氮气在全部过程中对外做的功、吸收的热及其内能的变化。（取普适气体常数 $R = 8.31 \mathrm{J} \cdot \mathrm{mol}^{-1} \cdot \mathrm{K}^{-1}$）

【解】该氮气系统经历的全部过程如图9-14所示。

设初态的压强为 p_0、体积为 V_0、温度为 T_0，而终态压强为 p_0、体积为 V、温度为 T。在全部过程中氮气对外所做的功

$$A = A_{\text{等压}} + A_{\text{等温}}$$

而

$$A_{\text{等压}} = p_0 (2V_0 - V_0) = RT_0$$

$$A_{\text{等温}} = 4p_0 V_0 \ln(2p_0 / p_0)$$
$$= 4p_0 V_0 \ln 2 = 4RT_0 \ln 2$$

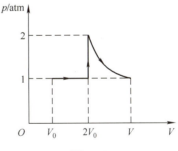

图9-14

所以

$$A = RT_0 + 4RT_0 \ln 2 = RT_0 (1 + 4\ln 2)$$
$$= 9.41 \times 10^3 \, \mathrm{J}$$

氮气内能的改变为

$$\Delta E = C_{V,\mathrm{m}} (T - T_0) = \frac{5}{2} R (4T_0 - T_0)$$
$$= 15 RT_0 / 2 = 1.87 \times 10^4 \, \mathrm{J}$$

氮气在全部过程中吸收的热量

$$Q = \Delta E + A = 2.81 \times 10^4 \, \mathrm{J}$$

【例9-5】狄塞尔内燃机气缸中的空气，在压缩前的压强为 $1.013 \times 10^5 \mathrm{Pa}$，温度为320K，假定空气突然被压缩为原来体积的1/17，试求末态的压强和温度（设空气的比热容比 $\gamma = 1.4$）。

【解】把空气看作理想气体，已知初态压强 $p_1 = 1.013 \times 10^5 \mathrm{Pa}$，温度 $T_1 = 320\mathrm{K}$，由于压缩很快，可看作绝热过程，根据绝热过程方程 $p_1 V_1^\gamma = p_2 V_2^\gamma$，可得末态压强为

$$p_2 = p_1 \left(\frac{V_1}{V_2} \right)^\gamma = 5.35 \times 10^6 \mathrm{Pa}$$

根据 $T_1 V_1^{\gamma-1} = T_2 V_2^{\gamma-1}$，可得末态温度为

$$T_2 = T_1 \left(\frac{V_1}{V_2} \right)^{\gamma-1} = 994\mathrm{K}$$

可见，绝热压缩使温度升高了许多，这时只要向气缸中喷入柴油，不需点火，柴油就会燃烧，从而省去了专门的点火装置。

【例9-6】在一大玻璃瓶内装有干燥空气，初始气体温度与室温相同，其压强 p_1 比大气压强 p_0 稍高。若打开瓶口阀门让气体与大气相通发生膨胀，当其压强降到大气压强时迅速关闭阀门，这时气温稍有下降，待气体温度重新回升到室温时测得气体压强为 p_2，求气体的比热容比。

【解】以瓶内剩余气体为系统，系统所经历的过程是，先绝热膨胀，其状态由 $(T_0, p_1) \rightarrow (T', p_0)$，然后等体升压，其状态由 $(T', p_0) \rightarrow (T_0, p_2)$，如图9-15所示，因而有

$$\left(\frac{p_1}{p_0} \right)^{\gamma-1} = \left(\frac{T_0}{T'} \right)^\gamma$$

$$\frac{p_2}{p_0} = \frac{T_0}{T'}$$

两边取对数，有

$$(\gamma - 1)(\ln p_1 - \ln p_0) = \gamma(\ln p_2 - \ln p_0)$$

解得

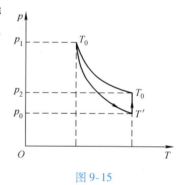

图 9-15

$$\gamma = \frac{(\ln p_1 - \ln p_0)}{(\ln p_1 - \ln p_2)}$$

【例9-7】一理想气体系统经历如图9-16所示的各过程，其中 $\mathrm{I}' \rightarrow \mathrm{II}$ 过程为绝热过程，试讨论过程 $\mathrm{I} \rightarrow \mathrm{II}$ 和过程 $\mathrm{I}'' \rightarrow \mathrm{II}$ 气体吸热是正值还是负值。

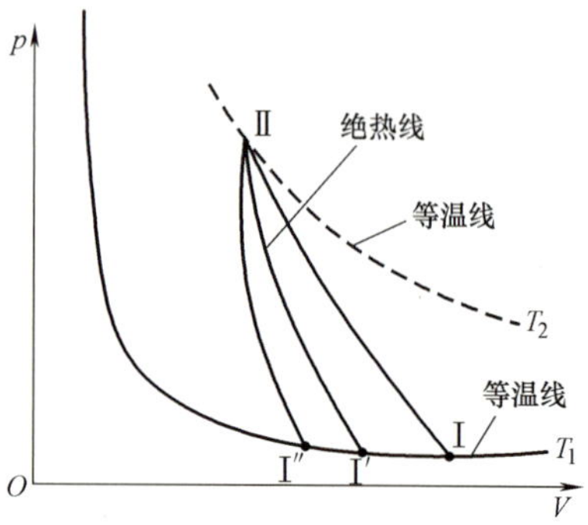

【解】在过程 $\mathrm{I} \rightarrow \mathrm{II}$、$\mathrm{I}' \rightarrow \mathrm{II}$、$\mathrm{I}'' \rightarrow \mathrm{II}$ 中系统温度的升高 $\Delta T = (T_2 - T_1)$ 相同，而理想气体的内能仅是温度的函数，故系统内能的增量 ΔE 相同。但在这三个过程中过程曲线下的面积不同，$\mathrm{I} \rightarrow \mathrm{II}$ 下的面积最大，$\mathrm{I}'' \rightarrow \mathrm{II}$ 下的面积最小，故在这三个过程中外界对系统做的功 $A_{外}$ 不同（因压缩过程中外界对系统做的功等于 p-V 图上过程曲线下的面积），$A_{\mathrm{I} \rightarrow \mathrm{II}外} > A_{\mathrm{I}' \rightarrow \mathrm{II}外} > A_{\mathrm{I}'' \rightarrow \mathrm{II}外}$。

由热力学第一定律知，系统吸热

$$Q = \Delta E - A_{外}$$

因过程 $\mathrm{I}' \rightarrow \mathrm{II}$（绝热过程）中吸收的热量 $Q_{\mathrm{I}' \rightarrow \mathrm{II}} = 0$，故 $A_{\mathrm{I}' \rightarrow \mathrm{II}外} = \Delta E$。

又因 $A_{\mathrm{I} \rightarrow \mathrm{II}外} > A_{\mathrm{I}' \rightarrow \mathrm{II}外} = \Delta E$，故过程 $\mathrm{I} \rightarrow \mathrm{II}$ 中吸收的热量 $Q_{\mathrm{I} \rightarrow \mathrm{II}} < 0$，即放热。

同理，因 $A_{\mathrm{I}'' \rightarrow \mathrm{II}外} < A_{\mathrm{I}' \rightarrow \mathrm{II}外} = \Delta E$，故过程 $\mathrm{I}'' \rightarrow \mathrm{II}$ 中吸收的热量 $Q_{\mathrm{I}'' \rightarrow \mathrm{II}} > 0$。

通过此题的讨论使我们看到，在 p-V 图上有两条重要的曲线可以作为我们分析问题的依据：一条是绝热线，绝热过程中 $Q = 0$；另一条是理想气体的等温线，等温过程中 $\Delta E = 0$。此外，p-V 图上过程曲线下的面积在数值上等于膨胀过程中系统对外做的功或压缩过程中外界对系统做的功，这一点也常常是我们分析过程的重要依据。

图 9-16

物理知识拓展

1. 压缩空气做功

第一个用空气作为能源进行实验的人相传是 Ktesibios，他生活在公元前 3 世纪的亚历山大城。Vitruvius 是一位曾为凯撒和屋大维服务的罗马建筑师和军事工程师，他在《建筑十书·第三书》中，介绍了 Ktesibios 怎样发现自然空气的力量和怎样发明空气动力推动物体的机器。历史上，希腊人 Philon 就曾以空气作为动力源来推动寺院大门；此后的几百年，风动技术也没有停滞不前。人们早就知道风车、风箱以及军事装备气枪。17 世纪的奥托·冯·格里克在马格德堡实验中当众演示了产生真空时大气压的动力。他首次提出了测量空气特性理论，并发现大气压力相对于真空能产生推力。Papin 用他的空气活塞发动机也说明了这个现象，但没能应用于实际。格里克向大众所做的马格德堡演示证明了"空气能做功"。

19 世纪出现了能实际使用的机器，用于铁路行业和气动管道输送。同一时期，也出现了空气驱动的冲击锤和气动钻。尤其值得一提的是 1861 年建造 Mont Cenis 隧道时，由于采用了气动冲击钻，施工时间缩短了好几年。巴黎完好地保存了世界上第一个环绕城市的压缩空气网络，至今仍得到多种形式的应用。19 世纪末，在一些国家出现了第一批生产压缩空气工具的工厂，生产的冲击锤、气动钻主要供应采矿和筑路行业。随着电动工具的产生，压缩空气驱动的机器及工具不再像以前那样受到欢迎。此后一段时期，气动工具和机械的改进或气动技术的创新没有取得重要进展。20 世纪上半叶的两次世界大战，使其研究和开发走上了另一条轨道。

2. 压气机

压缩气体在工程上应用广泛，如气力输送和风动工具等。产生压缩气体的机械设备称为压气机。气体由低压压缩至高压需要消耗能量，所以压气机要消耗外界动力。压气机从基本原理和结构特征上可分为活塞式压气机、叶轮式压气机以及特殊的引射压缩器。

如图 9-17a 所示为单级活塞式压气机，主要由活塞 a、气缸 b、吸气阀 c、排气阀 d 和滤清器 e 组成。活塞式压气机由于转速不可能很高，间歇性工作以及存在余隙体积等原因，产气量不宜过大。叶轮式压气机克服了这些缺点，能连续不断地吸气、排气，没有余隙体积，并且转速较高，所以它的机体结构紧凑且产气量较大。但它每级的增压比小，要想获得较高的压力，则所需级数很多；且因气流速度高，摩擦损失较大，效率偏低，故对设计和制造的技术要求甚高。叶轮式压气机分为离心式（径流式）与轴流式两种，图 9-17b 为轴流式压气机的构造示意图。初态参数为 p_1、T_1、v_1（初速）的气体，自进气管流经收缩器 10，使气流均匀并得到初步加速；气流流经固定在机壳上的进口导向叶片 1 间的流道，使气流被整理成轴向流动，并使气体压力有少许提高；转子 8 由外力（原动机或电动机）推动做高速旋转；固定在转子上的工作叶片 2 将气流推动，使之大大加速，这是气体接受外界供给的机械功转变为气流定向流动动能的过程；高速气流流经固定在机壳上的导向叶片 3 间的流道（相当于扩压管），在其中降低流速而使气体压缩，

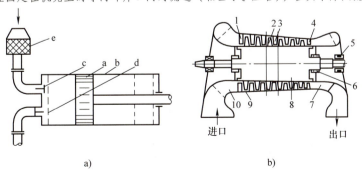

a)　　　　　　　　　　　　　b)

图 9-17

这是靠减少气体定向流动动能来使气体升压的过程；一列工作叶片与一列导向叶片构成一个工作级；气体连续流经压气机的各个工作级，逐级压缩升压；最后经扩散器7，并在其中进一步利用降低气流的余速使气体升压。终态参数为 p_2、T_2、v_2 的高压气体，从排气管排出压气机。

3. 可压缩气体的声速与飞行马赫数 Ma

由于空气压缩性的影响，飞机的高速空气动力特性与低速空气动力特性有明显不同。在研究低速气流时，都假定空气密度是不变的。实际上，空气密度是随着流速的改变而变化的，并且变化量随流速的加快而逐渐加大。因此，在研究高速气流特性时，必须考虑空气密度变化的影响。

流过飞机表面的气流，其压缩性的大小，要从空气本身是否容易压缩和飞行速度能否引起压缩性变化两个方面分析。而空气本身是否容易压缩，则取决于空气温度的高低。空气温度高的，不容易压缩；温度低的，比较容易压缩。这是因为在压力改变量相同的情况下，温度高的空气体积变化小，空气密度变化也比较小，因此空气的压缩性也比较小。

无论是低速飞行还是高速飞行，空气流经机翼各处的速度变化时，压力也随之改变，从而引起该处的空气密度发生变化。但是，在不同飞行速度的情况下，空气密度的变化程度是不一样的。飞行速度越大，所引起的空气密度变化程度也越大，即空气的压缩性越大。

声速公式 $a = \sqrt{\dfrac{\mathrm{d}p}{\mathrm{d}\rho}}$ 表明，在压力改变同样数量的情况下，若密度变化量大，即 $\mathrm{d}p/\mathrm{d}\rho$ 小，则声速 a 小，说明空气易压缩；反之，声速大，空气不易压缩。由此可见，声速的大小反映了空气是否容易被压缩这一物理属性。

声速公式还可用其他形式表示。弱扰动波在空气中的传播，因其压力、密度变化非常快，来不及与周围气体进行热交换。因此，这一过程可以认为是绝热过程，根据泊松方程可得压强和密度间的关系为

$$\frac{p}{\rho^{\gamma}} = C \tag{9-43}$$

对上式取对数，得

$$\ln p - \gamma \ln \rho = \ln C \tag{9-44}$$

两边微分，得

$$\frac{\mathrm{d}p}{p} - \gamma \frac{\mathrm{d}\rho}{\rho} = 0 \tag{9-45}$$

或

$$\frac{\mathrm{d}p}{\mathrm{d}\rho} = \gamma \frac{p}{\rho} \tag{9-46}$$

将这个关系代入声速公式，得

$$a = \sqrt{\gamma \frac{p}{\rho}} \tag{9-47}$$

将状态方程 $p = \rho R'T$ 代入上式，得

$$a = \sqrt{\gamma R'T} \tag{9-48}$$

式（9-48）说明，声速的大小取决于绝热指数 γ、气体常数 $R' = R/M$ 和气体的热力学温度 T。对于空气来讲，$\gamma = 1.4$，$R' = 287.06 \mathrm{J} \cdot \mathrm{kg}^{-1} \cdot \mathrm{K}^{-1}$，所以声速为

$$a = 20\sqrt{T} \tag{9-49}$$

式（9-49）表明，空气温度高，声速大，空气难压缩；反之，气温低，声速小，空气容易压缩。

实际上，空气流过机翼时，其压缩性大小受该处声速和飞行速度两个方面的影响。为了综合考虑这两个因素对空气压缩性的影响，取飞行速度与声速的比值，称为飞行马赫数，记为 Ma，作为衡量空气压缩性的标志，即

$$Ma = \frac{v}{a_{\mathrm{H}}} \tag{9-50}$$

式中，v 为飞行速度（单位为 $\mathrm{m} \cdot \mathrm{s}^{-1}$）；$a_{\mathrm{H}}$ 为飞机所在高度的声速（单位为 $\mathrm{m} \cdot \mathrm{s}^{-1}$）。

Ma 大，说明飞行速度大，或声速小，即说明空气的压缩性大；Ma 小，说明飞行速度小，或声速大，即空气的压缩性小。一般情况下，在 Ma 小于 0.4 的情况下，由于空气密度变化程度较小，可以不考虑空气压缩性影响，称为低速飞行。Ma 超过 0.4 以上，由于空气密度变化的影响越来越大，就必须考虑空气压缩性的影响。

Ma 大于 1，表明飞行速度大于飞机所在高度的声速，称为超声速；Ma 小于 1，表明飞行速度小于飞机所在高度的声速，称为亚声速；Ma 等于 1，表明飞行速度等于声速。

Ma 的大小表明了飞行速度同声速的关系，以及空气流过机翼时空气密度变化的程度，它是说明气流特性是否发生质变的标志。气流特性显著而突然的变化，必然会急剧地改变飞机的气动参数，从而改变飞机的动态和性能。同一型别的飞机，在近声速和超声速飞行中的操纵特点，都是在飞行 Ma 超过一定数值后发生的。在近声速和超声速飞机上，为了便于飞行员掌握飞机的操纵特性，及时正确地操纵飞机，一般装有测量 Ma 的仪表（即 Ma 数表）。在分析高速飞机的飞行问题中，飞行 Ma 具有同迎角一样的重要意义，它是驾驶高速飞机的飞行员必须搞清楚的一个重要概念。

9.3　循环过程　卡诺循环

航空活塞发动机是往复式内燃机，其作用是将燃油和空气的混合气燃烧时产生的热能转换为机械功，驱动螺旋桨旋转，为飞机提供前进的动力。 **物理现象**

航空活塞发动机如何实现热力学循环过程？如何提高该类型发动机的热功转化效率？

 物理学基本内容

9.3.1　循环过程

历史上，热力学理论最初是在研究热机工作过程的基础上发展起来的，这也是当时社会的迫切需求。能把热转化为功或机械能的装置称为热机，如蒸汽机、内燃机等。热机中被利用来吸收热量并对外做功的物质称为工质，如在内燃机中（如汽车发动机），工质是空气和燃料的混合物。气体通过体积膨胀对外做功，但实际工作中，我们不能通过无限长的气缸使气体不断膨胀，持续对外做功，必须设法使工作物质经过另外的过程再回到原来的状态，使过程循环不断地进行。普遍地讲，系统由最初状态经历一系列的变化后又回到最初状态的周而复始的过程称为循环过程，也可简称为循环。

下面我们以蒸汽机为例来说明循环过程。如图 9-18 所示，水泵将一定量的水抽入锅炉，水在锅炉中吸收热量，变成高温高压气体，这是吸热过程。水蒸气经过管道被送入气缸，在气缸内膨胀推动活塞，带动连杆运动，对外做功。做功后水蒸气的温度和压强大大降低，被排入冷凝器放热，重新液化为水，这是放热过程。最后冷却水由水泵重新送回锅炉加热，如此周而复始地循环。工质（水）在一系列的循环过程中，每一次都把从高温热源吸收的热量中的一部分用于气缸对外做机械功，而其余的热量则向低温热源释放。工作物质每经过一次循环后都回到原来状态。虽然其他各种热机的工作过程不尽相同，但在能量转

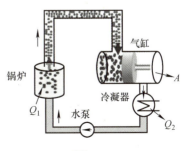

图 9-18

化上都与蒸汽机类似。

若循环的每一阶段都是准静态过程，则此循环可用 p-V 图上的一条闭合曲线来表示，如图 9-19 中的 $abcda$ 所示，工质由 a 状态出发，经历 bcd 过程，再回到 a 状态，完成一次循环。由于始末状态相同，内能没有发生变化，$\Delta E = 0$。由热力学第一定律，则循环过程中系统吸收的净热量（系统吸放热的代数和）一定等于系统所做的净功（系统做功的代数和），即 $Q_净 = A_净$，在 p-V 图上 $A_净$ 的大小等于循环曲线所包围的面积。

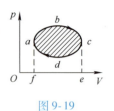

图 9-19

在 p-V 图上，若循环进行的过程曲线沿顺时针方向，则称为正循环或热机循环，反之称为逆循环或制冷循环。

1. 正循环与热机效率

对于正循环，如图 9-19 所示，过程进行的方向如箭头所示。在 abc 过程中，系统的内能增加，并对外做功 A_1，其量值为曲线 $abcefa$ 所包围的面积，因而将从高温热源吸热，用 Q_1 表示热量绝对值；而系统在 cda 过程中内能减少，同时外界对系统做功 A_2，其量值为 $cdafec$ 所包围的面积，因而将向低温热源放热，用 Q_2 表示其绝对值。系统对外界所做的净功 $A = A_1 - A_2 > 0$，大小为 p-V 图中循环曲线 $abcda$ 所包围的面积。经历一个循环，系统内能不变，$\Delta E = 0$，根据热力学第一定律，可知

$$A = Q = Q_1 - Q_2 \tag{9-51}$$

图 9-20 表明了正循环过程中能量的流动与转移。经历一次正循环，系统从高温热源吸入热量 Q_1，将其一部分用于对外做净功 A，剩下一部分热量 Q_2 向低温热源放出。这正是热机的工作原理。

反映热机最重要性能的物理量就是热机的效率，即吸收来的热量有多少转化为有用的功，显然，在吸热一定的前提下，系统对外所做功越多越好，因此，热机效率的定义为：在一次循环中工质对外做的净功与它从高温热源吸收热量的比值，即

$$\eta = \frac{A}{Q_1} \tag{9-52}$$

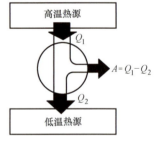

图 9-20

因净功 $A = Q_1 - Q_2$，式（9-52）还可表示为

$$\eta = 1 - \frac{Q_2}{Q_1} \tag{9-53}$$

在应用中，式（9-52）和式（9-53）可根据已知条件灵活选用。

2. 逆循环和制冷系数

对于逆循环，如图 9-21 所示，过程进行的方向如箭头所示。系统在 adc 过程中内能增加，同时对外做功 A_2，因而将从低温热源吸热 Q_2；系统在 cba 过程中内能减少，同时外界对系统做功 A_1，因而将向高温热源放热的绝对值为 Q_1。即经历一次逆循环，外界对系统所做的净功为 $A = A_1 - A_2 > 0$。根据热力学第一定律，可得

$$A = A_1 - A_2 = Q_1 - Q_2 \tag{9-54}$$

图 9-22 表明了逆循环工作过程中能量的流动与转移。经历一次逆循环，系统以外界做功 A 为代价，从低温热源吸收热量 Q_2，并将热量 $Q_1 = Q_2 + A$ 向高温热源放出。这正是制冷机的工作原理。

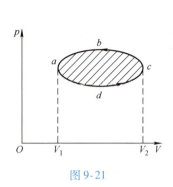

图 9-21

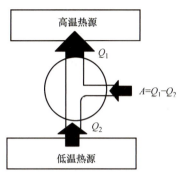

图 9-22

制冷机的制冷系数定义为：在一次循环中系统从低温热源吸收的热量与外界对系统所做净功的比值，用 ω 表示，即

$$\omega = \frac{Q_2}{A} \qquad\qquad (9\text{-}55)$$

因 $A = Q_1 - Q_2$，式（9-55）还可表示为

$$\omega = \frac{Q_2}{Q_1 - Q_2} \qquad\qquad (9\text{-}56)$$

在应用中，式（9-55）和式（9-56）可根据已知条件灵活选用。

需要注意的是，热机的效率总是小于 1 的，而制冷机的制冷系数则往往是大于 1 的。在学习热机效率和制冷系数的公式时，应该注意二者在定义上有一个共同点，那就是都把人所获取的效益放在分子上，而付出的代价则放在分母上。

常用的制冷机，如冰箱的构造与工作原理可用图 9-23 说明。工质用较易液化的物质，如氨气。氨气在压缩机内被急速压缩，它的压强增大，温度升高，进入冷凝器后，向周围空气或冷却水（高温热源）放热而凝结为液态氨。液态氨经节流阀的小口通道，进入蒸发器，压强很低，氨将由液态变为气态，汽化过程中从冷库（低温热源）中吸热。此氨蒸气最后被吸入压缩机进行下一次循环。

空调制冷的工作原理与冰箱是一致的。空调制冷时，将蒸发器（室内机）放在房间中（低温热源）吸收热量，将冷凝器（室外机）放在室外（高温热源）放出热量，从而使室内降温。

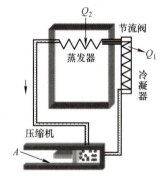

图 9-23

能否利用制冷系数可以大于 1 的特点，让制冷机反过来工作，以实现在冬季给室内加热的目的？

让制冷机反过来工作，将热量从低温热源"泵"入高温热源，即为热泵。在冬季，空调当热泵使用时，它的原理就是空调的室内机和室外机反过来放置工作。假设制冷系数为 5，则每提供 1J 的功（电能），就可以给室内输入 6J 的热量。这显然比用电炉取暖效率高得多，经济上也合算得多。

思维拓展

9.3.2　卡诺循环

　　1698年塞维利、1712年纽科门先后发明了蒸汽机，但当时蒸汽机的效率极低。1765年瓦特对蒸汽机进行了重大改进，热功转换效率也仅为3%左右。在生产需要的推动下，人们迫切需要进一步提高热机效率。那么，提高热机效率的主要方向是什么？热机效率有没有极限？不少科学家和工程师开始从理论上研究如何提高热机的效率。1824年，法国青年工程师卡诺（S. Carnot）提出了一种工作在高低温热源之间的理想循环——卡诺循环，并从理论上证明了它的效率最大。卡诺的研究不仅为提高热机的效率指出了方向和限度，而且对实际热机的研制具有重要的指导意义，也为热力学第二定律的建立奠定了基础。

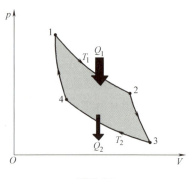

图9-24

　　如图9-24所示，卡诺循环由两个等温和两个绝热的准静态过程组成。在循环过程中，工作物质（系统或工质）只和温度为T_1的高温热源和温度为T_2的低温热源交换热量。按卡诺循环运行的热机和制冷机，分别称为卡诺热机和卡诺制冷机。

1. 卡诺热机的效率

　　图9-24表示的是卡诺正循环（热机循环），在1→2等温膨胀过程中，系统从温度为T_1的高温热源吸入热量Q_{12}，在3→4等温压缩过程中，系统向温度为T_2的低温热源放出热量$|Q_{34}|$，2→3和4→1均为绝热过程，$Q_{23} = Q_{41} = 0$，如果参与循环的是理想气体，由等温过程的热量公式

$$Q_1 = Q_{12} = \nu R T_1 \ln \frac{V_2}{V_1} \tag{9-57}$$

$$Q_2 = |Q_{34}| = \nu R T_2 \ln \frac{V_3}{V_4} \tag{9-58}$$

得到卡诺热机的效率

$$\eta_c = 1 - \frac{Q_2}{Q_1} = 1 - \frac{T_2 \ln \frac{V_3}{V_4}}{T_1 \ln \frac{V_2}{V_1}} \tag{9-59}$$

因系统的状态2、3和状态4、1分别是两个绝热过程的初末态，应用绝热过程方程$TV^{\gamma-1} = C$，得

$$T_1 V_2^{\gamma-1} = T_2 V_3^{\gamma-1} \tag{9-60}$$

$$T_1 V_1^{\gamma-1} = T_2 V_4^{\gamma-1} \tag{9-61}$$

两式相除可得

$$\frac{V_2}{V_1} = \frac{V_3}{V_4} \tag{9-62}$$

代入η_c的表达式，可得

$$\eta_c = 1 - \frac{T_2}{T_1} \tag{9-63}$$

　　由上述讨论，卡诺热机必须有高温和低温两个热源，热机效率与工作物质无关，只与两热源温度有关。卡诺热机的效率后来被证明是在相同的高温热源与相同的低温热源之间工作的热机的最大效率，它为我们指明了提高热机效率的方向——提高高温热源的温度或者降低低温热源的温度，使T_2/T_1越小越好，继蒸汽机后发明的内燃机就是在上面这个公式的指导下实现的。

但实际应用中低温热源的温度通常为外界大气或水的温度，不宜人为地改变，因此，实用的方法只有提高高温热源的温度。例如，对于电厂的蒸汽涡轮机，T_2可以是河流或湖泊水的温度，因此，我们只能寄希望于使锅炉温度尽可能地高。

　　热机的发展从 18 世纪至今，已经走过了几个世纪的历程。从缓慢而笨拙的蒸汽机开始，到今天高速、高效的动力，将飞机和汽车推进到惊人的速度，而且还在发展中。但是，无论什么形式的热机，也不管采用的是什么燃料，其效率都还远远未达到卡诺理想热机的水平。热机必须服从热力学定律，受热力学定律的限制，这点是无可置疑的。

　　目前航空活塞发动机采用四冲程内燃机，工作时进行的循环过程如下：如图 1 所 ┌─────┐
示，首先将燃油与空气的混合气吸入气缸（见图 1a）；然后对混合气体进行急速压缩 │现│
（见图 1b）；当压缩混合气的体积最小时用电火花点火使混合气爆燃；爆燃气体放出的 │象│
热量，使气缸中气体的温度、压强迅速增大，从而推动气缸活塞对外做功（见图 1c）； │解│
做功后的废气被排出气缸（见图 1d）。整个过程中，活塞上下往返了两次，发动机完成了进 │释│
气、压缩、膨胀和排气四个冲程，组成了一个循环。发动机连续工作时，气缸内就一个循环紧 └─────┘
接着一个循环持续不断地进行下去。可见，四冲程活塞发动机将热能转化为机械能，是通过发
动机周而复始地进行正循环而实现的。

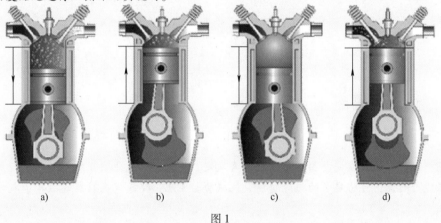

a)　　　　　　b)　　　　　　c)　　　　　　d)

图 1

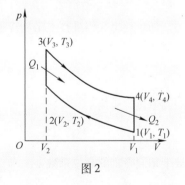

图 2

　　显然，这个循环并非由同一工质完成，而且还经过了燃烧，气缸内的气体发生了化学变化。但在理论上研究上述实际过程中的能量转化关系时，往往用一定质量、被看作理想气体的空气进行的准静态过程代替，如图 2 所示。

　　（1）绝热压缩过程 1→2：活塞自下而上快速移动，将吸入气缸的混合气自 1 状态压缩至 2 状态。

　　（2）等体吸热过程 2→3：当混合气体压缩至 2 状态时，用电火花引爆混合气体，气体压强随之突增。但由于爆炸时间极短，活塞移动距离极小，故将这一过程看成是等体吸热增压过程。

　　（3）绝热膨胀过程 3→4：爆炸后的气体压力巨大，这一巨大的压力推动活塞对外做功，同时压力也随着气体的膨胀而降低。这一过程看作绝热膨胀过程。

　　（4）等体放热过程 4→1：开放排气口，气体的压力将骤然降至外界大气压力。这一过程看作等体降压过程。

上述四个准静态过程构成的理想循环过程叫作奥托循环，下面我们计算其循环效率。该循环中吸热和放热只在两个过程中进行。在 2→3 等体过程气体吸收的热量为

$$Q_1 = \nu C_{V,m}(T_3 - T_2)$$

在 4→1 等体过程气体放出的热量为

$$Q_2 = \nu C_{V,m}(T_4 - T_1)$$

代入热机效率公式，得

$$\eta = 1 - \frac{Q_2}{Q_1} = 1 - \frac{T_4 - T_1}{T_3 - T_2}$$

由于 1→2 和 3→4 都是绝热过程，因此有

$$\frac{T_2}{T_1} = \left(\frac{V_1}{V_2}\right)^{\gamma-1}$$

$$\frac{T_3}{T_4} = \left(\frac{V_1}{V_2}\right)^{\gamma-1}$$

可得

$$\frac{T_3}{T_4} = \frac{T_2}{T_1} = \frac{T_3 - T_2}{T_4 - T_1} = \left(\frac{V_1}{V_2}\right)^{\gamma-1}$$

$$\eta = 1 - \frac{1}{(V_1/V_2)^{\gamma-1}}$$

现将 V_1/V_2 称为绝热压缩比，用 K 表示，即得

$$\eta = 1 - \frac{1}{K^{\gamma-1}}$$

由此可见，该循环的效率完全由绝热压缩比 K 决定，K 越大，气体被压缩得越厉害，加热后气体的膨胀能力越强，可将越多的热能转换成机械功。因此，要想提高该循环效率，就要提高绝热压缩比。

2. 卡诺制冷机的制冷系数

如果理想气体进行卡诺制冷循环时，只要把图 9-24 中的箭头全部反向即可示意。从低温热源吸热

$$Q_2 = Q_{43} = \nu R T_2 \ln \frac{V_3}{V_4} \tag{9-64}$$

向高温热源放热

$$Q_1 = |Q_{12}| = \nu R T_1 \ln \frac{V_2}{V_1} \tag{9-65}$$

故卡诺制冷机的制冷系数

$$\omega_c = \frac{Q_2}{Q_1 - Q_2} = \frac{T_2}{T_1 - T_2} \tag{9-66}$$

式（9-66）提示我们，低温热源的温度越低，制冷系数就越小，要进一步制冷就越困难。因此，制冷机的制冷系数不是由机器性能唯一决定的，它还与环境条件有关。高、低温热源之间的温差越大，制冷系数就越小，制冷的能耗就越大。

物理知识应用

　　循环过程的理论阐述了热机和制冷机的工作原理，同时也为我们指明了计算热机效率和制冷机制冷系数的方法。下面我们通过例题的介绍来帮助读者掌握这些方法。

　　【例 9-8】 航空涡轮喷气发动机，不仅作为推进器直接产生推动飞机前进的动力，同时还作为热机将燃料的化学能转化为机械能。作为热机，喷气式发动机和活塞式发动机是相同的，都需要有进气、压缩、燃烧和排气这四个阶段，不同的是，在活塞式发动机中这 4 个阶段是分时依次进行的，但在喷气发动机中则是连续进行的，其经历的理想工作过程称为布莱顿循环。如图 9-25 所示，$A \to B$ 为等压膨胀，$B \to C$ 为绝热膨胀，$C \to D$ 为等压压缩，$D \to A$ 为绝热压缩。已知：$T_C = 300\mathrm{K}$，$T_B = 400\mathrm{K}$，试求此循环的效率。

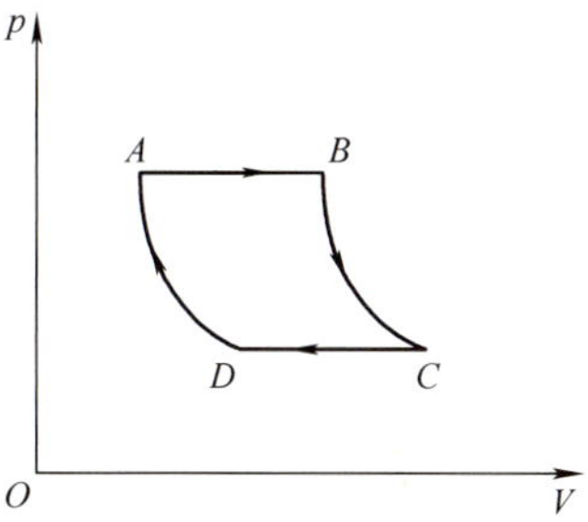

图 9-25

　　【解】 $\eta = 1 - \dfrac{|Q_2|}{Q_1} = 1 - \dfrac{|Q_{DC}|}{Q_{AB}}$

$$= 1 - \frac{\nu C_{p,\mathrm{m}}(T_C - T_D)}{\nu C_{p,\mathrm{m}}(T_B - T_A)} = 1 - \frac{T_C - T_D}{T_B - T_A} = 1 - \frac{T_C(1 - T_D/T_C)}{T_B(1 - T_A/T_B)}$$

$$p_A^{\gamma-1} T_A^{-\gamma} = p_D^{\gamma-1} T_D^{-\gamma}$$

$$p_B^{\gamma-1} T_B^{-\gamma} = p_C^{\gamma-1} T_C^{-\gamma}$$

$$p_A = p_B, \ p_C = p_D$$

$$\frac{T_A}{T_B} = \frac{T_D}{T_C}$$

$$\eta = 1 - \frac{T_C(1 - T_D/T_C)}{T_B(1 - T_A/T_B)} = 1 - \frac{T_C}{T_B} = 25\%$$

　　实际的工作过程较为复杂，见本节物理知识拓展。

　　【例 9-9】 斯特林发动机（Stirling Engine），是一种由外部供热使气体在不同温度下做周期性压缩和膨胀的封闭往复式发动机。斯特林循环是由两个准静态等温过程和两个准静态等体过程组成的，逆斯特林循环是回热式制冷机的常用工作模式。如图 9-26 所示，一定量的理想气体经历的准静态循环过程由以下四个过程组成：（1）等温压缩（1→2）；（2）等体降温（2→3）；（3）等温膨胀（3→4）；（4）等体升温（4→1）。试求这个循环的制冷系数。

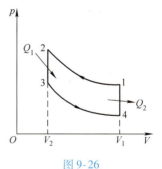

图 9-26

　　【解】 这个循环中气体在两个等体过程中与外界交换的热量的代数和是零，在 3→4 等温膨胀过程中气体从低温热源吸取的热量为

$$Q_2 = \nu R T_2 \ln \frac{V_1}{V_2}$$

在 1→2 等温压缩过程中，气体向外界放出的热量为

$$Q_1 = \left| \nu R T_1 \ln \frac{V_2}{V_1} \right| = \nu R T_1 \ln \frac{V_1}{V_2}$$

根据热力学第一定律，在整个循环中，外界对气体所做的净功为

$$A = Q_1 - Q_2 = \nu R (T_1 - T_2) \ln \frac{V_1}{V_2}$$

所以，该循环的制冷系数为

$$\omega = \frac{Q_2}{A} = \frac{T_2}{T_1 - T_2}$$

顺便指出，这个循环称为逆向斯特林循环，是回热式制冷机的工作循环。

【例 9-10】狄塞尔循环（定压加热循环） 德国工程师狄塞尔（Diesel，1858—1913）于 1892 年提出了压缩点火式内燃机的原始设计。所谓压缩点火式就是使燃料气体在气缸中被压缩，使它的温度超过它自己的燃点温度（例如，气缸中气体温度可升高到 $600 \sim 700℃$，而柴油燃点为 $335℃$）。这时燃料气体在气缸中一面燃烧，一面推动活塞对外做功。1897 年，他最早制成了以煤油为燃料的内燃机，后改用柴油为燃料，这就是我们通常所称的柴油机。四冲程柴油机的理想工作过程如图 9-27 所示，$a \rightarrow b$ 为绝热压缩，$b \rightarrow c$ 为等压膨胀，$c \rightarrow d$ 为绝热膨胀，$d \rightarrow a$ 为等体降压。已知绝热压缩比 $K_1 = V_0/V_1 = 15$（b 点的相对体积很小，压强很大），绝热膨胀比 $K_2 = V_0/V_2 = 5$，求循环效率和循环一周气体对外所做的功。

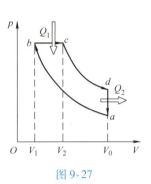

图 9-27

【解】$a \rightarrow b$ 和 $c \rightarrow d$ 为绝热过程，不吸热也不放热。

$b \rightarrow c$ 是等压吸热过程，所吸收的热量为

$$Q_1 = \nu C_{p,\mathrm{m}}(T_c - T_b)$$

$d \rightarrow a$ 是等体放热过程，所放出的热量为

$$Q_2 = \nu C_{V,\mathrm{m}}(T_d - T_a)$$

因此，循环效率为

$$\eta = 1 - \frac{Q_2}{Q_1} = 1 - \frac{T_d - T_a}{\gamma(T_c - T_b)}$$

其中 $\gamma = C_{p,\mathrm{m}}/C_{V,\mathrm{m}}$。根据理想气体绝热过程的体积与温度的关系 $TV^{\gamma-1} = $ 常量，对于绝热过程 $a \rightarrow b$ 可得

$$T_a V_0^{\gamma-1} = T_b V_1^{\gamma-1}$$

即

$$T_a = T_b/K_1^{\gamma-1}$$

同理，对于绝热过程 $c \rightarrow d$ 可得

$$T_d = T_c/K_2^{\gamma-1}$$

因此，循环效率为

$$\eta = 1 - \frac{T_c/K_2^{\gamma-1} - T_b/K_1^{\gamma-1}}{\gamma(T_c - T_b)}$$

等压过程 $b \rightarrow c$ 的方程为

$$\frac{T_b}{T_c} = \frac{V_1}{V_2} = \frac{K_2}{K_1}$$

循环效率为

$$\eta = 1 - \frac{1/K_2^{\gamma} - 1/K_1^{\gamma}}{\gamma(1/K_2 - 1/K_1)}$$

可见，循环效率由绝热压缩比、绝热膨胀比以及比热容比决定。

气体吸收的热量为

$$Q_1 = \nu C_{p,\mathrm{m}} T_b \left(\frac{T_c}{T_b} - 1\right) = \nu C_{p,\mathrm{m}} T_b \left(\frac{K_1}{K_2} - 1\right) = \nu C_{V,\mathrm{m}} T_b K_1 \gamma \left(\frac{1}{K_2} - \frac{1}{K_1}\right)$$

可得

$$Q_1 = \nu R T_a \frac{i}{2} K_1^{\gamma} \gamma \left(\frac{1}{K_2} - \frac{1}{K_1}\right)$$

循环一周气体对外所做的功为 $A = \eta Q_1$，即

$$A = \nu R T_a \frac{i}{2} K_1^{\gamma} \left[\gamma \left(\frac{1}{K_2} - \frac{1}{K_1}\right) - \left(\frac{1}{K_2^{\gamma}} - \frac{1}{K_1^{\gamma}}\right)\right]$$

由此可见，功也由绝热压缩比和绝热膨胀比以及比热容比（或自由度 i）决定。

由于狄塞尔循环没有绝热压缩比 $K < 10$ 的限制，故其效率可大于奥托循环。柴油机比汽油机笨重但能输出较大功率，因而常作为大型卡车、工程机械、机车和船舶的动力装置。

 物理知识拓展

飞机涡轮喷气发动机效率

航空涡轮发动机有多种类型，一台涡轮喷气发动机至少应当由下列五个部件组成：进气道、压气机、燃烧室、涡轮和喷管。如图 9-28 所示，图中没有画出进气道，这是因为进气道往往是飞机整体结构的一个部分，不便于在单独的发动机图上表示。

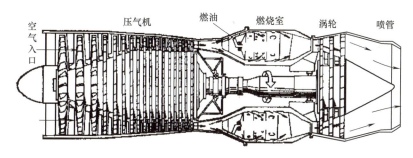

图 9-28

涡轮喷气发动机的理想循环，如图 9-29 所示，它由如下四个过程组成：

（1）绝热压缩过程　完成此过程的部件是进气道和压气机。其中 0→1 为速度冲压（气流的动能）。在图中 0 点表示外界大气条件，我们可把工质具有的动能也视为外功，加入到工质，使其压力提高，到达 1 点。1→2 为压气机对工质的压缩，总压从 p_1 变为 p_2。

（2）定压加热　完成此过程的部件是燃烧室。理想的情况是把燃油在燃烧室内的燃烧视为在定压条件下向工质加热，且工质的性质不变，总温从 T_2 变为 T_3。

（3）绝热膨胀　完成此过程的部件是涡轮和喷管。其中 3→4 表示工质经过涡轮的绝热膨胀，把热能转化为机械能，向压气机输出。4→9 表示工质在喷管内的绝热完全膨胀，把热能转化为动能，从喷口排出。与进气道类似，这里也可把排气的动能视为向外输出的功。

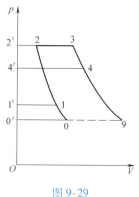

图 9-29

（4）定压放热　用虚线表示，在发动机外部完成。由此构成了一个理想的封闭循环。此循环也叫布莱顿循环。

循环吸热为

$$Q_1 = \nu C_{p,\mathrm{m}}(T_3 - T_2)$$

循环放热为

$$Q_2 = \nu C_{p,\mathrm{m}}(T_9 - T_0)$$

循环的功

$$A = Q_1 - Q_2 \tag{9-67}$$

循环的热效率

$$\eta_i = \frac{A}{Q_1} = \frac{Q_1 - Q_2}{Q_1} = 1 - \frac{T_9 - T_0}{T_3 - T_2} \tag{9-68}$$

因为

$$0 \to 2, 有 \frac{T_2}{T_0} = \left(\frac{p_2}{p_0} \right)^{\frac{\gamma-1}{\gamma}}$$

$$3 \to 9, 有 \frac{T_3}{T_9} = \left(\frac{p_2}{p_0} \right)^{\frac{\gamma-1}{\gamma}}$$

所以

$$\frac{T_3}{T_9} = \frac{T_2}{T_0} = \frac{T_3 - T_2}{T_9 - T_0} = \left(\frac{p_2}{p_0} \right)^{\frac{\gamma-1}{\gamma}}$$

$$\eta = 1 - \frac{1}{\pi^{\frac{\gamma-1}{\gamma}}} \tag{9-69}$$

式中，$\pi = \dfrac{p_2}{p_0}$ 称为增压比。

如果用机械能的形式表示，则单位质量工质的循环功应当是包括进排气动能在内的总的膨胀功和压缩功之差，即

$$A = A_T + \frac{v_9^2}{2} - A_K - \frac{v_0^2}{2} \tag{9-70}$$

式中，v_9 为排气速度；v_0 为飞行速度；A_T 和 A_K 分别表示压气机的压缩功和涡轮的膨胀功。如果 A_T 和 A_K 两者相等，则有

$$A = \frac{v_9^2 - v_0^2}{2} \tag{9-71}$$

涡轮喷气发动机的实际循环与理想循环有相当大的差别，主要是在各部件中完成的实际热力学过程有各种损失，包括加热过程在内都不是可逆的。此外，在加热的前后工质的成分发生变化。在压缩过程，无论在进气道内外气流的滞止过程中，还是在压气机中的压缩过程中均有多种流动损失。因而，压缩过程是多方指数 n 大于 γ 的多变压缩过程。在加热过程，燃烧室中因存在流动损失和加热过程的热阻损失，使压力有所下降。喷油燃烧是化学反应，工质的化学成分和流量都会有变化，因而，加热过程也不是定压加热过程。对于膨胀过程，在涡轮和喷管中，燃气膨胀因有多种流动损失，所以也是多方过程。多方指数 n 小于 γ，必须指出，这时候的 γ 也不等于空气的 γ。对于定压放热过程，因为是在发动机体外完成的，除了放热本身的热量损失之外，不存在流动损失，实际的放热过程与理想循环的放热过程是一致的。

9.4　热力学第二定律

如果我们制造一部机器，它能够从单一热源吸收热量全部用来对外做功而不产生其他影响，那么我们就可以利用空气或海洋作为单一热源，从它们那里源源不断地吸取热量来对外做功。据估算，仅使海洋的温度下降 0.01K 所产生的热量就可供全世界的机器使用超过百年，可以说，这样获得的能量将是取之不尽，用之不竭的。

那么，这样的机器能否制成？

物理现象

 物理学基本内容

9.4.1　自然过程的方向性

1. 自然过程的方向性

任何热力学过程都必须遵守热力学第一定律，也就是能量守恒定律，违反热力学第一定律

的过程是不可能发生的。然而自然过程中，遵守热力学第一定律的热力学过程是不是就一定能实现呢？

（1）热传导过程　温度不同的两个物体相互接触，热量会自动地从高温物体传给低温物体，直至两物体的温度相同达到热平衡为止。但是相反的过程，即热量自动地从处于热平衡的两个物体中的一个传到另一个，使两个物体出现温差，或者热量自动地从低温物体传到高温物体，使它们的温差越来越大，这样的过程是不可能发生的。

（2）功变热过程　将水盛在绝热壁包围的容器中，叶片搅拌水所做的机械功可以全部转化为系统的内能，使其温度升高。但相反的过程，即水自动地通过降低自身温度而将内能转化为机械功从而使叶片转动起来的过程是不可能实现的。

（3）气体自由膨胀过程　用隔板将容器分为左右两部分，左边有一定量的空气，右边是真空，当抽出隔板后，气体总是自动地向真空膨胀，充满整个容器，最终达到平衡态。但是相反的过程，即充满整个容器的气体自动地收缩回左半部分，使右半部分重新变为真空的过程，是不可能实现的。

（4）扩散过程　容器内用隔板分成两部分，分别存储两种不同的气体，当抽出隔板后，两种气体会自动地相互扩散，直到均匀地混合。但是，相反的过程，即均匀混合的两种气体自动地分离开来的过程是不可能发生的。

上述几个未能发生的过程，都没有违反热力学第一定律，但却不能自发地进行。我们把不受外界条件影响下自动发生的过程称为自发过程。事实说明，自然界中一切自发过程都具有方向性。然而热力学第一定律对过程进行的方向性并没有任何限制，也不能进行判断。

2. 可逆过程与不可逆过程

为了进一步研究过程的方向性，需要先介绍可逆过程与不可逆过程的概念。

一个热力学系统经历一个过程，从状态 A 变到状态 B，如果能使系统进行逆向变化，从状态 B 又回到状态 A，且对外界的影响也同时消除，我们称状态 A 到状态 B 的过程为可逆过程。如果系统和外界不能完全恢复，哪怕只有一点点不能恢复，那么从状态 A 到状态 B 的过程称为不可逆过程。可见可逆过程的要求是非常苛刻的，只是一种理想过程。一切实际的热力学过程都是不可逆过程。

热传导、功转化为热、气体自由膨胀和气体扩散都是自发过程，也是典型的不可逆过程。实际上，自然界的一切自发过程，都是不可逆过程。只有当过程进行的每一步，系统都无限接近平衡态，且消除摩擦等耗散因素时，过程才是可逆的，即只有无耗散的准静态过程才是可逆过程。需要注意的是，无耗散的准静态过程是从实际中抽象出来的理想模型，实际过程不可能进行得无限缓慢，耗散也不可能完全避免，因此，自然界中与热现象有关的实际过程都是不可逆的。

9.4.2　热力学第二定律及其两种常用表述

实际的热力学过程都是不可逆的，都具有方向性。如何判断过程进行的方向？通过实践人们总结出了热力学第二定律，用以解决上述问题。它的表述可以有多种方式，但其中最有代表性的是开尔文表述和克劳修斯表述两种。

1. 开尔文表述

人们在研究热机的工作原理、提高其效率的实践中发现，任何情况下热机都不可能只有一个热源。热机要把从高温热源吸收的热量变为有用的功，就不可避免地将一部分热量传给低温热源。这是自然界中的一个基本事实。在此基础上，1851 年，开尔文在总结大量的客观实践的基础上，从热功转换的角度出发，提出：系统不可能从单一热源吸收热量并全部转变为功而不产生其他影响。

开尔文表述指出了功变热过程的不可逆性，即在不产生其他影响的情况下，热不能完全转变为功。这里所谓"其他影响"是指除了从单一热源吸热、把所吸收的热量用来对外做功以外的其他任何变化。若有其他变化，从单一热源吸收来的热量全部对外做功是可能的。例如理想气体准静态的等温膨胀过程，由于 $\Delta E = 0$，有 $Q = A$，即吸收的热量 Q 全部用来对外做功 A，但此时产生了其他影响，即理想气体的体积变大了。

> 蒸汽机大量推广使用后，不少人试图设计不需要用两个热源的热机，这种热机只需从单一热源吸收热量做功而不向低温热源放热，显然这种热机的效率为 100%。由于这类单源热机并不违反热力学第一定律，常被称为第二类永动机。但长期的实践无一例外地证明，这种热机是制造不出的，原因在于它违反了热力学第二定律，开尔文表述直接否定了单源热机的可能性。因此，开尔文表述也可以表述为：第二类永动机是不可能制成的。
>
> **现象解释**

2. 克劳修斯表述

人们在研究制冷机的工作原理时发现，热量总是自发地从高温物体传到低温物体。1850 年，克劳修斯在大量实践经验的基础上，提出概括热传导方向性的规律，表述如下：热量不可能自动地从低温物体传向高温物体而不引起其他影响。

克劳修斯表述指出了热传导过程的不可逆性。当然，这并不意味着热量不可以从低温物体传到高温物体，而是这样的过程必将伴随着其他影响的发生，使系统或外界发生了其他变化。我们日常使用的冰箱，它能将热量从冷冻室不断地传向温度较高的周围环境，从而达到制冷的目的，但这不是"自动"进行的，必须以消耗电能，使外界对其做功为代价，产生了"其他影响"。

3. 开尔文表述与克劳修斯表述的等效性

热力学第二定律作为具有普遍意义的物理学定律，却分别以某个具体的过程为例来加以阐述，这在物理学基本规律的表述上是独一无二的。我们先来确定开尔文表述和克劳修斯表述是等效的，再说明这样做的依据是什么。

下面我们用反证法说明开尔文表述和克劳修斯表述的等效性。

如图 9-30a 所示，设有一台工作在高温热源 T_1 与低温热源 T_2 之间的卡诺热机，在一次循环过程中，从高温热源吸热 Q_1，向低温热源放热 Q_2，同时对外做功 $A = Q_1 - Q_2$。假定克劳修斯表述不成立，则可以将热量 Q_2 自动地从低温热源传向高温热源，而不产生其他影响。那么在一次循环结束时，把上述两个过程综合起来的唯一效果将是从高温热源吸热 $Q_1 - Q_2$ 全部变成了对外做功 $A = Q_1 - Q_2$，导致了开尔文表述的不成立。

下面再来证明如果开尔文表述不成立，则克劳修斯表述也不成立。

如图 9-30b 所示，设有一台工作在高温热源 T_1 与低温热源 T_2 之间的卡诺制冷机，在一次循环过程

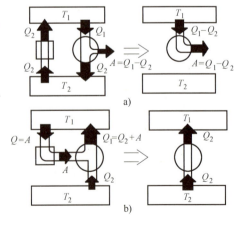

图 9-30

中，通过外界做功 A 使系统从低温热源吸收热量 Q_2，而向高温热源放出 $Q_1 = Q_2 + A$。假定开尔文表述不成立，则可以在不产生其他影响的情况下将从高温热源吸收的热量 $Q = A$ 全部用于对外做功，那么在一次循环结束时，把上述两个过程综合起来的唯一效果将是从低温热源吸收热量 Q_2 自动传给了高温热源，而不产生其他影响，导致克劳修斯表述也不成立。

可以看出，由热传导的不可逆性必然导致功变热过程的不可逆性，反之亦然。用类似的方法可以进一步证明，自然界中各种不可逆过程都存在着内在联系，即由某一过程的不可逆性可推断出另一过程的不可逆性。正是由于这种内在联系，每一个不可逆过程都可作为表述热力学第二定律的基础，热力学第二定律也就可以有多种不同的表述了。但无论表述方式怎样，热力学第二定律的实质在于指出一切与热现象有关的实际宏观过程都是不可逆的，它给人们指出了实际过程进行的方向的条件。

9.4.3　热力学第二定律的统计意义

1. 自发过程方向性的微观解释

前面我们从宏观的观察和实践中得出了热力学第二定律，如何从微观角度理解这一定律的意义呢？

从微观角度来看，任何热力学过程都伴随着大量粒子无序运动状态的变化。自发过程的方向性则说明大量粒子运动无序程度变化的规律性。下面就几种典型的自发热力学过程定性加以说明。

（1）功热转换　功转变为热是机械能转变为热力学能的过程。从微观角度看，功是粒子做有规则的定向运动（叠加在无规则热运动之上），而热力学能是粒子的无规则热运动。因此，功转变为热的过程是大量粒子的有序运动向无序运动转化的过程，从宏观角度看是自发进行的，而相反，自发的由无序运动向有序运动转化的过程则是不可能的。因此，功热转换的自发过程是向着无序度增大的方向进行的。

（2）热传导　两个温度不同的物体放在一起，热量将自动地由高温物体传向低温物体，最后使它们处于热平衡状态，具有相同的温度。温度是粒子无规则热运动的剧烈程度即平均平动动能大小的宏观标志。初态温度较高的物体，粒子的平均平动动能较大，粒子无规则热运动比较剧烈，而温度较低的物体，粒子的平均平动动能较小，粒子无规则热运动不太剧烈。显然，这两个物体的无规则热运动都是无序的，而无序的程度是不同的，但是我们还是可以按平均平动动能的大小来区分它们。到了末态，两个物体具有相同的温度，粒子无规则热运动的无序度是完全相同的。因此，若用粒子平均平动动能的大小来区分它们是不可能的，也就是说末态与初态比较，两个物体组成的系统的无序度增大了，这种自发的热传导过程是向着无规则热运动更加无序的方向进行的。

（3）气体绝热自由膨胀　自由膨胀过程是粒子系统从占有较小空间的初态转变到占有较大空间的末态。在初态，粒子系统占有较小的空间，粒子空间位置的不确定性较小，无序度也较小；在末态，粒子系统占有较大的空间，粒子空间位置的不确定性较大，无序度也较大。因此，气体绝热自由膨胀过程是自发地向着无序度增大的方向进行。

通过上面的分析可知，一切自发的热力学过程总是向无序度增大的方向进行的，这是宏观过程不可逆性的微观本质，说明了热力学第二定律的微观意义。

2. 宏观态与微观态　热力学概率

（1）宏观态与微观态的定义　以系统的分子数分布而不区分具体的分子来描写的系统状态叫热力学系统的宏观态；以分子数分布并且区分具体的分子来描写的系统状态叫热力学系统的

微观态。系统中各个粒子运动状态的每一种分布，都代表系统的一个微观态，系统的同一个宏观状态实际上可能对应非常多的微观状态，在任意时刻系统随机地处于其中任意一个微观态，而这些微观状态是宏观描述所不能加以区别的。

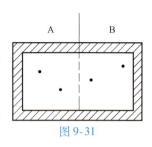

图 9-31

下面以图 9-31 所示的情况为例来进一步加以说明。假设容器中体积相等的 A、B 两室内有 4 个分子 a、b、c、d，它们分布在 A、B 两室内的情况共有 16 种方式。具体分布如下：

宏观态($n_{A室}$, $n_{B室}$) $\xrightarrow{\text{包含的微观态数目}}$ {(微观态);(微观态);…}

宏观态(0, 4) $\xrightarrow{1}$ (0, abcd)

宏观态(1, 3) $\xrightarrow{4}$ {(a, bcd);(b, acd);(c, abd);(d, abc)}

宏观态(2, 2) $\xrightarrow{6}$ {(ab, cd);(bd, ac);(cd, ab);(bc, ad);(ac, bd);(ad, bc)}

宏观态(3, 1) $\xrightarrow{4}$ {(bcd, a);(acd, b);(abd, c);(abc, d)}

宏观态(4, 0) $\xrightarrow{1}$ (abcd, 0)

在上面的分布表达中，如 (2, 2) 表示一个宏观态，即 A、B 两室内各有 2 个分子但不区分具体分子。箭头上标注的数字表示各宏观态所包含微观态的数目，如 (2, 2) 宏观态包含 6 个微观态，而 (ab, cd) 表示该宏观态中的一个微观态，即 a、b 分子在 A 室内，c、d 分子在 B 室内。由此可清楚地看出，不同的宏观态包含着不同数量的微观态，其中以 A、B 两室各有 2 个分子的宏观态包含的微观态数目最多，为 6 个，而 4 个分子全部分布在 A 室或 B 室的宏观态所包含的微观态数目最少，均为 1 个。如果将其推广到 A、B 两室共有 N 个分子的情况，可以证明：微观态的总数目共有 2^N 个，每个宏观态对应的微观态的数目，就是 A 室中有 $N_A (\leqslant N)$ 个分子时对应的宏观态包含的微观态的数目，即为 $\dfrac{N!}{N_A! \, (N - N_A)!}$。

（2）等概率原理（假设）　一个给定的宏观态可以随机地处于它所包含的任何一个微观态。宏观态所包含的微观态数目越多，就越难确定所处的微观态，即系统越是无序，越是混乱。统计物理学假定，在孤立系统中，所有微观态出现的概率都是相等的，这个假设也叫作等概率（几率）原理。它表明，包含微观态数目越多越是无序的宏观态，出现和被观察到的概率就越大。

（3）热力学概率（几率）　某一宏观态出现的概率可用该宏观态所包含的微观态数目与系统所有微观态数目之比来表示。然而，在很多时候我们并不使用这种归一化的概率，而将某一宏观态所包含的微观态数目叫作该宏观态的热力学概率，常用 Ω 表示。

3. 平衡态的统计意义

（1）平衡态的统计意义　以前面的例子来看，A、B 两室中分子数均匀分布或接近均匀分布的宏观态包含的微观态数目最多，特别是当总分子数 N 很大（量级为 10^{23}）时，这种分子数均匀分布或接近均匀分布的宏观态几乎占据了全部微观态，这种宏观态的热力学概率最大。如图 9-32 所示，纵坐标 Ω 表示热力学概率（微观态的数目），横坐标 N_A 表示在 A 室中分布的分子数。

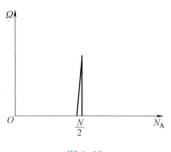

图 9-32

如图 9-32 所示分子均匀分布的宏观态包含的微观态数目最大，出现的概率最大，这种宏观态就是我们实际观察到的平衡态。因此，从统计意义上讲平衡态就是包含微观态数目最多的宏观态，这就是平衡态的统计意义。

> 自由膨胀的气体分子自动收缩回去的可能性有没有？如果有，概率有多大？
>
> 以 1mol 气体为例，分子数为 N_A，所有宏观态包含的微观态总数为 2^N。在这些微观态中，只有一个微观态对应着所有分子都自动收缩回去的宏观态。我们把所有的微观态都拍成照片，然后像放电影一样一张一地匀速放映，平均每放 2^N 张照片才能出现一次分子自动收缩回初态的那一张。假设每秒钟能放映 1 亿张照片，放完 2^N 张照片约需要 $10^{2 \times 10^{23}}$ s。这个时间比现在估计的宇宙年龄 2×10^{18} s（200 亿年）还要大很多倍。这意味，实际上人们不可能观察到自动收缩的出现。

思维拓展

（2）统计涨落　平衡态包含的微观态数目最多，出现的概率也最大。然而，从图 9-32 中我们可以看到，在平衡态附近的其他宏观态所包含的微观态数目也不少，它们出现的概率也是很大的。因此，一个实际的热力学系统不可能时刻处于绝对的平衡态，而是在平衡态附近变化，这种变化称为统计涨落。统计涨落可以通过实验进行观察，一个最著名的实验就是布朗运动。

4. 热力学第二定律的统计意义

热力学第二定律的微观本质，可以用统计规律的数学形式定量描述，这就是玻尔兹曼熵。

用一个宏观态包含的微观态数目的多少，也就是热力学概率，可以重新认识热功转换、热传导以及气体绝热自由膨胀等自发热力学过程的方向或者不可逆性。以气体绝热自由膨胀过程为例，气体的初状态是一个 $(0, N)$ 的宏观态，最后达到平衡的末状态是一个 $(N/2, N/2)$ 的宏观态。显然，初态的热力学概率最小，而末态的热力学概率最大，整个绝热自由膨胀过程就是系统由小概率的宏观态向大概率的宏观态变化的过程，一旦系统达到了热力学概率最大的末态，要回到小概率的初态几乎是不可能的（概率为 $1/2^N$，实在太小），这就是自发过程不可逆的原因。

更深入的分析可以得出如下普遍的结论：孤立系统内部发生的过程（自发进行的过程），总是由包含微观态数目较少的宏观态，向包含微观态数目较多的宏观态方向变化，或者由出现概率较小的宏观态向出现概率较大的宏观态方向进行，因此便出现了宏观过程的方向性，这就是热力学第二定律的统计解释。

对于由大量分子构成的系统而言，宏观态包含的微观态数目往往很大，这不利于实际计算。为此，玻尔兹曼引进了熵的概念，并定义系统的熵为

$$S = k \ln \Omega \tag{9-72}$$

式中，S 是系统的熵；k 是玻尔兹曼常量。系统的一个宏观态有确定的微观态数目 Ω，它的熵也就是确定的，因此熵与系统的内能一样，也是一个与系统状态相关的态函数。

从定义式，我们可以看到系统的熵越大代表它所处宏观态对应的微观态数目越大，系统的混乱程度也就越大。因此，熵的物理意义是系统无序性或混乱度大小的量度。

根据热力学第二定律，孤立系统内部发生的过程，总是自发地朝着微观态数目较多的宏观态的方向进行。因此，应用熵的概念，可以将热力学第二定律表示为：孤立系统内部发生的过程，总是朝着熵增加的方向进行的，这个结论称为熵增加原理，即

$$\Delta S \geq 0 \tag{9-73}$$

式中，大于号对应于不可逆过程，等号对应于可逆过程。熵增加原理可以认为是热力学第二定

律的数学表达。

同时，读者也应该注意到熵增加原理只是表明了孤立系统的熵永不减少，对于开放系统而言，熵是可以增加或减少的。比如，水蒸气放热冷却凝结成水的过程，熵就是减少的，水再结成冰，熵继续减少。显然冰的分子排列整齐，混乱程度最小，熵也是最小的。反之，冰熔化再蒸发成水蒸气的过程就是一个熵增加的过程。

 物理知识拓展

宇宙真的正在走向死亡吗

热力学第二定律指出，自然界的一切实际过程都是不可逆的。从微观上说，过程的不可逆性表现为：在孤立系统中的各种自发过程总是要使系统的分子（或其他的单元）的运动从某种有序的状态向无序的状态转化，最后达到最无序的平衡态而保持稳定。这就是说，在孤立系统中，即使初始存在着某种有序或说某种差别（非平衡态），随着时间的推移，由于不可逆过程的进行，这种有序将被破坏，任何的差别将逐渐消失，有序状态将转变为最无序的状态（平衡态）；而热力学第二定律又保证了这最无序的状态的稳定性，它再也不能转变为有序的状态了。

如果把上述结论推广到整个宇宙，则可得出这样的结论：宇宙的发展最终走向一个除了分子热运动以外没有任何宏观差别和宏观运动的死寂状态。这意味着宇宙的死亡和毁灭，因此，有人认为热力学第二定律在哲学上预示了一幅平淡的、无差别的、死气沉沉的宇宙图像。这种"热寂说"是错误的。有一种观点认为宇宙是无限的，不能当成一个孤立系统看待，因此不能将上面说明关于孤立系统演变的规律套用于整个宇宙。实际上我们面前完全是一幅丰富多彩、千差万别、生气勃勃的图像。

9.5 克劳修斯熵 熵增加原理

根据热力学第一定律，自然界的能量是守恒的，人们可以通过能量转化获得永世不竭的物质和能源以供使用。为什么却说人类面临着严峻的能源危机呢？ 物理现象

 物理学基本内容

玻尔兹曼熵是从微观上定义的，实际上对热力学过程的分析，总是用宏观状态参量的变化来说明的。那么，熵和系统的宏观状态参量有什么关系呢？如何从系统宏观状态的改变求出熵的变化？

9.5.1 卡诺定理

在前面讨论的卡诺循环中每个过程不仅都是准静态过程，而且都是可逆过程。因此，卡诺循环是理想的可逆循环。由热力学第二定律可以证明（此处从略）：

（1）在相同的高温热源（温度为 T_1）与相同的低温热源（温度为 T_2）之间工作的一切可逆热机，不论用什么工作物质，效率相等，而且都等于 $1 - \dfrac{T_2}{T_1}$。

（2）在相同的高温热源和相同的低温热源之间工作的一切不可逆热机的效率，不可能高于

（实际上是小于）可逆热机的效率，即 $\eta < 1 - \dfrac{T_2}{T_1}$。

这就是热机理论中非常重要的卡诺定理。除了在前面已初步讨论的提高热机效率的途径外，在这里还要补充的是，卡诺定理提示我们，应当使实际的不可逆热机尽量地接近可逆热机，这也是提高热机效率的一个重要因素。

9.5.2　态函数熵

1. 克劳修斯等式

根据卡诺定理，卡诺可逆热机的效率都可以表示为

$$\eta = 1 - \frac{Q_2}{Q_1} = 1 - \frac{T_2}{T_1} \tag{9-74}$$

由此式可以得到

$$\frac{Q_1}{T_1} = \frac{Q_2}{T_2} \tag{9-75}$$

或者写为

$$\frac{Q_1}{T_1} - \frac{Q_2}{T_2} = 0 \tag{9-76}$$

式中，Q_1 是工质从温度为 T_1 的高温热源吸收的热量；Q_2 是工质向温度为 T_2 的低温热源释放的热量。根据热力学第一定律对热量符号的规定，当系统放热时，对系统而言，此热量应以负值表示，所以 Q_2 应以 $-Q_2$ 代替，于是式（9-76）变为

$$\frac{Q_1}{T_1} + \frac{Q_2}{T_2} = 0 \tag{9-77}$$

这是在可逆卡诺循环中必须遵从的规律。

对于一个任意的可逆循环 $acbda$，我们总可以用大量微小的可逆卡诺循环去代替它，如图 9-33 所示。而对于其中的每一个卡诺循环，我们都可以列出相应于式（9-77）的关系式，将所有这样的关系式加起来，就得到

$$\sum \frac{Q_i}{T_i} = 0$$

当无限缩小每一个小循环时，上式中的 Q_i 可用 $\mathrm{d}Q$ 代替，T_i 用 T 代替，求和号可用沿环路 $acbda$ 的积分代替，于是上式可以写为

$$\oint \frac{\mathrm{d}Q}{T} = 0 \tag{9-78}$$

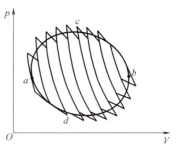

图 9-33

此式称为克劳修斯等式。对于任意可逆循环，克劳修斯等式都成立。

2. 克劳修斯熵

在图 9-33 中，我们可以将点 a 看作初状态，将点 b 看作末状态，由初状态 a 到末状态 b 可沿过程 acb 进行，也可以沿过程 adb 进行。根据式（9-78），应有

$$\int_{acb} \frac{\mathrm{d}Q}{T} + \int_{bda} \frac{\mathrm{d}Q}{T} = 0$$

上式可以改写为

$$\int_{acb} \frac{\mathrm{d}Q}{T} - \int_{adb} \frac{\mathrm{d}Q}{T} = 0$$

即

$$\int_{acb} \frac{\text{d}Q}{T} = \int_{adb} \frac{\text{d}Q}{T} \tag{9-79}$$

式（9-79）表明，沿不同路径从初态 a 到末态 b，$\int_a^b \frac{\text{d}Q}{T}$ 的积分值都相等，或者说 $\int_a^b \frac{\text{d}Q}{T}$ 的积分值只取决于初、末状态，而与过程无关。可见，初态 a 和末态 b 都应对应着一个状态，这个态函数就称为熵，即克劳修斯熵，常用 S 表示。从初态 a 到末态 b，熵的变化可以表示为

$$\Delta S = S_b - S_a = \int_a^b \frac{\text{d}Q}{T} \tag{9-80}$$

对于无限小的过程可以写为

$$\text{d}S = \frac{\text{d}Q}{T} \tag{9-81}$$

式（9-81）给出了在无限小可逆过程中，系统的熵变 $\text{d}S$ 与其温度 T 和系统在该过程中吸收的热量 $\text{d}Q$ 的关系。

熵是态函数，完全由状态所决定，也就是完全由描述状态的态参量所决定，所以只要系统所处的平衡态确定了，这个系统的熵也就完全确定了，与通过什么过程到达这个平衡态无关。在由式（9-81）计算的熵值中总包含了一个任意常量，这可以从式（9-81）的积分式

$$S - S_0 = \int_a^b \frac{\text{d}Q}{T} \quad \text{或者} \quad S = \int_a^b \frac{\text{d}Q}{T} + S_0 \tag{9-82}$$

中看到，式中的 S_0 就是这个任意常量。这与力学中求势能的情形很相似，力学中为了消除或确定这个包含在势能中的常量，总是要选择势能零点。在这里，为了消除或确定包含在熵值中的常量，也需要选择熵值为零或为某定值的参考态。

既然态函数熵完全由状态所决定，那么从初态 a 到末态 b 熵的变化 $S_b - S_a$ 就与从初态到末态经历怎样的过程无关。这样，要计算熵变 $S_b - S_a$，就可以选择一个可逆过程从 a 到 b 对 $\frac{\text{d}Q}{T}$ 积分。所以在计算熵变时，总是在初、末两态之间设计一个可逆过程，或者在 p-V 图上找寻一条便于积分的路径，或者计算出熵与态参量的函数关系，再将初、末两态的态参量代入。

熵的单位为焦耳每开尔文（$\text{J} \cdot \text{K}^{-1}$）。

在热力学中常把态参量和态函数分成两类：一类是强度量，与系统的总质量无关，如压强、温度和密度等；而内能和热量等却属于另一类量，这类量称为广延量，是与系统的总质量成正比的。熵也属于广延量，与系统所包含物质的量成正比。

将式（9-8）代入热力学第一定律 $\text{d}Q = \text{d}E + p\text{d}V$ 可得如下基本关系式

$$T\text{d}S = \text{d}E + p\text{d}V \tag{9-83}$$

式（9-83）虽然是从可逆过程得到的，但应该把它理解为在两相邻平衡态的态参量 E、S、V 的增量之间的关系，态参量的增量只取决于两平衡态，而与连接两态的过程无关。以后我们将会看到这个关系式的重要作用。

9.5.3 熵增加原理

前面我们从可逆过程得出了熵的概念。对于不可逆热机，根据卡诺定理，其效率小于可逆热机，即

$$\eta < 1 - \frac{T_2}{T_1}$$

也就是

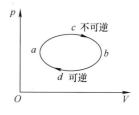

图 9-34

$$\eta = 1 - \frac{Q_2}{Q_1} < 1 - \frac{T_2}{T_1}$$

于是，对于不可逆过程，按前述推导过程，克劳修斯等式（9-78）应改写为

$$\oint \frac{\text{đ}Q}{T} < 0 \qquad (9\text{-}84)$$

如图 9-34 所示，设 acb 为不可逆过程，bda 为可逆过程，则有

$$\int_{a\text{不可逆}}^{b} \frac{\text{đ}Q}{T} + \int_{b\text{可逆}}^{a} \frac{\text{đ}Q}{T} < 0$$

$$\int_{a\text{不可逆}}^{b} \frac{\text{đ}Q}{T} < \int_{a\text{可逆}}^{b} \frac{\text{đ}Q}{T} = S_b - S_a$$

其中 $\text{đ}Q$ 表示工质从温度为 T 的热源吸收的热量。熵的变化则可表示为

$$\Delta S > \int_{a\text{不可逆}}^{b} \frac{\text{đ}Q}{T} \qquad (9\text{-}85)$$

即对于不可逆过程，式（9-83）也可表示为

$$\text{d}S > \frac{\text{đ}Q}{T} \qquad (9\text{-}86)$$

式（9-83）或式（9-84）即为克劳修斯不等式。

由以上讨论可见，在可逆过程中，熵的增量等于系统的热温比；在不可逆过程中，这个比值小于熵的增量。若系统经历的是绝热过程，则因 $\text{đ}Q = 0$，综合式（9-81）和式（9-86），有

$$\Delta S \geq 0 \qquad (9\text{-}87)$$
$$\text{d}S \geq 0 \qquad (9\text{-}88)$$

式（9-87）和式（9-88）表明，当系统从一个平衡态经绝热过程到达另一个平衡态时，它的熵永远不会减少，在可逆绝热过程中熵不变，在不可逆绝热过程中熵增加。

对于一个孤立系统，因它与外界不进行热量交换，所以无论发生什么过程，总有 $\text{đ}Q = 0$，式（9-87）和式（9-88）均成立。这表明孤立系统的熵永远不会减小，这就是熵增加原理。

热力学第二定律指出了一切与热现象有关的宏观过程的不可逆性，假如发生这种过程的系统是孤立系统，那么根据熵增加原理，这个系统的熵必定是增加的。所以热力学第二定律有时也称为熵增加原理，它可以作为热力学第二定律的普遍表达式，反映了热力学第二定律对过程的限制，违背此不等式的过程是不可能实现的。因此，我们可以根据此表达式来研究在各种约束条件下系统的可能变化。计算孤立系统的熵的变化，如果熵增加，说明该过程能够进行，如果熵减小，说明该过程不能发生。假如系统不是孤立的，在某过程中与外界发生热量交换，这时我们可以将系统和与之发生热交换的外界一起作为孤立系统，从而应用熵增加原理。

热力学第二定律不是热力学第一定律的推论，它本身就是自然界的一个独立法则。热力学第一定律否定了能量产生或消亡的可能性；而热力学第二定律则限制了能量的可用性，以及能量的使用和转换方式。

现象解释

热力学第二定律告诉我们，热能不如别的形式的能量有用，因为热能不像其他形式的能量那样能够将全部能量都转化为有用的功，或者说一部分能量从能做功的形式变成不能做功的形式。从这个意义上说，热能是一种低品质能量。当我们从地球上的石油、煤炭和天然气等不可再生资源中获取并使用能量时，是将能量从高度有用的形式降级为不大有用的形式，如把其中化学能降级为热能。由于自然界中所有的实际过程都是不可逆的，这些不可逆过程的进行，将使得能量不断地转变为不能做功的形式。虽然按照热力学第一定律，能量的总值不变，但就做功来说，能量的质量越来越低，不能做功的能量越来越多。因此，当地球上的不可再生资源消耗殆尽时，人类终将会面临严峻的能源危机。

由熵增加原理，孤立系统的自发过程总是向单一的、更加无序的方向发展，有没有办法使希望发生的过程逆着熵增方向进行，减缓无序发展的进程？

生命体通过管理和干预，实现自律人生，如规律运动、健康饮食、稳定情绪等行为引入负熵，抵抗自身熵增。从这种角度来讲，生命的意义就在于具有抵抗自身熵增的能力。企业通过推进管理变革让其生命长青，道理亦是如此。

> 思
> 维
> 拓
> 展

 ## 物理知识应用

【例 9-11】 求 ν mol 理想气体从体积 V_1 绝热自由膨胀到 V_2 时的熵变。

【解】 这是不可逆过程。可以将绝热容器中的理想气体看作孤立系统，在自由膨胀时，气体不对外做功，因而始末状态温度相同，设都是 T。设计一个可逆等温膨胀过程，使气体与温度为 T 的恒温热源接触而缓慢膨胀，则在这一过程中气体的熵变为

$$dS = \frac{\text{d}Q}{T} = \frac{p\text{d}V}{T}$$

由 $pV = \nu RT$ 得 $p = \dfrac{\nu RT}{V}$，代入上式，有

$$dS = \frac{\nu R\text{d}V}{V}$$

熵变为

$$\Delta S = \nu R \int_{V_1}^{V_2} \frac{\text{d}V}{V} = \nu R\ln\frac{V_2}{V_1}$$

【例 9-12】 试求理想气体状态 (p_0, V_0, T_0) 经某一过程到达末态 (p, V, T) 的熵变。

【解】 对理想气体，有 $pV = \nu RT$，$dE = \nu C_{V,\text{m}}dT$，将它们代入式（9-87）可得

$$dS = \frac{\nu C_{V,\text{m}}dT}{T} + \nu R\frac{\text{d}V}{V}$$

这是以 T、V 为自变量的熵函数的全微分。设理想气体经一可逆过程从初态 (V_0, T_0) 变到末态 (V, T)，沿此路径度上式积分可得

$$S - S_0 = \nu C_{V,\text{m}}\ln\frac{T}{T_0} + \nu R\ln\frac{V}{V_0} \qquad ①$$

式①还可以用另外两对独立变量 (T, p) 和 (p, V) 来表示。由状态方程有

$$\frac{T}{T_0} = \frac{pV}{p_0 V_0}$$

两边取对数得

$$\ln\frac{T}{T_0} = \ln\frac{p}{p_0} + \ln\frac{V}{V_0}$$

将上式代入式①，可得

$$S - S_0 = \nu C_{p,\text{m}}\ln\frac{T}{T_0} - \nu R\ln\frac{p}{p_0} \qquad ②$$

$$S - S_0 = \nu C_{V,\text{m}}\ln\frac{p}{p_0} + \nu C_{p,\text{m}}\ln\frac{V}{V_0} \qquad ③$$

式①、式②、式③是计算理想气体熵变的常用公式。可见熵变仅由始末态的状态参量确定，而与系统所经历的具体过程无关。

 ## 物理知识拓展

1. 熵与信息

1871 年，麦克斯韦给热力学第二定律出过一个难题，他设想在一个能被无摩擦的活动的门分隔成为两

部分的容器中盛有气体，如图 9-35 所示，开始时，两边气体的温度和
压强都相同，有一"小精灵"监守在活动的门上，它只让快分子向左
通过，让慢分子向右通过，于是左边温度越来越高，右边温度越来越
低。"小精灵"并没有对系统做功，却使原来处于热平衡的系统重新
产生了温差，系统的熵降低了，热力学第二定律受到了挑战。这个近
似神话的假设使许多杰出的物理学家绞尽脑汁，人们把这个"小精
灵"称为麦克斯韦妖。

图 9-35

麦克斯韦妖小巧玲珑，与普通人相比具有非凡的微观分辨力，仅凭这一点，它就能做出惊人之举，直
至 1929 年，它的底细才开始被匈牙利物理学家齐拉特（L. Szilard）所戳穿。他在《论由智能生灵导致热
力学系统中熵的减少》一文中，强调了麦克斯韦妖在智能方面的作用。

麦克斯韦妖的高明之处在于能使系统的熵减小，要做到这一点，就要实现对门的无误操作，小妖必须
有取得分子运动的详细信息（速度、位置）的能力。它怎样才能获得所需的信息呢？必须用一束光照射分
子，被分子散射的光子落入它的眼睛，这一过程涉及能量从高温热源到低温热源的不可逆过程，导致系统
的熵增加。当它收到有关信息后，操纵小门使快慢分子分离，导致系统熵减少，两个步骤的总效果是，熵
还是增加了，因此，即使真有麦克斯韦妖存在，它的工作方式也不违反热力学第二定律。

麦克斯韦妖的功勋使我们把信息和熵联系起来，信息是什么？在现代社会中信息的概念甚广，不仅包
含人类所有的文化知识，还概括我们五官感受的一切。信息的特征在于能消除事情的不确定性，例如，电
视机出了故障，对缺少这方面知识的人来说，他会提出多种猜测，而对于一个精通电视并有修理经验的人
来说，他会根据现象准确地指出问题所在。前者在该方面知识（信息量）少，熵较大；后者在该方面知识
（信息量）多，熵较小。

1948 年，信息论的创始人香农（C. E. Shannon）定义信息熵为信息量的缺损，即信息量相当于负熵。
于是麦克斯韦妖获得了信息就是获得了负熵。

2. 熵与社会、经济和管理

能和熵是物理学中非常重要、非常基本的两个概念。能量的概念早已被人们广泛地接受，成为人类社
会生活中不可缺少的用语；熵则是一个人们还不太熟悉的概念，然而它已渗透到社会的各个方面，蕴含了
极其丰富的内容。

从这两个概念的建立到 20 世纪初，人们一直认为能的概念比熵的概念更重要。传统的看法是把能量
比喻为宇宙的女主人，熵是她的影子，意思是能量主宰了宇宙中的一切，因为任何过程能量必须守恒，而
熵不过是能量的附庸，是在能量守恒的前提下进一步指示过程进行的方向罢了。

随着时代的发展，熵的概念的重要性越来越突出了，人们把它与无效能量、混乱、污染、生态环境破
坏、物质资源浪费等联系起来，把负熵与有序、结构、信息、生命等联系起来，于是就有了另一种比喻：
在自然过程的庞大工厂里，熵原理起着"经理"的作用，因为它规定整个"企业"的经营方式和方法，
而能量仅仅充当"账本"的角色，平衡"贷方"和"借方"。也就是说，能量仅仅表达了宇宙中的一种守
恒关系，而熵决定了宇宙向何处去。

今天，谋求可持续发展已成为全球性的主题，这就要求将发展纳入理性轨道，这是人类在经历发展带
来的喜悦和烦恼，又经历了深刻的反思后，所做出的一种新的、理性的抉择。它集合了影响人类思维、社
会发展的许多科学思想和科学方法，在这中间，我们更不能忽视"熵"的作用。

在茫茫宇宙之中，只有一个地球，我们面临的严峻现实是资源在不断地减少，环境在日益恶化，人口
在剧烈地暴胀。熵增加原理悄悄地起着作用并实际上主宰着我们这个地球。过去人们一度认为根据热力学
第一定律，可以通过能量转化获得永世不竭的物质和能源以供享用，然而，热力学第二定律打破了这种幻
想。因为物质和能量只可做单方向的转化，尽管我们可以在局部范围内变废为宝，化无用为有用，但这种
转化却是以整个系统熵的增加为代价的。熵概念和熵增加原理为社会发展和经济增长奠定了理论基础。

过去，人们在统计一个国家的财富时，一般采用国民生产总值（GNP, Gross National Product）的指
标，认为国民生产总值越高，国家越富裕，人民生活水平越高，却没有考虑在开采矿石、生产粮食、加工

食品的过程中，耗费了别的物质和能量。在这其中，只有部分能量被吸收进了产品，不少被浪费了，能量损失越多，熵增加越多。例如，在从粮食的生长到加工成食品的过程中，只有不到20%的能量被摄入粮食和食品中，而80%都浪费了，人们总是优先考虑价值的增加、产值的增长，却忽略了熵的增加。

随着可持续发展思想的提出，人们现在用净国民生产总值（NNP，Net National Product）来衡量一个国家的经济水平，也就是将环境退化、资源损耗及其他负面效应造成的经济损失从国民生产总值中扣除。于是，一些注意经济、社会和自然协调发展的国家成为净国民生产总值高的国家。

经济系统是一个复杂的物质系统，经济系统中存在着物质流、能流、货币流及熵流。经济系统又是一个开放系统，它不断与自然界进行物质、能量、熵的交换，在物质交换中输入物料资源，排出废物和输出产品；在能的交换中，输入可利用能，排出废热，而物流、能流总是伴随着熵流和熵的产生。经济过程以得到低熵产品和能量为目标，但它总是以同时产生高熵的废物和废热为代价的。

经济过程包括三个子过程：生产过程、流通过程和消费过程，每个过程都是熵增加的过程。在生产过程中，输入高熵的原料和低熵的能源，后者一方面作为机器设备的动力，另一方面也用来吸收原料中的熵和生产过程中产生的熵，生产过程中输出的是低熵的产品，并向环境排放高熵的废物和废热，另外，生产过程中的不可逆因素（如机器的磨损、原料的流失等）也会产生熵。生产过程熵的关系式为

$$S_{产品} + S_{废物废热} > S_{原料} + S_{能源}$$

生产过程除了输入原料、能源以外，还要利用技术和知识来合理而科学地安排生产，以减少能耗和废品，即减少熵的产生。因此，技术和知识起着负熵的作用，所以在现代化生产中对工人的培训是十分重要的。

在流通过程中，需要各种运输工具和机械，运输过程中人来车往、尘土飞扬、废气排放、嘈杂扰人都是熵增过程。

消费过程也是彻头彻尾的熵增过程，如食物经消化吸收变成排泄物；各种生活消费品用坏了、旧了，变成垃圾等，都引起熵的增加。要满足消费就要发展生产、发展经济，但是经济腾飞，熵也腾飞，当前人类社会处于经济增长快、熵也增加快的工业社会，经济学家们正在从熵增加原理中寻找出路。采取适当的措施，如节约资源、能源、珍惜产品和设备；发展教育事业提高全民的知识、技术素养等来抑制熵的增加。

城市的可持续发展也同样应引入熵的观念。城市是一个相对独立的生态系统，其物质-能量流动与转换的频率和速度都十分迅速，一切都来去匆匆，然而其空间范围又比较局限，因此，在城市系统中熵的增加十分明显。

在现代化大城市中，人们越来越多地依赖现代技术的应用，空调、汽车、手机等给人们带来了方便，同时也给周围环境带来了更多的废气、噪声、电磁波等污染。现代化程度越高，能量耗散越多，熵就越多。空调给周围邻居带来了热污染，高层建筑的玻璃幕墙给周围带来了光污染，日益增多的小轿车造成交通堵塞和尾气污染，当我们竭力把一切活动技术化、秩序化时，其结果却加快了熵的增加过程，而随着熵增过程的发展，要维持和创新新的秩序所要付出的代价就会更高，这正是大城市所面临的一个难题。

在旧城改造中，拆除旧房、砍伐树木，建造巍峨的高楼大厦，使城市增添宏伟的现代气息，其结果却是到处是水泥的"森林"、钢筋的"山峰"，没有绿色，没有湿地，以致造成春季缺少花草和百鸟，夏季"热岛效应"逼人，秋季"雾岛效应"显著，冬季日照减少。因此，城市发展过程中必须重视"低熵值"的城市发展模式。展望未来，大城市将不再以高楼林立、高架纵横作为自己的形象标志，而是应当更注重于城郊结合、生态建设，尽可能保持与大自然的协调和谐，回归自然，从高熵型城市向低熵型城市发展。

值得一提的是，通过管理使系统有序化是实现低熵的重要手段，在形成管理系统之初，应当把那些能看见、能预料到的、只有熵增而没有"有序"产出的种种因素排除在系统之外，要尽可能排除虽有"有序"产出，但同时也有高熵产生的种种不利因素，并注意使系统整体处于高的能态，使管理者与被管理者之间保持较大的能态差，这些都是以低熵换得有序产出的保证。管理系统通常包括人、财、物，其中人的不确定度（混乱度）最大，因此，为实现系统的低熵状态，对人的管理最为重要。

综上所述，要实施持续发展，必须从高熵社会走向低熵社会，熵与熵增加原理早已超越了物理学的范畴，证明自然科学理论对于科学界以外的人们也会有重要的思想、观念和方法上的启示。有一位著名的作家说过，不了解热力学第二定律（或者说不了解熵和熵增加原理）与不懂得莎士比亚同样糟糕。

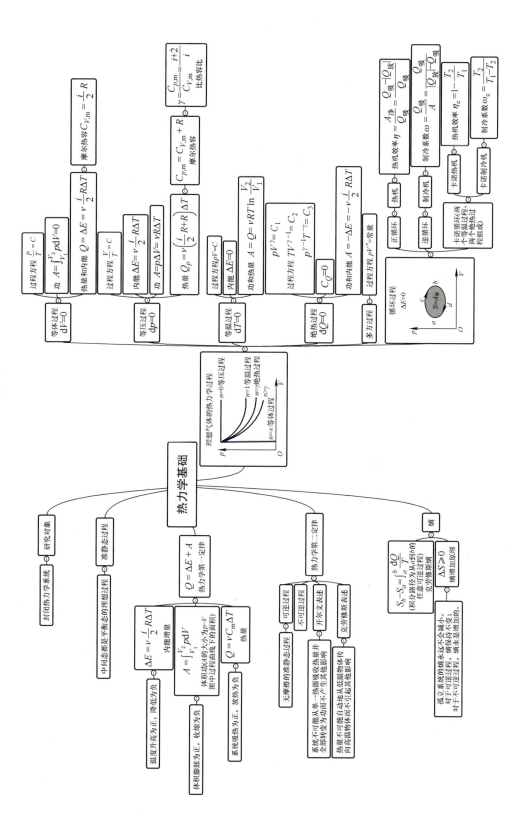

思考与练习

思考题

9-1　怎样区别内能与热量？下面哪种说法是正确的？（1）物体的温度越高，则热量越多；（2）物体的温度越高，则内能越大。

9-2　给自行车打气时气筒变热，主要是活塞与筒壁摩擦的结果吗？试给此现象以合理的解释。

9-3　夏天将冰箱的门打开，让其中的空气出来为室内降温，这方法可取吗？

9-4　为什么气体热容的数值可以有无穷多个？什么情况下，气体的摩尔热容是零？什么情况下，气体的摩尔热容是无穷大？什么情况下是正值？什么情况下是负值？

9-5　有两个热机分别用不同热源作卡诺循环，在 p-V 图上，它们的循环曲线所包围的面积相等，但形状不同，它们吸热和放热的差值是否相同？对外所做的净功是否相同？效率是否相同？

9-6　给气筒里的理想气体加热，使它在等温膨胀过程中推动活塞做功，这不就是将热全部转化为功了吗？为什么说该过程不可能呢？

9-7　有人想利用海洋不同深度处温度不同制造一种机器，把海水的内能变为有用的机械工，这是否违反热力学第二定律？

9-8　一条等温线与一条绝热线能否相交两次，为什么？

练习题

（一）填空题

9-1　在 p-V 图上

（1）系统的某一平衡态用_____来表示；

（2）系统的某一平衡过程用_____来表示；

（3）系统的某一平衡循环过程用_____来表示。

9-2　p-V 图上的一点代表_____；p-V 图上任意一条曲线表示_____。

9-3　如习题 9-3 图所示，已知图中画不同斜线的两部分的面积分别为 S_1 和 S_2，那么

（1）如果气体的膨胀过程为 $a \rightarrow 1 \rightarrow b$，则气体对外做功 $A =$ _____；

（2）如果气体进行 $a \rightarrow 2 \rightarrow b \rightarrow 1 \rightarrow a$ 的循环过程，则它对外做功 $A =$ _____。

9-4　某理想气体等温压缩到给定体积时外界对气体做功 $|A_1|$，又经绝热膨胀返回原来体积时气体对外做功 $|A_2|$，则整个过程中气体

（1）从外界吸收的热量 $Q =$ _____；

（2）内能增加了 $E =$ _____。

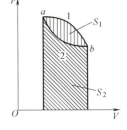

习题 9-3 图

9-5　如习题 9-5 图所示，一定量的理想气体经历 $a \rightarrow b \rightarrow c$ 过程，在此过程中气体从外界吸收热量 Q，系统内能变化 E，请在以下空格内填上 " >0"" <0" 或 " =0"：Q _____，E _____。

9-6　已知 1mol 的某种理想气体（其分子可视为刚性分子），在等压过程中温度上升 1K，内能增加了 20.78J，则气体对外做功为_____，气体吸收的热量为_____。（普适气体常数 $R = 8.31\mathrm{J \cdot mol^{-1} \cdot K^{-1}}$）

9-7　一定量的理想气体，从状态 A 出发，分别经历等压、等温、绝热三种过程由体积 V_1 膨胀到体积 V_2，试示意地画出这三种过程的 p-V 图曲线。在上述三种过程中：

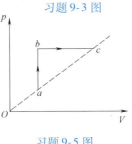

习题 9-5 图

（1）气体的内能增加的是_____过程；

（2）气体的内能减少的是_____过程。

9-8 习题9-8图为一理想气体几种状态变化过程的 p-V 图，其中 MT 为等温线，MQ 为绝热线，在 AM、BM、CM 这三种准静态过程中：

（1）温度升高的是_____过程；

（2）气体吸热的是_____过程。

9-9 一定量的理想气体，从 p-V 图上状态 A 出发，分别经历等压、等温、绝热三种过程由体积 V_1 膨胀到体积 V_2，如习题9-9图所示。在上述三种过程中：

（1）气体对外做功最大的是_____过程；

（2）气体吸热最多的是_____过程。

9-10 在大气中有一绝热气缸，其中装有一定量的理想气体，然后用电炉缓慢供热（见习题9-10图），使活塞（无摩擦地）缓慢上升。在此过程中，以下物理量将如何变化？（选用"变大""变小""不变"填空）

（1）气体压强_____；（2）气体分子平均动能_____；（3）气体内能_____。

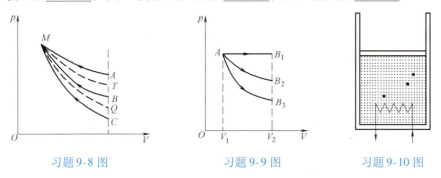

习题9-8图　　　　　习题9-9图　　　　　习题9-10图

9-11 有一卡诺热机，用290g 空气为工作物质，工作在 27℃ 的高温热源与 −73℃ 的低温热源之间，此热机的效率 η =_____。若在等温膨胀的过程中气缸体积增大到 2.718 倍，则此热机每一循环所做的功为_____。（空气的摩尔质量为 $29 \times 10^{-3} kg \cdot mol^{-1}$，普适气体常数 $R = 8.31 J \cdot mol^{-1} \cdot K^{-1}$）

9-12 如习题9-12图所示为 1mol 理想气体（设 $\gamma = C_{p,m}/C_{V,m}$ 为已知）的循环过程，其中 CA 为绝热过程，A 点状态参量 (T_1, V_1) 和 B 点的状态参量 (T_2, V_2) 为已知。试求 C 点的状态参量：$V_C = $_____，$T_C = $_____，$p_C = $_____。

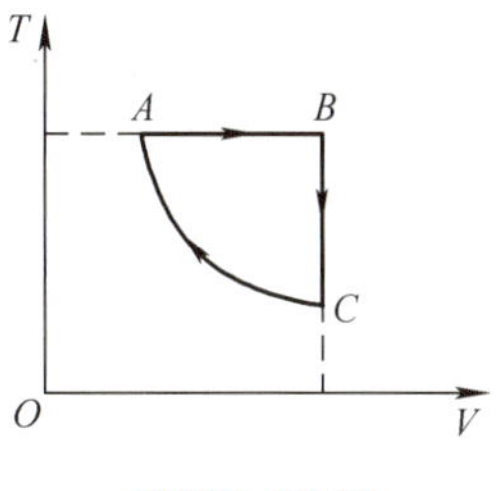

（二）计算题

9-13 为了使刚性双原子分子理想气体在等压膨胀过程中对外做功 2J，必须传给气体多少热量？

习题9-12图

9-14 0.02kg 的氦气（视为理想气体），温度由 17℃ 升为 27℃。若在升温过程中，（1）体积保持不变；（2）压强保持不变；（3）不与外界交换热量。试分别求出气体内能的改变、吸收的热量、外界对气体所做的功。（普适气体常数 $R = 8.31 J \cdot mol^{-1} \cdot K^{-1}$）

9-15 将 1mol 理想气体等压加热，使其温度升高 72K，传给它的热量等于 $1.60 \times 10^3 J$，求：

（1）气体所做的功 A；

（2）气体内能的增量 ΔE；

（3）比热容比。（普适气体常数 $R = 8.31 J \cdot mol^{-1} \cdot K^{-1}$）

9-16 温度为 25℃、压强为 1atm（$1atm = 1.013 \times 10^5 Pa$）的 1mol 刚性双原子分子理想气体，经等温过程体积膨胀至原来的 3 倍。（普适气体常数 $R = 8.31 J \cdot mol^{-1} \cdot K^{-1}$，ln3 = 1.0986）

（1）计算这个过程中气体对外所做的功；

（2）假若气体经绝热过程体积膨胀为原来的3倍，那么气体对外做的功又是多少？

9-17 一定量的单原子分子理想气体，从 A 态出发经等压过程膨胀到 B 态，又经绝热过程膨胀到 C 态，如习题9-17图所示。试求这全过程中气体对外所做的功、内能的增量以及吸收的热量。

9-18 2mol 单原子分子的理想气体，开始时处于压强 $p_1 = 10$atm（1atm $= 1.013 \times 10^5$Pa）、温度 $T_1 = 400$K 的平衡态。后经过一个绝热过程，压强变为 $p_2 = 2$atm，求在此绝热过程中气体对外做的功。（普适气体常数 $R = 8.31$J $\cdot$ mol^{-1} $\cdot$ K^{-1}）

9-19 一系统由如习题9-19图所示的 a 状态沿 abc 到达 c 状态，有350J 热量传入系统，系统做功126J。

（1）经 adc 过程，系统做功42J，问有多少热量传入系统？

（2）当系统由 c 状态沿曲线 ca 返回状态 a 时，外界对系统做功为84J，试问系统是吸热还是放热？热量传递了多少？

9-20 气缸内有2mol 氦气，初始温度为27℃，体积为20L。先将氦气定压膨胀，直至体积加倍，然后绝热膨胀，直至恢复初温为止。若把氦气视为理想气体，求：

（1）在该过程中氦气吸热多少？

（2）氦气的内能变化是多少？

（3）氦气所做的总功是多少？

9-21 一定量的刚性双原子分子气体开始时处于压强为 $p_0 = 1.0 \times 10^5$Pa，体积为 $V_0 = 4 \times 10^{-3}$m^3，温度为 $T_0 = 300$K 的初态，后经等压膨胀过程温度上升到 $T_1 = 450$K，再经绝热过程温度回到 $T_2 = 300$K，求整个过程中对外做的功。

9-22 空气由压强为 1.5×10^5Pa，体积为 5.0×10^{-3}m^3，等温膨胀到压强为 1.0×10^5Pa，然后再经等压压缩到原来的体积。试计算空气所做的功。（ln1.5 = 0.41）

9-23 如习题9-23图所示的装置中，在标准大气压（1.0atm 或 1.01×10^5Pa）下的1.00kg 的100℃的蒸汽。水的体积从初始的液体的 1.00×10^{-3}m^3，变成了水蒸气的 1.671m^3。

（1）在此过程中系统做了多少功？

（2）在此过程中以热量的形式传递了多少能量？

9-24 假设在地壳两极之一的附近挖一个深井，那里地表的温度为 -40℃，到达的深处的温度为800℃。

（1）一台工作在这两个温度之间的热机的效率的理论极限是什么？

（2）如果所有以热量形式存在的能量释放到低温热源中用来熔化初温为 -40℃的冰，一个100MW功率的动力工厂（视其为热机）生产0℃液态水的速率是多少？冰的比热容为2220J $\cdot$ kg^{-1} $\cdot$ K^{-1}；冰的熔化热为333kJ $\cdot$ kg^{-1}。（注意：在这种情况下，热机只能工作在0℃和800℃之间，冰的传热效率太低，应该以0℃液态水为低温热源。）

9-25 一台热泵用来向一座建筑物供热。外面的温度为 -5.0℃，建筑物内的温度保持在22℃。热泵的制冷系数是3.8，热泵以热量形式每小时将7.54MJ 热量释放到建筑物内。如果热泵是一台反向工作的卡诺热机，运行该热泵所需的功率是多少？

9-26 一定量的单原子分子理想气体，从初态 A 出发，沿习题9-26图示直线过程变到另一状态 B，又

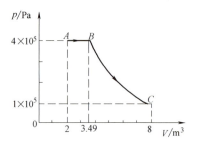

习题9-17图

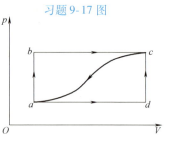

习题9-19图

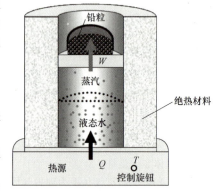

习题9-23图

经过等体、等压两过程回到状态 A。

（1）求 $A \rightarrow B$、$B \rightarrow C$、$C \rightarrow A$ 各过程中系统对外所做的功 A、内能的增量 ΔE 以及所吸收的热量 Q；

（2）整个循环过程中系统对外所做的总功以及从外界吸收的总热量（过程吸热的代数和）。

9-27　2mol 氢气（视为理想气体）开始时处于标准状态，后经等温过程从外界吸收了 400J 的热量，达到末态。求末态的压强。（普适气体常数 $R = 8.31\mathrm{J} \cdot \mathrm{mol}^{-1} \cdot \mathrm{K}^{-1}$）

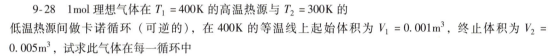

习题 9-26 图

9-28　1mol 理想气体在 $T_1 = 400\mathrm{K}$ 的高温热源与 $T_2 = 300\mathrm{K}$ 的低温热源间做卡诺循环（可逆的），在 400K 的等温线上起始体积为 $V_1 = 0.001\mathrm{m}^3$，终止体积为 $V_2 = 0.005\mathrm{m}^3$，试求此气体在每一循环中

（1）从高温热源吸收的热量 Q_1；

（2）气体所做的净功 A；

（3）气体传给低温热源的热量 Q_2。

9-29　一定量的某种理想气体进行如习题 9-29 图所示的循环过程。已知气体在状态 A 的温度为 $T_A = 300\mathrm{K}$，求：

（1）气体在状态 B 和状态 C 的温度；

（2）各过程中气体对外所做的功；

（3）经过整个循环过程，气体从外界吸收的总热量（各过程吸热的代数和）。

9-30　1mol 单原子分子理想气体的循环过程如习题 9-30 图所示，其中 c 点的温度为 $T_c = 600\mathrm{K}$。试求：

（1）ab、bc、ca 各个过程系统吸收的热量；

（2）经一循环系统所做的净功；

（3）循环的效率。

（注：循环效率 $\eta = A/Q_1$，A 为循环过程系统对外做的净功，Q_1 为循环过程系统从外界吸收的热量，$\ln 2 = 0.693$）

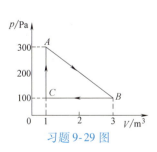

习题 9-29 图

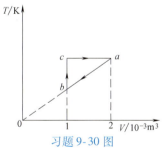

习题 9-30 图

9-31　总容积为 40L 的绝热容器，中间用一绝热隔板隔开，隔板重量忽略，可以无摩擦地自由升降，如习题 9-31 图。A、B 两部分各装有 1mol 的氮气，它们最初的压强都是 $1.013 \times 10^5 \mathrm{Pa}$，隔板停在中间。现在使微小电流通过 B 中的电阻而缓慢加热，直到 A 部气体体积缩小到一半为止，求在这一过程中：

（1）B 中气体的过程方程，以其体积和温度的关系表示；

（2）两部分气体各自的最后温度；

（3）B 中气体吸收的热量。

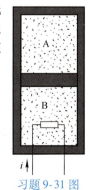

习题 9-31 图

阅读材料

新能源技术及其军事应用

1. 能量的退化与能源

在一切热力学过程中，能量的传递和转换必须遵守能量守恒定律，即热力学第一定律，至于这些能量的品质如何是不重要的。而热力学第二定律告诉我们，在不违反第一定律的前提下，不同品质的能量之间的传递和转换是有限制的。例如，在热机中，从高温热源吸收的热量 Q_1 不可能全部转化为对外做的净功 A，而必须乘以一个效率 η，其余的部分 Q_2，即 $(1-\eta)Q_1$，必须向低温热源放出，变成一种不好利用的能量，通常称这种情况为能量的退化。退化到一定程度的能量是不能再转化成有用功的。因此，人们把可以用来转化成有用功的能量叫作能源。提高热机的效率是提高能量品质的一种有效手段。但由于热机效率的提高是有限度的，所以人们在致力于提高热机效率的同时，也应当尽量减少能源的无谓消耗。

能源按其来源可分为三类：第一类是太阳能。除了直接的太阳辐射能之外，化石能源（煤、石油、天然气等）、生物质能、水能、风能、海洋能等能源也间接来自太阳能；第二类是蕴藏于地球本身的地热和核裂变能资源（铀、钍等）及核聚变能资源（氘、氚、氦等）；第三类是地球和月球、太阳等天体之间相互作用所形成的能量，如潮汐能。

社会的发展不仅是满足当代人的需要，还应考虑和不损害后代人的需要。这就是 1987 年联合国世界环境和发展大会提出的"人类社会可持续发展"概念的简要定义。因此，保护人类赖以生存的自然环境和自然资源，就成为各国共同关心的全球性问题。当今人类正面临着有史以来最严峻的环境危机，这在很大程度上是由于能源特别是化石能源的利用引起的。因此，今后世界的能源发展战略是发展多元结构的能源系统和高效、清洁的能源技术。

太阳能是一种巨大且对环境无污染的能源。季节、天气、纬度、海拔等影响着太阳的辐照强度，夜间根本无辐照，所以必须有很好的储能设备才能保证稳定的能量供应。太阳能的转换和利用方式有：光-热转换（太阳能热利用）、光-电转换（太阳能电池）和光-化学转换（光化学电池）。

风能是一种干净的可再生能源。利用风力可以发电、提水、助航、制冷和制热等。风力发电在技术上已日益成熟。另外，在有条件的地区，海洋能、地热能也是人们积极开发利用的能源。

生物质能是绿色植物通过叶绿素将太阳能转化为化学能而储存在生物质内部的能量。它通常包括木材和森林工业废弃物、农业废弃物、水生植物、油料植物、城市与工业有机废弃物和动物粪便等。化石能源也是由生物质能转变而来的。生物质能的利用技术有：热化学转换技术、生物化学转换技术、生物质块压密成型技术和化学转换技术。

2. 新的能量转换技术

为了节约能量，更有效地利用能源，提高转换效率，改进能量的转换技术也属于新能源技术范畴。煤炭的流体化、磁流体发电以及燃料电池等，就是发展前景十分广阔的新能量转换技术。煤炭的气化、液化统称为煤炭的流体化，它是把煤炭由固体转换为气体、液体的能量转换技术。煤炭的流体化对于合理利用煤炭资源，提供理想的燃料或原料，减少环境污染，都具有十分重要的意义。煤炭的流体化包括煤炭的气化、煤炭的液化和煤气化联合循环发电技术等。磁流体发电是 20 世纪 50 年代发展起来的一项发电技术，其基本原理就是物理学中的霍尔效应。燃料电池是通过燃料化学燃烧的方式将化学能直接转换为电能的装置。燃料电池不需要中间机械能的转换过程，不受热力学中卡诺定理的限制，因而可获得较高的效率。早在 20 世纪 60 年代，燃料电池就已成功地用于航天技术。

3. 核能在军事上的应用

能源与军事密切相关，各种能量形式在军事上都有着广泛的应用。

（1）链式反应　1945 年，美国在日本广岛和长崎投下的两颗原子弹，一颗是铀弹，一颗是钚弹。这类重核在中子的轰击下发生裂变时，不仅放出大量能量，同时还释放出 2 或 3 个快中子，这些中子又能引起新的裂变反应，如此进行下去，直至所有核燃料都裂变为止。这种过程称为链式反应。链式反应的速度很快，因而能在瞬间释放出巨大的能量，这就是原子弹爆炸的基本原理。链式反应也可以在一定的装置中按受控的方式缓慢进行，这就是原子反应堆。

（2）氢弹　两个轻核聚合成一个较重核时，将释放出能量，这就是聚变反应。最易发生的聚变反应是氘（$_1^2H$）与氚（$_1^3H$）的聚变，生成氦核（$_2^4He$）和中子，同时释放出 17.6MeV 的能量。最初制造的氢弹就是以氘和氚为核装料，它们都是氢的同位素，因而这种炸弹就称为氢弹。

（3）中子弹　中子弹是氢弹小型化的产物，是一种战术核武器。中子弹爆炸时产生的冲击波、光辐射以及放射性沾染的杀伤破坏作用比原子弹和氢弹要小得多，但其贯穿辐射杀伤作用很大，其能量所占比例高达 40%。中子弹在爆炸时放出大量的高能中子和 γ 射线，对人员的杀伤作用很大，因此又称加强辐射弹。中子弹爆炸后，放射性沾染很小，所以经过较短的时间，人员就可以进入爆炸区，这在军事上具有重要的意义。中子弹要用到更复杂的技术和更贵重的核材料——氚，因此，中子弹的造价比一般核弹要贵得多。

（4）新兴核武器　新一代核武器以现有核武器的原理为基础，不用进行现实意义的核试验，不产生剩余核辐射，不受《全面禁止核试验条约》的限制，例如，金属氢武器、反物质武器、核同质异能素武器等。金属氢在一定压力下可转化成固态结晶体，稳定性好，室温下不用密封可保存很长时间，便于制成炸药，其爆炸威力相当于同质量 TNT 炸药的 25～35 倍，金属氢武器已被列入美国国家重点研究项目。反物质与正常物质湮灭时放出的能量比核裂变和核聚变能都大得多，用它制造反物质炸弹将会产生惊人的杀伤威力，若用反氢点燃氢弹和中子弹，不仅无污染，而且仅用 1μg 反氢就可替代 3～5kg 钚，用 100μm 直径的反氢球可点燃 100g 氘化锂进行聚变反应。此外还可用反物质射流作为射束武器，这比其他射束武器具有更佳的杀伤效果。所谓核同质异能素是指质量和原子序数相同、在可测量的时间内具有不同能量和放射性的两个或多个核素，利用核同质异能素制成的武器叫核同质异能素武器，高能炸药能量的量级为 $1kJ \cdot g^{-1}$，而核同质异能素能量量级大约是 $1GJ \cdot g^{-1}$，是高能炸药的 100 万倍，其核裂变能量更大。目前，美国和法国合作研究通过重离子碰撞或惯性约束聚变中的微爆炸产生的中子脉冲进行核合成来得到核同质异能素。

（5）核动力　核能还被应用于核潜艇、核动力航空母舰等，其基本工作原理是在潜艇、航空母舰等作战装备上安装小型反应堆，利用核裂变燃料在反应堆中进行受控核反应获得热能，产生水蒸气，从而驱动汽轮机推动舰艇前进。核潜艇由于功率大、水下续航时间长，加上隐蔽性好，已成为现代战争中在水下游弋的核武器库和发射场。例如，美国的"三叉戟"型核潜艇可携带 24 枚"三叉戟"Ⅱ型导弹，射程 11100km，每枚可携带 14～17 个分导式多弹头，可攻击 300～400 个不同的战略目标。核动力航空母舰是现代最大的舰船，例如，美国的"尼米兹"级航空母舰平时可搭载 80 架飞机，装一次核燃料可以连续使用 15 年，续航力达近百万英里，相当于绕地球三四十圈。由此可见，核能已成为现代军事的重要能源。

第 10 章　狭义相对论基础

历史背景与物理思想发展

相对论是现代物理学的重要基石。它的建立是 20 世纪自然科学最伟大的发现之一，对物理学、天文学乃至哲学思想都有深远影响。相对论是科学技术发展到一定阶段的必然产物，是电磁理论合乎逻辑的继续和发展，是物理学各有关分支又一次综合的结果。

19 世纪后半叶，光速的精确测定为光速的不变性提供了实验依据。与此同时，电磁理论也为光速的不变性提供了理论依据。1865 年麦克斯韦在《电磁场的动力学理论》一文中，就从波动方程得出了电磁波的传播速度，并且证明，电磁波的传播速度只取决于传播介质的性质。从电磁理论出发，光速的不变性是很自然的结论。然而这个结论却与力学中的伽利略变换矛盾。

为了解决这些矛盾，洛伦兹在 1892 年一方面提出了长度收缩假说，用以解释以太漂移的零结果；另一方面发展了动体的电动力学，在 1895 年与 1904 年先后建立一阶与二阶变换理论，力图使电磁场方程适用于不同的惯性坐标系。法国著名科学家彭加勒在 1895 年对用长度收缩假说解释以太漂移的零结果表示了不同看法。他提出了相对性原理的概念，认为物理学的基本规律应该不随坐标系变化。他的批评促使洛伦兹提出时空变换的方程式。然而彭加勒也没有跳出绝对时空观的框架。他们已经走到了狭义相对论的边缘，却没有能够创立狭义相对论。

爱因斯坦读到了洛伦兹 1895 年的论文，对洛伦兹方程发生了兴趣。他很欣赏洛伦兹方程不但适用于真空中的参考系，而且适用于运动物体的参考系。但是他进一步推算，发现要保持这些方程对动体参考系同样有效，必然导致光速不变性的概念，而光速的不变性明显地与力学的速度合成法则相矛盾。

1905 年，爱因斯坦十分果断地把相对性原理和光速不变原理放在一起作为基本出发点，他称之为两条公设。爱因斯坦之所以能够如此利落地摒弃旧的一套时空观，是因为他经过十年的思索，考察了一系列物理学中的矛盾，总结了各方面的事实，充分认识到绝对空间和绝对时间是人为的、多余的概念。

爱因斯坦的论文发表后，相当一段时间受到冷遇，被人们怀疑甚至遭到反对。迈克耳孙认为相对论是一个怪物。J. J. 汤姆孙在 1909 年宣称："以太并不是思辨哲学家异想天开的创造，对我们来说，就像我们呼吸的空气一样不可缺少。"爱因斯坦是在 1921 年获得诺贝尔物理学奖的。不过不是由于他建立了相对论，而是"为了他的理论物理学研究，特别是光电效应定律的发现"。1911 年，索尔维会议召开，由于爱因斯坦在固体比热的研究上有一定影响，人们才注意到他在狭义相对论方面的工作。只是到了 1919 年，爱因斯坦的广义相对论得到了日全食观测的证实，他成为公众瞩目的人物，狭义相对论才开始受到应有的重视。

10.1　伽利略变换　经典力学的绝对时空观

　　1054 年（北宋至和元年），在金牛座ζ星附近发生了一次剧烈的超新星爆发，历史上记载该事件的只有中国和日本，而中国的记载则最为详细和有价值。《宋会要辑稿》记载："客星（超新星）最初出现于北宋至和元年（1054 年），位置在天关（金牛座ζ星）附近，白天看起来如同太白（金星），历时 23 天"。然后它慢慢暗下来，直到 1056 年（嘉祐元年）这位"客人"才隐没。现代观测证明，该超新星的遗骸现在已变成了一团云雾状的东西，外形像个螃蟹，人们称之为"蟹状星云"。

　　天文观测表明，该"螃蟹"正在膨胀，膨胀速率为每年 0.21″。到 1920 年，它的半径达到 180″。推算起来，膨胀开始的时刻与 1054 年的超新星爆发吻合。按照当时的经典理论，结合蟹状星云与地球间的距离以及光的传播速度，25 年中我们会持续看到该超新星开始爆发时所发出的强光。而史书明明记载着，超新星从出现到隐没还不到 2 年。

　　为何会出现这种矛盾？

物理学基本内容

10.1.1　伽利略变换　经典力学的相对性原理

　　在惯性参考系中解决实际问题时，都要应用到基本力学定律。对于不同的参考系，基本力学定律的形式是否一致？相对于不同的参考系，长度和时间的测量结果是一样的吗？

　　伽利略很早就在思考这些问题，也提出了惯性系以及惯性定律的概念来解释这些问题，并提出了经典的相对性原理和绝对时空观的初步思想，而相对性原理和绝对时空观也有着直接联系。下面通过惯性系的坐标变换来分析以上问题。

　　有两个惯性参考系 S($Oxyz$) 和 S′($O'x'y'z'$)，它们的对应坐标轴相互平行，且 S′系相对 S 系以速度 u 沿 Ox 轴的正方向运动。开始时，两惯性系重合，如图 10-1 所示。根据经典力学可知，t 时刻点 P 在这两个惯性参考系中的位置坐标有如下对应关系：

$$\begin{cases} x' = x - ut \\ y' = y \\ z' = z \end{cases} \quad (10\text{-}1)$$

这就是经典力学（也称牛顿力学）中的**伽利略坐标变换公式**。

　　为了研究不同惯性系中长度的测量，在惯性系 S′中沿 $O'x'$轴放置一根细杆，x'_1、x'_2和 x_1、x_2分别表示此杆两端点在 S′系和 S 系中的坐标，由式 (10-1)可给出：

$$x_1 = x'_1 + ut, x_2 = x'_2 + ut$$

即

$$x_2 - x_1 = x'_2 - x'_1$$

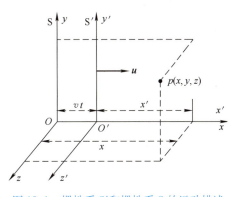

图 10-1　惯性系 S′和惯性系 S 的运动描述

可见，按伽利略坐标变换式描述同一物体的长度，在不同惯性系中的值是相同的，与两惯性系的相对速度 u 无关。也就是说，在经典力学中，空间的量度是绝对的，与参考系无关。

此外，在经典力学中，时间的量度也是绝对的，与参考系无关。在物理学中，我们把一个特定时间和地点发生的事定义为一个事件。一事件在 S′系中所经历的时间与 S 系中所经历的时间相同，即 $\Delta t' = \Delta t$。根据经典力学中的绝对时间，以两惯性参考系相重合的时刻作为计时的起点，式（10-1）可写成如下形式：

$$\begin{cases} x' = x - ut \\ y' = y \\ z' = z \\ t' = t \end{cases} \quad 或 \quad \begin{cases} x = x' + ut \\ y = y' \\ z = z' \\ t = t' \end{cases} \tag{10-2}$$

这些变换式就叫作伽利略时空变换式，它也是经典力学时空观的数学表述。

把式（10-2）中的坐标表示式对时间求一阶导数，就得到经典力学速度变换法则

$$\begin{cases} v'_x = v_x - u \\ v'_y = v_y \\ v'_z = v_z \end{cases} \tag{10-3a}$$

式中，v'_x、v'_y、v'_z 是点 P 对于 S′系的速度分量；v_x、v_y、v_z 是点 P 对于 S 系的速度分量。式（10-3a）为点 P 在 S 系和 S′系中的速度变换关系，叫作伽利略速度变换式，其矢量形式为

$$v' = v - u \tag{10-3b}$$

式中，u 为牵连速度；v 和 v' 分别为点 P 在 S 系和 S′系的速度。显然，式（10-3b）表明，在不同的惯性系中质点的速度是不同的。

把式（10-3a）对时间求导数，就得到经典力学中的加速度变换法则

$$\begin{cases} a'_x = a_x \\ a'_y = a_y \\ a'_z = a_z \end{cases} \tag{10-4a}$$

其矢量形式为

$$a' = a \tag{10-4b}$$

式（10-4b）表明，在惯性系 S 和 S′中，点 P 的加速度是相同的，即在伽利略变换里，对不同的惯性系而言，加速度是个不变量。由于经典力学中，质点的质量作为表示物体内在惯性的恒量，与运动状态无关，所以由式（10-4）可知，在两个相互做匀速直线运动的惯性系中，牛顿运动定律的形式也应是相同的，即有如下形式：

$$F = ma, \quad F' = ma'$$

即

$$F = F'$$

上述结果表明，当由惯性系 S 变换到惯性系 S′时，牛顿运动方程的形式不变，即牛顿运动方程对伽利略变换式来讲是不变式。同时，加速度 a、质量 m 和受力 F 都是伽利略坐标变换不变量。由此不难推断：对于所有的惯性系，力学基本规律——牛顿运动定律，都应具有相同的形式。这就是经典力学的相对性原理，也叫作伽利略不变性。应当指出，经典力学的相对性原理在宏观、低速的范围内，是与实验结果相一致的。

10.1.2　经典力学的绝对时空观

经典力学有绝对空间和绝对时间概念，即绝对时空观。绝对空间是指长度的测量与参考系

无关，绝对时间是指时间的测量和参考系无关，这也就是说，同样两点间的距离或同样的前后两个事件之间的时间间隔，无论在哪个惯性系中测量都是一样的。

牛顿本人曾说过："绝对空间，就其本性而言，与外界任何事物无关，而永远是相同和不动的。""绝对的、真正的和数学的时间自己流逝着，并由于它的本性而均匀地、与任何外界对象无关地流逝着。"在牛顿的理论中，时间和空间的测量是相互独立的。经典力学还认为空间只是物质运动的"场所"，是与其中的物质完全无关而独立存在的，并且是永恒不变、绝对静止的。

对于不同的惯性系，可以用同一时间（$t = t'$）来讨论问题。举例来说，对于一个惯性系，两件事是同时发生的，那么，从另一个惯性系来看，也应该是同时发生的，而事件所持续的时间，则不论从哪个惯性系来看都是相同的。

10.1.3　经典理论的危机

宏观物体在低速运动的范围内，伽利略变换和经典力学的相对性原理无疑是正确的。可以肯定的是，利用牛顿力学定律和伽利略变换，原则上可以解决任何惯性系中所有低速物体运动的问题。直到电磁学理论的诞生，考验相对性原理的时刻到了。

我们知道，从麦克斯韦方程组出发，可以立即得到在自由空间传播的电磁波的波动方程，而且在波动方程中真空光速 c 是以普适常量的形式出现的，$c = 1/\sqrt{\varepsilon_0 \mu_0}$，$\varepsilon_0$ 和 μ_0 分别为真空的电容率和磁导率，它们与参考系的运动显然是无关的。因此，真空光速 c 与参考系的运动无关。

人们早就明白，传播机械波需要弹性介质，例如，空气可以传播声波，而真空却不能。因此，在光的电磁理论发展初期，人们自然会想到光和电磁波的传播也需要一种弹性介质作为载体。19 世纪的物理学家们称这种介质为以太。他们认为，以太充满整个空间，即使是真空也不例外，并且可以渗透到一切物质的内部中去。在相对以太静止的参考系中，光的速度在各个方向都是相同的，这个参考系被称为以太参考系。于是，以太参考系就可以作为所谓的绝对参考系了。倘若有一运动参考系，它相对绝对参考系以速度 u 运动，那么，由经典力学的相对性原理，光在运动参考系中的速度应为

$$c' = c - u \tag{10-5}$$

式中，c 是光在绝对参考系中的速度；c' 为光在运动参考系中的速度。从式（10-5）可以看出，在运动参考系中，光的速度在各个方向是不相同的，这个结论显然与电磁学理论相矛盾。

由于经典力学的巨大成功，人们并不怀疑经典力学和伽利略相对性原理的正确，而是想尽办法在旧的思维框架（经典时空观和力学相对性原理）内进行解释，例如认为电磁学理论不满足经典力学相对性原理，即电磁学理论只在一个绝对参考系——以太参考系中才成立。

不难想象，如果能借助某种方法测出运动参考系相对于以太的速度，那么，作为绝对参考系的以太也就能被初步确定了。为此，历史上曾有许多物理学家做过很多实验来寻找绝对参考系，但都得出了否定的结果。其中最著名的是迈克耳孙和莫雷所做的实验。

迈克耳孙-莫雷实验的装置是设计精巧的迈克耳孙干涉仪，图 10-2 是迈克耳孙干涉仪的光路。单色光从光源 S 出发，经半镀银镜 R 分成强度相等的反射、透射光，它们分别由平面镜 M_2 和 M_1 反射沿原路返回并在 O 处叠加产生干涉，从而看到干涉条纹。

设地球相对以太的速度为 u。实验中先将干涉仪的一臂（如 RM_1）与地球运动方向平行，另一臂（RM_2）与地球运动方向垂直。根据伽利略速度变换法则，在与地球固定在一起的实验室参考系中，光速沿不同方向的大小并不相等。如果将整个装置缓慢地转过 90°，应该发现条纹的移动。由条纹移动的数目，可以推算出地球相对以太参考系的运动速度 u。

1881 年迈克耳孙首先完成了这一实验。但是，他并没有观察到预期的条纹移动。1887 年，

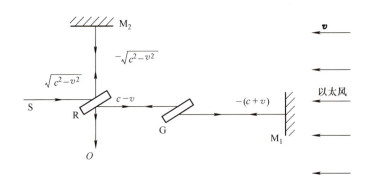

图 10-2

迈克耳孙和莫雷提高了实验精度，又进行了多次实验，都得到相同的结果：测不出地球相对以太参考系的运动速度。

　　这个实验的"零"结果否定了宇宙中充满以太的机械观念，使得以实验为基础的经典理论出现了危机。

　　　当以太假说陷入困境时，很自然地，各式各样的其他假说也随之而生，企图使它摆脱困境。其中一种主要的假说叫作"牵引假说"，它认为由于某种原因，地球周围的以太被地球所牵引，跟地球一起运动。这样一来，在地面附近所做的各种实验就不存在相对于以太运动的问题，测量不到地球相对于以太的运动也就是理所当然的了。其中以赫兹为代表的"牵引假说"，因为它和斐索早在 1851 年所提出的流水实验的结果不一致被否定。"牵引假说"的另一种解释是"附面层牵引说"，被洛奇设计的圆盘实验予以否定。虽然洛奇实验否定了"牵引假说"的解释，但似乎还可以提出这样的异议：实验中的装置太小了，不可能拖拽足够的以太，不足以与巨大的地球对以太的"牵引"相比拟。但这样的异议也被光行差现象的观察所排除。　　　　　　　　　　　　　　　　　　　　　　　　**思维拓展**

　　　对蟹状星云的研究最早出现在解释迈克耳孙-莫雷实验"零"结果而提出的"发射假说"这一理论的验证过程中。"发射假说"认为光速相对于光源是一定的，与假设的以太无关。当光源相对于以太以速度 u 运动时，顺着光源运动方向的光速为 $c+u$，逆着光运动方向的光速为 $c-u$。"发射假说"虽然与波动的传统概念相抵触，但它能够解释迈克耳孙-莫雷实验。即使所用的光源是太阳光，但当用太阳光作光源时，总是经过地面上物体的反射，而按照"发射假说"，最后一次反射将是确定光的主要因素。所以不管使用自身发光的灯光还是使用反射的阳光，相对于地球的光速都应为 c，这就解释了迈克耳孙-莫雷实验的"零"结果。但该理论在解释蟹状星云的观测时却也遇到不可克服的矛盾。按照"发射假说"，超新星爆炸时，竖直和水平方向发出光线的传播速度应该是 $c+v$ 和 c，到达地球所需的时间应为 $l/(c+v)$ 和 l/c，按照超新星到地球的距离和时间计算，地球观测到超新星爆发应该持续 25 年左右，这与现实观测持续 2 年不符，从而证明了发射假说并不正确。　　　　**现象解释**

　　　那么蟹状星云观测时间上出现的矛盾究竟用什么理论才能正确解释？直到爱因斯坦建立狭义相对论中重要的基本原理——光速不变原理，该问题才得以解决。

物理知识拓展

多普勒效应与"以太漂移"

测量光相对于以太运动的另一可能实验是利用多普勒效应来完成的。通过前面学习的多普勒效应，大家知道，当声源和观察者有相对运动时，观察者接收到的频率为

$$\nu' = \nu_s \frac{u + u_o}{u - u_s}$$

现在，如果存在着光波赖以传播的以太，则像声波在空气中的传播一样，光也应该存在像声波那样的多普勒效应，只须把声速 u 换成光速 c 就可以了，即观察者接收到的光频为

$$\nu' = \nu_s \frac{c - u_o}{c - u_s}$$

一般来说，多普勒效应不仅与 u_o、u_s 本身有关，也与观察者相对于波源的速度 $u_o' = u_o - u_s$ 有关（见图 10-3）。而且，波源的运动与观察者的运动是有区别的。例如，如果只有观察者的运动而波源不动（即 $u_s = 0$，$u_o' = u_o$），则由上式可得

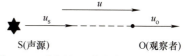

S(声源)　　　　　　　　O(观察者)

图 10-3　声源和观察者相对运动示意图

$$\nu' = \nu_s \left(1 - \frac{u_o}{c} \right) = \nu_s \left(1 - \frac{u_o'}{c} \right)$$

相反，如果只有波源的运动而观察者不动，则由同一式可得

$$\nu' = \nu_s \left(1 - \frac{u_s}{c} \right)^{-1} \approx \nu_s \left(1 + \frac{u_s}{c} + \frac{u_s^2}{c^2} + \frac{u_s^3}{c^3} + \cdots \right)$$

$$= \nu_s \left(1 - \frac{u_o'}{c} + \frac{u_o'^2}{c^2} - \frac{u_o'^3}{c^3} + \cdots \right)$$

由上式可知，当 $\frac{u_s}{c}$ 的高次项 $\left(\frac{u_s^2}{c^2} \text{以上的项} \right)$ 可以忽略不计时，无论波源运动、观察者不动还是观察者运动、波源不动，观察者接收到的频率均为 $\nu' = \nu_s \left(1 - \frac{u_o'}{c} \right)$，即此时波的多普勒效应只由相对速度 u_o' 决定。反过来说，如果实验的精度足够高，以致能够测量 $\frac{u_s}{c}$ 的高次项的效应，则波源相对观察者运动和观察者相对波源运动这两种情况下接收频率 ν' 并不相同。此时波的多普勒效应与绝对速度 u_o、u_s 有关。对于光波来讲，我们就有可能通过多普勒效应测量相对于以太的绝对速度。

但无数的实验结果表明，决定光多普勒效应的只有观察者相对于光源的相对速度，从来没有发现多普勒效应与光源或者观察者相对于以太的绝对运动有关。这也从一个侧面证明了以太并不存在。光的多普勒效应从 19 世纪下半叶起就被天文学家用来测量恒星的视向速度，现已被广泛用来佐证观测天体和人造卫星的运动。如果恒星远离我们而去，则光的谱线就向红光方向移动，称为红移；如果恒星朝向我们运动，光的谱线就向紫光方向移动，称为蓝移。

10.2　狭义相对论基本原理及时空观

宇宙射线最早是由奥地利物理学家海斯于 1912 年利用升空气球测定空气电离度的过程中发现的。宇宙射线在不同阶段的成分和能量不同，人们为了研究方便，把大气层以外的宇宙射线叫作初级宇宙射线，把宇宙射线与大气层碰撞所产生的粒子束叫作次级宇宙射线。一系列的实验证明，在地球表面可以探测到的次级宇宙射线中的成分主要是质量介于电子和质子之间的 μ 子。μ 子产生于距离海平面 10 ~ 20km 的大气层顶端。静止 μ 子的平均寿命只有 2.2×10^{-6} s，按照经典力学，这些 μ 子即使以光速 c 运动，在它们的平均寿命内，也只能飞行 660m。但实际上很大一部分 μ 子能够穿透大气层到达地面。

μ 子能够到达地面是超光速飞行吗？如果不是，如何解释和经典理论的矛盾？

物理现象

物理学基本内容

10.2.1　狭义相对论的基本原理

实际上，相当多的实验事实已经指出旧理论的不足和缺陷，新理论已经呼之欲出。年轻的爱因斯坦对神圣的科学知识大厦采取极其严肃的批判态度，其他人往往愿意作为事实接受下来的东西，在他看来似乎是难以置信的。他分析了所有实验事实后认为，它们已确切无疑地证实电磁理论、真空光速不变原理是正确的，而需要修正的是经典力学、经典时空观，以及描述惯性系之间变换的伽利略坐标变换。这样一来，就必须寻找或建立各惯性系之间新的变换关系，以代替伽利略变换。前面我们曾说，伽利略变换是经典时空观的集中体现，建立新的变换关系就意味着建立一种新的时空观，这就是下面要讨论的狭义相对论时空观。

如前所述，在经典电磁学理论中，麦克斯韦方程组中存在一个普适常量，这就是真空中的光速 c。只要认为经典电磁学理论满足一种新的相对性原理，那么在这种新的变换关系下，麦克斯韦方程组应该有保持不变的数学形式，也就是说，在所有惯性系中，电磁波都以光速 c 传播。这就必须承认光速的不变性。

爱因斯坦将以上论述概括为狭义相对论的两条基本原理：

1）相对性原理：基本物理定律在所有惯性系中都保持相同形式的数学表达式，因此，一切惯性系都是等价的；

2）光速不变原理：在一切惯性系中，光在真空中的传播速率都等于 c。

在两条基本原理的基础上，通过严密的逻辑推导，爱因斯坦建立起整个狭义相对论的理论体系，体现了理性思维的巨大威力。

狭义相对性原理在狭义相对论中起着最基本的、至关重要的作用，是狭义相对论的奠基石。力学相对性原理和狭义相对性原理讨论的都是惯性系中的自然规律的形式是否与惯性系的选取有关，但前者认为只有力学规律才与惯性系的选择无关，后者认为一切物理规律都与惯性系无关，也就是说一切物理规律都满足相对性原理。狭义相对性原理把力学相对性原理进一步发展了，总结出物理规律所满足的变换规律。狭义相对性原理也对一切物理定律加上限制条件，即一切正确的物理定律必须与惯性系的选取无关，一切新发现的、新建立的物理定律首先必须满足狭义相对性原理。

爱因斯坦的光速不变原理表明，真空中光沿任何方向传播的速度都相等，它与光源或观察者的运动无关，即光速不依赖于惯性系的选择，这是爱因斯坦的一个大胆假设。把光速作为普适常量而且放在重要地位的含义是非常深刻的。我们知道，机械振动在介质中的传播过程是介质中各部分的质元相互作用的结果，研究介质中的机械波，可使我们获得介质内部相互作用的某些信息。光能在真空中传播，研究真空中光波将可获得空间特性的某些信息。由光速不变原理所表现出来的时间和空间的特性，与牛顿观念下的时间和空间的特性是完全不同的。

10.2.2　同时的相对性

同时的相对性是建立狭义相对论的一个关键进展。事实上，一切涉及时间的判断总是关于同时事件的判断。同时性是研究事件发生时刻必然涉及的一个概念，通常所谓某事件发生在某时刻，如炮弹在时刻 t 击中目标其含义就是指炮弹击中目标与计时器的指针指示 t 时刻这两个事件同时发生。换句话说，表明任一事件在何时发生，实际上就是判断两事件的同时性。

在经典绝对时空观中，时间与参考系无关，与运动无关，是绝对的，因此同时性是绝对的，即在某一参考系观测是同时发生的两个事件，在其他参考系观测也必然同时。在狭义相对论的时空观中，时间、空间、运动彼此联系，都是相对的，没有绝对的运动、绝对的时间和空间。狭义相对论时空观认为同时性是相对的，即在某一参考系观测是同时发生的两个事件在其他参考系观测可能不同时，同时的相对性是狭义相对论时空观的精髓，是理解时间、空间、运动的相对性的关键。

由光速不变原理，通过合理的推论就可认识到同时的相对性。

（1）S′系中同时的两个事件在 S 系观察的同时性　设惯性参考系 S′，在 x' 轴上的 A'_1、A'_2 两点各放置一个接收器，每个接收器旁各设置一个静止于 S′ 的钟，在 $A'_1A'_2$ 的中点 M' 上有一光信号源，如图 10-4a 所示。今设光源发出一光信号，根据光速不变原理，传播向各个方向的光速是一样的，所以光信号必将同时传到两个接收器，或者说，光到达 A'_1 和到达 A'_2 这两个事件在 S′ 系中观察是同时发生的。

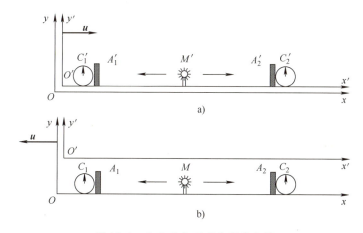

图 10-4　在 S 系和 S′ 系中观察事件

在 S 系中观察这两个同样的事件，其结果又如何呢？如图 10-4a 所示，在光从 M' 发出到达 A'_1 和 A'_2 这一段时间内，实际需要走过的距离不同。光线从 M' 发出到达 A'_1 所走的距离比到达 A'_2 所走的距离要短。根据光速不变原理，这两个方向的光速还是一样的，所以光必定先到达 A'_1 而后到达 A'_2，即光到达 A'_1 和到达 A'_2 这两个事件在 S 系中观察并不是同时发生的。这就说明，同时是相对的。

（2）S系中同时的两个事件在 S′系观察的同时性　如图 10-4b 所示，光源 M 及接收器 A_1、A_2 固定在 S 系，在 S 系测量 A_1、A_2 到 M 距离相等。按（1）中方法分析，t 时刻 M 发光，在 S 系观察，A_1、A_2 必然同时接收到光信号，即事件 1、2 同时发生（两事件分别为 A_1、A_2 接收到光信号）。S′系观测处于运动状态下的光源和两个同样运动的接收器 A_1、A_2 之间距离相等，向左、右传播的光速仍然是 c，但是与（1）情况不同的是 A_2 迎着光信号前进，A_1 背离光信号运动。因 A_2 先收到光信号，A_1 后收到光信号，即事件 2 先发生，事件 1 后发生，两个事件不同时。

通过分析可以得出以下结论：沿 S 系和 S′系两个惯性系相对运动方向发生的两个事件，在 S′系中表现为同时的，在 S 系中观察并不同时，且总是在 S′系运动的后方的那一事件先发生。

由于同时具有相对性，所以时间以及时间间隔也就都具有相对性，时间不再是绝对的，而是与空间和运动紧密联系。

10.2.3 时间延缓

下面我们来导出时间间隔和参考系相对速度之间的关系。

如图10-5a所示，设在S'系中A'点有一光信号源，旁边有一时钟C'。在平行于y'轴方向离A'距离为d处放置一反射镜M'。今令光源发出一光信号射向镜面又反射回A'，光从A'发出到再返回A'这两个事件相隔的时间由钟C'给出，它应该是

$$\Delta t' = 2d/c \tag{10-6}$$

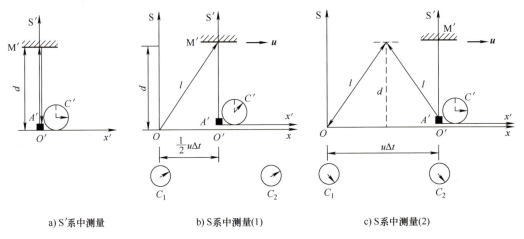

a) S'系中测量　　　　b) S系中测量(1)　　　　c) S系中测量(2)

图10-5　光从A'到M'，再返回A'

在S系中测量，由于S'系的运动，这两个事件并不发生在S系中的同一地点。为了测量这一时间间隔，必须利用沿x轴配置的许多静止于S系的经过校准而同步的钟C_1、C_2等，而待测时间间隔由光从A'发出和返回A'时，A'所邻近的钟C_1和C_2给出。我们还可以看到，在S系中测量时，光线由发出到返回是沿一条折线，如图10-5b、c所示，为了计算光经过这条折线的时间，需要算出在S系中测得的斜线l的长度。

以Δt表示在S系中测得的光信号由A'发出到返回A'所经过的时间。由于在这段时间内，A移动了距离$u\Delta t$，所以

$$l = \sqrt{d^2 + \left(\frac{u\Delta t}{2}\right)^2} \tag{10-7}$$

$$\Delta t = \frac{2l}{c} = \frac{2}{c}\sqrt{d^2 + \left(\frac{u\Delta t}{2}\right)^2}$$

$$\Delta t = \frac{2d}{c}\frac{1}{\sqrt{1 - u^2/c^2}}$$

$$\Delta t = \frac{\Delta t'}{\sqrt{1 - u^2/c^2}} \tag{10-8}$$

此式说明，如果在某一参考系 S′ 中发生在同一地点的两个事件相隔的时间是 $\Delta t'$，则在另一参考系 S 中测得的这两个事件相隔的时间 Δt 总是要长一些，二者之间差一个 $\sqrt{1-u^2/c^2}$ 因子。这就从数量上显示了时间测量的相对性。

我们把在某一参考系中同一地点先后发生的两个事件之间的时间间隔叫固有时，又称原时，它是静止于此参考系中的一只钟测出的。在上面的例子中，$\Delta t'$ 就是光从 A′ 发出又返回 A′ 所经历的固有时。由式（10-8）可看出，固有时最短。固有时和在其他参考系中测得的时间的关系，如果用钟走得快慢来说明，就是 S 系中的观察者把相对于他运动的那只 S′ 系中的钟和自己的许多同步的钟对比，发现 S′ 系那只钟慢了，这个效应叫作运动的钟时间延缓。

应注意，时间延缓是一种相对效应，也就是说，S′ 系中的观察者会发现静止于 S 系中而相对于自己运动的任一只钟比自己的参考系中的一系列同步的钟走得慢。

由式（10-8）还可以看出，当 $u \ll c$ 时，$\sqrt{1-u^2/c^2} \approx 1$，而 $\Delta t \approx \Delta t'$。这种情况下，同样的两个事件之间的时间间隔在各参考系中测得的结果都是一样的，即时间的测量与参考系无关。这就是牛顿的绝对时间概念。由此可知，牛顿的绝对时间概念实际上是相对论时间概念在参考系运动相对光速很小时的近似。

孪生子佯谬和孪生子效应

思维拓展

1961 年，美国斯坦福大学的海尔弗利克在分析大量实验数据的基础上提出，寿命可以用细胞分裂的次数乘以分裂的周期来推算。对于人来说，细胞分裂的次数大约为 50 次，而分裂的周期大约是 2.4 年，照此计算，人的寿命应为 120 岁。因此，用细胞分裂的周期可以代表生命过程的节奏。

设想有一对孪生兄弟，哥哥告别弟弟乘宇宙飞船去太空旅行。在各自的参考系中，哥哥和弟弟的细胞分裂周期都是 2.4 年。但由于时间延缓效应，在地球上的弟弟看来，飞船上的哥哥的细胞分裂周期要比 2.4 年长，他认为哥哥比自己年轻。而飞船上的哥哥认为弟弟的细胞分裂周期也变长，弟弟也比自己年轻。

假如飞船返回地球兄弟相见，到底谁更年轻就成了难以回答的问题。

这里，问题的关键是，时间延缓效应是狭义相对论的结果，它要求飞船和地球同为惯性系。要想保持飞船和地球同为惯性系，哥哥和弟弟就只能永别，不可能面对面地比较谁年轻。这就是通常所说的孪生子佯谬。

如果飞船返回地球则在往返过程中有加速度，飞船就不是惯性系了。这一问题的严格求解要用到广义相对论（见本节物理知识拓展内容），计算结果是，兄弟相见时哥哥比弟弟年轻。这种现象，被称为孪生子效应。

1971 年，美国空军用两组 Cs（铯）原子钟做实验，发现绕地球一周的运动钟变慢了（203 ±10）ns，而按广义相对论预言运动钟变慢（184 ±23）ns，在误差范围内理论值和实验值一致，验证了孪生子效应。应该注意，与钟一起运动的观测者是感受不到钟变慢的效应的。运动时钟变慢纯粹是一种相对论效应，并非运动时钟的结构发生什么改变。1s 定义为相对于参考系静止的 135Cs 原子发出的一个特征频率光波周期的 9192631770 倍。在任何惯性系中的 1s 都是这样定义的。但是在不同惯性系中，观察同一个 135Cs 原子发出的特征频率光波的周期是不同的。当 $v \ll c$ 时 $\Delta t' = \Delta t$，这就回到绝对时间了。

10.2.4 长度收缩

现在讨论长度的测量。需要明确的是，长度测量是和同时性概念密切相关的。在某一参考系中测量杆的长度，就是要测量它的两端点在同一时刻的位置之间的距离。这一点在测量静止的杆的长度时并不特别重要，因为它两端的位置不变，不管是否同时记录两端位置，结果总是一样的。但在测量运动的杆的长度时，同时性的考虑就带有决定性的意义了。

如图 10-6 所示，要测量正在行进的汽车的长度，就必须在同一时刻记录车头的位置 x_2 和车尾的位置 x_1，然后算出来 $l = x_2 - x_1$，如图 10-6a 所示。如果两个位置不是在同一时刻记录的，例如在记录了 x_1 之后过一会再记录 x_2，如图 10-6b 所示，则 $x_2 - x_1$ 就和两次记录的时间间隔有关系，它的数值显然不代表汽车的长度。

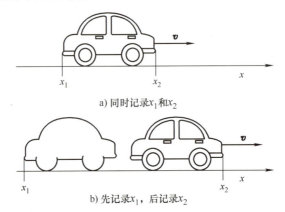

a) 同时记录 x_1 和 x_2

b) 先记录 x_1，后记录 x_2

图 10-6 测量运动的汽车长度

根据爱因斯坦的观点，既然同时性是相对的，那么长度的测量也必定是相对的。

仍假设如图 10-1 所示的两个参考系 S 和 S′，在 S′系中沿 x' 轴上放置一根静止杆 $A'B'$，测得它的长度为 l'。为了求出静止杆在 S 系中的长度 l，如图 10-7a 所示，我们假想在 S 系中某一时刻 t_1，B' 端经过 x_1，在其后 $t_1 + \Delta t$ 时刻 A' 经过 x_1。由于杆的运动速度为 u，在 $t_1 + \Delta t$ 这一时刻 B' 端的位置一定在 $x_2 = x_1 + u\Delta t$ 处，如图 10-7b 所示，根据上面所说长度测量的规定，在 S 系中杆长就应该是

$$l = x_2 - x_1 = u\Delta t \tag{10-9}$$

Δt 是 B' 端和 A' 端相继通过 x_1 点这两个事件之间的时间间隔。由于 x_1 是 S 系中一个固定地点，所以 Δt 是这两个事件之间的固有时。

从 S′系看来，杆是静止的，由于 S 系以相对速度 u 向左运动，x_1 这一点相继经过 B' 和 A' 端，设这两个事件之间的时间间隔为 $\Delta t'$，如图 10-8 所示，由于杆长为 l'，所以 $\Delta t'$ 与 l' 的关系为

$$l' = u\Delta t' \tag{10-10}$$

Δt 和 $\Delta t'$ 都是指同样两个事件之间的时间间隔，Δt 是在同一地点测量的两个事件的时间间隔为固有时，根据时间延缓效应，我们可得 Δt 和 $\Delta t'$ 的关系为

$$\Delta t = \Delta t' \sqrt{1 - u^2/c^2} = \frac{l'}{u} \sqrt{1 - u^2/c^2}$$

将此式代入式（10-9）即可得

$$l = l' \sqrt{1 - u^2/c^2} \tag{10-11}$$

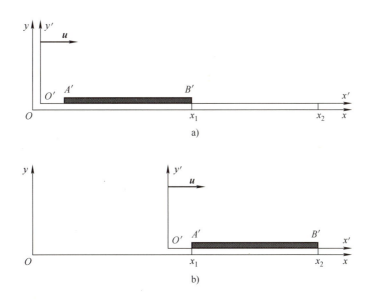

图 10-7　在 S 系中测量杆长

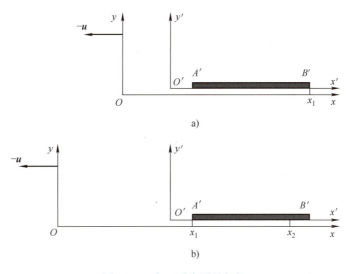

图 10-8　在 S′系中测量杆长

可见，如果在某一参考系中，一静止的杆的长度是 l'，则在另一运动参考系中测得的同一杆的长度 l 总要短些，二者之间相差一个因子 $\sqrt{1 - u^2/c^2}$。这就是说，长度的测量也是相对的。

杆静止时测得的它的长度叫杆的静长或固有长度，又称原长。上例中的 l' 就是固有长度，由式（10-11）可看出，固有长度最长。这种长度测量值的不同显然只适用于杆沿着运动方向放置的情况。这种效应叫作运动的杆（纵向）的长度收缩。

长度收缩完全是相对论效应，是一种普遍的时空性质，既不是做高速运动时杆的结构发生变化造成的，也不是受强大阻力作用而被压短产生的。从表面上看，长度收缩不符合日常经验，这是因为我们在日常生活和技术领域中所遇到的运动都比光速慢得多。在地球上宏观物体所能达到的最大速度与光速之比的数量级约为 10^{-5}，在这样的速度下，长度收缩的数量级约为 10^{-10}，可以忽略不计。静止于 S 系中沿 x 方向放置的杆，在 S′ 系中测量，其长度也要收缩。此时，l 是固有长度。

由式（10-11）可以看出，当 $u \ll c$ 时，$l \approx l'$。这时又回到了牛顿的绝对空间的概念：空间的测量与参考系无关，长度具有绝对性。这正是经典时空观对空间测量的认识。

实验表明，μ 子虽然速度非常快，但并没有超过光速 c，这与地表探测到大量的 μ 子相矛盾。可见对于高速运动的 μ 子，经典理论已经失效，要用相对论来讨论。根据狭义相对论的时间延缓效应，μ 子的衰变时间会延长，因此达到海平面的宇宙射线次级粒子中几乎全是 μ 子。例如若设 μ 子运动速度为 $v = 0.9995c$，平均寿命为 2.20×10^{-6}s，应为自身参考系中的时间间隔，为固有时 $\Delta t'$，由于时间延缓效应，在地球上的观测者，测得 μ 子的寿命，也就是非固有时 $\Delta t = \Delta t' / \sqrt{1 - v^2/c^2}$，代入相应的数据，可以得到 Δt 对应的运动距离

$$l = v\Delta t = 20.1 \text{km}$$

μ 子运动距离可达到 20km 以上，足以到达地球。

现象解释

 ## 物理知识应用

【例 10-1】 一位旅客在星际旅行中打了 5.0min 的瞌睡，如果他乘坐的宇宙飞船是以 $0.98c$ 的速度相对于太阳系运动的。那么，太阳系中的观测者会认为他睡了多长时间？

【解】 由于飞船中的旅客打瞌睡这一事件相对飞船始终发生于同一地点（固有时、原时），故可直接使用时间延缓公式计算：

$$\Delta t = \frac{\Delta t_0}{\sqrt{1 - u^2/c^2}} = 25 \text{min}$$

在太阳系中的观测者看来他睡了 25min。

【例 10-2】 地球的平均半径为 6370km，它绕太阳公转的速度约为 $v = 30 \text{km} \cdot \text{s}^{-1}$，在一较短的时间内，地球相对于太阳可近似看成是在做匀速直线运动。从太阳参考系看来，在运动方向上，地球的半径缩短了多少？

【解】 根据长度收缩公式 $l = l_0 \sqrt{1 - \dfrac{v^2}{c^2}}$，由于 v 很小，按级数展开，取前两项

$$\sqrt{1 - \frac{v^2}{c^2}} = 1 - \frac{1}{2}\frac{v^2}{c^2} + \cdots$$

所以

$$l - l_0 = \frac{l_0}{2}\frac{v^2}{c^2} = 3.19 \times 10^{-2} \text{m}$$

可见，地球半径沿其运动方向收缩了约 3.2cm。

 ## 物理知识拓展

广义相对论基本思想

1905 年爱因斯坦建立了狭义相对论后，有一个问题一直困扰着他，这就是狭义相对论只适用于惯性

系。而从麦克斯韦方程组出发得到的以普适常量的形式出现的真空光速 c 在非惯性系中也是不变的。通常我们以地球为惯性系，然而地球有自转和公转，所以从严格意义上来说地球并不是惯性系，只能作为近似的惯性系。为此，爱因斯坦于 1915 年提出了包括非惯性系在内的广义相对论。这里只简要介绍一下广义相对论等效原理的概念。

牛顿力学指出，在一均匀引力场中，如果略去除引力以外其他力的作用，则所有物体均以相同的加速度 g 下落。一个在引力作用下自由下落的参考系叫"局部惯性系"。假设一宇宙空间不存在引力场，则某实验室如果在该宇宙空间以加速度 g 飞行，则实验室内一站在体重计上的人发现，其读数与在地面上时的相同。即在引力可略去的情况下，实验室内物体的动力学效应与在地球引力作用下的动力学效应是等效的，无法区别的。同样，若在实验室内让一小球自由下落，测得的小球加速度和在地面上一样，也是无法区分的。

爱因斯坦在牛顿力学的基础上进一步提出："在一个局部惯性系中，重力的效应消失了，在这样一个参考系中，所有物理定律和在一个太空中远离任何引力物体的真正惯性系中的一样。反过来说，在一个太空中加速的参考系中将会出现表观的引力。这样的参考系中，物理定律就和该参考系静止于一个引力物体附近一样。"这就是广义相对论的等效原理。但必须强调的是，等效原理只适用于均匀引力场和匀加速参考系。为了初步领略等效原理的巨大启发意义，我们介绍一下它的两个直接推论。

（1）引力场中光线的弯曲　从等效原理得出的有意思的结论是光线在引力场中要发生偏折。设想一光束穿过空间实验室的小孔，射入正以加速度 a 运动的实验室内。光束在 t_1，t_2，t_3，…时刻所到达的位置，如图 10-9a 中的 A、B、C 所示。实验室里的工作者观测到光束的路径是如图 10-9b 所示的抛物线。因此，根据等效原理，光线将沿引力的方向偏折。而室内的观测者无法区分是空间实验室做的加速运动，还是光好像具有质量的物体那样，在均匀引力场中做平抛运动。换句话说，按照广义相对论的等效原理，射入地面实验室的光束，就应在重力作用下沿抛物线路径传播。然而光速太快了，要观测光线在重力场中的弯曲是非常困难的。可是，在宇宙空间内，由于太阳附近的强大的引力场，就有可能观测到光线在引力场中弯曲的现象，如图 10-10 所示。近年来关于光线偏折的验证是利用了类星体发射的无线电波。进行这种观察，当然要等到太阳、类星体和地球差不多在一条直线上的时候。恰巧人们发现星体 3C279 每年 10 月 8 日都在这样的位置上。利用这样的时机测得的无线电波经过太阳表面附近时发生的偏折为 $1.7''$ 或 $1.8''$。

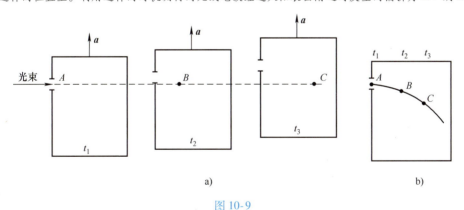

a)　　　　　　　　　　　　　　b)

图 10-9

（2）引力红移　等效原理的另一个推论是光波在引力场中传播时会改变它的频率，使光谱线的位置产生移动——这个效应称为引力红移。（"红移量为负值"表示蓝移。）

根据等效原理，无引力空间和均匀引力场中动力学效应是等价的。如图 10-11 所示，在无引力空间中设置光子发射器和接收器，发射一个频率为 ν_0 的光信号，在惯性参

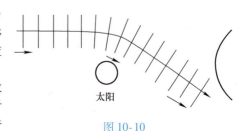

太阳

图 10-10

考系 S 中的观察者看来，无引力空间以加速度 $a = -g$ 运动，光信号将远离观察者，它的频率会因为多普勒效应小于 ν_0，就是说发生了"红移"。再一次援引等效原理，与之对应的均匀引力场中也应观察到同样的红移现象，不过，该空间光源与接收器之间没有相对运动，红移应归因于引力的作用。

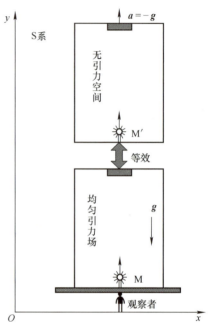

图 10-11

引力红移的预言后来确实在天文观测和地面实验中被证实。这个效应的理论意义也是不可低估的。在近代，最精确的时间计量是由原子钟提供的，它以某个原子的某条特征谱线的频率作为基准。若设想上文中的 ν_0 正是某个原子钟的基准频率，就是说，在舱底处的这个原子钟每秒"嘀嗒" ν_0 次。这时，在舱顶的一个观测者通过接收它发出的光波将会得出结论说：它比起舱顶处一个同样结构的原子钟"走得慢"——准确一点说，就是舱顶原子钟"嘀嗒" ν_0 次（对舱顶观测者来说是 1s）的时间间隔里，舱底那个原子钟"嘀嗒"不到 ν_0 次。反过来说，若从舱底接收从舱顶的原子钟发来的光信号，它将发生蓝移（即"负的"红移），因而舱底的观测者发觉舱顶的钟"走快了"。由此可见，引力红移暗示着不同地点的标准钟会有不同的走时速率。

在狭义相对论中，两个相对运动的钟有不同的时率，但相对静止的标准钟快慢是一样的，它们可以一劳永逸地互相对准。现在新的情况又出现了，在引力场中，甚至不同地点的两个相互静止的钟也走得不一样快慢了。这也强烈地暗示着：在引力场中，时空可能具有不同寻常的性质。

总之，狭义相对论和广义相对论对物理学的不同领域所起的作用各不相同。在宏观、低速的情况下，两者的效应均可略去，而在微观、高能物理中狭义相对论取得了辉煌的成就，它是人们认识微观世界和高能物理的基础。而广义相对论则适用于大尺度的时空，即所谓宇观世界，它的成果要在宇观世界里才能显示出来。

10.3　洛伦兹变换

根据狭义相对论时空观，同时是具有相对性的，沿 S 系和 S′ 系两个惯性系相对运动方向发生的两个事件，在 S′ 系中表现为同时的，在 S 系中观察，并不同时，且总是在 S′ 系运动的后方的那一事件先发生。所以，如果参考系运动速度足够快，两个事件的发生，是可能出现先后顺序的颠倒的。那么，对于炮弹击中目标的事件来说，如果此时有一超高速运动的飞船，沿着炮弹发射的方向运动，按照以上说法，作为相对运动参考系，在飞船上的观察者看来，是否会出现目标先被击中，而炮弹后发出的情况？如何解释？　　　物理现象

 物理学基本内容

10.3.1　洛伦兹坐标变换

时间延缓和长度收缩与伽利略变换是矛盾的，这表明承认狭义相对论的基本假设，必将导致用新的变换来代替伽利略变换的结论，这个新的变换就是洛伦兹变换。现在我们根据爱因斯坦的相对论时空概念导出洛伦兹坐标变换式。

仍然设 S、S'两个参考系如图 10-12 所示，S'以速度 u 相对于 S 运动，二者原点 O、O' 在 $t = t' = 0$ 时重合。在 S 系中测量，如图 10-12a 所示，时刻为 t，从 Oyz 平面到 P 点的距离 x 应等于此时刻两原点之间的距离 ut 加上 $O'y'z'$ 平面到 P 点的距离。在该时刻在 S'系中测量，如图 10-12b所示，该同一时刻为 t'，从 $O'y'z'$ 平面到 P 点的距离为 x'。但这后一段距离在 S 系中测量，其数值不再等于 x'，根据长度收缩，应等于 $x'\sqrt{1 - u^2/c^2}$，因此在 S 系中测量的结果应为

$$x = ut + x'\sqrt{1 - u^2/c^2} \tag{10-12}$$

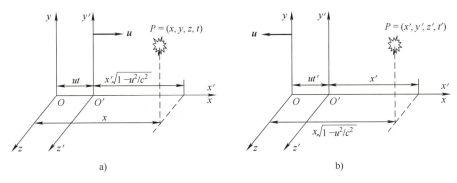

a)　　　　　　　　　　　　　　　　　　　　　b)

图 10-12　洛伦兹变换推导

$$x' = \frac{x - ut}{\sqrt{1 - u^2/c^2}} \tag{10-13}$$

在 S'系中观察时，Oyz 平面到 P 点的距离应为 $x\sqrt{1 - u^2/c^2}$，而 OO' 的距离为 ut'，这样就有

$$x' = x\sqrt{1 - u^2/c^2} - ut' \tag{10-14}$$

在式（10-13）、式（10-14）中消去 x'，可得

$$t' = \frac{t - \dfrac{u}{c^2}x}{\sqrt{1 - u^2/c^2}} \tag{10-15}$$

在 10.2 节中已经指出，垂直于相对运动方向的长度测量与参考系无关，即 $y = y'$，$z = z'$，将上述变换式列到一起，有

$$\begin{cases} x' = \dfrac{x - ut}{\sqrt{1 - u^2/c^2}} \\[2mm] y' = y \\[2mm] z' = z \\[2mm] t' = \dfrac{t - \dfrac{u}{c^2}x}{\sqrt{1 - u^2/c^2}} \end{cases} \tag{10-16}$$

式（10-16）称为洛伦兹坐标变换。

洛伦兹变换中，时间与空间的变换不再相互独立，说明时间与空间密切相关，互相联系、互相影响。当 $u/c \to 0$ 时，洛伦兹变换趋近于伽利略变换，说明牛顿力学和经典时空观是狭义相对论在低速下的近似。由式（10-15）可知，要得到有物理意义的洛伦兹变换，惯性参考系之间的相对速度 u 必须小于 c，而参考系必须建立在实体上，所以意味着任意实体的速度必须小于真空光速 c。在相对论中，时间空间的测量互相不能分离，它们联系成一个整体。因此在相对论中

常把一个事件发生时的位置和时刻联系起来，称为它的时空坐标。

这一套坐标变换是洛伦兹先于爱因斯坦导出的，但他未正确地说明它深刻的物理含义。1905 年，爱因斯坦根据相对论思想重新导出了这一套公式。为尊重洛伦兹的贡献，爱因斯坦把它取名为洛伦兹坐标变换。

在现代相对论的文献中，常用下面两个恒等符号：

$$\beta \equiv \frac{u}{c}, \gamma \equiv \frac{1}{\sqrt{1-\beta^2}} \tag{10-17}$$

这样，洛伦兹坐标变换就可写成

$$\begin{cases} x' = \gamma(x - \beta ct) \\ y' = y \\ z' = z \\ t' = \gamma\left(t - \frac{\beta}{c}x\right) \end{cases} \tag{10-18}$$

对式（10-18）解出 x、y、z、t，可得逆变换公式

$$\begin{cases} x = \gamma(x' + \beta ct') \\ y = y' \\ z = z' \\ t = \gamma\left(t' + \frac{\beta}{c}x'\right) \end{cases} \tag{10-19}$$

此逆变换公式也可以根据相对性原理，在正变换式（10-18）中把带撇的量和不带撇的量相互交换，同时把 β 换成 $-\beta$ 得出。

洛伦兹坐标变换式（10-16）在理论上具有根本性的重要意义。基本的物理定律，包括电磁学和量子力学的基本定律，都在而且应该在洛伦兹坐标变换下保持不变。这种不变显示出物理定律对匀速直线运动的对称性，这种对称性也是自然界的一种基本的对称性——相对论性对称性。

1. 洛伦兹变换验证长度收缩

设在 S′ 系中沿 x' 轴放置一根静止的杆，它的长度为 $l' = x'_2 - x'_1$，由洛伦兹坐标变换，得

$$l' = \frac{x_2 - ut_2}{\sqrt{1 - u^2/c^2}} - \frac{x_1 - ut_1}{\sqrt{1 - u^2/c^2}} = \frac{x_2 - x_1}{\sqrt{1 - u^2/c^2}} - \frac{u(t_2 - t_1)}{\sqrt{1 - u^2/c^2}}$$

遵照测量运动杆的长度时杆两端的位置必须同时记录的规定，要使 $x_2 - x_1 = l$ 表示在 S 系中测得的杆长，就必须有 $t_2 = t_1$。这样上式就给出

$$l' = \frac{l}{\sqrt{1 - u^2/c^2}} \quad \text{或} \quad l = l'\sqrt{1 - u^2/c^2}$$

这和 10.2.4 节所得结论相符。

2. 洛伦兹变换验证同时的相对性

从根本上说，洛伦兹坐标变换来于爱因斯坦的同时的相对性，它自然也能反过来把这一相对性表现出来。例如，对于 S′ 系中的两个事件 $A(x'_1, 0, 0, t'_1)$ 和 $B(x'_2, 0, 0, t'_2)$，在 S 系中它的时空坐标将是 $A(x_1, 0, 0, t_1)$ 和 $B(x_2, 0, 0, t_2)$，由洛伦兹变换，得

思维拓展

$$t_1 = \frac{t'_1 + \dfrac{u}{c^2}x'_1}{\sqrt{1 - u^2/c^2}}, t_2 = \frac{t'_2 + \dfrac{u}{c^2}x'_2}{\sqrt{1 - u^2/c^2}}$$

因此

$$t_2 - t_1 = \frac{t'_2 - t'_1 + \dfrac{u}{c^2}(x'_2 - x'_1)}{\sqrt{1 - u^2/c^2}}$$

如果在 S′系中，A、B 在同一的地点（即 $x'_1 = x'_2$），同一时刻（即 $t'_1 = t'_2$）发生，则由上式可得 $t_1 = t_2$，即在 S 系中观察，这种情况下 A、B 也是同时发生的。

如果在 S′系中，A、B 在不同的地点（即 $x'_1 \neq x'_2$），同一时刻（即 $t'_1 = t'_2$）发生，则由上式可得 $t_1 \neq t_2$，即在 S 系中观察，A、B 并不是同时发生的，这就说明了同时的相对性。

如果在 S′系中，A、B 在同一地点（即 $x'_1 = x'_2$），不同时刻（即 $t'_1 \neq t'_2$）发生，则（$t'_2 - t'_1$）为固有时，由上式可得 $t_2 - t_1 = \dfrac{t'_2 - t'_1}{\sqrt{1 - u^2/c^2}}$，该结论与前面推出的时间延缓效应吻合。

由洛伦兹变换，可以得到时间间隔的表达式：$t'_2 - t'_1 = \dfrac{t_2 - t_1 - \dfrac{u}{c^2}(x_2 - x_1)}{\sqrt{1 - u^2/c^2}}$，可以 现象解释
看出，如果 $t_1 > t_2$，即在 S 系中观察，B 事件迟于 A 事件发生，则对于不同的（$x_2 - x_1$）值，（$t'_2 - t'_1$）可以大于、等于或小于零，即在 S′系中观察，B 事件可能迟于、同时或先于 A 事件发生，这就是说，两个事件发生的时间顺序，在不同的参考系中观察，有可能颠倒。不过，应该注意，这只限于两个互不相关的事件。

对于有因果关系的两个事件，比如炮弹击中目标事件，它们发生的顺序，在任何惯性系中观察，都是不应该颠倒的。所谓的 A、B 两个事件有因果关系，就是说 B 事件是 A 事件引起的。炮弹发出算作 A 事件，在另一处的目标被击中算作 B 事件，这 B 事件当然是 A 事件引起的。又例如在地面上某雷达站在发出一雷达波算作 A 事件，在某人造地球卫星上接收到此雷达波算作 B 事件，这 B 事件也是 A 事件引起的。一般地说，A 事件引起 B 事件的发生，必然是从 A 事件向 B 事件传递了一种"作用"或"信号"，例如上面例子中的子弹或无线电波。这种"信号"在 t_1 时刻到 t_2 时刻这段时间内，从 x_1 到 x_2 处，因而传递的速度是

$$v_s = \frac{x_2 - x_1}{t_2 - t_1}$$

这个速度就叫"信号速度"，由于信号实际上是一些物体或无线电波、光波等，因而信号速度总不能大于光速。对于这种有因果关系的两个事件，时间间隔的表达式可改写成

$$t'_2 - t'_1 = \frac{t_2 - t_1}{\sqrt{1 - u^2/c^2}}\left(1 - \frac{u}{c^2}\frac{x_2 - x_1}{t_2 - t_1}\right) = \frac{t_2 - t_1}{\sqrt{1 - u^2/c^2}}\left(1 - \frac{u}{c^2}v_s\right)$$

由于 $u < c$，$v_s \leqslant c$，所以 uv_s/c^2 总小于 1。这样，（$t'_2 - t'_1$）就总跟（$t_2 - t_1$）同号。这就是说，在 S 系中观察，如果 A 事件先于 B 事件发生（即 $t_2 > t_1$），则在任何其他参考系 S′中观察，A 事件也总是先于 B 事件发生，时间顺序不会颠倒。狭义相对论在这一点上是符合因果关系的要求的。

10.3.2　洛伦兹速度变换

现在我们要讨论的是同一个运动质点在 S 系和 S′系中速度之间的变换关系。设质点在这两个惯性系中的速度分量分别为

在 S 系中

$$v_x = \frac{dx}{dt},\ v_y = \frac{dy}{dt},\ v_z = \frac{dz}{dt} \tag{10-20}$$

在 S′系中

$$v'_x = \frac{dx'}{dt'},\ v'_y = \frac{dy'}{dt'},\ v'_z = \frac{dz'}{dt'} \tag{10-21}$$

为了求得上列各分量之间的变换关系，我们对洛伦兹变换式（10-16）中各式求微分，得

$$\begin{cases} dx' = \dfrac{dx - u\,dt}{\sqrt{1 - u^2/c^2}} \\ dy' = dy \\ dz' = dz \\ dt' = \dfrac{dt - u\,dx/c^2}{\sqrt{1 - u^2/c^2}} \end{cases} \tag{10-22}$$

由式（10-22）中的第一式除以第四式、第二式除以第四式以及第三式除以第四式，可以得到从 S 系到 S′系的速度变换公式

$$\begin{cases} v'_x = \dfrac{v_x - u}{1 - uv_x/c^2} \\ v'_y = \dfrac{v_y\,\sqrt{1 - u^2/c^2}}{1 - uv_x/c^2} \\ v'_z = \dfrac{v_z\,\sqrt{1 - u^2/c^2}}{1 - uv_x/c^2} \end{cases} \tag{10-23}$$

在式（10-23）中 S 系和 S′系的对应量互换，并将 u 换成 -u，就得到速度变换公式的逆变换

$$\begin{cases} v_x = \dfrac{v'_x + u}{1 + uv'_x/c^2} \\ v_y = \dfrac{v'_y\,\sqrt{1 - u^2/c^2}}{1 + uv'_x/c^2} \\ v_z = \dfrac{v'_z\,\sqrt{1 - u^2/c^2}}{1 + uv'_x/c^2} \end{cases} \tag{10-24}$$

在上述速度变换公式中，有两点值得注意，一是尽管 $y'=y$, $z'=z$，但 $v'_y \neq v_y$, $v'_z \neq v_z$。二是变换保证了光速的不变性，这可以从后面的例题中看到。

对洛伦兹变换做以下几点说明：

（1）在狭义相对论中，洛伦兹变换占有中心地位。狭义相对论时空观集中体现在洛伦兹变换中。相对性原理就是物理定律的数学表达式在洛伦兹变换下具有不变性。物质运动的时空属性被洛伦兹变换以确切的数学形式定量地描述出来。

（2）从洛伦兹变换的表达式可以看出，不仅 x′是 x 和 t 的函数，t′也是 x 和 t 的函数，而且都与两惯性系的相对速度有关。这就是说，狭义相对论将时间、空间和物质运动三者不可分割

地联系在一起了。

（3）因时间坐标和空间坐标都是实数，所以洛伦兹变换中的 $\sqrt{1-u^2/c^2}$ 也应该是实数，这就要求 $u \leqslant c$。而速度 u 是选为参考系的任意两个物理系统之间的相对速度。由此得出这样一个结论：物体的运动速度有个上限，就是光速 c。这是狭义相对论体系本身要求的，它也被现代科学实践所证实。

（4）在日常生活中，物体的速度远小于光速，即 $u \ll c$，于是

$$\sqrt{1-u^2/c^2} \rightarrow 1$$

在这种情况下，洛伦兹变换就与伽利略变换一致了，所以伽利略变换是洛伦兹变换在低速情况下的近似。在处理低速运动问题时，应用伽利略变换也就足够精确了。

（5）洛伦兹变换是同一事件在不同惯性系中时空坐标之间的变换，所以，应用时必须首先核实 (x, y, z, t) 和 (x', y', z', t') 确实是代表同一事件的时空点。

（6）考虑到物体的时空性质会因为运动状态而变化，我们统一规定：各惯性系中的时钟和直尺必须相对于各自的惯性系处于静止状态。

 物理知识应用

【例 10-3】 两惯性系 S 和 S′沿 x 轴相对运动，当两坐标原点 O 和 O′重合时为计时开始。若在 S 系中测得某两事件的时空坐标分别为 $x_1 = 6 \times 10^4 \text{m}$，$t_1 = 2 \times 10^{-4} \text{s}$，$x_2 = 12 \times 10^4 \text{m}$，$t_2 = 1 \times 10^{-4} \text{s}$，而在 S′系中测得该两事件同时发生。试问：

（1）S′系相对 S 系的速度如何？

（2）S′系中测得这两事件的空间间隔是多少？

【解】（1）设 S′系相对 S 系的速度为 u，由洛伦兹变换，在 S′系中测得两事件的时间坐标分别为

$$t'_1 = \frac{t_1 - \dfrac{ux_1}{c^2}}{\sqrt{1-u^2/c^2}}, \quad t'_2 = \frac{t_2 - \dfrac{ux_2}{c^2}}{\sqrt{1-u^2/c^2}}$$

由题意 $t'_2 = t'_1$，即

$$t_2 - \frac{ux_2}{c^2} = t_1 - \frac{ux_1}{c^2}$$

解得

$$u = \frac{c^2(t_2 - t_1)}{x_2 - x_1} = -\frac{c}{2} = -1.5 \times 10^8 \text{m} \cdot \text{s}^{-1}$$

式中，负号表示 S′系沿 x 轴负向运动。

（2）设在 S′系中测得两事件的空间坐标分别为 x'_1 和 x'_2，由洛伦兹变换

$$x'_2 - x'_1 = \frac{x_2 - ut_2}{\sqrt{1-u^2/c^2}} - \frac{x_1 - ut_1}{\sqrt{1-u^2/c^2}}$$

$$x'_2 - x'_1 = (x_2 - x_1)\sqrt{1-u^2/c^2} = 5.2 \times 10^4 \text{m}$$

因为 $t'_2 = t'_1$，所以 $x'_2 - x'_1$ 即为 S′系中测得这两事件的空间间隔。

【例 10-4】 在惯性系 S 中，测得某两事件发生在同一地点，时间间隔为 4s，在另一惯性系 S′中，测得这两个事件的时间间隔为 6s。试问在 S′系中，它们的空间间隔是多少？

【解】 在同一地点先后发生两事件的时间间隔即固有时间，所以在 S′系中测得的 $\Delta t' = 6\text{s}$ 是由于相对

论时间膨胀效应的结果，故利用

$$\Delta t' = \frac{\Delta t}{\sqrt{1 - u^2/c^2}}$$

可得

$$\frac{\Delta t'}{\Delta t} = \frac{1}{\sqrt{1 - u^2/c^2}}$$

所以

$$u = \frac{\sqrt{5}}{3}c = \sqrt{5} \times 10^8 \mathrm{m \cdot s^{-1}}$$

根据洛伦兹变换，在 S′ 系中测得两事件的空间坐标分别为

$$x_1' = \frac{x_1 - ut_1}{\sqrt{1 - u^2/c^2}}, \ x_2' = \frac{x_2 - ut_2}{\sqrt{1 - u^2/c^2}}$$

由题意 $\Delta x = x_2 - x_1 = 0$，$\Delta t = t_2 - t_1 = 4\mathrm{s}$，故

$$|\Delta x'| = \frac{u\Delta t}{\sqrt{1 - u^2/c^2}} = \frac{3}{2} \times \sqrt{5} \times 4 \times 10^8 \mathrm{m} = 6\sqrt{5} \times 10^8 \mathrm{m}$$

【例 10-5】 某火箭相对地面的速度为 $u = 0.8c$，火箭的飞行方向平行于地面，在火箭上的观察者测得火箭的长度为 50m，问：

(1) 地面上的观察者测得这个火箭多长？

(2) 若地面上平行于火箭的飞行方向有两棵树，两树的间距是 50m，问在火箭上的观察者测得这两棵树间的距离是多少？

(3) 若一架飞机以 $v = 600\mathrm{m \cdot s^{-1}}$ 的速度平行于地面飞行，飞机的静长为 50m，问地面上的观察者测得飞机的长度是多少？

【解】 (1) 由题意 $l_0 = 50\mathrm{m}$，地面上的观测者同时测量火箭两端的坐标，得出的火箭长度可直接用长度收缩公式计算。所以

$$l = l_0 \sqrt{1 - u^2/c^2} = 50 \times \sqrt{1 - 0.8^2 \frac{c^2}{c^2}} \mathrm{m} = 30\mathrm{m}$$

(2) 同理，同上计算 $l = 30\mathrm{m}$。

(3) 同上分析，由于 u/c 太小，按级数展开，故

$$l = l_0 \sqrt{1 - u^2/c^2} \approx l_0(1 - u^2/2c^2) \approx 50\mathrm{m}$$

 物理知识拓展

长度收缩佯谬

假设一列火车其静止长度和一隧道的长度相等，均为 l_0。火车驶入隧道，当火车车尾刚好进入隧道时，隧道的两端同时发生雷击事件。在地面参考系 S 系中观察者来看，列车以匀速 *u* 在隧道中穿行，当列车尾部刚刚进入隧道时，列车头部仍在隧道中，故整个列车不会遭到雷击。而从与列车相固连的坐标系 S′ 系中的观察者看来，隧道长度将收缩变得比列车的长度短，当列车的尾部刚进入隧道时，列车的头部已在隧道之外，因此将遭到雷击。列车上是否遭到雷击，无论从哪一个坐标系中的观察者来看，都应该是一致的，这样就出现了表观上的长度收缩佯谬，有时也被形象地称为"穿洞佯谬"。

解决此佯谬的关键在于列车上的观察者和地面上的观察者是分别处在 S′ 和 S 两个不同的坐标系中，在一个坐标系中同时发生的事件，在另一个坐标系中将不是同时发生的。列车尾部刚进入隧道时，对地面上的观察者来说，此时隧道两端同时发生了雷击事件，但对列车上的观察者说来雷击则不是同时发生的。前端隧道口的雷击事件比后端隧道口的雷击事件早发生 t_0，由洛伦兹变换可以求出

$$t_0 = \frac{u}{c^2} l_0$$

这就是说，列车上的观察者看来，在车尾进入隧道之前t_0时刻，前端隧道口已发生了雷击。此时后端隧道口距车尾的距离为

$$l_1 = \frac{u^2}{c^2} l_0$$

车头距后端隧道口的距离为

$$l_2 = l_0 - l_1 = l_0(1 - u^2/c^2)$$

隧道长度则为

$$l = l_0 \sqrt{1 - u^2/c^2}$$

又因 $v < c$，有

$$1 - u^2/c^2 < \sqrt{1 - u^2/c^2}$$

即 $l_2 < l$，这就是说，就列车上的观察者来看，当前端隧道口发生雷击时，车头仍在隧道内，因此整个列车不会遭到雷击，所以，两者的观察结果是一致的，即列车不会遭受雷击，这样就解决了这个长度收缩伴谬。

10.4　狭义相对论动力学

核弹是指利用爆炸性核反应释放出的巨大能量对目标造成杀伤破坏作用的武器，包括氢弹、原子弹、中子弹、三相弹等。核武器爆炸，不仅释放的能量巨大，而且核反应过程非常迅速，微秒级的时间内即可完成，使核武器具备特有的强冲击波、光辐射、早期核辐射、放射性沾染和核电磁脉冲等杀伤破坏作用。根据计算，1kg 铀全部裂变释放的能量是 1kg TNT 炸药爆炸释放的能量的 2000 万倍。核武器的出现，对现代战争的战略战术产生了重大影响。

核武器为何会有如此大的破坏力？遵循了什么物理规律？

物理现象

 物理学基本内容

爱因斯坦对经典力学进行改造或修正，以使它满足洛伦兹变换和洛伦兹变换下的相对性原理。经这种改造的力学就是相对论力学，应用于高速领域。

10.4.1　相对论质量

在牛顿力学中，一个质点的动量定义为 $\boldsymbol{p} = m\boldsymbol{v}$，其中质量与质点速率无关。按动量定理，如果质点受到力持续作用时，其速度最终可以超过光速，这与洛伦兹变换给出光速是一切物体运动的极限速度相矛盾。或者速度达到极大光速后不再增加，如果质量仍保持不变，则在继续外力的作用下，动量将不再变化，这不符合自然界的普遍规律——动量守恒和动量定理。显然狭义相对论采用了洛伦兹变换后，经典力学规律不满足洛伦兹变换，自然也就不满足新变换下的相对性原理。如何修正经典理论？这个方案就是坚持光速 c 是极限速度，坚持动量守恒定律。这样，物体的质量就必须是个随速率的变化而变化的量。事实上，在电子发现不久，1901 年考夫曼从放射性实验中发现了电子质量随速度而改变的现象。

爱因斯坦给出了运动物体的质量与它的静止质量的一般关系为

$$m = \frac{m_0}{\sqrt{1 - \dfrac{v^2}{c^2}}} \tag{10-25}$$

式（10-25）为相对论质速关系，这个关系改变了人们在经典力学中认为质量是不变量的观念。式中，m_0 是物体相对观测者静止时的质量，称为静质量；m 是物体相对观测者以速率 v 运动时的质量，称为相对论质量。可见物体的质量随其速率的增大而增大。

由质速关系不难看出，当 $v \ll c$ 时，$m \approx m_0$，还原为牛顿力学的质量。当 $v = c$ 时，只有 $m_0 = 0$ 才有意义。这表明，以光速运动的粒子（如光子）静止质量为零。另外，$v > c$ 时，将出现虚质量，这是没有意义的，这表明，物体的运动速率不可能超过光速。从式（10-25）也可以看出，当物体的运动速率无限接近光速时，其相对论质量将无限增大，其惯性也将无限增大。所以，施以任何有限大的力都不可能将静止质量不为零的物体加速到光速。可见，用任何动力学手段都无法获得超光速运动。这就从另一个角度说明了在相对论中光速是物体运动的极限速度。

1966 年，在美国斯坦福投入运行的电子直线加速器，全长为 $3 \times 10^3 \, \mathrm{m}$，加速电势差为 $7 \times 10^6 \, \mathrm{V \cdot m^{-1}}$，可将电子加速到 $0.9999999997c$，接近光速，但不能超过光速。这有力地证明了相对论质速关系的正确性。

10.4.2　相对论动量

若使动量守恒在高速运动情况下仍然保持成立，根据上述质速关系，应将动量表达式修正为

$$\boldsymbol{p} = m\boldsymbol{v} = \frac{m_0 \boldsymbol{v}}{\sqrt{1 - \dfrac{v^2}{c^2}}} \tag{10-26}$$

由上面的定义可见，在相对论中动量并不正比于速度 $\boldsymbol{v}$。

在经典力学中，质点动量的时间变化率等于作用于质点的合力。在相对论中这一关系仍然成立，不过应将动量写为式（10-26）的形式，于是就有

$$\boldsymbol{F} = \frac{\mathrm{d}\boldsymbol{p}}{\mathrm{d}t} = \frac{\mathrm{d}}{\mathrm{d}t}\left(\frac{m_0 \boldsymbol{v}}{\sqrt{1 - \dfrac{v^2}{c^2}}} \right) \tag{10-27}$$

这就是相对论动力学基本方程。显然，当质点的运动速率 $v \ll c$ 时，式（10-26）和式（10-27）将过渡到经典力学中的形式。可以说，牛顿第二定律是物体在低速运动情况下对相对论动力学方程的近似。

10.4.3　相对论能量

根据相对论动力学基本方程可以得到

$$\boldsymbol{F} = m\frac{\mathrm{d}\boldsymbol{v}}{\mathrm{d}t} + \boldsymbol{v}\frac{\mathrm{d}m}{\mathrm{d}t} \tag{10-28}$$

在经典力学中，质点动能的增量等于合力做的功，我们将这一规律应用于相对论力学中，考虑到式（10-28），于是有

$$\boldsymbol{F} \cdot \mathrm{d}\boldsymbol{r} = \left(m\frac{\mathrm{d}\boldsymbol{v}}{\mathrm{d}t} + \boldsymbol{v}\frac{\mathrm{d}m}{\mathrm{d}t} \right) \cdot \mathrm{d}\boldsymbol{r} = m\boldsymbol{v} \cdot \mathrm{d}\boldsymbol{v} + \boldsymbol{v} \cdot \boldsymbol{v}\mathrm{d}m = v^2 \mathrm{d}m + mv\mathrm{d}v \tag{10-29}$$

对质速关系式（10-25）变形为

$$m_0^2 c^2 + m^2 v^2 = m^2 c^2$$

对上式两边求微分，得

$$mvdv + v^2 \mathrm{d}m = c^2 \mathrm{d}m$$

设质点在力 $\boldsymbol{F}$ 作用下由静止开始运动，将上式代入式（10-29），力 $\boldsymbol{F}$ 所做的功与其所具有的动能 E_k 的关系为

$$E_k = \int_L \boldsymbol{F} \cdot \mathrm{d}\boldsymbol{r} = \int_{m_0}^m c^2 \mathrm{d}m = mc^2 - m_0 c^2 \tag{10-30}$$

$$E_k = m_0 c^2 \left(\frac{1}{\sqrt{1 - \dfrac{v^2}{c^2}}} - 1 \right) \tag{10-31}$$

这就是相对论动能公式。

显然，当 $v \ll c$ 时，可对 $\left(1 - \dfrac{v^2}{c^2}\right)^{-\frac{1}{2}}$ 进行泰勒展开，得

$$\left(1 - \frac{v^2}{c^2}\right)^{-\frac{1}{2}} = 1 + \frac{1}{2}\frac{v^2}{c^2} + \frac{3}{8}\frac{v^4}{c^4} + \cdots \tag{10-32}$$

取式（10-32）等号右侧的前两项，代入式（10-31），得

$$E_k = m_0 c^2 \left(1 + \frac{1}{2}\frac{v^2}{c^2} - 1\right) = \frac{1}{2}m_0 v^2 \tag{10-33}$$

这正是经典力学中动能的表达式。

可以将式（10-30）改写为

$$mc^2 = E_k + m_0 c^2 \tag{10-34}$$

爱因斯坦认为式（10-34）中的 $m_0 c^2$ 是物体静止时的能量，称为物体的静能，而 mc^2 是物体的总能量，它等于静能与动能之和。物体的总能量若用 E 表示，可写为

$$E = mc^2 = \frac{m_0 c^2}{\sqrt{1 - \dfrac{v^2}{c^2}}} \tag{10-35}$$

这就是质能关系。

在相对论建立以前，人们将质量守恒定律与能量守恒定律看作两个互相独立的定律。质能关系把它们统一起来了，认为质量的变化必定伴随着能量的变化，而能量的变化同样伴随着质量的变化，质量守恒定律和能量守恒定律就是一个不可分割的定律了。

关于静能，实际上它代表了物体静止时内部一切能量的总和。在粒子的碰撞、不稳定粒子的衰变以及粒子的湮灭或产生等各种高能物理过程中，都证明静能的存在。例如，静质量为 m_π 的中性 π^0 介子被原子核吸收后，原子核的能量将从能级 E_1 跃迁到能级 E_2。实验表明，这两个能级的能量差 $\Delta E = E_2 - E_1$ 是一定的，并正好等于 π^0 介子静能 $m_\pi c^2$。

无论在重核裂变反应还是在轻核聚变反应中，总伴随巨大能量的释放。实验表明，在这些反应前粒子系统的总质量一定大于反应后粒子系统的总质量，质量的减少量 Δm_0 称为质量亏损，反应中释放的能量 ΔE 满足下面的关系：

$$\Delta E = \Delta m_0 c^2 \tag{10-36}$$

在上述过程中，减少的静能以动能的形式释放出来了。

　　质量和能量的关系可以用很多方法证明。现在介绍一种最初由爱因斯坦提出的有趣的推导。这个推导所利用的基本观念是：封闭系统（和周围环境没有相互作用和能量交换的系统）的质心位置，不因系统内部发生的任何过程所改变。

　　设想有一个闭合的刚性盒子，从它的一端发射一个电磁辐射脉冲。这个脉冲携带动量和能量。当辐射出现时，为了使系统的总动量守恒，盒子反冲；当辐射在盒子的另一端被吸收时，它的动量和盒子的动量抵消，于是系统就静止下来。假定在辐射传播期间，盒子运动了距离 s，那么，如果系统的质心仍然停留在原来的位置上，辐射一定已经把一部分质量从发射端输送到吸收端。下面我们就来计算系统质心保持不变时必须传输的质量。

　　假定盒子的长度为 L，质量为 M，为了使问题简化起见，我们设盒子的质量平均地集中在两端；每一端具有质量 $M/2$，因此质心在盒子的中心，离每一端 $L/2$。一个具有能量 E 的电磁辐射脉冲，按电磁理论应携带动量 $p_{辐} = E/c$。此外，我们假定这个电磁脉冲还具有质量 m。当电磁脉冲发射后，盒子的质量变为 $M - m$，若它以速度 u 反冲，则由动量守恒定律 $p_{盒} = p_{辐}$ 有

$$(M - m)u = E/c$$

因此盒子的反冲速度为

$$u = \frac{E}{(M - m)c} \approx \frac{E}{Mc}$$

这是因为 m 比 M 小很多的缘故。此外，盒子运动的时间 t 等于辐射由盒子一端达到另一端走过 L 距离所需的时间，即 $t = L/c$（假定 $u \ll c$）。在这期间，盒子走过的距离为

$$s = ut = \frac{EL}{Mc^2}$$

在盒子停止以后，它左端的质量为 $\frac{M}{2} - m$，而由于与辐射能量 E 有关的质量 m 的传输，右端的质量为 $\frac{M}{2} + m$。如果质心仍然保留在它原来的位置上，则按质心的定义应有

$$\left(\frac{M}{2} - m\right)\left(\frac{L}{2} + s\right) = \left(\frac{M}{2} + m\right)\left(\frac{L}{2} - s\right)$$

上式与有关 s 的式子联立，解得著名的质能关系式：

$$m = E/c^2$$

在以上的推导中，我们假定盒子是理想的刚体：在发射脉冲时整个盒子一起运动，而在吸收脉冲时整个盒子一起停止。实际上当然没有这样的刚体。以光速传播的电磁脉冲，将在盒子右端开始运动之前到达右端，然而，考虑到盒内弹性波传播速度的有限性，通过进一步的计算表明，上述结论仍然是正确的。

10.4.4　动量和能量的关系

　　将相对论能量公式 $E = mc^2$ 和动量公式 $\boldsymbol{p} = m\boldsymbol{v}$ 相比，即可得到

$$\boldsymbol{v} = \frac{c^2}{E}\boldsymbol{p} \tag{10-37}$$

将 v 值代入能量公式 $E = mc^2 = m_0c^2/\sqrt{1 - v^2/c^2}$ 中，整理后可得

$$E^2 = p^2c^2 + m_0^2c^4 \tag{10-38}$$

这就是相对论动量能量关系式。如果以 E、pc、m_0c^2 分别表示一个三角形三边的长度，则它们正

好构成一个直角三角形，如图 10-13 所示。对动能是 E_k 的粒子，用 $E = E_k + m_0 c^2$ 代入式（10-38）可得

$$E_k^2 + 2E_k m_0 c^2 = p^2 c^2$$

当 $v \ll c$ 时，粒子的动能 E_k 要比其静能 $m_0 c^2$ 小得多，因而上式中第一项与第二项相比，可以略去，于是得

$$E_k = \frac{p^2}{2m_0}$$

图 10-13　相对论动量能量三角形

我们又回到了牛顿力学的动能表达式。

对于静止质量为零的粒子，如光子，能量-动量关系变为下面的形式

$$E = pc$$

或者进一步化为

$$p = \frac{E}{c} = \frac{mc^2}{c} = mc \tag{10-39}$$

将式（10-39）与动量表示式 $\boldsymbol{p} = m\boldsymbol{v}$ 相比较，立即可以得到一个重要结论，即静止质量为零的粒子总是以光速 c 运动。

1905 年，著名的物理学家爱因斯坦提出了很少有人懂的相对论。然而，这个深奥的理论却推导出一个相当实用的质能转换公式 $E = mc^2$。这个公式显示，质量可以转化为能量，而且转化的倍数是相当惊人的，是光速的平方，也就是 9×10^{16} 倍。以氢弹为例，一个氘核和一个氚核结合成一个氦核时，释放出 17.6MeV 的能量，平均每个核子放出的能量在 3MeV 以上，这时的核反应方程是

$$_1^2\text{H} + _1^3\text{H} \rightarrow _2^4\text{He} + _0^1\text{n}$$

轻核结合成质量较大的核称为聚变。使核发生聚变，必须使它们接近到 10^{-15} m 距离范围内，也就是接近到核力能够发生作用的范围。由于原子核都是带正电的，要使它们接近到这种程度，必须克服电荷之间的很大的斥力作用。这就要使核具有很大的动能。有一种办法，就是把它们加热到很高的温度。从理论分析知道，物质达到几百万摄氏度以上的高温时，原子的核外电子已经完全和原子脱离，成为等离子体，这时小部分原子核就具有足够的动能，能够克服相互间的静电力，在互相碰撞中接近到可以发生聚变的程度。因此，这种反应又称为热核反应。原子弹爆炸时就能产生这样高的温度，所以可以用原子弹引起热核反应。氢弹就是根据这种原理制造出来的。

 物理知识应用

【例 10-6】 一个电子的总能量为它的静止能量的 5 倍，问它的速率、动量、动能各为多少？

【解】 由公式 $E = mc^2$ 和 $E_0 = m_0 c^2$ 可知

$$\frac{E}{E_0} = \frac{m}{m_0} = 5$$

由公式

$$m = \frac{m_0}{\sqrt{1 - \dfrac{v^2}{c^2}}}$$

可求得电子的速率

$$v = \frac{\sqrt{24}}{5}c = 2.94 \times 10^8 \text{m} \cdot \text{s}^{-1}$$

电子的动量

$$p = mv = \sqrt{24} m_0 c = 1.34 \times 10^{-21} \text{kg} \cdot \text{m} \cdot \text{s}^{-1}$$

电子的动能

$$E_k = E - E_0 = 4m_0c^2 = 3.28 \times 10^{-13} J$$

 物理知识拓展

相对论质量公式的推导

相对论质量公式是怎么来的呢？下面就让我们来探求运动质量与速率的函数关系。

如图 10-14 所示设计一个理想实验，取两个惯性系 S 系和 S′ 系（坐标轴与以上各节中的规定相同）。现在 S 系中有一静止在 $x = x_0$ 处的粒子，由于内力的作用而分裂为质量相等的两部分（A 和 B），即 $m_A = m_B$，并且分裂后 m_A 以速率 v 沿 x 轴正方向运动，而 m_B 以速率 $-v$ 沿 x 轴负方向运动。设 S′ 系固连在 m_A 上，所以，S′ 系也相对于 S 系以速率 v 沿 x 轴正方向运动，从 S′ 系看 m_A 是静止不动的，即 $v'_A = 0$。而 m_B 相对于 S′ 系的运动速率 v'_B 可以由洛伦兹速度变换公式求出，得

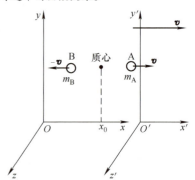

图 10-14

$$v'_B = \frac{-v - v}{1 - \frac{(-v)v}{c^2}} = \frac{-2v}{1 + \frac{v^2}{c^2}} \tag{10-40}$$

从 S 系看，粒子分裂后其质心仍在 x_0 处不动，但从 S′ 系看，质心是以速率 $-v$ 沿 x 轴负方向运动。也可以根据质心的定义求质心相对于 S′ 系的运动速度

$$v'_0 = -v = \frac{dx'_0}{dt'} = \frac{d}{dt'}\left(\frac{m_A x'_A + m_B x'_B}{m_A + m_B}\right) = \frac{m_A v'_A + m_B v'_B}{m_A + m_B} = \frac{m_B}{m_A + m_B}v'_B \tag{10-41}$$

在式（10-41）中考虑了 $v'_A = 0$。从式（10-41）可以解得

$$\frac{m_B}{m_A} = \frac{v'_0}{v'_B - v'_0} = \frac{-v}{v'_B + v} \tag{10-42}$$

由式（10-40）解出 v 的两个解，其中一个解 $|v| > c$ 舍去后，得

$$v = -\frac{c^2}{v'_B}\left[1 - \sqrt{1 - \left(\frac{v'_B}{c}\right)^2}\right] \tag{10-43}$$

将式（10-43）代入式（10-42），得

$$\frac{m_B}{m_A} = \frac{\frac{c^2}{v'_B}\left[1 - \sqrt{1 - \left(\frac{v'_B}{c}\right)^2}\right]}{v'_B - \frac{c^2}{v'_B}\left[1 - \sqrt{1 - \left(\frac{v'_B}{c}\right)^2}\right]} = \frac{c^2 - c\sqrt{c^2 - v'^2_B}}{v'^2_B - c^2 + c\sqrt{c^2 - v'^2_B}} = \frac{c(c - \sqrt{c^2 - v'^2_B})}{\sqrt{c^2 - v'^2_B}(c - \sqrt{c^2 - v'^2_B})}$$

即

$$\frac{m_B}{m_A} = \frac{1}{\sqrt{1 - \left(\frac{v'_B}{c}\right)^2}} \tag{10-44}$$

或者

$$m_B = \frac{m_A}{\sqrt{1 - \left(\frac{v'_B}{c}\right)^2}} \tag{10-45}$$

由式（10-45）可以看到，在 S 系观测，粒子分裂后的两部分以相同速率运动，质量相等，但从 S′ 系观测，由于它们运动速率不同，质量也不相等。m_A 静止，可看作静质量，用 m_0 表示；m_B 以速率 v'_B 运动，可视为运动质量，称为相对论性质量，用 m 表示。去掉 v'_B 的上下标，于是就得到运动物体的质量与它的静质量的一般关系

$$m = \frac{m_0}{\sqrt{1 - \frac{v^2}{c^2}}} \tag{10-46}$$

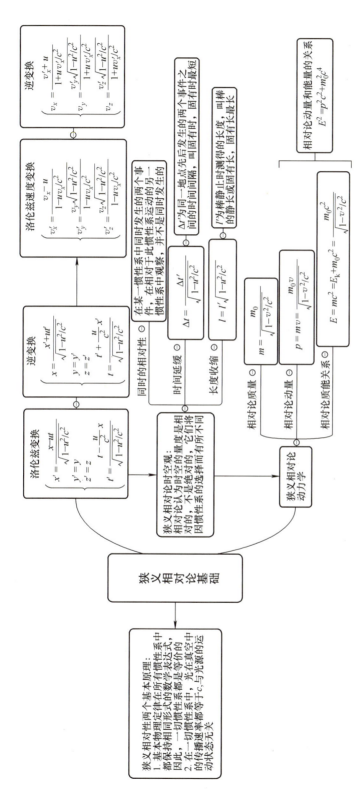

思考与练习

思考题

10-1 相对论中运动物体长度缩短和物体热胀冷缩而引起的长度变化是否一回事?

10-2 飞机的飞行速度为 $350\text{m} \cdot \text{s}^{-1}$,如果朝飞机的前方抛出一个球,球相对于飞机的速度为 $20\text{m} \cdot \text{s}^{-1}$,用经典的速度相加公式,可求得球相对于地球的速度等于 $370\text{m} \cdot \text{s}^{-1}$。如果考虑到相对论效应,那么球相对于地球的速度大于、等于还是小于 $370\text{m} \cdot \text{s}^{-1}$?

10-3 设想太空中的一个火箭因喷射燃气而加速到具有速度 v,然后以此速度滑行,宇航员不能判别自己是否在运动,接着又重复上述的过程,因而加速到具有速度 $2v$。如果把这种过程无限制地重复下去,超光速运动是能够实现的,这个计划同物体极限速率的原理相矛盾,问错在哪里?

10-4 根据相对论的质量-速度公式 $m = \dfrac{m_0}{\sqrt{1 - \dfrac{v^2}{c^2}}}$ 物体的质量随运动速度的增加而增加,这是否违背质量守恒定律?

练习题

(一) 填空题

10-1 μ 子是一种基本粒子。在相对于 μ 子静止的坐标系中测得其寿命为 $\tau_0 = 2 \times 10^{-6}\text{s}$,如果 μ 子相对于地球的速度为 $v = 0.988c$,则在地球坐标系中测出 μ 子的寿命为_____。

10-2 观察者甲以 $0.8c$ 的速度相对于观察者乙运动,若甲携带一长度为 L、截面积为 S、质量为 m 的杆,这根杆安放在运动方向上,则(1)甲测得此杆的密度为_____, (2)乙测得此杆的密度为_____。

10-3 牛郎星距离地球约 16 光年,宇宙飞船若以_____的匀速度飞行,将用 4 年的时间(宇宙飞船上的钟指示的时间)抵达牛郎星。

10-4 一电子以 $0.99c$ 的速率运动(电子静止质量为 $9.11 \times 10^{-31}\text{kg}$,则电子的总能量是_____,电子的经典力学的动能与相对论动能之比是_____。

10-5 在惯性系中,一次爆炸发生在坐标 $(x,y,z,t) = (6\text{m},0,0,0.2 \times 10^{-8}\text{s})$ 处,一惯性参考系沿着 x 的正方向以相对速度 $0.8c$ 运动。假设在 $t = t' = 0$ 时两参考系的原点重合。则运动参考系中观测者测得该事件的坐标为 $(x',y',z',t') = $ _____。

(二) 计算题

10-6 一粒子的动量是按非相对论计算结果的 2 倍,该粒子的速率是多少?

10-7 在惯性系 S 中观察到两事件同时发生,空间距离为 1m。惯性系 S′ 沿两事件连线的方向相对于 S 运动,在 S′ 系中观察到两事件之间的距离为 3m。求 S′ 系相对于 S 系的速度和在其中测得两事件之间的时间间隔。

10-8 一宇航员要到离地球为 5 光年的星球去旅行。如果宇航员希望把这路程缩短为 3 光年,则他所乘的火箭相对于地球的速度是多少?

10-9 飞船 A 以 $0.8c$ 的速率相对地球向正东飞行,飞船 B 以 $0.6c$ 的速率相对地球向正西方向飞行。当两飞船即将相遇时,飞船 A 在自己的天窗处相隔 2s 发射两颗信号弹。在飞船 B 的观测者测得两颗信号弹相隔的时间间隔为多少?

10-10 一物体的速度使其质量增加了 10%,试问此物体在运动方向上缩短了百分之几?

10-11 一静止质量为 m_0 的粒子,裂变成两个粒子,速率分别为 $0.6c$ 和 $0.8c$。求裂变过程的静质量亏损和释放出的动能。

 ## 阅读材料

太空"利剑"：粒子束武器

物理学理论指出，我们生活所在的五光十色、千姿百态、奥妙无穷的大千世界是由物质组成的，而物质由分子组成，组成分子的原子又由电子和原子核构成。在物质结构的更深层次，还有质子、中子以及层子、介子、超子和一系列反粒子等，正是这些微观世界的神奇粒子组成了世界万物。自从 1897 年人类发现了第一个基本粒子——电子以来，迄今已发现了三百多种大大小小的粒子，科学家依据它们的特性将其分为四大家族：重子族、轻子族、介子族和媒子族。科学家们一直在孜孜不倦地探索这些家族的神秘性，每当科学家对粒子的属性有新的察觉，相应的理论和技术就给人类带来新的利用，最先利用的常常是军事领域。

粒子虽小，但是只要把它们加速到数万米每秒的速度乃至接近光速，并将其集流成束，就会具有极大的动能。把这样的粒子束射向目标，它们能发挥比枪弹或炮弹更大的威力。目前粒子束武器所利用的基本粒子主要有电子、质子和中子。有"太空利剑""攻坚能手"之称的粒子束武器已被许多国家列为武器发展的重点项目。

粒子束武器产生高能粒子束的简单原理是：首先，由高能电源输出巨大的电能，通过储能及转换装置变成高压脉冲，然后将高压脉冲转换为电子束，并将电子束中的粒子注入粒子加速器。粒子加速器一般分成多个加速级，每级都施加很高的电压，被注入到加速器里的带电粒子顺次通过各加速级，在电场力的作用下，被连续加速。在加速器的出口处，带电粒子被加速到接近光的速度，最后通过大电磁透镜中的聚焦磁场把大量的高能粒子聚集成一股狭窄的束流射向目标。如果在带电粒子束从加速器射出时，用某种技术去掉每个带电粒子的多余电荷，使之变为中性粒子，这样射出的就是中性粒子束。

粒子束武器对目标的破坏机理有三种：

第一，具有很大动能的粒子束射到目标上时，能使目标的表面层迅速破碎、汽化，向外飞溅。大部分粒子还将穿透目标外层，进入目标内部，与目标材料的分子发生一系列碰撞，把能量传给后者，致使目标材料的温度急剧上升，以致被熔化烧穿或产生热应力。

第二，高速粒子束能在引爆炸药中引起离子交换，使其内部电荷分布不均匀，形成附加电场；大量的能量沉积和粒子束的强烈冲击，还会在目标中产生激波。附加电场和激波都可能提前引爆炸药，或破坏目标中的热核材料。

第三，粒子束还可对目标的电子设备和元器件造成很大的影响，直至使电子设备失效。低强度的粒子束照射可引起目标电子线路元器件工作状态改变、开关时间改变、漏电。高强度的粒子束照射则会使电子元器件彻底损坏，当高速运动的带电粒子在大气层内运动，由于与空气分子、目标材料分子作用而减速时，损失的能量将转化为高能 γ 射线和 X 射线，这些射线可能破坏目标的瞄准、引信、制导和控制电路。此外，带电粒子束的大电流短脉冲，还可能激励出很强的电磁脉冲，这也会对目标的电子线路造成很强的干扰和破坏。

与一般武器相比，粒子束武器具有如下几个特点：

1）拦截速度快。粒子束武器发射出的高能粒子的速度近于光速，这个速度比一般炮弹或导弹的速度快几万到十几万倍。因此，用粒子束武器拦截各种空间飞行器，可在极短的时间内命中目标，非常适合对付在远距离高速飞行的洲际弹道导弹。用粒子束武器射击一些近距离和速度比较慢的飞行器时，一般不需要考虑和计算射击提前量。

2）能量高度集中，穿透力强。粒子束武器可以将巨大的能量高度集中到一小块面积上，是一种杀伤点状目标的武器。而普通炸弹或核弹爆炸后，其能量从爆心向四面八方传播，只能作为一种杀伤面状目标的武器。

3）反应时间短。能快速灵活地改变粒子束流的方向，以对付不同的目标。一般大型武器的发射装置都比较庞大，因此改变射击方向时动作比较缓慢，往往需要几十秒至几分钟的时间。而粒子束武器只要改变一下粒子加速器出口处导向电磁透镜中电流的方向或强度，就能在百分之一秒的时间内迅速改变粒子束的射击方向。

4）"弹药"不受限制。只要电源供应充足，粒子束武器就可以在"弹药"供应方面达到"自产自销"，随耗随补，连续射击。

5）能全天候作战。粒子束武器能在各种气象条件下使用，它发射出去的粒子束具有很大的动能，能够穿透云雾，受天气影响小。

6）无放射性污染。粒子束武器射击后，既不会造成任何污染，也不会给己方带来什么不利的影响。所以，用粒子束武器拦截在大气层内飞行的核导弹非常合适。

粒子束武器按其技术性能一般分为大气层内使用的带电粒子束武器和外层空间使用的中性粒子束武器。前者主要用于战术防空，后者可用于反弹道导弹和反卫星系统，天基中性粒子束武器还可对几百至几千千米外的战略目标实施连续多次拦截。

但是，要想研制出实战使用的粒子束武器，还必须解决一系列技术难题，例如能源问题、粒子加速器问题、粒子束传输问题以及粒子束对目标的破坏机理等。而且，粒子束武器的使用还受到地球磁场等环境因素的影响。军事科学家们正在物理学理论的指导下，努力攻克这些难题。

部分习题参考答案

第1章

1-1 （1）$5\mathrm{m \cdot s^{-1}}$；
   （2）$17\mathrm{m \cdot s^{-1}}$

1-2 $v = v_0 + ct^3/3$, $x = x_0 + v_0 t + \dfrac{1}{12}ct^4$

1-3 $x = (y - 3)^2$

1-4 $0.35\mathrm{m \cdot s^{-1}}$，方向 $8.98°$（东偏北），
   $1.16\mathrm{m \cdot s^{-1}}$

1-5 $a_\tau = -c$, $a_n = (b - ct)^2/R$

1-6 $\boldsymbol{v} = 50(-\sin 5t\boldsymbol{i} + \cos 5t\boldsymbol{j})\mathrm{m \cdot s^{-1}}$, $a_\tau = 0$，圆

1-7 $a_n = 25.6\mathrm{m \cdot s^{-2}}$, $a_\tau = 0.8\mathrm{m \cdot s^{-2}}$

1-8 （1）$a = A\omega^2 \sin\omega t$；
   （2）$t = \dfrac{1}{2}(2k+1)\dfrac{\pi}{\omega}(k = 0,1,2,\cdots)$

1-9 $8\mathrm{m}$, $10\mathrm{m}$

1-10 （1）$S/\Delta t$；
   （2）$-2\boldsymbol{v}_0/\Delta t$

1-11 （1）变速率曲线运动；
   （2）变速率直线运动

1-12 北偏西 $30°$，正北

1-13 $a_\tau = -g/2$（负号表示与速度方向相反），$\rho = 2\sqrt{3}v^2/(3g)$

1-14 $a_\tau = B$, $a_n = A^2/R + 4\pi B$

1-15 $x = 2t^3/3 + 10$ （SI）

1-16 $t = \sqrt{\dfrac{R}{c} - \dfrac{b}{c}}$

1-17 （1）$\boldsymbol{r} = x\boldsymbol{i} + y\boldsymbol{j} = r\cos\omega t\boldsymbol{i} + r\sin\omega t\boldsymbol{j}$；
   （2）$\boldsymbol{v} = \dfrac{\mathrm{d}\boldsymbol{r}}{\mathrm{d}t} = -r\omega\sin\omega t\boldsymbol{i} + r\omega\cos\omega t\boldsymbol{j}$,
   $\boldsymbol{a} = \dfrac{\mathrm{d}\boldsymbol{v}}{\mathrm{d}t} = -r\omega^2\cos\omega t\boldsymbol{i} - r\omega^2\sin\omega t\boldsymbol{j}$；
   （3）$\boldsymbol{a} = -\omega^2(r\cos\omega t\boldsymbol{i} + r\sin\omega t\boldsymbol{j}) = -\omega^2\boldsymbol{r}$,
   这说明 $\boldsymbol{a}$ 与 $\boldsymbol{r}$ 方向相反，即 $\boldsymbol{a}$ 指向圆心

1-18 $d_4 = \dfrac{1}{2c}\ln\dfrac{b + cv_{\mathrm{jd}}^2}{b}$,

$t_4 = \dfrac{1}{\sqrt{bc}}\arctan\left(v_{\mathrm{jd}}\sqrt{\dfrac{c}{b}}\right)$

1-19 $2.78\mathrm{m \cdot s^{-2}}$

1-20 （1）$\Delta t = 17.346\mathrm{s}$；
   （2）$\Delta h = 294.75\mathrm{m}$

1-21 $\varphi = 48°$

1-22 （1）$202\mathrm{m \cdot s^{-1}}$；
   （2）$806\mathrm{m}$, $161\mathrm{m \cdot s^{-1}}$, $-171\mathrm{m \cdot s^{-1}}$

1-23 （1）$18.6\mathrm{m \cdot s^{-1}}$；
   （2）$35\mathrm{r \cdot min^{-1}}$；
   （3）$1.7\mathrm{s}$

1-24 （1）$109\mathrm{m \cdot s^{-1}}$；（2）$1722\mathrm{m}$

1-25 $v = 2\sqrt{x + x^3}$

1-26 $v = 8\mathrm{m \cdot s^{-1}}$, $a = 35.8\mathrm{m \cdot s^{-2}}$

1-27 （1）$y = \dfrac{g}{2v_0^2}x^2$；
   （2）$v = \sqrt{v_0^2 + g^2 t^2}$, $a_t = \dfrac{\boldsymbol{a} \cdot \boldsymbol{v}}{|\boldsymbol{v}|} = \dfrac{g^2 t}{\sqrt{v_0^2 + g^2 t^2}}$
   $a_n = \dfrac{|\boldsymbol{a} \times \boldsymbol{v}|}{|\boldsymbol{v}|} = \dfrac{gv_0}{\sqrt{v_0^2 + g^2 t^2}}$

1-28 $v = \dfrac{2}{3}(\mathrm{e}^{3t} - 1)$, $x = \dfrac{2}{3}\left(\dfrac{1}{3}\mathrm{e}^{3t} - \dfrac{1}{3} - t\right)$

1-29 $f_{\mathrm{earth}} = 1.16 \times 10^{-5}\mathrm{Hz}$,
   $\omega_{\mathrm{earth}} = 7.27 \times 10^{-5}\mathrm{rad \cdot s^{-1}}$,
   $f_{\mathrm{sun}} = 3.17 \times 10^{-8}\mathrm{Hz}$
   $\omega_{\mathrm{sun}} = 1.99 \times 10^{-7}\mathrm{rad \cdot s^{-1}}$,
   $2.97 \times 10^4\mathrm{m \cdot s^{-1}}$, $464\cos\theta\,\mathrm{m \cdot s^{-1}}$,
   $0.034\cos\theta\,\mathrm{m \cdot s^{-2}}$

1-30 火箭的运动学方程为 $y = l\tan kt$，当 $\theta = \dfrac{\pi}{6}$ 时，火箭的速度为 $\dfrac{4}{3}lk$，加速度为 $\dfrac{8\sqrt{3}}{9}lk^2$

1-31 （1）$\dfrac{\mathrm{e}^{19.62 \times 10^{-2}t} - 1}{10^{-2}(\mathrm{e}^{19.62 \times 10^{-2}t} + 1)}$；
   （2）$45.9\mathrm{m}$, $100\mathrm{m \cdot s^{-1}}$

1-32 （1）$452\mathrm{m}$；（2）$12.5°$；
   （3）$a_\tau = 1.88\mathrm{m \cdot s^{-2}}$, $a_n = 9.62\mathrm{m \cdot s^{-2}}$

1-33 $2r \cdot s^{-2}$，860

1-34 （1）子弹沿抛物线轨迹运动，水平速度大小为 $50m \cdot s^{-1}$，方向与飞机飞行方向相反；

（2）子弹以 $300m \cdot s^{-1}$ 的速度离开飞机，并沿抛物线轨迹运动。射手必须把枪指向斜上方与铅直方向成56.4°角

1-35 $49.22km \cdot h^{-1}$

1-36 略

1-37 $15m \cdot s^{-2}$

1-38 $\Delta T = T' - T = 3k^2 T/4$

1-39 $|\boldsymbol{v}_{AE}| = \sqrt{(\boldsymbol{v}_{AF})^2 - (\boldsymbol{v}_{FE})^2} = 170km \cdot h^{-1}$，$\theta = \arctan(v_{FE}/v_{AE}) = 19.4°$（飞机应取向北偏东19.4°的航向）

第2章

2-1 $5.2N$

2-2 F_{f0}

2-3 $2N$，$1N$

2-4 $a_A = 0$，$a_B = 2g$

2-5 $\dfrac{F}{m' + m}$，$\dfrac{m'F}{m' + m}$

2-6 $(\mu\cos\theta - \sin\theta)g$

2-7 $a = g/\mu_s$

2-8 $\boldsymbol{a}_B = -\dfrac{m_3}{m_2}g\boldsymbol{i}$，$\boldsymbol{a}_A = \boldsymbol{0}$

2-9 $\dfrac{1}{\cos^2\theta}$

2-10 （1）$\dfrac{mg}{\cos\theta}$；

（2）$\sin\theta\sqrt{\dfrac{gl}{\cos\theta}}$

2-11 迎角

2-12 $F_N = m\left(g\cos\theta + \dfrac{v^2}{R}\right)$，$a_\tau = g\sin\theta$

2-13 （1）$v = v_0 e^{-\frac{Kt}{m}}$；

（2）$\dfrac{mv_0}{K}$

2-14 $\sqrt{\dfrac{6k}{mA}}$

2-15 （1）$F_T = (mv^2/R) - mg\cos\theta$，$a_\tau = g\sin\theta$；

（2）它的数值随 θ 的增加按正弦函数变化，$\pi > \theta > 0$ 时，$a_\tau > 0$，表示 $\boldsymbol{a}_\tau$ 与 $\boldsymbol{v}$ 同向；$2\pi > \theta > \pi$ 时，$a_\tau < 0$，表示 $\boldsymbol{a}_\tau$ 与 $\boldsymbol{v}$ 反向

2-16 $a_1 = \dfrac{(m_1 - m_2)g + m_2 a_2}{m_1 + m_2}$，

$F_T = \dfrac{(2g - a_2)m_1 m_2}{m_1 + m_2}$，

$a_2' = \dfrac{(m_1 - m_2)g - m_1 a_2}{m_1 + m_2}$

2-17 略

2-18 $\dfrac{2m\sqrt{v_0}}{k}$

2-19 $221m$

2-20 $3.53m \cdot s^{-2}$

2-21 （1）$F_N = mg\sin\theta - m\omega^2 l\sin\theta\cos\theta$，$F_T = mg\cos\theta + m\omega^2 l\sin^2\theta$；

（2）$\omega_c = \sqrt{g/(l\cos\theta)}$，$F_T = mg/\cos\theta$

2-22 $460.71m$，$5488N$

2-23 （1）$F_T = m(g\sin\theta + a\sin\theta)$，$F_N = m(g\sin\theta - a\sin\theta)$；

（2）$\boldsymbol{a} = \boldsymbol{g}\cot\theta$

2-24 （1）$620.5N$；

（2）$584N$

2-25 （1）$a_1 = m_2\omega^2(L_1 + L_2)/m_1$；

（2）$a_2 = \omega^2(L_1 + L_2)$

2-26 $820.2kN$

2-27 $h = \dfrac{la}{9}$

2-28 $2.2km$

2-29 $7.17m \cdot s^{-1}$

2-30 $a = 1.18m \cdot s^{-1}$

2-31 $\arctan\mu$

2-32 $0.91m \cdot s^{-2}$

2-33 $v = \dfrac{mg \cdot F_0}{k}\ (1 - e^{-\frac{k}{m}t})$

2-34 $\omega = 17.3rad \cdot s^{-1}$，$v = 28.9m \cdot s^{-1}$，$a_C = 500m \cdot s^{-2}$，$F_C = 3630N$

2-35 $x = \dfrac{k}{6m}t^3$

2-36 $37.8m \cdot s^{-1}$

2-37 $h(t) = h_0 - \dfrac{S_2}{S_1}\sqrt{2gh_0}t + \dfrac{g}{2}\dfrac{S_2^2}{S_1^2}t^2$

2-38 双机盘旋时，外侧僚机的坡度应稍大于长机的坡度。这是因为长机和僚机盘旋一周的时

间相同，但外侧僚机的速度比长机大。

2-39 $C_Y = 0.4$；$C_X = 0.032$；$K = 12.5$

2-40   12

2-41   16.3N

2-42   （1）$30.0 \text{m} \cdot \text{s}^{-1}$；

      （2）467m

2-43 $v_T = \dfrac{1}{2k}$

第 3 章

3-1   （1）0.003s；

     （2）$0.6 \text{N} \cdot \text{s}$；

     （3）2g

3-2 $4 \text{m} \cdot \text{s}^{-1}$，$2.5 \text{m} \cdot \text{s}^{-1}$

3-3 $356 \text{N} \cdot \text{s}$，$160 \text{N} \cdot \text{s}$

3-4 $I = \sqrt{I_x^2 + I_y^2} = 0.739 \text{N} \cdot \text{s}$，方向：与 x 轴正方向夹角 $\theta = 202.5°$

3-5 $F = 149\text{N}$，方向：与 x 轴正向夹角为 $122.6°$，指向左下方

3-6 $\Delta x = \dfrac{m v_0 \sin\theta}{(m+M)g}$

3-7 $s = s_0 - \dfrac{m'}{m'+m} l$

3-8   （1）$I = 68 \text{N} \cdot \text{s}$；

     （2）$t = 6.86\text{s}$；

     （3）$v = 35 \text{m} \cdot \text{s}^{-1}$

3-9 $\overline{F} = 100\text{N}$

3-10 $\boldsymbol{v}_3 = -300\boldsymbol{i} \text{m} \cdot \text{s}^{-1}$

3-11   （1）$v \approx 0.857 \text{m} \cdot \text{s}^{-1}$；

     （2）$\overline{F} = 143\text{N}$

3-12 $v' = -\dfrac{m v \cos\alpha}{m' + 2m}$

3-13   102500N

3-14   （1）$F_T = 26.78\text{N}$；

     （2）$I = 4.7 \text{N} \cdot \text{s}$，方向水平向左

3-15 $v_1 = -\dfrac{m}{m'}v$，$v_2 = \dfrac{m}{m'+m}v$

3-16   （1）$v_A = v_B = \dfrac{x_0}{4}\sqrt{\dfrac{3k}{m}}$；

     （2）$x_{max} = \dfrac{1}{2}x_0$

3-17 $2200 \text{km} \cdot \text{h}^{-1}$

3-18   （1）$4.5 \times 10^{-3} \text{kg} \cdot \text{m} \cdot \text{s}^{-1}$；

     （2）$0.529 \text{kg} \cdot \text{m} \cdot \text{s}^{-1}$；

     （3）比较上两问的答案，可看出推的过程

提供主要的支持力

3-19 $\boldsymbol{I} = (6\sqrt{2} + 8)\boldsymbol{i} + 6\sqrt{2}\boldsymbol{j}\,(\text{SI})$，

     $\overline{\boldsymbol{F}} = (600\sqrt{2} + 800)\boldsymbol{i} + 600\sqrt{2}\boldsymbol{j}\,(\text{SI})$

3-20 $F \approx 881173\text{N}$

3-21   （1）$P = v^2 q_m$；

     （2）$F = 30\text{N}$，$P = 45\text{W}$

3-22 $\Delta v = -\dfrac{6 m u \cos\theta}{m_0 + 6m}$

3-23 $F_{NB} = 222\text{kN}$，$F_{ND} = 226\text{kN}$

第 4 章

4-1 $-\dfrac{1}{2}mgh$

4-2 $-F_0 R$

4-3 $-\dfrac{2Gm'm}{3R}$

4-4 $\dfrac{m^2 g^2}{2k}$

4-5 $\sqrt{\dfrac{2k}{mr_0}}$

4-6 $\dfrac{2(F - \mu mg)^2}{k}$

4-7 $\dfrac{2Gm_E m}{3R}$，$-\dfrac{Gm_E m}{3R}$

4-8   保守力的功与路径无关，$A = -\Delta E_p$

4-9 $\sqrt{2gl - \dfrac{k(l - l_0)^2}{m}}$

4-10 -0.207

4-11 $\dfrac{k(x^2 - a^2)}{(x^2 + a^2)^2}$

4-12 $\boldsymbol{i} - 5\boldsymbol{j}$

4-13 $10 \text{m} \cdot \text{s}^{-1}$，北偏东 $36.87°$

4-14 $\dfrac{m_1}{m_1 + m_2}$

4-15   （1）$E_{kA} = \dfrac{1}{2}mb^2\omega^2$，$E_{kB} = \dfrac{1}{2}ma^2\omega^2$；

     （2）$\boldsymbol{F} = -ma\omega^2\cos\omega t\,\boldsymbol{i} - mb\omega^2\sin\omega t\,\boldsymbol{j}$

     $W_x = \dfrac{1}{2}ma^2\omega^2$，$W_y = \dfrac{1}{2}mb^2\omega^2$

4-16 $v_5 = 5 \text{m} \cdot \text{s}^{-1}$，$v_{10} = 5\sqrt{3}\,\text{m} \cdot \text{s}^{-1}$，$v_{15} = 10 \text{m} \cdot \text{s}^{-1}$

4-17   （1）$A = 31\text{J}$；

     （2）$5.35 \text{m} \cdot \text{s}^{-1}$；

     （3）是

4-18　$\dfrac{(F-\mu mg)^2}{2k} \leqslant E_p \leqslant \dfrac{(F+\mu mg)^2}{2k}$

4-19　$x = v\sqrt{m/k}$

4-20　$A_{外} = \dfrac{45}{32}\rho_0 a^4 g - \dfrac{3}{4}\rho_0 a^4 g = \dfrac{21}{32}\rho_0 a^4 g$

4-21　$A = 822\text{J}$

4-22　（1）162J；

　　　（2）162J；

　　　（3）324W

4-23　100m·s^{-1}

4-24　$A = -\dfrac{9}{5}kc^{\frac{1}{3}} l^{\frac{5}{3}}$

4-25　$v = \sqrt{\dfrac{4Rg}{\pi}\left(\sin\alpha + \dfrac{\alpha^2}{2}\right)}$

4-26　（1）连线与小球所在位置竖直方向夹角 $\theta = 60°$，$v = 1.57\text{m·s}^{-1}$

　　　（2）$y = \sqrt{3}x - 8x^2$

4-27　$\dfrac{F}{k} < L \leqslant \dfrac{3F}{k}$

4-28　（1）$h = \dfrac{v_0^2}{2g(1 + \mu\cot\alpha)} = 4.25\text{m}$；

　　　（2）$v = [2gh(1 - \mu\cot\alpha)]^{\frac{1}{2}} = 8.16\text{m/s}$

4-29　$k/(2r^2)$

4-30　（1）$2.66 \times 10^5\text{J}$；

　　　（2）$2.66 \times 10^5\text{J}$

4-31　$\dfrac{G_1}{G_2} = \dfrac{\sin 30° + 0.2}{\sin 30° - 0.2} = \dfrac{7}{3}$

4-32　$4.23 \times 10^6\text{J}$，$1.51 \times 10^3\text{s}$

4-33　（1）8J；

　　　（2）0

4-34　（1）$k \leqslant 1.02 \times 10^4\text{N·m}^{-1}$，$x \geqslant 8.1632\text{m}$；

　　　（2）弹簧所需的压缩距离太长，占用空间太大，无法在实际应用中使用

4-35　（1）$2.55 \times 10^{19}\text{J}$；

　　　（2）相当于 407 枚核炸弹

4-36　$2.8 \times 10^{22}\text{J}$

4-37　$x = v_0\sqrt{\dfrac{m_1 m_2}{k(m_1 + m_2)}}$

4-38　$v_{中子} = -2.2 \times 10^7\text{m·s}^{-1}$，

　　　$v_{碳} = 4 \times 10^6\text{m·s}^{-1}$

4-39　约为北偏西 $\arctan 0.12$ 的 4851.8m 处

第5章

5-1　2.5rad·s^{-2}

5-2　-0.05rad·s^{-2}，250

5-3　刚体的质量和质量分布以及转轴的位置

5-4　$4M/mR$，$16M^2 t^2/m^2 R^3$

5-5　$50ml^2$

5-6　4rad

5-7　$\dfrac{3}{4}ml^2$，$mgl/2$，$2g/3l$

5-8　25kg·m^2

5-9　$\dfrac{-k\omega_0^2}{9J}$，$2J/(k\omega_0)$

5-10　$\dfrac{6v_0}{\left(4 + \dfrac{3m'}{m}\right)l}$

5-11　$\dfrac{3v_0}{2l}$

5-12　$\dfrac{m'\omega_0}{m' + 2m}$

5-13　$\beta = 0.99\text{rad·s}^{-2}$；

5-14　（1）$-2.3 \times 10^{-9}\text{rad·s}^{-2}$；

　　　（2）2600a；

　　　（3）24ms

5-15　$\beta = 28.2\text{rad·s}^{-2}$，338N·m

5-16　130N

5-17　（1）$\beta = 7.35\text{rad·s}^{-2}$；

　　　（2）$\beta = 14.7\text{rad·s}^{-2}$

5-18　$\beta = \dfrac{2g}{19r}$

5-19　$J = 221.45\text{kg·m}^2$，$E_k = 1.01 \times 10^4\text{J}$

5-20　$\omega = \dfrac{(m_1 - m_2)grt}{(m_1 + m_2)r^2 + J}$

5-21　$\omega = 25\text{rad·s}^{-1}$；

5-22　（1）$h = 63.3\text{m}$；

　　　（2）$F_T = 37.9\text{N}$；

　　　（3）$\omega = 13.7\text{rad·s}^{-1}$

5-23　$\omega = \sqrt{\dfrac{k(\varphi - \varphi_0)}{ml^2 \sin 2\varphi}}$

5-24　10rad·s^{-2}，6.0N，4.0N

5-25　$M = \dfrac{1}{2}mgl\cos\theta$，$\beta = \dfrac{3g}{2l}\cos\theta$，方向垂直纸面

　　　向里，$\omega = \sqrt{\dfrac{3g}{l}\sin\theta}$

　　　$E_k = \dfrac{mgl}{2}\sin\theta$，$v = \sqrt{3gl\sin\theta}$

5-26　（1）$E_k = 4.93 \times 10^7\text{J}$

　　　（2）$t = 102.7\text{min}$

5-27　396N · m

5-28　$M = J\dfrac{\omega}{T}$，$E = J\dfrac{2\pi^2}{T^2}$，$\bar{P} = J\dfrac{2\pi^2}{T^3}$

5-29　$v = 7.00\text{m} \cdot \text{s}^{-1}$

5-30　（1）$\omega = 15.4\text{rad} \cdot \text{s}^{-1}$；
　　　（2）$\theta = 15.4\text{rad}$

5-31　$\omega = 11.3\text{rad} \cdot \text{s}^{-1}$

5-32　$\dfrac{E_k}{E_{k_0}} = \dfrac{3}{1}$

5-33　$\omega = -\dfrac{mvR}{J + MR^2}$，$v = -\dfrac{mvR^2}{J + MR^2}$

5-34　$\omega = 3.36\text{rad} \cdot \text{s}^{-1}$

5-35　（1）$mgtD$，方向为 z 轴负方向；（2）mgD，
　　　方向为 z 轴负方向；

5-36　$\omega_z = 3.23\text{rad} \cdot \text{s}^{-1}$

5-37　$\omega = \left(\dfrac{R}{R + h}\right)^2 \omega_0$，8ms

5-38　$t = 2m_2\dfrac{v_1 + v_2}{\mu m_1 g}$

5-39　（1）两人将绕轻杆中心 O 做角速度为
　　　6.67rad · s⁻¹ 的转动；
　　　（2）做 9 倍于原有角速度的转动

5-40　$t = (J\ln 2)/k$

5-41　$T = 11mg/8$

5-42　$v = 2\omega_0 r_0$，$A = \dfrac{3}{2}mr_0^2\omega_0^2$

5-43　（1）5880km · h⁻¹；
　　　（2）5630.6km · h⁻¹

5-44　（1）$\omega = \dfrac{mv_0}{\left(\dfrac{1}{2}M + m\right)R}$；

　　　（2）$\Delta t = \dfrac{3mv_0}{2\mu Mg}$

第6章

6-1　（1）$2\pi\sqrt{2m/k}$；
　　　（2）$2\pi\sqrt{m/2k}$

6-2　2:1

6-3　0.05m，$-37°$

6-4　$x = 0.04\cos\left(\pi t + \dfrac{1}{2}\pi\right)$

6-5　（1）π；
　　　（2）$-\pi/2$；
　　　（3）$\pi/3$

6-6　1:1

6-7　π

6-8　$2\pi^2 mA^2/T^2$

6-9　3/4，$2\pi\sqrt{\Delta l/g}$

6-10　0.02

6-11　（1）$x = 0.1\cos(7.07t)$（SI）；
　　　（2）29.2N
　　　（3）0.074s

6-12　$x = 0.1\cos(5\pi t/12 + 2\pi/3)$（SI）

6-13　（1）0.5Hz；
　　　（2）8.8cm，$226.8° = 3.96\text{rad}$（或 -2.33rad）

6-14　（1）$\pm 4.24 \times 10^{-2}\text{m}$
　　　（2）0.75s

6-15　$x = 0.204\cos(2t + \pi)$（SI）；

6-16　（1）$x = 5\sqrt{2} \times 10^{-2}\cos\left(\dfrac{\pi t}{4} - \dfrac{3\pi}{4}\right)$（SI）
　　　（2）$3.93 \times 10^{-2}\text{m} \cdot \text{s}^{-1}$

6-17　37.79m · s⁻²

6-18　2763.2rad · s⁻¹，2.07m · s⁻¹，
　　　5726.46m · s⁻²

6-19　（1）$7.25 \times 10^6 \text{N} \cdot \text{m}^{-1}$；
　　　（2）50 人

6-20　（1）0.63s；ω 略
　　　（2）$-1.3\text{m} \cdot \text{s}^{-1}$，$\pi/3$；
　　　（3）$x = 15 \times 10^{-2}\cos\left(10t + \dfrac{1}{3}\pi\right)$（SI）

6-21　（1）4.19s；
　　　（2）$4.5 \times 10^{-2}\text{m} \cdot \text{s}^{-2}$；
　　　（3）$x = 0.02\cos\left(1.5t + \dfrac{1}{2}\pi\right)$（SI）

6-22　（1）0.16J；
　　　（2）$x = 0.4\cos\left(2\pi t + \dfrac{1}{3}\pi\right)$

6-23　（1）$\omega = 8\pi \text{s}^{-1}$，$T = (1/4)\text{s}$，$A = 0.5\text{cm}$，
　　　$\varphi = \pi/3$；
　　　（2）$v = -4\pi \times 10^{-2}\sin\left(8\pi t + \dfrac{1}{3}\pi\right)$
　　　（SI），
　　　$a = -32\pi^2 \times 10^{-2}\cos\left(8\pi t + \dfrac{1}{3}\pi\right)$（SI）；
　　　（3）$7.90 \times 10^{-5}\text{J}$；
　　　（4）$3.95 \times 10^{-5}\text{J}$，$3.95 \times 10^{-5}\text{J}$

6-24　如解答图 6-1 所示

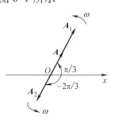

解答图 6-1

$$x = 2 \times 10^{-2}\cos(4t + \pi/3)\ (\text{SI})$$

6-25 （1）$x = 0.16\cos(314t + \pi/2)$；

（2）0.0117s

第7章

7-1 π

7-2 0.8m，0.2m，125Hz

7-3 $y = A\cos\left[\omega\left(t + \dfrac{x+1}{u}\right) + \varphi\right]$

7-4 $y_1 = A\cos\left[2\pi t/T + \varphi\right]$

$y_2 = A\cos\left[2\pi(t/T + x/\lambda) + \varphi\right]$

7-5 $\dfrac{\omega\lambda}{2\pi}Sw$

7-6 相同，$-\dfrac{2}{3}\pi$

7-7 $\sqrt{A_1^2 + A_2^2 + 2A_1A_2\cos\left(2\pi\dfrac{L-2r}{\lambda}\right)}$

7-8 0

7-9 $y = 12.0 \times 10^{-2}\cos\left(\dfrac{1}{2}\pi x\right)\cos 20\pi t\ (\text{SI})$；$x = (2n+1)\,\text{m}$，即 $x = 1\text{m},3\text{m},5\text{m},7\text{m},9\text{m}$；$x = 2n\text{m}$，即 $x = 0\text{m},2\text{m},4\text{m},6\text{m},8\text{m},10\text{m}$

7-10 $y = 2A\cos\left(2\pi\dfrac{x}{\lambda} - \dfrac{1}{2}\pi\right)\cos\left(2\pi\nu + \dfrac{1}{2}\pi\right)$，

$y = 2A\cos\left(2\pi\dfrac{x}{\lambda} + \dfrac{1}{2}\pi\right)\cos\left(2\pi\nu + \dfrac{1}{2}\pi\right)$

或 $y = 2A\cos\left(2\pi\dfrac{x}{\lambda} + \dfrac{1}{2}\pi\right)\cos(2\pi\nu)$

7-11 π

7-12 π

7-13 637.5Hz，566.7Hz

7-14 （1）$y = 0.04\cos\left[2\pi\left(\dfrac{t}{5} - \dfrac{x}{0.4}\right) - \dfrac{\pi}{2}\right]$；

（2）$y_P = 0.04\cos\left[2\pi\left(\dfrac{t}{5} - \dfrac{0.2}{0.4}\right) - \dfrac{\pi}{2}\right]$

$= 0.04\cos\left(0.4\pi t - \dfrac{3\pi}{2}\right)$ （SI）

7-15 （1）$A = 0.05\text{m}$，$\nu = 50\text{Hz}$，$\lambda = 1.0\text{m}$，$u = 50\text{m} \cdot \text{s}^{-1}$；

（2）$v_{\max} = (\partial y/\partial t)_{\max} = 2\pi\nu A = 15.7\text{m} \cdot \text{s}^{-1}$，$a_{\max} = (\partial^2 y/\partial t^2)_{\max} = 4\pi^2\nu^2 A = 4.93 \times 10^3 \text{m} \cdot \text{s}^{-2}$；

（3）$\Delta\phi = 2\pi(x_2 - x_1)/\lambda = \pi$，二振动反相

7-16 （1）$y = 3 \times 10^{-2}\cos 4\pi\ (t + x/20)$ （SI）；

（2）$y = 3 \times 10^{-2}\cos\left[4\pi\left(t + \dfrac{x}{20}\right) - \pi\right]$ （SI）

7-17 $y = 3.0 \times 10^{-2}\cos\left[50\pi(t - x/6) - \dfrac{1}{2}\pi\right]$（SI）

7-18 （1）$y = 0.10\cos\left(\pi t - \dfrac{1}{2}\pi\right)$ （SI）；

（2）$y = 0.10\cos\left[\pi\left(t - \dfrac{1.5}{1}\right) - \dfrac{1}{2}\pi\right]$

$= 0.10\cos(\pi t - 2\pi)$ （SI）

或 $y = 0.10\cos\pi t$ （SI）

7-19 （1）$y = A\cos\left[2\pi\left(250t + \dfrac{x}{200}\right) + \dfrac{1}{4}\pi\right]$ （SI）；

（2）$y_1 = A\cos\left(500\pi t + \dfrac{5}{4}\pi\right)$ （SI）

$v = -500\pi A\sin\left(500\pi t + \dfrac{5}{4}\pi\right)$ （SI）

7-20 （1）$y_0 = \sqrt{2} \times 10^{-2}\cos\left(\dfrac{1}{2}\pi t + \dfrac{1}{3}\pi\right)$ （SI）；

（2）$y = \sqrt{2} \times 10^{-2}\cos\left[\dfrac{\pi}{2}\left(t - \dfrac{x}{1}\right) + \dfrac{1}{3}\pi\right]$ （SI）

（3）略

7-21 （1）$y = 3\cos\left[2\pi\left(t - \dfrac{x}{0.1}\right) + \pi\right]\text{cm}$；

（2）-6π cm/s

7-22 （1）$y = 0.1\cos\left[\pi\left(t - \dfrac{x}{2}\right) + \dfrac{\pi}{2}\right]$ （SI）；

（2）$y = 0.1\cos\left[\pi\left(t - \dfrac{1}{2}\right) + \dfrac{\pi}{2}\right] = 0.1\cos\pi t$ （SI）

7-23 合振幅最大的点 $x = \pm\dfrac{1}{2}k\lambda$（$k = 0,1,2,\cdots$）

合振幅最小的点

$x = \pm(2k+1)\lambda/4$ （$k = 0,1,2,\cdots$）

7-24 （1）$\nu = 4\text{Hz}$，$\lambda = 1.5\text{m}$，$u = \lambda\nu = 6.00\text{m} \cdot \text{s}^{-1}$；

（2）$x = \pm 3\left(n + \dfrac{1}{2}\right)\text{m}, n = 0,1,2,3,\cdots$；

（3）$x = \pm 3n/4\text{m}, n = 0,1,2,3,\cdots$

7-25 $\lambda = 10\text{cm}$

7-26 $x = \pm 50(2k + 2/3)\,\text{m}$ 或 $x = \pm 50(2k - 2/3)\,\text{m}$ （$k = 0,1,2,\cdots$）

7-27 $x = 1,3,5,\cdots 29\text{m}$

7-28 $v = \dfrac{u \cdot \Delta v}{\Delta v + 2v} \approx \dfrac{u\Delta v}{2v}$

第 8 章

8-1　5:3，10:3

8-2　1:1:1

8-3　(1) 1:1 ；(2) 2:1；(3) 10:3

8-4　(1) 分布在 $(v_p, +\infty)$ 速率区间内的分子数在总分子数中占的百分率；

　　(2) 分子平动动能的平均值

8-5　2000m·s^{-1}，500m·s^{-1}

8-6　2

8-7　(1) 6.21×10^{-21}J 483.44m·s^{-1}；

　　(2) 300K

8-8　(1) 1.35×10^5 Pa；

　　(2) 7.5×10^{-21}J，362K

8-9　1.61×10^7K

8-10　(1) 2.07×10^{-15}J；

　　　(2) 1.57×10^6 m·s^{-1}

8-11　3.21×10^{17}个·m^{-3}，7.79m

8-12　9.53×10^7 m·s^{-1}

8-13　3.2×10^{17}个·m^{-3}，7.8m，4.7×10^4s^{-1}

第 9 章

9-1　(1) 一个点；

　　(2) 一条曲线；

　　(3) 一条封闭曲线

9-2　系统的一个平衡态，系统经历的一个准静态过程

9-3　(1) $S_1 + S_2$；

　　(2) $-S_1$

9-4　(1) $-|A_1|$；

　　(2) $-|A_2|$

9-5　>0，>0

9-6　8.31J，29.09J

9-7　(1) 等压；

　　(2) 绝热

9-8　(1) BM，CM；

　　(2) CM

9-9　(1) 等压；

　　(2) 等压

9-10　(1) 不变；

　　　(2) 变大；

　　　(3) 变大

9-11　33.3%，8.31×10^3J

9-12　V_2，$T_1 \left(\dfrac{V_1}{V_2}\right)^{\gamma-1}$，$R \dfrac{T_1}{V_2} \left(\dfrac{V_1}{V_2}\right)^{\gamma-1}$

9-13　7J

9-14　(1) $Q = \Delta E = 623$J，$A = 0$；

　　　(2) $\Delta E = 623$J，$Q = 1.04 \times 10^3$J，

　　　　$A = 417$J；

　　　(3) $\Delta E = 623$J，$Q = 0$，$A = -623$J

9-15　(1) 598J；

　　　(2) 1.0×10^3J；

　　　(3) 1.6

9-16　(1) 2.72×10^3J；

　　　(2) 2.2×10^3J

9-17　14.9×10^5J，0，14.9×10^5J

9-18　4.74×10^3J

9-19　(1) 266J；

　　　(2) -308 J

9-20　(1) 1.25×10^4J；

　　　(2) $\Delta E = 0$；

　　　(3) 1.25×10^4J

9-21　700J

9-22　5.75×10^7J

9-23　(1) 1.6867×10^5J；

　　　(2) 2.427×10^6J

9-24　(1) 78.29%；

　　　(2) 65.74kg·s^{-1}

9-25　436W

9-26　(1) 过程 $A{\rightarrow}B$，$A_1 = 200$J，$\Delta E_1 = 750$J，

　　　　$Q_1 = 950$J

　　　　$B{\rightarrow}C$，$A_2 = 0$，$Q_2 = \Delta E_2 = -600$J

　　　　$C{\rightarrow}A$，$A_3 = -100$J，$\Delta E_3 = -150$J，

　　　　$Q_3 = -250$J；

　　　(2) $Q = 100$J

9-27　0.925×10^5Pa

9-28　(1) 5350J；

　　　(2) 1337J；

　　　(3) 4013J

9-29　(1) $T_B = 300$K，$T_C = 100$K；

　　　(2) $A_{AB} = 400$J，$A_{BC} = -200$J，$A_{CA} = 0$；

　　　(3) $Q = 200$J；

9-30　(1) $Q_{ab} = -6.23 \times 10^3$J，$Q_{bc} = 3.74 \times 10^3$J，$Q_{ca} = 3.46 \times 10^3$J；

　　　(2) $A = 0.97 \times 10^3$J；

　　　(3) $\eta = 13.4\%$；

9-31 （1） $T_B(0.04 - V_B)^{1.4} = 51 V_B$；

（2） 322K，965K；

（3） 1.66×10^4J

第10章

10-1 1.3×10^{-5}s

10-2 $m/(LS)$，$25m/(9LS)$

10-3 $0.968c$

10-4 5.8×10^{-13}J，$0.08:1$

10-5 （9.2m，0，0，-2.33×10^{-8}s）

10-6 $\dfrac{\sqrt{3}}{2}c$

10-7 c，9.4×10^{-9}s

10-8 $u = \dfrac{4}{5}c$

10-9 $\tau = 6$s

10-10 9%

10-11 $0.286m_0$，$0.286m_0c^2$

附　　录

附录 A　矢　　量

标量是只有大小（一个数和一个单位）的量，如质量、长度、时间、密度、能量和温度等都是标量。矢量（vector）是既有大小又有方向的量（见附图 1-1），并有一定的运算规则，如位移、速度、加速度、角速度、力矩、电场强度等都是矢量。在高中数学里也把矢量叫作向量。矢量有以下几种表示方式：

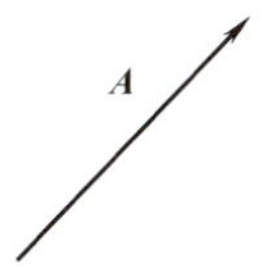

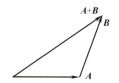

附图 1-1　矢量的表示

1）几何表示：有方向的线段，线段长度表示矢量的大小，箭头表示方向；

2）解析表示：如 $\boldsymbol{A} = (A_1, A_2, A_3)$，大小为 $A = |\boldsymbol{A}|$；

3）张量表示：按照一阶张量的变换规律变换。

如果两个矢量有同样的大小和方向，则彼此相等。长度为一个单位的矢量叫作单位矢量，记为 $\boldsymbol{e}_A = \boldsymbol{A}/A$。矢量和标量之间可以有各种函数关系，如标量的矢量函数 $\boldsymbol{r} = \boldsymbol{r}(t)$、矢量的标量函数 $W = W(\boldsymbol{F}, \boldsymbol{r})$ 等。

矢量有以下的运算法则。

1. 矢量的加法

矢量根据平行四边形法则或三角形法则（见附图 1-2）合成，矢量加法满足

1）交换律（commutative law）

$$\boldsymbol{A} + \boldsymbol{B} = \boldsymbol{B} + \boldsymbol{A}$$

附图 1-2　矢量的加法

2）结合律（associative law）

$$\boldsymbol{A} + (\boldsymbol{B} + \boldsymbol{C}) = (\boldsymbol{A} + \boldsymbol{B}) + \boldsymbol{C}$$

零矢量通过下式定义：

$$\boldsymbol{A} + \boldsymbol{0} = \boldsymbol{A}$$

并不是所有的量都满足交换律的，比如旋转运动，旋转的次序是否可以颠倒呢？也就是说 $\theta_x + \theta_y = \theta_y + \theta_x$ 是否成立呢？从附图 1-3 可以看出，砖块按照不同次序旋转，其结果不相同。旋转也可以绕附在砖块上的轴进行，结论将是一样的。当然，绕同一轴的两次旋转，其次序可以交换，但这并

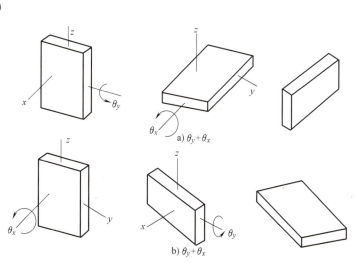

附图 1-3　有限旋转

不妨碍我们得到结论：有限旋转不是矢量。一般来说，不在一个平面内的两次旋转的效果是与次序有关的，不过，随着角位移的逐渐减小，结果将越来越趋于一致。利用矢量分析理论可以证明无限小角位移是矢量，或者更精确地说是轴矢量。

2. 数乘

一个矢量 A 乘以一个标量 λ，结果仍为矢量，即 $\lambda A = C$，这个矢量的大小是 $C = |\lambda| A$；当 $\lambda > 0$ 时，它和原矢量平行；如果 $\lambda < 0$，则反向。数乘满足

1）结合律

$$\lambda(\mu A) = (\lambda\mu)A$$

2）分配律（distributive law）

$$(\lambda + \mu)A = \lambda A + \mu A$$

$$\lambda(A + B) = \lambda A + \lambda B$$

这里没有定义矢量的减法，但是，结合加法和数乘（-1）就可以得到有关的结果。例如，

$$A - A = A + (-1 \times A) = \mathbf{0}$$

3. 矢量的分解

在一个平面内，如果存在两个不共线的矢量 e_1 和 e_2，则平面内的矢量 A 就可以分解为

$$A = A_1 e_1 + A_2 e_2$$

最常用的是 e_1 和 e_2 相互垂直，在三维空间中，进行这样的分解需要 3 个不共面的矢量。

4. 标量积（点积、内积）（scalar product）（dot product, inner product）

两个矢量的标积是一个标量，定义为

$$A \cdot B = AB\cos\theta$$

式中，θ 是两矢量的夹角。当 B 为单位矢量时，标量积就是矢量 A 在单位矢量 B 方向上的投影。根据定义有

$$A \cdot B = B \cdot A$$

标积满足分配律

$$A \cdot (\alpha B + \beta C) = \alpha A \cdot B + \beta A \cdot C$$

显然，$A \cdot A = A^2 \geq 0$，$A \cdot A = 0$ 意味着 A 是零矢量。$A \cdot B = 0$ 又意味着什么呢？它说明其中之一是零矢量，两者都是零矢量或两者相互垂直。

5. 矢量积（叉积、外积）（vector product）（cross product, exterior product）

$A \times B = C$ 是一个（轴）矢量，它的方向定义在从 A 到 B 右手螺旋的前进方向（见附图 1-4）；其大小是 $|A \times B| = AB\sin\theta$（$0 < \theta < \pi$），恰好是以这两个矢量为边的平行四边形的面积（见附图 1-5）。

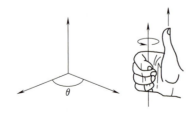

附图 1-4 右手螺旋

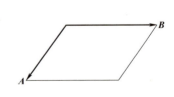

附图 1-5

根据定义，矢量积有如下性质：

$$A \times B = -B \times A$$

$$A \times (\alpha B + \beta C) = \alpha A \times B + \beta A \times C$$

$$A \times A = 0$$

既然矢量积是矢量，那么它就还可以再和其他矢量进行矢量乘积：

$$A \times (B \times C) = B(A \cdot C) - C(A \cdot B)$$

极矢量和轴矢量（赝矢量）在镜子面前将表现出不同的行为，当 $A \times B$ 平行或垂直镜面时，其成像规律完全不同（见附图 1-6）。事实上，我们正是根据这种行为来定义轴矢量和极矢量的。

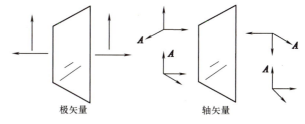

6. 混合积

3 个矢量可以用以下方式进行结合，其结果称为混合积。混合积有以下的循环性质：

$$(A \times B) \cdot C = (C \times A) \cdot B$$
$$= (B \times C) \cdot A$$
$$= -(B \times A) \cdot C$$

附图 1-6　极矢量和轴矢量

混合积可以用来计算平行六面体的体积，矢量也可以用来作为标量运算的工具。

对于矢量来说，必须区别定义过的运算和没有定义过的运算，例如，下面的表达式都是非法的：

$$\frac{1}{A}, \ \ln B, \ \sqrt{C}, \ \exp(D)$$

矢量是不同于标量的数学对象，将矢量等同于标量的表达式肯定是不正确的。

矢量在物理学中有着广泛的应用。许多物理量是矢量，例如，

$$F, \ v, \ v = \omega \times r, \ M = r \times F, \ r_C = \frac{\sum m_i r_i}{\sum m_i}$$

都是矢量。大多数矢量可以用大小和方向来说明，叫作自由矢量。有一些量可以用沿某一直线的矢量来表示，例如，用杆秤来称量时，秤砣和称物的重力可以用通过悬挂点的竖直线上的矢量来表示，至于在线上的位置则无关紧要，这类矢量叫滑移矢量。有些矢量，如空间点的电场强度，则是完全束缚的。

进行矢量运算不需要依赖于具体的坐标系，可以使得描述物理现象的方程的普遍性得到更好的反映。矢量运算较简洁，不过在多数情况下，还是需要选定坐标系并用分量来进行具体运算。

7. 正交坐标系

一个坐标系要包括由基矢量（base vectors）组成的基，基矢量相互正交的坐标系称为正交坐标系（orthogonal coordinate system），此外还有斜交坐标系，本书中只采用正交坐标系。我们熟悉的直角坐标系（Cartesian system）的基是 (i, j, k)，其中的基矢量都是单位矢量，且满足正交和右手螺旋关系

$$i \cdot j = j \cdot k = k \cdot i = 0, \ i \cdot i = j \cdot j = k \cdot k = 1$$
$$i \times j = k, \ j \times k = i, \ k \times i = j$$

一个矢量可以用基矢量来展开

$$A = A_x i + A_y j + A_z k$$

利用单位矢量的性质和正交关系，可以求得矢量的三个分量为

$$A_x = \boldsymbol{A} \cdot \boldsymbol{i}, \ A_y = \boldsymbol{A} \cdot \boldsymbol{j}, \ A_z = \boldsymbol{A} \cdot \boldsymbol{k}$$

矢量 $\boldsymbol{A}$ 的模为

$$A = \sqrt{A_x^2 + A_y^2 + A_z^2}$$

矢量 $\boldsymbol{A}$ 的方向可由方向余弦

$$\cos\alpha = \frac{A_x}{A}, \ \cos\beta = \frac{A_y}{A}, \ \cos\gamma = \frac{A_z}{A}$$

确定，它们满足 $\cos^2\alpha + \cos^2\beta + \cos^2\gamma = 1$，因此，三个方向余弦中只有两个是独立的。

利用矢量运算的分配律可以求得用分量表示的运算结果。例如，

$$\boldsymbol{A} \cdot \boldsymbol{B} = A_1 B_1 + A_2 B_2 + A_3 B_3$$

$$\boldsymbol{A} \times \boldsymbol{B} = \begin{vmatrix} \boldsymbol{i} & \boldsymbol{j} & \boldsymbol{k} \\ A_1 & A_2 & A_3 \\ B_1 & B_2 & B_3 \end{vmatrix}, \ (\boldsymbol{A} \times \boldsymbol{B}) \cdot \boldsymbol{C} = \begin{vmatrix} A_1 & A_2 & A_3 \\ B_1 & B_2 & B_3 \\ C_1 & C_2 & C_3 \end{vmatrix}$$

基矢量不一定是正交的或右手的，可以是斜交的或左手的，但是，它们必须是完整的和线性独立的。完整性要求它们的个数和空间维数一致，如果一组矢量满足关系式

$$C_1 A_1 + C_2 A_2 + \cdots + C_n A_n = 0$$

的条件是所有系数为零，我们就说这些矢量是线性独立的，否则就说是线性相关（linearly dependent）的。如果这些矢量中包括有零矢量，则一定是线性相关的，两个线性相关的矢量一定共线（collinear），3 个线性相关的矢量一定共面（coplanar）。

8. 矢量函数的导数

若一矢量随某些自变量变化，这个矢量就成为这些自变量的函数，如设矢量 $\boldsymbol{A}$ 的大小和方向随时间 t 变化，则 $\boldsymbol{A}$ 就成为 t 的函数，即 $\boldsymbol{A} = \boldsymbol{A}(t)$。这样的矢量 $\boldsymbol{A}$ 是个变矢量，在 t 时刻为 $\boldsymbol{A}(t)$，到 $t + \Delta t$ 时刻就变为 $\boldsymbol{A}(t + \Delta t)$，而

$$\Delta \boldsymbol{A} = \boldsymbol{A}(t + \Delta t) - \boldsymbol{A}(t)$$

称为矢量 $\boldsymbol{A}$ 在 Δt 时间内的增量。矢量的增量与标量的增量不同，它既包含有矢量大小的变化，也包含矢量方向的变化（见附图 1-7）。如果 $\Delta \boldsymbol{A}$ 与 $\boldsymbol{A}$ 同向，则 $\boldsymbol{A}$ 增大；若 $\Delta \boldsymbol{A}$ 与 $\boldsymbol{A}$ 反向，则 $\boldsymbol{A}$ 减小；若 $\Delta \boldsymbol{A}$ 与 $\boldsymbol{A}$ 垂直，且 $|\Delta \boldsymbol{A}| \to 0$，则 $\boldsymbol{A}$ 只改变方向。

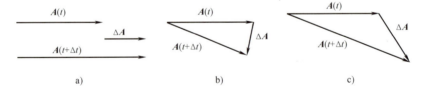

a)   b)   c)

附图 1-7

矢量函数 $\boldsymbol{A}$ 对时间 t 的导数定义为

$$\frac{\mathrm{d}\boldsymbol{A}}{\mathrm{d}t} = \lim_{\Delta t \to 0} \frac{\boldsymbol{A}(t + \Delta t) - \boldsymbol{A}(t)}{\Delta t} = \lim_{\Delta t \to 0} \frac{\Delta \boldsymbol{A}}{\Delta t}$$

由于 $\Delta t \to 0$ 时 $\Delta \boldsymbol{A}$ 的极限 $\mathrm{d}\boldsymbol{A}$ 的方向一般不同于 $\boldsymbol{A}(t)$，所以 $\dfrac{\mathrm{d}\boldsymbol{A}}{\mathrm{d}t}$ 可能是方向不同于 $\boldsymbol{A}(t)$ 的一个矢量，特别当 $\boldsymbol{A}$ 大小不变，只改变方向时，$\Delta \boldsymbol{A}$ 的极限 $\mathrm{d}\boldsymbol{A}$ 的方向是垂直于 $\boldsymbol{A}$ 的，这时 $\dfrac{\mathrm{d}\boldsymbol{A}}{\mathrm{d}t}$ 是一个与 $\boldsymbol{A}$ 时刻保持垂直的矢量。

矢量函数的导数还可以表示成直角坐标分量式，因为 $\boldsymbol{A}(t) = A_x(t)\boldsymbol{i} + A_y(t)\boldsymbol{j} + A_z(t)\boldsymbol{k}$，所以

$$\frac{\mathrm{d}\boldsymbol{A}}{\mathrm{d}t} = \frac{\mathrm{d}}{\mathrm{d}t}\left[A_x(t)\boldsymbol{i} + A_y(t)\boldsymbol{j} + A_z(t)\boldsymbol{k}\right]$$

考虑到 $\boldsymbol{i}$、$\boldsymbol{j}$、$\boldsymbol{k}$ 是大小和方向均不变的单位矢量，故得到

$$\frac{\mathrm{d}\boldsymbol{A}}{\mathrm{d}t} = \frac{\mathrm{d}A_x(t)}{\mathrm{d}t}\boldsymbol{i} + \frac{\mathrm{d}A_y(t)}{\mathrm{d}t}\boldsymbol{j} + \frac{\mathrm{d}A_z(t)}{\mathrm{d}t}\boldsymbol{k}$$

显然，$A_x(t)$、$A_y(t)$、$A_z(t)$ 是普通的函数，而 $\dfrac{\mathrm{d}A_x(t)}{\mathrm{d}t}$、$\dfrac{\mathrm{d}A_y(t)}{\mathrm{d}t}$、$\dfrac{\mathrm{d}A_z(t)}{\mathrm{d}t}$ 就是普通函数的导数。以后将会看到，应用以上一些矢量的表述和运算，能将力学中的物理量和它们间的关系以严格而简练的形式表达出来，这种矢量表述方法是由物理学家吉布斯首先创立的。物理量的矢量表述已广泛应用于近代科技文献中，读者在今后的学习过程中将会逐渐习惯它、熟悉它。由矢量导数定义可以证明下列公式：

$$\frac{\mathrm{d}(\boldsymbol{A} + \boldsymbol{B})}{\mathrm{d}t} = \frac{\mathrm{d}\boldsymbol{A}}{\mathrm{d}t} + \frac{\mathrm{d}\boldsymbol{B}}{\mathrm{d}t}$$

$$\frac{\mathrm{d}(C\boldsymbol{A})}{\mathrm{d}t} = C\frac{\mathrm{d}\boldsymbol{A}}{\mathrm{d}t} \quad (C \text{ 为常数})$$

$$\frac{\mathrm{d}(\boldsymbol{A} \cdot \boldsymbol{B})}{\mathrm{d}t} = \boldsymbol{A} \cdot \frac{\mathrm{d}\boldsymbol{B}}{\mathrm{d}t} + \boldsymbol{B} \cdot \frac{\mathrm{d}\boldsymbol{A}}{\mathrm{d}t}$$

$$\frac{\mathrm{d}(\boldsymbol{A} \times \boldsymbol{B})}{\mathrm{d}t} = \frac{\mathrm{d}\boldsymbol{A}}{\mathrm{d}t} \times \boldsymbol{B} + \boldsymbol{A} \times \frac{\mathrm{d}\boldsymbol{B}}{\mathrm{d}t}$$

9. 矢量的积分

矢量函数的积分是很复杂的，下面举两个简单的例子。

1）设 $\boldsymbol{A}$ 和 $\boldsymbol{B}$ 均在同一平面直角坐标系内，且 $\dfrac{\mathrm{d}\boldsymbol{B}}{\mathrm{d}t} = \boldsymbol{A}$，于是有

$$\mathrm{d}\boldsymbol{B} = \boldsymbol{A}\mathrm{d}t$$

上式积分并略去积分常数，得

$$\begin{aligned}\boldsymbol{B} &= \int\boldsymbol{A}\mathrm{d}t = \int(A_x\boldsymbol{i} + A_y\boldsymbol{j})\mathrm{d}t \\ &= \left(\int A_x\mathrm{d}t\right)\boldsymbol{i} + \left(\int A_y\mathrm{d}t\right)\boldsymbol{j} \\ &= B_x\boldsymbol{i} + B_y\boldsymbol{j}\end{aligned}$$

其中

$$B_x = \int A_x\mathrm{d}t, \ B_y = \int A_y\mathrm{d}t$$

2）若矢量 $\boldsymbol{A}$ 在平面直角坐标系内沿附图 1-8 所示的曲线变化，那么 $\int\boldsymbol{A} \cdot \mathrm{d}\boldsymbol{s}$ 为这个矢量沿曲线的线积分，由于

$$\boldsymbol{A} = A_x\boldsymbol{i} + A_y\boldsymbol{j}$$
$$\mathrm{d}\boldsymbol{s} = \mathrm{d}x\boldsymbol{i} + \mathrm{d}y\boldsymbol{j}$$

所以

$$\begin{aligned}\int\boldsymbol{A} \cdot \mathrm{d}\boldsymbol{s} &= \int(A_x\boldsymbol{i} + A_y\boldsymbol{j}) \cdot (\mathrm{d}x\boldsymbol{i} + \mathrm{d}y\boldsymbol{j}) \\ &= \int(A_x\mathrm{d}x + A_y\mathrm{d}y)\end{aligned}$$

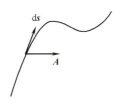

附图 1-8

$$= \int A_x \mathrm{d}x + \int A_y \mathrm{d}y$$

若上式中 A 为力，$\mathrm{d}s$ 为位移，则上式就变成力做功的计算式。

附录 B　常用物理常数表

光速	$c = 2.99792458 \times 10^{10}\,\mathrm{cm \cdot s^{-1}}$
引力常量	$G = 6.67259 \times 10^{-11}\,\mathrm{N \cdot m^2 \cdot kg^{-2}}$
普朗克常量	$h = 6.0626 \times 10^{-34}\,\mathrm{J \cdot s}$
玻尔兹曼常数	$K = 1.3806 \times 10^{-23}\,\mathrm{J \cdot K^{-1}}$
里德伯常量	$R_\infty = 1.0974 \times 10^7\,\mathrm{m^{-1}}$
斯特藩－玻尔兹曼常量	$\sigma = 5.671 \times 10^{-8}\,\mathrm{W \cdot m^{-2} \cdot K^{-4}}$
元电荷（基本电荷）	$e = 1.602 \times 10^{-19}\,\mathrm{C}$
电子质量	$m_e = 9.109 \times 10^{-31}\,\mathrm{kg}$
原子质量单位	$1\mathrm{u} = 1.660531 \times 10^{-24}\,\mathrm{g}$
精细结构常数	$1/\alpha = hc/2\pi e^2 = 137.0360$
第一玻尔轨道半径	$a_0 = h^2/4\pi^2 m_e e^2 = 0.5291775 \times 10^{-8}\,\mathrm{cm}$
经典电子半径	$r_e = e^2/m_e c^2 = 2.8179380 \times 10^{-13}\,\mathrm{cm}$
质子质量	$m_p = 1.673 \times 10^{-27}\,\mathrm{kg}$
中子质量	$m_n = 1.675 \times 10^{-27}\,\mathrm{kg}$
电子静止能量	$m_e c^2 = 0.5110034\,\mathrm{MeV}$
地球质量	$m_{地球} = 5.976 \times 10^{24}\,\mathrm{kg}$
地球赤道半径	$R_{地球} = 6378.164\,\mathrm{km}$
地球表面重力加速度	$g_{地球} = 980.665\,\mathrm{cm \cdot s^{-2}}$
天文单位	$1\mathrm{AU} = 1.495979 \times 10^8\,\mathrm{km}$
1 光年	$1\mathrm{l.\,y.} = 9.460 \times 10^{12}\,\mathrm{km}$
1 秒差距	$1\mathrm{pc} = 3.086 \times 10^{13}\,\mathrm{km} = 3.262\mathrm{l.\,y.}$
千秒差距	$1\mathrm{kpc} = 1000\mathrm{pc}$
地月距离	$3.8 \times 10^5\,\mathrm{km}$
太阳到冥王星的平均距离	$5.91 \times 10^9\,\mathrm{km}$
最近的恒星（除太阳外）的距离	$4 \times 10^{13}\,\mathrm{km} = 1.30\mathrm{pc} = 4.23\mathrm{l.\,y.}$
太阳到银心的距离	$2.4 \times 10^{17}\,\mathrm{km} = 8\mathrm{kpc}$
太阳质量	$m_{太阳} = 1.989 \times 10^{33}\,\mathrm{g}$
太阳半径	$R_{太阳} = 6.9599 \times 10^{10}\,\mathrm{cm}$
太阳表面重力加速度	$g_{太阳} = 2.74 \times 10^4\,\mathrm{cm \cdot s^{-2}}$
太阳有效温度	$T_{efff} = 5800\mathrm{K}$
第一宇宙速度	$7.9\mathrm{km \cdot s^{-1}}$
第二宇宙速度	$11.2\mathrm{km \cdot s^{-1}}$

（续）

第三宇宙速度	$16.7\mathrm{km\cdot s^{-1}}$
哈勃常数	$H_0 = 50\mathrm{km\cdot s^{-1}\cdot Mpc^{-1}}$ $H_0 = 100\mathrm{km\cdot s^{-1}\cdot Mpc^{-1}}$
哈勃时间	$1/H_0 = 19.7\times 10^9\mathrm{a}$　$(H_0 = 50)$ $1/H_0 = 9.8\times 10^9\mathrm{a}$　$(H_0 = 100)$
宇宙平均密度	$\rho_c = 3H_0^2/8\pi G = 6\times 10^{-30}\mathrm{g\cdot cm^{-3}}$
宇宙体积	$\frac{4}{3}\pi R^3 = 7\times 10^{11}\mathrm{Mpc^3}$

附录 C　质量尺度表

（单位：g）

钱德拉塞卡质量（白矮星的质量上限）	2.8×10^{33}
奥本海默 - 沃尔科夫极限（中子星的质量上限）	6.0×10^{33}
演化结果为黑洞的恒星所具有的最小质量	4×10^{34}
恒星由于不稳定而脉动时的质量	1.2×10^{35}
球状星团的质量	1.0×10^{39}
银河系中心黑洞的最可几质量	6×10^{39}
小麦哲伦云的质量	4×10^{42}
大麦哲伦云的质量	2×10^{43}
银河系中可视物质和暗物质的总质量	2.6×10^{45}
后发星系团中恒星的总质量	1.3×10^{47}
后发星系团的维里质量	2.7×10^{48}
阿贝尔 2163 星系团的维里质量	6×10^{49}
星系团中的所有物质的质量（包括重子物质和非重子物质）	2×10^{52}
宇宙中所有可视物质的质量	8×10^{52}
原初核合成理论预言的重子物质的质量	1×10^{54}
宇宙的临界密度所对应的总质量	2×10^{55}

参 考 文 献

[1] 康颖. 大学物理 [M]. 2 版. 北京：科学出版社，2005.

[2] 张三慧. 大学物理学 [M]. 3 版. 北京：清华大学出版社，2005.

[3] 范中和. 大学物理 [M]. 2 版. 西安：西北大学出版社，2008.

[4] 哈里德，瑞斯尼克，沃克，等. 物理学基础 [M]. 张三慧，李椿，滕小瑛，等译. 北京：机械工业
出版社，2005.

[5] YOUNG H D. 西尔斯当代大学物理 [M]. 英文版. 北京：机械工业出版社，2010.

[6] BAUER W. 现代大学物理 [M]. 英文版. 北京：机械工业出版社，2012.

[7] 郭奕玲，沈慧君. 物理学史 [M]. 2 版. 北京：清华大学出版社，2005.